高等教育土建类专业规划教材**卓越工程师系列**

混凝土结构与砌体结构设计

HUNNINGTU JIEGOU YU QITI JIEGOU SHEJI

主　编　杨　红

主　审　傅剑平

重庆大学出版社

内容提要

本书主要讲述各种常用建筑结构体系的受力特点、计算和设计方法,全书共5章,主要包括混凝土楼盖、框架结构、剪力墙结构和框架-剪力墙结构、单层厂房、砌体结构的设计。本书编写时注重基本理论、基础知识与相关规范、规程结合,注重理论与实践相结合,注重抗震、非抗震设计方法相结合。

本书可作为普通高等院校土木工程及相关专业的专业教材,也可供从事土木工程设计、施工等的技术人员参考。

图书在版编目(CIP)数据

混凝土结构与砌体结构设计/杨红主编. —重庆:重庆大学出版社,2018.2
高等教育土建类专业规划教材·卓越工程师系列
ISBN 978-7-5689-0524-4

Ⅰ.①建… Ⅱ.①杨… Ⅲ.①混凝土结构—高等学校—教材②砌体结构—高等学校—教材 Ⅳ.①TU37②TU209

中国版本图书馆 CIP 数据核字(2017)第 099560 号

高等教育土建类专业规划教材·卓越工程师系列
混凝土结构与砌体结构设计
主 编 杨 红
主 审 傅剑平
责任编辑:王 婷 钟祖才 版式设计:王 婷
责任校对:刘志刚 责任印制:赵 晟

*

重庆大学出版社出版发行
出版人:易树平
社址:重庆市沙坪坝区大学城西路 21 号
邮编:401331
电话:(023)88617190 88617185(中小学)
传真:(023)88617186 88617166
网址:http://www.cqup.com.cn
邮箱:fxk@ cqup.com.cn(营销中心)
全国新华书店经销
重庆荟文印务有限公司印刷

*

开本:787mm×1092mm 1/16 印张:28.75 字数:700 千
2018 年 2 月第 1 版 2018 年 2 月第 1 次印刷
印数:1—2 000
ISBN 978-7-5689-0524-4 定价:58.00 元

编委会名单

顾　　　问　周绪红

总　主　编　刘汉龙

执行总主编　王志军　夏洪流

编　　　委（按姓氏笔画为序）

王桂林　文海家　华建民　刘德华

李英民　吴曙光　何培斌　肖明葵

杨　红　张爱莉　罗济章　胡岱文

姚　刚　程光均　傅剑平

前　言

　　本书是在土木工程专业本科卓越计划支持下编写的。混凝土结构与砌体结构设计是土木工程专业本科卓越计划必修的一门专业核心课程，具有综合性、应用性强的特点。按照《卓越工程师教育培养计划通用标准》和《高等学校土木工程本科指导性专业规范》的要求，土木工程专业本科卓越计划的培养目标、课程设置与传统教学模式有相应变化，但目前缺乏质量较高的配套教材可供选择。

　　本书以混凝土楼盖、多层与高层混凝土建筑结构、单层厂房、砌体结构为对象，主要介绍各种常用建筑结构体系的特点及应用范围；混凝土楼盖、框架结构、剪力墙结构和框架-剪力墙结构、单层厂房、砌体结构的内力计算方法和结构设计方法；各类结构的内力分布、侧移变形特点和规律；各类结构的基本抗震性能及抗震设计方法；非抗震及抗震设计的不同构造要求；筒体结构、复杂高层建筑结构的受力特点、计算方法；高层建筑结构计算机辅助计算、设计方法等。

　　本书在编写时力求深入浅出、通俗易懂、图文并茂，除注意吸收建筑工程同类教材的长处、保留相似传统教材的精华之外，本教材还具有以下四个主要特点：

　　第一，为便于读者理解并掌握重点，在编著时注意突出正文中的重要基本概念、基本原理、基本计算和设计方法等，并将它们与相关的繁杂理论推导、规范条文规定等用"［附］"的索引方式联系起来。

　　第二，在传统教材的基础上更加重视混凝土结构抗震设计的相关知识，一方面加强对抗震设计基本原理、抗震措施以及抗震构造的讲述，同时注意从非抗震设计的相关知识逐渐过渡到抗震设计，加强非抗震设计与抗震设计方法的联系。

第三,对各重要知识点、重要设计步骤,为了加深理解、增强应用,通过在教材中搭配典型算例,并注意在典型算例中充分展示与规范重要条文规定密切相关的设计方法的实际应用(例如框架结构二阶效应的基本原理,以及 $P\text{-}\Delta$ 效应的实用计算方法),达到兼顾教学、实用的目的。

第四,在教材中增加与计算机辅助分析相关的力学模型及计算结果提取等内容。

本教材的相关结构设计方法主要依据《混凝土结构设计规范》(GB 50010—2010)、《建筑抗震设计规范》(GB 50011—2010)、《高层建筑混凝土结构技术规程》(JGJ3—2010)、《砌体结构设计规范》(GB 50003—2011)、《建筑结构荷载规范》(GB 50009—2012)等进行编写。

本教材第 1.1—1.4 节由余瑜编写,第 1.5—1.6 节由郑妮娜编写,第 2 章由杨红编写,第 3.1—3.3 节由刘立平编写,第 3.4—3.5.5 节由郑妮娜编写,第 3.5.6—3.8 节由皮天祥编写,第 4 章由朱兰影编写,第 5 章由刘宝编写。全书由杨红统稿,由傅剑平主审。

编者对教材中采用的相关成果的作者、列入参考文献的教材与专著的作者表示感谢!对协助完成教材部分算例的计算或复核的硕士研究生张莹心、吴加峰、梁恒、温利亚等表示感谢!感谢王志军教授在教材策划、编写、出版过程中的贡献!

限于编者的经验和水平,本教材难免存在一些缺点甚至错漏,欢迎读者批评指正。

编 者

2017 年 1 月 15 日于重庆大学

目　录

1

楼盖结构设计

[内容提要]

本章重点讲述单向板肋梁楼盖和楼梯的计算设计方法,简述了楼盖的组成与分类,以及双向板肋梁楼盖、井式楼盖、密肋楼盖、无梁楼盖等的概念和受力特点。

[学习目标]

(1)了解:楼盖的组成与分类;双向板肋梁楼盖按塑性铰线法的内力计算方法;井式楼盖、密肋楼盖、无梁楼盖等楼盖的布置特点及设计要求。

(2)熟悉:楼盖的荷载传递原则;双向板肋梁楼盖按弹性理论的内力计算方法;单向板与双向板肋梁楼盖的截面设计及构造要求。

(3)掌握:单向板肋梁楼盖的内力计算和设计要求;板式楼梯和梁式楼梯的设计方法。

1.1 概述

楼盖是建筑物的水平结构体系,直接承受楼面的竖向荷载,并将其传递给墙、柱等竖向结构体系;楼盖还担当起联系各竖向承重构件的任务,将各竖向承重构件联系成一个整体,为竖向承重构件在楼层标高处提供水平支撑,增加竖向构件的稳定性。除此之外,在多高层,特别是高层建筑中,依靠楼盖把水平力传递或分配给竖向结构构件,使结构发挥空间整体协同作用,共同抵抗水平力作用。

1.1.1 楼盖的组成与分类

1)按结构形式分

钢筋混凝土楼盖有 3 种分类方法。

按结构形式,钢筋混凝土楼盖主要分为肋梁楼盖和无梁楼盖。肋梁楼盖是由相交的梁和板组成的楼盖,根据柱网的布置、梁格的划分,肋梁楼盖又可以分为单向板肋梁楼盖、双向板肋梁楼盖、井式楼盖、密肋楼盖。由各梁分隔形成的板,其长边与短边之比很大(长边与短边之比大于3)时,称为单向板肋梁楼盖;长边与短边之比较小时,称为双向板肋梁楼盖。井式楼盖两个方向的梁等高,无主次之分。密肋楼盖中梁与梁的间距和板的厚度较小,一般用于跨度大且梁高受限制的情况。密肋楼盖又分单向密肋楼盖与双向密肋楼盖,当建筑的柱网尺寸为正方形或接近方形时,常采用双向密肋楼盖形式。井式楼盖与双向密肋楼盖的区别是梁的间距不一样,井式楼盖梁间距大,双向密肋楼盖梁间距小。楼板直接支承在柱上而不设梁的楼盖称为无梁楼盖,这是一种板柱体系。各种类型楼盖如图1.1所示。

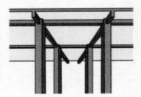

(a)单向板肋梁楼盖　　　　　　　**(b)双向板肋梁楼盖**

(c)井式楼盖　　　　　**(d)密肋楼盖**　　　　　**(e)无梁楼盖**

图1.1　楼盖按结构形式分类

2)按施加预应力情况分

按施加预应力情况,楼盖可以分为钢筋混凝土楼盖和预应力混凝土楼盖两种。普通钢筋混凝土楼盖施工方便,但变形和抗裂性能不如预应力混凝土楼盖好。当柱网尺寸较大时,预应力楼盖可有效减小板厚,降低建筑层高。预应力混凝土楼盖用得最为普遍的是无粘结预应力混凝土平板楼盖。

3)按施工方法分

按施工方法又可将楼盖分为整体式楼盖、装配式楼盖及装配整体式楼盖。整体式楼盖的全部构件均为现场浇筑,具有整体性好和适应性强的优点,对于楼面荷载较大、平面形状复杂、防渗、防漏或抗震要求较高的建筑物,或在构件运输和吊装有困难的场合,宜采用整体式楼盖。它的缺点是模板用量较多,施工现场工作量大。装配式楼盖一般采用预制板、现浇梁的结构形式,也可以是预制梁和预制板结合而成。装配式楼盖节省模板,且工期较短,但整体性、抗震性较差。装配整体式楼盖是在预制梁、板吊装就位后,于板面上现浇叠合层而形成整体,这种楼盖的整体性较装配式好,又比现浇整体式差,需二次浇筑混凝土,费工费料,造价较高。

1.1.2　楼盖的荷载传递

1)荷载传递原则

如图 1.2 所示,以跨中集中荷载 P 作用下的十字交叉梁为例进行说明。四个支座均为铰支,设两个方向的跨度分别为 L_1 和 L_2,两个方向的抗弯刚度分别为 EI_1 和 EI_2,两个方向梁承担的集中荷载分别为 P_1 和 P_2,$P = P_1 + P_2$。根据两根梁跨中交叉点竖向挠度的变形协调条件有:

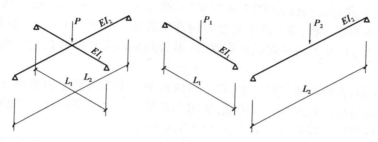

图 1.2　交叉梁的荷载传递

$$f_1 = \frac{1}{48}\frac{P_1 L_1^3}{EI_1} = f_2 = \frac{1}{48}\frac{P_2 L_2^3}{EI_2} \qquad (1.1)$$

由此可得:

$$\frac{P_1}{P_2} = \frac{L_2^3}{L_1^3} \cdot \frac{EI_1}{EI_2} \qquad (1.2)$$

代入:$P = P_1 + P_2$

可得:

$$\frac{P_1}{P} = \frac{L_2^3 \cdot EI_1}{L_1^3 \cdot EI_2 + L_2^3 \cdot EI_1} \qquad (1.3)$$

$$\frac{P_2}{P} = \frac{L_1^3 \cdot EI_2}{L_1^3 \cdot EI_2 + L_2^3 \cdot EI_1} \qquad (1.4)$$

由此可以看出:沿较小跨度梁方向传递的荷载大于沿较大跨度梁方向传递的荷载,且随着长短跨比的增大,沿较小跨度梁方向传递的荷载与沿较大跨度梁方向传递的荷载之比 P_1/P_2 迅速增长,这就是荷载最短路径传递原则。

沿刚度大的梁方向传递的荷载大于沿刚度小的梁方向传递的荷载,两个方向荷载传递比例与梁两个方向的抗弯刚度基本成正比,即荷载按刚度分配原则。

2)单向板和双向板

钢筋混凝土肋梁楼盖,每一梁格中的板,一般四边有梁支承,形成四边支承板。设板面承受竖向均布荷载 q,由于梁的刚度比板的刚度大很多,所以分析板的受力时,忽略梁的竖向变形,近似将梁作为板的不动支座。四边支承板一般在两个方向受力,荷载通过板在两个方向受弯、剪向四边传递,如图 1.3 所示。设板在两个方向的跨度分别为 l_1 和 l_2。由于板是一个整体,弯曲时板任意一点的挠度在两个方向是相同的,因此在短跨 l_1 方向的竖向平面内曲率较大,弯矩也较大;在长跨 l_2 方向的竖向平面内曲率较小,弯矩也较小。取出跨度中点两个互相垂直的宽度为单位 1 的板带分析,设沿短跨 l_1 方向传递的荷载为 q_1,沿长跨 l_2 方向传递的荷载为 q_2。当不计相邻板对它们的影响时,这两条板带的受力如同简支梁,由跨度中心点处挠度相等的条件,得到: $\dfrac{5q_1l_1^4}{384EI}=\dfrac{5q_2l_2^4}{384EI}$,可求得两个方向传递荷载比值 $\dfrac{q_1}{q_2}=(l_2/l_1)^4$,由于 $q=q_1+q_2$,故 $q_1=\dfrac{l_2^4}{l_1^4+l_2^4}q,q_2=\dfrac{l_1^4}{l_1^4+l_2^4}q$。当 $l_2/l_1=3$ 时,$q_1=0.988q$,$q_2=0.012q$。可见,当 $l_2/l_1\geq3$ 时,荷载主要沿短跨方向传递,可忽略沿长跨方向的传递,因此称 $l_2/l_1\geq3$ 的板为单向板,即主要在一个跨度方向弯曲的板,如图 1.4 所示,长跨方向仅通过配置必要的构造钢筋予以考虑。$l_2/l_1\leq2$ 的板为双向板,即在两个跨度方向弯曲的板。对于 $2<l_2/l_1<3$ 的板,宜按双向板计算;当按沿短跨方向受力的单向板计算时,应沿长跨方向布置足够数量的构造钢筋以承担长跨方向的弯矩。

根据上述原则,在肋形楼盖设计中,对于单向板通常沿短跨跨中将板面均布荷载传给板短跨的两边,忽略荷载沿长跨方向的传递,如图 1.5 所示。对于双向板,一般近似按 45°线划分,将板面荷载传递给邻近的支承梁或墙,如图 1.6 所示。

需要说明的是,以上分析是针对板面均布荷载的情况。当板面作用集中荷载时,即使是两对边支承的简支板,其板内也是双向受弯。因此要充分认识荷载传递方式和板内的受力状态,才能采用合理的力学分析模型。

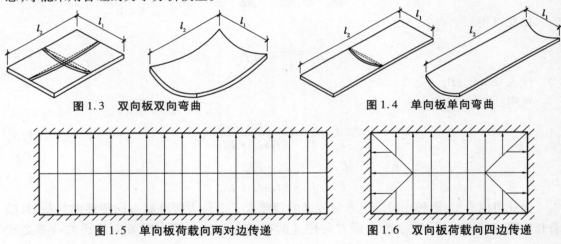

图 1.3　双向板双向弯曲　　　　　　　图 1.4　单向板单向弯曲

图 1.5　单向板荷载向两对边传递　　　　图 1.6　双向板荷载向四边传递

3)主梁和次梁

钢筋混凝土肋梁楼盖,其两个方向的梁形成一正交交叉梁系,假设梁 AB 上承受均布线荷载 q,如图 1.7 所示,梁 AB 与梁 DE 互相承托,交叉点 C 相当于一个弹性支座。我们可以用结构力学的方法对此交叉梁系进行分析。设 AB 和 DE 梁的线刚度分别为 i_{AB} 和 i_{DE}。随着 DE 梁的线刚度与 AB 梁的线刚度之比 i_{DE}/i_{AB} 增加,C 点的弹性支座逐渐接近不动铰支座,当 i_{DE}/i_{AB} 无穷大时,梁 DE 即为梁 AB 的不动铰支座。分析计算结果表明,当 $i_{DE}/i_{AB}>8$ 时,AB 梁跨中的负弯矩与将 C 点作为 AB 梁的不动铰支座得到的 C 支座负弯矩已较为接近,因此为简化计算,设计中当 $i_{DE}/i_{AB}>8$ 时,可近似地将 DE 梁看作 AB 梁的不动铰支座,承担 AB 梁传来的荷载,AB 梁则可以按一两跨连续梁进行计算。工程中称这样的体系为主次梁体系,AB 梁为次梁,DE 梁为主梁。交叉梁体系通过这种方式简化为主次梁,对主梁和次梁分别进行计算,使得计算大为简化。

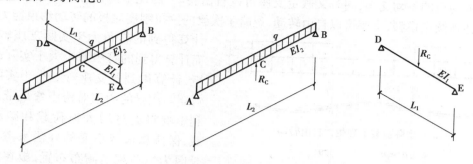

图 1.7 主次梁的荷载传递

实际应用中,对上述交叉梁简化分析概念的把握要准确,否则有可能会得出偏于不安全的结果。设计中,应对采用简化分析方法后可能出现的偏于不安全的结果予以充分认识,从而在构造措施中予以弥补。

1.2 单向板肋梁楼盖设计

1.2.1 结构布置

单向板肋梁楼盖一般由板、次梁、主梁组成。由主次梁分隔成的板,其长边与短边之比很大(长边与短边之比大于 3),板上的均布荷载主要沿短边方向传递到支承构件上;沿长边方向传递的荷载很小,可以忽略不计。

单向板肋梁楼盖布置主要包括柱网布置、主梁布置和次梁布置。其柱网和梁格的布置应满足生产工艺和使用要求,并应使结构具有良好的经济指标。柱网的布置决定了主梁的跨度,通常主梁的经济跨度为 5 ~ 8 m,主梁截面估算时,截面高度可取主梁跨度的 1/14 ~ 1/8,截面宽度可取主梁截面高度的 1/3 ~ 1/2;主梁之间的间距即为次梁的跨度,次梁的经济跨度为 4 ~ 6 m,次梁截面估算时,截面高度可取次梁跨度的 1/18 ~ 1/12,截面宽度可取次梁截面高度的 1/3 ~ 1/2;次梁之间的间距决定了板的跨度,单向板的经济跨度为 1.7 ~ 2.7 m;为了满足结构安全及刚度要求,单向板的厚度与跨度之比不小于 1/30;此外,对于屋面板和民用建筑的楼面板,其厚度不得小于 60 mm;对工业建筑楼面板,其厚度不得小于 70 mm;行车道下的楼板,其厚度不得小于 80 mm。

梁格布置还应尽可能规整、统一,减少梁、板跨度的变化,以简化设计,方便施工。

1.2.2 计算简图

单向板肋梁楼盖的荷载传递路径为:单向板→次梁→主梁→柱,其板、次梁、主梁分别为支承在次梁、主梁、柱上的连续梁。

1)计算模型及简化假定

①假定支座没有竖向位移,假定支座可以自由转动。单向板以次梁为支座,通常板的厚度远远小于次梁的截面高度,因此板的线刚度远远小于次梁的线刚度,次梁的竖向位移可以

忽略而成为板的不动支座,同时又假定支座可以自由转动,因此单向板可以简化为连续梁计算。上述连续梁模型,支座可以自由转动,忽略了次梁的抗扭刚度对板的转动约束能力,使得

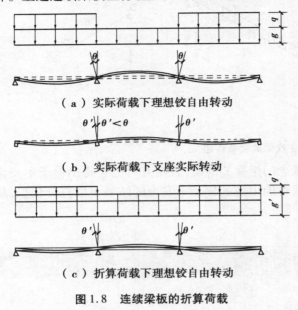

（a）实际荷载下理想铰自由转动

（b）实际荷载下支座实际转动

（c）折算荷载下理想铰自由转动

图 1.8　连续梁板的折算荷载

计算得到的转角大于实际支座转角,因而计算得到的跨中弯矩大于实际跨中弯矩,计算得到的支座弯矩小于实际支座弯矩。次梁的约束对跨中弯矩带来的有利影响将通过增大恒荷载和减小活荷载,保持总荷载不变的办法来考虑。这是因为恒荷载是满布布置,板在中间支座发生的转角很小,按实际情况和铰支算出的结果差异很小。而活荷载要考虑最不利布置,求跨中最大正弯矩时,活荷载需隔跨布置,此时按铰支座计算产生的转动角 θ 很大,而实际转角 θ' 小些,这引起计算结果误差较大。因此,采取适当增加恒载和相应减小活荷载的措施,使按计算模型得到的支座转角减小,内力值与实际情况相近,即用调整后的折算恒荷载设计值 g' 和调整后的折算活荷载设计值 q' 代替实际的恒荷载设计值 g 和活荷载设计值 q,如图 1.8 所示。对于板,取:

$$g'=g+\frac{q}{2},q'=\frac{q}{2} \tag{1.5}$$

次梁与主梁形成交叉梁系,由前述关于主次梁的分析可知,当主次梁线刚度比大于 8 时,可以忽略主梁的竖向位移,次梁以主梁为不动支座,同时又假定支座可以自由转动,因此次梁可以简化为连续梁计算。当主次梁线刚度比不满足要求时,主梁产生的竖向位移将会对次梁和主梁的内力产生影响,严格说应该按照交叉梁系进行内力分析,但这样做比较复杂。因此,当仍忽略主梁的竖向位移,把主梁作为次梁的不动支座,将次梁简化为连续梁计算时,得到的次梁的跨中弯矩将比实际受到的跨中弯矩小,偏于不安全;得到的主梁跨中弯矩将比实际受到的跨中弯矩大,偏于安全,设计过程中应该注意此处存在的误差。在次梁简化为连续梁的模型中,支座可以自由转动,同样忽略了主梁对次梁的转动约束能力,使得次梁在支承处的计算转角大于实际转角,由此带来的误差和次梁对板的约束是一样的。因此,仍然可采用折算荷载的方法进行修正。由于主梁抗扭刚度对次梁转动的约束程度与次梁抗扭刚度对板转动的约束程度不同,对于次梁,近似取:

$$g'=g+\frac{q}{4},q'=\frac{3q}{4} \tag{1.6}$$

通常主梁与混凝土柱刚接形成框架,柱对主梁弯曲转动的约束能力取决于主梁线刚度与柱线刚度之比。当梁柱线刚度比大于 5 时,主梁的转动受到柱端的约束可忽略,而柱的受压引起的竖向变形通常很小,此时柱可以作为主梁的不动铰支座,因此主梁可以简化为连续梁计算。当梁柱线刚度比不满足要求时,则应该按框架结构模型计算。

②不考虑拱效应对板内力的影响。在单向连续板中，支座截面由于负弯矩的作用，顶面开裂，而跨中截面由于正弯矩的作用，底面开裂，这就使得板的实际中性轴变成了拱形，如图1.9所示。当板的四周支承构件具有足够刚度时，则成为具有抵抗横向位移的拱支座，其提供的水平推力将减少板在竖向荷载下的截面弯矩。但是在边跨，作为端支座的边梁缺乏足够的刚度传递水平推力，板的拱效应减弱。在内力分析时，为了简化计算，一般不考虑板的上述薄膜效应。这一有利作用将在板截面设计的时候，根据不同的支座约束情况，对板的计算弯矩进行折减。通常对四周与梁整体连接的中间跨的跨中间截面及中间支座截面弯矩设计值折减0.8，对于边跨的跨中截面及支座截面不予折减，如图1.10所示。使用中，为了方便，也常进一步简化为对计算所得的钢筋面积乘以0.8的折减系数。

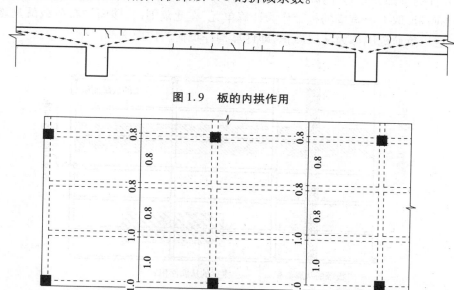

图1.9　板的内拱作用

图1.10　板的弯矩折减系数

③在确定板传给次梁的荷载以及次梁传给主梁的荷载时，分别忽略板、次梁的连续性，按简支构件计算支座竖向反力。

这样做主要是为了简化计算，误差不大。

④跨数超过5跨的连续梁、板，当各跨截面尺寸相同及荷载相同，且跨度相差不超过10%时，可按5跨的等跨连续梁、板计算。

对于5跨和5跨以内的连续梁（板），跨数按实际取；对于5跨以上的连续梁（板），当跨差相差不超过10%时，且各跨截面尺寸及荷载相同时，可按5跨的等跨连续梁、板计算。因为对超过5跨的等跨连续梁，除两边第1跨和两边第2跨以外，中间各跨的内力和配筋都与5跨连续梁的中间跨（第3跨）相接近，因此中间各跨仅用一跨代替即可，如图1.11所示。把实际跨数超过5跨的连续梁简化成5跨连续梁，5跨连续梁内力算出后，实际连续梁的两边第1跨和两边第2跨内力同5跨连续梁的两边第1跨和两边第2跨内力；实际连续梁的中间各跨的内力均同5跨连续梁的中间跨内力。

2）计算单元及从属面积

为减小计算工作量，结构内力分析时常常不是对整个结构进行分析，而是从实际结构中

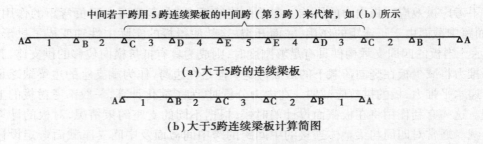

（a）大于5跨的连续梁板

（b）大于5跨连续梁板计算简图

图 1.11 大于 5 跨的连续梁板的计算简图

选取有代表性的一部分作为计算的对象,称为计算单元,如图 1.12 所示。

对于单向板,取 1 m 宽度的板带作为计算单元,在此范围内,楼面均布荷载就是该板带承受的荷载,这一负荷范围称为从属面积,即计算构件负荷的楼面面积。

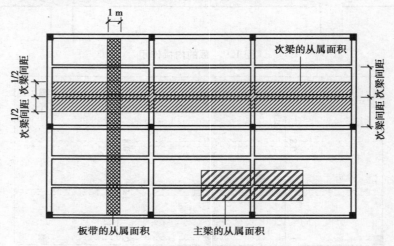

图 1.12 单向板肋梁楼盖的计算简图

楼盖中部主、次梁截面形状都是两侧带翼缘（板）的 T 形截面,次梁承受板传来的均布线荷载,每侧翼缘板的计算宽度取与相邻次梁中心距的一半。主梁承受次梁传来的集中荷载,荷载范围为纵横两个方向梁间距的一半。

3）计算跨度

梁、板的计算跨度 l_0 是指内力计算时所采用的跨间长度。由图 1.12 知,次梁的间距就是板的跨长,主梁的间距就是次梁的跨长,跨长不一定就等于计算跨度。从理论上讲,某一跨的计算跨度应该取为该跨两端支座处转动点之间的距离,所以中间各跨取支承中心线之间的距离,对于边跨,当梁板在边支座与支承构件整浇时,边跨也取支承中心线之间的距离,如图 1.13 所示。

1.2.3 荷载取值

楼屋盖上的竖向荷载有恒荷载和活荷载两类。恒荷载包括结构自重、构造层质量,对于工业建筑楼盖,还需要考虑永久性设备质量等。楼面活荷载包括使用时的人群、家具、办公设备,不上人屋面活荷载包括施工或者维修荷载,上人时可根据使用功能确定。对于屋面活荷

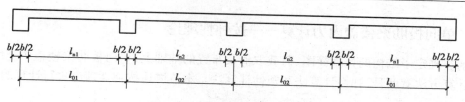

图1.13　连续梁、板的计算跨度

载,还需要考虑雪荷载、积灰荷载等。恒荷载标准值可按选用的构件尺寸、材料和容重计算得出。活荷载标准值由《建筑结构荷载规范》给出具体取值。

对于民用建筑的楼面均布活荷载,当楼面梁的负荷范围较大时,负荷范围内同时布满活荷载标准值的可能性相当小,故可以对活荷载标准值进行折减。折减系数根据《建筑结构荷载规范》按照房屋的类别和楼面梁的负荷范围确定。

对于板,通常取1 m宽板带进行计算,这样单位面积($1\ m^2$)上的荷载也就是计算板带跨度方向单位长度(1 m)上的荷载。次梁除自重及抹灰外,还承受板传来的均布荷载。主梁除自重及抹灰外,还承受次梁传来的集中力。为简化计算,可将主梁自重折算成集中荷载。

确定荷载效应组合的设计值时,恒荷载的分项系数取为:当永久荷载效应对结构不利时,对由可变荷载效应控制的组合应取1.2,对由永久荷载效应控制的组合一般应取1.35;当永久荷载效应对结构有利时,一般取1。可变荷载的分项系数:对标准值大于4 kN/m^2的工业房屋楼面结构的活荷载,应取1.3;其他情况,应取1.4。

1.2.4　活荷载最不利布置

活荷载在各跨的分布是随机的,要使构件在各种可能的荷载布置下都能满足功能要求,就需要确定在什么样的活荷载布置方式下,某截面内力达到最大。为方便设计,规定活荷载是以一个整跨为单位来变动的,因此在设计连续梁、板时,应分析活荷载如何布置才能使梁、板内某一截面的内力绝对值最大,这种布置称为活荷载的最不利布置。

由弯矩分配法知,某一跨单独布置活荷载时:①本跨跨中为正弯矩,相邻跨跨中为负弯矩,隔跨跨中又为正弯矩;②本跨两端支座为负弯矩,相邻跨另一端支座为正弯矩,隔跨远端支座又为负弯矩。图1.14是5跨连续梁(板)单跨布置活荷载时的弯矩M及剪力V的分布图。研究其弯矩和剪力分布规律以及不同组合后的效果,不难发现活荷载最不利布置的规律:

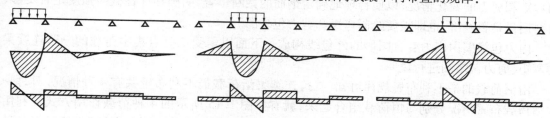

图1.14　5跨连续梁(板)单跨布置活荷载时的弯矩和剪力

①求某跨跨内最大正弯矩时,应在本跨布置活荷载,然后隔跨布置。

②求某跨跨内最大负弯矩时,本跨不布置活荷载,而在其左右邻跨布置,然后隔跨布置。

③求某支座绝对值最大的负弯矩或支座左、右截面最大剪力时,应在该支座左、右两跨布置活荷载,然后隔跨布置。

1.2.5 单向板肋梁楼盖内力计算——按弹性理论

在前述确定了结构的计算简图、荷载取值及布置的基础上,单向板肋梁楼盖中连续梁、板的内力计算方法有两种:弹性计算法和塑性计算法。本节讲述按弹性理论进行计算的方法。

1)内力计算

按弹性计算法计算连续梁板的内力,也就是假定结构为弹性均质材料,按结构力学原理进行计算,一般常用力矩分配法来求连续梁、板的内力。为方便计算,对于等截面等跨的连续梁、板在常用荷载作用下的内力系数已经制成表格。实际应用中,可以利用表格迅速求得连续梁板的内力,如附1.1所示。

对于等截面等跨的连续梁、板在常用荷载作用下,可由附表1.1至附表1.4查出相应的弯矩、剪力系数,利用下列公式计算跨内或支座截面的最大内力:

①均布及三角形荷载作用下:

$$\left.\begin{array}{l} M = k_1 gl^2 + k_2 ql^2 \\ V = k_3 gl + k_4 ql \end{array}\right\} \tag{1.7}$$

②集中荷载作用下:

$$\left.\begin{array}{l} M = k_5 Gl + k_6 Ql \\ V = k_7 G + k_8 Q \end{array}\right\} \tag{1.8}$$

式中　g,q——均布恒荷载、活荷载设计值;

G,Q——集中恒荷载设计值、集中活荷载设计值;

l ——计算跨度;

k_1,k_2,k_5,k_6——弯矩系数;

k_3,k_4,k_7,k_8——剪力系数。

2)内力包络图

通过内力计算,求出支座截面和跨内截面的最大弯矩值、最大剪力值,就可进行截面配筋。但这只能确定支座截面和跨内最大弯矩截面的配筋,而钢筋在整个跨度内应该如何变化,例如上部纵向钢筋在什么位置可以截断,却无从知道。为此,就需要知道每一跨内其他截面弯矩和剪力的变化情况,以便合理地确定钢筋的截断位置,明确构件各截面强度是否足够,材料用量是否经济,也即需要绘制弯矩和剪力包络图。

内力包络图由内力叠合图形的外包线构成。下面以承受三分点集中荷载的三跨连续梁的弯矩、剪力包络图进行说明。

由活荷载的最不利布置规律可知,三跨连续梁活荷载最不利布置共有4种情况,对每一种活荷载布置情况分别与恒荷载组合起来,就有如图1.15所示的4种荷载作用方式。利用力学方法求出各种作用方式下连续梁的剪力值和弯矩值,绘出剪力图和弯矩图,然后把各种方式作用下的弯矩图均移动到同一基线上,形成弯矩叠合图。此弯矩叠合图形的外包线即为弯矩包络图,如图1.16弯矩包络图中粗线所示。其对应的弯矩值代表了各截面可能出现的弯矩上、下限。同理,把各种荷载作用方式下的剪力图均移动到同一基线上,形成剪力叠合图,此剪力叠合图形的外包线即为剪力包络图,如图1.16剪力包络图中粗线所示。其对应的剪力值代表了各截面可能出现的剪力上、下限。

可见,连续梁各跨的弯矩包络图,对于边跨,考虑跨内最大正弯矩,跨内最小正弯矩(或者跨内最大负弯矩),内支座截面的最大负弯矩 3 种情况;对中间跨来讲,考虑跨内最大正弯矩,跨内最小正弯矩(或者跨内最大负弯矩),左支座截面最大负弯矩和右支座截面的最大负弯矩 4 种情况。连续梁各跨的剪力包络图,对于每跨,只考虑左端支座截面和右端支座截面的最大剪力 2 种情况。

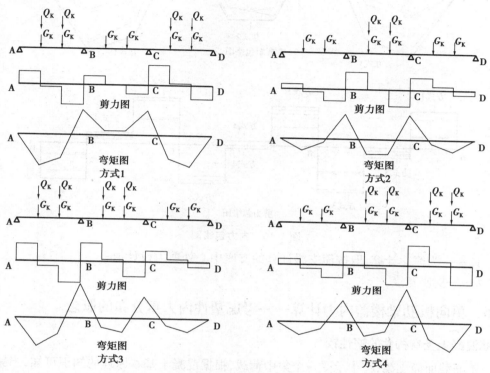

图 1.15　3 跨连续梁三分点集中荷载作用下的荷载最不利布置和最不利内力图

3)支座弯矩和剪力设计值

按弹性理论计算连续梁内力时,中间跨的计算跨度取为支座中心线间的距离,故所求得的支座弯矩和支座剪力都是指支座中心线的。实际上,正截面受弯承载力和斜截面受剪承载力的危险截面在支座边缘,内力设计值应以支座边缘截面为准,故取

弯矩设计值:

$$M = M' - V_0 \cdot \frac{b}{2} \tag{1.9}$$

剪力设计值:

在均布荷载下:

$$V = V' - (g+q) \cdot \frac{b}{2} \tag{1.10}$$

在集中荷载下:

$$V = V' \tag{1.11}$$

式中　M',V'——支座中心处的弯矩、剪力设计值;

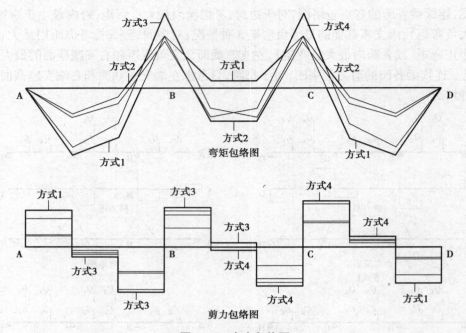

图 1.16　内力包络图

V_0——为简化计算,取按简支梁计算的支座中心处剪力设计值;

b——支座宽度。

1.2.6　单向板肋梁楼盖内力计算——考虑塑性内力重分布的概念

1)钢筋混凝土受弯构件的塑性铰

一单筋截面简支梁,跨中承受一个集中荷载,根据混凝土基本原理的知识可知,当梁开始加载到构件破坏,跨中附近截面将经历如图 1.17(a)所示的 3 个受力阶段。第一阶段为弹性阶段 OA,第二阶段为开裂后的带裂缝阶段至钢筋受拉屈服前的阶段 AB,第三阶段为钢筋屈服后至截面破坏的阶段 BC。现着重分析从受拉钢筋屈服到截面受压区混凝土压溃这一过程。

当加载至受拉钢筋屈服,跨中截面弯矩为 M_y,相应的曲率为 φ_y。随着荷载的少许增加,裂缝继续向上开展,混凝土受压区高度减小,中和轴上升,内力臂略有增加,使得跨中的抵抗弯矩增加到极限抵抗弯矩 M_u,相应的曲率为 φ_u。在上述过程中,弯矩的增量(M_u-M_y)不大,而截面的曲率增值$(\varphi_u-\varphi_y)$却很大,在 M-φ 图上接近一条水平线。这样,在弯矩基本维持不变的情况下,截面曲率激增,形成一个能转动的铰,这种铰称为塑性铰。当跨中截面弯矩从 M_y 发展到 M_u 的过程中,与它相邻的一些截面也进入屈服并产生塑性转动。在图 1.17(b)中,$M \geqslant M_y$ 的部分是塑性铰的区域 l_y(由于钢筋与混凝土之间的粘结力的破坏,实际的塑性铰区域更大)。通常把这一塑性变形集中产生的区域理想化为集中于一个截面上的塑性铰,所产生的转角称为塑性铰转角 θ_p。塑性铰长度与荷载作用形式和截面的有效高度有关。可见,塑性铰在破坏阶段开始时形成,它是有一定长度的,能承受一定弯矩,并在弯矩作用方向转动,直至截面破坏。

如图 1.17(b)所示,跨中集中荷载作用下的简支梁,塑性铰的转动能力可根据跨中截面

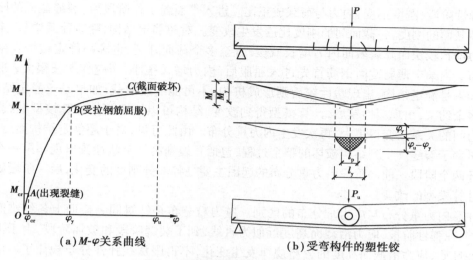

（a）M-φ关系曲线　　　　　（b）受弯构件的塑性铰

图 1.17　钢筋混凝土简支梁塑性铰

达到极限曲率时,跨中附近超过屈服弯矩区域的各截面的曲率($\varphi-\varphi_y$)积分(即图中阴影部分的面积)得到:

$$\theta_p = \int_0^{l_y} (\varphi - \varphi_y) \mathrm{d}x \tag{1.12}$$

式中　l_y——跨中附近超过屈服弯矩区域的长度。

为近似计算,取一等效塑性铰长度 l_p,认为在该范围内均达到极限曲率 φ_u,因此式(1.12)可以表示为:

$$\theta_p = (\varphi_u - \varphi_y) l_p \tag{1.13}$$

根据试验研究,塑性铰长度 l_p 在 1.0~1.5 倍截面高度范围内,即 $l_p = (1.0 \sim 1.5)h$。

塑性铰与理想铰主要有三个区别:①理想铰不能承担任何弯矩,而塑性铰能承担基本不变的弯矩;②理想铰集中于一点,塑性铰则有一定的长度;③理想铰在两个方向都可以产生无限的转动,而塑性铰则是有限转动的单向铰,只在弯矩作用方向具备有限的转动能力。

塑性铰有钢筋铰和混凝土铰两种。对于配置具有明显屈服点钢筋的适筋梁,塑性铰形成的起因是受拉钢筋先屈服,故称为钢筋铰。当截面配筋率大于界限配筋率,此时钢筋不会屈服,转动主要由受压区混凝土的非弹性变形引起,故称为混凝土铰,它的转动量很小,截面破坏突然。混凝土铰大都出现在受弯构件的超筋截面或小偏压构件中,钢筋铰则出现在受弯构件的适筋截面或大偏心构件中。

2)塑性内力重分布和应力重分布

静定弹性结构中,各截面内力(如弯矩、剪力、轴向力等)是与荷载成正比的,各截面内力之间的关系不变,静定结构的内力与截面刚度无关。超静定结构的内力除了静力平衡条件外,还需要按照变形协调条件才能确定,因此超静定结构的内力与刚度相对值有关。

按弹性方法计算结构的内力时,结构的刚度是不变的,超静定结构和静定结构的内力与荷载呈线性关系。但是混凝土是一种非线性弹塑性材料,如前所述,各个截面的受力全过程一般有3个工作阶段:第一阶段为弹性阶段,第二阶段、第三阶段为非线性程度越来越明显的弹塑性受力阶段。

在弹性阶段,刚度不变,内力与荷载成正比。进入带裂缝工作阶段后,裂缝截面的刚度小于未开裂截面的刚度,各截面间的刚度比值发生改变。对超静定结构,随着荷载增长,未开裂截面内力增长较快而开裂截面内力增长减缓,直至多个截面开裂,也即超静定结构发生了内力重分布。当某个薄弱截面钢筋首先进入屈服后,内力增长很小,而应变增长很大,形成塑性铰。如果是静定结构,出现塑性铰后则形成机构,不可能继续承载;如果是超静定结构,由于存在多余约束,出现塑性铰后,计算模型得到改变,结构可以按照新的计算模型继续承载,截面内力间的关系改变得更大,再次发生内力重分布。由此可见,对于超静定结构而言,内力重分布贯穿于裂缝产生到结构破坏的整个过程,包括开裂到第一个塑性铰出现和第一个塑性铰到破坏两个阶段。前一阶段内力重分布的起因主要是各部分刚度的变化,后一阶段则主要是结构计算模型的改变。

要注意内力重分布与应力重分布的区别。应力重分布是针对同一截面上各纤维间的应力而言的,在弹性阶段,应力沿截面高度近似为直线,到了裂缝阶段和破坏阶段,由于混凝土的非弹性性质,应力沿截面高度的分布规律发生变化,不再服从线弹性分布规律了。应力重分布不论对静定结构还是超静定结构都是存在的。内力重分布在超静定结构中发生,是针对不同截面间内力关系而言的,在弹性阶段,刚度与荷载大小无关,其内力与荷载呈线性关系,由于混凝土的非弹性性质,到了裂缝阶段以后,各截面之间内力关系发生变化,不再遵循线弹性关系,也即出现了塑性内力重分布现象。

静定结构中出现塑性铰意味着几何可变体系形成,结构承载能力的丧失;但在超静定结构中,每形成一个塑性铰,只是相当于减少一次超静定次数,内力发生一次较大的重分布。内力重分布的发展程度主要取决于塑性铰的转动能力。如果首先出现的塑性铰都具有足够的转动能力,即能保证最后一个使结构变为机动体系的塑性铰的形成,就称为完全的内力重分布;如果在塑性铰转动过程中混凝土被压碎,而这时另一塑性铰尚未形成,则称为不完全的内力重分布。为了保证结构具有足够的变形能力,塑性铰应设计成转动能力大、延性好的钢筋铰。

3)塑性内力重分布过程

现以跨中承受集中荷载的两跨连续梁(图 1.18)为例,假定支座截面和跨内截面的截面尺寸和配筋相同,研究从开始加载直到梁破坏的全过程。

(1)弹性内力阶段

在加载初期,混凝土开裂之前,整个梁接近于弹性体,故弯矩的真实值与按弹性梁的计算值非常接近。

(2)截面间弯曲刚度比值改变阶段

由于支座截面的弯矩最大,随着荷载增大,中间支座受拉区混凝土先开裂,截面弯曲刚度降低,但跨内截面尚未开裂。由于支座与跨内截面弯曲刚度比值的降低,致使支座截面弯矩 M_B 的增长率低于跨内弯矩 M_1 的增长率。继续加载,当跨内截面也出现裂缝时,截面抗弯刚度的比值有所回升,M_B 的增长率又有所加快。两者的弯矩比值不断发生变化,发生第一阶段内力重分布。

(3)塑性铰阶段

当荷载增加到 F_1,如图 1.18(a)所示,由于支座截面弯矩比跨中截面弯矩大,支座截面 B 上部受拉钢筋首先屈服,达到受弯极限承载能力 M_y(为便于讨论,忽略 M_u 与 M_y 的差别),此时跨中截面弯矩为 M_{11},如图 1.18(b)所示。此时,跨中截面尚未达到屈服,而支座截面屈服塑性铰形成,梁从一次超静定的连续梁变成了两根简支梁,如图1.18(c)所示。由于跨内截面尚未屈服,承载力尚未耗尽,因此还可以继续增加荷载,增加的荷载相当于作用在两根简支梁上面,因而不再使支座截面弯矩增加,而跨中截面弯矩则继续增加。当增加的荷载达到F_2时,跨内截面增加的弯矩达到M_{12},如图1.18(d)所示。在前两步荷载叠加作用下,支座截面弯矩维持M_y不变,而跨中截面总弯矩达到$M_{11}+M_{12}$,并等于屈服弯矩M_y,如图1.18(f)所示,跨中截面也出现塑性铰,梁成为几何可变体系而破坏,梁承受的总荷载为$F=F_1+F_2$。在F_2的作用下,按简支梁计算跨内弯矩,此时支座弯矩不增加,维持在M_y,这是发生的第二阶段内力重分布。

在上述过程中,第一阶段内力重分布的幅度较小,而后一阶段的内力重分布比前一阶段明显剧烈。通常所说的塑性内力重分布主要是考虑后一阶段。

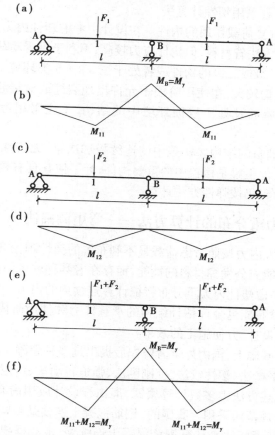

图1.18　两跨连续梁塑性铰机构的形成

4)影响塑性内力重分布的因素

影响塑性内力重分布的因素包括塑性铰的转动能力、斜截面承载能力以及正常使用条件要求,详见附1.2。

5)考虑塑性内力重分布方法的优点及应用范围

（1）优点

从上面的讨论中可以看到,钢筋混凝土连续梁和单向连续板在承受荷载的过程中,由于混凝土的非弹性变形、裂缝的出现和开展、钢筋的锚固滑移以及塑性铰的形成和转动等因素,结构将出现内力重分布。在设计钢筋混凝土连续梁和单向连续板时,考虑结构的塑性内力重分布,不仅可以使结构的内力分析与截面计算相协调,而且具有如下优点:

①能正确地估计结构的极限承载能力和使用阶段的变形、裂缝。

②可以使结构在破坏时有较多的截面达到极限承载力,从而充分发挥结构的潜力,更有效地节约材料。

③利用结构内力重分布的特性,合理调整钢筋布置,可以克服支座钢筋拥挤现象,简化配筋构造,方便混凝土浇捣,从而提高施工效率和施工质量。

④根据结构的内力重分布规律,在一定条件下和范围内可以控制结构中的弯矩分布,从而使设计得以简化。

(2)通常下列情况不宜采用塑性计算法

①直接承受动力和重复荷载作用的构件。在设计中考虑塑性内力重分布的方法,利用了承载力储备,比弹性设计方法省材料,但构件应力较高,不利于承受动荷载和重复荷载。

②裂缝控制等级为一级或二级的构件或者处于三 a、三 b 类环境下的结构。由于塑性铰的出现,该部位裂缝宽度均较大,在使用阶段不允许出现裂缝或对裂缝开展有严格限制的结构,如水池池壁、自防水屋面及处于侵蚀环境中的结构,不应采用考虑塑性内力重分布的方法。

③要求有较高承载储备的结构。楼盖中的连续板和次梁,无特殊要求,一般常采用塑性内力重分布的方法计算,但主梁是楼盖中的重要构件,为了使其具有较大的承载力储备,一般可不考虑塑性内力重分布,仍按弹性方法计算。

1.2.7　考虑塑性内力重分布的计算方法——弯矩调幅法

连续梁各截面的最大内力按照考虑荷载最不利布置的弹性理论方法计算,且各截面均按最大内力进行配筋就不能充分发挥材料的性能,而存在着某种程度的浪费。塑性计算法则是从实际受力情况出发,考虑塑性内力重分布特征计算连续梁的内力。考虑塑性内力重分布计算钢筋混凝土超静定结构,能更合理估计结构的承载能力和使用阶段性能,充分发挥结构潜力,达到节约材料、简化设计、方便施工的效果。

在广泛的试验研究基础上,国内外学者曾先后提出过多种超静定结构考虑塑性内力重分布的计算方法,如极限平衡法、塑性铰法、变刚度法、强迫转动法、弯矩调幅法以及非线性全过程分析方法等。但是上述方法大多数计算繁冗,离工程设计应用尚有距离,目前只有弯矩调幅法为多数国家的设计规范所采用。我国的《钢筋混凝土连续梁和框架梁考虑内力重分布设计规程》也推荐采用弯矩调幅法来计算钢筋混凝土连续梁、板和框架的内力。该方法概念明确、计算方便,在我国积累有较多的工程实践经验,为设计人员所熟悉,有利于保证设计质量。

1)弯矩调幅法的概念

所谓弯矩调幅法,就是对结构按前述弹性理论所计算得到的弯矩值和剪力值进行适当的调整。通常是对那些绝对值较大的截面弯矩进行调整,然后按照调整后的内力进行截面设计和配筋构造,是一种实用设计方法。截面弯矩调整的幅度用弯矩调幅系数 β 表示。即

$$\beta = \frac{M_e - M_a}{M_e} \tag{1.14}$$

式中　M_e——按弹性理论计算得到的弯矩值;

　　　　M_a——调幅后的弯矩值。

2)弯矩调幅法的原则

①受力钢筋宜采用 HPB300,HRB335,HRB400 级钢筋等,混凝土强度等级宜在 C20～C45 范围内选用。为了充分发挥材料的塑性性能,满足内力重分布的需要,在按塑性内力重分布计算结构构件承载力时,宜采用塑性性能较好的材料。对于强度等级高于 C45 的混凝土和没有明显屈服点的钢筋,目前缺乏足够的试验资料。

②截面的弯矩调幅系数不宜超过 0.25,不等跨连续梁板不宜超过 0.2。钢筋混凝土结构的截面塑性转动能力是有限的,因此弯矩调幅系数应与截面的塑性转动能力相适应。如果最初出现的塑性铰转动幅度过大,塑性铰附近截面的裂缝开展过宽,结构的挠度过大,可能无法满足正常使用阶段对裂缝宽度和变形的要求,这是工程实用中应避免的。因此,在考虑塑性内力重分布时,应对塑性铰的允许转动量予以控制,也就是要控制内力重分布的幅度。一般要求在正常使用阶段不应出现塑性铰。

③弯矩调整后的截面相对受压区高度系数 ξ 不应超过 0.35,也不宜小于 0.1;如果截面按配有受压钢筋计算,在计算 ξ 时,可以考虑受压钢筋的作用。

如前所述,考虑塑性内力重分布时,为保证塑性内力重分布得以充分进行,要求塑性铰具有较大的转动能力。为此,在截面配筋计算时,就应控制塑性铰截面的受力钢筋配筋率不能太大。塑性铰截面受拉钢筋配筋率越低,截面受压区高度越小,塑性铰转动能力越强,因此提出了塑性铰截面受压区高度应满足不大于 $0.35h_0$ 的要求。这个要求实质上对塑性铰截面的最大配筋率提出了比普通截面的最大配筋率更为严格的要求。如果调整后的支座截面弯矩仍然较大,不能满足受压区高度小于等于 $0.35h_0$ 的要求,此时可将截面加大,或者将该支座截面设计成双筋截面。当采用双筋截面时,可利用直伸支座的跨中纵向受力钢筋作为受压钢筋使用,不过要保证该钢筋伸入支座的锚固长度不应小于 $0.7l_a$。

要求截面受压区高度不宜小于 $0.1h_0$,也即控制了截面受拉钢筋配筋率不宜太小,使得结构在正常使用阶段能满足裂缝宽度要求。

④连续梁各跨中截面的弯矩不宜调幅。其弯矩设计值 M 可取考虑活荷载最不利布置并按弹性方法算得的弯矩设计值和按下列公式计算的弯矩设计值的较大者。

$$M = 1.02M_0 - \left| \frac{M^l + M^r}{2} \right| \tag{1.15}$$

式中　M_0——按简支梁计算的跨中弯矩设计值;

　　　M^l, M^r——连续梁或连续单向板的左、右支座截面弯矩调幅后的弯矩设计值。

连续梁板弯矩经过调幅后,仍应满足静力平衡条件。由于钢筋混凝土梁、板的正截面从纵向钢筋开始屈服到承载力极限状态尚有一段距离,因此当梁板的任意一跨出现三个塑性铰而开始形成机构时,三个塑性铰截面并不一定同时达到极限强度。因此为了保证结构在形成机构前达到设计要求的承载能力,应使梁、板的任意一跨两支座弯矩平均值的绝对值与调幅后跨中弯矩设计值之和略微大于该跨按简支梁计算的弯矩值。

⑤各控制截面的弯矩不宜小于简支弯矩的 1/3。

⑥连续梁各控制截面的剪力设计值,可按荷载最不利布置,根据调整后的支座弯矩用静

力平衡条件计算,也可取用考虑最不利布置按弹性方法算得的剪力值。

⑦考虑调幅后,在对连续梁可能产生塑性铰的区段,应对计算箍筋面积增大20%:对集中荷载,箍筋面积增大的范围取支座边至最近一个集中荷载之间的区段;对均布荷载,取支座边至距支座边为$1.05h_0$的区段。

出现塑性铰后,截面的抗剪承载能力降低,在可能出现塑性铰的区段,应适当增加计算所得的钢筋面积。

⑧箍筋的最小配箍率规定更为严格,要求$\rho_{sv} \geq 0.3f_t/f_{yv}$。这是为减少发生斜拉破坏的可能性,对最小配箍率提出了更高的要求。

3)用调幅法计算等跨连续梁、板

(1)等跨连续梁

在相等均布荷载和间距相同、大小相等的集中荷载作用下,等跨连续梁各跨跨中和支座截面的弯矩设计值M可分别按下列公式计算:

承受均布荷载时:

$$M = \alpha_m(g+q)l_0^2 \tag{1.16}$$

承受集中荷载时:

$$M = \eta \alpha_m(g+q)l_0 \tag{1.17}$$

式中　g——沿梁单位长度上的恒荷载设计值;

q——沿梁单位长度上的活荷载设计值;

G——一个集中恒荷载设计值;

Q——一个集中活荷载设计值;

α_m——连续梁考虑塑性内力重分布的弯矩计算系数,按附表1.5采用,该系数的由来参见附1.4;

η——集中荷载修正系数,按附表1.6采用;

l_0——梁的计算跨度,注意这里的计算跨度是调幅法采用的计算跨度,对两端与梁整体连接的梁,取净跨。

在均布荷载和间距相同、大小相等的集中荷载作用下,等跨连续梁支座边缘的剪力设计值V可分别按下列公式计算:

均布荷载:

$$V = \alpha_v(g+q)l_n \tag{1.18}$$

集中荷载:

$$V = \alpha_v n(G+Q) \tag{1.19}$$

式中　α_v——考虑塑性内力重分布梁的剪力计算系数,按附表1.7采用;

l_n——净跨度;

n——跨内集中荷载的个数。

(2)等跨连续板

承受均布荷载的等跨连续单向板,各跨跨中及支座截面的弯矩设计值M可按下式计算:

$$M = \alpha_m(g+q)l_0^2 \tag{1.20}$$

式中　g,q——沿板跨单位长度上的恒荷载设计值、活荷载设计值;

α_m——连续单向板考虑塑性内力重分布的弯矩计算系数,按附表1.5采用;

l_0——板的计算跨度,注意这里的计算跨度是调幅法采用的计算跨度,对两端与梁整体连接的板,取净跨。

4)用调幅法计算不等跨连续梁、板或各跨荷载值相差较大的等跨连续梁、板

相邻两跨的长跨与短跨之比值小于1.10的不等跨连续梁、板,在均布荷载或间距相同、大小相等的集中荷载作用下,梁、板各跨跨中及支座截面的弯矩和梁剪力设计值仍可按上述等跨梁的规定确定,但在计算跨中弯矩和支座剪力时,应取本跨的跨度值;计算支座弯矩时,应取相邻两跨中的较大跨度值。

对不满足上述要求的不等跨连续梁、板或各跨荷载值相差较大的等跨连续梁、板,其调幅法计算步骤详见附1.5。

1.2.8　单向板肋梁楼盖的截面设计与构造要求

1)单向板的截面设计与配筋构造

（1）单向板的配筋计算

求得内力后,即可进行截面承载力计算。考虑拱效应,对于周边与梁整体连接的中间跨单向板,其支座截面和跨中截面弯矩设计值可减少20%。取1 m板宽度,按单筋矩形截面设计,对各跨中截面和各支座截面分别进行计算,所求得的钢筋面积要满足最小配筋率和受压区高度要求。注意:按考虑塑性内力重分布方法设计时,对其受压区高度要求与按弹性方法设计要求不同。当连续板的跨数超过5跨时,中间各跨均按5跨连续板的第3跨配筋。

与梁不同的是,板的跨厚比大,均布荷载作用下剪力较小,一般仅靠混凝土部分就能够提供足够的抗剪承载力,不需要进行斜截面抗剪承载力计算,也不需要配置抗剪钢筋。

（2）构造要求

①受力钢筋:连续单向板的受力钢筋包括沿受力方向的置于板下部的承受正弯矩的板底正钢筋和置于板面的承受负弯矩的板面负钢筋。板底正钢筋根据跨中截面弯矩设计值计算确定,板面负钢筋根据支座截面弯矩设计值计算确定。由于分离式配筋施工方便,已经成为我国混凝土板的主要配筋形式。

a. 板底正钢筋宜全部伸入支座可靠锚固,一般锚固长度为5d且不少于梁中心线。

b. 板面负钢筋贯穿支座向跨内延伸,延伸的长度从理论上说应根据弯矩包络图确定。为了方便,通常采用构造方式处理。

c. 板中受力钢筋的最大间距不能超过规范规定。

以上3项具体构造要求见附1.6。

②构造钢筋:

a. 板面构造钢筋:包括沿受力方向和非受力方向的端支座上部构造钢筋;沿非受力方向的中间支座上部构造钢筋;角部附加构造钢筋。

b. 分布钢筋:需在板底的非受力方向布置分布钢筋,与受力钢筋形成骨架,使得传荷更均匀,同时也承担可能产生的一定数量的弯矩。

c. 防裂钢筋:混凝土收缩和温度变化容易在现浇板内产生约束拉应力而导致楼板开裂,因此需要设置温度收缩钢筋以减少这类裂缝。

以上构造钢筋的具体要求见附1.7。

2)次梁和主梁的截面设计与配筋构造

（1）次梁、主梁的配筋计算

在现浇肋梁楼盖中，楼板与梁浇筑在一起，形成矩形截面梁的翼缘。对于次梁和主梁的跨中截面，翼缘位于受压区，应按 T 形截面梁进行承载力计算，其 T 形截面梁的翼缘宽度 b'_f 按附表1.8肋形梁（板）一栏取值；对于次梁和主梁支座截面，翼缘位于受拉区，仍按矩形截面梁进行计算。

在计算主梁支座截面配筋时，由于板、次梁与主梁负弯矩钢筋相互重叠（如图1.19所示），一般情况下主梁钢筋置于次梁钢筋和板钢筋之下，因此计算主梁支座负钢筋时，截面有效高度 h_0 有所减小，应取主梁截面高度-板的保护层厚度-板的受力钢筋直径-次梁的受力钢筋直径-主梁受力钢筋直径的一半；如果是配双排筋，还应该再减去25 mm。

一般情况下，梁可简化为按单筋截面进行承载力配筋计算。当支座截面需要按双筋截面考虑时，可以利用跨中伸入支座的下部钢筋作为受压钢筋。

同连续板一样，所求得的受拉纵向钢筋面积应满足最小配筋率和受压区高度要求，注意按考虑塑性内力重分布方法设计时，对其受压区高度要求与按弹性方法设计的要求不一样。当连续梁的跨数超过5跨时，中间各跨均按5跨连续梁的第3跨配筋。

对主梁和次梁，均需进行斜截面受剪承载力计算。钢筋混凝土连续梁斜截面受剪承载力的计算方法与普通受弯构件相同，计算所得的箍筋面积要满足最小配箍率要求。注意：按考虑塑性内力重分布的方法设计时，如前调幅法原则中所述，其最小配箍率的要求比按弹性方法设计应有所提高，并且对其可能出现塑性铰区域，计算所得的箍筋面积应有所增加。

（2）次梁、主梁的配筋构造

①受力钢筋：为方便施工，连续梁配筋大多采用分离式配筋，下部纵向钢筋应全部伸入支座，伸入边支座和中间支座的具体要求详见附1.9；支座截面负弯矩钢筋应贯穿支座向跨内延伸，由于纵向受拉钢筋不宜在受拉区截断，当需要截断时，应根据弯矩包络图确定断点位置，详见附1.10。对于次梁，当相邻跨差不超过20%、活荷载和恒荷载的比值 $q/g \leqslant 3$ 时，为方便设计，其支座截面负弯矩钢筋的截断往往采用构造方式处理，具体措施见附1.11。

②箍筋：梁一般采用封闭式箍筋，箍筋除满足计算需要外，还应满足最大间距、最小直径等构造要求，详见附1.12。

③纵向构造钢筋：工程中也称为腰筋。在一些大截面尺寸的梁中，常发现梁腹板范围内的侧面产生垂直于梁轴线的收缩裂缝，为此应在尺寸较大的梁两侧沿梁轴线方向布置纵向构造钢筋，以控制裂缝开展。纵向构造钢筋设置要求见附1.13。

④主次梁相交处的横向钢筋：一般荷载作用于梁的顶部，引起的效应由梁抗弯承载力和抗剪承载力计算来抵抗。但在主次梁相交处，次梁承受支座负弯矩，次梁顶面将出现垂直裂缝，因此次梁传给主梁的集中力主要通过剪压区传递到主梁的梁腹，使其下部产生斜裂缝（如图1.20所示），使得主梁下部可能产生局部拉脱破坏。因此，在次梁两侧的一定范围的主梁内应配置附加横向钢筋，将次梁传递给主梁的荷载悬吊到主梁的顶部。附加横向钢筋包括附加箍筋和吊筋两种类型，其具体计算配置要求见附1.14。注意：原抗剪钢筋需要照常设置，抗剪钢筋和附加横向钢筋不能互相替代。

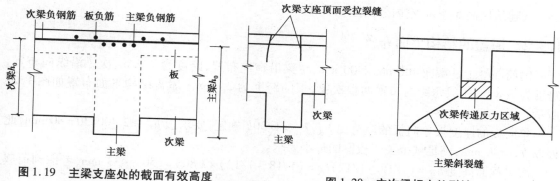

图 1.19　主梁支座处的截面有效高度

图 1.20　主次梁相交处裂缝

1.3　单向板肋梁楼盖设计例题

某单层工业厂房一个单元的屋盖平面如图 1.21 所示,楼梯设置在旁边的附属房屋内。该建筑暂不考虑抗震设防,结构环境类别为二 a 类,拟采用现浇钢筋混凝土单向板肋梁形式。试对其屋盖进行设计。其中,要求板、次梁考虑塑性内力重分布设计,主梁按弹性理论设计。

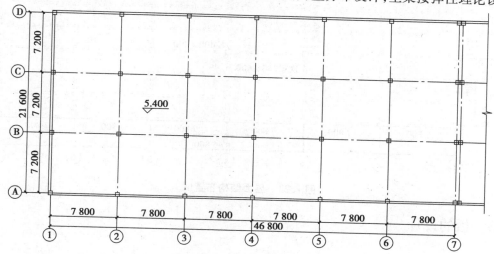

图 1.21　建筑平面布置图

1.3.1　设计资料

①屋面做法(包括找坡层、找平层、保温隔热层、防水层):4.0 kN/m²。

②吊顶:0.5 kN/m²。

③屋面活荷载:该建筑屋面部分覆土作为屋顶花园,部分作为多功能运动场地,应业主要求,其可变荷载标准值取为 7 kN/m²,组合值系数 $\psi_c = 0.7$。

④钢筋混凝土容重:$\gamma = 25$ kN/m³。

⑤材料:混凝土采用 C30;钢筋:梁纵向钢筋及板钢筋采用 HRB400 级,梁箍筋采用 HPB300 级或者 HRB400。

⑥建筑层高 5.4 m,室内外高差 0.3 m。

1.3.2 屋盖的结构平面布置

钢筋混凝土柱截面 400 mm×400 mm,主梁沿横向布置,跨度为 7.2 m,次梁沿纵向布置,跨度为 7.8 m,主梁每跨内布置两根次梁,板的跨度为 2.4 m。屋盖结构平面布置如图 1.22 所示。

单向板的厚度按单向板的厚跨比 $h_板/l_板 \geq 1/30h$ 确定,要求板 $h_板 \geq 2\,400/30 = 80$ mm,此处取 $h_板 = 80$ mm,满足规范关于板厚的最小要求。

次梁截面高度 $h_次 = (1/18 \sim 1/12) l_次 = (1/18 \sim 1/12) \times 7\,800 = 650 \sim 433$ mm,考虑到荷载比较大,取 $h_次 = 600$ mm,次梁截面宽度取为 $b_次 = 250$ mm。

主梁截面高度 $h_主 = (1/14 \sim 1/8) l_主 = (1/14 \sim 1/8) \times 7\,200 = 900 \sim 512$ mm,取 $h_主 = 800$ mm,主梁截面宽度取为 $b_主 = 300$ mm。

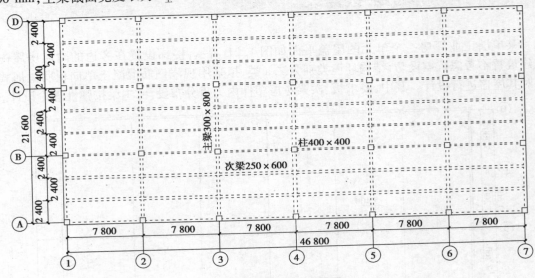

图 1.22　屋面结构布置图

1.3.3 板的设计

1)荷载

板的恒载标准值:

屋面做法:	4.0 kN/m²
80 mm 厚混凝土板:0.08×25 =	2.0 kN/m²
吊顶:	0.5 kN/m²

小计　　　　　　　　　　　　　6.5 kN/m²

板的活荷载标准值:　　　　　　7.0 kN/m²

当恒荷载其控制作用时,恒荷载分项系数取 1.35,活荷载分项系数取 1.4;当活荷载起控制作用时,恒荷载分项系数取 1.2,活荷载分项系数取 1.4。

当恒荷载其控制作用时,板的荷载设计值:$g+q = 1.35 \times 6.5 + 1.4 \times 7 \times 0.7 = 15.635$ kN/m

当活荷载其控制作用时,板的荷载设计值:$g+q = 1.2×6.5+1.4×7 = 17.6 \ \text{kN/m}$

取大值,即 $g+q = 17.6 \ \text{kN/m}$

2)计算简图

按塑性内力重分布设计,板的两端与梁整体连接,其计算跨度取净跨。边跨的计算跨度为:$l_{01} = 2\ 400-125-50 = 2\ 225 \ \text{mm}$;中间跨板的计算跨度均为 $l_{02} = 2\ 400-250 = 2\ 150 \ \text{mm}$,跨差 $\dfrac{2\ 225-2\ 150}{2\ 150} = 3.5\% < 10\%$。跨数超过5跨的连续梁、板,当各跨荷载相同,且跨度相差不超过10%时,可按5跨的等跨连续梁、板计算,取1 m 宽板带作为计算单元,本题9跨连续板的计算简图为5跨连续板,如图1.23所示。

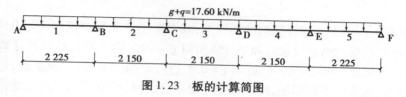

图1.23 板的计算简图

3)内力计算

各跨中及支座截面的弯矩设计值可按下式计算:

$$M = \alpha_m(g+q)l_0^2$$

相邻两跨的跨度相差不超过10%,按5跨的等跨连续梁、板计算。计算本跨跨中弯矩时,取本跨的跨度值;计算支座弯矩时,取相邻两跨中的较大跨度值。

α_m 为连续板考虑塑性内力重分布的弯矩计算系数,由附表1.5可查得,板的弯矩系数 α_m 分别为:边支座 A:$-1/16$,边跨跨中 $1/14$,离端第二支座 B:$-1/11$,离端第二跨跨中 $1/16$,中间支座 C:$-1/14$,中间跨跨中:$1/16$。故:

$$M_A = -(g+q)l_{01}^2/16 = -17.6×2.225^2/16 = -5.45 \ \text{kN·m}$$
$$M_1 = (g+q)l_{01}^2/14 = 17.6×2.225^2/14 = 6.22 \ \text{kN·m}$$
$$M_B = -(g+q)\left[\max(l_{01},l_{02})\right]^2/11 = -17.6×2.225^2/11 = -7.92 \ \text{kN·m}$$
$$M_2 = M_3 = (g+q)l_{02}^2/16 = 17.6×2.15^2/16 = 5.08 \ \text{kN·m}$$
$$M_C = -(g+q)l_0^2/14 = -17.6×2.15^2/14 = 5.81 \ \text{kN·m}$$

4)正截面受弯承载力计算

板厚80 mm,环境类别为二 a,C30 混凝土,板的最小保护层厚度为20 mm。假设板受力钢筋直径为10 mm,$h_0 = 80-20-5 = 55 \ \text{mm}$,$\alpha_1 = 1$,$f_t = 1.43 \ \text{N/mm}^2$,$f_c = 14.3 \ \text{N/mm}^2$,$f_y = 360 \ \text{N/mm}^2$。

板配筋计算过程如表1.1所示:

表1.1 板的配筋计算

截 面	A	1	B	2(3)	C
弯矩设计值/(kN·m)	−5.45	6.22	−7.92	5.08	−5.81
$\alpha_s = M/\alpha_1 f_c bh_0^2$	0.126	0.144	0.183	0.117	0.134
ξ	0.135	0.156	0.204	0.125	0.145

续表

截 面		A	1	B	2(3)	C
不考虑拱效应	计算配筋/mm²	295	341	445	274	316
	实际配筋/mm²	Φ 8@170 $A_s=295$	Φ 8/10@170 $A_s=378$	Φ 10@170 $A_s=461$	Φ 8@170 $A_s=295$	Φ 8/10@200 $A_s=321$
考虑拱效应	计算配筋/mm²				279× 0.8=223	314× 0.8=251
	实际配筋/mm²				Φ 8@200 $A_s=251$	Φ 8@200 $A_s=251$

按塑性混凝土内力重分布计算的结构构件,其混凝土受压区高度应满足 $0.1 \leqslant \xi \leqslant 0.35$,经验算,上表中各截面均满足要求。如果计算所得 $\xi>0.35$,则需调整截面尺寸或者混凝土强度,重新计算。如果计算所得 $\xi<0.1$,可取 $\xi=0.1$ 进行配筋。另外,一般来讲,绝对值最大的弯矩出现在支座,采用弯矩调幅法,跨中截面一般不会出铰,所以可以只对支座截面进行受压区高度控制。

对于四周有梁整体连接的板,中间跨的跨中截面及中间支座,考虑板的内拱作用,应将弯矩降低20%,为了方便,本题近似对计算配筋面积折减20%。

最小配筋率为 $0.45f_t/f_y=0.45×1.43÷360=0.18\%$ 与 0.2% 之间的较大者,因此 $\rho_{min}=0.2\%$,$A_{smin}=0.2\%×1\,000×80=160$ mm²。上述各截面配筋均满足最小配筋率要求。

沿长跨方向上部构造钢筋根据规范构造要求配Φ 8@200;下部分布钢筋配Φ 8@250,$A_s=200.96$ mm²,$\rho_{min}=0.25\%$,单位宽度上的配筋大于受力纵筋面积的15%,且配筋率大于0.15%。

由于板的跨厚比很大,荷载很小,通常混凝土就能承担剪力,无须进行斜截面受剪承载力计算,也无须配箍。

5)板配筋图

如图1.24所示为板的配筋图,钢筋截断和锚固按构造要求确定。

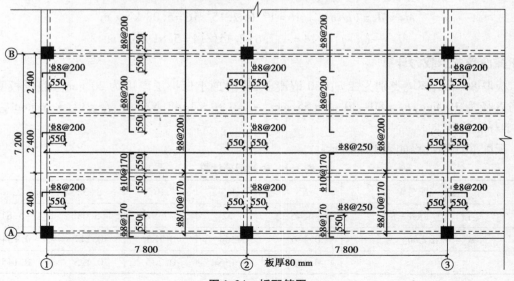

图1.24 板配筋图

1.3.4　次梁设计

1)荷载

恒荷载标准值 g_k

由板传来的恒荷载标准值:	$6.5×2.4=15.60$ kN/m
次梁自重:	$0.25×(0.6-0.08)×25=3.25$ kN/m
次梁粉刷(20 mm 厚):	$0.02×(0.6-0.08)×17×2=0.35$ kN/m

合计:　　　　　　　　　　　　$g_k=19.20$ kN/m

活荷载标准值 q_k

由板传来的活荷载标准值:　　$7×2.4=16.8$ kN/m

合计:　　　　　　　　　　　　$q_k=16.8$ kN/m

当恒荷载其控制作用时,恒荷载分项系数取1.35,活荷载分项系数取1.4;当活荷载起控制作用时,恒荷载分项系数取1.2,活荷载分项系数取1.4。

当恒荷载其控制作用时,次梁的荷载设计值为:$g+q=1.35×19.20+1.4×16.8×0.7=42.38$ kN/m

当活荷载其控制作用时,次梁的荷载设计值为:$g+q=1.2×19.20+1.4×16.8=46.56$ kN/m

取大值,即 $g+q=46.56$ kN/m

2)计算简图

按塑性内力重分布设计,次梁的两端与主梁整体连接,其计算跨度取净跨。边跨的计算跨度为:$l_{01}=7\,800-150-100=7\,550$ mm;中间各跨的计算跨度均为 $l_0=7\,800-300=7\,500$ mm,跨差 $\dfrac{7\,550-7\,500}{7\,500}=0.67\%<10\%$,6 跨连续次梁可按 5 跨连续梁计算,计算简图如图 1.25 所示。

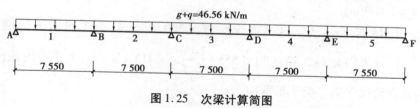

图 1.25　次梁计算简图

3)内力计算

各跨中及支座截面的弯矩设计值可按下式计算:

$$M=\alpha_m(g+q)l_0^2$$

相邻两跨的跨度相差不超过10%,按5跨的等跨连续梁、板计算。计算本跨跨中弯矩和支座剪力时,取本跨的跨度值;计算支座弯矩时,取相邻两跨中的较大跨度值。

α_m 为连续板考虑塑性内力重分布的弯矩计算系数,由附表1.5可查得,梁的弯矩系数 α_m 分别为:边支座 A:$-1/24$,边跨跨中 $1/14$,离端第二支座 B:$-1/11$,离端第二跨跨中 $1/16$,中间支座 C:$-1/14$,中间跨跨中:$1/16$。故:

$$M_A = -(g+q)l_{01}^2/24 = -46.56 \times 7.550^2/24 = -110.58 \text{ kN} \cdot \text{m}$$

$$M_1 = (g+q)l_{01}^2/14 = 46.56 \times 7.550^2/14 = 189.57 \text{ kN} \cdot \text{m}$$

$$M_B = -(g+q)[\max(l_{01}, l_{02})]^2/11 = -46.56 \times 7.55^2/11 = -241.28 \text{ kN} \cdot \text{m}$$

$$M_2 = M_3 = (g+q)l_{02}^2/16 = 46.56 \times 7.5^2/16 = 163.69 \text{ kN} \cdot \text{m}$$

$$M_C = -(g+q)l_{02}^2/14 = -46.56 \times 7.5^2/14 = -187.07 \text{ kN} \cdot \text{m}$$

各支座边缘的剪力设计值可按下式计算:

$$V = \alpha_V(g+q)l_n$$

式中 l_n——计算截面所在跨的净跨。

α_V——考虑塑性内力重分布梁的剪力计算系数,由附1.7可查得,A 支座右侧:0.50;B 支座左侧:0.55;B 支座右侧:0.55;C 支座左侧:0.55;C 支座右侧:0.55。故:

$$V_A = 0.50(g+q)l_{n1} = 0.5 \times 46.56 \times 7.55 = 175.76 \text{ kN}$$

$$V_{B左} = 0.55(g+q)l_{n1} = 0.55 \times 46.56 \times 7.55 = 193.34 \text{ kN}$$

$$V_{B右} = V_{C左} = V_{C右} = 0.55(g+q)l_{n2} = 0.55 \times 46.56 \times 7.5 = 192.06 \text{ kN}$$

4)正截面受弯承载力计算

次梁宽 250 mm,次梁高 600 mm,按一排筋考虑,环境类别为二 a,C30 混凝土,梁的最小保护层厚度 25 mm,假设纵向受力钢筋直径为 20 mm,箍筋直径为 10 mm,$h_0 = 600-25-10-10 = 555$ mm。正截面受弯承载能力计算时,跨内按 T 形截面计算,翼缘宽度 b_f' 根据附表 1.8 取以下三种情况中的较小值:

第一种情况,按计算跨度 l_0 考虑:$b_f' = \dfrac{l_0}{3} = \dfrac{7\,500}{3} = 2\,500$ mm,

第二种情况,按梁净距 s_n 考虑:$b_f' = b+s_n = 250+2\,150 = 2\,400$ mm,

第三种情况,按翼缘高度 h_f' 考虑:因为 $h_f'/h_0 = 80/555 = 0.14 > 0.1$,不考虑,

因此取 $b_f' = 2\,400$ mm。

$\alpha_1 = 1$,$f_t = 1.43$ N/mm²,$f_c = 14.3$ N/mm²,$f_y = 360$ N/mm²,首先判别 T 形截面的类型:

$\alpha_1 f_c b_f' h_f' \left(h_0 - \dfrac{h_f'}{2}\right) = 1.0 \times 14.3 \times 2\,400 \times 80 \times \left(555 - \dfrac{80}{2}\right) = 1\,413$ kN·m,大于跨内截面最大弯矩值,可知跨内截面均属于第一类 T 形截面。

次梁正截面配筋计算过程如表 1.2 所示:

表 1.2 次梁正截面配筋计算

截面	A	1	B	2(3)	C
弯矩设计值/(kN·m)	−110.58	189.57	−241.28	163.69	−187.07
$\alpha_s = \dfrac{M}{\alpha_1 f_c b h_0^2}$	110 580 000/ (14.3×250× 555²)= 0.100 4	189 570 000/ (14.3×2 400 ×555²)= 0.017 9	241 280 000/ (14.3×250× 555²)= 0.219 1	163 690 000/ (14.3×2 400 ×555²)= 0.015 5	187 070 000/ (14.3×250× 555²)= 0.169 9
$\xi = 1 - \sqrt{1-2\alpha_s}$	0.106 0	0.018 1	0.250 5	0.015 6	0.187 4

截面	A	1	B	2(3)	C
计算配筋 $A_s = \dfrac{\xi \alpha_1 f_c b h_0}{f_y}/mm^2$	584	958	1 381	826	1 033
实际配筋/mm^2	2 ⌀ 20 $A_s = 628$	2 ⌀ 22+1 ⌀ 16 $A_s = 961$	2 ⌀ 20+2 ⌀ 22 $A_s = 1 388$	2 ⌀ 20+1 ⌀ 16 $A_s = 829$	2 ⌀ 20+2 ⌀ 16 $A_s = 1 030$

各支座截面均满足 $0.1 \leq \xi \leq 0.35$ 的要求。

最小配筋率为 $0.45 f_t / f_y = 0.45 \times 1.43 \div 360 = 0.18\%$ 与 0.2% 之间的较大者,因此 $\rho_{min} = 0.2\%$,$A_{smin} = 0.2\% \times 250 \times 600 = 300$ mm^2。上述各截面配筋均满足最小配筋率要求。

因次梁的腹板高度 $h_w = h_0 - h'_f = 600 - 80 = 520$ mm,大于 450 mm,需在梁侧设置纵向构造钢筋,每侧纵向构造钢筋的截面面积不小于腹板面积的 0.1%,且其间距不大于200 mm。现每侧配置 2 ⌀ 12,$226/(555 \times 250) = 0.16\%$,满足要求。

5)斜截面受剪承载力计算

次梁的受剪承载力包括:截面尺寸的复核,箍筋计算和最小配筋率验算。

因为次梁的 $h_w/b = (555 - 80)/250 = 1.9 < 4$ 受弯构件的受剪截面应满足最大剪力 $V \leq 0.25 \beta_c f_c b h_0 = 0.25 \times 1 \times 14.3 \times 250 \times 555 = 496$ kN,因次梁各截面中最大剪力为 193.34 kN,次梁截面满足要求。

计算所需箍筋:

为方便施工,常使每一跨沿全长箍筋直径及间距保持一致,因此每一跨取跨内最大剪力值进行设计,因为各跨跨内最大剪力近似相等,各跨均可按剪力 $V = 193.34$ kN 进行设计。箍筋采用 HPB300,双肢箍,直径为 8,可得箍筋间距:

$$s = \frac{f_{yv} A_{sv} h_0}{V - 0.7 f_t b h_0} = \frac{270 \times 2 \times 50.24 \times 555}{193 340 - 0.7 \times 1.43 \times 250 \times 555} = 276.5 \text{ mm}$$

次梁调幅后受剪承载力应增强,调整箍筋间距 $s = 276.5 \times 0.8 = 221$ mm。配箍应满足梁中箍筋的最大间距及最小配箍率的构造要求。当梁高 $500 < h \leq 800$,$V > 0.7 f_t b h_0$ 时,梁中箍筋最大间距为 250 mm。弯矩调幅时要求最小配箍率为 $0.3 f_t / f_{yv} = 0.16\%$。经调整,最后取箍筋间距为 200 mm,配箍率 $\rho_{sv} = \dfrac{A_{sv}}{bs} = \dfrac{100.48}{250 \times 200} = 0.2\%$,满足要求。

6)次梁配筋图

如图 1.26 所示为次梁配筋图,钢筋截断和锚固按构造要求确定。

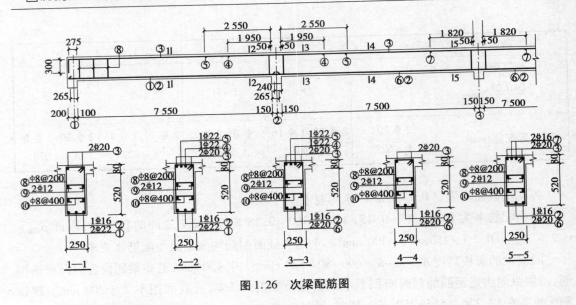

图 1.26　次梁配筋图

1.3.5　主梁设计

1)荷载

为简化计算,将主梁的自重按集中荷载考虑。

恒荷载标准值:

由次梁传来恒荷载标准值:　　　　$19.20 \times 7.8 = 149.76 \text{ kN}$

主梁自重:　　　　$0.30 \times (0.80 - 0.08) \times 25 \times 2.4 = 12.96 \text{ kN}$

主梁粉刷(20 mm 厚):　　　　$0.02 \times (0.80 - 0.08) \times 17 \times 2 \times 2.4 = 1.18 \text{ kN}$

合计:　　　　$G_k = 163.90 \text{ kN}$

活荷载标准值:

由次梁传来活荷载标准值:　　　　$16.8 \times 7.8 = 131.04 \text{ kN}$

合计:　　　　$Q_k = 131.04 \text{ kN}$

2)计算简图

按弹性理论计算主梁内力。主梁与柱刚接形成框架结构,应按框架结构模型进行内力分析。当主梁线刚度与柱线刚度之比大于 5 时,主梁的转动受柱端的约束可忽略,而柱的受压变形通常很小,则此时柱可以简化为主梁的不动铰支座,此时,主梁可以简化为连续梁计算。

梁柱的线刚度比计算:

底层柱子的跨度可取建筑层高+室内外高差+基础埋深,因此 $l = 5.4 + 0.3 + 0.5 = 6.2 \text{ m}$,柱子的截面为 400 mm×400 mm。

梁的跨度取柱子轴线之间的距离,$l = 7.2 \text{ m}$,梁的截面 300 mm×800 mm,计算梁截面惯性矩应考虑楼板作为翼缘对梁刚度的影响,翼缘厚度为 80 mm,翼缘宽度 b'_f 根据附表 1.8 取以下三种情况中的较小值:

第一种情况,按计算跨度 l_0 考虑:$b'_f = \dfrac{l_0}{3} = \dfrac{7\ 200}{3} = 2\ 400 \text{ mm}$;

第二种情况,按梁净距 s_n 考虑:$b_f' = b + s_n = 7\,200$ mm;

第三种情况,按翼缘高度 h_f' 考虑:因为 $h_f'/h_0 = 80/555 = 0.14 > 0.1$,不考虑。

取 $b_f' = 2.4$ m。

$$\frac{i_{梁}}{i_{柱}} = \frac{\dfrac{EI_{梁}}{7\,200}}{\dfrac{EI_{柱}}{6\,200}} = \frac{2.569\,7 \times 10^{10} \times 6\,200}{2.133 \times 10^9 \times 7\,200} = 10.37$$

梁柱线刚度比大于5,主梁可按连续梁计算。

主梁按弹性理论设计,其支座均与支承构件整浇,计算跨度取支承中心线之间的距离,因此3跨主梁各跨的跨度均为 $l_0 = 7.2$ m。如图1.27所示。

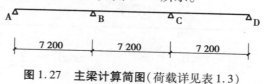

图 1.27 主梁计算简图(荷载详见表1.3)

3)内力计算

①计算永久荷载和活荷载标准值作用下的弯矩,活荷载要考虑最不利布置。如表1.3所示,$M = kG_k l$ 或 $M = kQ_k l$,表中各参数意义如下:

M_1 为第1跨左侧集中力处的弯矩,该处内力系数 k 可由附表1.2查得;

M_1' 为第1跨右侧集中力处的弯矩,该处内力系数 k' 可根据已知条件求得;

M_B 为支座B处的弯矩,该处内力系数 k 可由附表1.2查得;

M_C 为支座C处的弯矩,该处内力系数 k 可根据已知条件求得;

M_2 为第2跨左侧集中力处的弯矩,该处内力系数 k 可由附表1.2查得;

M_2' 为第2跨右侧集中力处的弯矩,该处内力系数 k' 可根据已知条件求得。

表 1.3 主梁弯矩计算

项次	荷载简图	$\dfrac{k}{M_1}\left(\dfrac{k'}{M_1'}\right)$	$\dfrac{k}{M_B}\left(\dfrac{k}{M_C}\right)$	$\dfrac{k}{M_2}\left(\dfrac{K'}{M_2'}\right)$
1	G_K 荷载简图 A B C D	$\dfrac{0.244}{287.94}$ $\left(\dfrac{0.156}{184.09}\right)$	$\dfrac{-0.267}{-315.08}$	$\dfrac{0.067}{79.07}$
2	Q_K 荷载简图 A B C D	$\dfrac{0.289}{272.67}$ $\left(\dfrac{0.244}{230.21}\right)$	$\dfrac{-0.133}{-125.48}$	$\dfrac{-0.133}{-125.48}$
3	Q_K 荷载简图 A B C D		$\dfrac{-0.133}{-125.48}$	$\dfrac{0.200}{188.70}$
4	Q_K 荷载简图 A B C D	$\dfrac{0.229}{216.06}$ $\dfrac{0.126}{118.88}$	$\dfrac{-0.311}{-293.42}$ $\left(\dfrac{-0.089}{-83.97}\right)$	$\dfrac{0.096}{90.57}$ $\left(\dfrac{0.170}{160.39}\right)$

依次画出各项次弯矩图,如下所示:

1 项次:

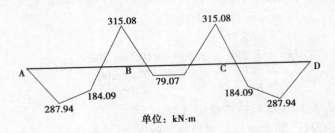

2 项次:

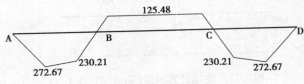

3 项次:

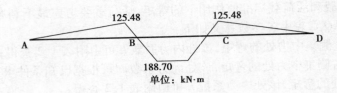

4 项次:

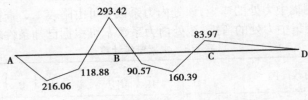

4′项次:其中 4′是 4 的反对称,即活荷载作用在第 2 跨和第 3 跨。

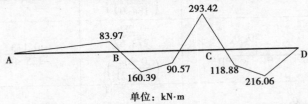

②绘弯矩包络图。恒荷载标准值产生的弯矩分别与以上四种活荷载标准值产生的弯矩叠加,有(1)+(2);(1)+(3);(1)+(4);(1)+(4)′。叠加时,考虑取永久荷载效应起控制作用的组合与活荷载效应起控制作用的组合中的最不利值。经判断,由活荷载起控制作用,所以叠加时,(1)项次乘以 1.2 分项系数,(2)、(3)、(4)、(4)′项次分别乘以 1.4 的分项系数。

(1)+(2):

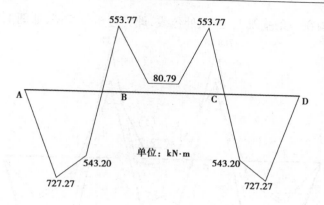

（1）+（3）：

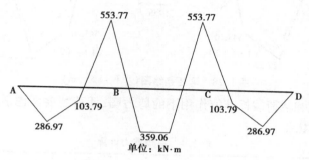

（1）+（4）：

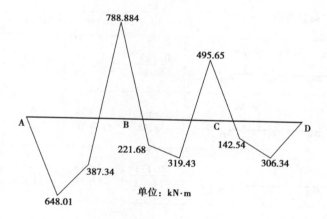

（1）+（4′）：

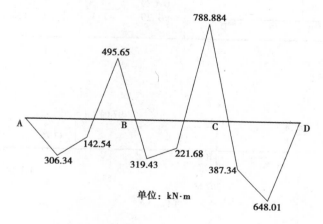

把上面4个图画在一条基线上,连接外包线,即为弯矩包络图,如图1.28所示。

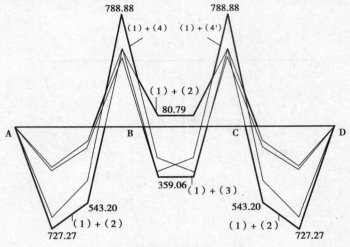

图1.28 弯矩包络图(单位:kN·m)

③计算永久荷载和活荷载标准值作用下的剪力图,活荷载要考虑最不利布置。如表1.4所示,$V = kG_k l$ 或 $V = kQ_k l$。

表1.4 主梁剪力计算

项次	荷载简图	$\dfrac{k}{V_A}$	$\dfrac{k}{V_B(左)}$	$\dfrac{k}{V_B(右)}$	$\dfrac{k}{V_C(左)}$	$\dfrac{k}{V_C(右)}$
1		0.733 120.14	−1.267 −207.66	1.000 163.9		
2		0.866 113.48	−1.134 −148.60	0 0		
3		−0.133 −17.43	−0.133 −17.43	1.000 131.04		
4		0.689 90.29	−1.311 −171.79	1.222 160.13	−0.778 −101.95	0.089 11.66

剪力图如下所示:

1 项次:

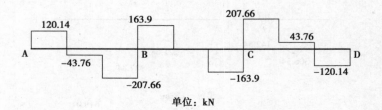

单位:kN

2 项次:

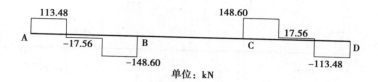

3 项次:

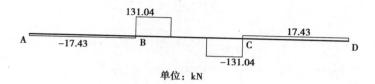

4 项次:

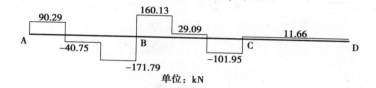

4′项次:

其中4′是4的对称,即活荷载作用在第2跨和第3跨。

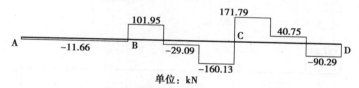

④绘剪力包络图。恒荷载标准值产生的剪力分别与以上三种活荷载标准值产生的剪力叠加,有(1)+(2),(1)+(3),(1)+(4),(1)+(4)′。叠加时,考虑取永久荷载效应起控制作用的组合与活荷载效应起控制作用的组合中的最不利值。经判断,由活荷载起控制作用,所以叠加时,(1)项次乘以1.2的分项系数,(2)、(3)、(4)、(4)′项次分别乘以1.4的分项系数。

(1)+(2):

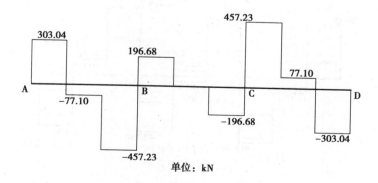

(1)+(3):

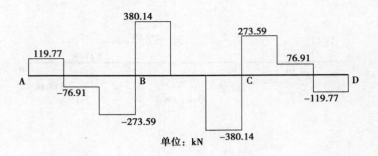

（1）+（4）：

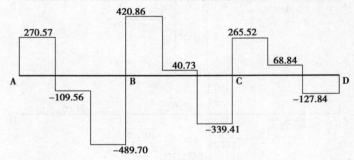

（1）+（4'）：

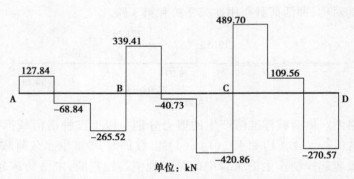

把上面4个图画在一条基线上，连接外包线，即为剪力包络图，如图1.29所示。

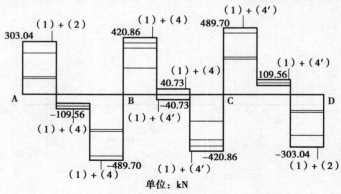

图1.29　剪力包络图

4)承载力计算

（1）正截面受弯承载力

跨内按 T 形截面计算，$b_f' = 2\ 400$ mm，$b = 300$ mm，$h = 800$ mm，$h_f' = 80$ mm，环境类别为二 a，C30 混凝土，梁的最小保护层厚度为 25 mm。假设主梁受力钢筋直径为 20 mm，箍筋直径为 10 mm，跨中 1 截面考虑双排配筋，$h_0 = 800 - 25 - 10 - 10 - 25 = 730$ mm。跨中 2 截面考虑单排配筋，$h_0 = 800 - 25 - 10 - 10 = 755$ mm。支座截面因存在板、次梁、主梁上部钢筋的交叉重叠，考虑次梁上部纵筋置于主梁上部纵筋之上，截面计算高度取 $h_0 = 800 - 20 - 10 - 20 - 10 - 25 = 715$ mm。

经判断，各跨中 T 形截面均属第一类 T 形截面。

B 支座边的弯矩设计值：

$$M_B = M_{B\max} - \frac{V_0}{2} \cdot b = 788.88 - 0.4 \times (1.2 \times 163.9 + 1.4 \times 131.04)/2 = 712.85\ \text{kN} \cdot \text{m}$$

表 1.5　主梁正截面配筋计算

截面	1	B	2	
弯矩设计值 /（kN·m）	727.27	−712.85	359.06	−80.79
$\alpha_s = M/\alpha_1 f_c b h_0^2$	727 270 000/（14.3×2 400×730²）=0.039 8	712 850 000/（14.3×300×715²）=0.325 0	359 060 000/（14.3×2 400×755²）=0.018 4	80 790 000/（14.3×300×755²）=0.033 0
$\xi = 1 - \sqrt{1 - 2\alpha_s}$	0.040 6	0.408 4	0.018 5	0.033 6
计算配筋 $A_s = \dfrac{\xi \alpha_1 f_c b h_0}{f_y}$ /mm²	282 5	348 0	133 3	302
实际配筋/mm²	4 Φ 25+3 Φ 20 $A_s = 2\ 905$	4 Φ 22+4 Φ 25 $A_s = 3\ 484$	2 Φ 20+2 Φ 22 $A_s = 1\ 388$	2 Φ 22 $A_s = 760$

计算过程如表 1.5 所示。

计算结果表明，$\xi_b = 0.518$，所有的 ξ 均小于 ξ_b，满足要求。

最小配筋率为 $0.45 f_t / f_y = 0.45 \times 1.43 \div 360 = 0.18\%$ 与 0.2% 之间的较大者，因此取 $\rho_{\min} = 0.2\%$，$A_{s\min} = 0.2\% \times 300 \times 800 = 480\ \text{mm}^2$。上述各截面配筋均满足最小配筋率要求。

主梁纵向钢筋的切断按弯矩包络图确定。

因主梁的腹板高度 $h_w = h_0 - h_f' = 715 - 80 = 635$ mm，大于 450 mm，需在梁侧设置纵向构造钢筋，每侧纵向构造钢筋的截面面积不小于腹板面积的 0.1%，且其间距不大于 200 mm。现每侧配置 3 Φ 12，339/（635×300）= 0.18%，满足要求。

（2）主梁斜截面受剪承载力

因为主梁的 $h_w/b = (715 - 80)/300 = 2.1 < 4$，受弯构件的受剪截面应满足最大剪力 $V \leqslant 0.25\beta_c f_c b h_0 = 0.25 \times 1 \times 14.3 \times 300 \times 715 = 766.84$ kN，因主梁各截面中最大剪力为489.70 kN，主梁

截面满足要求。

计算所需箍筋如下：

为方便施工，每一跨中箍筋直径及间距保持一致，第一跨和第三跨的跨内最大剪力为 $V=489.70$ kN，因此取该值进行设计。仅配置箍筋，箍筋采用 HRB400，双肢箍，直径为 10 mm，可得箍筋间距：

$$s = \frac{f_{yv}A_{sv}h_0}{V-0.7f_tbh_0} = \frac{360\times2\times78.5\times715}{489\ 700-0.7\times1.43\times300\times715} = 147 \text{ mm}$$

实际间距取为 140 mm。

第二跨内最大剪力 $V=420.86$ kN，仅配置箍筋，箍筋采用 HRB400，双肢箍，直径为 10 mm，可得箍筋间距：

$$s = \frac{f_{yv}A_{sv}h_0}{V-0.7f_tbh_0} = \frac{360\times2\times78.5\times715}{420\ 860-0.7\times1.43\times300\times715} = 196 \text{ mm}$$

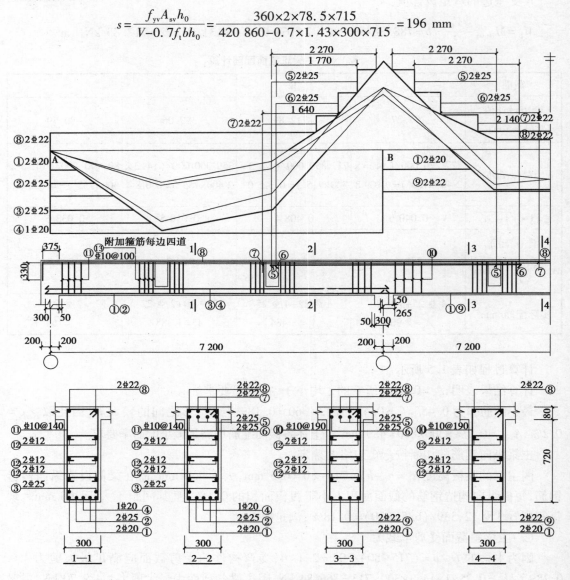

图 1.30　主梁配筋图

实际间距取为 190 mm。

当梁高 500 mm$<h \leqslant 800$ mm，$V>0.7f_{t}bh_{0}$时，梁中箍筋最大间距为 250 mm。最小配箍率为 $0.24f_{t}/f_{yv}=0.10\%$，上述配箍均满足要求。

（3）次梁两侧附加横向钢筋的计算

次梁传来的集中力 $F_{l}=1.2\times149.76+1.4\times131.04=363.17$ kN，$h_{1}=800-600=200$ mm，附加箍筋配置范围 $s=2h_{1}+3b=2\times200+3\times250=1\ 150$ mm。取附加箍筋为 HRB400 级别，直径 10 mm，双肢，则在长度 s 范围内可布置附加箍筋，两边各 4 排，共 8 排，则 $8\times2\times360\times78.5=452.160$ kN，大于 F_{l}，满足要求。

主梁材料抵抗弯矩图及主梁配筋如图 1.30 所示，材料抵抗弯矩图的绘制详过程见附 1.15。

1.4 双向板肋梁楼盖设计

纵横两个方向的弯曲变形都不能忽略的板称为双向板。双向板承受的外加竖向荷载将沿板的两个方向传递给四周支承构件，双向板的支承形式可以是四边支承、三边支承、两邻边支承或四角点支承。板的平面形状取决于支承梁的布置，其平面形状有正方形、矩形、三角形等。在民用建筑楼盖设计中，最常见的是均布荷载作用下的四边支承的正方形或矩形板。

1.4.1 结构布置

双向板肋梁楼盖一般由板和两个方向的梁组成，形成的板区格长边与短边之比不大于 3，板上的荷载同时朝两个方向的梁传递，再由梁传给柱。

双向板肋梁楼盖布置主要包括柱网和梁格布置。其柱网和梁格的布置应满足生产工艺和使用要求，并应使结构具有良好的经济指标。梁的截面估算可以参照单向板肋梁楼盖。双向板的经济跨度为 4～6 m；当柱网尺寸较大时，可以在柱网中间增设梁，以控制板区格在经济合理的范围之内。为了满足结构安全及刚度要求，双向板的厚度与跨度之比不小于 1/40，其厚度不得小于 80 mm。

1.4.2 双向板的受力特点

1)四边简支双向板在均布荷载下的试验结果

四边简支的双向板在均布荷载下，板的竖向位移成碟形，板的四角有向上翘起的趋势，如图 1.31 所示。板传递给支座的压力，并不沿四周均匀分布，而是中间较大、两端较小。在裂缝出现前，矩形双向板基本上处于弹性工作阶段，短跨方向的最大弯矩出现在中点，而长跨方向最大正弯矩大致出现在离边大致 1/2 短跨长处。两个方向配筋相同的正方形板，第一批裂缝出现在板底的中部，随后沿着对角线方向向四角发展，如图 1.32（a）所示。荷载不断增加，板底裂

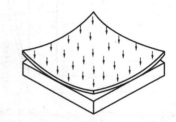

图 1.31 四边简支双向板变形示意图

缝继续向四角扩展,直至板底钢筋屈服。当接近破坏时,板顶面靠近四角附近,出现了垂直于对角线方向的、大体上呈圆形的裂缝。两个方向配筋相同的矩形板,第一批裂缝出现在板底的中部,平行于长边方向,这是由于短跨跨中正弯矩较长跨跨中弯矩大所致。随着荷载进一步加大,板底跨中裂缝逐渐沿长边延长,并沿45°向板的四角扩展,如图1.32(b)所示。板顶四角也出现呈圆形的环状裂缝,如图1.32(c)所示,最终因板底裂缝处纵向受力钢筋达到屈服,导致板的破坏。

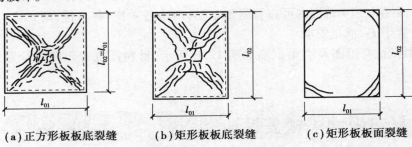

(a)正方形板板底裂缝　　　(b)矩形板板底裂缝　　　(c)矩形板板面裂缝

图1.32　四边简支双向板在均布荷载作用下的裂缝分布

2)受力特点

均布荷载作用下四边简支双向板的变形呈碟状,假想板在两个方向分别由两组相互平行的交叉板带组成,显然,各板带的竖向变形和弯曲程度是不一样的,靠近中央的板带其竖向位移比靠近边缘的板带大。前面分析双向板的荷载分配的时候从板的跨中截出两个方向的板带来考虑只是近似计算,实际上,由于各板带并不是孤立的,它们都受到相邻板带的约束,这将使得实际的竖向位移和弯矩有所减小。如图1.33所示微元体,l_{01}方向上,12面更靠近板跨中间,12面的竖向位移比34面的竖向位移大,可见34面上必定存在向上的相对于12面的剪力增量。又由于12面的曲率比34面大,两者间有相对扭转角存在,故在12、34面上必有扭矩作用。同理,23面、14面上也一样。因此,双向板各截面上除了弯矩,还有扭矩,扭矩的存在将减小独立板带弯矩值。

1.4.3　双向板肋梁楼盖内力计算——按弹性理论

双向板的内力计算有两种方法:第一种是将双向板视为均质弹性体,按弹性理论计算;第二种是考虑塑性变形的影响,按塑性理论的计算。

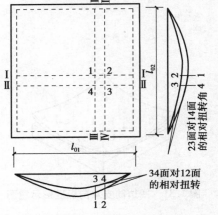

23面对14面的相对扭转角

34面对12面的相对扭转

图1.33　双向板的变形示意图

双向板按弹性理论计算属于弹性理论小挠度薄板问题。由于其内力分析很复杂,在实际工作中为了简化计算,通常直接应用根据弹性理论分析结果编制的计算用表进行内力计算。

1)单跨矩形双向板

附1.16中列出了均布荷载下单跨双向板在四边简支和四边固支情况下的弯矩系数和挠度系数。计算时,只需根据短跨与长跨的比值查出弯矩系数,即可求得有关弯矩。附表1.10中的系数是根据材料泊松比$\nu=0$制订的。当$\nu \neq 0$时,可按下式计算:

$$m_1^\nu = m_1 + \nu m_2$$
$$m_2^\nu = m_2 + \nu m_1$$

(1.21)

对于混凝土,可取 $\nu = 0.2$。

2)多跨连续双向板

多跨连续双向板的计算采用以单区格板计算为基础的实用计算方法。此法假定支承梁不产生竖向位移且不扭转,同时还规定双向板沿同一方向相邻跨度相差小于25%。

(1)跨中最大正弯矩

多跨连续双向板的计算需要考虑活荷载的最不利布置。当求某区格的跨中最大弯矩时,应该在该区格布置活荷载,并在其前后左右每隔一个区格布置活荷载,形成棋盘式布置,如图1.34所示。对于这种荷载分布形式,可以分解成为满布荷载 $g + q/2$ 及间隔布置 $\pm q/2$ 两种情况的叠加。

对于前者,所有中间支座两侧荷载相同,若忽略远跨荷载的影响,可以近似认为支座截面转角为零,即认为各区格板中间支座都是固定支座,从而所有中间区格板均可以近似看作四边固定的单跨双向板。边、角区格的边支承按实际支承条件确定。

对于后者,在反对称荷载作用下,相邻区格板在支座处的转角大小相等,方向一致,弯矩为零,故可认为各区格板在中间支座处都是简支的,从而所有中间区格板均可以看作四边简支的单跨双向板。边、角区格的边支也承按实际支承条件确定。

对上述两种荷载情况,利用附表1.10分别求出其跨中弯矩,然后叠加,即得到各区格板的跨中最大弯矩。

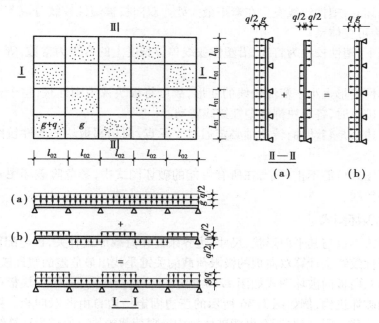

图1.34 连续双向板的计算式

(2)支座最大负弯矩

支座最大负弯矩可近似按满布活荷载,即 $g + q$ 时求得。这时认为各区格板都固定在中间支座上,楼盖周边仍按实际支承条件考虑,然后按单块区格板计算出各支座的负弯矩。当求得的相邻区格板在同一支座处的负弯矩不相等时,可取绝对值较大者作为该支座最大负弯矩。

1.4.4 双向板肋梁楼盖内力计算——按塑性铰线法

按塑性理论计算双向板内力时,目前工程中常用塑性铰线法和板带法。

对于给定的双向板,当荷载形式确定后,板所能承受的极限荷载即板的真实承载能力是唯一的。双向板是高次超静定结构,可以借助非线性有限元程序分析其受力过程并确定极限荷载,但过程较复杂。工程设计中,常常采用近似方法求出板承载能力的上限值和下限值。

塑性铰线又称屈服线,塑性铰线法又称极限平衡法,其可近似求出双向板极限荷载的上限值。采用塑性绞线法设计双向板时,需要首先确定双向板在给定荷载作用下的破坏图式,即判定塑性铰线的位置,然后利用虚功原理建立外荷载与作用在塑性铰线上的弯矩两者间的关系式,从而求出各塑性铰线上的弯矩,以此作为各截面的弯矩设计值进行配筋设计。

1)塑性铰线法的基本假定

如图 1.32 所示,板的屈服区在板的受拉面形成,且分布在一条窄带上,如将屈服带宽度上板的角变位看作集中在屈服带中心线上,形成假想的屈服线,则称为塑性铰线。

塑性铰线与塑性铰的概念类似,塑性铰发生在杆件结构中,塑性铰线发生在板式结构中。按裂缝出现在板底或者板面,可将塑性铰线相应分为正塑性铰线和负塑性铰线两种。塑性铰线法的基本假定如下:

①板即将破坏时,塑性铰线发生在弯矩最大处。双向板被塑性铰线分成若干以铰线相连的板块,使板成为可变体系。

②分布荷载下,塑性铰线为直线,沿塑性铰线单位长度上的弯矩为常数,等于相应板配筋的极限弯矩。

③板块的弹性变形远小于塑性铰线的变形,故可将板块视为刚性板,整个板变形都集中在塑性铰线上。破坏时,各板块都绕塑性铰线转动。

④板的支承边必是转动轴;转动轴必定通过支承点;两相邻板块的塑性铰线必经过两板块的旋转轴的交点。

⑤板的破坏图式可能不止一个,在所有可能的破坏图式中,最危险破坏图式相应于最小极限荷载的塑性铰线。

2)双向板的常见破坏图式

板的破坏图式不仅与其平面形状、尺寸、边界条件和荷载形式有关,也与配筋方式和配筋量有关。按照塑性绞线法计算双向板的极限荷载的关键是找出最危险的塑性铰线位置。

一些常见的双向板的破坏图式如图 1.35 所示。需要指出的是,同一块板可以有不同的塑性铰线位置和破坏机构,例如图 1.36 所示的三边固定一边自由的双向板。按不同的破坏机构得到的极限荷载不同,应取所有可能破坏机构极限荷载的最小值作为计算结果。

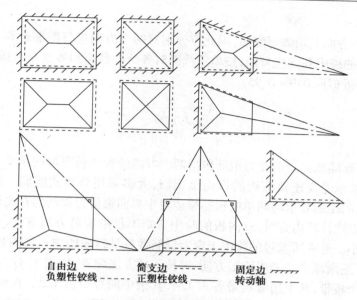

图 1.35　常见双向板的破坏机构

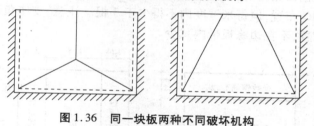

图 1.36　同一块板两种不同破坏机构

1.4.5　双向板的截面设计与构造要求

1)截面设计

（1）弯矩折减

与单向板肋梁楼盖中板的拱作用类似,板开裂后,对于周边与梁整体连接的双向板,当板的四周支承构件具有足够刚度时则两个方向均出现拱作用,进而形成穹顶作用,其弯矩设计值可以进行折减:

①中间跨的跨中截面及中间支座截面折减系数为 0.8。

②对于边区格,其跨中截面及自楼板边缘算起的第二支座截面:

当 $l_2/l_1 < 1.5$ 时,折减系数为 0.8;

当 $1.5 \leqslant l_2/l_1 < 2$,折减系数为 0.9。

其中,l_1 为短跨方向板的计算跨度;l_2 为长跨方向板的计算跨度。

③楼板的角区格不应折减。

（2）截面有效高度

双向板两个方向的钢筋必然存在重叠,因此两个方向的截面有效高度不一样。由于短跨方向弯矩比长跨方向大,因此,短跨方向的受力钢筋应放在长跨方向受力钢筋的外侧。而长跨方向的截面有效高度则比短跨方向有效高度少一个受力钢筋直径。

（3）配筋计算

双向板的两个方向上均需要配筋,因此应分别对两个方向进行配筋计算。计算时取 1 m 板宽度,根据求得的跨中和支座弯矩,按单筋截面对各跨中截面和各支座截面分别进行计算。γ_s 为内力臂系数,近似取 0.9 ~ 0.95。

$$A_s = \frac{m}{f_y \gamma_s h_0} \tag{1.22}$$

2）构造要求

①受力钢筋:连续双向板的受力钢筋包括两个方向的置于板下部的承受正弯矩的板底正钢筋和置于板面的承受支座负弯矩的板面负钢筋,大多采用分离式配筋。其受力钢筋的截断、锚固及对直径间距的要求均同单向板肋梁楼盖中单向板受力钢筋的有关规定。

按弹性理论方法计算内力时,双向板的跨中弯矩不仅沿板跨方向变化,也沿板宽方向向支座边缘逐渐减小。通常所求得的跨中正弯矩钢筋数量是指板的中央处的数量,因此靠近板的两边,其数量可逐渐减少。考虑施工方便,可按下述方法配置,如图 1.37 所示:将板在两个方向上各分为 3 个板带,两个边缘板带各占 1/4,其余中间板带占 1/2。在中间板带上,按跨中最大正弯矩求得单位板宽内的钢筋数量均匀布置;而在边缘板带上,按中间板带单位板宽内的钢筋数量一半均匀布置,但每米宽度内不得少于 3 根。注意,支座负弯矩钢筋,按计算结果沿整个支座均匀布置,不在边缘板带内减少。

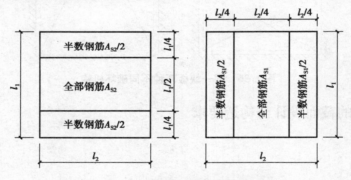

图 1.37　双向板正弯矩钢筋配筋示意

②构造钢筋:双向板的端支座上部构造钢筋、角部附加构造钢筋及防裂钢筋均同单向板肋梁楼盖中单向板构造钢筋的有关规定。

1.4.6　双向板支承梁设计

1）支承梁上的荷载

双向板沿两个方向把荷载传给支承梁,精确计算双向板传给支承梁的荷载是比较困难而且没有必要的,一般可根据荷载传递路线最短的原则按如下方法近似确定,即从每一区格板的四角作与板边成 45°的斜线与平行于长边的中线相交,将每一块双向板划分为四小块面积,每小块面积内的荷载就近传到其支承梁上。因此,板传至长边梁上的荷载为梯形荷载,传至短边梁上的荷载为三角荷载,如图 1.38 所示,q 为板面均布荷载。

此外,还需要考虑梁的自重和直接作用在梁上的荷载。

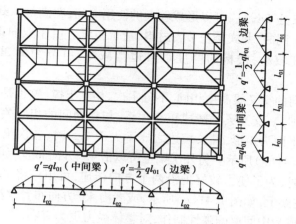

图 1.38　双向板传给支承梁的荷载

2）按弹性理论计算支承梁的内力

　　支承梁内力计算方法与单向板肋梁楼盖主次梁的计算方法类似。对于跨差不超过10%的连续支承梁，可先将支承梁上三角形或者梯形分布荷载转换为等效均布荷载，再利用均布荷载下等跨连续梁的计算表格计算梁的内力。图1.39列出了梯形分布荷载和三角分布荷载的等效均布荷载计算公式，它是根据支座处弯矩相等的条件求出的。

　　在按等效均布荷载求出支座弯矩后，仍需考虑活荷载的最不利布置，再根据所求得的支座弯矩和每跨的实际荷载分布，由平衡条件计算出跨中弯矩和支座剪力。

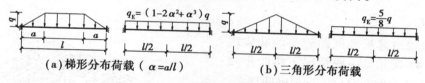

图 1.39　分布荷载化为等效均布荷载

3）考虑塑性内力重分布计算支承梁内力

　　考虑塑性内力重分布计算支承梁的内力时，可在弹性理论求得的支座弯矩基础上，按调幅法确定支座弯矩，再按实际荷载分布计算跨中弯矩。

1.5　其他类型楼盖设计

1.5.1　井式楼盖和密肋楼盖

1）井式楼盖

　　井式楼盖是从双向板演变而来的一种楼盖形式，由双向板与交叉梁系共同组成，整个楼盖像一块双向带肋的大型双向楼板（如图1.40所示），常用于具有较大跨度的建筑物楼盖，如车站、展览馆、候机楼、车库、图书馆等。

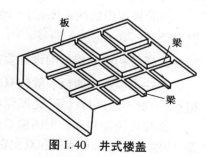

图 1.40　井式楼盖

井式楼盖在梁交叉处不设柱,可以形成较大的使用空间,在满足承载力要求的同时,自身具有美观的视觉效果。同时,井式楼盖节省材料,造价较低。由于双向设梁,双向传力,且梁距较密,梁的截面高度较小,楼板的厚度也可适当减薄,可节约约30%的钢材和混凝土用量。

井式楼盖两个方向的交叉梁高度相同、不分主次、相互支撑(这也是井式楼盖与现浇单向板肋梁楼盖的主要区别)。交叉梁一般成正交关系,与柱网间的相对关系可以分为正交正放和正交斜放。当撑盖平面为矩形,且长短边之比不大于1.5时,各次梁可直接搁置在承重墙或周边主梁上,如图1.41(a)所示。另外次梁也可以沿45°方向布置,如图1.41(b)所示。当长短边之比大于1.5时,为了使力较好地沿两个方向传递,可用柱将平面划分为同样形状的区格,使次梁支承在主梁上,如图1.41(c)所示,或者沿45°方向布置次梁,如图1.41(d)所示,此时角部的短梁可以成为中间梁的弹性制作,对整体受力更为有利。

交叉梁的网格一般为2~4 m的正方形网格。在一般荷载作用下,当板厚为80 mm时,梁区格的长度宜控制在3.6 m左右,且网格的长短边之比不宜大于1.5;当梁区格为正方形时,梁高 $h = (l/18 \sim l/16)$,l 为梁跨。

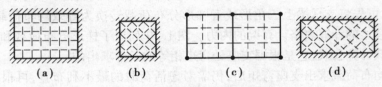

| (a) | (b) | (c) | (d) |

图1.41 井式楼盖的平面布置

2)密肋楼盖

密肋楼盖由薄板和间距较小的肋梁组成,如图1.42所示。一般情况下将肋距≤1.5 m的单向或双向肋梁楼盖称为密肋楼盖,分单向密肋楼盖和双向密肋楼盖。双向密肋楼盖由于双向共同承受荷载作用,受力性能较好,比单向密肋的视觉效果好。由于肋间的楼板跨度小,厚度可仅为40~60 mm,与一般楼盖体系对比,可节约30%~50%的混凝土,楼盖造价降低约1/3,故近年来在大空间

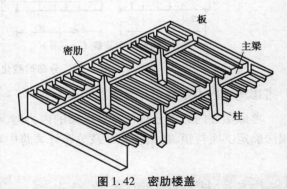

图1.42 密肋楼盖

的多高层建筑中得到了广泛的应用。但考虑板面上存在集中荷载的可能,为了防止发生冲切破坏,板面也不宜做得太薄。

密肋楼盖中肋的高度,当不验算挠度时,楼盖简支情况可取 $l/20 \sim l/17$;弹性约束情况可取 $l/25 \sim l/20$,l 为肋的跨度。

3)井式楼盖和密肋楼盖的设计要点

①井式楼盖中的板一般按双向板设计,不考虑梁的挠度影响;密肋楼盖中的板,因其跨度很小,一般不必进行计算,其厚度和配筋只需满足构造要求即可。

②井式楼盖和双向密肋楼盖都是双向受力的高次超静定结构,其内力和变形计算十分复杂,特别是连续跨井字梁和双向密肋楼盖。通常井字梁的内力和变形需进行专门计算。对于

单跨井字梁,通常根据两个方向的梁在交叉点处挠度相等这一变形协调条件,建立差分方程来求解,并忽略另一方向井字梁的扭转对节点变形和杆件内力的影响。井字梁的内力计算可以利用计算手册,如由包福廷编著的《井字梁结构静力计算手册》(北京:中国建筑工业出版社,1989)。

③井式楼盖梁上的荷载,当板的边长相同时,承受的是三角形分布荷载;当板的边长不同时,短边承受三角形分布荷载,长边承受梯形分布荷载。而双向密肋楼盖,因肋很密,可将梁上的荷载视为均布荷载。

④单跨井字梁和双向密肋楼盖可仅考虑活荷载满布,连续跨井字梁和双向密肋楼盖通常要考虑活荷载的不利布置。

⑤对于钢筋混凝土井字梁和密肋楼盖,应考虑现浇板的整体作用,即梁截面惯性矩的取值考虑混凝土楼板的贡献。

⑥如果井字梁和密肋楼盖在承受荷载后进入弹塑性状态,应考虑其对内力和变形的影响。

1.5.2 无梁楼盖

1)无梁楼盖的结构组成

无梁楼盖不设梁,是一种双向受力的板柱结构,如图 1.43 所示。由于没有梁,钢筋混凝土板直接支撑在柱上或周边墙上,故与相同柱网尺寸的肋梁楼盖相比,无梁楼盖的板要厚一些,一般不小于150 mm。为了提高柱顶处平板的受冲切承载力以及减小板的计算跨度,往往在柱顶设置柱帽;当荷载不太大时,也可不用柱帽。常用的矩形柱帽形式

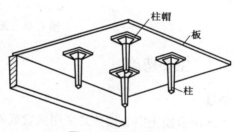

图 1.43 无梁楼盖

有无顶板柱帽、带折线顶板柱帽和带矩形顶板柱帽 3 种形式,如图 1.44 所示。通常柱和柱帽的截面形式为矩形,有时因建筑要求也可做成圆形。

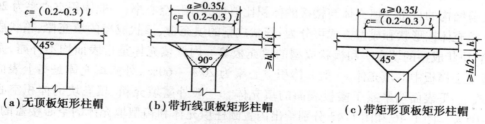

(a)无顶板矩形柱帽　　(b)带折线顶板矩形柱帽　　(c)带矩形顶板矩形柱帽

图 1.44 柱帽的主要形式

无梁楼盖的建筑构造高度比肋梁楼盖小,使得建筑楼层的有效空间加大,且平滑的板底可以较好地改善采光、通风和卫生条件,故无梁楼盖常用于多层工业与民用建筑中,如车库、商场、书库、仓库等。水池顶盖也可采用这种结构形式。

无梁楼盖根据施工方法的不同可分为现浇式和装配整体式两种。无梁楼盖可采用升板施工技术,在现场逐层将在地面预制的屋盖和楼盖分阶段提升至设计标高后,通过柱帽和柱整体连接在一起,由于它将大量的空中作业改在地面上完成,故可加快施工进度。此外,为了

减轻自重,也可在板中采用填充体(如可重复使用的塑料模壳、预制混凝土薄壁盒、石膏填充体等)形成双向空腔,构成密肋无梁楼盖,这种楼盖在公共建筑中有所推广。

根据工程经验,当楼面活荷载标准值在 5 kN/m² 以上,柱网为 6 m×6 m 时,无梁楼盖较肋梁楼盖经济。

2)无梁楼盖受力特点

无梁楼盖是四点支承的双向板,均布荷载作用下,它的弹性变形曲线如图 1.45 所示。

图 1.45 中的柱上板带 AB、CD 和 AD、BC 分别成了跨中板带 EF、GH 的弹性支座。柱上板带支承在柱上,其跨中具有挠度 f_1;跨中板带弹性支承在柱上板带,其跨中产生与其支座(柱上板带)间的相对挠度 f_2;无梁楼板跨中的总挠度为 f_1+f_2。此挠度通常会大于相同柱网尺寸的肋梁楼盖的挠度,因而无梁楼板的板厚应大些。

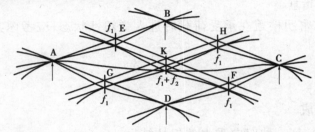

图 1.45 无梁楼盖的弹性变形曲线

1.5.3 空心楼盖

1)概述

现浇混凝土空心楼盖是采用内置或外露填充体,经现场浇筑混凝土形成的带有空腔的楼板。空心楼板和支承梁(或暗梁)等水平构件即可形成现浇混凝土空心楼盖。如果在混凝土空心楼盖中施加预应力,即可形成预应力混凝土空心楼盖。

空心楼板中的填充体一般永久埋置于楼板中,填充体置换了相应体积的混凝土,减轻了整体楼盖结构的自重。填充体与楼板的体积比值称为体积空心率,一般体积空心率为20%～65%。填充体按形状和成型方式可分为:管状成型的填充管、棒状成型的填充棒、箱状成型的填充箱、块状成型的填充块和板状成型的填充板等。内置填充体是指表面均不外露,完全埋置于混凝土楼板中的填充体,一般其体积空心率为 20%～60%;外露填充体是指上表面或下表面,或上、下表面均暴露于楼板表面的填充体。一般外露填充箱、填充块的体积空心率为35%～65%。图 1.46 和图 1.47 分别给出内置圆柱填充体和箱型填充体的空心楼盖的构造,通过其可了解常见空心楼盖的做法。

现浇混凝土空心楼盖在减轻楼盖自重、减少地震作用、隔声、节能等方面比传统的实心板有较明显的优势,同时可降低成本、改善使用功能,目前已经在一些大跨度写字楼、商业楼、大型会展中心、图书馆、多层停车场等公共建筑及大开间民用住宅中应用。

2)结构布置原则

混凝土空心楼盖的结构布置一般应遵循以下原则:

①结构布置应受力明确、传力合理。

②当现浇混凝土空心楼板为单向板时,填充体长向应沿板受力方向布置。

③现浇混凝土空心楼板为双向板时,填充体宜为平面对称形状,并宜按双向对称布置;当为填充管、填充棒等平面不对称形状时,其长向宜沿受力较大的方向布置。

④直接承受较大集中静力荷载的楼板区域,不宜布置填充体;直接承受较大集中动力荷载的楼板区格,不应采用空心楼板。

⑤现浇混凝土空心楼盖的填充体空心部分不参与结构受力。

现浇混凝土空心楼盖的设计应遵循现行国家标准《混凝土结构设计规范》(GB 50010)、《现浇混凝土空心楼盖技术规程》(JGJ/T 268)的有关规定,还可参考国家建筑标准设计图集《现浇混凝土空心楼盖》(05SG 343)。

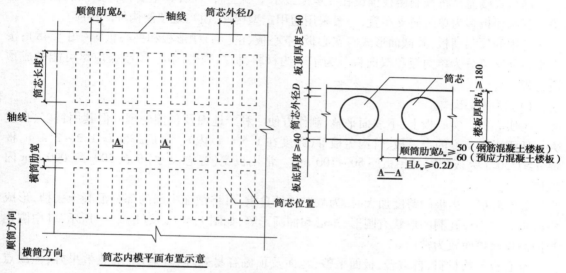

图 1.46　内置填充体为圆形截面的空心楼盖

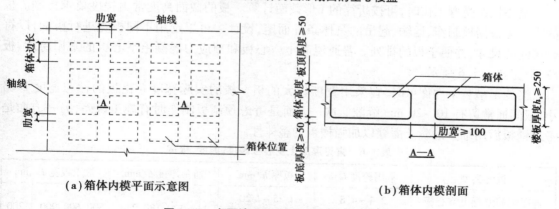

（a）箱体内模平面示意图　　　　　　（b）箱体内模剖面

图 1.47　内置填充体为箱形截面的空心楼盖

1.5.4　装配式楼盖

1) 概述

装配式楼盖在工业与民用建筑中得到广泛应用,主要有铺板式、密肋式和无梁式等,其中铺板式应用最广。

装配式楼盖由预制构件在现场安装连接而成,有节约劳动力、加快施工进度、便于工业化生产和机械化施工等优点,但结构的整体性和刚度一般较差。在装配整体式楼盖中,一部分构件采用预制,另一部分利用预制部分作为模板现浇,这样能够大量节省模板,减少现场工作量,楼盖的整体性和刚度也可得到增强,与整浇式楼盖相媲美。

设计装配式楼盖时,一方面应注意合理地进行楼盖结构布置和预制构件的选型;另一方面要处理好预制构件间的连接以及预制构件和墙(柱)的连接。

2)铺板式楼盖的预制板与预制梁

铺板式楼盖是将预制楼板铺设在支承梁或承重墙上而构成,其主要构件是预制板和预制梁。预制楼板多为单跨简支布置,一般采用通用定型构件,由当地预制构件厂供应。

常用的预制铺板,其截面形式有实心板、空心板、正(倒)槽形板和夹心板等(图1.48);按支承条件又可分为单向板和双向板。为了节约材料,提高构件刚度,预制板应尽可能做成预应力板。

(1)预制板形式

①实心板。实心板上、下表面平整,制作方便。利于地面及顶棚处理。但其用料多、自重大。适用于小跨度的走道板、管沟盖板等(跨度在1.5 m以内)。常用跨度l=1.2~2.4 m,板厚$h \geq l/30$(l为板跨),常用板厚50~100 mm。常用板宽(标志尺寸)B在500~1 000 mm内取值。

②空心板。当板的跨度加大时,为减轻构件自重,可将截面中部的部分混凝土去掉,形成空心板。空心板孔洞的形状有圆形、矩形和椭圆形等,如图1.48(a)、(b)、(c)所示,其中圆孔板因制作简单而较为常用。

空心板节约材料,自重轻,板面平整,地面及顶棚容易处理,且隔声、隔热效果好;但缺点是板面不能任意开洞。

空心板在受弯工作时,可按折算的I形截面计算。板的截面高度常由挠度要求控制。板的宽度应根据板制作、运输、起吊的具体条件而定,设计中可以选用不同板宽进行搭配,以符合房间的尺寸,并便于板的排列。普通混凝土空心板和预应力混凝土空心板的常用跨度、板厚、板宽如表1.6所示。

当施工吊装条件许可时,宜采用宽度较大的板。板的实际宽度b比板的标志宽度B略小,板间通常留有10~20 mm缝隙。这一方面是考虑预制板制作时有施工误差,另一方面是考虑铺板后用细石混凝土灌缝以加强楼盖的整体性。

表1.6　常见混凝土空心板跨度、厚度、板宽

板的类型	常用跨度 l/m	板厚 h/mm	通常厚度 h/mm	常用板宽 B/mm
普通钢筋混凝土空心板	2.4~4.8	$l/25 \sim l/20$	110、120、180、240	500、600、900、1 200
预应力混凝土空心板	2.4~7.5	$l/35 \sim l/30$		

③槽形板。若将板截面受拉区和中部的混凝土去掉,即可形成槽形板。槽形板由板面、纵肋和横肋组成,横肋除在板的两端设置外,在板的中部也可设置数道。根据肋的方向在板面下或板面上,分为正槽形板和倒槽形板两种,如图1.48(d)、(e)所示。正、倒槽形板在受弯

工作时,可分别按折算 T 形截面、倒 T 形截面计算。

正槽形板受力合理,混凝土用量较省,但不能提供平整的顶棚。槽形板由于板上开洞较自由,在工业建筑中应用较多,也适用于厕所、厨房。

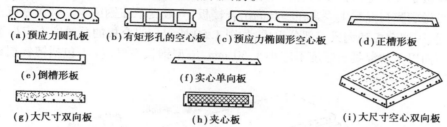

图 1.48　预制板种类

| (a)预应力圆孔板 | (b)有矩形孔的空心板 | (c)预应力椭圆形空心板 | (d)正槽形板 |

④预制大楼板。随着高层建筑的发展,大块预制楼板(平板或双向肋形板)也日益增多。如图 1.48(f)、(g)、(i)所示。在吊装条件允许的情况下,一个房间用一块或两块大楼板就可以铺满。预制大楼板一般为双向板,平面尺寸根据房间尺寸及建筑模数,在 2.7 ~ 5.1 m 取值。板的厚度应满足承载力要求和刚度要求,通常根据刚度要求,由高跨比来确定最小截面高度,必要时再进行变形验算。实心大楼板板厚一般取 110 mm(包括面层),用钢量较少,室内无板缝,建筑效果好,但因构件尺寸大,运输、吊装较困难。

当板的跨度较大时,也可采用夹心板,如图 1.48(h)所示。夹心板往往做成自防水保温屋面板,它在两层混凝土中间填充泡沫混凝土等保温材料,将承重、保温、防水三者结合在一起。

(2)预制梁形式

预制楼盖梁往往是单跨简支梁或带伸臂的简支梁,有时也采用连续梁。梁的截面形式有矩形、T 形、倒 T 形、十字形及花篮形等,如图 1.49(a) ~ (f)所示。预制板搁置在花篮梁两侧挑出的小牛腿上,可以增加室内净高。花篮梁可以全部预制,也可以做成叠合梁(图 1.49(g)),叠合梁不仅增加了房屋净空,还加强了楼盖的整体性。

两端简支的楼盖梁的截面高度一般为 $l/14 \sim l/8$。

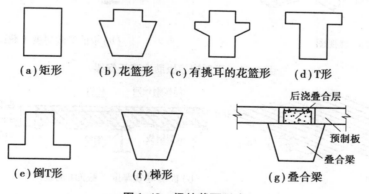

图1.49　梁的截面形式

3)装配式楼盖的连接构造

为保证装配式楼盖的平面内刚度,需要注意做好板与板之间、板与支承墙或梁之间、板与非支承墙之间,以及梁与支承墙之间的连接构造。具体构造要求列于附1.17中。

1.5.5　压型钢板-混凝土组合楼盖

　　压型钢板是按一定形状要求轧制的薄钢板,压型钢板-混凝土组合楼盖是利用凹凸相间的压型钢板做底膜与混凝土浇筑在一起的组合楼板,一般支承在钢梁上。楼盖系统主要由混凝土楼面层、压型钢板和钢梁三部分组成,如图 1.50 所示。组合板的总厚度不应小于90 mm;压型钢板顶面以上的混凝土厚度不应小于 50 mm,压型钢板净厚度(不包括镀锌层或饰面层厚度)不应小于 0.75 mm。

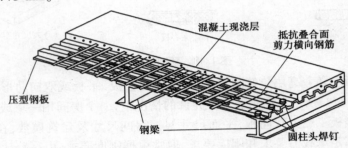

图 1.50　压型钢板组合楼板构造图

　　在施工阶段,压型钢板作为模板承受自重、浇筑混凝土重、施工荷载和附加荷载;在使用阶段,压型钢板作为组合楼板的受力钢板,与混凝土共同工作承担荷载。

　　压型钢板-混凝土组合楼板适用于大空间建筑和高层建筑,在国际上普遍采用。压型钢板板肋有垂直于钢梁和平行于钢梁两种形式,板肋和钢梁之间可用栓钉连接,如图 1.51、图 1.52 所示。

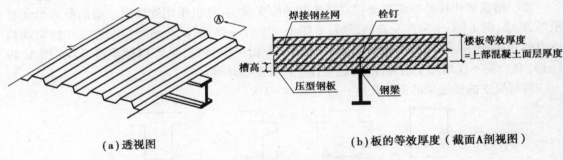

(a)透视图　　　　　　　　　　(b)板的等效厚度(截面A剖视图)

图 1.51　压型钢板板肋垂直于钢梁

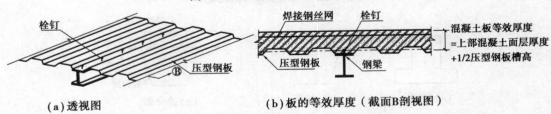

(a)透视图　　　　　　　　　　(b)板的等效厚度(截面B剖视图)

图 1.52　压型钢板板肋平行于钢梁

1)压型钢板-混凝土组合楼盖的优点

　　①压型钢板自重轻,其运输、存储及堆放方便;容易吊装,可快速安装就位;由于不需要拆

卸,节省劳动力。

②多个楼层可同时铺设压型钢板、同时浇筑混凝土,施工速度快。

③在压型钢板凹槽内可铺设电力、通信、暖通等管线,还能敷设保温、隔声、隔热等材料,也可埋置建筑装修用的吊顶挂钩,便于设置顶棚或吊顶,建筑空间利用率高。

④施工阶段中的压型钢板可与钢梁上翼缘连接在一起,对钢梁起侧向支承作用。

2)压型钢板-混凝土组合楼盖的缺点

①压型钢板较贵,使楼板的材料成本高。

②为使压型钢板发挥组合受力作用,需采用防火涂料对楼板进行防火保护,从而增加了防火费用。如果不考虑压型钢板的组合受力作用,则楼板中仍需配置受拉钢筋,此时压型钢板仅作为模板使用,造成材料浪费。

3)压型钢板与混凝土的粘结

在压型钢板-混凝土组合楼板中,必须保证压型钢板与混凝土的粘结,才能考虑压型钢板的组合作用,否则不能考虑。保证压型钢板和混凝土板的组合作用可采用以下方法:采用紧扣型压型钢板或利用压型钢板的波纹形状(图 1.53(a));采用有压痕的压型钢板(在压型钢板表面轧制出成凸凹状的抗剪齿槽)(图 1.53(b));在压型钢板上焊接横向钢筋(图 1.53(c));为保证可靠的组合作用,在任何情况下均应设置端部锚固件(图 1.53(d))。

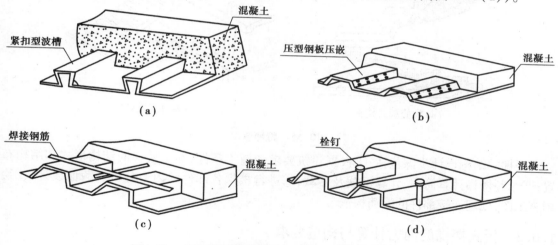

图 1.53　考虑组合作用的压型钢板与混凝土的构造方式

1.6　楼梯设计

楼梯是多层及高层房屋中的重要组成部分,负责组织竖向交通。目前多数采用钢筋混凝土楼梯,楼梯的平面布置、踏步尺寸、栏杆形式等由建筑设计确定。

1.6.1　楼梯的种类

板式楼梯和梁式楼梯是最常见的楼梯形式。板式楼梯由梯段板、平台板和平台梁组成,如图1.54(a)所示。板式楼梯的优点是下表面平整,施工支模较方便,外观比较轻巧。缺点是梯段板较厚,其厚度为梯段板水平长度 l_0 的 $1/30\sim1/25$,混凝土用量和钢材用量较多,一般适用于梯段板水平长度不超过4 m的情况。

梁式楼梯由踏步板、斜梁、平台板和平台梁组成,如图1.54(b)所示。

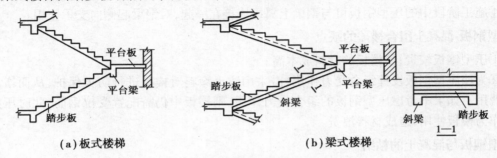

(a)板式楼梯　　　　　**(b)梁式楼梯**

图1.54　常见楼梯形式

在宾馆、剧院等公共建筑中会采用一些特种楼梯,如螺旋板式楼梯和悬挑板式楼梯,如图1.55所示。这两种楼梯造型新颖,但其受力复杂,用钢量大,造价高。

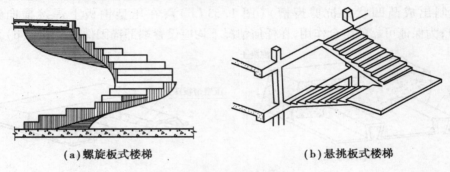

(a)螺旋板式楼梯　　　　　　**(b)悬挑板式楼梯**

图1.55　特种楼梯

楼梯的结构设计步骤包括:①根据建筑要求和施工条件,确定楼梯的结构形式和结构布置;②绘制楼梯计算简图,计算恒载及活载;③进行楼梯各部件的内力分析和截面设计;④绘制施工图,处理连接部件的配筋构造。

1.6.2　板式楼梯的内力计算与构造要求

1)内力计算

板式楼梯的设计内容包括梯段板、平台板和平台梁的设计。

(1)梯段板

从梯段板中取出1 m宽板带作为计算单元,并近似认为梯段板简支于平台梁上,即将其按斜放的简支梁计算,计算简图如图1.56所示。

图中 l_0 为梯段板两端的平台梁的中心线间的水平距离, l_0' 为 l_0 沿梯段板方向的相应斜长。

楼梯的活荷载是按水平投影面计算的,设梯段板单位水平长度上的竖向均布荷载为 p (表示为↓),则沿斜板单位长度上的竖向均布荷载为 $p'=p\cos\alpha$ (表示为↓),此处 α 为梯段板与水平线间的夹角。再将竖向的 p' 沿垂直于斜板方向及平行于斜板方向分解为:

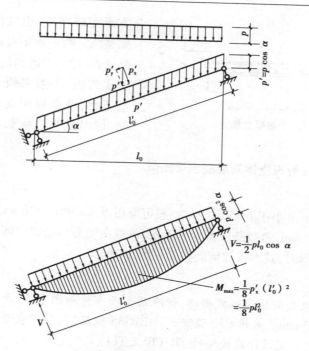

图1.56　梯段板的计算简图

$$p'_x = p'\cos\alpha = p\cos\alpha\cos\alpha = p\cdot\cos^2\alpha \tag{1.23}$$

$$p'_y = p'\sin\alpha = p\cos\alpha\sin\alpha \tag{1.24}$$

此处 p'_x、p'_y 分别为 p' 在垂直于斜板方向及沿斜板方向的分力。其中，p'_y 对斜板的弯矩和剪力没有影响。

由 $l_0 = l'_0\cos\alpha$，于是斜板的跨中最大弯矩和支座最大剪力可以表示为：

$$M_{max} = \frac{1}{8}p'_x(l'_0)^2 = \frac{1}{8}pl_0^2 \tag{1.25}$$

$$V_{max} = \frac{1}{2}p'_x l'_0 = \frac{1}{2}pl_0\cos\alpha \tag{1.26}$$

可见，简支斜梁在竖向均布荷载 p（沿单位水平长度）作用下的最大弯矩，等于其水平投影长度的简支梁在 p 作用下的最大弯矩；斜梁的最大剪力等于其水平投影长度的剪支梁在 p 作用下的最大剪力值乘以 $\cos\alpha$。

考虑到梯段板与平台梁整浇，平台梁对梯段板的转动变形有一定的约束作用，并非理想铰接，故计算板的跨中正弯矩时，常近似取 $M_{max} = pl_0^2/10$。

截面承载力计算时，斜板的截面高度应垂直于斜面量取，并取齿形的最薄处。

为避免斜板在支座处产生过大的裂缝，应在板面配置一定数量的负弯矩钢筋，一般取 $\Phi 8@200$，长度为 $l_n/4$（l_n 为梯段板的净跨）。

（2）平台板和平台梁

在钢筋混凝土结构中，休息平台也采用梁、板、柱结构，休息平台柱一般自楼层梁中生根。平台板根据其周边约束及尺寸情况，可能为单向板或双向板。若平台板仅在平行的两边有平台梁支承，则为单向板，可取1m宽板带进行计算。平台板一端与平台梁整体连接，另一端可能

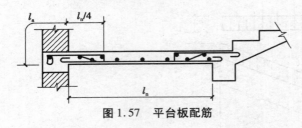

图 1.57 平台板配筋

支承在砖墙上,也可能与另一侧的平台梁整浇。跨中弯矩可近似取 $M=pl_0^2/8$,或 $M\approx pl_0^2/10$。考虑到板支座的转动会受到一定约束,一般将板下部钢筋在支座附近弯起,或在板面支座处另配负弯矩钢筋,伸出支承边缘长度为 $l_n/4$。图 1.57 为平台板的配筋。

平台梁的设计与一般现浇钢筋混凝土梁相似。

2)构造要求

梯段板厚度一般不应小于 $l/30\sim l/25$,一般可取板厚 $h=100\sim 120$ mm。斜板内分布钢筋可采用直径 6 mm 或 8 mm,每级踏步不少于 1 根,放置在受力钢筋的内侧。

当梯段板为折线形时,其形式及配筋构造见附 1.18。

3)板式楼梯设计例题

【例1】已知某公共建筑现浇板式楼梯,标准层平面布置如图 1.58 所示。层高 3.0 m,踏步尺寸为 150 mm×300 mm。采用 C30 混凝土,HRB335 钢筋(用"Φ"表示)。楼梯均布活荷载标准值 $q_k=3.5$ kN/m²。试设计该楼梯的 TB、PB 及 TL1。

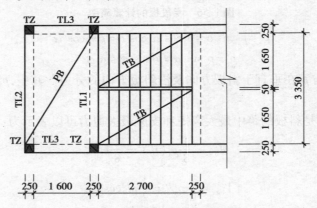

图 1.58 某楼梯标准层平面布置图

【解】(1)楼梯板 TB 设计

板倾斜角的正切 $\tan\alpha=150/300=0.5$,$\cos\alpha=0.894$。

板水平计算跨度 $l_0=2.7+0.25=2.95$ m。

取板厚 $h=120$ mm,为板斜长($2.95\div 0.894=3.300$)的 $1/27.5$,在建议的 $1/30\sim 1/25$ 内。取 1 m 宽板带计算。

①荷载计算

梯段板的荷载计算列于表 1.7。当可变荷载起控制作用时,恒荷载分项系数 $\gamma_G=1.2$,活荷载分项系数 $\gamma_Q=1.4$,总荷载设计值 $p=1.2\times 6.52+1.4\times 3.5=12.72$ kN/m;当永久荷载起控制作用时,$\gamma_G=1.35$,$\gamma_Q=1.4$,$\varphi_C=0.7$,总荷载设计值 $p=1.35\times 6.52+1.4\times 0.7\times 3.5=12.23$ kN/m。

表 1.7　梯段板的荷载

荷载种类		荷载标准值/(kN·m⁻¹)(沿单位水平长度)
恒荷载	小瓷砖面层	$(0.3+0.15)\times0.55/0.3=0.83$
	三角形踏步	$0.5\times0.3\times0.15\times25/0.3=1.88$
	混凝土斜板	$0.12\times25/0.894=3.36$
	板底抹灰	$0.02\times20/0.894=0.45$
	小计	6.52
活荷载		3.5

因此,应取可变荷载起控制作用的总荷载设计值(12.72)进行截面设计。

②截面设计

弯矩设计值 $M=\dfrac{1}{10}pl_0^2=0.1\times12.72\times2.95^2=11.07$ kN·m。

板的有效高度 $h_0=120-20=100$ mm。

$\alpha_s=\dfrac{M}{\alpha_1 f_c b h_0^2}=\dfrac{11.07\times10^6}{1.0\times14.3\times1\,000\times100^2}=0.077$,计算得 $\gamma_s=0.960$

$A_s=\dfrac{M}{\gamma_s f_y h_0}=\dfrac{11.07\times10^6}{0.960\times300\times100}=384$ mm²,选配 $\underline{\Phi}\,10@200$, $A_s=393$ mm²,经验算,满足最小配筋率要求($45f_t/f_y=0.21\%$)。

分布筋每级踏步 2 根 $\underline{\Phi}\,6$。梯段板配筋如图 1.59 所示。

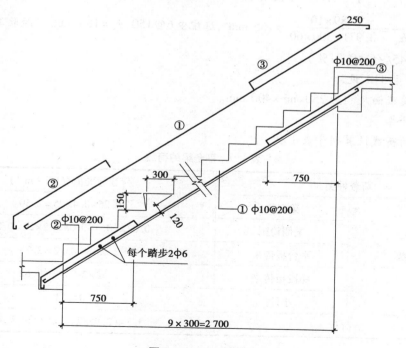

图 1.59　TB 配筋图

（2）平台板 PB 设计

设平台板厚 $h=80$ mm，取 1 m 宽板带计算。

①荷载计算

平台板的荷载计算列于表 1.8。总荷载设计值 $p=1.2\times2.95+1.4\times3.5=8.44$ kN/m。

表 1.8　平台板的荷载

荷载种类		荷载标准值/($\text{kN}\cdot\text{m}^{-1}$)
恒荷载	小瓷砖面层	0.55
	80 mm 厚混凝土板	$0.08\times25=2$
	板底抹灰	$0.02\times20=0.4$
	小计	2.95
活荷载		3.5

②截面设计

平台板的计算跨度 $l_0=1.6+\dfrac{0.25}{2}+\dfrac{0.25}{2}=1.85$ m。

弯矩设计值 $M=\dfrac{1}{10}p\,l_0^2=0.1\times8.44\times1.85^2=2.89$ kN·m。

板有效高度 $h_0=80-20=60$ mm。

$\alpha_s=\dfrac{M}{\alpha_1 f_c b h_0^2}=\dfrac{2.89\times10^6}{1.0\times14.3\times1\,000\times60^2}=0.056$，计算得 $\gamma_s=0.971$

$A_s=\dfrac{M}{\gamma_s f_y h_0}=\dfrac{2.89\times10^6}{0.971\times300\times60}=165$ mm^2，选配 $\Phi 6@150$，$A_s=188$ mm^2。经验算，满足最小配筋率要求（$45f_t/f_y=0.21\%$）。

（3）平台梁 TL1 设计

设平台梁截面尺寸为 250 mm×400 mm。

①荷载计算

平台梁的荷载计算列于表 1.9。

表 1.9　平台梁的荷载

荷载种类		荷载标准值/($\text{kN}\cdot\text{m}^{-1}$)
恒荷载	梁自重	$0.25\times0.4\times25=2.50$
	梁侧粉刷	$0.02\times(0.4-0.08)\times2\times20=0.26$
	平台板传来	$2.95\times1.85/2=2.73$
	梯段板传来	$6.52\times2.95/2=9.62$
	小计	15.11
活荷载		$3.5\times(2.95/2+1.85/2)=8.40$

总荷载设计值 $p=1.2\times15.11+1.4\times8.40=29.89$ kN/m。

· 56 ·

②截面设计

计算跨度 $l_0 = 1.05 \, l_n = 1.05 \times 3.35 = 3.52$ m。

弯矩设计值

$$M = \frac{1}{8} p l_0^2 = 0.125 \times 29.89 \times 3.52^2 = 46.29 \text{ kN} \cdot \text{m}$$

剪力设计值

$$V = \frac{1}{2} p l_n = 0.5 \times 29.89 \times 3.35 = 50.06 \text{ kN}$$

截面按倒 L 形计算，$b'_f = b + 5 \, h'_f = 250 + 5 \times 80 = 650$ mm，梁的有效高度 $h_0 = 400 - 40 = 360$ mm。

经判别，属第一类 T 形截面

$$\alpha_s = \frac{M}{\alpha_1 f_c b \, h_0^2} = \frac{46.29 \times 10^6}{1.0 \times 14.3 \times 650 \times 360^2} = 0.038, 计算得 \gamma_s = 0.980$$

$$A_s = \frac{M}{\gamma_s f_y h_0} = \frac{46.29 \times 10^6}{0.980 \times 300 \times 360} = 437 \text{ mm}^2, 选配 3 \, \Phi 14, A_s = 462 \text{ mm}^2, 经验算，满足最小配筋率要求（45 f_t / f_y = 0.21\%）$$

拟配置 $\Phi 6@200$ 双肢箍筋，则斜截面受剪承载力

$$V_{cs} = 0.7 f_t b \, h_0 + f_{yv} \frac{A_{sv}}{s} h_0 = \left(0.7 \times 1.43 \times 250 \times 360 + 300 \times \frac{56.6}{200} \times 360\right) \div 1\,000$$
$$= 120.65 \text{ kN} > 50.06 \text{ kN}$$

满足要求。

1.6.3 梁式楼梯的内力计算与构造要求

1) 内力计算

（1）踏步板

梁式楼梯的踏步板两端支承在斜梁上，按两端简支的单向板计算，一般取一个踏步作为计算单元，板上作用踏步板自重、上下抹灰和使用活荷载。踏步板为梯形截面，板的截面高度可近似取平均高度 $h = (h_1 + h_2)/2$（图 1.60），板厚 h_1 一般不小于 40 mm。

（2）梯段梁

梁式楼梯的梯段梁承受由踏步板传来的荷载和自重，可简化为在均布荷载作用下支承于两侧平台梁上的简支梁。斜梁的内力计算与板式楼梯的斜板相同。因踏步板可能位于斜梁截面高度的上部，也可能位于下部，计算时截面可取为矩形截面，或考虑踏步板取为倒 L 形截面。图 1.61 为斜梁的配筋构造。

（3）平台梁

平台梁主要承受梯段梁传来的集中荷载（由上、下跑楼梯梯段梁传来）和平台板传来的均布荷载，一般按简支梁计算。平台梁在其与梯段梁相交处应设置吊筋，吊筋计算方法与普通肋梁楼盖主次梁相交处的吊筋计算方法相同。

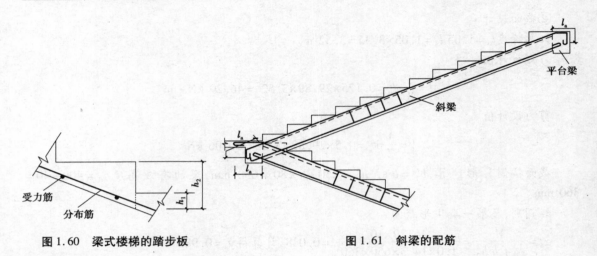

图 1.60　梁式楼梯的踏步板　　　　　　　　图 1.61　斜梁的配筋

2)构造要求

梁式楼梯的每一踏步板一般需配置不少于 2 根直径 6 mm 的受力钢筋,沿斜向布置的分布钢筋直径不小于 6 mm,间距不大于 250 mm。

梯段梁中的纵向受力钢筋在平台梁中应有足够的锚固。

当梁式楼梯出现折角形成折线形斜梁时,梁内折角处的纵向受拉钢筋应分开配置,并各自延伸至梁顶面以满足受拉纵筋的锚固要求。同时还应在该处增设附加箍筋,如图 1.62 所示。该箍筋应足以承受未伸入受压区锚固的纵向受拉钢筋 A_{s1} 的合力 N_{s1},且在任何情况下不应小于全部纵向受拉钢筋合力的 35%(即 N_{s2}),N_{s1},N_{s2} 按下式计算:

$$N_{s1} = 2f_y A_{s1} \cos \frac{\alpha}{2}$$

$$N_{s2} = 0.7f_y A_s \cos \frac{\alpha}{2} \tag{1.27}$$

式中　A_{s1}——未伸入受压区域的纵向受拉钢筋的截面面积;

　　　A_s——全部纵向受拉钢筋面积;

　　　α——构件的内折角。

按上述条件求得的箍筋,应布置在长度为 $s = h \tan \frac{3}{8}\alpha$ 的范围内。

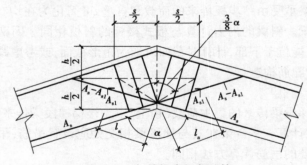

图 1.62　折线梁内折角配筋

以上介绍的板式楼梯和梁式楼梯的内力计算和设计构造仅为楼梯承受竖向荷载的情况。

实际工程中,有抗震设防要求的框架结构,可采用滑动支座等措施减少楼梯对主体结构承受地震的影响,此时仍可按上述方法进行分析设计。若楼梯与钢筋混凝土框架结构现浇在一起,则整体结构的抗震计算需要考虑楼梯构件的影响。此时板式楼梯的梯段板(或梁式楼梯的梯段梁)连同休息平台结构则会发挥类似斜撑的作用。在这种情况下,楼梯自身的内力计算和设计也需考虑参与整体结构受力带来的影响,应对楼梯内力采用计算机进行辅助分析,并进行抗震承载力验算。

1.6.4　装配式楼梯

为了节省模板、加快现场施工速度,并与建筑产业化趋势协调,目前在居住建筑中推广使用预制装配式楼梯。常用的预制装配式楼梯有预制板式楼梯和预制梁式楼梯两种,如图1.63所示。可以采用仅梯段板预制,平台梁、平台板现浇的方式,也可以采用梯段板、平台梁、平台板均为预制的方式。预制装配式楼梯适用于普通住宅结构中的双跑楼梯和剪刀楼梯。这些形式的楼梯大多已编有通用标准图集,不必自行设计。

预制装配式楼梯的各种构件一般按简支构件计算内力,通常不参与整体结构抗震计算。预制装配式楼梯设计必须特别重视各构件间的连接构造。梯段板与平台梁连接处可以采用焊接连接或叠合整浇连接;也可以采用销键连接,上端支承处为固定铰支座,下端支承处为滑动铰支座。不同的连接方式应与楼梯计算简图及整体结构的抗震计算协调考虑。在设计时应根据预制加工条件、运输吊装能力等综合考虑,一般楼梯拆分后单个构件的自重不宜超过5 t,施工时应考虑吊装、运输及安装机具的能力。

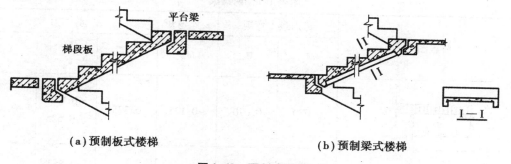

（a）预制板式楼梯　　　　　（b）预制梁式楼梯

图1.63　预制式楼梯

中国建筑标准设计研究院编制出版的《预制钢筋混凝土板式楼梯》(15G367—1)的平面布置图、剖面图和节点连接大样见附1.19。

附录及拓展内容

附1.1

等截面等跨连续梁在常用荷载作用下的内力系数

1）在均布及三角形荷载作用下

$$M = 表中系数 \times ql_0^2（或 \times gl_0^2）$$

$$V = 表中系数 \times ql_0（或 \times gl_0）$$

2）在集中荷载作用下

$$M = 表中系数 \times Ql_0（或 \times Gl_0）$$

$$V = 表中系数 \times Q（或 \times G）$$

3）内力正负号规定

M——使截面上部受压、下部受拉为正。

V——对邻近截面所产生的力矩沿顺时针方向为正。

附表 1.1　两跨梁

荷载图	跨内最大弯矩		支座弯矩	剪　力		
	M_1	M_2	M_B	V_A	V_{Bl} / V_{Br}	V_C
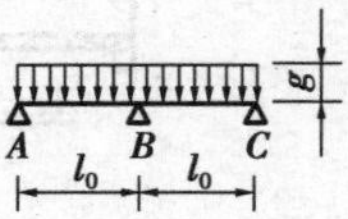	0.070	0.070	−0.125	0.375	−0.625 0.625	−0.375
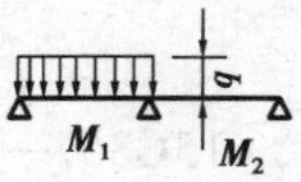	0.096	—	−0.063	0.437	−0.563 0.063	0.063
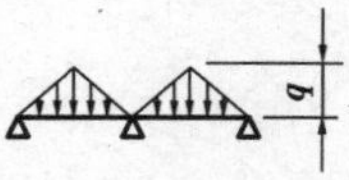	0.048	0.048	−0.078	0.172	−0.328 0.328	−0.172
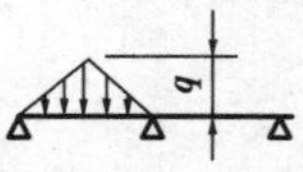	0.064	—	−0.039	0.211	−0.289 0.039	0.039
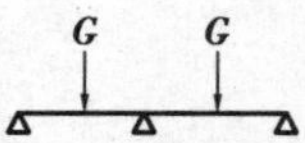	0.156	0.156	−0.188	0.312	−0.688 0.688	−0.312

荷载图	跨内最大弯矩		支座弯矩	剪 力		
	M_1	M_2	M_B	V_A	V_{Bl} V_{Br}	V_C
	0.203	—	−0.094	0.406	−0.594 0.094	0.094
	0.222	0.222	−0.333	0.667	−1.333 1.333	−0.667
	0.278	—	−0.167	0.833	−1.167 0.167	0.167

附表1.2 三跨梁

荷载图	跨内最大弯矩		支座弯矩		剪 力			
	M_1	M_2	M_B	M_C	V_A	V_{Bl} V_{Br}	V_{Cl} V_{Cr}	V_D
	0.080	0.025	−0.100	−0.100	0.400	−0.600 0.500	−0.500 0.600	−0.0400
	0.101	—	−0.050	−0.050	0.450	−0.550 0	0 0.550	−0.450
	—	0.075	−0.050	−0.050	0.050	−0.050 0.500	−0.500 0.050	0.050
	0.073	0.054	−0.117	−0.033	0.383	−0.617 0.583	−0.417 0.033	0.033
	0.094	—	−0.067	0.017	0.433	−0.567 0.083	0.083 −0.017	−0.017
	0.054	0.021	−0.063	−0.063	0.183	−0.313 0.250	−0.250 0.313	−0.188
	0.068	—	−0.031	−0.031	0.219	−0.281 0	0 0.281	−0.219
	—	0.052	−0.031	−0.031	0.031	−0.031 0.250	−0.250 0.051	0.031

续表

荷载图	跨内最大弯矩		支座弯矩		剪 力			
	M_1	M_2	M_B	M_C	V_A	V_{Bl} V_{Br}	V_{Cl} V_{Cr}	V_D
	0.050	0.038	−0.073	−0.021	0.177	−0.323 0.302	−0.198 0.021	0.021
	0.063	—	−0.042	0.010	0.208	−0.292 0.052	0.052 −0.010	−0.010
	0.175	0.100	−0.150	−0.150	0.350	−0.650 0.500	−0.500 0.650	−0.350
	0.213	—	−0.075	−0.075	0.425	−0.575 0	0 0.575	−0.425
	—	0.175	−0.075	−0.075	−0.075	−0.075 0.500	−0.500 0.075	0.075
	0.162	0.137	−0.175	−0.050	0.325	−0.675 0.625	−0.375 0.050	0.050
	0.200	—	−0.100	0.025	0.400	−0.600 0.125	0.125 −0.025	−0.025
	0.244	0.067	−0.267	−0.267	0.733	−1.267 1.000	−1.000 1.267	−0.733
	0.289	—	−0.133	−0.133	0.866	−1.134 0	0 1.134	−0.866
	—	0.200	−0.133	−0.133	−0.133	−0.133 1.000	−1.000 0.133	0.133
	0.229	0.170	−0.311	−0.089	0.689	−1.311 1.222	−0.778 0.089	0.089
	0.274	—	−0.178	0.044	0.822	−1.178 0.222	0.222 −0.044	−0.044

附表 1.3　四跨梁

荷载图	跨内最大弯矩				支座弯矩			剪力				
	M_1	M_2	M_3	M_4	M_B	M_C	M_D	V_A	V_{Bl} / V_{Br}	V_{Cl} / V_{Cr}	V_{Dl} / V_{Dr}	V_E
	0.077	0.036	0.036	0.077	−0.107	−0.071	−0.107	0.393	−0.607 / 0.536	−0.464 / 0.464	−0.536 / 0.607	−0.393
	0.100	—	0.081	—	−0.054	−0.036	−0.054	0.446	−0.554 / 0.018	0.018 / 0.482	−0.518 / 0.054	0.054
	0.072	0.061	0.056	0.098	−0.121	−0.018	−0.058	0.380	−0.620 / 0.603	−0.397 / −0.040	−0.040 / −0.558	−0.442
	—	0.056	—	—	−0.036	−0.107	−0.036	−0.036	−0.036 / 0.429	−0.571 / 0.571	−0.429 / 0.036	0.036
	0.094	—	—	—	−0.067	0.018	−0.004	0.433	−0.567 / 0.085	0.085 / −0.022	0.022 / 0.004	0.004
	—	0.071	—	—	−0.049	−0.054	0.013	−0.049	−0.049 / 0.496	−0.504 / 0.067	0.067 / 0.013	−0.013
	0.062	0.028	0.028	0.052	−0.067	−0.045	−0.067	0.183	−0.371 / 0.272	−0.228 / 0.228	−0.272 / 0.317	−0.183
	0.067	—	0.055	—	−0.084	−0.022	−0.034	0.217	−0.234 / 0.011	0.011 / 0.239	−0.261 / 0.034	0.034

续表

荷载图	跨内最大弯矩				支座弯矩			剪力				
	M_1	M_2	M_3	M_4	M_B	M_C	M_D	V_A	V_{Bl} / V_{Br}	V_{Cl} / V_{Cr}	V_{Dl} / V_{Dr}	V_E
	0.049	0.042	—	0.066	-0.075	-0.011	-0.036	0.175	-0.325 / 0.314	-0.186 / -0.025	-0.025 / 0.286	-0.214
	—	0.040	0.040	—	-0.022	-0.067	-0.022	-0.022	-0.022 / 0.205	-0.295 / 0.295	-0.205 / 0.022	0.022
	0.088	—	—	—	-0.042	0.011	-0.003	0.208	-0.292 / 0.053	0.063 / -0.014	-0.014 / 0.003	0.003
	—	0.051	—	—	-0.031	-0.034	0.008	-0.031	-0.031 / 0.247	-0.253 / 0.042	0.042 / -0.008	-0.008
	0.169	0.116	0.116	0.169	-0.161	-0.107	-0.161	0.339	-0.661 / 0.554	-0.446 / 0.446	-0.554 / 0.661	-0.330
	0.210	0.146	0.183	—	-0.080	-0.054	-0.080	0.420	-0.580 / 0.027	0.027 / 0.473	-0.527 / 0.080	0.080
	0.159	—	—	0.206	-0.181	-0.027	-0.087	0.319	-0.681 / 0.654	-0.346 / -0.060	-0.060 / 0.587	-0.413
	—	0.142	0.142	—	-0.054	-0.161	-0.054	0.054	-0.054 / 0.393	-0.607 / 0.607	-0.393 / 0.054	0.054

荷载简图											
0.200	—	—	—	-0.100	-0.027	-0.007	0.400	-0.600 / 0.127	0.127 / -0.033	-0.033 / 0.007	0.007
—	0.173	—	—	-0.074	-0.080	0.020	-0.074	-0.074 / 0.493	-0.507 / 0.100	0.100 / -0.020	-0.020
0.238	0.111	0.111	0.238	-0.286	-0.191	-0.286	0.714	1.286 / 1.095	-0.905 / 0.905	-1.095 / 1.286	-0.714
0.286	—	0.222	—	-0.143	-0.095	-0.143	0.857	-1.143 / 0.048	0.048 / 0.952	-1.048 / 0.143	0.143
0.226	0.194	—	0.282	-0.321	0.048	-0.155	0.679	-1.321 / 1.274	-0.726 / -0.107	-0.107 / 1.155	-0.845
—	0.175	0.175	—	-0.095	0.286	-0.095	-0.095	0.095 / 0.810	-1.190 / 1.190	-0.810 / 0.095	0.095
0.274	—	—	—	-0.178	0.048	-0.012	0.822	-1.178 / 0.226	0.226 / -0.060	-0.060 / 0.012	0.012
—	0.198	—	—	-0.131	-0.143	0.036	-0.131	-0.131 / 0.988	-1.012 / 0.178	0.178 / -0.036	-0.036

附表 1.4　五跨梁

荷载图	跨内最大弯矩			支座弯矩				剪　力					
	M_1	M_2	M_3	M_B	M_C	M_D	M_E	V_A	V_{Bl} / V_{Br}	V_{Cl} / V_{Cr}	V_{Dl} / V_{Dr}	V_{El} / V_{Er}	V_F
均布荷载图（全跨）	0.078	0.033	0.046	−0.105	−0.079	−0.079	−0.105	0.394	−0.606 / 0.526	−0.474 / 0.500	−0.500 / 0.474	−0.526 / 0.606	−0.394
荷载图	0.100	—	0.085	−0.053	0.040	−0.040	−0.053	0.447	−0.553 / 0.013	0.013 / 0.500	−0.500 / −0.013	−0.013 / 0.553	−0.447
荷载图	—	0.079	—	−0.053	−0.040	−0.040	−0.053	−0.053	−0.053 / 0.513	−0.487 / 0	0 / 0.487	−0.513 / 0.053	0.053
荷载图	0.073	②0.059 / 0.078	—	−0.119	−0.022	−0.044	−0.051	0.380	−0.620 / 0.598	−0.402 / −0.023	−0.023 / 0.493	−0.507 / 0.052	0.052
荷载图	①— / 0.098	0.055	0.064	0.035	−0.111	−0.020	−0.057	0.035	0.035 / 0.424	0.576 / 0.591	−0.409 / −0.037	−0.037 / 0.557	−0.443
荷载图	0.094	—	—	−0.067	0.018	−0.005	0.001	0.433	−0.567 / 0.085	0.085 / −0.023	−0.023 / 0.006	0.006 / −0.001	−0.001
荷载图	—	0.074	—	−0.049	−0.054	0.014	−0.004	−0.049	−0.049 / 0.495	−0.505 / 0.068	0.068 / −0.018	−0.018 / 0.004	0.004

C1	C2	C3	C4	C5	C6	C7	C8	C9	C10
−0.013	0.184	0.217	0.033	0.032	−0.214	−0.001	0.002	−0.008	−0.342
0.066 / −0.013	−0.266 / 0.316	−0.008 / 0.283	−0.258 / 0.033	−0.255 / 0.032	−0.023 / 0.286	0.004 / −0.001	−0.011 / 0.002	0.041 / −0.008	−0.540 / 0.658
−0.500 / 0.066	−0.250 / 0.234	−0.250 / −0.006	0 / 0.242	−0.014 / 0.246	−0.198 / −0.028	−0.014 / 0.004	0.049 / −0.011	−0.250 / 0.041	−0.500 / 0.460
−0.066 / 0.500	−0.234 / 0.250	0.008 / 0.250	−0.242 / 0	−0.189 / −0.014	−0.298 / 0.307	0.053 / −0.014	−0.253 / 0.043	−0.041 / 0.250	−0.460 / 0.500
0.013 / −0.066	−0.316 / 0.266	0.283 / 0.008	−0.033 / 0.258	0.325 / 0.311	−0.022 / 0.202	−0.292 / 0.053	−0.031 / 0.247	0.008 / −0.041	−0.658 / 0.540
0.013	0.184	0.217	0.033	0.175	−0.022	0.208	−0.031	0.008	0.342
0.013	−0.066	0.033	−0.033	−0.032	−0.036	0.001	−0.002	0.008	−0.158
0.053	−0.049	−0.025	−0.025	−0.028	−0.013	−0.003	0.009	−0.033	−0.118
0.053	0.049	−0.025	−0.025	−0.014	−0.070	0.011	−0.034	−0.033	−0.118
0.013	−0.066	−0.033	−0.033	−0.075	−0.022	0.042	−0.031	0.008	−0.158
0.072	0.034	0.059	—	—	0.044	—	—	0.050	0.132
—	0.026	—	0.055	②0.041 / 0.053	0.039	—	0.051	—	0.112
—	0.053	0.067	—	0.049	①— / 0.066	0.063	—	—	0.171
(荷载简图)	(荷载简图)	(荷载简图)	(荷载简图)	(荷载简图)	(荷载简图)	(荷载简图)	(荷载简图)	(荷载简图)	(荷载简图)

续表

荷载图	跨内最大弯矩			支座弯矩				剪　力					
	M_1	M_2	M_3	M_B	M_C	M_D	M_E	V_A	V_{Bl} / V_{Br}	V_{Cl} / V_{Cr}	V_{Dl} / V_{Dr}	V_{El} / V_{Er}	V_F
	0.211	—	0.191	−0.079	−0.059	−0.059	−0.079	0.421	−0.579 / 0.020	0.020 / 0.500	−0.500 / −0.020	−0.020 / 0.579	−0.421
	—	0.181	—	−0.079	−0.059	−0.059	−0.079	−0.079	−0.079 / 0.520	−0.480 / 0	0 / 0.480	−0.520 / 0.079	0.079
	0.160	②0.144 / 0.178	—	−0.179	−0.032	−0.066	−0.077	0.321	−0.679 / 0.647	−0.353 / −0.034	−0.034 / 0.489	−0.511 / 0.077	0.077
	① — / 0.207	0.140	0.151	−0.052	−0.167	−0.031	−0.086	−0.052	−0.052 / 0.385	−0.615 / 0.637	−0.363 / −0.056	−0.056 / 0.586	−0.414
	0.200	—	—	−0.100	0.027	−0.007	0.002	0.400	−0.600 / 0.127	0.127 / −0.031	−0.034 / 0.009	0.009 / −0.002	−0.002
	—	0.173	—	−0.073	−0.081	0.022	−0.005	−0.073	−0.073 / 0.493	−0.507 / 0.102	0.102 / −0.027	−0.027 / 0.005	0.005
	—	—	0.171	0.020	−0.079	−0.079	0.020	0.020	0.020 / −0.099	−0.099 / 0.500	−0.500 / 0.099	0.090 / −0.020	−0.020

荷载简图													
(G G G G G G)	0.240	0.100	0.122	-0.281	-0.211	0.211	-0.281	0.719	-1.281 / 1.070	-0.930 / 1.000	-1.000 / 0.930	1.070 / 1.281	-0.719
(Q Q Q)	0.287	—	0.228	-0.140	-0.105	-0.105	-0.140	0.860	-1.140 / 0.035	0.035 / 1.000	1.000 / -0.035	-0.035 / 1.140	-0.860
(Q Q)	—	0.216	—	-0.140	-0.105	-0.105	-0.140	-0.140	-0.140 / 1.035	-0.965 / 0	0.000 / 0.965	-1.035 / 0.140	0.140
(Q Q Q Q)	① —/0.282	② 0.189/0.209	0.198	-0.319	-0.057	-0.118	-0.137	0.681	-1.319 / 1.262	0.738 / -0.061	-0.061 / 0.981	-1.019 / 0.137	0.137
(Q Q Q Q)	0.274	0.172	—	-0.179	-0.297	-0.054	-0.153	-0.093	-0.093 / 0.796	-1.204 / 1.243	-0.757 / -0.099	-0.099 / 1.153	-0.847
(Q Q)	—	—	—	-0.131	0.048	-0.013	0.003	0.821	-1.179 / 0.227	0.227 / -0.061	-0.061 / 0.016	0.016 / -0.003	-0.003
(Q Q)	—	0.198	—	-0.131	-0.144	0.038	-0.010	-0.131	-0.131 / 0.987	-1.013 / 0.182	0.182 / -0.048	-0.048 / 0.010	0.010
(Q Q)	—	—	0.193	0.035	-0.140	-0.140	0.035	0.035	0.035 / -0.175	-0.175 / 1.000	-1.000 / 0.175	0.175 / -0.035	-0.035

表中:①分子及分母分别为 M_1 及 M_5 的弯矩系数;②分子及分母分别为 M_2 及 M_4 的弯矩系数。

附1.2

影响塑性内力重分布的因素

影响塑性内力重分布的因素包括塑性铰的转动能力、斜截面承载能力以及正常使用条件要求。

1) 塑性铰的转动能力

塑性铰的转动能力主要取决于纵向钢筋的配筋率、钢材的品种和混凝土的极限压应变值。

截面的极限曲率 $\varphi_u = \dfrac{\varepsilon_{cu}}{x}$，配筋率越低，受压区高度 x 就越小，故 φ_u 越大，塑性铰转动能力越大。混凝土极限压应变值 ε_{cu} 越大，φ_u 越大，塑性转动能力也越大。混凝土强度等级高时，极限压应变值减小，转动能力下降。

2) 斜截面承载能力

要想实现预期的内力重分布，其前提条件是在结构破坏机构出现前，不能因为斜截面承载能力不足而引起破坏。试验研究表明，支座出现塑性铰后，连续梁的受剪承载能力降低。当支座形成塑性铰时，在连续梁中间支座两侧的剪跨段，纵筋和混凝土之间的黏结性能明显退化，甚至出现沿纵筋的劈裂裂缝；剪跨比越小，这种现象越明显。随着荷载增加，梁上反弯点两侧原处于受压的钢筋会转变为受拉，而此拉力增量只能依靠剪压区的混凝土压力来平衡，这样势必降低梁的抗剪承载能力。因此，为了保证连续梁内力重分布能充分发展，构件截面必须具有足够的受剪承载能力。

3) 正常使用条件要求

在使用荷载作用下，结构构件的裂缝与变形应满足正常使用极限状态的要求。如果最初出现的塑性铰转动幅度过大，塑性铰附近截面裂缝就可能过宽，结构的挠度过大，不能满足正常使用的要求。因此在考虑塑性内力重分布时，应对塑性铰的允许转动量予以控制，也就是控制塑性内力重分布的幅度，一般要求在正常使用阶段不应出现塑性铰。

附1.3

连续梁和连续单向板考虑塑性内力重分布各系数和修正系数

附表1.5　连续梁和连续单向板考虑塑性内力重分布的弯矩计算系数 α_m

支承情况		截面位置					
		端支座	边跨跨中	离端第二支座	离端第二跨跨中	中间支座	中间跨中
		A	I	B	Ⅱ	C	Ⅲ
板	与梁整体连接	−1/16	1/14	二跨连续：−1/10 三跨以上连续：−1/11	1/16	−1/14	1/16
梁		−1/24					
梁与柱整浇连接		−1/16	1/14				

注：表中弯矩系数适用于荷载比 $q/g>0.3$ 的等跨连续梁和等跨连续单向板。

附表1.6　集中荷载修正系数 η

荷载情况	截　　面					
	A	I	B	Ⅱ	C	Ⅲ
当在跨中中点处作用一个集中荷载时	1.5	2.2	1.5	2.7	1.6	2.7
当在跨中三分点处作用两个集中荷载时	2.7	3.0	2.7	3.0	2.9	3.0
当在跨中四分点处作用三个集中荷载时	3.8	4.1	3.8	4.5	4.0	4.8

附表1.7　连续梁考虑塑性内力重分布的剪力计算系数 α_v

支承情况	截面位置				
	A 支座内侧	离端第二支座		中间支座	
	A_{in}	外侧 B_{ex}	内侧 B_{in}	外侧 C_{ex}	内侧 C_{in}
与梁或柱整浇连接	0.50	0.55	0.55	0.55	0.55

附1.4

内力重分布中弯矩系数的由来

现以端支座为铰支的五跨等跨连续梁承受均布荷载为例,如附图1.1所示,说明附表1.5中的弯矩系数 α_m 的由来。

假设 $\dfrac{q}{g}=3$,则 $g+q=\dfrac{q}{3}+q=\dfrac{3}{4}q$ 和 $g+q=g+3g=4g$。则

$$g=\frac{1}{4}(g+q); q=\frac{3}{4}(g+q)$$

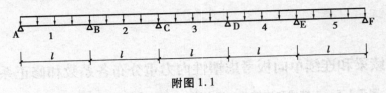

附图 1.1

对次梁,其折算荷载由式(1.6)知:

$$g'=g+\frac{q}{4}=\frac{g+q}{4}+\frac{3}{16}(g+q)=0.437\,5(g+q)$$

$$q'=\frac{3q}{4}=\frac{9}{16}(g+q)=0.562\,5(g+q)$$

按弹性理论,活荷载布置在一、三、五跨时,第一跨跨内和第三跨跨内出现最大正弯矩 $M_{1\max}$,$M_{3\max}$,相应的弯矩系数由附表 1.4 查得;活荷载布置在二跨时,第二跨跨内出现最大正弯矩 $M_{2\max}$,相应的弯矩系数由附表 1.4 查得:

$$M_{1\max}=0.078g'l^2+0.1q'l^2=0.090\,4(g+q)l^2$$

$$M_{2\max}=0.033g'l^2+0.079q'l^2=0.058\,9(g+q)l^2$$

$$M_{3\max}=0.046g'l^2+0.085q'l^2=0.067\,9(g+q)l^2$$

按弹性理论,求第一内支座弯矩 B 截面的最大负弯矩时,活荷载应布置在一、二、四跨,相应的弯矩由附表 1.4 查得;求中间支座 C 截面的最大负弯矩时,活荷载应布置在二、三、五跨,相应的弯矩由附表 1.4 查得:

$$M_{B\max}=-0.105g'l^2-0.119q'l^2=-0.112\,9(g+q)l^2$$

$$M_{C\max}=-0.079g'l^2-0.111q'l^2=-0.097(g+q)l^2$$

考虑弯矩调幅系数 0.2,即取调幅后的弯矩:

$$M_B=0.8M_{B\max}=-0.8\times0.112\,9\times(g+q)\times l^2=-0.090\,32(g+q)l^2=-\frac{1}{11.07}(g+q)l^2$$

$$M_C=0.8M_{C\max}=-0.8\times0.097\times(g+q)\times l^2=-0.077\,6(g+q)l^2=-\frac{1}{12.89}(g+q)l^2$$

附表 1.5 中 B 支座弯矩系数取 $\alpha_m=\dfrac{1}{11}$,调幅值略小于 20%,偏于安全。

附表 1.5 中 C 支座弯矩系数取 $\alpha_m=\dfrac{1}{14}$,调幅值大于 20%。

下面来看边跨跨中弯矩:

支座弯矩调幅后,根据静力平衡条件求边跨跨中的最大弯矩 M_1。当支座弯矩 $M_{B\max}$ 下调为 $\dfrac{1}{11}(g+q)l^2$ 时,根据第一跨的静力平衡条件有:

$$R_Al-\frac{(g+q)l^2}{2}+M_B=0$$

R_A 为支座 A 的反力,由上式可求出:

$$R_A=\frac{(g+q)l}{2}-\frac{\dfrac{1}{11}(g+q)l^2}{l}=\left(\frac{1}{2}-\frac{1}{11}\right)(g+q)l=0.409(g+q)l$$

设跨中弯矩最大值 M_1 所在截面离 A 支座距离为 x,该截面剪力为零,所以:

$$x = \frac{R_A}{g+q} = \frac{0.409(g+q)l}{g+q} = 0.409l$$

$$M_1 = R_A x - \frac{(g+q)x^2}{2} = 0.409^2(g+q)l^2 - \frac{(g+q)(0.409l)^2}{2} = 0.083\,6(g+q)l^2$$

调幅后的边跨跨中弯矩值应该取弹性计算下的 M_{1max} 和根据调幅后的支座弯矩静力平衡条件计算所得的 M_1 的 1.02 倍两者中的较大值。经比较,由弹性计算下的 M_{1max} 控制,应取 $0.090\,4(g+q)l^2$ 计算。

$$0.090\,4(g+q)l^2 = \frac{1}{11.06}(g+q)l^2$$

附表 1.5 中边跨跨中弯矩系数取 $\alpha_m = \frac{1}{11}$,偏于安全。

同上面的计算过程,调幅后的第二跨和第三跨的跨中弯矩也由弹性计算下的 M_{2max} 和 M_{3max} 控制。由前面计算结果知,第二跨跨中应取 $0.058\,9(g+q)l^2$ 计算、第三跨跨中应取 $0.067\,9(g+q)l^2$ 计算。

第二跨跨中:$0.058\,9(g+q)l^2 = \frac{1}{16.98}(g+q)l^2$

第三跨跨中:$0.067\,9(g+q)l^2 = \frac{1}{14.73}(g+q)l^2$

附表 1.5 第二跨跨中弯矩系数取为 $\alpha_m = \frac{1}{16}$,偏于安全。

附表 1.5 中第三跨跨中弯矩系数取为 $\alpha_m = \frac{1}{16}$,小于按调幅系数取 0.2 计算所得的最大弯矩。

以上计算表明,对 C 支座和第三跨跨中截面而言,附表 1.5 建议的弯矩系数小于按弯矩调幅系数 $\beta = 0.2$ 计算的最大弯矩,甚至有的还小于按弯矩调幅系数 $\beta = 0.25$ 计算的最大弯矩,这说明表中系数并未严格遵守前述调幅法的原则。值得一提的是,上面的系数的推导是基于 $q/g = 3$ 的条件下进行的。通常情况下,$q/g \geqslant 3$ 的情况不多,当 $q/g < 3$ 时,弯矩调幅系数值将随 q/g 比值的减小而有所降低。因此对于大多数情况来说,附表建议的弯矩系数是合适的。长期工程实践表明,表中系数是适宜的,能满足设计要求。

附 1.5

用调幅法计算不等跨连续梁、板或各跨荷载值相差较大的等跨连续梁、板

1)不等跨连续梁或各跨荷载值相差较大的等跨连续梁

对不等跨连续梁或各跨荷载值相差较大的等跨连续梁布可按下列步骤进行内力重分计算:

①按荷载的最不利布置,用弹性分析法计算连续梁各控制截面的最不利弯矩 M_e。此时,连续梁的计算跨度 l_0 应按图 1.13 确定。

②在弹性分析的基础上,降低连续梁各支座截面的弯矩,其调幅系数不宜超过 0.2。

③在进行正截面受弯承载力计算时,当连续梁两端与梁或柱整体连接时,连续梁各支座截面的弯矩设计值 M 可按下式计算:

$$M = (1-\beta)M_e - \frac{b}{3}V_0 \qquad (附 1.1)$$

式中　V_0——按简支梁计算的支座剪力设计值;

　　　b——支座宽度。

④连续梁跨中截面的弯矩不宜调整,其弯矩设计值可取考虑活荷载最不利布置并按弹性方法计算所得的弯矩设计值和按式(1.15)计算所得的弯矩设计值的较大者。

⑤连续梁各控制截面的剪力设计值,可按荷载最不利布置,根据调整后的支座弯矩用静力平衡条件计算,也可近似地用考虑荷载最不利布置按弹性方法算得的剪力值。

2)不等跨连续单向板或各跨荷载值相差较大的等跨连续单向板

对不等跨连续板或各跨荷载值相差较大的等跨连续单向板,可按下列步骤进行内力重分布计算:

①按荷载的最不利布置,用弹性分析法计算连续板各控制截面的最不利弯矩 M_e。此时,连续板的计算跨度 l_0 按图 1.13 确定。

②在弹性分析的基础上,降低连续板各支座截面的弯矩,其调幅系数不宜超过 0.2。

③在进行正截面受弯承载力计算时,连续板各支座截面的弯矩设计值 M 可按式(附 1.1)计算。

④连续板各跨中截面的弯矩不宜调整,其弯矩设计值可取考虑活荷载最不利布置并按弹性方法计算所得的弯矩设计值和按式(1.15)计算所得的弯矩设计值的较大者。

在不等跨连续板或各跨荷载值相差较大的等跨连续板中,根据工程经验,当判断结构的变形和裂缝宽度均能满足设计要求时,也可按下列步骤进行内力重分布计算:

①从较大跨度板开始,在下列范围内选取跨中的弯矩设计值:

边跨:

$$\frac{(g+q)l_0^2}{14} \leq M \leq \frac{(g+q)l_0^2}{11} \qquad (附 1.2)$$

中间跨:

$$\frac{(g+q)l_0^2}{20} \leq M \leq \frac{(g+q)l_0^2}{16} \qquad (附 1.3)$$

按照式(附 1.2)和式(附 1.3)确定跨中截面的弯矩,不需要先对连续单向板进行弹性分析,因此计算更为简便。在利用以上两式时,当长跨与短跨之比为 1.3 ~ 3 时,跨中弯矩宜取偏大值;当跨度比小于 1.3 或者大于 3 时,宜取偏小值。

②按照所选定的跨中弯矩设计值,根据弯矩调整后,板各跨两支座弯矩的平均值与跨中弯矩值之和不得小于简支梁跨中弯矩值的 1.02 倍,以及各控制截面的弯矩值不宜小于简支弯矩值的 1/3 的条件确定较大跨度板的两端支座弯矩设计值,再以此支座弯矩值为已知值,利用上述步骤和条件确定邻跨的跨中和另一支座的弯矩设计值。

附1.6

连续板纵向受力钢筋锚固及配置要求

板下部纵向受力钢筋伸入支座的锚固长度按《混凝土结构设计规范》(GB 50010—2010)第9.1.4条确定:简支板或连续板下部纵向受力钢筋伸入支座的锚固长度不应小于钢筋直径的5倍,且宜伸过支座中心线。当连续板内温度、收缩应力较大时,伸入支座的长度宜适当增加。

连续板沿受力方向中间支座负钢筋的截断位置如附图1.2所示:

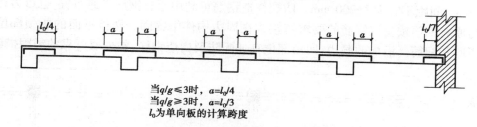

当$q/g \leqslant 3$时, $a=l_0/4$
当$q/g \geqslant 3$时, $a=l_0/3$
l_0为单向板的计算跨度

附图1.2　连续板中间支座上部受力钢筋和端部构造钢筋的截断

板中受力钢筋最大间距按《混凝土结构设计规范》(GB 50010—2010)第9.1.3条确定:板中受力钢筋的间距,当板厚不大于150 mm时不宜大于200 mm,当板厚大于150 mm时不宜大于板厚的1.5倍,且不宜大于250 mm。

附1.7

连续单向板构造钢筋要求

《混凝土结构设计规范》(GB 50010—2010)第9.1.6条规定了板上部构造钢筋的配置。

①沿受力方向和非受力方向的端支座上部均需配置构造负钢筋。因为端支座虽然按简支设计,不存在负弯矩,但实际上支座对板都有一定的嵌固作用,为了避免产生板面裂缝,需配置构造负钢筋。如附图1.2所示,如果端支座是砌体墙,钢筋从砌体墙支座处伸入板边的长度不宜小于$l_0/7$,如果端支座是整浇梁、墙或者柱,钢筋从混凝土梁边、柱边、墙边伸入板内的长度不宜小于$l_0/4$。l_0对单向板为沿受力方向的计算跨度。构造负钢筋直径不宜小于8 mm,间距不宜大于200 mm,且单位宽度内的配筋面积不宜小于跨中相应方向板底钢筋截面面积的1/3。与混凝土梁、混凝土墙整体浇筑单向板的非受力方向,钢筋截面面积尚不宜小于受力方向跨中板底钢筋截面面积的1/3。

②沿非受力方向的中间支座上部构造钢筋。在单向板肋梁楼盖中,由于一部分荷载会直接传递到主梁上,使得在非受力边上板与主梁连接处不可避免地存在弯矩。为了避免此处产生过大的裂缝,单向板非受力边上的中间支座处也需配置构造负钢筋。该钢筋直径不宜小于8 mm,间距不大于200 mm,单位长度内配筋面积不小于受力方向跨中板底钢筋截面面积的1/3,伸入板中的长度从主梁边算起,每边不应小于$l_0/4$,如附图1.3所示。

③角部附加构造钢筋。在楼板角部,宜沿两个方向正交、斜向平行或放射状布置附加钢筋,如附图1.3所示。

《混凝土结构设计规范》(GB 50010—2010)第9.1.7条规定了板底分布钢筋配置要求:当按单向板设计时,应在垂直于受力的方向布置分布钢筋,单位宽度上的配筋不宜小于单位宽度上的受力钢筋的15%,且配筋率不宜小于0.15%;分布钢筋直径不宜小于6 mm,间距不宜大于250 mm;当集中荷载较大时,分布钢筋的配筋面积尚应增加,且间距不宜大于200 mm。当有实践经验或可靠措施时,预制单向板的分布钢筋可不受本条的限制。

《混凝土结构设计规范》(GB 50010—2010)第9.1.8条给出了防裂构造钢筋的具体要求:在温度、收缩应力较大的现浇板区域,应在板的表面双向配置防裂构造钢筋。配筋率均不宜小于0.10%,间距不宜大于200 mm。防裂构造钢筋可利用原有钢筋贯通布置,也可另行设置钢筋并与原有钢筋按受拉钢筋的要求搭接或在周边构件中锚固。楼板平面的瓶颈部位宜适当增加板厚和配筋。沿板的洞边、凹角部位宜加配防裂构造钢筋,并采取可靠的锚固措施。

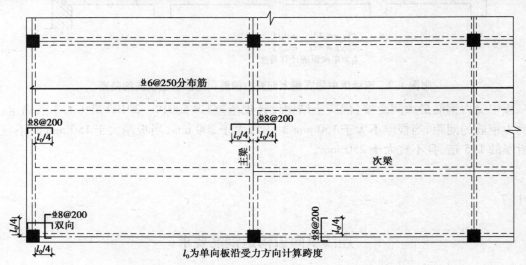

附图1.3　板上部构造钢筋

附1.8

受弯构件受压区有效翼缘计算宽度

对现浇肋梁整体式楼盖,宜考虑楼板作为翼缘对梁刚度和承载力的影响。梁受压区有效翼缘计算宽度可按附表1.8所列情况中的最小值取用;也可采用梁刚度增大系数法近似考虑,刚度增大系数应根据梁有效翼缘尺寸与梁截面尺寸的相对比例确定。

附表1.8　受弯构件受压区有效翼缘计算宽度 b'_f

	情　况	T形、I形截面		倒L形截面
		肋形梁(板)	独立梁	肋形梁(板)
1	按计算跨度 l_0 考虑	$l_0/3$	$l_0/3$	$l_0/6$

情　况		T 形、I 形截面		倒 L 形截面
		肋形梁(板)	独立梁	肋形梁(板)
2	按梁(肋)经济 s_n 考虑	$b+s_n$	—	$b+s_n/2$
3	按翼缘高度 h_f' 考虑　$h_f'/h_0 \geqslant 0.1$	—	$b+12h_f'$	—
	$0.1>h_f'/h_0 \geqslant 0.05$	$b+12h_f'$	$b+6h_f'$	$b+5h_f'$
	$h_f'/h_0<0.05$	$b+12h_f'$	b	$b+5h_f'$

注:①表中 b 为梁的腹板厚度;

②肋形梁在梁跨内设有间距小于纵肋间距的横肋时,可不考虑表中情况 3 的规定;

③加腋的 T 形、I 形和倒 L 形截面,当受压区加腋的高度 h_h 不小于 h_f' 且加腋的长度 b_h 不大于 $3h_h$ 时,其翼缘计算宽度可按表中情况 3 的规定分别增加 $2b_h$(T 形、I 形截面)和 b_h(倒 L 形截面);

④独立梁受压区的翼缘板在荷载作用下经验算沿纵肋方向可能产生裂缝时,其计算宽度应取腹板宽度 b。

附 1.9

连续梁下部钢筋的锚固要求

《混凝土结构设计规范》(GB 50010—2010)第 9.2.2 条给出了连续梁下部钢筋的锚固要求。钢筋混凝土简支梁和连续梁简支端的下部纵向受力钢筋,从支座边缘算起伸入支座内的锚固长度应符合下列规定:

①当 V 不大于 $0.7f_tbh_0$ 时,不小于 $5d$;当 V 大于 $0.7f_tbh_0$ 时,对带肋钢筋不小于 $12d$,对光圆钢筋不小于 $15d$,d 为钢筋的最大直径。

②纵向受力钢筋伸入梁支座范围内的锚固长度不符合第①项要求时,可采取弯钩或机械锚固措施,并应满足《混凝土结构设计规范》第 8.3.3 条的规定。

③支承在砌体结构上的钢筋混凝土独立梁,在纵向受力钢筋的锚固长度范围内应配置不少于 2 个箍筋,其直径不宜小于 $d/4$,d 为纵向受力钢筋的最大直径;间距不宜大于 $10d$,当采取机械锚固措施时箍筋间距尚不宜大于 $5d$,d 为纵向受力钢筋的最小直径。

注:混凝土强度等级为 C25 及以下的简支梁和连续梁的简支端,当距支座边 $1.5h$ 范围内作用有集中荷载,且 V 大于 $0.7f_tbh_0$ 时,对带肋钢筋宜采取有效的锚固措施,或取锚固长度不小于 $15d$,d 为锚固钢筋的直径。

连续梁下部钢筋伸入中间支座的锚固长度按受力状态分为三种情况。第一种情况为计算中不利用该钢筋的强度时,按简支梁 $V>0.7f_tbh_0$ 的情况取用,其伸入节点或支座的锚固长度对带肋钢筋不小于 $12d$,对光面钢筋取不小于 $15d$;第二种情况为计算中充分利用钢筋的抗压强度时,钢筋应按受压钢筋锚固在中间节点内,其直线锚固长度不应小于 $0.7l_a$;第三种情况为当计算中充分利用钢筋的抗拉强度时,钢筋可采用直线方式锚固在节点内,锚固长度不应小于钢筋的受拉锚固长度 l_a。

附1.10

连续梁支座截面负弯矩钢筋按承载力要求截断

《混凝土结构设计规范》（GB 50010—2010）第9.2.3规定：钢筋混凝土梁支座截面负弯矩纵向受拉钢筋不宜在受拉区截断，当需要截断时，应符合以下规定：

①当 V 不大于 $0.7f_tbh_0$ 时，应延伸至按正截面受弯承载力计算不需要该钢筋的截面以外不小于 $20d$ 处截断，且从该钢筋强度充分利用截面伸出的长度不应小于 $1.2l_a$。

②当 V 大于 $0.7f_tbh_0$ 时，应延伸至按正截面受弯承载力计算不需要该钢筋的截面以外不小于 h_0 且不小于 $20d$ 处截断，且从该钢筋强度充分利用截面伸出的长度不应小于 $1.2l_a$ 与 h_0 之和。

③若第①、②项确定的截断点仍位于负弯矩对应的受拉区内，则应延伸至按正截面受弯承载力计算不需要该钢筋的截面以外不小于 $1.3h_0$ 且不小于 $20d$ 处截断，且从该钢筋强度充分利用截面伸出的长度不应小于 $1.2l_a$ 与 $1.7h_0$ 之和。

附1.11

次梁支座截面负弯矩钢筋按构造要求截断

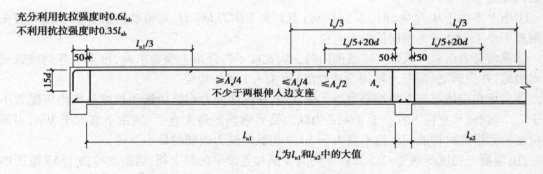

附图1.4　次梁上部钢筋构造

附1.12

梁中箍筋构造要求

《混凝土结构设计规范》（GB 50010—2010）第9.2.9对梁中箍筋的配置作出下列规定：

①按承载力计算不需要箍筋的梁，当截面高度大于 300 mm 时，应沿梁全长设置构造箍筋；当截面高度 $h = 150 \sim 300$ mm 时，可仅在构件端部 $l_0/4$ 范围内设置构造箍筋（l_0 为跨度）。但当在构件中部 $l_0/2$ 范围内有集中荷载作用时，则应沿梁全长设置箍筋。当截面高度小于

150 mm 时,可以不设置箍筋。

②截面高度大于 800 mm 的梁,箍筋直径不宜小于 8 mm;对截面高度不大于 800 mm 的梁,不宜小于 6 mm。梁中配有计算需要的纵向受压钢筋时,箍筋直径尚不应小于 $d/4$,d 为受压钢筋最大直径。

③梁中箍筋的最大间距宜符合附表 1.9 的规定:当 V 大于 $0.7f_tbh_0+0.05N_{p0}$ 时,箍筋的配筋率 $\rho_{sv}[\rho_{sv}=A_{sv}/bs]$ 尚不应小于 $0.24f_t/f_{yv}$。

附表 1.9　梁中箍筋的最大间距

单位:mm

梁高 h	$V>0.7f_tbh_0+0.05N_{p0}$	$V\leqslant0.7f_tbh_0+0.05N_{p0}$
$150<h\leqslant300$	150	200
$300<h\leqslant500$	200	300
$500<h\leqslant800$	250	350
$h>800$	300	400

附 1.13

梁中构造纵筋设置要求

《混凝土结构设计规范》(GB 50010—2010)第 9.2.13 规定:梁的腹板高度 h_w 不小于 450 mm 时,在梁的两个侧面应沿高度配置纵向构造钢筋。每侧纵向构造钢筋(不包括梁上、下部受力钢筋及架立钢筋)的间距不宜大于 200 mm,截面面积不应小于腹板截面面积(bh_w)的 0.1%,但当梁宽较大时可以适当放松。此处,腹板高度 h_w 为截面的腹板高度,对矩形截面,取有效高度;对 T 形截面,取有效高度减去翼缘高度;对 I 形截面,取腹板净高。

附 1.14

主次梁相交处附加横向钢筋的设置要求

《混凝土结构设计规范》(GB 50010—2010)第 9.2.11 规定:位于梁下部或梁截面高度范围内的集中荷载,应全部由附加横向钢筋承担;附加横向钢筋宜采用箍筋。箍筋应布置在长度为 $2h_1$ 与 $3b$ 之和的范围内,如附图 1.5 所示。当采用吊筋时,弯起段应伸至梁的上边缘,且末端水平段长度在受拉区不应小于 $20d$,在受压区不应小于 $10d$。

附加横向钢筋所需的总截面面积应符合下列规定:

$$A_{sv}\geqslant\frac{F}{f_{yv}\sin\alpha}$$

(附 1.4)

式中　A_{sv}——承受集中荷载所需的附加横向钢筋总截面面积,当采用附加吊筋时,A_{sv} 应为左右弯起段截面面积之和;

F——作用在梁的下部或梁截面高度范围内的集中荷载设计值;

α——附加横向钢筋与梁轴线间的夹角。

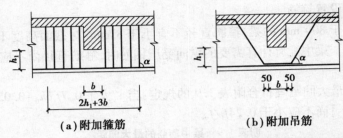

（a）附加箍筋　　　　**（b）附加吊筋**

附图1.5　梁截面高度范围内有集中荷载作用时附加横向钢筋的布置

附1.15

材料抵抗弯矩图

（1）按比例绘出主梁的弯矩包络图

（2）绘材料图

根据下面公式计算各正截面按实配钢筋面积计算的受弯承载力：

$$M_u = A_s f_y \left(h_0 - \frac{A_s f_y}{2\alpha_1 f_c b} \right)$$　　　　　　（附1.5）

由上式可以算出：

第一跨正弯矩钢筋承载力：$2\,905 \times 360 \times \left(730 - \dfrac{2\,905 \times 360}{2 \times 14.3 \times 2\,400} \right) = 747.50$ kN·m

B 支座负弯矩钢筋承载力：$3\,484 \times 360 \times \left(715 - \dfrac{3\,484 \times 360}{2 \times 14.3 \times 300} \right) = 713.43$ kN·m

第二跨正弯矩钢筋承载力：$1\,388 \times 360 \times \left(755 - \dfrac{1\,388 \times 360}{2 \times 14.3 \times 2\,400} \right) = 373.62$ kN·m

第二跨负弯矩钢筋承载力：$760 \times 360 \times \left(755 - \dfrac{760 \times 360}{2 \times 14.3 \times 300} \right) = 197.84$ kN·m

各截面按每一编号钢筋面积占总配筋面积的比例绘出各编号钢筋承担的弯矩：

$$M_{ui} = M_u \frac{A_{si}}{A_s}$$　　　　　　（附1.6）

式中　M_{ui}——第 i 编号钢筋在该截面的实际抗弯承载能力；

　　　A_s——该截面实际配筋面积；

　　　A_{si}——第 i 编号钢筋实际面积。

（3）负弯矩钢筋的截断

①B 支座⑤号钢筋的截断：

根据附 1.10 中第②项，从支座两侧不需要该钢筋截面分别向两侧跨内延伸：$h_0 = 715$ mm，且不小于 $20d = 500$ mm，取 715 mm；从支座两侧该钢筋充分利用截面向两侧跨内延伸：$1.2 l_a + h_0 = 1.2 \times 35 \times 25 + 715 = 1\,765$ mm，取 1 770 mm。经比较，两侧截断点位置均由后者控制。

但按上述确定的截断点位置均位于负弯矩区内，因此根据附 1.10 中第③项，从支座两侧不需要该钢筋截面分别向两侧跨内延伸:$1.3h_0 = 1.3 \times 715 = 929.5$ mm,且不小于 $20d =$ 500 mm,取 930 mm;从支座两侧该钢筋充分利用截面向两侧跨内延伸:$1.2l_a + 1.7h_0 = 1.2 \times 35 \times 25 + 1.7 \times 715 = 2\ 265.5$ mm,取 2 270 mm。经比较,两侧截断点位置均由后者控制。

因此,截断点位置从支座两侧该钢筋充分利用截面分别向两侧跨内延伸 2 270 mm。

②B 支座⑥号钢筋的截断:

根据附 1.10 中第②项,从支座两侧不需要该钢筋截面分别向两侧跨内延伸:$h_0 =$ 715 mm,且不小于 $20d = 500$ mm,取 715 mm;从支座两侧该钢筋充分利用截面向两侧跨内延伸:$1.2l_a + h_0 = 1.2 \times 35 \times 25 + 715 = 1\ 765$ mm,取 1 770 mm。经比较,两侧截断点位置均由后者控制。

左侧跨内,按上述确定的截断点位置已不在负弯矩区内,因此,左侧截断点位置按上述取值,即从支座左侧该钢筋充分利用截面向左侧跨内延伸 1 770 mm。

右侧跨内,按上述确定的截断点位置位于负弯矩区内,因此根据附 1.10 中第③项,从支座右侧不需要该钢筋截面向右侧跨内延伸:$1.3h_0 = 1.3 \times 715 = 929.5$ mm,且不小于 $20d =$ 500 mm,取 930 mm;从支座右侧该钢筋充分利用截面向右侧跨内延伸:$1.2l_a + 1.7h_0 = 1.2 \times 35 \times 25 + 1.7 \times 715 = 2\ 265.5$ mm,取 2 270 mm。经比较,右侧截断点位置由后者控制。因此,右侧截断点位置从支座右侧该钢筋充分利用截面向右侧跨内延伸 2 270 mm。

③B 支座⑦号钢筋的截断:

根据附 1.10 中第②项,从支座两侧不需要该钢筋截面分别向两侧跨内延伸:$h_0 = 715$ mm,且不小于 $20d = 440$ mm,取 715 mm;从支座两侧该钢筋充分利用截面向两侧跨内延伸:$1.2l_a + h_0 = 1.2 \times 35 \times 22 + 715 = 1\ 639$ mm,取 1 640 mm。经比较,两侧截断点均由后者控制。

左侧跨内,按上述确定的截断点位置已不在负弯矩区内,因此,左侧截断点位置按上述取值,从支座左侧该钢筋充分利用截面向左侧跨内延伸 1 640 mm。

右侧跨内,按上述确定的截断点位置位于负弯矩区内,因此,根据附 1.10 中第③项,从支座右侧不需要该钢筋截面向右侧跨内延伸:$1.3h_0 = 1.3 \times 715 = 929.5$ mm,且不小于 $20d =$ 440 mm,取 930 mm;从支座右侧该钢筋充分利用截面向支座右侧跨内延伸:$1.2l_a + 1.7h_0 = 1.2 \times 35 \times 22 + 1.7 \times 715 = 2\ 139.5$ mm,取 2 140 mm。经比较,右侧截断点位置由后者控制。因此,右侧截断点位置从支座右侧该钢筋充分利用截面向右侧跨内延伸 2 140 mm。

附 1.16

双向板弯矩、挠度计算系数

板单位宽度的截面抗弯刚度按下列公式计算:

$$B_c = \frac{Eh^3}{12(1 - \nu^2)} \qquad (附1.7)$$

式中　　E——弹性模量;

　　　　h——板厚;

　　　　ν——泊松比;

　　　　f——板中心点的挠度;

m_1——平行于 l_{01} 方向板中心点单位板宽内的弯矩；

m_2——平行于 l_{02} 方向板中心点单位板宽内的弯矩；

m_1'——固定边中点沿 l_{01} 方向单位板宽内的弯矩；

m_2'——固定边中点沿 l_{02} 方向单位板宽内的弯矩。

|||||||| 代表固定边   - - - - - - - 代表简支边

正负号的规定：

弯矩——使板的受荷面受压时为正；

挠度——竖向位移与荷载方向相同时为正。

常见的四边简支及四边固定双向板的弯矩及挠度系数如附表1.10所示。

附表1.10 双向板弹性内力计算表

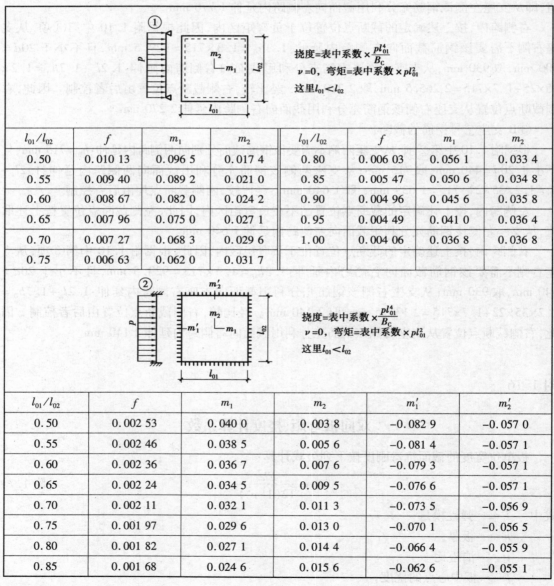

l_{01}/l_{02}	f	m_1	m_2	l_{01}/l_{02}	f	m_1	m_2
0.50	0.010 13	0.096 5	0.017 4	0.80	0.006 03	0.056 1	0.033 4
0.55	0.009 40	0.089 2	0.021 0	0.85	0.005 47	0.050 6	0.034 8
0.60	0.008 67	0.082 0	0.024 2	0.90	0.004 96	0.045 6	0.035 8
0.65	0.007 96	0.075 0	0.027 1	0.95	0.004 49	0.041 0	0.036 4
0.70	0.007 27	0.068 3	0.029 6	1.00	0.004 06	0.036 8	0.036 8
0.75	0.006 63	0.062 0	0.031 7				

l_{01}/l_{02}	f	m_1	m_2	m_1'	m_2'
0.50	0.002 53	0.040 0	0.003 8	−0.082 9	−0.057 0
0.55	0.002 46	0.038 5	0.005 6	−0.081 4	−0.057 1
0.60	0.002 36	0.036 7	0.007 6	−0.079 3	−0.057 1
0.65	0.002 24	0.034 5	0.009 5	−0.076 6	−0.057 1
0.70	0.002 11	0.032 1	0.011 3	−0.073 5	−0.056 9
0.75	0.001 97	0.029 6	0.013 0	−0.070 1	−0.056 5
0.80	0.001 82	0.027 1	0.014 4	−0.066 4	−0.055 9
0.85	0.001 68	0.024 6	0.015 6	−0.062 6	−0.055 1

续表

l_{01}/l_{02}	f	m_1	m_2	m_1'	m_2'
0.90	0.001 53	0.022 1	0.016 5	−0.058 8	−0.054 1
0.95	0.001 40	0.019 8	0.017 2	−0.055 0	−0.052 8
1.00	0.001 27	0.017 6	0.017 6	−0.051 3	−0.051 3

附1.17

装配式楼盖的连接构造

（1）板与板的连接

普通装配式楼、屋盖的预制板侧边常做成斜直边，装配整体式楼、屋盖的预制板侧边应做成双齿边，以加强板与板、板与墙或梁之间的连接。板间下部缝宽 10～20 mm，上部缝宽稍大。普通装配式楼、屋盖的板缝一般应采用不低于 C15 的细石混凝土或不低于 M15 的水泥砂浆灌缝（附图 1.6）。装配整体式楼、屋盖的拼缝中应浇灌强度等级不低于 C30 的细石混凝土。

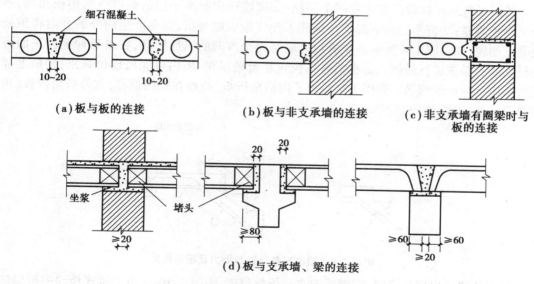

（a）板与板的连接　　（b）板与非支承墙的连接　　（c）非支承墙有圈梁时与板的连接

（d）板与支承墙、梁的连接

附图1.6　板与板、板与墙、板与梁的连接

（2）板与支承墙或支承梁的连接

板与支承构件间的连接一般依靠支承处坐浆和一定的支承长度来保证。坐浆厚 10～20 mm，板在砖砌体上的支承长度不应小于 100 mm，在混凝土梁上不应小于 60 mm（或 80 mm），如附图 1.6（d）所示。空心板两端的孔洞应用混凝土块或砖块堵实，避免在灌缝或浇筑楼盖面层时漏浆。装配整体式楼、屋盖的预制板端宜伸出锚固钢筋，板安装就位后，将从板中伸出的钢筋互相连接，并宜与板的支承结构（圈梁、梁顶或墙顶）伸出的钢筋及板端拼缝中设置的通长钢筋连接。当楼面上有振动荷载或房屋有抗震设防要求时，应在板缝中设置拉结

钢筋,此时板间缝隙应适当加宽,如附图 1.7 所示。

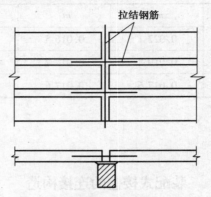

附图 1.7　设置在预制楼板缝隙中的拉结钢筋

附 1.18

板式楼梯的钢筋构造

折线形板式楼梯设计应注意两个问题:①梯段板中的水平段的板厚应与斜板相同,不能和平台板同厚;②折角处的下部受拉钢筋不允许沿板底弯折,以免产生向外的合力将该处的混凝土崩脱,如附图 1.8 所示。在折角处应将两个方向的纵筋断开,各自延伸至板顶面再按受拉纵筋的要求进行锚固。若板的弯折位置靠近楼层梁,板内可能出现负弯矩,则板上部应配置承担负弯矩的钢筋。附图 1.9 给出了内折角折板(折板在梯段顶部)和外折角折板(折板在梯段下部)的配筋构造。

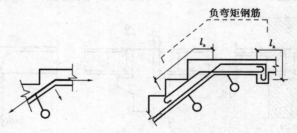

附图 1.8　板内折角处钢筋受力及配筋构造

梁式楼梯当出现折梁时,其钢筋构造与折板类似,附图 1.10 给出了梁式楼梯中折梁的配筋示意图。

附 1.19

预制装配式楼梯构造

中国建筑标准设计研究院编制的《预制钢筋混凝土板式楼梯》(15G367—1)中的双跑板式楼梯剖面图、楼梯安装节点如附图 1.11 所示。

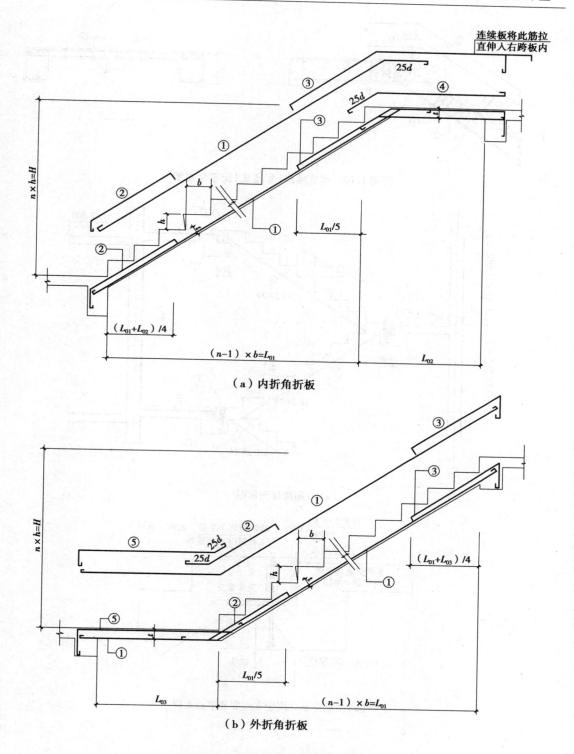

（a）内折角折板

（b）外折角折板

附图1.9　折板式楼梯的配筋示意图

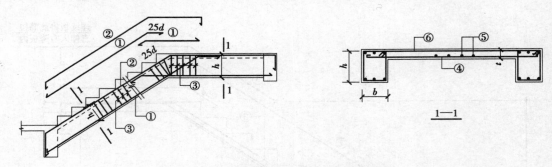

附图1.10 梁式楼梯（折梁式）配筋示意图

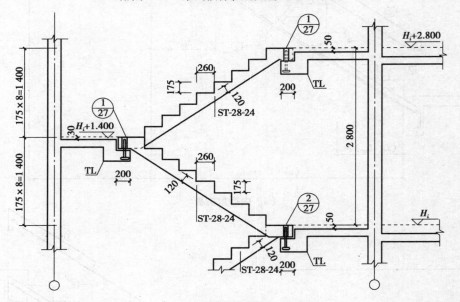

（a）双跑楼梯剖面图

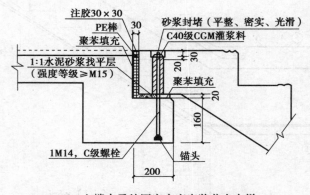

（b）上端支承处固定支座安装节点大样

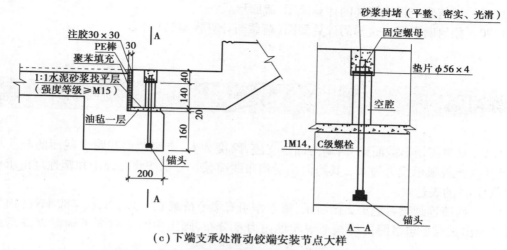

（c）下端支承处滑动铰端安装节点大样

附图1.11　预制装配式板式楼梯剖面图及节点大样图

思考题

1.1　常见的钢筋混凝土现浇楼盖形式有哪些？各有何特点？

1.2　设计上如何区分单向板和双向板？它们的受力特征如何？

1.3　确定连续单向板和次梁计算简图的时候,假定支座可以自由转动,这与实际受力情况有什么区别？在内力计算中采用什么方法修正这个假定引起的误差？

1.4　确定次梁计算简图的时候,什么条件下可以忽略主梁的竖向位移,把主梁看成次梁的不动支座？如果不满足条件,会导致什么结果？

1.5　当主梁与钢筋混凝土柱整浇时,如何确定主梁的计算简图？

1.6　连续单向板中的拱作用是如何形成的？设计中是如何考虑这一有利因素的？

1.7　为什么要考虑活荷载的最不利布置？活荷载最不利布置的原则是什么？

1.8　如何绘制内力包络图？内力包络图对设计有什么意义？

1.9　单向板的构造钢筋包括哪些？分别起什么作用？

1.10　塑性内力重分布和应力重分布区别是什么？

1.11　钢筋混凝土受弯构件塑性铰的概念是什么？与理想铰有什么区别？

1.12　影响塑性铰转动能力的因素有哪些？

1.13　在采用弯矩调幅法时,弯矩调幅系数不宜超过25%,为什么？

1.14　采用弯矩调幅法计算连续梁的内力时,为什么要求截面受压区的高度$\xi \leqslant 0.35$？

1.15　采用调幅法进行连续梁内力计算的时候,应遵循什么原则？

1.16　主次梁相交处,次梁两侧要设置附加箍筋或者吊筋的原因是什么？附加箍筋或者附加吊筋应怎样布置？

1.17　简述四边简支双向板在均布荷载作用下的受力及破坏特征。

1.18　已知四边固支矩形双向板板面上作用一均布荷载,简述根据塑性铰线理论如何求得双向板中的内力？

1.19 如何确定板式楼梯的计算简图、截面形式？

1.20 如何确定梁式楼梯的计算简图（荷载与计算模型）？

练习题

1.1 某单跨矩形截面梁，两端为固定支座，跨度为 l。支座截面和跨中截面的配筋均相同，且其受弯极限承载力为 M_u，其跨内承受均布线荷载。分别按弹性理论和塑性理论求极限均布荷载 q_u 的表达式。

1.2 两跨连续梁习题 1.2 图所示，梁上作用有集中荷载 $G_k = 40$ kN，$Q_k = 80$ kN，（1）按弹性理论画出其弯矩包络图；（2）按考虑塑性内力重分布，画出中间支座弯矩调幅 20% 后的弯矩包络图。

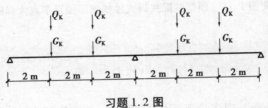

习题 1.2 图

1.3 某两跨钢筋混凝土连续梁受均布荷载 q，跨中最大弯矩截面极限弯矩为正 M_u，B 支座截面极限弯矩为负 $1.25M_u$，如习题 1.3 图所示。求：（1）按弹性理论计算，此梁所能承受的均布荷载 q_{ue}；（2）按考虑塑性内力重分布计算，次梁所能承受的均布荷载 q_{up}；（3）在 q_{up} 作用下 B 支座调幅是多少？

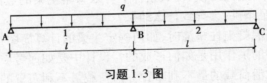

习题 1.3 图

1.4 周边为简支边的连续双向板，如习题 1.4 图所示，承受均布荷载设计值 $q = 9$ kN/m^2，求各板跨中和支座单位板宽的弯矩设计值。

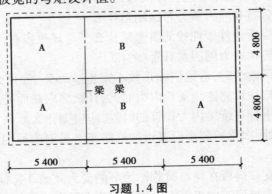

习题 1.4 图

2

多层框架结构设计

[内容提要]

本章讲述现浇钢筋混凝土多层框架结构的计算、结构设计方法,主要内容包括竖向荷载、水平荷载下框架结构的内力和变形计算方法,框架结构抗震设计的基本原理及方法,梁、柱、节点的非抗震和抗震承载力计算和构造措施等。

[学习目标]

(1)了解:多层框架的结构类型、结构布置、震害和计算简图;梁柱节点的抗震、非抗震构造要求;多层框架结构基础的类型、特点。

(2)理解:多层框架的内力分布特征;多层框架的抗震设计基本思路;延性框架的概念和抗震概念设计方法;影响框架梁、框架柱、节点抗震性能的主要因素;框架梁、框架柱的构造要求。

(3)掌握:多层框架的变形特征、变形计算方法;多层框架的内力计算方法;框架梁、框架柱的抗震内力调整方法和承载力计算方法;节点的抗震计算方法。

2.1 概述

多层建筑在我国应用广泛,如机械、化工、仪表、电子产品等多层厂房,以及教学楼、办公楼、商场、旅馆、宿舍等民用建筑等。按照《高层建筑混凝土结构技术规程》(JGJ 3—2010)的定义,10 层以下或房屋高度不大于 28 m 的住宅建筑以及不大于 24 m 的其他民用建筑为多层建筑。

多层框架结构按建筑材料可以划分为钢筋混凝土框架(以下简称多层框架)、钢框架、混合框架等,目前我国的多层建筑采用的结构体系以现浇钢筋混凝土框架结构为主。工程实际中的多层框架均是三维空间结构,如图2.1所示。多层空间框架结构一般由基础、框架柱、框架梁、次梁、现浇楼板组成,其中梁柱相交的部位为节点。在竖向荷载、水平荷载作用下,梁、板为受弯构件,柱为偏心受压构件。

 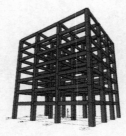 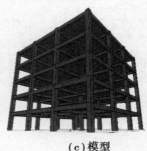

(a)实例　　　　　　　(b)模型(无楼板)　　　　　　　(c)模型

图2.1　多层框架结构实例及模型示意图

多层空间框架一般基于有限元软件进行结构设计。首先建立空间杆系有限元模型(图2.1(b)和(c)),然后根据结构力学的位移法基本原理计算空间框架的内力、变形,最后完成配筋计算。由于计算机内存、运算速度飞速发展,结构有限元计算方法也不断进步,采用这种方法已可完成非常复杂的实际建筑结构的计算、设计。

为了清楚地理解多层框架的受力、变形特点,掌握梁、柱的主要内力分布特征以及结构设计的基本概念和方法,在学习阶段一般采用另一种方法对多层空间框架进行结构分析,这种方法在计算机尚未用于结构设计的年代曾被普遍采用。以图2.2(a)所示的空间框架为例(将图中平行于短轴方向的平面框架称为横向框架,平行于长轴方向的平面框架称为纵向框架),当空间框架布置规则,且刚度和荷载分布较均匀,可采用以下假定:

①每榀框架抵抗平面内的水平荷载,平面外刚度很小,可以近似忽略;

②楼板在其自身平面内刚度很大,可近似为刚度无限大的平板,但在平面外的刚度很小,可近似忽略。

通过假定①,整个框架结构可划分成若干平面框架,共同抵抗该方向的水平荷载,垂直于该方向的平面框架不参与受力,相当于忽略了横向框架、纵向框架之间的空间联系,不考虑各构件的抗扭贡献。假定②则通过平面内刚度无限大的楼板将各榀平面框架联系成整体。由于楼盖仅发生刚体位移,楼盖平面内各榀平面框架没有相对变形,故每个楼层仅3个自由度即可确定每榀平面框架的楼层变形,可大幅度减少计算量。

在以上两点假定的基础上,可按下述方法将空间框架结构简化为二维平面框架结构进行内力、变形计算以及结构设计。首先,将楼面竖向荷载导算至相邻梁上,如图2.2(b)所示;其次,将作用于整个结构的楼层水平力分配给每一榀平面框架(如图2.2(c)所示,其中暂忽略扭转的影响)。由此得到的平面框架计算简图如图2.2(d)和图2.2(e)所示,横向框架和纵向框架均分别承受各自分配到的竖向力、水平力。其中,作用在节点的竖向集中力是由正交方向的框架梁传给柱的,一般是考虑框架梁承担的竖向荷载,并按简支梁计算其支反力后确定该节点竖向集中力(图2.2(d)和图2.2(e)中已省略);水平荷载(地震作用、风荷载)均需简化为节点集中力。上述计算的详细过程可参见本章附2.16的框架设计实例。

下面以平面框架为例,介绍多层框架的内力计算、结构设计方法。

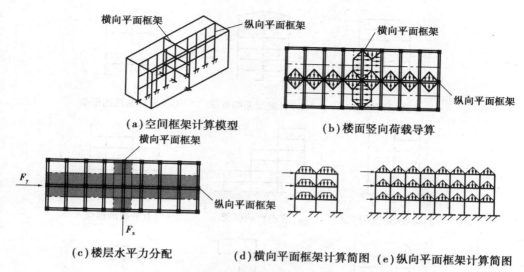

(a)空间框架计算模型　　　　(b)楼面竖向荷载导算

(c)楼层水平力分配　　(d)横向平面框架计算简图　(e)纵向平面框架计算简图

图2.2　多层框架结构的计算简图

2.2　多层框架结构的组成和特点

框架结构的竖向抗侧力构件为柱、梁。由于构件截面尺寸偏小,框架的抗侧刚度小,为控制框架结构在强烈地震作用下的损伤和变形,一般将有抗震设防要求的多层框架的最大高度限制在60(6度设防)~24 m(9度设防)。

多层框架是杆系结构,梁、柱相连处为框架节点,工程中一般采用现浇节点,在其计算简图中可将节点简化为刚性连接,因此框架结构为高次超静定结构,如图2.3(a)—图2.3(f)所示。有时,为便于施工或其他构造要求,也可将部分节点做成铰节点(图2.3(h))或半铰节点(图2.3(i)),从而形成有铰接节点的框架(图2.3(g))。

为利于结构受力,框架结构应注意规则性,框架梁宜拉通、对直,框架柱宜上下连通、对齐。实际工程中由于使用功能、建筑造型等要求,框架结构也可以布置成有坡屋面的框架(图2.3(b))、局部抽柱或抽梁的框架(图2.3(c)和图2.3(d))、有退台的框架(图2.3(e))等。

混凝土框架结构按施工方法不同可分为现浇式、装配式和装配整体式。

现浇式框架结构的柱、梁、楼板全部在现场浇筑混凝土,整体性好,抗震性能好。缺点是现场施工的工作量大,人工成本高,模板、支撑需求量大,噪声和对环境的影响较难克服,工期长。我国在过去几十年主要采用现浇式框架结构,但随着建筑工业化、绿色建筑施工的不断推进,装配整体式框架结构正越来越受到重视。

装配式框架结构是指柱、梁、楼板全部为预制,将构件吊装就位后通过拼装、焊接、螺栓连接等方式将各类构件连接成整体框架结构。由于构件为预制,可实现建筑工业化(即柱、梁、楼板可按标准化、工厂化、机械化生产),因此具有施工速度快、效率高的优点;与此同时,现场施工速度快、效率高,可显著减小施工中的扬尘、噪声对环境的影响。但装配式框架结构各构件之间的联系相对较弱,整体性较差,抗震性能较弱,且需要大量的运输、吊装工作。

装配整体式框架结构是指柱、梁、楼板全部或部分为预制,构件吊装就位后,通过在构件

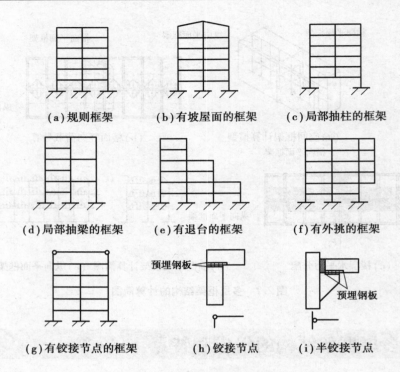

（a）规则框架　　　　　（b）有坡屋面的框架　　　　（c）局部抽柱的框架

（d）局部抽梁的框架　　　（e）有退台的框架　　　　（f）有外挑的框架

（g）有铰接节点的框架　　　（h）铰接节点　　　　（i）半铰接节点

图2.3　框架结构组成示例

连接区（例如梁柱节点区）焊接、绑扎钢筋，并局部浇筑混凝土，使各构件连接成整体框架结构。这种框架结构具有良好的整体性和抗震性能，又可采用预制构件，湿作业少，因此同时兼有现浇式框架和装配式框架的优点。装配整体式框架的缺点是连接区的构造做法、施工较为复杂。

在多层框架中，框架梁的截面形式一般为矩形，当楼板为现浇时，应将一部分现浇楼板（包括平行于梁轴向的钢筋）作为框架梁的翼缘共同受力，即框架梁截面为 T 形或倒 L 形。当采用预制楼板时，为增加建筑净空，框架梁截面常为十字形（图2.4（a））或花篮形（图2.4（b））；也可将预制梁作成 T 形截面，待预制板安装就位后，再现浇部分混凝土，使后浇混凝土与预制梁共同工作，形成叠合梁（图2.4（c））。采用叠合梁除有利于减小楼盖结构高度外，还可将梁、板有效地连成整体，改善结构的抗震性能。

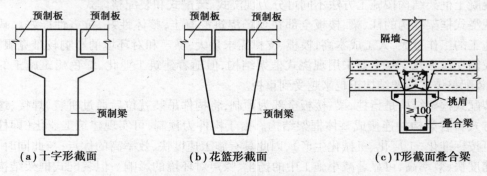

（a）十字形截面　　　　　（b）花篮形截面　　　　　（c）T形截面叠合梁

图2.4　预制楼板时框架梁的截面形式示例

框架柱的截面形式常为矩形或正方形,由于建筑要求,有时也设计成圆形、正多边形等。

由于我国目前仍以现浇式框架结构为主,且与装配整体式框架结构的计算、设计方法相似,本章主要介绍现浇式钢筋混凝土框架结构。

2.3 框架结构的震害与抗震设计总体要求

2.3.1 框架结构的震害现象及分析

强烈地震作用下框架结构会发生复杂的振动反应。多层框架的震害现象既与地震波的特性有关,也直接与框架结构的体型(包括平面、立面和竖向剖面布置,结构外形尺寸与形状等)、梁柱抗弯承载力的相对大小、梁柱的配筋构造等有关,非结构构件的布置也有一定影响。仔细分析震害现象,结合试验研究和理论分析,是提高结构抗震设计方法的基本途径。

1)结构平面不规则导致的震害

结构平面形状宜简单、规则,各部分刚度均匀对称,结构质量中心与刚度中心宜靠近,以减少结构扭转反应的影响。如果建筑的平面几何形状不规则,结构布置也难以符合规则、均匀的要求,其震害往往较为严重。

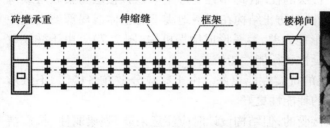

(a)天津754厂11号车间结构平面布置简图及柱身破坏

(b)台湾漳化县某倒塌建筑

图2.5 平面不规则导致的震害

图2.5(a)是天津754厂11号车间结构平面布置简图,该厂房为5层钢筋混凝土框架,厂房两端的生活间、楼梯间采用490 mm厚的砖承重墙,刚度很大。厂房中部设有双柱伸缩缝,将厂房分成两个独立结构。由于伸缩缝处是开口的,无填充砖隔墙,两个独立结构的偏心均很大。1976年唐山地震时,强烈的扭转振动导致2层11根中柱严重破坏,柱身出现很宽的X形裂缝。图2.5(b)是台湾漳化县某建筑的震害,该楼平面呈C形的不规则布置,且横向只有一跨框架(柱距大,柱网稀),抗震防线少,冗余度不足。1999年台湾集集地震中,该楼向内倾倒,下部8层被压缩成两层。

2)结构竖向不规则导致的震害

框架结构竖向体型不规则,抗侧力构件的侧向刚度或承载力存在突变时,结构的塑性地震反应容易在柔软或薄弱的局部楼层集中,形成过大的侧向变形,甚至引起倒塌。

美国橄榄景医院(Olive View Hospital)主楼为6层框支剪力墙结构(三层以上为框架-剪力墙,下部两层为框架结构,二层有较多砖填充墙),由于剪力墙在下部楼层被取消,上部楼层的侧向刚度和承载力比底层大得多。1971年圣费尔南多(San Fernando)地震时,该楼底层柱

（a）美国橄榄景医院底层破坏情况　　　（b）都江堰市某六层框架结构底层破坏情况

图2.6　竖向不规则导致的震害

严重破坏,震后发现二层及以上建筑物形成了约 60 cm 的整体水平位移(图 2.6(a))。都江堰市某六层框架结构的底层无填充墙、二层以上填充墙较多,2008 年汶川地震中该框架底层柱明显侧移、结构倾斜(图 2.6(b))。

3)框架结构"强梁弱柱"措施不合理导致的震害

框架结构在强烈地震作用下的整体破坏形式按破坏机制分为梁铰机制、柱铰机制和梁柱混合铰机制,按破坏性质分为延性破坏和脆性破坏。合理的抗震设计方法应使钢筋混凝土框架成为延性结构,避免脆性破坏(例如柱铰机制)。

柱铰机制即塑性铰集中出现在某一楼层的柱端(即塑性变形集中),该楼层为柔软层或薄弱层。柱是框架结构的重要竖向承重构件,对防止结构在罕遇地震下的整体或局部倒塌起关键作用,因此,柱铰机制下结构的整体变形能力差,容易形成倒塌机构(图 2.7)。由于柱铰数量少,结构耗能性能差,柱轴压比较大时延性和耗能性能较差。

梁铰机制即塑性铰出现在梁端,框架的抗震性能更好。由于梁铰分散在各楼层,不致形成倒塌机构,梁铰数量远多于柱铰,结构的耗能性更好。

梁柱铰混合机制也是工程设计可以接受的,但结构设计时应注意采取"强梁弱柱"抗震措施(具体详见后文),以减少、推迟柱端塑性铰的形成(包括增强底层柱下端的承载力,推迟柱脚出铰),提高框架结构的抗震性能。

（a）　　　　　　　　　　　　　　（b）

图2.7　框架结构的"强梁弱柱"型震害

4)梁、柱、节点的震害

梁铰机制、梁柱铰混合机制均允许部分柱端出现塑性铰(图 2.8(a)和图 2.8(b)),但由于柱的延性、耗能性能比梁更差,采取合理的抗震构造措施保证这些柱端塑性铰具有足够的

（a）柱下端塑性铰

（b）柱上端塑性铰

（c）柱身剪切破坏

（d）梁剪切破坏

（e）梁端塑性铰

（f）节点破坏

图 2.8　柱的震害

变形能力,并防止柱失去竖向承载能力是非常重要的。

由于剪切破坏是脆性破坏,其延性小、耗能性能差,框架柱、框架梁均应避免在地震下发生剪切破坏(图 2.8(c)和图 2.8(d))。

梁铰机制、梁柱铰混合机制均应主要依靠梁端塑性铰(图 2.8(e))耗散地震输入能量,梁端应采取合理的抗震构造措施以保证其塑性铰的转动能力。

节点区是连接框架梁和框架柱、保持结构整体性的关键部位,在强烈地震作用下节点核心区混凝土可能发生剪切破坏,或者梁纵筋与节点混凝土之间的黏结破坏。节点破坏后不仅会导致结构的整体性部分丧失,且震后修复、加固难度大。因此,在框架结构的抗震设计中,应采取可靠措施避免节点发生剪切破坏,或梁纵筋在节点核心区的黏结完全失效。

5）其他震害

楼梯是地震时的逃生通道,但由于受力较为复杂且以前我国对楼梯缺乏足够的抗震设计,平台梁、梯段板在地震中时常破坏(图 2.9(a))。因此,应在框架结构的计算模型中包括楼梯,计算其对地震作用及效应的影响,并对楼梯构件进行抗震设计。

（a）楼梯板破坏

（b）填充墙破坏

图 2.9　框架结构的其他震害

填充墙是非结构构件,自重大,刚度大,不合理的填充墙布置不但容易引起结构质量、刚度分布的合理性降低,也可能引起短柱剪切破坏。由于填充墙强度低,构造措施不合理时填充墙容易在地震中开裂、破坏甚至倒塌(图2.9(b))。

2.3.2 框架结构抗震设计的总体要求

地震自身的特性、地震对工程结构的影响规律仍未完全被认识清楚,历次大地震的工程结构震害经验总结是对以往结构抗震设计方法进行改进的重要出发点,抗震概念设计的重要性也是如此逐渐凸显出来的。抗震概念设计是指根据地震灾害和工程经验等所形成的基本设计原则和设计思想,进行建筑和结构总体布置并确定细部构造的方法和过程。

根据震害经验总结、工程经验等,我国《建筑抗震设计规范》(以下简称《抗震规范》)为保证框架结构的抗震性能,从抗震概念设计的角度,通过多方面的条文规定对抗震设计的基本要求给出了规定。

结构的抗震设计应首先确保结构选型、结构布置、不规则性控制等抗震概念设计是合理的。如果结构方案明显不满足抗震设计的基本要求,在此基础上进行各种精心的抗震计算、选择合理的抗震措施一般很难完全改变其抗震性能的缺陷,而且成本很高。

1)总体要求

《抗震规范》给出了我国常用的五种结构体系以及各自的最大高度,其中现浇钢筋混凝土框架结构的最大高度应符合表2.1的要求。平面和竖向均不规则的结构,适用的最大高度宜适当降低。表中的房屋高度是指室外地面到房屋主要屋面板板顶的高度(不包括局部突出屋顶部分)。

表2.1　现浇钢筋混凝土框架结构房屋适用的最大高度　　　　单位:m

结构体系	非抗震设计	抗震设防烈度				
		6度	7度	8度0.2g	8度0.3g	9度
框架	70	60	50	40	35	24

房屋的高宽比是控制多层框架结构的经济合理性、稳定性、整体刚度的宏观指标。参考《高层建筑混凝土结构技术规程》(以下简称《高规》),现浇钢筋混凝土框架结构的高宽比不宜超过表2.2的规定。

表2.2　钢筋混凝土高层建筑结构适用的最大高宽比

结构体系	非抗震设计	抗震设防烈度		
		6度、7度	8度	9度
框架	5	4	3	2

2)结构不规则性控制

合理的建筑形体和布置在抗震设计中是头等重要的,多层框架的建筑平面、立面外形应遵循外形简单、规则、对称的基本原则,但由于建筑形体和布置需满足建筑使用功能、建设场地条件、美学、个性等要求,实际工程结构往往难以完全满足规则性要求。

当风荷载或地震作用的水平合力未通过抗侧刚度中心时,结构将绕刚度中心发生扭转,且扭矩的大小与两者的距离有关。此时,应通过对结构平面布置、填充墙布置进行调整,尽量使结构抗侧刚度中心、质量中心、建筑平面形心接近(楼层平面的抗侧力作用在刚度中心,地震引起的惯性力作用在楼层平面的质量中心),以减小水平力引起的扭转效应。

当结构局部突出部分的外伸长度过大时,远离刚度中心的局部构件将产生过大扭转效应,或因较强局部振动产生附加震害。在平面变化的转折处容易产生应力集中,并增大这些位置构件的内力,其震害一般更严重,而且建筑平面存在严重凹凸时抗震计算结果与结构的实际受力状态差别更大,抗震设计的难度明显增大。因此,应避免采用如图2.10所示的角部重叠或细腰连接等形状的建筑平面,并控制凹凸不规则的程度。

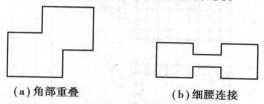

(a)角部重叠　　　　　(b)细腰连接

图2.10　应避免的建筑平面形状

《抗震规范》要求,建筑设计应重视平面、立面和竖向剖面的规则性对抗震性能及经济合理性的影响,宜优选规则的建筑形体。结构平面宜规则,抗侧力体系的平面布置宜规则、对称、均匀,整体性好。结构竖向体型应力求规则、均匀,避免有过大的外挑和内收,抗侧力构件的侧向刚度沿竖向宜均匀变化,竖向抗侧力构件的截面尺寸和材料强度宜自下向上逐渐减小,避免侧向刚度和承载力突变。

当结构布置存在不规则时,需按《抗震规范》的要求判断其不规则的类型、程度。《抗震规范》列举了6种不规则(这是主要的不规则类型,但并非全部),即3种平面不规则,分别是扭转不规则、凹凸不规则、楼板局部不连续(表2.3);3种竖向不规则,分别是侧向刚度不规则、竖向抗侧力构件不连续、楼层承载力突变(表2.4)。

根据结构超过表2.3、表2.4的项目数、程度不同,我国《抗震规范》将结构的不规则程度划分为3类,即不规则、特别不规则、严重不规则。其中,当存在多项不规则或某项不规则超过规定的参考指标较多时,属于特别不规则的建筑;严重不规则建筑指的是形体复杂,多项不规则指标超过表2.3、表2.4的上限值或某一项大大超过规定值,导致了现有技术和经济条件不能克服的严重的抗震薄弱环节,可能导致地震破坏的严重后果。

表2.3　平面不规则的主要类型

不规则类型	定义和参考指标
扭转不规则	在规定的水平力作用下,楼层的最大弹性水平位移(或层间位移)大于该楼层两端弹性水平位移(或层间位移)的平均值的1.2倍,如图2.11所示
凹凸不规则	平面凹进的尺寸,大于相应投影方向总尺寸的30%,如图2.12所示
楼板局部不连续	楼板的尺寸和平面刚度急剧变化,例如有效楼板宽度小于该层楼板典型宽度的50%,或开洞面积大于该层楼面面积的30%,或较大的楼板错层,如图2.13所示

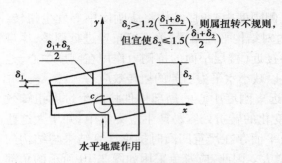
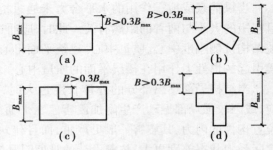

图 2.11　建筑结构平面的扭转不规则示例 　　　　图 2.12　建筑结构平面的凹凸不规则示例

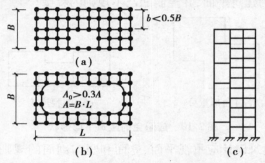

图 2.13　建筑结构平面的楼板局部不连续示例(大开洞及错层)

表 2.4　竖向不规则的主要类型

不规则类型	定义和参考指标
侧向刚度不规则	该层的侧向刚度小于相邻上一层的 70%,或小于其上相邻三层侧向刚度平均值的 80%;除顶层或突出屋面小建筑外,局部收进的水平向尺寸大于相邻下一层的 25%,如图 2.14(a)所示
竖向抗侧力构件不连续	竖向抗侧力构件(柱、抗震墙、抗震支撑)的内力由水平转换构件(梁、桁架等)向下传递,如图 2.14(b)所示
楼层承载力突变	抗侧力结构的层间受剪承载力小于其相邻上一楼层受剪承载力的 80%,如图 2.14(c)所示

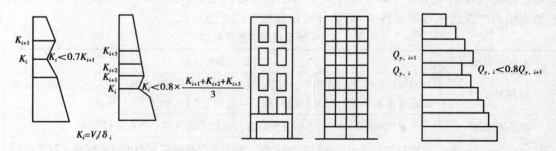

(a)沿竖向的侧向刚度不规则(有软弱层)　　(b)竖向抗侧力构件不连续　　(c)竖向抗侧力结构屈服抗剪强度非均匀变化(有薄弱层)

图 2.14　竖向不规则示意图

严重不规则的建筑不应在工程实践中采用。特别不规则的建筑应进行专门研究和论证（例如进行超限分析），采取特别的加强措施，或对薄弱部位采用相应的抗震性能化设计方法。对于不规则的建筑，应按《抗震规范》规定采取加强措施，其具体规定如下：

①对平面不规则而竖向规则的结构，在计算分析时应采用空间计算模型，且应符合以下要求：

a. 扭转不规则时，应计及扭转影响，且楼层竖向构件最大的弹性水平位移和层间位移分别不宜大于楼层两端弹性水平位移和层间位移平均值的 1.5 倍。

b. 凹凸不规则或楼板局部不连续时，应采用符合楼板平面内实际刚度变化的计算模型；高烈度或不规则程度较大时，宜计入楼板局部变形的影响。

c. 平面不对称且凹凸不规则或局部不连续时，可根据实际情况分块计算扭转位移比，对扭转较大的部位应采用局部的内力增大系数。

②对平面规则而竖向不规则的建筑结构，应采用空间结构计算模型，刚度小的楼层的地震剪力应乘以不小于 1.15 的增大系数，其薄弱层应按有关规定进行弹塑性变形分析，并应符合下列要求：

a. 竖向抗侧力构件不连续时，该构件传递给水平转换构件的地震内力应根据烈度高低和水平转换构件的类型、受力情况、几何尺寸等，乘以 1.25～2.0 的增大系数。

b. 侧向刚度不规则时，相邻层的侧向刚度比应依据其结构类型符合相关规定（例如楼层的侧向刚度不小于相邻上一层的 60%）。

c. 楼层承载力突变时，薄弱层抗侧力结构的受剪承载力不应小于相邻上一楼层的 65%。

③平面不规则且竖向不规则的建筑物，应根据不规则类型的数量和程度，有针对性地采取不低于单纯平面不规则或单纯竖向不规则的各项抗震措施。

2.4 框架的结构布置

多层框架的结构布置是指结构工程师在建筑设计图的基础上，根据竖向、水平荷载下的受力特征、抗震概念设计的原则等确定柱、梁、楼板的位置，并估算截面尺寸。

2.4.1 框架结构布置

对于有抗震设防要求的框架结构，结构布置应重视抗震概念设计的要求，建筑结构平面布置、竖向布置应遵循外形简单、规则、对称的基本原则，并按表 2.3、表 2.4 的规定控制结构的不规则性。框架抗侧力体系的平面布置宜规则、对称、均匀，整体性好，抗侧力体系应双向布置，且两个主轴方向的抗侧刚度宜接近。

无论房屋结构是否需要进行抗震设计，多层框架的结构布置均应遵循如下一些经长期工程实践总结的基本原则。

①宜统一柱网尺寸及层高，以减少构件种类规格，简化设计及施工。

②房屋的总长度宜控制在最大温度伸缩缝间距内。

③选择合理的基础形式，保证足够的基础埋深、基础刚度。

1）柱网布置及层高

框架结构的柱网布置即确定平面图中的框架柱的位置（重点是纵、横两个方向的柱距，柱距即是框架梁的跨度）。柱距、层高主要由房屋使用要求决定，并应符合一定的模数。柱网平面布置应简单、规则，除满足生产工艺和建筑平面布置要求，还应使结构受力合理、施工方便。由于使用性质不同，工业建筑、民用建筑的柱网布置方法有一定差别。

（1）工业建筑的柱网及层高应满足生产工艺的要求

生产工艺是多层工业厂房建筑平面设计的主要依据。内廊式、统间式、大宽度式是较为常见的建筑平面布置类型，与其对应的柱网布置方式为内廊式、等跨式、对称不等跨式等，如图2.15所示。

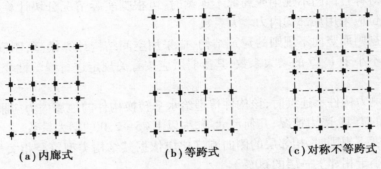

（a）内廊式　　　　　（b）等跨式　　　　　（c）对称不等跨式

图 2.15　多层工业厂房柱网布置示意

内廊式建筑布置可形成较好的生产环境，工艺不互相干扰，其平面布置常采用前后两跨生产区域、中间内走廊的形式，生产区、交通区用填充墙隔开。内廊式的常用柱网尺寸为：房间进深（横向柱距）多为 6.0~9.0 m，走廊宽一般为 2.4~3.0 m，开间（纵向柱距）常为6.0 m左右。

等跨式适用于生产空间大，便于布置生产流水线。如果在较大跨度中用隔墙做成内走廊，则形成对称不等跨式。这两种柱网布置的进深常采用 6.0~9.0 m，开间常采用 6.0 m左右。

工业建筑的层高一般为 3.6 m、3.9 m、4.5 m、4.8 m 和5.4 m 等。

（2）民用建筑的柱网布置、层高应满足建筑平面、建筑功能的要求

民用建筑种类多、功能要求复杂，柱网尺寸及层高难以统一，一般以 300 mm 为模数。在住宅、旅馆、办公楼、教学楼等民用建筑中，为了减少框架柱对建筑功能的影响，柱网布置应注意与建筑隔墙布置相互协调，可尽量将柱布置在纵横建筑隔墙交叉点上，使主要建筑隔墙位于框架梁上。同时，柱网尺寸以 6.0~9.0 m 为主，且框架梁的跨度不宜剧烈变化。

（3）柱网布置应注意结构受力合理

竖向荷载对低烈度区、非抗震多层框架受力影响较大，柱网尺寸布置应重视经济性，尽量使框架在竖向荷载作用下的内力分布均匀、合理，并充分利用构件的材料强度。例如，设防烈度低、层数少、楼面活荷载小的民用建筑中，采用较小的柱距可能使得多数柱纵筋由最小配筋率控制，很多框架梁配筋率低，材料强度无法充分利用。

（4）柱网布置应考虑施工方便

框架结构的柱网布置应考虑施工方法、设备的特点，达到加快施工进度、降低工程造价的

目的,例如尽量统一柱网和层高、重复使用标准层、尽量减少构件类型和规格等。特别是对装配式结构和装配整体式结构,应考虑:构件的最大长度和最大重量的影响,以满足吊装、运输设备的限值;构件尺寸应注意模数化、标准化,以减少规格种类,满足工业化生产的要求,提高生产效率。

2)承重框架的布置

柱网布置完成后,用框架梁将柱相互连接起来,即形成框架结构。一般应在柱的两个主轴方向均布置框架梁,形成空间受力框架结构体系。根据竖向荷载在横向框架、纵向框架之间的分配方式不同,框架的结构布置也应不同,主要可选择横向框架承重方案、纵向框架承重方案、纵横向框架混合承重方案等,如图2.16所示。

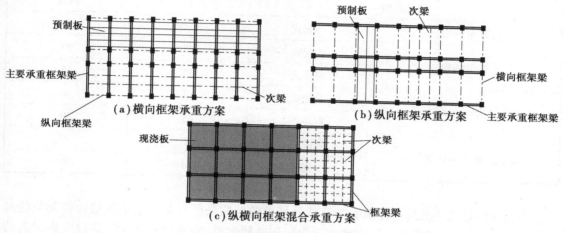

图2.16　框架结构的三种承重方案

横向框架承重方案是楼板或次梁沿纵向布置,并搁置在横向框架上,横向框架梁承担大部分竖向荷载,因此横向框架梁的截面尺寸需相应增大,纵向框架梁的截面尺寸可相应减小。横向框架承重方案的房屋横向刚度较大、侧移较小,外纵梁高度较小,有利于室内采光与通风;横梁高度大,室内有效净空小,不利于室内纵向管道通过。

纵向框架承重方案是楼板或次梁沿横向布置,并搁置在纵向框架上,纵向框架梁承担大部分竖向荷载,因此纵向框架梁的截面尺寸需相应增大,横向框架梁的截面尺寸可相应减小。在纵向框架承重方案中,横向框架梁的高度较小,层间净空更好,有利于室内管道通过;缺点是房屋横向刚度较差、侧移大,外纵梁梁高较大,不利于开窗采光。

纵横向框架混合承重方案是楼板或次梁沿纵、横向布置,竖向荷载由横向框架梁、纵向框架梁共同承担,多在柱网接近正方形、楼面荷载较大或楼面开大洞时采用。纵横向框架混合承重方案的整体性较好,有利于抗震,也可提高竖向荷载传递的可靠性。

3)框架结构的基础

框架结构承受的荷载均是通过基础传递地基的,基础应具有足够的强度、刚度、耐久性。

框架结构一般采用钢筋混凝土基础,设计时选用的基础类型应合适。基础的主要类型有柱下独立基础、条形基础、十字交叉基础、片筏基础、箱形基础和桩基础等(见附2.1),同一结构单元的基础类型应尽量一致。

2.4.2 变形缝

变形缝包括伸缩缝、沉降缝、防震缝3种。

由于上部结构受温度变化而伸缩,而基础基本不受温度变化的影响,故建筑物较长时将产生较显著的温度应力,设置伸缩缝可以大幅度消减由于温度变化和混凝土收缩对结构造成的危害。钢筋混凝土结构的最大伸缩缝间距取值与结构类别、房屋长度、室内还是露天有关,《混凝土结构设计规范》对此进行了规定,如表2.5所示。伸缩缝均设置于基础顶面以上(基础不需断开),伸缩缝的缝宽不宜小于50 mm。

表2.5　钢筋混凝土结构伸缩缝最大间距　　　　　　　　　　　　单位:m

结构类别		室内或土中	露天
排架结构	装配式	100	70
框架结构	装配式	75	50
	现浇式	55	35
剪力墙结构	装配式	65	40
	现浇式	45	30
挡墙、地下室墙壁等	装配式	40	30
	现浇式	30	20

沉降缝的设置主要与基础承受的荷载及场地的地质条件有关。当房屋结构各部分的高度或质量相差悬殊,或地基土的物理力学指标相差较大时,为避免不均匀沉降过大而引起的开裂、破坏,可设置沉降缝。设置沉降缝时上部结构和基础均应断开,沉降缝的宽度不宜小于50 mm。结构设计可通过梁、板悬挑的方式满足框架柱基础脱开的要求,如图2.17所示。

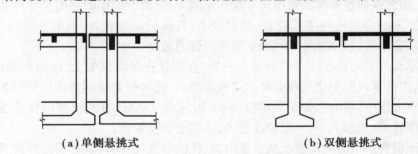

(a)单侧悬挑式　　　　　　　　　　　(b)双侧悬挑式

图2.17　沉降缝的构造方法

防震缝的设置主要与结构平面、竖向的规则性有关。当结构特别不规则,结构各部分的质量、刚度差别很大,或各部分采用了不同材料的构件、不同结构体系,或结构各部分存在显著错层等时,可设置防震缝。防震缝应在基础、地下室以上使结构沿高度脱开,形成独立的结构单元,并使各结构单元简单规则,刚度和质量分布均匀,避免地震作用下的扭转效应。

为避免各结构单元在地震时相互碰撞,钢筋混凝土房屋防震缝的最小宽度应符合要求。《抗规》的相关规定如下:

①框架结构当高度不超过15 m时,防震缝宽度不应小于100 mm;超过15m时,6度、

7度、8度和9度分别每增加高度5 m、4 m、3 m和2 m,宜加宽20 mm。

②框架-剪力墙结构房屋的防震缝宽度不应小于框架结构规定数值的70%,剪力墙结构房屋的防震缝宽度不应小于框架结构规定数值的50%,两者均不宜小于100 mm。

③防震缝两侧结构类型不同时,宜按需要较宽防震缝的结构类型和较低房屋高度确定防震缝宽度。

变形缝的设置原则是尽量少设缝或不设缝,其目的在于简化构造做法、方便施工、降低造价、增强整体性和空间刚度。可以从建筑设计、结构设计、施工等方面采取措施以防止温度变化、不均匀沉降、地震作用等引起的房屋损伤。例如,建筑设计时,可采取调整平面形状、尺寸、体型等措施;结构设计时,可采取选择节点连接方式、配置构造钢筋、设置刚性层等措施;施工方面,可采取分阶段施工、设置后浇带、做好保温隔热层等措施。

若必须设缝时,则尽量"一缝多用",在非地震区,沉降缝可兼作伸缩缝;在地震区设置沉降缝和伸缩缝时,其应符合防震缝的要求。

2.5　框架结构内力和侧移的近似计算方法

多层空间框架结构采用有限元分析程序可以得到精确的内力、侧移计算结果。如前所述,为掌握基本概念、规律,可将空间框架结构简化为二维平面框架结构,并采用近似方法进行内力、侧移计算,例如采用分层法计算竖向荷载作用下的框架内力,采用反弯点法或 D 值法计算水平荷载下框架的内力、变形。平面框架同时承担竖向力、水平荷载(图2.2(d)和图2.2(e))时,则分别计算框架在竖向力或水平荷载单独作用下的内力,并将计算结果叠加。

2.5.1　框架结构的计算简图

1)计算单元的确定

按照如图2.2所示方法将空间框架简化为平面框架之后,可在各榀横向框架中选取有代表性的一榀作为计算单元,当横向框架的荷载、构件截面尺寸等均相同时,一般取中间一榀平面框架进行计算(其结果可代表其他各榀横向框架);各榀纵向框架可按相同方法选取计算单元。当纵向框架数量少时(例如图2.2中仅3榀纵向框架),边榀纵向框架与中间榀纵向框架的荷载、梁柱尺寸可能存在明显差别,此时可分别进行计算。

2)梁柱节点的计算模型

在框架结构的计算简图中,应根据节点的构造措施、施工方法选择相应的节点计算模型。

对于普遍应用的现浇钢筋混凝土框架结构,由于梁和柱的纵筋都穿过节点或锚固在节点之中,节点区混凝土现场浇筑,可有效地传递弯矩,应按刚性节点模型进行计算。

在装配式框架中,构件的连接方法一般是通过在梁和柱的适当部位预埋钢板,构件吊装就位后再采用焊接等方法将构件连接在一起。由于钢板在其平面外刚度很小,这类节点一般采用铰节点模型(图2.3(h))或半铰节点模型(图2.3(i))进行计算。

在装配整体式框架结构中,梁(柱)纵筋在节点内搭接、弯折或焊接后,现场浇筑节点混凝土,因此其受力性能与现浇框架的节点类似,可视为刚性节点。不过,这种节点的刚性可能较现浇节点稍差,故节点处的梁端负弯矩一般略小于按刚性节点假定计算的结果。

多层现浇框架中,框架柱与基础常采用刚接连接方式,如图2.18(a)所示(以柱下独立基础为例,其他基础类型见附2.1)。预制柱与基础的连接可采用刚接方式(图2.18(b))或铰接方式(图2.18(c)),柱底部的约束条件则相应简化为固定支座、铰接支座。

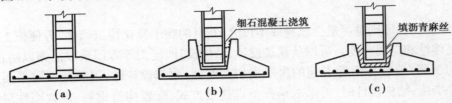

图2.18 柱与基础的连接构造

3)梁跨度、柱高度的确定

在多层框架的计算简图中,合理的方法是根据梁、柱的截面形心线位置确定梁跨度、柱高度。为简化工程计算,梁的跨度也可近似取柱轴线之间的距离,当上层柱截面尺寸减小时,一般以最小截面的形心线位置确定梁跨度。确定框架柱的长度时,底层柱的高度取从基础顶面至二层楼面板顶面之间的距离,其他各层柱的高度取相邻两层楼面板顶面之间的距离。

4)梁的截面抗弯刚度确定

在计算框架梁的截面惯性矩 I 时,应考虑楼板的影响。在负弯矩作用下(例如框架梁靠近支座的部分)楼板受拉,可认为楼板混凝土受拉开裂后退出工作,其影响较小;在正弯矩作用下(例如框架梁靠近跨中的部分)楼板受压,故其影响较大。为简化计算模型,在多层框架的计算简图中一般假定梁的截面惯性矩沿长度不变,并根据楼板的类型适当调整梁的截面惯性矩(《高层建筑混凝土结构技术规程》建议取 $1.3 \sim 2.0$ 的修正系数)。对于现浇楼盖,简化方法是中框架取 $I = 2I_0$,边框架取 $I = 1.5I_0$;对于装配整体式楼盖,中框架取 $I = 1.5I_0$,边框架取 $I = 1.2I_0$;对于装配式楼盖,取 $I = I_0$。其中 I_0 为不考虑楼板影响时梁的惯性矩。

5)荷载计算

框架上作用的荷载可分为水平荷载、竖向荷载两大类。

水平荷载包括风荷载、地震作用,可按照相应规范的方法进行计算,最后一般简化为作用在节点的水平集中力(图2.2(d)和图2.2(e))。

竖向荷载包括结构自重、楼(屋)面活荷载、非结构构件自重(如填充墙等)、雪荷载、屋面积灰荷载和施工检修荷载等。竖向荷载可能是分布荷载,也可能是集中荷载。其中,楼(屋)面活荷载、楼(屋)面恒载的计算方法与第1章相同;梁上活荷载(例如梁上填充墙自重)、恒载(例如梁的自重)可按照常规方法进行计算。

6)填充墙对框架计算模型的影响

在钢筋混凝土框架结构中,填充墙属于非结构构件。填充墙常采用轻质材料,一般附着在楼面、屋面的梁上。填充墙与钢筋混凝土柱的连接方式对框架结构的受力性能、抗震能力有影响,但由于填充墙的设置在建筑物的使用过程中具有不确定性,且难以准确计算其贡献,框架结构的计算模型一般采用简化方法考虑填充墙的影响。

当填充墙与框架柱之间留有缝隙、彼此脱开、仅通过钢筋柔性连接时,框架的计算模型可只考虑填充墙的质量(梁上线荷载)。但是,当采用刚性连接方式,即填充墙沿高度方向设置有拉结钢筋并与柱紧密连接时,填充墙对框架的刚度、强度的影响较明显,特别是在水平荷载作用下,填充墙的作用类似于双向布置的与节点相连的斜压杆。因此,填充墙采用刚性连接方式时,框架的计算模型除应考虑填充墙的重量对梁施加线荷载之外,在计算地震作用的过程中,还通过折减框架结构基本周期的方法近似考虑填充墙对结构刚度的贡献。

7)框架设计例题

某现浇钢筋混凝土框架结构的设计条件、结构平面布置等详见附2.16的第1)、第2)部分;典型横向框架计算简图的确定方法,包括竖向恒载、活载以及水平地震作用、风荷载作用下的计算简图等,详见附2.16的第3)—第8)部分,以及第10)部分。

2.5.2　竖向荷载作用下框架结构的内力计算

在竖向荷载作用下,规则多层框架结构的侧移非常小,可以将其近似为无侧移框架。因此,可以方便地采用弯矩分配法或迭代法计算其内力,或采用更简便的分层法进行计算。本节介绍分层法的基本思路和计算方法。

1)分层法的基本假定和计算思路

分层法的基本假定有以下两点:

①竖向荷载作用下,框架的侧移很小,可忽略其影响;

②每一层梁上的荷载只对本层的梁和相连上下柱产生内力,忽略它对其他各层梁及其他柱内力的影响。

由于假定①,分层法可以采用力矩分配法计算。

假定②引起的误差较小,该假定近似成立的原因是,竖向荷载主要使本层梁及与该梁相连柱产生较大内力,该荷载对其他楼层梁、柱内力的影响小。与本层梁相连柱的远端(包括下层柱的下端、上层柱的上端)一般有其他层的梁和柱,故传递给柱远端的弯矩(其传递系数介于0~0.5)在该柱远端要进行分配,使相邻层的梁形成弯矩,然后再向各杆件的远端传递。可见,杆件弯矩随着传递和分配次数的增加不断减小,且梁的线刚度越大,减小越快。因此,分层法更适用于梁柱线刚度比较大(例如不小于3)、竖向荷载沿高度分布较均匀的多层框架。采用假定②的好处是,原多层框架可分解为多个单层开口框架分别计算。

如图2.19(a)所示,竖向荷载作用下的多层框架可以分解为各层竖向荷载单独作用时框架内力的叠加,对于弹性小变形计算,叠加原理成立,这一分解过程是准确的。

然后,采用假定②,可在图2.19(a)中仅保留有竖向荷载作用的梁以及相连的柱(虚线部分的构件内力很小,可忽略),即得到如图2.19(b)所示的实线部分。

最后,将与楼层梁相连的柱远端加上约束条件(将其近似为固定端),形成与每个楼层对应的开口框架,如图2.19(c)所示。

2)分层法的误差修正

在如图2.19所示的计算过程中,图2.19(b)所形成的误差是由分层法基本假定②所引起的,一般无须进行修正。在图2.19(c)所示的各楼层开口框架计算中,假定上、下柱的远端为固端约束,实际上除底层柱下端外其他框架节点是有转角变形的,即图2.19(b)中虚线部分对实线柱的约束作用是介于铰接约束与固定约束之间的弹性约束,这将导致计算误差。

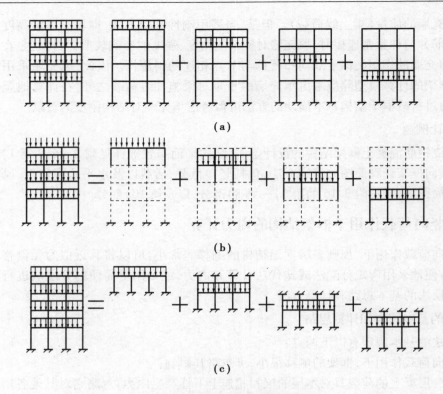

图 2.19　分层法计算的基本思路

为了减小误差,按如图 2.19(c)所示计算简图进行计算时需做如下修正:

①除底层柱外,其他各层柱的线刚度均乘 0.9 的折减系数;

②除底层柱外,其他各层柱的弯矩传递系数取为 1/3,底层仍为 1/2。

需注意的是,按分层法将各层梁及上下柱作为独立单元(开口框架)进行计算时,各开口框架计算得到的梁弯矩即为该梁在原框架中的弯矩,但由于每一层柱同时属于上、下两层开口框架,因此每一根柱的弯矩需由上、下两层开口框架计算所得的弯矩值叠加得到,即原框架中每一柱的端部弯矩均等于上、下两层开口框架计算所得弯矩之和。

由于柱端弯矩为上、下两层开口框架柱端弯矩之和,因此叠加后的弯矩图往往在框架节点处不平衡。节点不平衡弯矩一般需进行修正,即将这些不平衡弯矩进行一次分配。

3)分层法的计算步骤

一般以梁端弯矩为出发点计算其他内力,并可采用以下基本步骤:

①画出框架计算简图(包括框架梁跨度、柱高度、荷载、节点和杆件编号等)。

②按规定计算梁、柱的线刚度(注意对框架梁截面惯性矩进行修正)。

③除底层柱外,其他各层柱的线刚度乘以 0.9 的折减系数。

④计算各杆件在节点处的弯矩分配系数及传递系数,具体包括:

a. 按照弯矩分配法相关规定计算转动刚度、弯矩分配系数;

b. 对底层基础处,若为嵌固端,传递系数为 1/2;若为铰支,传递系数为 0;

c. 其他各层柱的弯矩传递系数取为 1/3。

⑤用弯矩分配法从上至下分别计算各楼层开口框架的杆端弯矩。

⑥叠加相关各层开口框架求得柱端弯矩,对节点不平衡弯矩进行一次分配。

⑦根据梁端弯矩及梁上荷载求得梁跨中弯矩。

⑧由静力平衡条件求得梁端剪力、柱端剪力、柱轴力。

4)分层法的算例

对于附2.16给出的多层框架,通过荷载导算(见附2.16的第4)、第5)部分)可得到③轴线平面框架在恒载、竖向活荷载作用下的计算简图,如附图2.12、附图2.14所示。

采用分层法对③轴线平面框架在恒载、竖向活荷载作用下的内力进行计算,其过程、结果分别详见附2.16的第12)、第13)部分。

2.5.3 水平荷载作用下计算框架结构内力的反弯点法

对于较为规则、层数不多的框架结构,柱轴向变形对框架的内力、变形影响小,可采用反弯点法或D值法(下一小节介绍)计算框架结构的内力和变形。

1)水平荷载作用下框架内力和变形的特点

如前所述,风荷载、地震作用一般可简化为作用在框架节点上的水平集中力,如图2.20(a)所示。

在节点水平荷载作用下,根据结构力学的基本知识可知,多层框架的弯矩图(图2.20(a))具有以下特点:各梁、柱的弯矩是直线形分布,且一般有一个反弯点(图中弯矩为零的位置称为反弯点)。因此,如果能求出各柱反弯点位置及各柱所分配到的层间剪力,则各梁、柱的内力很容易计算。

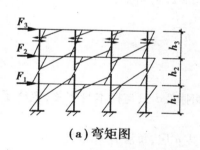

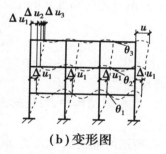

(a)弯矩图　　　　　　(b)变形图

图2.20　框架在节点水平荷载作用下的弯矩图和变形图

节点水平荷载作用下多层框架的变形如图2.20(b)所示。由于楼板平面内刚度很大,可忽略梁的轴向变形,因此,同一楼层各节点具有相同的侧向位移和层间位移。框架上部各节点均有转角,且各节点的层间位移和转角从底层往上逐渐减小。这种变形特征与框架的楼层剪力从底层向上越来越小有关。

2)反弯点法的基本假定

为了能方便地确定反弯点的位置、每层各柱的剪力,可假定:

①在确定柱的反弯点位置时,假定除底层柱外,其他各层柱的上、下端节点转角均相同。因此,除底层柱外的其他各层柱的反弯点位于层高的中点;底层柱的反弯点则假定位于距下支座2/3层高处。

②在计算各柱剪力时,假定梁的线刚度无限大(即柱上、下端不发生角位移)。对于层数

较少、楼面荷载较大的框架结构,本假定与实际情况较符合。

结合前述框架变形图特征可知,无论假定①的柱上下端节点转角相同,还是假定②的柱上下端不发生角位移,它们均与图 2.20(b)所示的框架变形实际情况有差别,这显然会引起计算误差。当框架结构的梁线刚度相对柱较大时,柱上、下端的节点转角较小,柱较为接近两端固定约束的构件,柱的反弯点一般在构件中点附近,则假定①、假定②近似成立。理论推导和计算分析均表明,当梁柱线刚度之比超过 3 时,由上述假定所引起的误差较小,能满足工程设计的精度要求。

3)反弯点法的柱剪力计算方法

在上述假定②的基础上,可以建立两端固定柱的侧向刚度的概念,并可进一步推导每一楼层各柱剪力的计算方法。

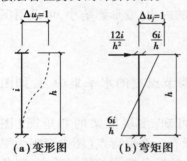

图 2.21 两端固定柱的变形及弯矩

由假定②可知,在水平力作用下,柱上、下端不发生角位移,仅发生楼层水平位移 Δu_j。

当 $\Delta u_j = 1$(单位水平位移)时,柱的变形如图 2.21(a)所示。由结构力学的杆件转角位移方程可知,该柱上、下端的弯矩均为 $6i/h$(图 2.21(b)),故该柱的剪力为:

$$V = \frac{12i}{h^2} \tag{2.1}$$

将两端固定等截面柱的上、下端产生单位相对水平位移($\Delta u_j = 1$)所需在柱顶施加的水平力定义为该柱的抗侧刚度,用符号 d 表示。由柱侧向刚度 d 的定义及式(2.1)可知:

$$d = \frac{12i}{h^2} \tag{2.2}$$

式中 i——柱的线刚度;

h——柱高度。

式(2.2)表明,在框架结构中,各柱的抗侧刚度 d 只与柱本身有关,忽略了梁对框架结构变形能力的影响。

以图 2.22(a)所示的框架结构为例,框架共 n 层,每层有 m 根柱。

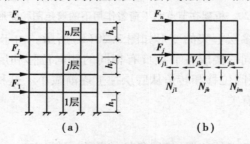

图 2.22 反弯点法的柱剪力计算方法推导

首先,将框架沿第 j 层各柱的反弯点处切开,各柱的未知剪力和轴力如图 2.22(b)所示。对于图 2.22(b)中的脱离体,按水平方向的力平衡条件有:

$$\sum_{i=j}^{n} F_i = \sum_{k=1}^{m} V_{jk} = V_{Fj} \tag{2.3}$$

式中　V_{Fj}——第 j 层的楼层剪力，它可以根据节点水平力 F_i 求得。

由于第 j 层各柱具有相同的层间位移 Δu_j（即忽略梁的轴向变形），对于第 j 层任意第 k 根柱，根据抗侧刚度 d 的定义可以写出：

$$V_{jk} = d_{jk} \Delta u_j \tag{2.4}$$

将式（2.4）代入式（2.3）有

$$V_{Fj} = \sum_{k=1}^{m} d_{jk} \Delta u_j = \Delta u_j \sum_{k=1}^{m} d_{jk} \tag{2.5}$$

故

$$\Delta u_j = \frac{V_{Fj}}{\sum\limits_{k=1}^{m} d_{jk}} \tag{2.6}$$

将式（2.6）代入式（2.4）得

$$V_{jk} = \frac{d_{jk}}{\sum\limits_{k'=1}^{m} d_{jk'}} V_{Fj} \tag{2.7}$$

当同一楼层柱高度相同时，式（2.7）可改写为

$$V_{jk} = \frac{i_{jk}}{\sum\limits_{k'=1}^{m} i_{jk'}} V_{Fj} \tag{2.8}$$

式（2.7）和式（2.8）表明：规则框架结构中，同一楼层各柱剪力按各柱的抗侧刚度 d_{jk} 之比对楼层剪力 V_{Fj} 进行分配；考虑到同一楼层柱的高度一般相同，因此同层各柱剪力可按各柱的线刚度 i_{jk} 之比进行分配。

4）反弯点法的计算步骤

①确定各楼层柱的反弯点位置。

②计算各楼层每一柱的抗侧刚度 d（式（2.2））。

③计算各楼层的层间剪力 V_{Fj}（式（2.3）），并将 V_{Fj} 分配给本楼层各柱（式（2.7）或式（2.8））。

④计算柱端弯矩。结合第①、③步的结果，即可得到柱端弯矩。

⑤计算梁端弯矩。中间节点的梁端弯矩之和 $(M_b^l + M_b^r)$ 由节点弯矩平衡条件求出，然后可近似按节点左、右梁的线刚度对 $(M_b^l + M_b^r)$ 进行分配，具体详见式（2.9）。

$$\left. \begin{aligned} M_b^l &= \frac{i_b^l}{i_b^l + i_b^r}(M_c^t + M_c^b) \\ M_b^r &= \frac{i_b^r}{i_b^l + i_b^r}(M_c^t + M_c^b) \end{aligned} \right\} \tag{2.9}$$

式中　M_b^l，M_b^r——节点左、右梁端弯矩；

M_c^t，M_c^b——节点上、下柱端弯矩；

i_b^l、i_b^r——节点左、右梁的线刚度。

⑥计算其他内力。

5）反弯点法的算例

以附 2.16 给出的钢筋混凝土房屋的③轴线平面框架为原型，由于其梁柱线刚度比不满

足反弯点法的要求,因此将框架梁的截面尺寸加大,形成了如图 2.23 所示的计算简图。下面采用分层法计算该框架在风荷载作用下的内力。

(1)抗侧刚度(d 值)

以 2～5 层为例,由于 $\dfrac{29.02\times10^4}{9.75\times10^4}=3.0$,$\dfrac{2\times29.02\times10^4+2\times18.90\times10^4}{2\times13.43\times10^4}=3.6$,因此可以采用反弯点法进行计算。

首先,计算各柱的抗侧刚度 d 值。该平面框架的 2 根中柱、2 根边柱的 d 值均分别相同。

①位于Ⓑ轴、Ⓒ轴的框架柱:

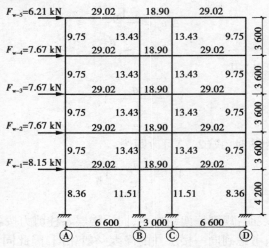

图 2.23 框架在风荷载作用下的计算简图

(注:梁、柱旁的数字是各构件的线刚度,单位×10⁴ kN·m)

第 1 层:$d_{1\text{-BC}}=\dfrac{12i_{\text{c-1-BC}}}{h_1^2}=\dfrac{12\times11.51\times10^4}{4.2^2}=78\,299.32$ kN/m

第 2～5 层:$d_{2\sim5\text{-BC}}=\dfrac{12i_{\text{c-2～5-BC}}}{h_{2\sim5}^2}=\dfrac{12\times13.43\times10^4}{3.6^2}=124\,351.85$ kN/m

②位于Ⓐ轴、Ⓓ轴的框架柱:

第 1 层:$d_{1\text{-AD}}=56\,850.34$ kN/m;第 2～5 层:$d_{2\sim5\text{-AD}}=90\,277.78$ kN/m

③楼层的 d 值之和:

将每楼层各柱的 d_{ji} 值相加,可得各楼层的 d_j 值之和为:

$$d_1=2\times(78\,299.32+56\,850.34)=270\,299.32\ \text{kN/m}$$

$$d_{2\sim5}=2\times(124\,351.85+90\,277.78)=429\,259.26\ \text{kN/m}$$

(2)反弯点高度

根据反弯点法,按照底层柱的反弯点在距柱下端 2/3 底层层高处、上部各层柱的反弯点在层高中点的原则可确定各柱的反弯点位置,具体结果见表 2.6、表 2.7(表中 $h_{j\text{-BC}}^b$ 表示柱反弯点位置距离该层柱下端的距离)。

(3)柱端弯矩

按照框架柱的 d 值按比例将楼层剪力分配给该楼层各柱,结合各柱的反弯点高度,可得到③轴线框架的边柱、中柱的柱端弯矩,分别如表 2.6、表 2.7 所示。

表2.6　横向风荷载作用下框架中柱(Ⓑ轴、Ⓒ轴框架柱)的端部弯矩

楼层	$F_{w\text{-}j}$ /kN	$V_{F\text{-}j}$ /kN	$d_{j\text{-}BC}$ /(kN·m^{-1})	d_j /(kN·m^{-1})	$\dfrac{d_{j\text{-}BC}}{d_j}$	$V_{j\text{-}BC}$ /kN	$h_{j\text{-}BC}^{b}$ /m	$M_{j\text{-}BC}^{b}$ /kN·m	$M_{j\text{-}BC}^{t}$ /kN·m
5	6.21	6.21	124 351.85	429 259.26	0.29	1.80	1.80	3.24	3.24
4	7.67	13.88	124 351.85	429 259.26	0.29	4.03	1.80	7.25	7.25
3	7.67	21.55	124 351.85	429 259.26	0.29	6.25	1.80	11.25	11.25
2	7.67	29.22	124 351.85	429 259.26	0.29	8.47	1.80	15.25	15.25
1	8.15	37.37	78 299.32	270 299.32	0.29	10.84	2.80	30.35	15.18

表2.7　横向风荷载作用下框架边柱(Ⓐ轴、Ⓓ轴框架柱)的端部弯矩

楼层	$F_{w\text{-}j}$ /kN	$V_{F\text{-}j}$ /kN	$d_{j\text{-}AD}$ /(kN·m^{-1})	d_j /(kN·m^{-1})	$\dfrac{d_{j\text{-}AD}}{d_j}$	$V_{j\text{-}AD}$ /kN	$h_{j\text{-}AD}^{b}$ /m	$M_{j\text{-}AD}^{b}$ /kN·m	$M_{j\text{-}AD}^{t}$ /kN·m
5	6.21	6.21	90 277.78	429 259.26	0.21	1.30	1.80	2.34	2.34
4	7.67	13.88	90 277.78	429 259.26	0.21	2.91	1.80	5.24	5.24
3	7.67	21.55	90 277.78	429 259.26	0.21	4.53	1.80	8.15	8.15
2	7.67	29.22	90 277.78	429 259.26	0.21	6.14	1.80	11.05	11.05
1	8.15	37.37	56 850.34	270 299.32	0.21	7.85	2.80	21.98	10.99

(4)柱剪力

以第1层Ⓑ轴线的框架柱为例,其剪力为:

$$V_{1\text{-}BC} = \frac{M_{1\text{-}BC}^{b} + M_{1\text{-}BC}^{t}}{h_1} = \frac{30.35 + 15.18}{4.2} = 10.84 \text{ kN}$$

(5)梁端弯矩、剪力

以第1层Ⓐ～Ⓑ轴线之间的框架梁为例,框架梁的端部弯矩、剪力的计算方法如下:

$$M_{1\text{-}AB}^{l} = M_{1\text{-}AD}^{t} + M_{2\text{-}AD}^{b} = 10.99 + 11.05 = 22.04 \text{ kN·m}$$

$$M_{1\text{-}AB}^{r} = (M_{1\text{-}BC}^{t} + M_{2\text{-}BC}^{b}) \times \frac{i_{1\text{-}AB}}{(i_{1\text{-}AB} + i_{1\text{-}BC})} = (15.18 + 15.25) \times \frac{29.02 \times 10^4}{(29.02 + 18.90) \times 10^4}$$

$$= 18.43 \text{ kN·m}$$

$$V_{1\text{-}AB}^{l} = V_{1\text{-}AB}^{r} = \frac{M_{1\text{-}AB}^{l} + M_{1\text{-}AB}^{r}}{l_{AB}} = \frac{22.04 + 18.43}{6.6} = 6.13 \text{ kN}$$

(6)柱轴力

根据框架梁的剪力可计算柱轴力。以Ⓑ轴线上框架柱为例,其底层轴力为:

$$N_{1\text{-}BC}^{t} = \sum_{i=1}^{5} (V_{i\text{-}AB}^{r} + V_{i\text{-}BC}^{l}) = (0.85 - 0.65) + (2.76 - 2.11) + (4.87 - 3.73) + (6.97 - 5.34) + (8.00$$

$$-6.13) = 5.49 \text{ kN}$$

(7)内力图

综合以上结果,可绘制左风作用下框架的弯矩图、剪力图和轴力图(图2.24)。

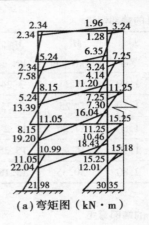
（a）弯矩图（kN·m）

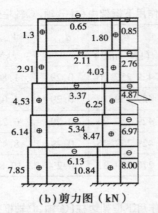
（b）剪力图（kN）

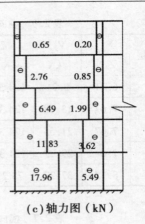
（c）轴力图（kN）

图 2.24　左风作用下 3 轴线框架内力图

2.5.4　水平荷载作用下计算框架结构内力的 D 值法

采用反弯点法计算规则框架的内力具有简便、快捷的优点；不足之处是计算柱剪力时采用的"梁线刚度无穷大"假定，以及假定各柱的反弯点高度为定值将导致计算误差，特别是梁柱线刚度的比值小于 3 时，反弯点法的误差较明显。

为了得到更准确的计算结果，可以在反弯点法的基础上对柱侧向刚度、反弯点高度的计算方法进行修正，这即是日本学者武藤清教授提出的修正反弯点法。由于修正反弯点法将修正后的柱抗侧刚度用 D 表示，故一般简称其为 D 值法。

1）对柱剪力计算方法的修正

反弯点法的柱抗侧刚度 d 仅与柱自身有关；而在 D 值法中，柱的抗侧刚度 D 需考虑梁柱线刚度的影响。

当梁线刚度相对于柱而言不大时，框架结构中间层的柱上、下端均有不可忽略的转角（图2.20（b）），同时柱两端仍然有相对水平位移。因此在框架结构中，某柱的变形、弯矩分布可表示为如图 2.25 所示形式。

采用结构力学的杆件转角位移方程仍然可以计算柱具有如图 2.25（a）所示变形时的端部弯矩。当 $\Delta u_j = u_j - u_{j-1} = 1$ 时，该柱上、下端的弯矩与节点转角有关。

对于如图 2.22 所示的框架结构，通过假定某中间层柱上、下端的节点转角以及与该柱上、下、左、右相邻杆件远端的节点转角均相等，可以推导框架第 j 层第 k 根中柱的剪力 V_{jk} 为[附2.2]：

$$V_{jk} = \alpha_{\mathrm{c}} \frac{12 i_{\mathrm{c}\text{-}jk}}{h_j^2} \Delta u_j \tag{2.10}$$

仍然将等截面柱上、下端产生单位相对水平位移（$\Delta u_j = 1$）的柱剪力定义为该柱的抗侧刚度（用符号 D 表示），因此第 j 层第 k 根柱的抗侧刚度为：

$$D_{jk} = \frac{V_{jk}}{\Delta u_j} = \alpha_{\mathrm{c}} \frac{12 i_{\mathrm{c}\text{-}jk}}{h_j^2} \tag{2.11}$$

式中　$i_{\mathrm{c}\text{-}jk}$，h_j——柱的线刚度和高度；

α_{c}——考虑梁柱线刚度比值对柱抗侧刚度影响的修正系数，根据其推导过程[附2.2]可知：

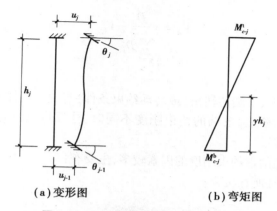

（a）变形图　　　　　　　（b）弯矩图

图 2.25　两端有转角柱的变形与弯矩

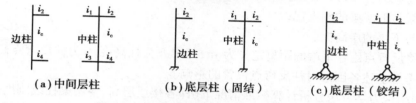

（a）中间层柱　　　　（b）底层柱（固结）　　　（c）底层柱（铰结）

图 2.26　D 值法中修正系数 α_c 的计算简图

（1）对于中间层中柱、边柱（图 2.26（a）），按下式计算 α_c

$$\alpha_c = \frac{K}{2+K} \qquad (2.12)$$

式中　K——梁柱线刚度比值，按式（2.13）进行计算。

$$K = \frac{i_1 + i_2 + i_3 + i_4}{2i_c} = \frac{\sum i_b}{2i_c} \qquad (2.13)$$

（2）对于底层中柱、边柱（固结时，见图 2.26（b）），按下式计算 α_c

$$\alpha_c = \frac{0.5+K}{2+K} \qquad (2.14)$$

式中 K 按式（2.15）进行计算。

$$K = \frac{i_1+i_2}{i_c} \qquad (2.15)$$

（3）对于底层中柱、边柱（铰结时，见图 2.26（c）），按下式计算 α_c

$$\alpha_c = \frac{0.5K}{1+2K} \qquad (2.16)$$

式中 K 按式（2.17）进行计算。

$$K = \frac{i_1+i_2}{i_c} \qquad (2.17)$$

对于图 2.26 的各种类型的边柱，在计算 K 时，对于不存在的梁，该梁的线刚度取零。由以上给出的 K 和 α_c 的计算式可知，当框架梁的线刚度无穷大时，$K \to \infty$，$\alpha_c \to 1$；当 $\alpha_c = 1$ 时，式（2.11）即为反弯点法的柱抗侧刚度表达式。

求得各柱的抗侧刚度 D 之后，可按照与反弯点法类似的推导过程（式（2.3）~ 式（2.8）以及图 2.22）得到该框架第 j 层第 k 根柱的剪力为

$$V_{jk} = \frac{D_{jk}}{\sum\limits_{k=1}^{m} D_{jk}} V_{Fj} \tag{2.18}$$

2)对柱反弯点位置的修正

柱反弯点的位置与上、下端的转角(或转动约束条件)有关。当柱上、下端的转角相同时,反弯点位于柱的中点;当柱上、下端的约束刚度不同时,柱反弯点总是向转角更大的柱端移动,即向约束弱的柱端靠近。

框架结构中,影响柱两端约束刚度的因素较多,主要有:

①结构总层数及该柱所在位置;

②梁柱线刚度比;

③水平荷载的分布形式;

④上层梁与下层梁的刚度比;

⑤上层与下层的层高比。

D 值法将反弯点距柱下端的距离定义为 yh,其中 h 为柱高度,y 为柱反弯点高度比,并通过以下途径考虑上述各因素对柱反弯点位置的影响。

首先,用结构力学方法分析计算标准情况下(即各楼层层高、各层梁柱线刚度均相同的情况)的反弯点高度比 y_0;其次,逐次变化上述各主要影响因素(逐次改变层高、各层梁柱线刚度的取值),分别计算其对 y_0 的修正;最后,将上述结果制成表格,以供设计时查用。

按 D 值法计算柱反弯点位置的公式为:

$$yh = (y_0 + y_1 + y_2 + y_3) h \tag{2.19}$$

式中　　y_0——标准反弯点高度比,按附表 2.1、附表 2.2 确定;

　　　　y_1——考虑上层梁与下层梁刚度比影响的高度比修正值,按附表 2.3 确定;

　　　　y_2, y_3——考虑上层层高变化或下层层高变化影响的高度比修正值,按附表 2.4 确定。

按附表 2.3 确定 y_1 时应注意,当 $(i_1 + i_2) < (i_3 + i_4)$ 时(下部楼层梁线刚度更大),柱反弯点上移,取 $I = (i_1 + i_2)/(i_3 + i_4)$ 进行查表并确定 y_1 的取值;当 $(i_1 + i_2) > (i_3 + i_4)$ 时(上部楼层梁线刚度更大),柱反弯点下移,应取 $I = (i_3 + i_4)/(i_1 + i_2)$ 进行查表,同时在查得的 y_1 值前加负号"–";对于底层柱,不考虑上、下层梁刚度比的影响,取 $y_1 = 0$;

按附表 2.4 确定 y_2 和 y_3 时应注意,若上层层高较高,反弯点向上移动 $y_2 h$,若下层层高较高,反弯点向下移动 $y_3 h$;对于底层柱,不考虑 y_3 的修正,取 $y_3 = 0$;对于顶层柱,不考虑 y_2 的修正,取 $y_2 = 0$。

3)D 值法的计算步骤

D 值法的计算步骤与反弯点法基本相同,只是计算柱侧移刚度 D、柱反弯点高度 yh 采用的方法不同。

4)D 值法的算例

在附 2.16 给出的钢筋混凝土框架结构中,③轴向平面框架在风荷载、水平地震作用下的内力均采用 D 值法进行计算,其过程、结果分别详见附 2.16 的第 9)、第 11)部分。

2.5.5　框架结构的侧移计算及层间侧移限值

多层多跨框架结构在水平地震作用下或风荷载作用下将产生侧向变形(竖向荷载作用下

框架结构的侧移可近似忽略)。对框架结构进行设计时,应注意对框架的侧向位移进行控制,以确保结构的抗侧刚度、避免填充墙开裂等。

1)框架结构的弹性侧向变形特征

在水平荷载作用下,框架结构的侧向变形由两部分组成:由梁柱弯曲变形引起的变形(总体剪切变形)、由柱轴向变形引起的变形(总体弯曲变形),如图 2.27 所示。

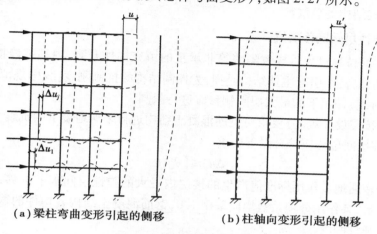

(a)梁柱弯曲变形引起的侧移　　　(b)柱轴向变形引起的侧移

图 2.27　框架结构的侧移图

如图 2.27(a)所示,只考虑梁、柱的弯曲变形时(忽略各构件的轴向变形、剪切变形),框架结构在水平力作用下的层间侧移呈现下部大、上部小的特征(即 $\Delta u_1 > \Delta u_j$),这种侧移分布特征与悬臂杆的剪切变形曲线类似,因此称其为总体剪切变形。

对于高层框架结构,水平荷载下框架柱的轴力相当大。如图 2.27(b)所示,只考虑柱的轴向变形时,在水平力作用下左侧柱(轴拉力)的轴向伸长、右侧柱(轴压力)的轴向压缩会导致框架产生侧移,其层间侧移呈现上部大、下部小的特征,这种侧移分布特征与悬臂杆的弯曲变形曲线类似,因此称其为总体弯曲变形。

对于常用的多层框架结构,其侧移变形以总体剪切变形为主(这种框架可称为剪切型框架),即计算时可仅考虑梁、柱的弯曲变形引起的侧移。对于较高的框架结构,柱轴力大,房屋结构的高宽比较大,总体弯曲变形的影响一般不再忽略,即计算框架的侧移时可同时考虑梁柱的弯曲变形引起的侧移、柱轴向变形引起的侧移。

2)多层框架结构的侧移计算

多层框架结构可仅考虑梁、柱的弯曲变形引起的侧移,因此可根据前面的柱抗侧刚度计算表达式和定义得到框架各楼层的抗侧刚度和弹性侧移。

框架同一楼层各柱具有相同的层间位移 Δu_j,由柱抗侧刚度的定义可知,框架柱的弹性层间位移 Δu_j 与外荷载在该层产生的层间剪力 V_j 成正比,即:

$$\Delta u_j = \frac{V_j}{\sum_{k=1}^{m} D_{jk}} \tag{2.20}$$

式中　D_{jk}——第 j 层第 k 柱的抗侧刚度,也可按反弯点法取其为 d_{jk};

　　　m——框架第 j 层的总柱数。

由式(2.20)可知,当框架柱的侧向刚度沿高度变化不大时,因层间剪力 V_j 自顶层向下逐层增大,所以层间位移 Δu_j 一般具有下部大、上部小、自顶层向下逐层递增的特点。

各楼层的层间位移 Δu_j 之和即为框架顶点的总水平侧移 u。

$$u = \sum_{j=1}^{n} \Delta u_j \tag{2.21}$$

式中　n——框架结构的总层数。

3)框架结构的弹性层间侧移限值

由于框架层间位移过大将导致隔墙等非承重的填充构件开裂、内部装修损坏,并影响结构的正常使用功能,甚至引起主体结构受损,为控制结构的抗侧刚度,我国规范要求对水平力(常遇地震、风荷载)作用下的最大层间侧移应进行限制。

现行《建筑抗震设计规范》要求对钢筋混凝土结构进行多遇地震下的抗震变形验算,其楼层内最大的弹性层间位移应符合以下要求:

$$\Delta u_e \leqslant [\theta_e]h \tag{2.22}$$

式中　Δu_e——多遇地震作用标准值产生的楼层内最大的弹性层间水平位移,应计入扭转变形,各作用分项系数均应采用1.0,钢筋混凝土结构各构件的截面刚度可采用弹性刚度;

　　　$[\theta_e]$——弹性层间位移角限值,钢筋混凝土框架结构宜取为 $1/550$[附2.4];

　　　h——计算楼层层高。

按照式(2.22)对多层框架结构的弹性层间位移进行验算时,Δu_e 即为按式(2.20)计算的各楼层层间位移 Δu_j 的最大值。

4)框架结构在罕遇地震下的弹塑性变形验算

我国现行规范要求,对某些框架结构应进行罕遇地震作用下薄弱层的弹塑性变形验算[附2.5],并采用相应的抗震措施,以实现第三水准的"大震不倒"的设防要求。

我国《建筑抗震设计规范》要求,对于高烈度区的高大钢筋混凝土单层厂房、楼层屈服强度系数小于0.5的框架结构、150 m以上的结构、甲类建筑、9度区的乙类建筑、采用隔震和消能减震设计的结构等,均应进行弹塑性变形验算。

结构在罕遇地震下的薄弱层(部位)弹塑性变形可选择采用简化方法、静力弹塑性分析方法或弹塑性时程分析方法进行计算,其中不规则结构应采用空间结构模型。

结构在罕遇地震下的薄弱层(部位)弹塑性层间位移应符合以下要求:

$$\Delta u_p \leqslant [\theta_p]h \tag{2.23}$$

式中　Δu_p——罕遇地震作用下楼层内最大的弹塑性层间水平位移;

　　　$[\theta_p]$——弹塑性层间位移角限值,钢筋混凝土框架结构一般情况下可取 $1/50$;

　　　h——薄弱层层高或单层厂房上柱高度。

5)框架结构弹性层间侧移计算及验算

以附2.16给出的钢筋混凝土框架结构为例,其在多遇地震作用下的弹性层间侧移计算及验算详见附2.16的第8)部分。此外,该结构的③轴线平面框架在风荷载作用下弹性层间侧移计算及验算详见附2.16的第10)部分。

2.6　多层框架的结构设计要求

对于非抗震多层钢筋混凝土房屋,应保证框架结构在各种荷载作用下的安全性、适用性和耐久性,满足承载力极限状态、正常使用极限状态下的各项结构设计要求。

对有抗震设防要求的钢筋混凝土框架结构,除满足以上非抗震的设计要求外,为了实现"小震不坏、中震可修、大震不倒"的三水准抗震设防目标,我国现行规范采用两阶段设计方法,即小震下的弹性内力、位移计算和抗震设计,以及少数框架结构在罕遇地震作用下的薄弱层弹塑性变形验算。

2.6.1　框架结构考虑二阶效应的分析方法

结构中的二阶效应是指作用在结构上的重力或构件中的轴压力在变形后的结构或构件中引起的附加内力或附加变形。二阶效应包括重力二阶效应(P-Δ 效应)和受压构件的挠曲效应(P-δ 效应)两部分。当结构的二阶效应可能使作用效应显著增大时,在结构分析中应考虑二阶效应的不利影响。

1)框架结构二阶效应的基本概念

一般将多层多跨框架在水平荷载作用下的侧向水平位移与重力荷载共同作用在结构内引起的附加内力和变形,称为 P-Δ 效应。

以如图 2.28(a)和图 2.28(b)所示单层单跨框架为例,不考虑二阶效应时,柱顶水平力会使框架产生一阶的侧移 Δu_1 和弯矩(如图中的实线所示);由于柱顶竖向力 P 的作用点也随节点向右移动 Δu_1,故竖向力 P 会对柱形成二阶的侧移 Δu_2 和弯矩,图中虚线与实线之差即为 P-Δ 效应引起的二阶附加变形和附加弯矩。

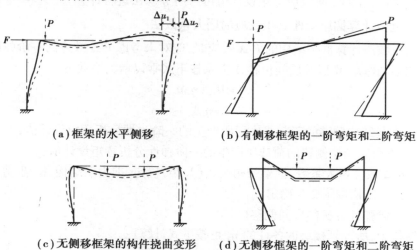

(a)框架的水平侧移　　　　　(b)有侧移框架的一阶弯矩和二阶弯矩

(c)无侧移框架的构件挠曲变形　　(d)无侧移框架的一阶弯矩和二阶弯矩

图 2.28　框架结构的二阶效应示意图

在图 2.28(c)和图 2.28(d)中,该对称框架没有外加水平力,在对称的竖向荷载作用下没有柱顶水平位移。若不考虑二阶效应,柱将形成如图中实线所示的挠曲线和一阶弯矩;柱顶竖向力会使柱的挠曲变形进一步加大,并形成二阶的弯矩,图中虚线与实线之差即为 P-δ 效应引起的附加变形和附加弯矩。

在有侧移框架结构中,相对于 P-δ 效应而言,P-Δ 效应引起的附加弯矩和附加变形一般明显更大。

2)我国规范采用的框架结构二阶效应计算方法

二阶效应本质上是力学问题,且 P-Δ 计算属于结构整体层面的问题,因此在结构整体分析中对其予以考虑将更方便、更准确。此外,也可在得到一阶分析结果后采用简化方法近似计算,以考虑二阶效应的影响。我国现行规范采用的二阶效应近似计算方法包括以下几种:

①有限元分析方法(既可考虑 P-Δ 效应,也可考虑 P-δ 效应);

②增大系数法(考虑 P-Δ 效应);

③η-l_0 法(同时考虑 P-Δ 效应和 P-δ 效应,但误差相对更大);

④C_m-η_{ns} 法(考虑 P-δ 效应)。

对于钢筋混凝土框架结构的重力二阶效应(P-Δ 效应),《混凝土结构设计规范》给出了两种计算方法,即有限元分析方法或附录 B 的增大系数法。受压构件的挠曲效应(P-δ 效应)计算属于构件层面的问题,一般在构件设计时考虑,《混凝土结构设计规范》给出了 C_m-η_{ns} 法。

采用第一种方法(有限元分析方法)进行计算时,除计算机分析程应具有正确模拟几何非线性的功能以便包含 P-Δ 效应之外,一般还应考虑混凝土构件开裂对杆件刚度的影响,以便使钢筋混凝土偏压构件考虑二阶效应影响的受力状态大致对应于受拉钢筋屈服后不久的非弹性受力状态。P-δ 效应则可通过在有限元模型中进一步细分杆件进行模拟。

如果有限元分析程序没有包含二阶效应的影响,则可采用第二种方法,即通过有限元程序的一阶弹性分析得到构件的内力、变形之后,再采用增大系数法考虑 P-Δ 效应的影响,并进一步采用 C_m-η_{ns} 法考虑 P-δ 效应的影响。

对于排架结构,柱的二阶效应弯矩设计值可采用 η-l_0 法进行计算[附2.6]。

3)框架结构中近似计算偏压构件 P-Δ 效应的增大系数法

采用增大系数法计算框架结构的 P-Δ 效应时,应对未考虑 P-Δ 效应的一阶弹性分析所得的柱端弯矩或梁端弯矩 M 以及层间位移 Δ 分别按下式乘以增大系数 η_s。

$$M = M_{ns} + \eta_s M_s \tag{2.24}$$

$$\Delta = \eta_s \Delta_1 \tag{2.25}$$

式中　M_s——引起结构侧移的荷载或作用所产生的一阶弹性分析弯矩设计值;

　　　M_{ns}——不引起结构侧移的荷载所产生的一阶弹性分析弯矩设计值;

　　　η_s——P-Δ 效应增大系数,框架结构按式(2.26)确定,剪力墙结构、框架-剪力墙结构及筒体结构按附 2.7 确定;

　　　Δ_1——一阶弹性分析的层间侧移。

在框架结构中,所计算楼层的各柱的 η_s 可按下式计算:

$$\eta_s = \frac{1}{1 - \dfrac{\sum N_j}{D H_0}} \tag{2.26}$$

式中　N_j——所计算楼层第 j 列柱轴力设计值;

D——所计算楼层的侧向刚度。计算弯矩的增大系数 η_s 时,构件的弹性抗弯刚度 E_cI 宜折减(梁取 0.4,柱取 0.6,剪力墙肢取 0.45);计算位移的增大系数 η_s 时,不对刚度进行折减。

4)我国规范采用的框架结构 P-δ 效应近似计算方法

在框架结构中,柱的 P-δ 效应可采用《混凝土结构设计规范》规定的 C_m-η_{ns} 法进行计算。

框架结构中二阶效应以 P-Δ 效应为主。因此,可首先根据杆端弯矩比、轴压比、长细比等判断是否可以忽略 P-δ 效应的影响;如果不能忽略(例如部分单曲率柱),则可采用 C_m-η_{ns} 法近似计算 P-δ 效应对柱端弯矩的影响,具体详见附 2.8。

5)典型构件、楼层侧移的二阶效应算例

对于附 2.16 给出的钢筋混凝土框架结构,采用 D 值法计算其在风荷载、多遇地震作用下的内力及弹性层间侧移时均未考虑 P-Δ 效应的影响。

该框架结构考虑 P-Δ 效应的梁、柱内力修正(第 1、2 层的增大系数 η_s 的计算方法),以及弹性层间侧移修正(第 1~3 层的增大系数 η_s^{Δ} 的计算方法)详见附 2.16 的第 14)部分。

此外,该结构③轴线平面框架的柱进行正截面配筋设计时,应考虑 P-δ 效应对柱端弯矩设计值的影响,其过程详见附 2.16 的第 17)部分。

2.6.2 框架结构的控制截面及梁端弯矩调幅

1)控制截面

控制截面是指构件中需要按该截面的组合内力设计值进行配筋计算的代表性截面,对等截面杆一般是内力最大的截面。手算或计算复核时,为了减小工作量,一般可根据弯矩、剪力沿构件轴线的分布特征,选择少数关键截面作为构件设计的控制截面。

在水平力和竖向荷载共同作用下,由于没有柱间荷载,框架柱的弯矩、轴力和剪力在每个层高范围内均沿柱高线性变化,其最大值在端部(图 2.29(a)、(b)),因此可取各层柱的上、下端截面作为控制截面,如图 2.29(c)所示。与此同时,框架梁以竖向分布荷载为主时,弯矩沿梁轴线一般呈类似抛物线方式变化、剪力则接近线性分布,叠加水平力作用下的内力后其最大负弯矩、最大剪力在端部,故可取梁的两端、跨间最大正弯矩截面为控制截面。为了简化计算,一般以梁的跨中截面代替跨间最大正弯矩截面作为控制截面(图 2.29(c))。

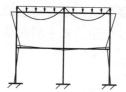 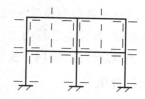

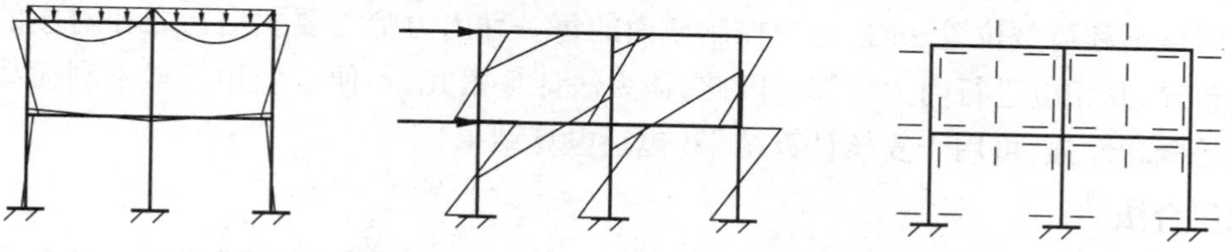

(a)竖向荷载下框架的弯矩图　　**(b)水平荷载下框架的弯矩图**　　**(c)框架的控制截面示意**

图 2.29　框架结构的弯矩图及控制截面示意

截面配筋时采用构件端部截面的内力,而不是内力计算时直接得到的形心轴处的内力,具体可参考第 1 章的相关公式将形心轴处的内力近似换算至构件端部截面。

2)梁端弯矩调幅

在多层钢筋混凝土框架结构的设计过程中,为了节约钢筋、减少梁上部纵筋以降低节点附近钢筋的拥挤(方便施工),常对框架梁端弯矩进行调幅。对框架梁端弯矩调幅后,在极限情况下梁端可出现塑性铰,并使该框架结构出现塑性内力重分布。

框架梁的调幅计算方法与第1章中的连续梁相同。对于现浇框架,弯矩调幅系数可取0.1~0.2;对于装配式或装配整体式框架,其节点并非绝对刚性,梁端实际弯矩小于弹性计算值,弯矩调幅系数可取0.2~0.3。梁端弯矩调幅(即人为减小梁端负弯矩)之后,相应荷载作用下的跨中弯矩会随之发生变化,应注意按静力平衡条件重新计算对应的跨中弯矩。

我国《高层混凝土结构技术规程》规定,水平荷载产生的弯矩不参加调幅;仅对竖向荷载作用下的内力进行调幅;弯矩调幅应在内力组合(2.6.4节)之前进行;梁截面设计时所用的跨中设计弯矩不应小于按简支梁计算的跨中弯矩的一半。

2.6.3 框架结构的竖向活荷载不利布置

与现浇楼盖的设计方法类似,多层框架的结构设计也应考虑竖向可变荷载(楼面活荷载)的作用位置是变化的。恒载是长期作用的不变荷载,计算构件内力时应满布。

为了获得竖向活荷载作用下各控制截面的最大内力,计算构件内力时需考虑楼面活荷载的空间不确定性的影响。考虑竖向活荷载最不利布置主要有以下几种方法:

1)分跨计算组合法

每次仅在一根梁上布置活荷载,将活荷载逐层逐跨单独布置在梁上,每次均计算整个框架结构的内力,最后按叠加原理求得不同控制截面、不同内力种类(例如弯矩,或者剪力、轴力)的最不利内力。该方法计算结构内力的次数为"跨数×层数",计算工作量大,但确定最不利内力时概念清楚、操作简单,适合编程电算。

2)最不利荷载位置法

该方法根据多层框架的影响线,直接确定对应于某一控制截面、某种内力的最不利活荷载布置位置,然后进行内力计算。最不利荷载位置法的关键步骤是如何正确地绘制影响线的定性形状[附2.9]。

采用最不利荷载位置法时,每一控制截面的每一种内力都需要找出与之相对应的最不利活荷载布置,并相应进行内力计算。因此,该方法计算繁冗,不便于应用。最不利荷载位置法的特点是概念性强,可用于复核计算结果(包括电算结果)。

3)分层组合法

该方法以分层法为依据,并对活荷载的最不利布置原则进行了如下简化:

①对于框架梁,仅考虑本层活荷载的不利布置,因此,其布置方法与连续梁的活荷载最不利布置方法相同;

②对于柱端弯矩,只考虑与该框架柱相邻上、下层的活荷载的影响;

③对于柱最大轴力,考虑在该层以上所有楼层与该柱相邻的梁的活荷载的影响,对于与柱不相邻的上层活荷载,仅考虑其轴向力的传递而不考虑其弯矩作用。

4)满布荷载法

当楼面活荷载产生的内力明显小于恒荷载及水平力产生的内力时,可不考虑活荷载的最不利布置,把活荷载同时作用于所有框架梁上,然后对计算结果进行修正,即满布荷载法。

如果楼面活荷载较大,其最不利分布对梁弯矩的影响会比较明显,计算时应予考虑。我国《高层混凝土结构技术规程》规定,在高层建筑结构内力计算中,当楼面活荷载大于 4 kN/m² 时,应考虑楼面活荷载不利布置引起的梁弯矩的增大;当结构整体计算未考虑楼面活荷载不利布置时,应将未考虑活荷载不利分布计算的框架梁弯矩乘以放大系数,以近似考虑活荷载最不利布置的影响,且梁正、负弯矩应同时予以放大,该放大系数通常可取 1.1 ~ 1.3,活载大时可选用较大数值。

2.6.4　框架结构的荷载效应组合与最不利内力组合

1)荷载效应组合

在结构设计时,应将计算得到的各种荷载单独作用下的内力、变形进行组合。在进行荷载效应组合时,既要考虑多种荷载作用时哪些荷载可能同时出现,也要考虑同时出现的荷载,其荷载效应如何进行叠加。

（1）无地震作用效应组合

对于非抗震的钢筋混凝土框架结构,构件的截面承载能力极限状态设计表达式为:

$$\gamma_0 S_d \leqslant R_d \tag{2.27}$$

式中:R_d——非抗震的结构构件抗力设计值,可按照《混凝土基本原理》的相应方法进行计算;

γ_0——框架结构的重要性系数;

S_d——非抗震的荷载效应组合的设计值,可按式(2.28)和式(2.29)进行计算,并取最不利组合进行结构设计。

对于由可变荷载效应控制的基本组合:

$$S_d = \gamma_G S_{Gk} + \gamma_{Q1} \gamma_{L1} S_{Q1k} + \sum_{i=2}^{n} \gamma_{Qi} \gamma_{Li} \psi_{ci} S_{Qik} \tag{2.28}$$

对于由永久荷载效应控制的基本组合:

$$S_d = \gamma_G S_{Gk} + \sum_{i=1}^{n} \gamma_{Qi} \gamma_{Li} \psi_{ci} S_{Qik} \tag{2.29}$$

式中　γ_G——永久荷载的分项系数,对于由可变荷载效应控制的组合取 1.2 或 1.0,对由永久荷载效应控制的组合取 1.35 或 1.0;

γ_{Qi}——第 i 个可变荷载的分项系数,其中 γ_{Q1} 为主导可变荷载 Q_1 的分项系数,一般情况下取 1.4(对标准值大于 4 kN/m² 的工业厂房楼面结构的活荷载,取 1.3);

γ_{Li}——第 i 个可变荷载考虑设计使用年限的调整系数,其中 γ_{L1} 为主导可变荷载 Q_1 考虑设计使用年限的调整系数,当结构设计使用年限为 50 年时,取 1.0;

S_{Gk}——按永久荷载标准值 G_k 计算的荷载效应值;

S_{Qik}——按第 i 个可变荷载标准值 Q_{ik} 计算的荷载效应值;其中 S_{Q1k} 为诸可变荷载效应中起控制作用者,当对 S_{Q1k} 无法明显判断时,应轮次以各可变荷载效应作为

S_{Q1k}，并选取其中最不利的荷载组合的效应设计值；

ψ_{ci}——第 i 个可变荷载 Q_i 的组合值系数。

（2）有地震作用效应组合

有地震作用效应组合时，构件的截面抗震验算公式为：

$$S \leqslant \frac{R}{\gamma_{RE}} \tag{2.30}$$

式中　γ_{RE}——承载力抗震调整系数，按表2.8取值，通过小于1.0的 γ_{RE} 对结构构件的抗震承载力设计值 R 加以调整（提高），其原因可以理解为动力荷载下材料强度比静力荷载下高，且地震是偶然作用，结构的抗震可靠性要求可相对更低；

　　R——结构构件的抗震承载力设计值，可按照本章后续各小节介绍的方法计算。对于框架梁、框架柱，其抗震正截面承载力均可按非抗震情况下的正截面设计的同样方法进行计算，其原因在于梁、柱构件在循环往复荷载下滞回曲线的骨架线与一次单调加载的受力曲线具有较好的一致性；梁、柱的抗震斜截面受剪承载力计算方法则应在相应非抗震设计公式的基础上进行调整。

表2.8　承载力抗震调整系数 γ_{RE}

材　料	结构构件	受力状态	γ_{RE}
混凝土	梁	受弯	0.75
	轴压比小于0.15柱	偏压	0.75
	轴压比不小于0.15的柱	偏压	0.80
	抗震墙	偏压	0.85
	各类构件	受剪、偏拉	0.85

在式（2.30）中，S 为结构构件的抗震内力组合设计值，包括组合的弯矩、轴向力和剪力设计值，按照《建筑抗震设计规范》的要求，构件的地震作用效应和其他荷载效应的基本组合按式（2.31）进行组合。

$$S = \gamma_G S_{GE} + \gamma_{Eh} S_{Ehk} + \gamma_{Ev} S_{Evk} + \psi_w \gamma_w S_{wk} \tag{2.31}$$

式中　γ_G——永久荷载的分项系数，一般情况下取1.2，当重力荷载效应对构件承载能力有利时不应大于1.0；

　　γ_{Eh}，γ_{Ev}——水平和竖向地震作用分项系数，按表2.9采用；

　　γ_w——风荷载分项系数，取1.4；

　　S_{GE}——重力荷载代表值的效应，有吊车时，尚应包括悬吊物重力标准值的效应；

　　S_{Ehk}——水平地震作用标准值的效应，尚应乘以相应的增大系数或调整系数；

　　S_{Evk}——竖向地震作用标准值的效应，尚应乘以相应的增大系数或调整系数；

　　S_{wk}——风荷载标准值的效应；

　　ψ_w——风荷载组合值系数，一般结构取0.0，风荷载起控制作用的高层建筑应采用0.2。

表2.9 地震作用和风荷载的分项系数

所考虑的组合	γ_{Eh}	γ_{Ev}	γ_w	说 明
重力荷载及水平地震作用	1.3	—	—	有抗震设防要求的多层、高层建筑均应考虑
重力荷载及竖向地震作用	—	1.3	—	9度抗震设计时考虑;水平长悬臂结构和大跨结构8度、9度抗震设计时考虑
重力荷载、水平地震及竖向地震作用(水平为主)	1.3	0.5	—	9度抗震设计时考虑;水平长悬臂结构和大跨结构8度、9度抗震设计时考虑
重力荷载、水平地震及竖向地震作用(竖向为主)	0.5	1.3	—	9度抗震设计时考虑;水平长悬臂结构和大跨结构8度、9度抗震设计时考虑
重力荷载、水平地震作用及风荷载	1.3	—	1.4	60 m以上的高层建筑考虑
重力荷载、水平地震作用、竖向地震作用及风荷载	1.3	0.5	1.4	60 m以上的高层建筑,9度抗震设计时考虑;水平长悬臂结构和大跨结构8度、9度抗震设计时考虑
重力荷载、水平地震作用、竖向地震作用及风荷载	0.5	1.3	1.4	9度抗震设计时考虑;水平长悬臂结构和大跨结构8度、9度抗震设计时考虑

注:表中"—"号表示组合中不考虑该项荷载或作用效应。

对于风荷载和水平地震作用,应注意其方向性,一般工程设计主要考虑水平荷载沿结构主轴方向作用,但沿主轴的正向、负向均是可能的。特别应注意平面布置较复杂的结构,其两个水平方向的荷载大小、分布可能不同,相应的内力也有区别,此时对两水平方向应分别进行内力计算,并按照不同的工况编号进行荷载效应组合。

2)最不利内力组合

构件的任一控制截面均存在多种荷载效应组合的计算结果,不同内力组合将对应着不同的截面配筋。因此,把对控制截面的配筋计算起控制作用的内力组合称为最不利内力组合。

由于框架梁上部纵筋可从支座出发向跨中延伸一段距离后截断一部分,左、右梁端的上部纵筋一般不同,即左、右梁端需分别找出各自的控制截面最大负弯矩;每一跨框架梁的下部纵筋一般沿梁跨通长布置,因此可以将左、右梁端及跨中截面的各正弯矩组合值合并在一起后再比较,即找出这三个控制截面的最大正弯矩用于计算下部纵筋。此外,还应找出左、右梁端最大剪力进行抗剪承载力计算,有时还需对集中力作用点附近截面的抗剪承载力进行验算。

在实际工程中,框架柱一般采用对称配筋,且柱纵筋在同一楼层不截断。因此,柱的上、下端截面的多组(M,N)内力可以合并后再选出最不利内力组合。对于偏心受压构件,M越大则配筋总是更多(N相同时),大偏压时N越小越不利、小偏压时N越大配筋越多(M相同时),故手算时,可选取$(|M|_{max},N)$、(M,N_{max})、(M,N_{min})作为最不利内力组合。此外,还应对一些特殊的(M,N)组合进行配筋计算(例如大偏心受压时,柱弯矩比$|M|_{max}$略小、轴力比对应的N明显更小时),并取钢筋面积最大的计算结果作为该柱的纵筋配置依据;柱剪力一般取

上、下端截面的最大值,然后进行抗剪承载力计算。

计算机辅助设计时,一般采用另一种方法确定梁柱构件的纵筋、箍筋。即对构件每一控制截面(梁一般取多个控制截面)的每一组均进行正截面、斜截面承载力计算,然后分别取计算钢筋面积的最大值。

3)典型构件的荷载效应组合、最不利内力组合算例

对于有抗震设防要求的钢筋混凝土框架结构,其荷载效应组合既应包括非抗震的荷载效应组合(式(2.28)和式(2.29)),也应包括有地震作用效应的组合(式(2.31))。因此,多层框架结构一般需考虑以下几种荷载组合(除8度、9度抗震设计的水平长悬臂结构、大跨结构等需要考虑竖向地震的情况之外):

①$1.2(1.0)S_{Gk}+1.4S_{Qk}+1.4\times0.7S_{wk}$;

②$1.2(1.0)S_{Gk}+1.4S_{wk}+1.4\times0.7S_{Qk}$;

③$1.35(1.0)S_{Gk}+(1.4\times0.7S_{Q1k}+1.4\times0.7S_{wk})$;

④$1.2(1.0)S_{Gk}+1.3S_{Ehk}$(60 m以上需考虑风)。

式中 S_{Qk}——楼面或屋面活荷载标准值计算的荷载效应值;

  S_{wk}——风荷载标准值计算的荷载效应值。

以附2.16给出的钢筋混凝土框架结构的③轴线平面框架为例,第1、2层Ⓐ~Ⓑ跨框架梁、Ⓑ~Ⓒ跨框架梁的荷载效应组合详见附表2.21;第1、2层Ⓐ轴框架柱、Ⓑ轴框架柱的荷载效应组合详见附表2.22。

根据荷载效应组合结果,经计算、对比可得到梁弯矩、剪力的最不利内力组合(附2.16的第16)部分),柱弯矩、轴力最不利内力组合(附2.16的第17)部分),以及柱剪力的最不利内力组合(附2.16的第17)部分)。

2.6.5 框架结构抗震设计的基本概念

在我国现行的抗震设计方法中,为了实现"三水准"的抗震设防目标,可采用两阶段的设计方法。首先,将小震水准下的地震作用与其他荷载的效应进行组合,通过承载力计算以保证"小震不坏",其中包括采取合理的抗震措施(例如"强柱弱梁""强剪弱弯""强节点弱构件"等,具体详见第2.6.6节),并进一步采取保证构件延性的抗震构造措施;其次,通过大震下的变形验算等,检验结构的"大震不倒"。按上述两阶段设计方法,在罕遇地震作用下,结构出现一定程度的塑性损伤是允许的,抗震设计的关键问题是,如何通过结构设计使损伤的位置、损伤的类型、损伤的程度按照预设的合理方式和要求出现或形成。

1)抗震设计的基本思路与延性的概念

以如图2.30所示结构在罕遇地震作用下基底剪力-顶点水平位移的示意图为例,图中Δ_e为与弹性基底剪力V_e对应的弹性位移(大震下),V_y为结构的屈服强度,Δ_y为结构的屈服位移,Δ_P为结构在大震下的最大弹塑性位移需求(与"2"点对应),Δ_u为结构具有的极限位移变形能力(一般通过合理的抗震措施实现)。

若在强震下将结构设计为弹性反应,则结构没有塑性变形,故地震输入能量可以表示为如图2.30所示的0→1→4→5→0对应的三角形面积。由于结构在大震下不屈服,故结构需配置非常多的钢筋以确保其屈服能力高于V_e,这将导致成本急剧增大,一般实际工程不会采

用这种不经济的抗震设计方法。

合理的抗震设计方法是按照小震水准的地震作用进行承载力计算(结构的配筋明显减小)。如图 2.30 所示,由于 V_y 明显低于 V_e(V_y 等于 V_e/R,R 可取 3 ~ 8),大震下结构将首先屈服,并利用一定的塑性变形耗散地震输入的能量。如果假定相同的地震波输入下结构耗散的能量相同,则可根据带阴影的三角形"A"与矩形"B"的面积相等的条件确定结构在大震下的最大弹塑性变形为 Δ_P。当然与 Δ_P 对应的是结构局部位置出现塑性铰,形成了不可恢复的损伤,但对于偶然发生的强烈地震而言,有限的结构损伤可以接受。

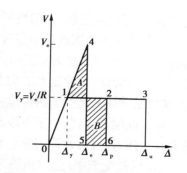

图 2.30 延性的概念及等能量原理

要实现"大震不倒",必须保证结构的极限变形能力 Δ_u 可靠地大于 Δ_P(应注意,Δ_u 主要与抗震构造措施有关,而 Δ_P 除与 V_y 有关外,还与地震动输入有关)。为了更好地描述结构、构件的这种塑性变形特征,以图 2.30 为例,可采用如下定义:

$$\mu_\Delta = \frac{\Delta_u}{\Delta_y} \tag{2.32}$$

式中 μ_Δ——位移延性系数。

抗震设计的主要目标是将结构设计为延性结构,使结构、构件满足相应的延性要求,确保结构具有足够大的极限变形能力。

抗震设计中,延性是指结构、构件或截面屈服后,在承载力没有明显退化的情况下的塑性变形能力。可见,延性结构屈服以后,在外部荷载或作用变化不大的条件下,仍具有维持相当大的塑性变形而不倒塌的能力。

延性包括材料、截面、构件和结构的延性,可以分别采用不同的物理指标进行描述。例如,除了可以采用位移延性系数 μ_Δ 描述结构或构件的塑性变形能力之外,对截面可采用曲率延性系数 μ_ϕ、对构件可采用转角延性系数 μ_θ 定义其塑性变形能力:

$$\mu_\phi = \frac{\phi_u}{\phi_y} \tag{2.33}$$

$$\mu_\theta = \frac{\theta_u}{\theta_y} \tag{2.34}$$

式中 ϕ_y,θ_y——截面的屈服曲率和构件的屈服转角;
ϕ_u,θ_u——截面的极限曲率和构件的极限转角,工程中常以承载力下降至峰值承载力的 80% ~85% 对应的状态确定极限曲率 ϕ_u、极限转角 θ_u 或极限位移 Δ_u。

从延性系数的计算公式可看出,无论是对于材料、截面、构件或者结构,延性好表明其塑性变形能力大,即达到最大承载力之后的强度或承载力降低缓慢。在钢筋混凝土框架结构中,由于梁、柱的受力特征、失效方式不同,框架梁、框架柱的延性性能、延性影响因素、延性控制方法均有一定区别。

2)框架梁的延性性能及影响因素

框架梁属于弯曲受力构件,在框架结构中应被设计成主要的损伤部位和耗能构件。抗震设计时,可以通过将其混凝土受压区高度控制在合理的范围内,加强端部约束箍筋等抗震构造措施,使梁的耗能能力、延性得到较好保证。

抗震设计应重视破坏形态对钢筋混凝土框架梁延性的影响。当抗剪箍筋不足而发生剪切破坏时,梁的延性很差;当设计合理时,强震下框架梁主要在节点附近的梁端形成塑性铰,呈弯曲破坏特征,延性较好。但是,如果梁受拉纵筋过多或过少,甚至形成超筋梁或少筋梁时,其弯曲破坏的延性依然很差。

对于框架梁而言,由于不涉及对结构整体破坏模式的影响,除正截面受弯、斜截面受剪承载力计算外,其抗震设计的重点是如何防止脆性破坏和保证自身的延性。

(1)纵筋配筋率(受拉钢筋、受压钢筋)

研究表明,构件的截面曲率系数 μ_ϕ 与截面受压区高度 x 成反比。按混凝土基本原理的知识可以推导适筋的单筋截面梁、双筋截面梁的相对受压区高度 x/h_0 为

$$\frac{x}{h_0} = \frac{f_y}{\alpha_1 f_c} \rho_s \tag{2.35}$$

$$\frac{x}{h_0} = \frac{f_y}{\alpha_1 f_c} (\rho_s - \rho'_s) \tag{2.36}$$

式中 ρ_s, ρ'_s——截面的受拉、受压纵向钢筋的配筋率;

   f_y——受拉钢筋的屈服强度设计值;

   f_c——混凝土的轴心抗压强度设计值;

   h_0——截面的有效高度。

式(2.35)和式(2.36)表明,受拉纵筋越大会使混凝土受压的负担越重,因此受拉钢筋越多,x/h_0 越大,μ_ϕ 越小,梁的延性越差;相反,配置受压纵筋可减轻混凝土受压的负担,因此受压钢筋增多,x/h_0 减小,μ_ϕ 加大,梁的延性越好。试验结果也表明,受拉配筋率越高梁的延性越差,增加受压钢筋、增大混凝土的极限压应变 ε_{cu}(一般通过加强梁端混凝土的约束箍筋实现)、加大受压区宽度(例如工字形截面梁),均可提高梁的延性。

(2)塑性铰区配置的加密箍筋

如前所述,在梁端塑性铰区加强箍筋配置,可有效增强箍筋对混凝土的被动约束效果,增大受压混凝土的极限压应变 ε_{cu},并防止受压纵筋过早屈曲,这是提高梁延性的有效措施。

(3)剪压比

剪压比即截面上名义剪应力 $V/(bh_0)$ 与混凝土轴心抗压强度设计值 f_c 的比值,其中,V 是作用在控制截面上的剪力,b 和 h_0 分别是截面的宽度和有效高度。

试验表明:梁端塑性铰区的剪压比 $V/(f_c bh_0)$ 越大,梁的延性、耗能能力越差,梁的刚度、承载力退化速度也越快。当剪压比大于 0.15 时,梁塑性耗能过程中的刚度、承载力退化较明显;当剪压比大于 0.3 时,增加箍筋对保障梁的延性、维持抗剪承载力的效果已不明显。因此抗剪设计时必须限制截面剪压比,即对梁截面的最小尺寸应进行控制。

(4)跨高比

跨高比即框架梁的净跨与梁截面高度之比。随跨高比减小,剪力影响增大,剪切变形占全部变形的比重加大。试验表明,当梁跨高比小于 2.0 时,极易发生剪切破坏,一旦主斜裂缝形成,梁的承载力急剧下降,延性很差。因此,我国规范要求:梁净跨不宜小于截面高度的 4 倍。当梁的跨度较小、设计内力较大时,可首先加大梁宽、减小梁高,这样虽然增加了用钢量,

但对提高梁的延性有利。

3）框架柱的延性性能及影响因素

柱是关键的竖向承重构件,地震作用下柱严重破坏、丧失承载力可能导致框架结构局部或整体垮塌,与框架梁相比,框架柱导致的震害后果明显更加严重。因此,应采用"强柱弱梁"措施减少、推迟柱端塑性铰的形成,引导框架主要通过梁端塑性铰耗能。

钢筋混凝土柱为压弯构件,强震下其塑性铰多在柱上、下端发生。由于存在轴压力,柱截面混凝土受压的负担较重(特别是轴压力较大时),高轴压力时柱的延性、耗能能力相对于梁明显更差,因此,需要更严格的抗震构造措施。

柱也应首先重视破坏形态对其延性的影响。无论梁、柱,以剪切为主的失效方式的耗能能力和延性均明显更差,故在抗震设计时应通过"强剪弱弯"措施避免构件在达到预期的塑性变形状态之前发生脆性的剪切破坏。短柱的剪切破坏在地震中已多次发生,应特别注意加强短柱的抗震构造措施。结构整体扭转会使角柱产生更大变形,容易遭受更严重的震害,应注意对其加强抗震设计。

（1）轴压比

轴压比是指考虑地震作用组合的轴压力设计值 N 与柱的全截面面积 A_c 和混凝土抗压强度设计值 f_c 乘积之比,即

$$n = \frac{N}{A_c f_c} \tag{2.37}$$

实际工程的柱一般采用对称配筋。轴压比小时,柱为大偏心受压构件,截面受压区高度 x 较小,破坏时受拉钢筋首先屈服,延性较好;轴压比大时,柱更接近小偏心受压构件的受力特征,其受压区高度 x 较大,延性差,甚至破坏时受拉钢筋(远侧钢筋)未屈服,基本没有延性。

试验结果表明,柱延性随轴压比增大会明显下降。虽然加密箍筋对提高柱延性是有效的,但轴压比越大,箍筋对柱延性的有利作用越小。因此,我国《混凝土结构设计规范》对柱的轴压比上限值(见2.6.8节的柱构造措施一节)进行了严格规定。

（2）塑性铰区配置的加密箍筋

箍筋对框架柱具有约束核心区混凝土、抵抗剪力、防止受压纵筋过早屈曲三个主要作用。试验结果表明,箍筋对柱核心区混凝土存在被动约束作用,在柱端塑性铰区配置更多、更强的箍筋,可有效增强箍筋对混凝土的被动约束效果,增大受压混凝土的极限压应变 ε_{cu},阻止柱身斜裂缝的开展,对提高塑性铰的塑性转动能力十分有效。因此,在柱端潜在塑性铰区加密箍筋、增大箍筋配置量,是提高柱延性能力的重要途径。

（3）剪跨比

剪跨比 $\lambda = M_c/(V_c h_c)$ 是反映柱截面承受的弯矩 M_c 与剪力 V_c 相对大小的参数,其中,h_c 是柱受力方向的截面高度。

在一般框架结构中,柱弯矩以地震作用产生的弯矩为主,若忽略柱端转动,可假定反弯点在柱中点,因此,柱端截面的弯矩可近似地表示为 $M_c = V_c(H_n/2)$,故 $\lambda = (1/2)(H_n/h_c)$。一般将 H_n/h_c 定义为柱的跨高比,即柱的跨高比与剪跨比 λ 大约是 2 倍的关系。

试验表明,剪跨比 λ 对柱的抗震性能影响非常明显。

①$\lambda \geq 2.0$ 或 $H_n/h_c \geq 4.0$ 时,为长柱。柱受力时以弯曲效应为主,只要设计合理,柱一般

能满足斜截面受剪承载力更大、正截面破坏先形成的要求,并能将其延性能力控制得较好。

②$1.5 \leqslant \lambda < 2.0$ 或 $3.0 \leqslant H_n/h_c < 4.0$ 时,为短柱。柱容易产生以剪切为主的破坏,当提高混凝土强度或配有足够箍筋时,柱可具有一定的延性。

③$\lambda < 1.5$ 或 $H_n/h_c < 3.0$ 时,为极短柱。柱一般呈脆性剪切破坏,抗震性能差,设计中应尽量避免。若无法避免,应采取特殊措施以保证其斜截面承载力,避免剪切破坏的出现。

在工程实践中,可方便地根据构件的几何参数直接判断柱是否为短柱、极短柱。

(4)剪压比

与框架梁相同,柱的剪压比为截面上名义剪应力 $V/(bh_0)$ 与混凝土轴心抗压强度设计值 f_c 的比值。试验表明,剪压比越大,柱的延性、耗能能力越差;剪压比过大时,柱混凝土会过早产生脆性的斜压破坏,此时箍筋尚未屈服,箍筋不能充分发挥作用。因此,设计时应限制截面剪压比,即限制了柱的最小截面尺寸取值。

(5)纵筋配筋率

试验结果表明,不同纵筋配筋率对混凝土柱的屈服位移、极限位移影响规律不明显。从理论上看,配置更多纵筋有利于减轻受压混凝土的负担,对延性是有利的。我国规范对柱纵筋的最小配筋率进行了严格限制,这对防止柱开裂后刚度退化过快、避免柱纵筋较少对结构整体抗震可靠性的不利影响、间接提高低烈度区框架"强柱弱梁"措施的力度均是有利的。

4)框架结构的整体损伤模式

即使构件的延性均已得到了合理控制,框架结构在强烈地震作用下进入塑性阶段后,由于塑性铰出现的位置以及塑性铰出现的时刻不同,结构会形成不同的整体损伤模式(如图2.31所示的3种典型模式),这将导致框架结构的抗震性能明显不同。

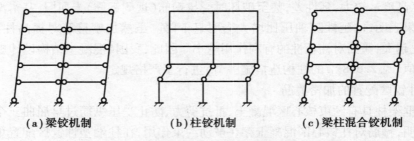

(a)梁铰机制　　　　　(b)柱铰机制　　　　(c)梁柱混合铰机制

图2.31　框架结构在强震作用下的整体损伤模式

如图2.31(a)所示,如果"强柱弱梁"措施非常有效,塑性铰将主要在梁端形成,框架以梁铰机制的模式抵抗地震。由于梁的延性和耗能性能比柱更容易改善,且在同样的整体延性和耗能要求下,梁铰机制对梁端塑性转动能力的要求更低,故"大震不倒"的设防目标更有把握实现。

如图2.31(b)所示,若结构设计采用的"强柱弱梁"措施明显不足,使得梁端正截面承载力相对于相连柱端而言明显更高,地震作用下塑性铰将主要在柱端形成。若柱铰集中出现在某一楼层全部柱的上下端,结构的塑性变形将在该楼层集中,并易形成几何可变体系而倒塌。此外,在同样的整体延性和耗能要求下,柱铰机制对柱端的塑性转动能力的要求高。

实际工程设计中,典型的梁铰模式代价高,因此梁柱铰混合机制是很多规范允许的损伤模式。如图2.31(c)所示,如果"强柱弱梁"措施使得柱端正截面承载力相对于相连梁端而言有一定增强,但尚未足够充分时,强烈地震作用下塑性铰除在梁端形成外,部分柱端也出现塑性铰。在梁柱铰混合机制下,采用"强柱弱梁"措施的目的是使柱端塑性铰的数量减少,形成时刻推迟,并避免柱铰集中在某一楼层同时出现。

5)框架结构的延性保障措施

在我国《建筑抗震设计规范》和《混凝土结构设计规范》中,将房屋结构设计为延性框架的关键措施包括:"强柱弱梁""强剪弱弯""强节点弱构件""强锚固",以及提高梁、柱构件延性的多项抗震构造措施。上述这些抗震措施的强弱程度(或取值大小)应依据框架抗震等级(其确定方法见下节)的取值而确定。

首先,通过"强柱弱梁"措施控制塑性铰在框架结构中的形成位置,应使塑性铰首先出现在梁端,使结构具有较充分的塑性内力重分布过程,具有较大的塑性变形和耗散地震能量的能力,尽量减少或推迟柱端出现塑性铰。特别应避免同一层各柱的两端都出现塑性铰,避免形成薄弱层。

其次,通过"强剪弱弯"措施控制梁、柱构件的破坏形态,避免脆性剪切破坏先于正截面弯曲失效出现。

通过"强节点弱构件"措施,保证节点区具有足够的承载力,确保梁、柱构件在出现塑性铰、发挥塑性耗能的过程中,框架结构仍能保持较好的整体性。

通过"强锚固"措施,保证纵筋强度能够充分发挥,防止锚固失效这种脆性破坏。

最后,对有可能出现塑性铰的部位,必须采取可靠的抗震构造措施,保障这些梁端、柱端一旦出现塑性铰,应具有足够的延性性能(塑性转动能力)。对框架梁,一般通过控制梁端截面的混凝土受压区高度、梁端下部纵筋的最小用量、梁端箍筋的加密区长度和配箍量等,提高梁的延性;对于框架柱,一般通过控制轴压比、柱端箍筋的加密区长度和体积配箍率等,提高柱的延性。

以上抗震措施的具体实施方法(包括计算公式)将在后续的构件设计要求中分别阐述。对于抗震设计,配筋计算和构造措施是并重的,足够的承载力及良好的塑性变形性能应同时得到满足,两者结合才能保证结构在强烈地震作用下具有良好的抗震性能。

6)抗震等级

抗震等级是结构抗震设计最重要的参数之一,是规范、设计者控制结构抗震性能要求高低的主要指标,也是确定梁、柱、节点延性能力高低的主要依据。抗震等级直接影响构件的抗震内力调整措施(例如"强柱弱梁""强剪弱弯""强节点弱构件"等)、采用的抗震构造措施(例如梁柱端部的箍筋加密措施、柱轴压比控制措施等)的严格程度。

《抗震规范》要求,钢筋混凝土房屋的抗震等级应根据建筑抗震设防类别、抗震设防烈度、结构类型、房屋的高度及构件在结构中的重要程度等确定(如表 2.10 所示),由高至低划分为一级至四级共四个抗震等级。

甲类、乙类建筑应将抗震设防烈度提高一度并查表 2.10 确定抗震等级。当甲类、乙类建筑按规定提高一度确定抗震等级而房屋的高度超过表 2.10 相应规定的上界时,应采取比一级抗震更有效的抗震构造措施。对于设置少量剪力墙(抗震墙)的框架结构,在规定的水平地震作用下,底层框架部分所承担的地震倾覆力矩大于结构总地震倾覆力矩的 50% 时,其框架的抗震等级应按框架结构确定,剪力墙的抗震等级可与框架的抗震等级相同。

表2.10　现浇钢筋混凝土房屋的抗震等级

结构类型		设防烈度									
		6		7			8			9	
框架结构	高度/m	≤24	>24	≤24	>24		≤24	>24		≤24	
	一般框架	四	三	三	二		二	一		一	
	大跨度框架	三		二			一				
框架-抗震墙结构	高度/m	≤60	>60	≤24	25~60	>60	≤24	25~60	>60	≤24	25~50
	框架	四	三	四	三	二	三	二	一	二	一
	抗震墙	三		三	二		二		一	二	一
抗震墙结构	高度/m	≤80	>80	≤24	25~80	>80	≤24	25~80	>80	≤24	25~60
	抗震墙	四	三	四	三	二	三	二	一	二	一
部分框支抗震墙结构	高度/m	≤80	>80	≤24	25~80	>80	≤24	25~80			
	抗震墙 一般部位	四	三	四	三	二	三	二			
	抗震墙 加强部位	三	二	三	二	一	二	一			
	框支层框架	二		二			一				
框架-核心筒结构	框架	三		二			一			一	
	核心筒	二		二			一			一	
筒中筒结构	外筒	三		二			一			一	
	内筒	三		二			一			一	
板柱-抗震墙结构	高度/m	≤35	>35	≤35	>35		≤35	>35			
	框架、板柱的柱	三	二	二	二		一	一			
	抗震墙	二	二	二	一		二	一			

注:①场地类别为Ⅰ类时,除6度外应允许按表内降低一度所对应的抗震等级采取抗震措施,但相应的计算要求不应降低;

②接近或等于高度分界时,应允许结合房屋不规则程度及场地、地基条件适当确定抗震等级;

③大跨度框架指跨度不小于18 m的框架;

④高度不超过60 m的框架-核心筒结构按框架-抗震墙的要求设计时,应按表中框架-抗震墙的规定确定其抗震等级。

2.6.6　框架结构抗震设计的一般要求

钢筋混凝土框架有抗震设防要求时,应注意混凝土、钢筋的材料力学性能对构件延性的影响外,此外,还应注意"强锚固"对钢筋锚固长度、搭接长度的影响。

1)钢筋

在工程结构中,梁柱构件的纵向受力钢筋可采用 HRB400、HRB500、HRBF400、HRBF500、RRB400 钢筋等,箍筋可采用 HPB300、HRB335、HRB400 钢筋等。

由于钢筋的材料力学性能对构件、结构的延性有明显影响,抗震设计采用的钢筋应满足以下要求:

①为了确保塑性铰具有足够的塑性转动能力和耗能性能,钢筋的抗拉强度实测值与屈服强度实测值的比值不应小于1.25。

②为了保证"强柱弱梁""强剪弱弯"措施的有效性,避免设计不期望的(不希望的)强度增长(如梁抗弯承载力),钢筋的屈服强度实测值与屈服强度标准值的比值不应大于1.3。

③为了保证钢筋具有足够的应变延性和伸长率,要求钢筋在最大拉力下的总伸长率实测值不应小于9%。

④以强度等级较高的钢筋代替原设计的纵筋时,应按钢筋受拉承载力设计值相等原则(即"等强代换"原则)进行代换,并应满足最小配筋率。

对抗震延性有较高要求的框架梁、框架柱等混凝土结构构件,其纵向受力钢筋应采用现行国家标准《钢筋混凝土用钢 第2部分:热轧带肋钢筋》中牌号为 HRB400E、HRB500E、HRB335E、HRBF400E、HRBF500E 的钢筋。这些带"E"牌号钢筋的强度、极限应变(延伸率)等材料力学性能均符合上述要求;这些钢筋的屈服强度设计值、弹性模量等的取值与不带"E"的同牌号热轧带肋钢筋相同。

2)混凝土

抗震设计对结构中的混凝土强度等级有一定限制。一方面,由于高强混凝土具有脆性特征,且其脆性随强度等级提高而增加,故我国规范要求混凝土强度等级在9度区不宜超过C60,8度区不宜超过C70。另一方面,由于耐久性要求,混凝土的最低强度等级也应限制,一级抗震的框架梁、柱、节点核心区不应低于C30,二~四级抗震时不应低于C20。

3)钢筋的锚固("强锚固")与连接

《混凝土结构设计规范》对抗震设计的纵向受力钢筋的锚固与连接进行了规定。

抗震设计时,依据抗震等级不同,纵向受力钢筋的抗震锚固长度 l_{aE} 应在非抗震锚固长度 l_a 的基础上相应增加 0~15%,以达到"强锚固"的目的[附2.10]。

抗震设计中,纵向受力钢筋需要连接时,接头宜优先采用机械连接或焊接。当采用绑扎搭接时,纵筋的抗震搭接长度 l_{lE} 相应增加,且搭接范围内的箍筋应注意加强[附2.10]。

4)箍筋

我国规范对抗震设计采用的箍筋进行了限制。

抗震设计时,箍筋宜采用焊接封闭箍筋、连续螺旋箍筋等;当采用非焊接封闭箍筋时,箍筋必须做成封闭箍,其末端应做成135°弯钩,弯钩端头平直段长不小于箍筋直径的10倍。

2.6.7 框架梁的设计要求

对于无抗震设防要求的钢筋混凝土框架,得到各梁、柱构件的荷载效应组合、确定最不利内力组合之后,即可按混凝土基本原理的相应方法对各控制截面进行正截面和斜截面的承载力计算,然后考虑构造要求,形成构件的配筋。此外,还应注意对受弯构件的变形、裂缝进行验算。

对于有抗震设防要求的钢筋混凝土框架结构,在获得各梁、柱构件的荷载效应组合之后,为提高结构、构件的抗震性能,应首先对构件的相关抗震组合内力进行"强柱弱梁""强剪弱弯""强节点弱构件"等调整,然后根据调整后的内力进行正截面和斜截面的抗震承载力计算,并全面核查抗震构造措施(保障延性),从而确定构件的配筋。应注意,罕遇地震作用下薄弱层的弹塑性变形验算需在获得结构的配筋之后方能完成。

1)截面尺寸

框架梁的截面高度 h_b 一般可取 $(1/15 \sim 1/8)l$,l 为梁的跨度,梁承担的竖向荷载越大、抗震设防烈度越高,可取较大的系数;梁的截面宽度 b_b 一般可取 $= (1/3 \sim 1/2)h_b$,h_b 和 b_b 一般应符合 50 mm 的模数。

抗震设计时,框架梁的截面宽度不宜小于 200 mm,截面高度与宽度的比值不宜大于 4,净跨与截面高度的比值不宜小于 4。当梁宽大于柱宽时,扁梁应双向布置,扁梁中心线宜与柱中心线重合。

2)正截面承载力计算

（1）非抗震设计

框架梁可按受弯构件进行计算。对于现浇框架结构,根据梁正弯矩的最不利组合、按 T 形截面确定梁的下部纵筋;根据梁端负弯矩的最不利组合,按双筋截面计算上部纵筋。

以双筋矩形截面梁为例,其正截面受弯承载力应满足下式要求:

$$M \leqslant \alpha_1 f_c bx\left(h_0 - \frac{x}{2}\right) + f_y'A_s'(h_0 - a_s') \tag{2.38}$$

其混凝土受压区高度应符合下式要求:

$$\alpha_1 f_c bx = f_y A_s - f_y'A_s' \tag{2.39}$$

式中　M——梁非抗震组合的弯矩设计值;

h_0——梁的截面有效高度;

x——截面的混凝土受压区高度;

a_s'——梁纵向受压钢筋合力作用点至截面受压边缘的距离;

f_c——混凝土轴心抗压强度设计值;

f_y,f_y'——纵向受拉钢筋和纵向受压钢筋的抗拉、抗压强度设计值;

A_s,A_s'——受拉区和受压区配置的纵向钢筋的截面面积。

（2）抗震设计

根据框架梁抗震弯矩的最不利组合进行设计时,其正截面抗震受弯承载力计算过程、方法与非抗震时相同,但公式右边应除以相应的承载力抗震调整系数 γ_{RE}。

仍以双筋矩形截面梁为例,其正截面抗震受弯承载力应满足下式要求:

$$M \leqslant \frac{1}{\gamma_{RE}}\left[\alpha_1 f_c bx\left(h_0 - \frac{x}{2}\right) + f_y'A_s'(h_0 - a_s')\right] \tag{2.40}$$

式(2.40)中的 M 是框架梁抗震组合的弯矩设计值,其公式右边与式(2.38)仅差一个 γ_{RE}。框架梁混凝土受压区高度的计算公式与非抗震相同。

3)斜截面承载力计算

（1）非抗震设计

对于等截面框架梁,斜截面抗剪一般针对梁端截面、集中力作用截面(一般为有次梁交接处)、箍筋间距改变处的截面的最不利组合剪力进行计算。

①截面最小尺寸验算。框架梁的受剪截面应符合下式要求：

当 $\dfrac{h_w}{b} \leqslant 4$ 时 $\qquad\qquad V \leqslant 0.25\beta_c f_c b h_0$ (2.41)

当 $\dfrac{h_w}{b} \geqslant 6$ 时 $\qquad\qquad V \leqslant 0.20\beta_c f_c b h_0$ (2.42)

当 $4 < \dfrac{h_w}{b} < 6$ 时，按线性内插法确定

式中 V——计算截面的非抗震组合剪力设计值；

h_w——框架梁截面的腹板高度，对 T 形截面取有效高度减去翼缘高度；

b——矩形截面的宽度；

β_c——混凝土的强度影响系数，混凝土不超过 C50 时取 1.0。

②受剪承载力计算。框架梁的斜截面受剪承载力应符合下列要求：

$$V \leqslant \alpha_{cv} f_t b h_0 + f_{yv} \frac{A_{sv}}{s} h_0$$ (2.43)

式中 s——沿梁长度方向的箍筋间距；

α_{cv}——斜截面混凝土受剪承载力系数。对一般受弯构件取 0.7；对集中荷载作用下（包括集中荷载为主）的独立梁，α_{cv} 取 $1.75/(\lambda+1)$，其中 λ 为计算截面的剪跨比；

f_{yv}——箍筋的抗拉强度设计值；

A_{sv}——配置在同一截面内箍筋各肢的全部截面面积，$A_{sv} = n A_{sv1}$。

（2）抗震设计

与非抗震设计相比，框架梁抗震斜截面设计主要有 3 个方面的区别。首先，抗震设计时应按"强剪弱弯"原则，对框架梁端部截面有地震效应参与的组合剪力设计值进行放大；其次，斜截面抗震受剪承载力计算公式不同；最后，抗震设计时梁端的箍筋应进行加强。

①基于"强剪弱弯"措施的梁端剪力放大。"强剪弱弯"的原则：对同一杆件，通过对有地震效应参与组合的弯矩设计值对应的杆端剪力乘以增大系数，人为增大构件的受剪承载力，使构件出现塑性铰之后，在弯曲破坏之前不会剪切失效。

《建筑抗震设计规范》给出了框架梁"强剪弱弯"措施的规定，具体要求如下。

一、二、三级框架梁和剪力墙中的连梁，其梁端部截面组合的剪力设计值 V 应按下式确定：

$$V = \eta_{vb} \frac{M_b^l + M_b^r}{l_n} + V_{Gb}$$ (2.44)

一级框架结构和 9 度一级框架梁、连梁可不按上式调整，但应符合下式要求：

$$V = 1.1 \frac{M_{bua}^l + M_{bua}^r}{l_n} + V_{Gb}$$ (2.45)

式中 l_n——梁的净跨；

V_{Gb}——梁在重力荷载代表值（9 度时高层建筑还应包括竖向地震作用标准值）作用下，按简支梁分析的梁端截面设计值；

M_b^l, M_b^r——梁左右端截面反时针或顺时针方向组合的弯矩设计值，一级抗震框架两端弯矩均为负弯矩时，绝对值较小的弯矩应取零；

η_{vb}——梁端剪力增大系数,一级可取 1.3,二级可取 1.2,三级可取 1.1;

M_{bua}^{l},M_{bua}^{r}——梁左右端截面反时针或顺时针方向实配的正截面抗震受弯承载力所对应的弯矩值,根据实配钢筋面积(计入受压钢筋和相关楼板钢筋)和材料强度标准值确定。

梁端截面实配的正截面抗震受弯承载力 M_{bua} 可近似按下式进行计算:

$$M_{bua} = \frac{1}{\gamma_{RE}} f_{yk} A_{s}^{a} (h_0 - a_s') \tag{2.46}$$

式中 A_s^a——梁端的实配钢筋面积(计入受压钢筋和相关楼板钢筋);

f_{yk}——梁端纵向钢筋的抗拉强度标准值。

②剪压比验算。考虑地震组合的框架梁,其受剪截面应符合下列要求:

跨高比大于 2.5 的框架梁和连梁

$$V \leqslant \frac{1}{\gamma_{RE}} (0.20 f_c b h_0) \tag{2.47}$$

跨高比不大于 2.5 的框架梁和连梁

$$V \leqslant \frac{1}{\gamma_{RE}} (0.15 f_c b h_0) \tag{2.48}$$

③抗震受剪承载力计算。由于循环往复受力将使梁端形成交叉斜裂缝,混凝土的抗剪能力随之降低。因此我国规范规定,受剪计算时混凝土项取为非抗震情况下混凝土受剪承载力的 60%。

考虑地震组合的框架梁,其斜截面受剪承载力应符合下式要求:

$$V \leqslant \frac{1}{\gamma_{RE}} \left(0.6 \alpha_{cv} f_t b h_0 + f_{yv} \frac{A_{sv}}{s} h_0 \right) \tag{2.49}$$

4)主要构造措施

(1)非抗震设计

框架梁无抗震设防要求时,混凝土受压区高度应满足式(2.50)的要求,梁的纵向受拉钢筋应满足最小配筋率(0.2% 与 $45 f_t / f_y$ 的较大者)要求,箍筋应满足最小配箍率(0.24f_t / f_{yv})的要求。

$$x \leqslant \xi_b h_0 \quad \text{且} \quad x \geqslant 2a_s' \tag{2.50}$$

(2)抗震设计

为了保证框架梁端部塑性铰在强烈地震作用下具有足够的转动能力(延性),《抗震规范》要求,梁端截面的混凝土受压区高度(计入纵向受压钢筋)应符合下列要求:

一级抗震框架梁　　　　　　　　$x \leqslant 0.25 h_0$ (2.51)

二、三级抗震框架梁　　　　　　$x \leqslant 0.35 h_0$ (2.52)

四级抗震框架梁的梁端截面、各抗震等级框架梁的跨中截面的混凝土受压区高度限制条件与非抗震设计相同。

此外,梁端截面的底面和顶面纵向钢筋配筋量的比值,一级抗震不应小于 0.5,二、三级抗震不应小于 0.3。

抗震设计时,另一个重要的延性保障措施是对框架梁端部的箍筋进行加密,箍筋加密区的长度、最大箍筋间距、最小箍筋直径均应符合规范限制要求(其限值与抗震等级有关)。此外,箍筋的最小配箍率、箍筋肢距也较非抗震设计要求更高,具体规定详见附 2.11。

抗震设计时,框架梁纵向受拉钢筋的最小配筋率取值与位置(梁端、跨中)、抗震等级有关,除四级抗震的跨中与非抗震相同外,其他均更高。为避免钢筋拥挤等,梁端纵向受拉钢筋的配筋率不宜大于2.5%。框架梁顶、底面应配置纵向通长钢筋,梁顶面通过中柱的纵向钢筋直径需进行限制,具体详见附2.11。

5)框架梁设计算例

以附2.16给出的钢筋混凝土框架结构的③轴线平面框架为例,第1层Ⓐ~Ⓑ轴框架梁的截面配筋计算(包括"强剪弱弯"调整)、构件设计方法(包括抗震构造措施等)详见附2.16的第16)部分。

2.6.8　框架柱的设计要求

柱的设计过程与框架梁类似,但由于受力特征不同,其计算方法、抗震构造措施有明显区别。

我国的"强柱弱梁"措施并未避免框架柱在强震下出现塑性铰,因此,柱抗震设计的核心任务和重点是采用有效的抗震措施确保框架柱具有足够的承载力、良好的延性和耗能性能。故得到柱的组合内力之后,应对抗震组合的弯矩、剪力放大后再进行配筋计算,并特别重视轴压比、纵筋的最小配筋率、体积配箍率等抗震构造措施的要求。

1)截面尺寸

确定框架柱的截面尺寸时,不仅需考虑承载力要求,还要考虑框架的侧向刚度、延性的要求。框架柱的截面尺寸一般可根据柱的负荷面积、竖向荷载进行估算,抗震设计时应进一步考虑轴压比限值的影响。此外,高烈度区框架的柱截面尺寸一般由小震下的弹性层间侧移限制条件控制,因此柱截面尺寸应在前述估算结果的基础上进一步增大。柱截面尺寸一般应符合50 mm的模数。

《混凝土结构设计规范》规定,抗震设计时,框架柱的截面高度和截面宽度不宜小于400 mm(四级抗震或2层以下可适当减小),圆柱直径不宜小于450 mm。柱净高与截面长边尺寸之比宜大于4,目的是避免形成短柱。

2)正截面承载力计算

(1)非抗震设计

框架柱一般按偏心受压构件进行计算。对称配筋矩形截面柱的偏心受压承载力可按照混凝土基本原理的相关公式进行计算:

$$N \leqslant \alpha_1 f_c bx + f'_y A'_s - \sigma_s A_s \tag{2.53}$$

$$Ne \leqslant \alpha_1 f_c bx \left(h_0 - \frac{x}{2} \right) + f'_y A'_s (h_0 - a'_s) \tag{2.54}$$

式中　N——柱端的非抗震组合弯矩设计值;

e——轴力作用点至受拉钢筋 A_s 合力点之间的距离;

式中其他符号的含义与框架梁类似。

(2)抗震设计

与非抗震设计相比,框架柱的正截面抗震计算有两点主要区别。首先,进行配筋计算之前,应对抗震组合的弯矩值进行"强柱弱梁"调整;其次,柱的正截面抗震受弯承载力计算方法与非抗震时相同,但公式右边应除以相应的承载力抗震调整系数 γ_{RE}。

①基于"强柱弱梁"措施的柱端弯矩放大。"强柱弱梁"的基本原则是,对同一节点,将梁端弯矩乘以增大系数,并把放大的弯矩赋予柱,达到人为增大柱的正截面承载力,减小柱端形成塑性铰可能性的目的。

《建筑抗震设计规范》给出了"强柱弱梁"措施的规定,具体如下:

一、二、三、四级框架的梁柱节点处,除框架顶层和柱轴压比小于 0.15 者以及框支梁与框支柱的节点外,柱端组合弯矩设计值应符合下式要求:

$$\sum M_c = \eta_c \sum M_b \tag{2.55}$$

一级框架结构和 9 度的一级框架可不符合上式要求,但应符合下式要求:

$$\sum M_c = 1.2 \sum M_{bua} \tag{2.56}$$

式中　　$\sum M_b$ ——同一节点左右梁端截面顺时针或反时针方向组合的弯矩设计值之和,一级框架节点左右梁端弯矩均为负弯矩时,绝对值较小的弯矩应取零;

　　　　$\sum M_c$ ——节点上下柱端截面顺时针或反时针方向组合的弯矩设计值之和,上下柱端的弯矩设计值,可按弹性分析所得的考虑地震组合的弯矩比例进行分配;

　　　　$\sum M_{bua}$ ——同一节点左右梁端截面顺时针或反时针方向实配的正截面抗震受弯承载力所对应的弯矩值之和,根据实配钢筋面积(计入梁受压筋和相关楼板钢筋)和材料强度标准值计算确定,其计算方法见式(2.46);

　　　　η_c ——柱端弯矩增大系数。对框架结构,一、二、三、四级可分别取 1.7、1.5、1.3、1.2;对其他结构类型中的框架,一级可取 1.4,二级可取 1.2,三、四级可取 1.1。

当反弯点不在柱的层高范围内时,柱端截面组合的弯矩设计值可以直接乘以上述"柱端弯矩增大系数 η_c"。

为了避免框架底层柱过早出现塑性铰,框架结构底层柱下端截面的弯矩设计值也应进行增大。《建筑抗震设计规范》规定,一、二、三、四级框架结构的底层,柱下端截面的组合弯矩设计值,应分别乘以增大系数 1.7、1.5、1.3 和 1.2,且底层柱纵向钢筋宜按柱上、下端的不利情况配置。

②正截面承载力计算。将经"强柱弱梁"措施放大之后的柱端弯矩 M_c 与相应的抗震组合轴力设计值 N 组合在一起,即可对框架柱进行纵向钢筋的配筋计算,其计算公式如下(仅 γ_{RE} 与非抗震设计不同):

$$N \leq \frac{1}{\gamma_{RE}} (\alpha_1 f_c b x + f_y' A_s' - \sigma_s A_s) \tag{2.57}$$

$$Ne \leq \frac{1}{\gamma_{RE}} \left[\alpha_1 f_c b x \left(h_0 - \frac{x}{2} \right) + f_y' A_s' (h_0 - a_s') \right] \tag{2.58}$$

3)斜截面承载力计算

(1)非抗震设计

框架柱一般没有柱间集中力,故只需针对柱端截面的最不利组合剪力进行计算。

①截面最小尺寸验算。框架柱的受剪截面验算方法与框架梁相同,见式(2.41)、式(2.42)等。

②受剪承载力计算。框架柱的斜截面受剪承载力应符合下列要求：

$$N \text{ 为压力时} \qquad V \leqslant \frac{1.75}{\lambda+1}f_t bh_0 + f_{yv}\frac{A_{sv}}{s}h_0 + 0.07N \qquad (2.59)$$

$$N \text{ 为拉力时} \qquad V \leqslant \frac{1.75}{\lambda+1}f_t bh_0 + f_{yv}\frac{A_{sv}}{s}h_0 - 0.2N \qquad (2.60)$$

式中　N——与柱端截面的组合剪力设计值 V 相应的组合轴力设计值，当 $N>0.3f_c A$ 时，取 $N=0.3f_c A$，其中 A 为框架柱的截面面积；

　　　λ——框架柱计算截面的剪跨比，取为 $M/(Vh_0)$；当柱反弯点在层高范围内时，可取为 $H_n/(2h_0)$；λ 应满足 $1.0 \geqslant \lambda \geqslant 3.0$。此处，$M$ 为计算截面处与剪力设计值 V 对应的组合弯矩设计值，H_n 为柱净高。

（2）抗震设计

与框架梁类似，框架柱抗震斜截面设计与非抗震相主要有 3 个方面的区别。首先，抗震设计时应按"强剪弱弯"原则，对框架柱端部截面组合的剪力设计值进行放大；其次，抗震的受剪承载力计算公式不同；最后，应特别注意柱端箍筋的抗震构造措施。

①基于"强剪弱弯"措施的柱端剪力放大。应注意，框架梁、框架柱的"强剪弱弯"措施是有区别的。《建筑抗震设计规范》给出了框架柱"强剪弱弯"措施的规定，具体如下：

一、二、三、四级的框架柱和框支柱组合的剪力设计值 V 应按下式调整：

$$V = \eta_{vc}(M_c^b + M_c^t)/H_n \qquad (2.61)$$

一级框架结构和 9 度一级框架梁、连梁可不按上式调整，但应符合下式要求：

$$V = 1.2(M_{cua}^b + M_{cua}^t)/H_n \qquad (2.62)$$

式中　M_c^b, M_c^t——柱上下端截面顺时针或逆时针方向的截面组合弯矩设计值，该弯矩应为已进行"强柱弱梁"调整后的弯矩；

　　　M_{cua}^b, M_{cua}^t——柱上下端截面顺时针或逆时针方向实配的正截面抗震受弯承载力所对应的弯矩值，根据实配钢筋面积、材料强度标准值和轴压力等确定，计算 M_{cua}^b 和 M_{cua}^t 时，N 可取重力荷载代表值产生的轴压力设计值；

　　　η_{vc}——柱端剪力增大系数，对于框架结构，一、二、三、四级可分别取 1.5、1.3、1.2、1.1；对其他结构类型中的框架，一级可 1.4，二级可取 1.2，三、四级可取 1.1。

一、二、三、四级框架结构的角柱，经"强柱弱梁"、"强剪弱弯"调整后的组合弯矩设计值、剪力设计值尚应乘以不小于 1.10 的增大系数。

②剪压比验算。考虑地震组合的矩形截面框架柱，其受剪截面应符合下列条件：

$$\lambda>2.0 \text{ 时} \qquad V \leqslant \frac{1}{\gamma_{RE}}(0.20f_c bh_0) \qquad (2.63)$$

$$\lambda \leqslant 2.0 \text{ 时} \qquad V \leqslant \frac{1}{\gamma_{RE}}(0.15f_c bh_0) \qquad (2.64)$$

式中　λ——框架柱的计算剪跨比，取 $M/(Vh_0)$，其中 M 宜取柱上、下端考虑地震组合的弯矩设计值的较大值，V 为与 M 对应的剪力设计值。当柱反弯点在层高范围内时，可取 λ 等于 $H_n/(2h_0)$。

③抗震受剪承载力计算。对于框架柱，抗震受剪承载力计算时混凝土项仍取为非抗震情况下混凝土受剪承载力的 60%，同时需注意轴力项的变化。

考虑地震组合的框架柱,其斜截面受剪承载力应符合下列要求:

N 为压力时
$$V \leqslant \frac{1}{\gamma_{\mathrm{RE}}} \left(\frac{1.05}{\lambda+1} f_t b h_0 + f_{yv} \frac{A_{sv}}{s} h_0 + 0.056N \right) \tag{2.65}$$

N 为拉力时
$$V \leqslant \frac{1}{\gamma_{\mathrm{RE}}} \left(\frac{1.05}{\lambda+1} f_t b h_0 + f_{yv} \frac{A_{sv}}{s} h_0 - 0.2N \right) \tag{2.66}$$

式中　V——经"强剪弱弯"调整后的组合剪力设计值;

　　　N——与 V 相应的考虑地震组合的轴力设计值,当 $N>0.3f_cA$ 时,取 $N=0.3f_cA$;λ 应满足 $1.0 \geqslant \lambda \geqslant 3.0$。

4) 主要构造措施

由于框架柱存在轴压力,其抗震构造措施比框架梁更复杂,构造要求也更高。

(1) 非抗震设计

框架柱的纵向受拉钢筋应满足最小配筋率的要求,其最小配筋率的确定方法为:一侧纵向钢筋取 0.20%,全部纵向钢筋取 0.50%(500 MPa 钢筋)、0.55%(400 MPa 钢筋)或 0.60%(300 MPa 和 335 MPa 钢筋)。全部纵筋的配筋率不宜大于 5.0%。

柱箍筋的最小直径、最大间距、最大肢距等限制要求,可参见附 2.12。

(2) 抗震设计

框架柱抗震设计的主要构造措施包括:轴压比限值、纵向钢筋最小配筋率、柱端箍筋加密区的配箍要求(包括体积配箍率)。

对框架柱的设计轴压比上限值进行控制是保证框架柱具有必要延性的重要措施。柱轴压比限值主要与抗震等级、结构体系等有关,一、二、三、四级抗震等级的各类结构的框架柱和框支柱,其设计轴压比不宜大于表 2.11 规定的限值。

表 2.11　柱轴压比限值

结构体系	抗震等级			
	一级	二级	三级	四级
框架结构	0.65	0.75	0.85	0.9
框架-剪力墙、筒体	0.75	0.85	0.90	0.95
部分框支剪力墙	0.6	0.7	—	—

注:①轴压比指考虑地震作用组合的框架柱和框支柱轴向压力设计值与柱全截面面积和混凝土轴心抗压强度设计值乘积之比值;

②当混凝土强度等级为 C65、C70 时,轴压比限值宜按表中数值减小 0.05,混凝土强度等级为 C75、C80 时,轴压比限值宜按表中数值减小 0.10;

③表中限值适用于剪跨比大于 2、混凝土强度等级不高于 C60 的柱;剪跨比不大于 2 的柱,其轴压比限值应按表中数值减小 0.05;对剪跨比小于 1.5 的柱,轴压比限值应专门研究并采取特殊构造措施;

④沿柱全高采用井字复合箍,且箍筋间距不大于 100 mm、肢距不大于 200 mm、直径不小于 12 mm,或沿柱全高采用复合螺旋箍,且螺距不大于 100 mm、肢距不大于 200 mm、直径不小于 12 mm,或沿柱全高采用连续复合矩形螺旋箍,且螺旋净距不大于 80 mm、肢距不大于 200 mm、直径不小于 10 mm 时,轴压比限值均可按表中数值增加 0.10;

⑤当柱截面中部设置由附加纵向钢筋形成的芯柱,且附加纵向钢筋的总截面面积不少于柱截面面积的 0.8% 时,轴压比限值可按表中数值增加 0.05;此项措施与注④的措施同时采用时,轴压比限值可按表中数值增加 0.15,但箍筋的配箍特征值 λ_v 仍应按轴压比增加 0.10 的要求确定;

⑥调整后的轴压比限值不应大于 1.05;

⑦对Ⅳ类场地上较高的高层建筑,柱轴压比限值应适当减小。

纵向钢筋最小配筋率是框架柱抗震设计时一项较重要的构造措施。我国规范要求,全部纵向受力钢筋的配筋百分率不应小于表 2.12 所规定的数值,同时,每一侧的配筋百分率不应小于 0.2。对Ⅳ类场地上较高的高层建筑,最小配筋百分率应增加 0.1。

表 2.12　柱纵向钢筋最小配筋率　　　　　　　　　　单位:%

抗震等级	一	二	三	四
中、边柱	0.9(1.0)	0.7(0.8)	0.6(0.7)	0.5(0.6)
角柱、框支柱	1.1	0.9	0.8	0.7

注:①表中括号内数值用于框架结构的柱;
　　②采用 335 MPa 级、400 MPa 级纵向受力钢筋时,应分别按表中数值增加 0.1 和 0.05 采用;
　　③当混凝土强度等级为 C60 以上时,应按表中数值增加 0.1 采用。

框架柱端部配置加密的箍筋是保证其延性的重要构造措施,箍筋加密区的范围应可靠地覆盖柱端潜在塑性铰区段。我国规范从两个角度出发对柱端加密箍筋的设置要求进行了规定,即箍筋直径和间距的限值、体积配箍率限值。

首先,框架柱上、下两端箍筋应加密,加密区的箍筋最大间距和箍筋最小直径应符合表2.13的规定。

表 2.13　柱箍筋加密区范围、箍筋最大距离和最小直径

抗震等级	箍筋最大间距/mm	箍筋最小直径/mm
一级	纵向钢筋直径的 6 倍和 100 中的较小值	Φ 10
二级	纵向钢筋直径的 8 倍和 100 中的较小值	Φ 8
三级	纵向钢筋直径的 8 倍和 150(柱根 100)中的较小值	Φ 8
四级	纵向钢筋直径的 8 倍和 150(柱根 100)中的较小值	Φ 6(柱根 Φ 8)

注:柱根指底层柱下端的箍筋加密区范围。

其次,在框架柱的箍筋加密区应对箍筋的体积配筋率下限进行限制。体积配筋率 ρ_v 的含义是一个箍筋间距内各肢箍筋的总体积与核心区混凝土体积的比值,可按下式计算:

$$\rho_v = (n_x A_{svx} l_{svx} + n_y A_{svy} l_{svy})/(l_{svx} l_{svy} s) \tag{2.67}$$

式中　n_x, n_y——截面横向、纵向的箍筋肢数;

　　　　A_{svx}, A_{svy}——截面横向、纵向的单根箍筋的截面面积;

　　　　l_{svx}, l_{svy}——截面横向、纵向的箍筋长度;

　　　　s——箍筋间距。

可见,ρ_v 越大,箍筋用量越大,对柱端核心混凝土的约束效果也越好,对延性越有利。

我国规范要求,框架柱箍筋加密区的体积配筋率 ρ_v 应符合下列要求。

$$\rho_v \geq \lambda_v f_c / f_{yv} \tag{2.68}$$

式中　f_c——混凝土轴心抗压强度设计值,当强度等级低于 C35 时,按 C35 取值;

　　　　λ_v——最小配箍特征值,按表 2.14 采用。

表 2.14　柱箍筋加密区的箍筋最小配箍特征值 λ_v

抗震等级	箍筋形式	柱轴压比								
		≤0.3	0.4	0.5	0.6	0.7	0.8	0.9	1.0	1.05
一级	普通箍、复合箍	0.10	0.11	0.13	0.15	0.17	0.20	0.23	—	—
	螺旋箍、复合或连续复合矩形螺旋箍	0.08	0.09	0.11	0.13	0.15	0.18	0.21	—	—
二级	普通箍、复合箍	0.08	0.09	0.11	0.13	0.15	0.17	0.19	0.22	0.24
	螺旋箍、复合或连续复合矩形螺旋箍	0.06	0.07	0.09	0.11	0.13	0.15	0.17	0.20	0.22
三级四级	普通箍、复合箍	0.06	0.07	0.09	0.11	0.13	0.15	0.17	0.20	0.22
	螺旋箍、复合或连续复合矩形螺旋箍	0.05	0.06	0.07	0.09	0.11	0.13	0.15	0.18	0.20

注:①普通箍指单个矩形箍筋或单个圆形箍筋;螺旋箍指单个螺旋箍筋;复合箍指由矩形、多边形、圆形箍筋或拉筋组成的箍筋;复合螺旋箍指由螺旋箍与矩形、多边形、圆形箍筋或拉筋组成的箍筋;连续复合矩形螺旋箍指全部螺旋箍为同一根钢筋加工成的箍筋;

②在计算复合螺旋箍的体积配筋率时,其中非螺旋箍筋的体积应乘以换算系数 0.8;

③混凝土强度等级高于 C60 时,箍筋宜采用复合箍、复合螺旋箍或连续复合矩形螺旋箍;当轴压比不大于 0.6 时,其加密区的最小配箍特征值宜按表中数值增加 0.02;当轴压比大于 0.6 时,宜按表中数值增加 0.03。

表 2.14 中的普通箍、复合箍、螺旋箍、复合或连续复合矩形螺旋箍分别如图 2.32 所示。箍筋形式会较明显影响箍筋对柱混凝土的约束效果,配置螺旋箍时约束效果更好。

此外,箍筋肢距对约束效果也有影响。例如,在箍筋直径、间距不变的情况下,设置复合箍筋(图 2.32)可以减小箍筋肢距,这将使核心混凝土轴向受压后侧向膨胀挤压箍筋,并导致箍筋向外弯曲的程度更小,箍筋对核心混凝土横向外鼓变形的约束效果就越好。

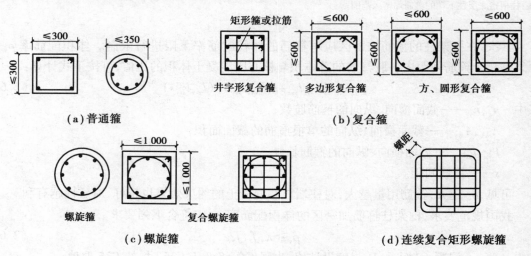

图 2.32　框架柱的箍筋形式

此外,框架柱还有一些其他抗震构造措施,具体参见附 2.13。

5）框架柱设计算例

以附 2.16 给出的钢筋混凝土框架结构的③轴线平面框架为例，第 2 层Ⓑ轴线框架柱的截面配筋计算（包括"强柱弱梁""强剪弱弯"调整）、构件设计方法（包括抗震构造措施等）详见附 2.16 的第 17）部分。

2.6.9　框架节点的设计要求

钢筋混凝土节点的受力规律、钢筋构造和布置均比梁、柱更复杂，是框架结构施工、设计的重点之一。与此同时，节点是保证框架整体性的重要部位，维持节点的正常受力状态是梁、柱充分发挥延性和耗能性能的前提。因此，应对节点进行合理设计以保证框架结构的安全性、经济性和抗震性能。

如果梁、柱纵筋伸入节点内的锚固长度不足，纵筋强度无法充分发挥，将使得构件承载力不足，抗震时梁端、柱端的塑性铰也就难以充分发挥其抗震性能。因此，节点设计应特别重视梁、柱纵筋在节点区的锚固、搭接构造要求。

柱纵筋以及纵、横方向的框架梁上、下纵向受力钢筋穿过节点，与节点箍筋交汇在一起，容易造成节点内钢筋拥挤（图 2.33），影响混凝土的浇筑质量，甚至使振捣器难以插入。因此，框架设计时还应特别注意节点区的钢筋布置、构造做法是否便于施工。

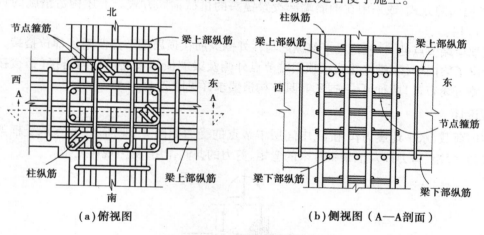

（a）俯视图　　　　　　　　　　　**（b）侧视图（A—A剖面）**

图 2.33　中间层中间节点配筋示意图

1）非抗震设计

无抗震设防要求时，一般通过对节点区的混凝土、箍筋等进行一定的构造限制即可满足框架节点的承载力需求，因此，其设计重点是满足梁柱纵筋在节点区的锚固、搭接构造要求。

（1）混凝土强度

框架节点区的混凝土强度等级一般不应低于柱的混凝土强度等级。在装配整体式框架中，后浇节点的混凝土强度等级宜比预制柱的混凝土强度等级提高 5 N/mm²。

（2）截面尺寸

试验研究表明，框架顶层端节点处，当梁上部和柱外侧钢筋的配筋率过高时，将引起节点核心区混凝土斜压破坏，因此，梁上部钢筋的截面面积 A_s 不应超过式（2.69）的要求：

$$A_s \leq \frac{0.35\beta_c f_c b_b h_0}{f_y} \tag{2.69}$$

式中　b_b——梁腹板宽度；

　　　h_0——梁截面有效高度；

　　　f_y——梁上部纵筋受拉强度设计值。

（3）箍筋

节点内箍筋应符合柱箍筋的要求，但间距不宜大于 250 mm。顶层端节点内有梁上部纵筋和柱外侧纵筋的搭接接头时，节点内水平箍筋应符合纵筋搭接范围内箍筋的设置要求。对四边均有梁的中间节点，节点内可只设置沿周边的矩形箍筋。

（4）梁柱纵筋在节点区的锚固、搭接

框架柱的纵向受力钢筋不应在节点内截断。在中间层中节点及端节点，柱纵筋应贯穿节点后，在节点区以外连接；顶层柱的纵筋宜在框架梁中锚固，其具体构造做法见附2.14。

框架梁的纵向受力钢筋在中间层中节点、中间层端节点的构造做法不同。在中间层中节点，梁上部纵筋应尽量贯穿节点，左右梁端上部纵筋相差较大时可将多余的梁筋锚入节点；梁下部纵筋宜贯穿节点，需进行锚固时，应根据计算时钢筋的受力情况，满足相应的锚固要求。在中间层端节点，节点尺寸较大时梁上、下部纵筋可采用直线锚固形式，否则，梁纵筋可采用90°弯折锚固的方式，或采用在钢筋端部设置锚头的机械锚固方式。上述构造措施的具体要求见附2.14。

在顶层端节点处，一般将梁上部纵筋与柱外侧纵筋在顶层端节点及附近部位搭接。我国规范给出了梁内搭接（搭接接头沿顶层端节点外侧及梁端顶部布置）、柱内搭接（搭接接头沿柱顶外侧直线布置）两种可供选择，其具体构造要求详见附2.14。

2）抗震设计

竖向荷载、水平地震力作用下，中间层中节点的受力如图2.34所示，节点承受框架柱传来的轴力、弯矩、剪力以及框架梁传来的弯矩、剪力的共同作用，受力规律复杂。

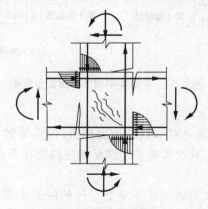

图2.34　节点的受力

强烈地震循环往复作用下，节点混凝土将出现多条交叉斜裂缝，节点核心区混凝土可能发生斜压型剪切破坏。震害调查表明，梁柱节点区的破坏多是由于未设节点箍筋或箍筋过少，节点抗剪能力不足所导致。研究发现，如果节点受剪承载力不足，或梁柱纵筋在节点内的锚固性能不够，则梁、柱端部塑性铰将难以充分发挥其塑性转动能力。

（1）节点受力机理

学术界对梁柱节点受力机理的研究仍未完全成熟，其中影响较为广泛的是"斜压杆模型"和"桁架模型"。

梁、柱端部受压区混凝土传给节点边缘的压力有相当大一部分在节点中合成为斜向压力，并由一定宽度范围的斜向核心区混凝土承担，这称为"斜压杆模型"（图2.35(a)）。

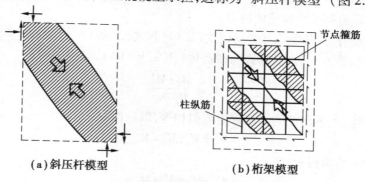

（a）斜压杆模型　　　　**（b）桁架模型**

图2.35　节点的受力机理

此外，贯穿节点的梁、柱纵筋把较大部分粘结效应以周边"剪力流"的形式传入节点，使节点核心区处于"纯剪"状态，"纯剪"剪力场产生的斜压力始终由混凝土承担，核心区混凝土开裂后，主拉应力将转由节点内的水平箍筋和节点正面柱纵筋承担，由此形成了由压杆、拉杆组成的"桁架模型"（图2.35(b)）。

由"斜压杆模型"和"桁架模型"可知，混凝土斜压杆压溃，或箍筋拉断都可能导致节点失效。此外，梁纵筋屈服后在节点内的粘接性能过早失效除使得桁架模型退出工作之外，还将引起很大的滑移变形，会导致梁柱组合体刚度和耗能能力明显下降。

（2）节点剪力的近似计算方法

以中间层中节点为例，取出脱离体，节点受力如图2.36(a)所示，按梁端已出现塑性铰考虑，即左侧下部纵筋、右侧上部纵筋均已受拉屈服，其拉力可表示为$f_{yk}A_s^b$和$f_{yk}A_s^t$。

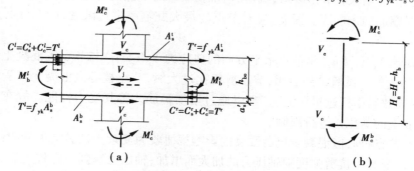

（a）　　　　　　　　　　**（b）**

图2.36　节点剪力计算模型

对于节点上半部分，由力平衡条件可得节点水平截面上的剪力V_j为：

$$V_j = C_s^l + C_c^l + T^r - V_c \tag{2.70}$$

结合节点左、右梁端截面的平衡条件可得：

$$C_s^l + C_c^l = T^l = f_{yk}^l A_s^b = \frac{M_b^l}{h_{b0} - a_s'} \qquad (2.71a)$$

$$T^r = f_{yk}^r A_s^t = \frac{M_b^r}{h_{b0} - a_s'} \qquad (2.71b)$$

式中　C_s^l, C_c^l——节点左侧受压纵筋、受压混凝土的压力；

　　　　T^r——节点右侧受拉纵筋的拉力；

　　　　V_c——柱端剪力；其他符号含义同式（2.44）和式（2.46）。

为了获得柱端剪力 V_c，取柱净高为脱离体（图 2.36(b)），有：

$$V_c = \frac{M_c^b + M_c^t}{H_c - h_b} \qquad (2.72)$$

假定节点相连上、下层柱的端部弯矩近似相等，即近似取：

$$M_c^b = M_c^u, M_c^t = M_c^l \qquad (2.73)$$

由节点弯矩平衡可得：

$$M_c^u + M_c^l = M_b^l + M_b^r \qquad (2.74)$$

因此，柱剪力 V_c 为：

$$V_c = \frac{M_c^b + M_c^t}{H_c - h_b} = \frac{M_c^u + M_c^l}{H_c - h_b} = \frac{M_b^l + M_b^r}{H_c - h_b} \qquad (2.75)$$

将式（2.71a）、式（2.71b）及式（2.75）均代入式（2.70），有

$$V_j = \frac{M_b^l + M_b^r}{h_{b0} - a_s'} \left(1 - \frac{h_{b0} - a_s'}{H_c - h_b} \right) \qquad (2.76)$$

（3）影响框架节点延性的因素

节点抗震性能的主要影响因素包括：节点的配箍率、剪压比、轴压比、梁纵筋的相对贯穿长度、正交梁和现浇板的约束等。

节点配置足够的箍筋是保证其受力性能的重要措施。当配箍率较低时，节点区的抗剪强度随配箍率提高而增大；当配箍率过高时，增加箍筋量对节点抗剪承载力影响不明显，节点区混凝土破坏时箍筋尚未屈服。因此，应对节点的最大配箍率进行限制，以充分利用箍筋的材料强度。

节点剪压比 $V_j / (f_c b_j h_j)$ 是节点水平方向的剪应力 $V_j / (b_j h_j)$ 与节点区混凝土轴心抗压强度设计值 f_c 的比值。试验结果表明，节点剪压比过大时，节点核心区混凝土承受的斜向压应力太大，容易导致斜压杆过早压溃，且难以通过增加箍筋改善其受力性能。故在设计中应对节点水平截面上的剪压比进行限制。

轴压力对节点核心区混凝土抗剪强度的影响规律较为复杂。试验结果表明：轴压力较小时，节点核心区混凝土抗剪强度随轴压力的加大而增加；轴压力达到一定程度后，如轴压比大于 0.6～0.8，则反而下降。我国规范认为：在限制轴压比的前提下，可以适当考虑轴压力对节点核心区抗剪承载力的有利影响。

梁纵筋的相对贯穿长度（h_j / d_b）是指节点受力方向的截面尺寸 h_j 与梁纵筋直径 d_b 的比值。节点内梁纵筋一边受拉屈服、一边受压，h_j / d_b 较小时易产生较大滑移，梁纵筋滑移较大不但加重斜压杆的负担，还导致梁、柱的塑性耗能性能无法正常发挥。因此，依据该方向的柱截面尺寸，我国规范对贯穿中间节点的梁纵筋最大直径进行了限制（附 2.15）。

正交梁是指与受力方向垂直的方向上,与该节点相交的框架梁。试验研究表明,正交梁和现浇板对节点核心区的约束作用很明显,可有效提高节点核心区混凝土的抗剪能力。但仅三边有梁或缺少现浇板时,正交梁对节点基本上没有增强的约束作用。

（4）节点抗震设计要求

《建筑抗震设计规范》给出了节点的抗震设计要求。规范要求:对于钢筋混凝土框架结构,一、二、三级抗震等级的框架应进行节点核心区抗震受剪承载力验算,四级框架的节点可不进行抗震验算,但应符合抗震构造措施。

节点的抗震设计主要包括两个方面:一是通过计算保证节点的抗剪承载力,其中包括通过"强节点弱构件"放大节点剪力设计值、节点剪压比验算、节点抗震受剪承载力计算等;二是梁柱纵筋在节点内的锚固、搭接应遵循相应的抗震构造措施。

① 基于"强节点弱构件"措施的节点剪力放大。"强节点弱构件"的原则是:对同一梁柱节点,沿受力方向节点核心区的水平剪力设计值应不同程度地大于节点左右两侧梁端设计弯矩（或实际抗弯承载力）反算的剪力,确保梁端形成塑性铰并经历足够大的塑性转动的情况下节点仍能保持足够的抗剪承载力。

一、二、三级框架梁柱节点核心区组合的剪力设计值,应按下式确定:

$$V_j = \frac{\eta_{jb} \sum M_b}{h_{b0} - a'_s}\left(1 - \frac{h_{b0} - a'_s}{H_c - h_b}\right) \tag{2.77}$$

一级框架结构和9度的一级框架可不按上式计算,但应符合下式:

$$V_j = \frac{1.15 \sum M_{bua}}{h_{b0} - a'_s}\left(1 - \frac{h_{b0} - a'_s}{H_c - h_b}\right) \tag{2.78}$$

式中 V_j——梁柱节点核心区组合的剪力设计值;

h_{b0}, h_b——与节点相连的梁的截面有效高度和截面高度,当节点两侧梁高不相等时,可取平均值;

a'_s——梁纵向受压钢筋合力作用点至截面受压边缘的距离;

H_c——柱的计算高度,可采取节点上、下柱反弯点之间的距离;

$\sum M_b$——节点左右梁端截面反时针或顺时针方向组合弯矩设计值之和,一级框架节点左右梁端弯矩均为负弯矩时,绝对值较小的弯矩应取零;

$\sum M_{bua}$——节点左右梁端截面反时针或顺时针方向实配的正截面抗震受弯承载力所对应的弯矩值之和,可根据实配钢筋面积（计入受压筋）、材料强度标准值确定,可按前文所述式(2.46)计算;

η_{jb}——强节点系数,对于框架结构,一级宜取1.5,二级宜取1.35,三级宜取1.2;对其他结构类型中的框架,一级宜取1.35,二级宜取1.2,三级宜取1.1。

②节点剪压比验算。一、二、三级框架节点的截面尺寸应满足剪压比要求,按下式进行验算:

$$V_j \leqslant \frac{1}{\gamma_{RE}}0.3\eta_j\beta_c f_c b_j h_j \tag{2.79}$$

式中 η_j——正交梁的约束影响系数,当楼板为现浇、梁柱中线重合、四侧各梁截面宽度不小于该侧柱截面宽度的1/2、且正交方向梁高度不小于框架梁高度的3/4时,可采

用 1.5,9 度时宜采用 1.25,其他情况均采用 1.0;

h_j——核心区的截面高度,可取验算方向的柱截面高度,即 $h_j=h_c$;

b_j——节点核心区的截面有效验算宽度,应按下列规定采用:当验算方向的梁截面宽度 b_b 不小于该侧柱截面宽度 b_c 的 1/2 时,可取 b_c;当 $b_b<b_c/2$ 时,可取 $(b_b+0.5h_c)$ 和 b_c 中的较小值;当梁与柱的中线不重合且偏心距 $e_0 \leqslant b_c/4$ 时,可取 $(b_b+0.5h_c)$、$(0.5b_b+0.5b_c+0.25h_c-e_0)$ 和 b_c 三者中的较小值。

③节点核心区抗震受剪承载力计算。钢筋混凝土梁柱节点核心区截面的抗震受剪承载力应采用下式验算:

$$V_j \leqslant \frac{1}{\gamma_{RE}} \left[1.1\eta_j f_t b_j h_j + 0.05\eta_j N \frac{b_j}{b_c} + f_{yv} A_{svj} \frac{h_{b0}-a_s'}{s} \right] \tag{2.80}$$

9 度设防的一级抗震等级框架

$$V_j \leqslant \frac{1}{\gamma_{RE}} \left[0.9\eta_j f_t b_j h_j + f_{yv} A_{svj} \frac{h_{b0}-a_s'}{s} \right] \tag{2.81}$$

式中 A_{svj}——核心区有效验算宽度 b_j 范围内同一验算方向箍筋各肢的全部截面面积;

h_{b0}——框架梁截面有效高度,节点两侧梁截面高度不相等时取平均值;

N——对应于考虑地震组合剪力设计值的节点上柱底部的轴向力设计值。当 N 为压力时,取轴向压力设计值的较小值,且当 $N>0.5f_c b_c h_c$ 时,取 $N=0.5f_c b_c h_c$;当 N 为拉力时,取 $N=0$。

④框架节点抗震构造要求。框架梁、框架柱的纵向受力钢筋在框架节点区的锚固和搭接应符合抗震构造要求,这些构造要求与非抗震设计的构造措施(附 2.14)类似,其差别在于将非抗震构造中的 l_a 替换为 l_{aE}、l_l 替换为 l_{lE}、l_{ab} 用 $l_{abE}=\zeta_{aE}l_{ab}$ 代替(附 2.15)。此外,在中间层端节点处,梁下部纵筋采用 90° 弯折锚固的方式时应注意向上弯折。

为了保证节点核心区的抗剪承载力,使梁柱纵向钢筋有可靠的锚固条件,并对节点核心区混凝土进行有效的约束,节点核心区内箍筋应满足一定的构造要求,其最大间距和最小直径宜符合柱端加密区的相应构造要求(表 2.13)。另一方面,核心区箍筋的作用与柱端有所不同,为方便施工,节点的配箍特征值、体积配箍率可适当放宽,具体可参见附 2.15。

(5)框架节点设计算例

以附 2.16 给出的钢筋混凝土框架结构的③轴线平面框架为例,第 1 层⑧轴线节点在左震下的设计方法(包括"强节点"计算、抗震构造措施等)详见附 2.16 的第 18)部分。

附录及拓展内容

附2.1

框架结构的基础

建筑结构的上部荷载是通过基础传递地基的。工程实践中一般将基础称为下部结构,基础以上则称为上部结构。基础设计应安全可靠、经济合理,也即是说,除保证基础具有足够的强度、刚度、耐久性之外,设计时还应注意选择合适的基础类型、合理利用地基承载力、充分考虑施工技术等。

框架结构一般采用钢筋混凝土基础,基础的类型主要有柱下独立基础、条形基础、十字交叉基础、片筏基础、箱形基础和桩基础等。

柱下独立基础是工程结构采用的主要类型,其截面形式一般为阶梯形,也有锥形独立基础、预制柱的杯口形基础(附图2.1(a))。柱下独立基础的设计方法在第4章有详细介绍。

当上部结构荷载较大、地基承载力较低时,若采用柱下单独基础,基础底面积将很大,并导致各基础相互接近,或导致地基的沉降变形超过允许值。此时,可将同一排的柱基础沿该轴线方向连通,即形成柱下条形基础(附图2.1(b))。

若上部结构荷载进一步加大(例如高层建筑),地基土承载力更低,可沿框架柱网的纵向、横向均设置钢筋混凝土条形基础,即形成网格状的柱下十字交叉基础(附图2.1(c))。

如果地基很软弱且上部结构荷载也更大,即使采用十字交叉基础仍无法满足承载力或沉降变形要求,可采用钢筋混凝土片筏基础。片筏基础类似于倒置的楼板,形成了满堂基础,基础底面积大,故有利于降低基底压应力、减小基础的沉降变形。按构造不同,片筏基础可分为平板式和梁板式两大类。

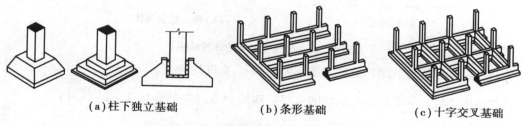

(a)柱下独立基础　　　　(b)条形基础　　　　(c)十字交叉基础

附图2.1　框架结构的主要基础类型

箱形基础是由钢筋混凝土底板、顶板以及纵横交接的钢筋混凝土墙组成。由于底板、顶板和纵横墙共同工作,箱形基础的整体刚度非常大,常用于地基土软弱、上部荷载大的高层建筑,以及高层与多层混合的建筑物。对不均匀沉降有严格要求的设备或构造物,也适于采用箱形基础。

总之,从柱下独立基础开始,柱下条形基础、十字交叉基础、片筏基础、箱形基础的整体性、能承担的上部荷载、抵抗地基土不均匀沉降的能力皆依次提高,但同时其材料用量和造价也相应逐渐增大。设计基础时,应通过经济、技术比较选择合适的地基基础类型。

除以上天然地基上的各类基础形式外,框架结构也可以桩基础等基础形式。多次震害调查发现,建筑物采用桩基础有利于减小震害、提高结构的抗震能力。

对于有抗震设防要求的框架结构,为了加强基础在地震作用下的整体性,减少基础间的相对位移、因地震作用引起的柱端弯矩以及基础转动等,单独的柱下基础有下列情况之一时,宜沿两个主轴方向设置基础系梁:

①一级框架和Ⅳ类场地的二级框架;

②各柱承受的重力荷载代表值差别较大;

③基础埋置较深,或各基础埋置深度差别较大;

④主要持力层范围内存在软弱黏性土层、液化土层和严重不均匀土层;

⑤桩基承台之间。

附 2.2

D 值法的柱剪力计算公式推导

以附图 2.2 所示框架结构为例,首先,从框架中取出其中一般层的中柱 AB 以及与之相连梁柱作为脱离体进行分析,并将与柱 AB 相交的横梁的线刚度分别表示为 i_1、i_2、i_3、i_4。

为简化计算,作如下假定:

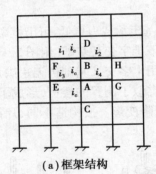

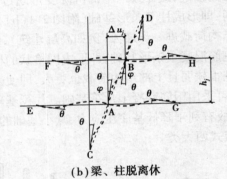

| (a)框架结构 | (b)梁、柱脱离体 |

附图 2.2　*D* 值法推导的计算简图

①柱 AB 及与其上下相邻的柱的线刚度均为 i_c、高度均为 h_j;

②柱 AB 及与上下层相邻柱的层间水平位移均为 $\Delta u_j\left(弦转角均为 \varphi=\dfrac{\Delta u_j}{h_j}\right)$;

③柱 AB 两端节点及与其上下左右相邻的各个节点的转角均为 θ;

根据杆件的转角位移方程,节点 A、B 各杆的杆端弯矩分别为:

$$
\left.
\begin{aligned}
M_{AB} &= 4i_c\theta + 2i_c\theta - 6i_c\left(\frac{\Delta u_j}{h_j}\right) = 6i_c(\theta - \varphi) \\
M_{BA} &= M_{AB} = M_{AC} = M_{BD} \\
M_{AE} &= 4i_3\theta + 2i_3\theta = 6i_3\theta \\
M_{AG} &= 6i_4\theta \qquad M_{BF} = 6i_1\theta \qquad M_{BH} = 6i_2\theta
\end{aligned}
\right\}
\qquad (附2.1)
$$

分别由节点 A、节点 B 的力矩平衡条件可得

$$4(i_3+i_4+i_c+i_c)\theta+2(i_3+i_4+i_c+i_c)\theta-6(i_c\varphi+i_c\varphi)=0 \Big\}$$
$$4(i_1+i_2+i_c+i_c)\theta+2(i_1+i_2+i_c+i_c)\theta-6(i_c\varphi+i_c\varphi)=0 \Big\} \qquad (\text{附}2.2)$$

将以上两式相加,得

$$6(i_1+i_2+i_3+i_4+4i_c)\theta-24i_c\varphi=0 \qquad (\text{附}2.3)$$

令 $\sum i = i_1 + i_2 + i_3 + i_4$,则

$$\theta = \frac{4i_c}{\sum i + 4i_c}\varphi = \frac{2}{2+\dfrac{\sum i}{2i_c}}\varphi = \frac{2}{2+K}\varphi \qquad (\text{附}2.4)$$

式中

$$K = \frac{\sum i}{2i_c} = \frac{1}{2}\left(\frac{i_1+i_2}{i_c}+\frac{i_3+i_4}{i_c}\right) \qquad (\text{附}2.5)$$

柱 AB 所受剪力 V_{jk} 为

$$V_{jk} = -\frac{M_{AB}+M_{BA}}{h_j} = -\frac{2[6i_c(\theta-\varphi)]}{h_j} = \frac{12i_c}{h_j}(\varphi-\theta) \qquad (\text{附}2.6)$$

将式(附2.4)代入上式,得

$$V_{jk} = \frac{K}{2+K}\frac{12i_c}{h_j}\varphi = \frac{K}{2+K}\frac{12i_c}{h_j^2}\Delta u_j \qquad (\text{附}2.7)$$

令

$$\alpha = \frac{K}{2+K} \qquad (\text{附}2.8)$$

则柱 AB 的剪力 V_{jk} 为

$$V_{jk} = \alpha\,\frac{12i_c}{h_j^2}\Delta u_j \qquad (\text{附}2.9)$$

附 2.3

水平力作用下规则框架的反弯点高度比及修正值

附表 2.1 规则框架承受均布水平力作用时标准反弯点的高度比 y_0 值

n	j \\ K	0.1	0.2	0.3	0.4	0.5	0.6	0.7	0.8	0.9	1.0	2.0	3.0	4.0	5.0
1	1	0.80	0.75	0.70	0.65	0.65	0.60	0.60	0.60	0.60	0.55	0.55	0.55	0.55	0.55
2	2	0.45	0.40	0.35	0.35	0.35	0.35	0.40	0.40	0.40	0.40	0.45	0.45	0.45	0.45
	1	0.95	0.80	0.75	0.70	0.65	0.65	0.65	0.60	0.60	0.60	0.55	0.55	0.55	0.50
3	3	0.15	0.20	0.20	0.25	0.30	0.30	0.30	0.35	0.35	0.35	0.40	0.45	0.45	0.45
	2	0.55	0.50	0.45	0.45	0.45	0.45	0.45	0.45	0.45	0.45	0.50	0.50	0.50	0.50
	1	1.00	0.85	0.80	0.75	0.70	0.70	0.65	0.65	0.65	0.60	0.55	0.55	0.55	0.55
4	4	−0.05	0.05	0.15	0.20	0.25	0.30	0.30	0.35	0.35	0.35	0.40	0.45	0.45	0.45
	3	0.25	0.30	0.30	0.35	0.35	0.40	0.40	0.40	0.40	0.45	0.50	0.50	0.50	0.50
	2	0.65	0.55	0.50	0.50	0.45	0.45	0.45	0.45	0.45	0.45	0.50	0.50	0.50	0.50
	1	1.10	0.90	0.80	0.75	0.70	0.70	0.65	0.65	0.65	0.60	0.55	0.55	0.55	0.55
5	5	−0.20	0.00	0.15	0.20	0.25	0.30	0.30	0.30	0.35	0.35	0.40	0.45	0.45	0.45
	4	0.10	0.20	0.25	0.30	0.35	0.35	0.40	0.40	0.40	0.40	0.45	0.45	0.50	0.50
	3	0.40	0.40	0.40	0.40	0.40	0.45	0.45	0.45	0.45	0.45	0.50	0.50	0.50	0.50
	2	0.65	0.55	0.50	0.50	0.50	0.50	0.50	0.50	0.50	0.50	0.50	0.50	0.50	0.50
	1	1.20	0.95	0.80	0.75	0.75	0.70	0.70	0.65	0.65	0.65	0.55	0.55	0.55	0.55
6	6	−0.30	0.00	0.10	0.20	0.25	0.25	0.30	0.30	0.35	0.35	0.40	0.45	0.45	0.45
	5	0.00	0.20	0.25	0.30	0.35	0.35	0.40	0.40	0.40	0.40	0.45	0.50	0.50	0.50
	4	0.20	0.30	0.35	0.35	0.40	0.40	0.40	0.45	0.45	0.45	0.45	0.50	0.50	0.50
	3	0.40	0.40	0.40	0.45	0.45	0.45	0.45	0.45	0.45	0.45	0.50	0.50	0.50	0.50
	2	0.70	0.60	0.55	0.50	0.50	0.50	0.50	0.50	0.50	0.50	0.50	0.50	0.50	0.50
	1	1.20	0.95	0.85	0.80	0.75	0.70	0.70	0.65	0.65	0.65	0.55	0.55	0.55	0.55
7	7	−0.35	−0.05	0.10	0.20	0.20	0.25	0.30	0.30	0.35	0.35	0.40	0.45	0.45	0.45
	6	−0.10	0.15	0.25	0.30	0.35	0.35	0.35	0.40	0.40	0.40	0.45	0.45	0.50	0.50
	5	0.10	0.25	0.30	0.35	0.40	0.40	0.40	0.45	0.45	0.45	0.50	0.50	0.50	0.50
	4	0.30	0.35	0.40	0.40	0.40	0.45	0.45	0.45	0.45	0.45	0.50	0.50	0.50	0.50
	3	0.50	0.45	0.45	0.45	0.45	0.45	0.45	0.45	0.45	0.45	0.50	0.50	0.50	0.50
	2	0.75	0.60	0.55	0.50	0.50	0.50	0.50	0.50	0.50	0.50	0.50	0.50	0.50	0.50
	1	1.20	0.95	0.85	0.80	0.75	0.70	0.70	0.65	0.65	0.65	0.55	0.55	0.55	0.55
8	8	−0.35	−0.15	0.10	0.15	0.25	0.25	0.30	0.30	0.35	0.35	0.40	0.45	0.45	0.45
	7	−0.10	0.15	0.25	0.30	0.35	0.35	0.40	0.40	0.40	0.40	0.45	0.50	0.50	0.50
	6	0.05	0.25	0.30	0.35	0.40	0.40	0.40	0.45	0.45	0.45	0.45	0.50	0.50	0.50
	5	0.20	0.30	0.35	0.40	0.40	0.45	0.45	0.45	0.45	0.45	0.50	0.50	0.50	0.50
	4	0.35	0.40	0.40	0.45	0.45	0.45	0.45	0.45	0.45	0.45	0.50	0.50	0.50	0.50
	3	0.50	0.45	0.45	0.45	0.45	0.45	0.45	0.45	0.50	0.50	0.50	0.50	0.50	0.50

续表

n	j	0.1	0.2	0.3	0.4	0.5	0.6	0.7	0.8	0.9	1.0	2.0	3.0	4.0	5.0
8	2	0.75	0.60	0.55	0.55	0.50	0.50	0.50	0.50	0.50	0.50	0.50	0.50	0.50	0.50
	1	1.20	1.00	0.85	0.80	0.75	0.70	0.70	0.65	0.65	0.65	0.55	0.55	0.55	0.55
9	9	-0.40	-0.05	0.10	0.20	0.25	0.25	0.30	0.30	0.35	0.35	0.45	0.45	0.45	0.45
	8	-0.15	0.15	0.25	0.30	0.35	0.35	0.35	0.40	0.40	0.40	0.45	0.45	0.50	0.50
	7	0.05	0.25	0.30	0.35	0.40	0.40	0.40	0.45	0.45	0.45	0.45	0.50	0.50	0.50
	6	0.15	0.30	0.35	0.40	0.40	0.45	0.45	0.45	0.45	0.45	0.50	0.50	0.50	0.50
	5	0.25	0.35	0.40	0.40	0.45	0.45	0.45	0.45	0.45	0.45	0.50	0.50	0.50	0.50
	4	0.40	0.40	0.40	0.45	0.45	0.45	0.45	0.45	0.45	0.45	0.50	0.50	0.50	0.50
	3	0.55	0.45	0.45	0.45	0.45	0.45	0.45	0.45	0.50	0.50	0.50	0.50	0.50	0.50
	2	0.80	0.65	0.55	0.55	0.50	0.50	0.50	0.50	0.50	0.50	0.50	0.50	0.50	0.50
	1	1.20	1.00	0.85	0.80	0.75	0.70	0.70	0.65	0.65	0.65	0.55	0.55	0.55	0.55
10	10	-0.40	-0.05	0.10	0.20	0.25	0.30	0.30	0.30	0.35	0.35	0.40	0.45	0.45	0.45
	9	-0.15	0.15	0.25	0.30	0.35	0.35	0.40	0.40	0.40	0.40	0.45	0.45	0.50	0.50
	8	0.00	0.25	0.30	0.35	0.40	0.40	0.40	0.45	0.45	0.45	0.45	0.50	0.50	0.50
	7	0.10	0.30	0.35	0.40	0.40	0.45	0.45	0.45	0.45	0.45	0.50	0.50	0.50	0.50
	6	0.20	0.35	0.40	0.40	0.45	0.45	0.45	0.45	0.45	0.45	0.50	0.50	0.50	0.50
	5	0.30	0.40	0.40	0.45	0.45	0.45	0.45	0.45	0.45	0.50	0.50	0.50	0.50	0.50
	4	0.40	0.40	0.45	0.45	0.45	0.45	0.45	0.45	0.45	0.50	0.50	0.50	0.50	0.50
	3	0.55	0.50	0.45	0.45	0.45	0.50	0.50	0.50	0.50	0.50	0.50	0.50	0.50	0.50
	2	0.80	0.65	0.55	0.55	0.55	0.50	0.50	0.50	0.50	0.50	0.50	0.50	0.50	0.50
	1	1.30	1.00	0.85	0.80	0.75	0.70	0.70	0.65	0.65	0.65	0.60	0.55	0.55	0.55
11	11	-0.40	0.05	0.10	0.20	0.25	0.30	0.30	0.30	0.35	0.35	0.40	0.45	0.45	0.45
	10	-0.15	0.15	0.25	0.30	0.35	0.35	0.40	0.40	0.40	0.40	0.45	0.45	0.50	0.50
	9	0.00	0.25	0.30	0.35	0.40	0.40	0.40	0.45	0.45	0.45	0.45	0.50	0.50	0.50
	8	0.10	0.30	0.35	0.40	0.40	0.45	0.45	0.45	0.45	0.45	0.50	0.50	0.50	0.50
	7	0.20	0.35	0.40	0.45	0.45	0.45	0.45	0.45	0.45	0.45	0.50	0.50	0.50	0.50
	6	0.25	0.35	0.40	0.45	0.45	0.45	0.45	0.45	0.45	0.45	0.50	0.50	0.50	0.50
	5	0.35	0.40	0.40	0.45	0.45	0.45	0.45	0.45	0.45	0.50	0.50	0.50	0.50	0.50
	4	0.40	0.45	0.45	0.45	0.45	0.45	0.45	0.50	0.50	0.50	0.50	0.50	0.50	0.50
	3	0.55	0.50	0.50	0.50	0.50	0.50	0.50	0.50	0.50	0.50	0.50	0.50	0.50	0.50
	2	0.80	0.65	0.60	0.55	0.55	0.50	0.50	0.50	0.50	0.50	0.50	0.50	0.50	0.50
	1	1.30	1.00	0.85	0.80	0.75	0.70	0.70	0.65	0.65	0.65	0.60	0.55	0.55	0.55
12以上	↓1	-0.40	-0.05	0.10	0.20	0.25	0.30	0.30	0.30	0.35	0.35	0.40	0.45	0.45	0.45
	2	-0.15	0.15	0.25	0.30	0.35	0.35	0.40	0.40	0.40	0.40	0.45	0.50	0.50	0.50
	3	0.00	0.25	0.30	0.35	0.40	0.40	0.40	0.45	0.45	0.45	0.50	0.50	0.50	0.50
	4	0.10	0.30	0.35	0.40	0.40	0.45	0.45	0.45	0.45	0.45	0.50	0.50	0.50	0.50
	5	0.20	0.35	0.40	0.40	0.45	0.45	0.45	0.45	0.45	0.45	0.50	0.50	0.50	0.50
	6	0.25	0.35	0.40	0.45	0.45	0.45	0.45	0.45	0.45	0.45	0.50	0.50	0.50	0.50

续表

n	j	0.1	0.2	0.3	0.4	0.5	0.6	0.7	0.8	0.9	1.0	2.0	3.0	4.0	5.0
12以上	7	0.30	0.40	0.40	0.45	0.45	0.45	0.45	0.45	0.50	0.50	0.50	0.50	0.50	0.50
	8	0.35	0.40	0.45	0.45	0.45	0.45	0.45	0.50	0.50	0.50	0.50	0.50	0.50	0.50
	中间	0.40	0.40	0.45	0.45	0.45	0.45	0.50	0.50	0.50	0.50	0.50	0.50	0.50	0.50
	4	0.45	0.45	0.45	0.45	0.50	0.50	0.50	0.50	0.50	0.50	0.50	0.50	0.50	0.50
	3	0.60	0.50	0.50	0.50	0.50	0.50	0.50	0.50	0.50	0.50	0.50	0.50	0.50	0.50
	2	0.80	0.65	0.60	0.55	0.55	0.50	0.50	0.50	0.50	0.50	0.50	0.50	0.50	0.50
	1↑	1.30	1.00	0.85	0.80	0.75	0.70	0.70	0.65	0.65	0.65	0.55	0.55	0.55	0.55

注：表中 $K = \dfrac{i_1+i_2+i_3+i_4}{2i_c}$。

附表 2.2　规则框架承受倒三角形分布水平力作用时标准反弯点的高度比 y_0 值

n	j	0.1	0.2	0.3	0.4	0.5	0.6	0.7	0.8	0.9	1.0	2.0	3.0	4.0	5.0
1	1	0.80	0.75	0.70	0.65	0.65	0.60	0.60	0.60	0.60	0.55	0.55	0.55	0.55	0.55
2	2	0.50	0.45	0.40	0.40	0.40	0.40	0.40	0.40	0.40	0.45	0.45	0.45	0.45	0.50
	1	1.00	0.85	0.75	0.70	0.70	0.65	0.65	0.65	0.60	0.60	0.55	0.55	0.55	0.55
3	3	0.25	0.25	0.25	0.30	0.30	0.35	0.35	0.35	0.40	0.40	0.45	0.45	0.45	0.50
	2	0.60	0.50	0.50	0.50	0.50	0.45	0.45	0.45	0.45	0.50	0.50	0.50	0.50	0.50
	1	1.15	0.90	0.80	0.75	0.75	0.70	0.70	0.65	0.65	0.65	0.60	0.55	0.55	0.55
4	4	0.10	0.15	0.20	0.25	0.30	0.30	0.35	0.35	0.35	0.40	0.45	0.45	0.45	0.45
	3	0.35	0.35	0.35	0.40	0.40	0.40	0.40	0.45	0.45	0.45	0.50	0.50	0.50	0.50
	2	0.70	0.60	0.55	0.50	0.50	0.50	0.50	0.50	0.50	0.50	0.50	0.50	0.50	0.50
	1	1.20	0.95	0.85	0.80	0.75	0.70	0.70	0.70	0.65	0.65	0.55	0.55	0.55	0.55
5	5	−0.05	0.10	0.20	0.25	0.30	0.30	0.35	0.35	0.35	0.35	0.40	0.45	0.45	0.45
	4	0.20	0.25	0.35	0.35	0.40	0.40	0.40	0.40	0.40	0.45	0.45	0.50	0.50	0.50
	3	0.45	0.40	0.45	0.45	0.45	0.45	0.45	0.45	0.45	0.50	0.50	0.50	0.50	0.50
	2	0.75	0.60	0.55	0.55	0.50	0.50	0.50	0.50	0.50	0.50	0.50	0.50	0.50	0.50
	1	1.30	1.00	0.85	0.80	0.75	0.70	0.70	0.65	0.65	0.65	0.65	0.55	0.55	0.55
6	6	−0.15	0.05	0.15	0.20	0.25	0.30	0.30	0.35	0.35	0.40	0.45	0.45	0.45	0.45
	5	0.10	0.25	0.30	0.35	0.35	0.40	0.40	0.40	0.45	0.45	0.45	0.50	0.50	0.50
	4	0.30	0.35	0.40	0.40	0.45	0.45	0.45	0.45	0.45	0.50	0.50	0.50	0.50	0.50
	3	0.50	0.45	0.45	0.45	0.45	0.45	0.45	0.45	0.50	0.50	0.50	0.50	0.50	0.50
	2	0.80	0.65	0.55	0.55	0.55	0.55	0.50	0.50	0.50	0.50	0.50	0.50	0.50	0.50
	1	1.30	1.00	0.85	0.80	0.75	0.70	0.70	0.65	0.65	0.65	0.60	0.55	0.55	0.55

续表

n	j	0.1	0.2	0.3	0.4	0.5	0.6	0.7	0.8	0.9	1.0	2.0	3.0	4.0	5.0
	7	−0.20	0.05	0.15	0.20	0.25	0.30	0.30	0.35	0.35	0.35	0.45	0.45	0.45	0.45
	6	0.05	0.20	0.30	0.35	0.35	0.40	0.40	0.40	0.40	0.45	0.45	0.50	0.50	0.50
	5	0.20	0.30	0.35	0.40	0.40	0.45	0.45	0.45	0.45	0.45	0.50	0.50	0.50	0.50
7	4	0.35	0.40	0.40	0.45	0.45	0.45	0.45	0.45	0.45	0.45	0.50	0.50	0.50	0.50
	3	0.55	0.50	0.50	0.50	0.50	0.50	0.50	0.50	0.50	0.50	0.50	0.50	0.50	0.50
	2	0.80	0.65	0.60	0.55	0.55	0.55	0.50	0.50	0.50	0.50	0.50	0.50	0.50	0.50
	1	1.30	1.00	0.90	0.80	0.75	0.70	0.70	0.70	0.65	0.65	0.60	0.55	0.55	0.55
	8	−0.20	0.05	0.15	0.20	0.25	0.30	0.30	0.35	0.35	0.35	0.45	0.45	0.45	0.45
	7	0.00	0.20	0.30	0.35	0.35	0.40	0.40	0.40	0.40	0.45	0.45	0.50	0.50	0.50
	6	0.15	0.30	0.35	0.40	0.40	0.45	0.45	0.45	0.45	0.45	0.50	0.50	0.50	0.50
	5	0.30	0.45	0.40	0.45	0.45	0.45	0.45	0.45	0.45	0.45	0.50	0.50	0.50	0.50
8	4	0.40	0.45	0.45	0.45	0.45	0.45	0.45	0.50	0.50	0.50	0.50	0.50	0.50	0.50
	3	0.60	0.50	0.50	0.50	0.50	0.50	0.50	0.50	0.50	0.50	0.50	0.50	0.50	0.50
	2	0.85	0.65	0.60	0.55	0.55	0.55	0.50	0.50	0.50	0.50	0.50	0.50	0.50	0.50
	1	1.30	1.00	0.90	0.80	0.75	0.70	0.70	0.70	0.65	0.65	0.60	0.55	0.55	0.55
	9	−0.25	0.00	0.15	0.20	0.25	0.30	0.30	0.35	0.35	0.40	0.45	0.45	0.45	0.45
	8	−0.00	0.20	0.30	0.35	0.35	0.40	0.40	0.40	0.40	0.45	0.45	0.50	0.50	0.50
	7	0.15	0.30	0.35	0.40	0.40	0.45	0.45	0.45	0.45	0.45	0.50	0.50	0.50	0.50
	6	0.25	0.35	0.40	0.40	0.45	0.45	0.45	0.45	0.45	0.50	0.50	0.50	0.50	0.50
9	5	0.35	0.40	0.45	0.45	0.45	0.45	0.45	0.45	0.50	0.50	0.50	0.50	0.50	0.50
	4	0.45	0.45	0.45	0.45	0.45	0.50	0.50	0.50	0.50	0.50	0.50	0.50	0.50	0.50
	3	0.60	0.50	0.50	0.50	0.50	0.50	0.50	0.50	0.50	0.50	0.50	0.50	0.50	0.50
	2	0.85	0.65	0.60	0.55	0.55	0.55	0.55	0.50	0.50	0.50	0.50	0.50	0.50	0.50
	1	1.35	1.00	0.90	0.80	0.75	0.75	0.70	0.70	0.65	0.65	0.60	0.55	0.55	0.55
	10	−0.25	0.00	0.15	0.20	0.25	0.30	0.30	0.35	0.35	0.40	0.45	0.45	0.45	0.45
	9	−0.05	0.20	0.30	0.35	0.35	0.40	0.40	0.40	0.40	0.45	0.45	0.50	0.50	0.50
	8	0.10	0.30	0.35	0.40	0.40	0.40	0.45	0.45	0.45	0.45	0.50	0.50	0.50	0.50
	7	0.20	0.35	0.40	0.40	0.45	0.45	0.45	0.45	0.45	0.50	0.50	0.50	0.50	0.50
	6	0.30	0.40	0.40	0.45	0.45	0.45	0.45	0.45	0.45	0.50	0.50	0.50	0.50	0.50
10	5	0.40	0.45	0.45	0.45	0.45	0.45	0.45	0.50	0.50	0.50	0.50	0.50	0.50	0.50
	4	0.50	0.45	0.45	0.45	0.50	0.50	0.50	0.50	0.50	0.50	0.50	0.50	0.50	0.50
	3	0.60	0.55	0.50	0.50	0.50	0.50	0.50	0.50	0.50	0.50	0.50	0.50	0.50	0.50
	2	0.85	0.65	0.60	0.55	0.55	0.55	0.55	0.50	0.50	0.50	0.50	0.50	0.50	0.50
	1	1.35	1.00	0.90	0.80	0.75	0.75	0.70	0.70	0.65	0.65	0.60	0.55	0.55	0.55
	11	−0.25	0.00	0.15	0.20	0.25	0.30	0.30	0.30	0.35	0.35	0.45	0.45	0.45	0.45
	10	−0.05	0.20	0.25	0.30	0.35	0.40	0.40	0.40	0.40	0.45	0.45	0.50	0.50	0.50
11	9	0.10	0.30	0.35	0.40	0.40	0.40	0.45	0.45	0.45	0.45	0.50	0.50	0.50	0.50
	8	0.20	0.35	0.40	0.40	0.45	0.45	0.45	0.45	0.45	0.45	0.50	0.50	0.50	0.50
	7	0.25	0.40	0.40	0.45	0.45	0.45	0.45	0.45	0.45	0.50	0.50	0.50	0.50	0.50

续表

n	j	K=0.1	0.2	0.3	0.4	0.5	0.6	0.7	0.8	0.9	1.0	2.0	3.0	4.0	5.0
11	6	0.35	0.40	0.45	0.45	0.45	0.45	0.45	0.50	0.50	0.50	0.50	0.50	0.50	0.50
	5	0.40	0.45	0.45	0.45	0.45	0.50	0.50	0.50	0.50	0.50	0.50	0.50	0.50	0.50
	4	0.50	0.50	0.50	0.50	0.50	0.50	0.50	0.50	0.50	0.50	0.50	0.50	0.50	0.50
	3	0.65	0.55	0.50	0.50	0.50	0.50	0.50	0.50	0.50	0.50	0.50	0.50	0.50	0.50
	2	0.85	0.65	0.60	0.55	0.55	0.55	0.55	0.50	0.50	0.50	0.50	0.50	0.50	0.50
	1	1.35	1.05	0.90	0.80	0.75	0.75	0.70	0.70	0.65	0.65	0.60	0.55	0.55	0.55
12 以 上	↓1	−0.30	0.00	0.15	0.20	0.25	0.30	0.30	0.30	0.35	0.35	0.40	0.45	0.45	0.45
	2	−0.10	0.20	0.25	0.30	0.35	0.40	0.40	0.40	0.40	0.40	0.45	0.45	0.45	0.50
	3	0.05	0.25	0.35	0.40	0.40	0.40	0.45	0.45	0.45	0.45	0.45	0.50	0.50	0.50
	4	0.15	0.30	0.40	0.40	0.45	0.45	0.45	0.45	0.45	0.45	0.50	0.50	0.50	0.50
	5	0.25	0.35	0.50	0.45	0.45	0.45	0.45	0.45	0.45	0.50	0.50	0.50	0.50	0.50
	6	0.30	0.40	0.50	0.45	0.45	0.45	0.45	0.50	0.50	0.50	0.50	0.50	0.50	0.50
	7	0.35	0.40	0.55	0.45	0.45	0.45	0.50	0.50	0.50	0.50	0.50	0.50	0.50	0.50
	8	0.35	0.45	0.55	0.50	0.50	0.50	0.50	0.50	0.50	0.50	0.50	0.50	0.50	0.50
	中间	0.45	0.45	0.55	0.45	0.50	0.50	0.50	0.50	0.50	0.50	0.50	0.50	0.50	0.50
	4	0.55	0.50	0.50	0.50	0.50	0.50	0.50	0.50	0.50	0.50	0.50	0.50	0.50	0.50
	3	0.65	0.55	0.50	0.50	0.50	0.50	0.50	0.50	0.50	0.50	0.50	0.50	0.50	0.50
	2	0.70	0.70	0.60	0.55	0.55	0.55	0.55	0.50	0.50	0.50	0.50	0.50	0.50	0.50
	↑1	1.35	1.05	0.90	0.80	0.75	0.70	0.70	0.70	0.65	0.65	0.60	0.55	0.55	0.55

注:表中 $K=\dfrac{i_1+i_2+i_3+i_4}{2i_c}$。

附表2.3　上、下层横梁线刚度比对 y_0 的修正值 y_1

I \ K	0.1	0.2	0.3	0.4	0.5	0.6	0.7	0.8	0.9	1.0	2.0	3.0	4.0	5.0
0.4	0.55	0.40	0.30	0.25	0.20	0.20	0.20	0.15	0.15	0.15	0.05	0.05	0.05	0.05
0.5	0.45	0.30	0.20	0.20	0.15	0.15	0.15	0.10	0.10	0.10	0.05	0.05	0.05	0.05
0.6	0.30	0.20	0.15	0.15	0.10	0.10	0.10	0.10	0.05	0.05	0.05	0.05	0	0
0.7	0.20	0.15	0.10	0.10	0.10	0.05	0.05	0.05	0.05	0.05	0.05	0	0	0
0.8	0.15	0.10	0.05	0.05	0.05	0.05	0.05	0.05	0.05	0	0	0	0	0
0.9	0.05	0.05	0.05	0.05	0	0	0	0	0	0	0	0	0	0

注:①表中 $K=\dfrac{i_1+i_2+i_3+i_4}{2i_c}$,$I=\dfrac{i_1+i_2}{i_3+i_4}$;

②当 $(i_1+i_2)>(i_3+i_4)$ 时,应取 $I=(i_3+i_4)/(i_1+i_2)$ 进行查表,同时在查得的 y_1 值前加负号"−"。

附表2.4 上、下层高变化对 y_0 的修正值 y_2 和 y_3

a_2	a_3	K 0.1	0.2	0.3	0.4	0.5	0.6	0.7	0.8	0.9	1.0	2.0	3.0	4.0	5.0
2.0		0.25	0.15	0.15	0.10	0.10	0.10	0.10	0.10	0.05	0.05	0.05	0.05	0.0	0.0
1.8		0.20	0.15	0.10	0.10	0.10	0.05	0.05	0.05	0.05	0.05	0.05	0.0	0.0	0.0
1.6	0.4	0.15	0.10	0.10	0.05	0.05	0.05	0.05	0.05	0.05	0.05	0.0	0.0	0.0	0.0
1.4	0.6	0.10	0.05	0.05	0.05	0.05	0.05	0.05	0.05	0.05	0.0	0.0	0.0	0.0	0.0
1.2	0.8	0.05	0.05	0.05	0.0	0.0	0.0	0.0	0.0	0.0	0.0	0.0	0.0	0.0	0.0
1.0	1.0	0.0	0.0	0.0	0.0	0.0	0.0	0.0	0.0	0.0	0.0	0.0	0.0	0.0	0.0
0.8	1.2	−0.05	−0.05	−0.05	0.0	0.0	0.0	0.0	0.0	0.0	0.0	0.0	0.0	0.0	0.0
0.6	1.4	−0.10	−0.05	−0.05	−0.05	−0.05	−0.05	−0.05	−0.05	−0.05	0.0	0.0	0.0	0.0	0.0
0.4	1.6	−0.15	−0.10	−0.10	−0.10	−0.05	−0.05	−0.05	−0.05	−0.05	−0.05	0.0	0.0	0.0	0.0
	1.8	−0.20	−0.15	−0.10	−0.10	−0.10	−0.05	−0.05	−0.05	−0.05	−0.05	−0.05	0.0	0.0	0.0
	2.0	−0.25	−0.15	−0.15	−0.10	−0.10	−0.10	−0.05	−0.05	−0.05	−0.05	−0.05	−0.05	0.0	0.0

注:①y_2 按照 K 及 $α_2$ 求得,当上层较高时取正值;

②y_3 按照 K 及 $α_3$ 求得。

附2.4

钢筋混凝土结构弹性层间位移角限值

《建筑抗震设计规范》(GB 50010—2010)第5.5.1条规定,弹性层间位移角限值$[θ_e]$宜按照附表2.5采用。

附表2.5 弹性层间位移角限值

结构类型	$[θ_e]$
钢筋混凝土框架	1/550
钢筋混凝土框架-抗震墙、板柱-抗震墙、框架-核心筒	1/800
钢筋混凝土剪力墙、筒中筒	1/1 000
钢筋混凝土框支层	1/1 000

附 2.5

罕遇地震作用下薄弱层的弹塑性变形验算

《建筑抗震设计规范》(GB 50010—2010)第 5.5.2 条 ~ 5.5.5 条对结构在罕遇地震作用下的薄弱层弹塑性变形验算的范围、方法等进行了规定。

1)下列结构应进行弹塑性变形验算

①8 度Ⅲ、Ⅳ类场地和 9 度时,高大的单层钢筋混凝土柱厂房的横向排架;

②7 ~ 9 度时楼层屈服强度系数小于 0.5 的钢筋混凝土框架结构和排架结构;

③高度大于 150 m 的结构;

④甲类建筑和 9 度时乙类建筑中的钢筋混凝土结构和钢结构;

⑤采用隔震和消能减震设计的结构。

其中,楼层屈服强度系数为按钢筋混凝土构件实际配筋和材料强度标准值计算的楼层受剪承载力和按罕遇地震作用标准值计算的楼层弹性地震剪力的比值;对排架柱,指按实际配筋面积、材料强度标准值和轴向力计算的正截面受弯承载力与罕遇地震作用标准值计算的弹性地震弯矩的比值。

2)下列结构宜进行弹塑性变形验算

①《抗震规范》表 5.1.2-1 所列高度范围且属于《抗震规范》表 3.4.3-2 所列竖向不规则类型的高层建筑结构;

②7 度Ⅲ、Ⅳ类场地和 8 度时乙类建筑中的钢筋混凝土结构和钢结构;

③板柱-抗震墙结构和底部框架砌体房屋;

④高度不大于 150 m 的其他高层钢结构;

⑤不规则的地下建筑结构及地下空间综合体。

附 2.6

排架结构柱二阶弯矩设计值计算方法

在排架结构中,考虑二阶效应的柱弯矩设计值可按下列公式进行计算:

$$M = \eta_s M_0 \tag{附 2.10}$$

$$\eta_s = 1 + \frac{1}{\dfrac{1\,500 e_i}{h_0}} \left(\frac{l_0}{h}\right)^2 \zeta_c \tag{附 2.11}$$

$$\zeta_c = \frac{0.5 f_c A}{N} \tag{附 2.12}$$

$$e_i = e_0 + e_a \tag{附 2.13}$$

式中　M_0——一阶弹性分析的柱端弯矩设计值;

l_0——排架柱的计算长度,按附表 2.6 取用;

ζ_c——截面曲率修正系数,当$\zeta_c > 1.0$时,取$\zeta_c = 1.0$;

h, h_0——所考虑弯曲方向柱的截面高度和截面有效高度;

A——柱的截面面积;

e_0——轴向力对截面重心的偏心距,$e_0 = \dfrac{M_0}{N}$;

e_a——附加偏心距。

《混凝土结构设计规范》(GB 50010—2010)第6.2.20条规定,对于刚性屋盖单层房屋排架柱、露天吊车柱和栈桥柱,其计算长度l_0可按附表2.6取用。

附表2.6 刚性屋盖单层房屋排架柱、露天吊车柱和栈桥柱的计算长度

柱的类别		l_0		
		排架方向	垂直排架方向	
			有柱间支撑	无柱间支撑
无吊车房屋柱	单跨	$1.5H$	$1.0H$	$1.2H$
	两跨及多跨	$1.5H$	$1.0H$	$1.2H$
有吊车房屋柱	上柱	$2.0H_u$	$1.25H_u$	$1.5H_u$
	下柱	$1.0H_l$	$0.8H_l$	$1.0H_l$
露天吊车柱和栈桥柱		$2.0H_l$	$1.0H_l$	

注:①表中H为从基础顶面算起的柱子全高;H_l为从基础顶面至装配式吊车梁底面或现浇式吊车梁顶面的柱子下部高度;H_u为从装配式吊车梁底面或从现浇式吊车梁顶面算起的柱子上部高度;

②表中有吊车房屋排架柱的计算长度,当计算中不考虑吊车荷载时,可按无吊车房屋柱的计算长度采用,但上柱的计算长度仍按有吊车房屋采用;

③表中有吊车房屋排架柱的上柱在排架方向的计算长度,仅适用于$\dfrac{H_u}{H_l}$不小于0.3的情况,当$\dfrac{H_u}{H_l}$小于0.3时,计算长度宜采用$2.0H_u$。

排架结构,特别是工业厂房排架结构的荷载作用复杂,其二阶效应规律有待详细研究。

附2.7

采用增大系数法近似计算剪力墙结构等的 P-Δ 效应

采用增大系数法近似计算结构的P-Δ效应时,对于剪力墙结构、框架-剪力墙结构、筒体结构,仍然应对未考虑P-Δ效应的一阶弹性分析所得的柱、墙肢端弯矩和梁端弯矩以及层间位移分别乘以增大系数η_s,其计算公式见式(2.24)、式(2.25)。

《混凝土结构设计规范》(GB 50010—2010)附录B给出了剪力墙结构、框架-剪力墙结构、筒体结构的η_s计算方法:

$$\eta_s = \frac{1}{1 - 0.14 \dfrac{H^2 \sum G}{E_c J_d}} \qquad (\text{附}2.14)$$

式中　$\sum G$ ——楼层重力荷载设计值之和；

　　　$E_c J_d$ ——与所设计结构等效的竖向等截面悬臂受弯构件的弯曲刚度；

　　　H ——结构总高度。

对于剪力墙结构、框架-剪力墙结构、筒体结构，除 $P\text{-}\Delta$ 效应增大系数 η_s 的计算公式与框架结构不同外，其使用方法也有区别。

对于剪力墙结构、框架-剪力墙结构、筒体结构，其采用的 η_s 是用整体增大系数法计算得到的，因此用该方法得到的 η_s 适用于该结构全部的竖向构件。对于框架结构，框架梁端的 $P\text{-}\Delta$ 效应增大系数 η_s 取相应节点处上、下柱端 $P\text{-}\Delta$ 效应增大系数的平均值，同一楼层的所有柱上、下端均采用相同的增大系数 η_s，框架结构的 η_s 属于层增大系数法。

附 2.8

框架柱的 $P\text{-}\delta$ 效应计算方法

采用 $C_m\text{-}\eta_{ns}$ 法计算 $P\text{-}\delta$ 效应时，首先判断是否可以忽略 $P\text{-}\delta$ 效应的影响。

《混凝土结构设计规范》（GB 50010—2010）第 6.2.3 条规定：弯矩作用平面内截面对称的偏心受压构件，当同一主轴方向的杆端弯矩比 $\dfrac{M_1}{M_2}$ 不大于 0.9 且轴压比不大于 0.9 时，若构件的长细比满足式（附 2.15）的要求，可以不考虑 $P\text{-}\delta$ 效应（轴向力在该方向挠曲杆件中产生的附加弯矩）的影响；否则应按照该规范第 6.2.4 的规定，在截面的两个主轴方向分别考虑 $P\text{-}\delta$ 效应。

$$\frac{l_c}{i} \leqslant 34 - 12\left(\frac{M_1}{M_2}\right) \tag{附 2.15}$$

式中　i ——偏心方向的截面回转半径；

　　　l_c ——构件的计算长度，可近似取偏心受压构件相应主轴方向上下支撑点之间的距离，注意 l_c 与 l_0（附 2.6 的 $\eta\text{-}l_0$ 法中，或式（附 2.18）中）是不同的；

　　　M_1, M_2 ——已考虑侧移影响的偏心受压构件两端截面按结构弹性分析确定的对同一主轴的组合弯矩设计值，绝对值较大端为 M_2，绝对值较小端为 M_1，当构件按单曲率弯曲时，$\dfrac{M_1}{M_2}$ 取正值，否则取负值。

《混凝土结构设计规范》（GB 50010—2010）第 6.2.4 条规定，除排架柱外，其他偏心受压构件考虑轴向力在挠曲杆件中产生二阶效应后控制截面的弯矩设计值，应按下列公式计算。当 $C_m\eta_{ns}$ 小于 1.0 时取 1.0；对于剪力墙及核心筒，可取 $C_m\eta_{ns}$ 等于 1.0。

$$M = C_m \eta_{ns} M_2 \tag{附 2.16}$$

$$C_m = 0.7 + 0.3\,\frac{M_1}{M_2} \tag{附 2.17}$$

$$\eta_{ns} = 1 + \frac{1}{\dfrac{1\,300\left(\dfrac{M_2}{N} + e_a\right)}{h_0}}\left(\frac{l_0}{h}\right)^2 \zeta_c \tag{附 2.18}$$

$$\zeta_{c} = \frac{0.5 f_{c} A}{N}$$ (附2.19)

式中　C_{m}——构件端截面偏心距调节系数,当小于 0.7 时取 0.7;

η_{ns}——弯矩增大系数;

l_{0}——柱的计算长度,按附表 2.7 取用;

N——与弯矩 M_{2} 相应的轴向压力设计值;

ζ_{c}——截面曲率修正系数,当 $\zeta_{c} > 1.0$ 时,取 $\zeta_{c} = 1.0$;

h——截面高度;对环形截面,取外径;对圆形截面,取直径;

h_{0}——截面有效高度;

A——柱的截面面积。

对于一般多层房屋中梁柱为刚接的框架结构,各层柱的计算长度 l_{0} 可按附表 2.7 取用。

附表 2.7　框架结构各层柱的计算长度

楼盖类型	柱的类别	l_{0}
现浇楼盖	底层柱	$1.0H$
	其余各层柱	$1.25H$
装配式楼盖	底层柱	$1.25H$
	其余各层柱	$1.5H$

注:表中 H 为底层柱从基础顶面到一层楼盖顶面的高度;对其他各层柱为上下两层楼盖顶面之间的高度。

附2.9

最不利荷载位置法

以如附图 2.3 所示的 5 层四跨框架为例,说明最不利荷载位置法。

计算竖向活荷载作用下第 3 层左中跨梁的跨中 C 截面的最大正弯矩 M_{c} 时,其活荷载的最不利布置可根据影响线形状确定。即首先画出 M_{c} 的影响线,然后解除 M_{c} 相应的约束(将 C 点改为铰),代之以正向约束,使框架沿约束力正向产生单位虚位移 $\theta_{c} = 1$,可得整个框架的虚位移图(附图 2.3(a)),此虚位移图即是 M_{c} 的影响线。然后,在所有产生正向虚位移的框架梁跨间布置活荷载,即可得到如附图 2.3(b)所示的使跨中 C 截面的正弯矩达到最大的活荷载最不利布置。其活荷载布置规律是:除本跨外,隔层隔跨布置。

按照相同的方法,可以对其他控制截面、其他内力画出影响线,确定相应的活荷载最不利布置。例如,对于第三层左中跨梁的右截端 A 面的最大负弯矩 M_{A},其影响线如附图 2.3(c)所示,因此,使截面 A 的负弯矩 M_{A} 达到最大的活荷载最不利布置如附图 2.3(d)所示。其布置规律是:框架梁所在楼层在该梁端的左、右跨布置活荷载,然后隔跨布置,上、下相邻层则在该梁另一梁端的左、右跨布置活荷载,然后隔跨布置;其他楼层则竖向隔层布置活荷载。

以上过程说明,采用最不利荷载位置法时,不同控制截面、不同种类内力对应的最不利活荷载布置可能明显不同,因此该方法计算繁冗,也不便于计算机编程。

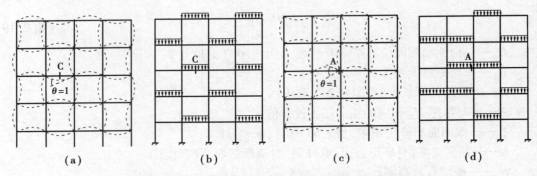

附图2.3 根据影响线确定最不利活荷载位置的方法

附 2.10

抗震设计时纵向受力钢筋的锚固和连接

《混凝土结构设计规范》(GB 50010—2010)第11.1.7条对"强锚固"进行了规定。

抗震设计时,混凝土构件的纵向受力钢筋的锚固和连接除应满足非抗震设计的相关要求外,还应遵循以下规定:

1)纵向受力钢筋的抗震锚固长度 l_{aE} 计算

$$l_{aE} = \zeta_{aE} l_a \qquad (附 2.20)$$

式中 ζ_{aE} ——纵向受拉钢筋抗震锚固长度修正系数,对一、二级抗震等级取 1.15,对三级抗震等级取 1.05,对四级抗震等级取 1.00;

l_a ——纵向受拉钢筋的锚固长度,按《混凝土结构设计规范》(GB 50010—2010)第8.3.1条确定。

2)当采用绑扎搭接连接时,纵向受力钢筋的抗震搭接长度 l_{lE} 计算

$$l_{lE} = \zeta_l l_{aE} \qquad (附 2.21)$$

式中 ζ_l ——纵筋搭接长度修正系数,按附表2.8选用。

附表2.8 纵向受拉钢筋搭接长度修正系数

纵筋搭接接头面积百分率%	≤25	50	100
ζ_l	1.2	1.4	1.6

3)对于纵向受力钢筋的连接

①纵向受力钢筋的连接可采用绑扎搭接、机械连接或焊接。

②纵向受力钢筋连接的位置宜避开梁端、柱端箍筋加密区;如必须在此连接时,应采用机械连接或焊接。

③混凝土构件位于同一连接区段内的纵向受力钢筋接头面积百分率不宜超过50%。

4)对于纵向受力钢筋搭接区的箍筋

①箍筋宜采用焊接封闭箍筋、连续螺旋箍筋或连续复合螺旋箍筋。

②当采用非焊接封闭箍筋时,箍筋必须做成封闭箍,其末端应做成135°弯钩,弯钩端头平

直段长不小于箍筋直径的 10 倍。

③在纵向受力钢筋搭接长度范围内箍筋应加密,其间距不应大于搭接钢筋较小直径的 5 倍,且不应大于 100 mm。

附 2.11

框架梁纵筋、箍筋的部分抗震构造措施

《混凝土结构设计规范》(GB 50010—2010)第 11.3.6 条和 11.3.7 条对框架梁配置的纵筋、箍筋的抗震构造措施进行了详细规定。

①纵向受拉钢筋配筋率不应小于附表 2.9 规定的数值。

附表 2.9　梁纵向受拉钢筋配筋率

单位:%

抗震等级	最小配筋不应小于	
	支　座	跨　中
一级	0.4 和 $80f_t/f_y$ 的较大者	0.3 和 $65f_t/f_y$ 的较大者
二级	0.3 和 $65f_t/f_y$ 的较大者	0.25 和 $55f_t/f_y$ 的较大者
三、四级	0.25 和 $55f_t/f_y$ 的较大者	0.2 和 $45f_t/f_y$ 的较大者

②框架梁的梁端截面的底面和顶面纵向受力钢筋截面面积的比值,除按计算确定外,一级抗震等级不应小于 0.5,二、三级抗震等级不应小于 0.3。

③梁端纵向受拉钢筋的配筋率不宜大于 2.5%。沿梁全长顶面和底面至少应各配置两根通长的纵向钢筋,对一、二级抗震等级,钢筋直径不应小于 14 mm,且分别不应少于梁两端顶面和底面纵向受力钢筋中较大截面面积的 1/4;对三、四级抗震等级,钢筋直径不应小于 12 mm。

④梁端箍筋的加密区长度、箍筋最大间距、箍筋最小直径,应按附表 2.10 采用。当梁端纵向受拉钢筋配筋率大于 2% 时,表中箍筋最小直径应增大 2 mm。

附表 2.10　梁端箍筋加密区长度和箍筋间距、直径

抗震等级	加密区长度(取较大值,mm)	箍筋最大间距(取最小值,mm)	箍筋最小直径/mm
一级	2 倍梁高,500	纵筋直径的 6 倍,梁高的 1/4,100	10
二级		纵筋直径的 8 倍,梁高的 1/4,100	8
三级	1.5 倍梁高,500	纵筋直径的 8 倍,梁高的 1/4,150	8
四级		纵筋直径的 8 倍,梁高的 1/4,150	6

注:箍筋直径大于 12 mm,数量不少于 4 肢且肢距不大于 150 mm 时,一、二级抗震等级的最大箍筋间距允许适当放宽,但不应大于 150 mm。

⑤梁端箍筋的加密区长度内的箍筋肢距,一级抗震等级,不宜大于 200 mm 和 20 倍箍筋直径的较大值;二、三级抗震等级,不宜大于 250 mm 和 20 倍箍筋直径的较大值;各抗震等级

下，均不宜大于 300 mm。

⑥梁端设置的第一道箍筋距离框架节点边缘不应大于 50 mm。非加密区的箍筋间距不宜大于加密区箍筋间距的 2 倍。沿梁全长箍筋的面积配箍率 ρ_{sv} 应符合：一级抗震时 $\rho_{sv} \geq 0.30f_t/f_y$，二级抗震时 $\rho_{sv} \geq 0.28f_t/f_y$，三、四级抗震时 $\rho_{sv} \geq 0.26f_t/f_y$。

附 2.12

非抗震设计时框架柱纵筋、箍筋的主要构造措施

《混凝土结构设计规范》(GB 50010—2010)第 9.3.1 条和 9.3.2 条给出了非抗震设计的框架柱配置纵筋、箍筋的构造措施。

1) 柱中纵向受力钢筋应符合的规定

①纵向受力钢筋的直径不宜小于 12 mm；全部纵向钢筋的配筋率不宜大于 5%。

②偏心受压柱的截面高度不小于 600 mm 时，在柱的侧面上应设置直径不小于 10 mm 的纵向构造钢筋，并相应设置复合箍筋或拉筋。

③圆柱中纵向钢筋不宜少于 8 根，不应少于 6 根，且宜沿周边均匀布置。

④在偏心受压柱中，垂直于弯矩作用平面的侧面上的纵向受力钢筋以及轴心受压柱中各边的纵向受力钢筋，其中距不宜大于 300 mm。

⑤水平浇筑的预制柱，纵向钢筋的最小净间距可按关于梁的有关规定取用。

2) 柱中箍筋应符合的规定

①箍筋直径不应小于 $d/4$，且不应小于 6 mm，d 为纵向钢筋的最大直径。

②箍筋间距不应大于 400 mm 及构件截面的短边尺寸，且不应大于 15d，d 为纵向受力钢筋的最小直径。

③柱及其他受压构件中的周边箍筋应做成封闭式；对圆柱中的箍筋，搭接长度不应小于该规范第 8.3.1 条规定的锚固长度，且末端应做成 135°弯钩，弯钩末端平直段长度不应小于 5d，d 为箍筋直径。

④当柱截面短边尺寸大于 400 mm 且各边纵向钢筋多于 3 根时，或当柱截面短边尺寸不大于 400 mm 但各边纵向钢筋多于 4 根时，应设置复合箍筋。

⑤当柱中全部纵向受力钢筋的配筋率大于 3% 时，箍筋直径不应小于 8mm，间距不应大于 10d，且不应大于 200 mm，d 为纵向受力钢筋的最小直径。箍筋末端应做成 135°弯钩，且弯钩末端平直段长度不应小于箍筋直径的 10 倍。

⑥在配有螺旋式或焊接环式箍筋的柱中，如在正截面受压承载力计算中考虑间接钢筋的作用时，箍筋间距不应大于 80 mm 及 $d_{cor}/5$，且不宜小于 40 mm，d_{cor} 为按箍筋内表面确定的核心截面直径。

附2.13

框架柱纵筋、箍筋的部分抗震构造措施

《混凝土结构设计规范》(GB 50010—2010)第11.4.12条～11.4.18条对框架柱抗震设计配置的纵筋、箍筋的构造措施进行了规定。除教材正文给出的主要构造措施外,其他抗震构造措施中较为重要的条文规定有:

①框架柱的箍筋加密区长度,应取柱截面长边尺寸(或圆形截面直径)、柱净高的1/6和500 mm中的最大值;一、二级抗震等级的角柱应沿柱全高加密箍筋。对于底层柱,柱下端箍筋加密区长度应取不小于该层柱净高的1/3;当有刚性地面时,除柱端箍筋加密区外尚应在刚性地面上、下各500 mm的高度范围内加密箍筋。

②柱箍筋加密区内的箍筋肢距:一级抗震等级不宜大于200 mm;二、三级抗震等级不宜大于250 mm和20倍箍筋直径中的较大值;四级抗震等级不宜大于300 mm。每隔一根纵向钢筋宜在两个方向有箍筋或拉筋约束;当采用拉筋且箍筋与纵向钢筋有绑扎时,拉筋宜紧靠纵向钢筋并勾住箍筋。

③在柱箍筋加密区外,箍筋的体积配筋率不宜小于加密区配筋率的一半;对一、二级抗震等级,箍筋间距不应大于$10d$;对三、四级抗震等级,箍筋间距不应大于$15d$,此处,d为纵向钢筋直径。

④框支柱和剪跨比不大于2的框架柱,应在柱全高范围内加密箍筋,且箍筋间距应符合一级抗震等级的要求(表2.13)。

⑤一级抗震等级的框架柱的箍筋直径不小于10 mm且箍筋肢距不大于150 mm,以及二级抗震等级的框架柱的箍筋直径不小于10 mm且箍筋肢距不大于200 mm时,除底层柱下端外,箍筋间距应允许采用150 mm;四级抗震等级框架柱剪跨比不大于2时,箍筋直径不应小于8mm。

⑥对一、二、三、四级抗震等级的柱,其箍筋加密区的箍筋体积配筋率分别不应小于0.8%、0.6%、0.4%和0.4%。

⑦框架柱、框支柱中全部纵向受力钢筋配筋率不应大于5%。柱的纵向钢筋宜对称配置。截面尺寸大于400 mm的柱,纵向钢筋的间距不宜大于200 mm。当按一级抗震等级设计,且柱的剪跨比不大于2时,柱每侧纵向钢筋的配筋率不宜大于1.2%。

附2.14

非抗震设计时梁柱节点的主要构造措施

梁、柱纵筋在节点内的锚固、搭接是节点非抗震设计的主要内容,《混凝土结构设计规范》(GB 50010—2010)第9.3.4条～9.3.7条给出了相关构造措施规定。

1)梁纵向钢筋在框架中间层端节点的锚固要求

(1)梁上部纵向钢筋伸入端节点的锚固

①当采用直线锚固方式(柱截面尺寸较大)时,锚固长度不应小于l_a,且应伸过柱中心线,

伸过的长度不宜小于 $5d$，d 为梁上部纵向钢筋的直径。

②当柱截面尺寸不满足直线锚固要求时，梁上部纵向钢筋可采用在钢筋端部加机械锚头的锚固方式。梁上部纵向钢筋宜伸至柱外侧纵向钢筋的内边，包括机械锚头在内的水平投影锚固长度不应小于 $0.4l_{ab}$（附图 2.4(a)）。

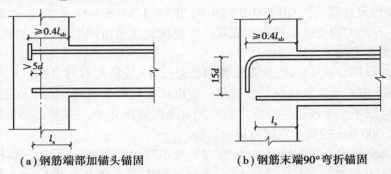

（a）钢筋端部加锚头锚固　　　　　（b）钢筋末端90°弯折锚固

附图 2.4　梁上部纵向钢筋在中间层端节点内的锚固

③梁上部纵向钢筋也可采用 90°弯折锚固的方式，此时梁上部纵向钢筋应伸至柱外侧纵向钢筋内边并向节点内弯折，其包括弯弧在内的水平投影长度不应小于 $0.4l_a$，弯折钢筋在弯折平面内包含弯弧段的投影长度不应小于 $15d$（附图 2.4(b)）。

（2）梁下部纵向钢筋伸入端节点的锚固

①当计算中充分利用该钢筋的抗拉强度时，钢筋的锚固方式及长度应与上部钢筋的规定相同。

②当计算中不利用该钢筋的强度或仅利用该钢筋的抗压强度时，伸入节点的锚固长度应分别符合中间节点梁下部纵向钢筋锚固的规定。

2）中间层中间节点梁上、下纵筋的锚固要求

在框架中间层中间节点（或连续梁的中间支座），梁的上部纵向钢筋应贯通中间节点。梁的下部纵向钢筋宜贯通中间节点。当必须锚固时，应符合下列要求：

①当计算中不利用该钢筋的强度时，其伸入节点或支座的锚固长度可按简支梁 $V>0.7f_tbh_0$ 的情况取用，即对带肋钢筋不小于 $12d$，对光面钢筋不小于 $15d$，d 为梁纵向钢筋的最大直径。

②当计算中充分利用钢筋的抗压强度时，钢筋应按受压钢筋锚固在中间节点或中间支座内，其直线锚固长度不应小于 $0.7l_a$。

③当计算中充分利用钢筋抗拉强度时，钢筋可采用直线锚固方式锚固在节点内或支座内，锚固长度不应小于钢筋的受拉锚固长度 l_a（附图 2.5(a)）。

④当柱截面尺寸不足时，宜采用钢筋端部加锚头的机械锚固措施，也可采用 90°弯折锚固的方式。

⑤钢筋可在节点或支座外梁中弯矩较小处设置搭接接头，搭接长度的起始点至节点或支座边缘的距离不应小于 $1.5h_0$（附图 2.5(b)）。

3）柱纵向钢筋在顶层中节点的锚固要求

柱纵向钢筋应贯穿中间层的中间节点或端节点，接头应设置在节点区以外。柱纵向钢筋（顶层中节点柱纵筋及顶层端节点内侧柱纵筋）在顶层中节点的锚固应符合下列要求：

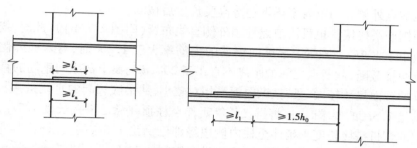

(a)下部纵向钢筋在节点中直线锚固　　(b)下部纵向钢筋在节点或支座范围外的搭接

附图 2.5　梁下部纵向钢筋在中间节点或中间支座范围的锚固与搭接

①柱纵向钢筋应伸至柱顶,且自梁底标高算起的锚固长度不应小于 l_a。

②当截面尺寸不满足直线锚固要求时,可采用 90°弯折锚固措施。此时,包括弯弧在内的钢筋垂直投影锚固长度不应小于 $0.5l_{ab}$,在弯折平面内包含弯弧段的水平投影长度不宜小于 $12d$(附图 2.6(a))。

③当截面尺寸不足时,也可采用带锚头的机械锚固措施。此时,包含锚头在内的竖向锚固长度不应小于 $0.5l_{ab}$(附图 2.6(b))。

④当柱顶有现浇板且板厚不小于 100 mm 时,柱纵向钢筋也可向外弯折,弯折后的水平投影长度不宜小于 $12d$。

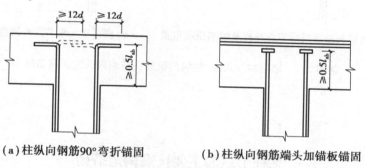

(a)柱纵向钢筋90°弯折锚固　　　　(b)柱纵向钢筋端头加锚板锚固

附图 2.6　顶层节点中柱纵向钢筋在节点内的锚固

4)顶层端节点处柱外侧纵筋、梁上部纵筋的搭接要求

在顶层端节点处,柱外侧纵向钢筋可弯入梁内用作梁上部纵向钢筋;也可将梁上部纵向钢筋与柱外侧纵向钢筋在节点及附近部位搭接,搭接可采用以下两种方式:

①搭接接头可沿顶层端节点外侧及梁端顶部布置,搭接长度不应小于 $1.5l_{ab}$(附图 2.7(a))。其中,伸入梁内的外侧柱纵向钢筋面积不宜小于其全部面积的 65%;梁宽范围以外的柱外侧纵筋宜沿节点顶部伸至柱内边锚固。当柱外侧纵向钢筋位于柱顶第一层时,钢筋伸至柱内边后宜向下弯折不小于 $8d$ 后截断(附图2.7(a)),d 为柱纵向钢筋的直径;当柱外侧纵向钢筋位于柱顶第二层时,可不向下弯折。当现浇板厚度不小于 100 mm 时,梁宽范围以外的柱外侧纵向钢筋可伸入现浇板内,其长度与伸入梁内的柱纵向钢筋相同。

②当柱外侧纵向钢筋配筋率大于 1.2% 时,伸入梁内的柱纵向钢筋应满足上述①的规定且宜分两批截断,截断点之间的距离不宜小于 $20d$,d 为柱外侧纵向钢筋的直径。梁上部纵向

钢筋应伸至节点外侧并向下弯至梁下边缘高度位置后截断。

③纵向钢筋搭接接头也可沿节点柱顶外侧直线布置(附图2.7(b)),此时,搭接长度自柱顶算起不应小于 $1.7l_{ab}$。当梁上部纵向钢筋的配筋率大于1.2%时,弯入柱外侧的梁上部纵向钢筋宜分两批截断,截断点之间的距离不宜小于 $20d$,d 为梁上部纵向钢筋的直径。

④当梁的截面尺寸较大,梁、柱纵向钢筋相对较小,从梁底算起的直线搭接长度未延伸至柱顶即已满足 $1.5l_{ab}$ 的要求时,应将搭接长度延伸至柱顶并满足搭接长度 $1.7l_{ab}$ 的要求;或者从梁底算起的弯折搭接长度未延伸至柱内侧边缘即已满足 $1.5l_{ab}$ 的要求时,其弯折后包括弯弧在内的水平段的长度不应小于 $15d$,d 为柱纵向钢筋的直径。

⑤在顶层端节点处,柱内侧纵向钢筋的锚固应符合关于柱纵向钢筋在顶层中节点的锚固规定。

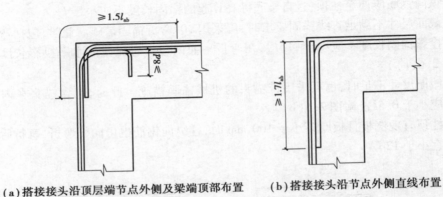

(a)搭接接头沿顶层端节点外侧及梁端顶部布置　　(b)搭接接头沿节点外侧直线布置

附图2.7　顶层端节点梁、柱纵向钢筋在节点内的锚固与搭接

附2.15

梁柱节点的主要抗震构造措施

《混凝土结构设计规范》(GB 50010—2010)第11.6.7条和11.6.8条对抗震设计中梁、柱纵筋在框架节点内的锚固、搭接等相关抗震构造措施进行了规定。

1)贯穿中间层中间节点的框架梁纵筋直径

框架中间层中间节点处,框架梁的上部纵向钢筋应贯穿中间节点。贯穿中柱的每根梁纵向钢筋直径,对于9度设防烈度的各类框架和一级抗震等级的框架结构,当柱为矩形截面时,不宜大于柱在该方向截面尺寸的1/25,当柱为圆形截面时,不宜大于纵向钢筋所在位置柱截面弦长的1/25;对一、二、三抗震等级,当柱为矩形截面时,不宜大于柱在该方向截面尺寸的1/20,对圆柱截面,不宜大于纵向钢筋所在位置柱截面弦长的1/20。

2)梁、柱纵筋在框架节点内的锚固和搭接

对于框架中间层中间节点、中间层端节点、顶层中间节点以及顶层端节点,梁、柱纵向钢筋在节点部位的锚固和搭接,其构造规定与附图2.4～附图2.7的相关规定类似,但应将图中的 l_{ab} 用 l_{abE} 代替、l_l 用 l_{lE} 代替。其中,l_{lE} 按附2.10的规定取用,l_{abE} 按下式取用:

$$l_{abE} = \zeta_{aE} l_{ab} \qquad\qquad (附 2.22)$$

式中 ζ_{aE}——纵向受拉钢筋锚固长度修正系数,按附2.10的规定取用。

3)节点区配置箍筋的构造要求

框架节点核心区箍筋的最大间距、最小直径宜按正文表2.8(柱端加密区箍筋的最大间距、最小直径要求)采用。

对一、二、三级抗震等级的框架节点核心区,配箍特征值 λ_v 分别不宜小于0.12、0.10和0.08,且其箍筋体积配筋率分别不宜小于0.6%、0.5%和0.4%。当框架柱的剪跨比不大于2时,其节点核心区体积配筋率不宜小于核心区上、下柱端体积配筋率中的较大值。

附2.16

现浇混凝土多层框架结构设计

1)设计资料

某5层办公楼,层高3.6 m,女儿墙高0.8 m,标准层的建筑平面布置、剖面分别如附图2.8、附图2.9所示。

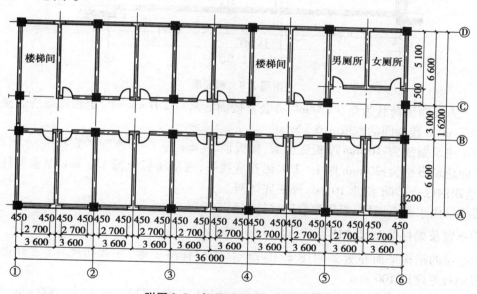

附图2.8 标准层建筑平面布置图

该办公楼采用现浇钢筋混凝土框架结构,基础埋深0.6 m,室内外高差0.45 m。基本风压为0.35 kN/m²,地面粗糙为C类。7度(0.15g)抗震设防,设计地震分组为第三组,Ⅱ类场地。

梁板柱的纵向钢筋采用HRB400钢筋、箍筋采用HPB300钢筋,梁、板采用C35($f_c = 16.7$ N/mm²)混凝土。框架柱采用C40($f_c = 19.1$ N/mm²)混凝土。

外墙采用200 mm厚的烧结页岩多孔砖(孔洞率为30%),容重 $\gamma = 12$ kN/m³,内墙采用空心砖($\gamma = 10$ kN/m³),铝合金窗 $\gamma = 0.35$ kN/m³。

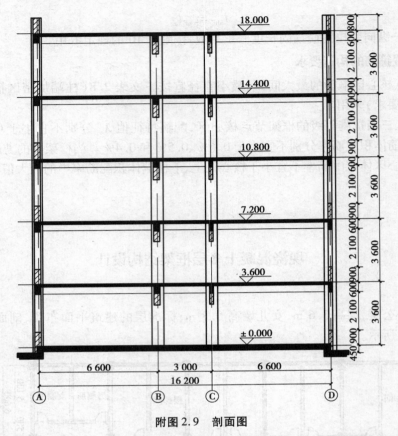

附图 2.9　剖面图

　　不上人屋面活荷载为 $0.5\ \mathrm{kN/m^2}$，办公室楼面活荷载 $2.0\ \mathrm{kN/m^2}$，走廊和厕所的楼面活荷载 $2.5\ \mathrm{kN/m^2}$。楼梯间活载取 $3.5\ \mathrm{kN/m^2}$。

　　楼面建筑做法为：10 mm 厚板底抹灰，楼板顶 20 mm 厚 1:2 水泥砂浆找平，水磨石面层。

　　屋面建筑做法为：20 mm 厚 1:2 水泥砂浆找平，现浇楼板上铺 150 mm 厚水泥蛭石保温层，三毡四油绿豆砂防水层，10 mm 厚板底抹灰。

　　楼梯采用水磨石面层，板底混合砂浆抹灰厚 20 mm。

2)结构布置及梁柱截面尺寸估算

　　标准层的结构平面布置如附图 2.10 所示，图中标注了梁、柱截面尺寸(估算过程见后文)，现浇板厚度取 100 mm。

　　7 200 mm 跨方向框架梁高度 $h=(1/15\sim1/10)l=480\sim720$ mm，取 $h=600$ mm，梁宽 $b=(1/3\sim1/2)h=200\sim300$ mm，取 $b=300$ mm；类似地，在 6 600 mm 跨方向取 $h=550$ mm，$b=300$ mm；3 000 mm 跨的框架梁按相邻跨线刚度相近原则，取 $h=400$ mm，梁宽则保持 $b=300$ mm 不变。次梁截面尺寸取 250 mm×500 mm。

　　框架柱的截面尺寸需考虑地震作用的影响，主要应满足柱轴压比限值、小震下的层间侧移限值的要求。根据设防烈度、结构形式、结构高度查《建筑抗震设计规范》，该框架结构抗震等级为三级，柱轴压比限值为 0.85。如附图 2.10 中的阴影范围所示，中柱的受荷面积为 34.56 $\mathrm{m^2}$(每层)，通过估算竖向荷载下的轴力、水平地震作用的附加轴力，并考虑轴压比限值影响，取中柱的截面尺寸为 650 mm×650 mm；边柱的受荷面积为 23.76 $\mathrm{m^2}$(每层)，按类似方法可选取截面尺寸为 600 mm×600 mm。

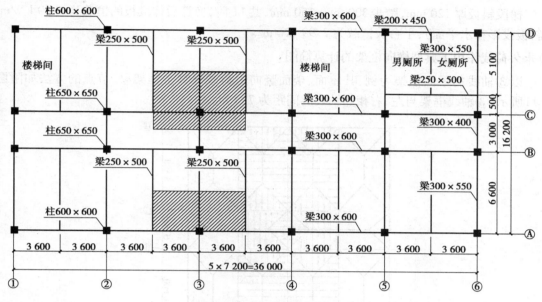

附图 2.10　标准层结构平面图

注:图中未标注的次梁截面尺寸均为 250 mm×500 mm

3)楼面恒载

（1）屋面板

防水层:三毡四油	0.40 kN/m²
找平层:20 mm 厚 1：2 水泥砂浆	0.02×20＝0.40 kN/m²
保温层:150 mm 水泥蛭石保温层	0.15×5＝0.75 kN/m²
结构层:120 mm 厚钢筋混凝土现浇板	0.12×25＝3.00 kN/m²
抹灰层:10 mm 厚混合砂浆	0.01×17＝0.17 kN/m²
屋面板恒载合计:	4.72 kN/m²

（2）楼面板

水磨石地面及水泥砂浆找平层	0.65 kN/m²
100 mm 厚钢筋混凝土现浇板	0.1×25＝2.50 kN/m²
10 mm 厚混合砂浆抹灰	0.01×17＝0.17 kN/m²
合计	3.32 kN/m²

（3）卫生间（按坐便设计）

大理石瓷砖	0.55 kN/m²
15 mm 厚水泥砂浆找平层	0.015×20＝0.30 kN/m²
100 mm 厚钢筋混凝土现浇板	0.1×25＝2.50 kN/m²
防水层	0.30 kN/m²
合计	3.65 kN/m²

（4）楼梯

梯段斜板厚120 mm，踏步300 mm×150 mm，共11阶，换算后梯段板的恒载为6.60 kN/m²（斜板投影在水平面），平台板恒载为2.99 kN/m²。

4）永久荷载作用下典型横向框架的计算简图

以③轴线的平面框架为例，其屋面、楼面竖向恒荷载导算至框架梁、节点的方法如附图2.11所示，③轴线框架与左、右相邻轴线的间距为7.2 m。

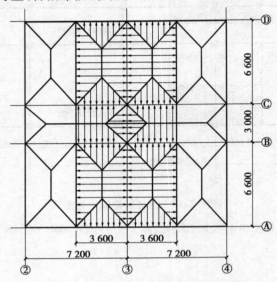

附图2.11 屋面、楼面荷载分配方法

（1）恒载导算

①1~4层均布荷载：

Ⓐ~Ⓑ轴框架梁、填充墙自重：$g_{1~4-AB-1}=4.53+8.17=12.70$ kN/m；

Ⓐ~Ⓑ轴框架梁承担的现浇楼板传来梯形荷载：$g_{1~4-AB-2}=3.32×1.8×2=11.95$ kN/m；

Ⓑ~Ⓒ轴框架梁（300×400）自重：$g_{1~4-BC-1}=3.31$ kN/m；

Ⓑ~Ⓒ轴框架梁承担的现浇楼板传来的三角形荷载：$g_{1~4-BC-2}=3.32×1.5×2=9.96$ kN/m。

②1~4层作用在Ⓐ轴、Ⓓ轴节点的集中力：

Ⓐ~Ⓑ轴之间的次梁、填充墙自重：22.98+54.83=77.81 kN/m；作用在Ⓐ~Ⓑ轴之间的次梁上的梯形荷载（现浇楼板传来）总和 $\dfrac{3.32×1.8×(3+6.6)}{2}×2=57.40$ kN，故作用在Ⓐ轴（或Ⓓ轴）上②~③轴之间框架梁上的跨中集中力为：$(77.81+57.40)×0.5=67.61$ kN；

Ⓐ轴（或Ⓓ轴）上②~③轴之间框架梁、填充墙自重：95.95 kN

作用在Ⓐ轴（或Ⓓ轴）上②~③轴之间框架梁上的2个三角形荷载（现浇楼板传来）总和为：$3.32×1.8×3.6×0.5×2=21.51$ kN；

因此，作用在Ⓐ轴、Ⓓ轴节点的集中力合计为：$\dfrac{67.61+95.95+21.51}{2}×2=185.07$ kN。

③1~4层作用在Ⓑ轴、Ⓒ轴节点的集中力：

作用在Ⓑ轴（或Ⓒ轴）上②~③轴之间框架梁上的梯形荷载（过道现浇楼板传来）总和

为:3.32×1.5×(4.2+7.2)×0.5=28.39 kN;

作用在Ⓑ轴(或Ⓒ轴)上②～③轴之间框架梁上的 2 个三角形荷载(房间现浇楼板传来)总和为:3.32×1.8×3.6×0.5×2=21.51 kN;

Ⓑ轴(或Ⓒ轴)上②～③轴之间框架梁、填充墙自重合计为:35.58×52.66=88.24 kN;

作用在Ⓑ轴(或Ⓒ轴)上②～③轴之间框架梁上的次梁传来跨中集中力为:(77.81+57.41)×0.5=67.61 kN;

因此,作用在Ⓑ轴、Ⓒ轴节点的集中力合计为:$\dfrac{28.39+21.51+88.24+67.61}{2}$×2=205.75 kN。

④第 5 层的均布荷载、节点集中力:

第五层的屋面恒荷载值不同,且无填充墙,可按照类似方法进行荷载导算(过程略)。

(2)计算简图与荷载等效

①计算简图:将以上荷载汇总,可得到③轴线平面框架在恒载作用下的计算简图(附图2.12)。

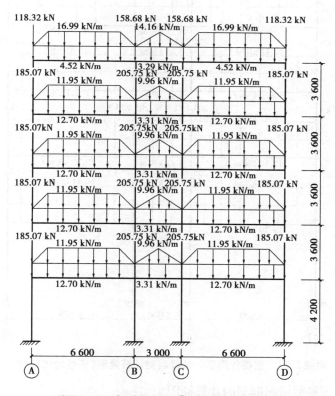

附图2.12 恒载作用下③轴线框架计算简图

②荷载等效:如附图 2.12 所示的梁上梯形荷载、三角形荷载不便于分层法计算。根据支座弯矩相等的原则,可按 $q_2=q_1(1-2\alpha^2+\alpha^3)$ 的方法将梯形荷载等效为矩形荷载(具体详见第 1 章,式中 q_2 为等效均布值,$\alpha=\dfrac{a}{l}$)。

以附图 2.12 第 1 层Ⓐ～Ⓑ轴框架梁上作用的梯形荷载为例,其等效矩形荷载为:

$$g_{1\sim4\text{-}AB}^{eq} = (1-2\alpha^2+\alpha^3) g_{1\sim4\text{-}AB\text{-}2} = \left[1-2\times\left(\frac{1.8}{6.6}\right)^2+\left(\frac{1.8}{6.6}\right)^3\right]\times11.95 = 10.41 \text{ kN/m}。$$

以附图2.12第1层Ⓑ~Ⓒ轴框架梁上作用的三角形荷载为例(该三角形荷载可视为梯形荷载的 $\alpha=0.5$ 的情况),其等效矩形荷载为:

$$g_{1\sim4\text{-}BC}^{eq} = (1-2\alpha^2+\alpha^3) g_{1\sim4\text{-}BC\text{-}2} = [1-2\times0.5^2+0.5^3]\times9.96 = 6.23 \text{ kN/m}。$$

按照相同方法,可将其他位置的梯形荷载、三角形荷载进行等效,从而得到如附图2.13所示的计算简图。

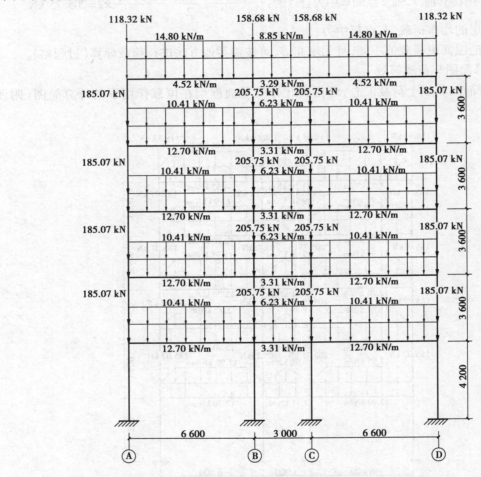

附图2.13　恒载作用下③轴线框架计算简图(等效均布荷载)

5)竖向活荷载作用下典型横向框架的计算简图

以③轴线平面框架为例,其屋面、楼面竖向活荷载仍按附图2.11所示方式导算。

(1)活载导算

由于没有梁、填充墙自重的影响,竖向活载的导算过程更简单,此处略。

(2)计算简图与荷载等效

①计算简图:轴线平面框架在屋面、楼面活荷载作用下的计算简图如附图2.14所示。

②荷载等效:仍然将附图2.14中的梁上梯形荷载、三角形荷载等效为矩形荷载,以便于

分层法计算,结果如附图 2.15 所示(具体过程略。)

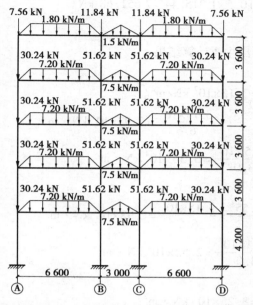

附图 2.14　活荷载作用下③轴线框架计算简图

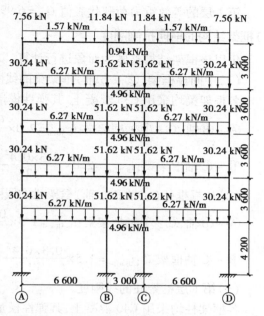

附图 2.15　活荷载作用下③轴线框架计算简图(等效均布荷载)

6)重力荷载代表值

以该三维框架结构整体为对象进行计算,以下仅给出计算结果,计算过程从略。

(1)顶层(板厚 120 mm)

自重包括:女儿墙自重 374.17 kN、屋面板自重 2 752.70 kN、屋面框架梁及次梁自重合计 1 370.85 kN、半层高框架柱自重 447.53 kN、半层内外填充墙自重 1 189.68 kN。故顶层恒载总计为 6 134.93 kN。

屋面活载总计为 291.60 kN(屋面活荷载的重力荷载代表值组合值系数为零)。

故顶层的等效重力荷载代表值为:$G_{E5} = 6\ 134.93$ kN。

(2)第 2~4 层

第 4 层的自重包括:楼面板自重 2 027.20 kN,楼面框架梁及次梁自重合计 1 391.47 kN、框架柱自重 895.06 kN、内外填充墙自重 2 379.36 kN,故第 4 层的楼层恒载总计为 6 693.09 kN。

第 4 层的楼面活荷载总计为 1 315.44 kN。

故第 4 层的重力荷载代表值为:$G_{E4} = 6\ 693.09 + 0.5 \times 1\ 315.44 = 7\ 350.81$ kN。

由于该建筑楼梯仅上到第 4 层,故第 4 层的楼梯间(中间层休息平台、梯梁、梯段)与第 2~3 层不同,第 2~3 层的等效重力荷载代表值 $G_{E2} = G_{E3} = 7\ 367.17$ kN。

(3)第 1 层

第 1 层的自重包括:楼面板自重 2 027.20 kN,楼面框架梁及次梁自重合计 1 407.83 kN、框架柱自重 969.65 kN(其中,上半层自重 447.53 kN、下半层自重 522.12 kN)、内外填充墙自重 2 589.28 kN(上半层为 1 189.68 kN、下半层为 1 399.60 kN),故楼层恒载总计为 6 993.96 kN。

第 1 层的楼面活荷载总计为 1315.44 kN。

第 1 层的等效重力荷载代表值 $G_{E1} = 6\,993.96 + 0.5 \times 1\,315.44 = 7\,651.68$ kN。

7) 框架结构的横向抗侧刚度

仍以该框架结构整体为对象进行计算,以下给出主要计算结果。

(1) 中间榀框架(②~⑤轴)框架梁的线刚度

各框架梁均采用 C35 混凝土,其弹性模量 $E_c = 3.15 \times 10^7$ kN/m²。

Ⓐ~Ⓑ轴、Ⓒ~Ⓓ轴框架梁:$i_{\text{b-AB-m}} = 2.0 \times \dfrac{0.3 \times 0.55^3}{12} \times \dfrac{3.15 \times 10^7}{6.6} = 3.97 \times 10^4$ kN · m

Ⓑ~Ⓒ轴框架梁:$i_{\text{b-BC-m}} = 2.0 \times \dfrac{0.3 \times 0.4^3}{12} \times \dfrac{3.15 \times 10^7}{3.0} = 3.36 \times 10^4$ kN · m

(2) 边榀框架(①轴和⑥轴)框架梁的线刚度

Ⓐ~Ⓑ轴、Ⓒ~Ⓓ轴框架梁:$i_{\text{b-AB-s}} = 1.5 \times \dfrac{0.3 \times 0.55^3}{12} \times \dfrac{3.15 \times 10^7}{6.6} = 2.98 \times 10^4$ kN · m

Ⓑ~Ⓒ轴框架梁:$i_{\text{b-BC-s}} = 1.5 \times \dfrac{0.3 \times 0.4^3}{12} \times \dfrac{3.15 \times 10^7}{3.0} = 2.52 \times 10^4$ kN · m

(3) 第 1 层框架柱的线刚度

各框架柱均采用 C40 混凝土,其弹性模量 $E_c = 3.25 \times 10^7$ kN · m²。

边柱:$i_{\text{c-1-s}} = \dfrac{0.6 \times 0.6^3}{12} \times \dfrac{3.25 \times 10^7}{4.2} = 8.357 \times 10^4$ kN · m

中柱:$i_{\text{c-1-m}} = \dfrac{0.65 \times 0.65^3}{12} \times \dfrac{3.25 \times 10^7}{4.2} = 1.151 \times 10^5$ kN · m

(4) 第 2~5 层框架柱的线刚度

边柱:$i_{\text{c-2~5-s}} = 9.750 \times 10^4$ kN · m   中柱:$i_{\text{c-2~5-m}} = 1.343 \times 10^5$ kN · m

(5) 中间榀框架(②~⑤轴)柱的抗侧刚度(D 值)

各榀横向框架均有 4 个框架柱,其中两根中柱的 D 值相同、两根边柱的 D 值相同。

① 位于Ⓑ轴、Ⓒ轴的框架柱:

第 1 层:

$$K = \frac{i_{\text{b-AB-m}} + i_{\text{b-BC-m}}}{i_{\text{c-1-m}}} = \frac{(3.97 + 3.36) \times 10^4}{1.151 \times 10^5} = 0.637$$

$$\alpha_c = \frac{0.5 + K}{2 + K} = \frac{0.5 + 0.637}{2 + 0.637} = 0.431$$

$$D_{\text{1-BC-m}} = \alpha_c \frac{12 i_{\text{c-1-m}}}{h_j^2} = 0.431 \times \frac{12 \times 1.151 \times 10^5}{4.2^2} = 33\,747.01 \text{ kN/m}$$

第 2~5 层:

$$K = \frac{i_{\text{b-AB-m}} + i_{\text{b-AB-m}} + i_{\text{b-BC-m}} + i_{\text{b-BC-m}}}{2 i_{\text{c-2~5-m}}} = \frac{(3.97 + 3.97 + 3.36 + 3.36) \times 10^4}{2 \times 1.343 \times 10^5} = 0.546$$

$$\alpha_c = \frac{K}{2 + K} = \frac{0.546}{2 + 0.546} = 0.214$$

$$D_{\text{2-5-BC-m}} = \alpha_c \frac{12 i_{\text{c-2~5-m}}}{h_j^2} = 0.214 \times \frac{12 \times 1.343 \times 10^5}{3.6^2} = 26\,611.30 \text{ kN/m}$$

②位于Ⓐ轴、Ⓓ轴的框架柱：

按照类似方法可计算Ⓐ轴、Ⓓ轴上框架柱的抗侧刚度 D 值为：

第 1 层：$K=0.475, \alpha_c=0.394, D_{1\text{-AD-m}}=22\ 399.03$ kN/m

第 2~5 层：$K=0.407, \alpha_c=0.169, D_{2\sim5\text{-AD-m}}=15\ 256.94$ kN/m

（6）边榀框架（①轴和⑥轴）柱的抗侧刚度（D 值）

①位于Ⓑ轴、Ⓒ轴的框架柱：

第 1 层：$K=0.478, \alpha_c=0.395, D_{1\text{-BC-s}}=30\ 849.93$ kN/m

第 2~5 层：$K=0.410, \alpha_c=0.170, D_{2\sim5\text{-BC-s}}=21\ 139.81$ kN/m

②位于Ⓐ轴、Ⓓ轴的框架柱：

第 1 层：$K=0.357, \alpha_c=0.364, D_{1\text{-AD-s}}=20\ 693.52$ kN/m

第 2~5 层：$K=0.306, \alpha_c=0.133, D_{2\sim5\text{-AD-s}}=12\ 006.94$ kN/m

（7）框架结构整体的楼层抗侧刚度（D 值）

将每楼层各柱的 D 值相加，即得到楼层的抗侧刚度。

第 1 层：

$D_1=33\ 747.01\times8+22\ 399.03\times8+30\ 928.23\times4+20\ 693.52\times4=655\ 655.32$ kN/m

第 2~5 层：

$D_{2\sim5}=26\ 611.30\times8+15\ 256.94\times8+21\ 139.81\times4+12\ 006.94\times4=467\ 532.92$ kN/m

$\sum D_1 / \sum D_2=467\ 532.92/655\ 655.32=0.71>0.7$（侧向刚度满足规则性要求）

8）横向水平地震作用及地震下的框架侧移

（1）横向自振周期

仍以该框架结构整体为对象进行计算，并采用顶点位移法进行计算。将每楼层的重力荷载代表值作为假想水平力作用在结构上，框架顶点的假想侧移计算结果如附表 2.11 所示。

附表 2.11 框架结构顶点侧移

楼 层	G_j/kN	V_{Fj}/kN	$D_j=\sum D_i$/kN·m^{-1}	Δu_j/mm	u_j/mm
5	6 134.93	6 134.93	467 532.92	13.122	201.639
4	7 350.81	13 485.74	467 532.92	28.844	188.517
3	7 367.17	20 852.91	467 532.92	44.602	159.673
2	7 367.17	28 220.08	467 532.92	60.360	115.071
1	7 651.68	35 871.76	655 655.32	54.711	54.711

计算结构基本自振周期 T_1，其中 u_T 的量纲为 m，框架结构可取 $\psi_T=0.7$，故有：

$$T_1=1.7\psi_T\sqrt{u_T}=1.7\times0.7\times\sqrt{0.201\ 6}=0.535\ \text{s}$$

（2）横向水平地震作用

采用底部剪力法计算框架整体的横向水平地震作用。根据《建筑抗震设计规范》查表得，7 度（$0.15g$）区的 $\alpha_{max}=0.12$；对于设计地震分组第三组、Ⅱ类场地，其反应谱特征周期值 $T_g=0.45$ s，且 $T_g<T_1=0.535$ s$<5T_g$，故：

$$\alpha = \left(\frac{T_g}{T_1}\right)^{\gamma} \eta_2 \alpha_{max} = \left(\frac{0.45}{0.535}\right)^{0.9} \times 1.0 \times 0.12 = 0.103$$

$$G_{eq} = 0.85 \sum G_{Ei} = 0.85 \times (6\ 134.93 + 7\ 350.81 + 7\ 367.17 \times 2 + 7\ 651.68) = 30\ 491.00\ kN$$

$$F_{Ek} = \alpha_1 G_{eq} = 0.103 \times 30\ 491.00 = 3\ 140.57\ kN$$

由于 $T_1 = 0.535\ s < 1.4 T_g = 1.4 \times 0.45\ s = 0.63\ s$，故不考虑结构顶部附加集中作用，可按 $F_{Ej} = \dfrac{G_j H_j}{\sum\limits_{i=1}^{n} G_i H_i} F_{Ek}$ 计算各楼层的水平地震作用，如附表 2.12 所示。

附表 2.12   各楼层横向水平地震作用及楼层地震剪力

楼　层	H_i/m	G_i/kN	$G_i H_i/kN \cdot m$	$\dfrac{G_i H_i}{\sum G_j H_j}$	F_{Ej}/kN	V_{Fj}/kN
5	18.6	6 134.93	114 109.70	0.287	901.34	901.34
4	15.0	7 350.81	110 262.15	0.277	869.94	1 771.28
3	11.4	7 367.17	83 985.74	0.211	662.66	2 433.94
2	7.8	7 367.17	57 463.93	0.144	452.24	2 886.18
1	4.2	7 651.68	32 137.06	0.081	254.39	3 140.57

（3）水平地震作用下的弹性层间位移验算

根据各楼层的地震剪力、抗侧刚度可计算框架整体在多遇地震下的弹性层间位移（附表 2.13）。

附表 2.13   横向水平地震作用下框架结构的弹性侧向层间位移

楼层	V_{Fj}/kN	$D_j = \sum D_i /kN \cdot m^{-1}$	$\Delta u_j/mm$	h_j/mm	$\theta_e = \dfrac{\Delta u_j}{h_j}$
5	901.34	467 532.92	1.928	3 600	1/1 867
4	1 771.28	467 532.92	3.789	3 600	1/950
3	2 433.94	467 532.92	5.206	3 600	1/692
2	2 886.18	467 532.92	6.173	3 600	1/583
1	3 140.57	655 655.32	4.790	4 200	1/877

可见，最大层间弹性位移角发生在第 2 层，其值为 1/583 < 1/550，满足规范要求。

9）横向水平地震作用下的框架内力

（1）横向框架分配的楼层剪力

以左震作用下③轴线平面框架为例，其计算简图如附图 2.16 所示，可以采用 D 值法计算该横向平面框架在水平地震作用下的内力。

根据前文计算得到的各框架柱的抗侧刚度，首先计算③轴线平面框架每楼层 4 根柱的 D 值之和（以 D_{j-3} 表示），然后按照 D_{j-3} 与框架整体相应楼层的 D 值（即附表 2.11 和附表 2.13 中

的 D_j)的比值,将框架整体的横向水平地震作用引起的各楼层剪力 V_{Fj} (附表2.12)分配给③轴线平面框架(以 V_{Fj-3} 表示),其结果如附表2.14所示。

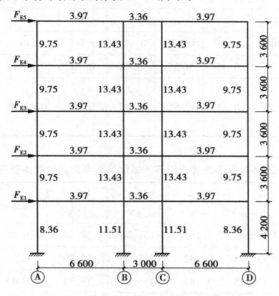

附图2.16　左震作用下③轴线平面框架的计算简图

(注:图中数字为线刚度,单位:×10⁴ kN·m)

附表2.14　③轴线平面框架的横向水平地震楼层剪力

楼 层	V_{Fj}/kN	$D_j = \sum D_i /(\mathrm{kN}\cdot\mathrm{m}^{-1})$	$D_{j-3}/(\mathrm{kN}\cdot\mathrm{m}^{-1})$	D_{j-3}/D_j	V_{Fj-3}/kN
5	901.34	467 532.92	83 736.48	0.179	161.34
4	1 771.28	467 532.92	83 736.48	0.179	317.06
3	2 433.94	467 532.92	83 736.48	0.179	435.68
2	2 886.18	467 532.92	83 736.48	0.179	516.63
1	3 140.57	655 655.32	112 292.08	0.171	537.04

(2)框架柱的弯矩

首先按照③轴线平面框架每楼层各柱 D 值的比例将 V_{Fj-3} 分配给各框架柱,并按照 D 值法计算各柱的反弯点高度比 y 。

y 的计算过程如附表2.15所示,其中,由于各楼层框架梁截面尺寸保持不变,故上下梁相对刚度变化对反弯点高度影响的修正值 $y_{1-j}=0$;经计算查表,层高变化(仅底层的层高不同)对反弯点影响的 y_{2-j} 与 y_{3-j} 也均为零(故附表2.15未列出 y_{1-j} 、 y_{2-j} 和 y_{3-j})。因此,查表得到规则框架承受倒三角形分布水平力作用时各楼层框架柱的标准反弯点高度比 y_0 之后,其结果即为柱的反弯点高度比 y 。

然后,可进一步计算③轴线框架的边柱、中柱的柱端弯矩,分别如附表2.16和附表2.17所示。

附表 2.15　水平地震作用下③轴线框架柱的反弯点高度比

变　量	楼层（边柱）					楼层（中柱）				
	5	4	3	2	1	5	4	3	2	1
K	0.407	0.407	0.407	0.407	0.475	0.546	0.546	0.546	0.546	0.637
$y_{0\text{-}j}$	0.25	0.35	0.45	0.55	0.76	0.30	0.40	0.45	0.50	0.70
$y_{j\text{-AD-}m}$ 或 $y_{j\text{-BC-}m}$	0.25	0.35	0.45	0.55	0.76	0.30	0.40	0.45	0.50	0.70

附表 2.16　水平地震作用下③轴线平面框架边柱的端部弯矩

楼　层	$D_{j\text{-AD-}m}$ /(kN·m)	$D_{j\text{-}3}$ /(kN·m)	$\dfrac{D_{j\text{-AD-}m}}{D_{j\text{-}3}}$	$V_{Fj\text{-}3}$ /kN	$V_{j\text{-AD-}m}$ /kN	$y_{j\text{-AD-}m}$	$M^{b}_{j\text{-AD}}$ /(kN·m)	$M^{t}_{j\text{-AD}}$ /(kN·m)
5	15 256.94	83 736.48	0.182	161.34	29.40	0.25	26.46	79.38
4	15 256.94	83 736.48	0.182	317.06	57.77	0.35	72.79	135.18
3	15 256.94	83 736.48	0.182	435.68	79.38	0.45	128.60	157.18
2	15 256.94	83 736.48	0.182	516.63	94.13	0.55	186.38	152.49
1	22 399.03	112 292.08	0.199	537.04	107.12	0.76	341.94	107.98

附表 2.17　水平地震作用下③轴线平面框架中柱的端部弯矩

楼　层	$D_{j\text{-BC-}m}$ /(kN·m)	$D_{j\text{-}3}$ /(kN·m)	$\dfrac{D_{j\text{-BC-}m}}{D_{j\text{-}3}}$	$V_{Fj\text{-}3}$ /kN	$V_{j\text{-BC-}m}$ /kN	$y_{j\text{-BC-}m}$	$M^{b}_{j\text{-BC}}$ /(kN·m)	$M^{t}_{j\text{-BC}}$ /(kN·m)
5	26 611.30	83 736.48	0.318	161.34	51.31	0.30	55.41	129.30
4	26 611.30	83 736.48	0.318	317.06	100.83	0.40	145.20	217.79
3	26 611.30	83 736.48	0.318	435.68	138.55	0.45	224.45	274.33
2	26 611.30	83 736.48	0.318	516.63	164.29	0.50	295.72	295.72
1	33 747.01	112 292.08	0.301	537.04	161.65	0.70	475.25	203.68

（3）柱剪力、轴力及梁端弯矩、剪力

以附图 2.16 所示框架第 1 层Ⓑ轴线的框架柱为例，其剪力为：

$$V_{1\text{-BC}} = \frac{(M^{b}_{1\text{-BC}} + M^{t}_{1\text{-BC}})}{h_1} = \frac{475.25 + 203.68}{4.2} = 161.65 \ \text{kN}$$

以附图 2.16 所示框架第 1 层Ⓐ～Ⓑ轴线之间的框架梁为例，框架梁端部的弯矩、剪力的计算方法如下。

$$M^{l}_{1\text{-AB}} = M^{t}_{1\text{-AD}} + M^{b}_{2\text{-AD}} = 107.98 + 186.38 = 294.36 \ \text{kN} \cdot \text{m}$$

$$M^{r}_{1\text{-AB}} = (M^{t}_{1\text{-BC}} + M^{b}_{2\text{-BC}}) \times \frac{i_{1\text{-AB}}}{(i_{1\text{-AB}} + i_{1\text{-BC}})}$$

$$= (203.68+295.72) \times \frac{3.97 \times 10^4}{3.97 \times 10^4 + 3.36 \times 10^4} = 270.48 \text{ kN} \cdot \text{m}$$

$$V^l_{1\text{-AB}} = V^r_{1\text{-AB}} = \frac{(M^l_{1\text{-AB}} + M^r_{1\text{-AB}})}{l_{\text{AB}}} = \frac{294.36 + 270.48}{6.6} = 85.58 \text{ kN}$$

按照类似方法得到其他框架梁的弯矩、剪力后,可计算柱轴力。以如附图 2.16 所示框架 Ⓑ 轴线上的框架柱为例,其底层轴力为:

$$N^t_{1\text{-BC}} = \sum_{i=1}^{5} (V^r_{i\text{-AB}} + V^l_{i\text{-BC}}) = (39.51 - 22.64) + (83.49 - 46.91) + (128.20 - 69.27) + (158.96$$

$$-85.28) + (152.61 - 85.58) = 253.09 \text{ kN}$$

(4)内力图

综合以上结果,可绘制左震作用下③轴线平面框架的内力图,如附图 2.17 所示。

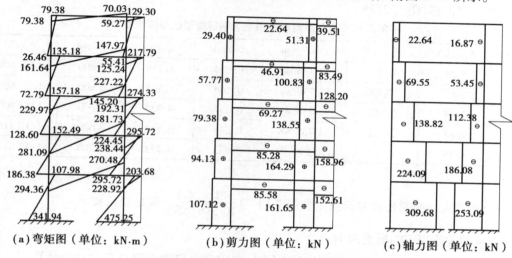

附图 2.17　左震作用下③轴线框架内力图

10)横向风荷载及风荷载作用下的框架侧移

以左风作用下③轴线平面框架为例进行计算。

(1)横向风荷载

该框架结构基本风压 $w_0 = 0.35 \text{ kN/m}^2$。根据《建筑结构荷载规范》,该框架的体型系数为 $\mu_s = 0.8$(迎风面)、$\mu_s = -0.5$(背风面),故 $\mu_s = 1.3$;框架高度为 19.25 m(<30 m)、高宽比为 1.19(<1.5),故取风振系数 $\beta_z = 1.0$;根据地面粗糙程度为 C 类,可查得风压高度变化系数 μ_z(各高度处的 μ_z 取值见附表 2.18)。

③轴线平面框架的风荷载计算单元的宽度为 7.2 m,通过计算 $w_k = \beta_z \mu_s \mu_z w_0$,可得到承荷宽度内的风荷载标准值为 $q_{z\text{-}3} = b\beta_z\mu_z\mu_s w_0 = 7.2 \times 1.0 \times \mu_z \times 1.3 \times 0.35 = 3.276\mu_z \text{ kN/m}$,然后再按静力等效原理将沿高度方向分布的风荷载 $q_{z\text{-}3}$ 转化为节点风荷载 $F_{wj\text{-}3}$(附表2.18)。

以第 2~4 层的节点集中风荷载为例,$F_{w2\text{-}3} = F_{w3\text{-}3} = F_{w4\text{-}3} = 2.13 \times 3.6 = 7.67 \text{ kN}$;顶层应考虑 0.8 m 的女儿墙,即:$F_{w5\text{-}3} = 2.39 \times (3.6 \div 2 + 0.8) = 6.21 \text{ kN}$。

附表2.18　③轴线平面框架的风荷载标准值

楼　层	Z_j/m	Z_j/H_j	μ_z	$q_{z\text{-}3}/(kN \cdot m^{-1})$	$F_{wj\text{-}3}/kN$
5	19.250	1.000	0.73	2.39	6.21
4	14.850	0.771	0.65	2.13	7.67
3	11.250	0.584	0.65	2.13	7.67
2	7.650	0.397	0.65	2.13	7.67
1	4.050	0.210	0.65	2.13	8.15

（2）横向风荷载作用下的框架位移

根据各楼层的风荷载标准值 $F_{wj\text{-}3}$、各柱的 D 值可计算③轴线平面框架在横向风荷载作用下的弹性层间位移（附表2.19）。

附表2.19　横向风荷载作用下③轴线框架的层间位移

楼　层	$F_{wj\text{-}3}/kN$	$V_{Fj\text{-}3}/kN$	$D_{j\text{-}3}/(kN \cdot m^{-1})$	$\Delta u_j/mm$	u_j/mm	h_j/mm	$\Delta u_j/h_j$
5	6.21	6.21	83 736.48	0.074	1.179	3 600	1/48 649
4	7.67	13.88	83 736.48	0.166	1.105	3 600	1/21 687
3	7.67	21.55	83 736.48	0.257	0.939	3 600	1/14 008
2	7.67	29.22	83 736.48	0.349	0.682	3 600	1/10 315
1	8.15	37.37	112 292.08	0.333	0.333	4 200	1/12 613

框架的最大层间弹性位移角发生在第2层，且 $\dfrac{1}{10\ 315} < \dfrac{1}{550}$，满足规范要求。

11）横向风荷载作用下的框架内力

以在左风作用下的③轴线平面框架（附图2.18）为例，仍然采用 D 值法进行计算。

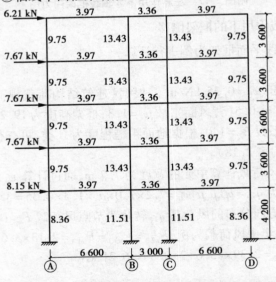

附图2.18　左风作用下③轴线框架的计算简图

（注：图中数字为线刚度，单位：×10⁴ kN·m）

（1）框架柱的弯矩

首先，计算各柱的抗侧刚度 D 值，具体过程如前文所述，结果如附图 2.18 所示。

其次，按照 D 值法计算③轴线框架各柱的反弯点高度比 y，如附表 2.20 所示。在表中，各楼层框架梁截面尺寸保持不变，故 $y_{1-j}=0$；经计算，层高变化（仅底层的层高不同）对反弯点影响的 y_{2-j} 与 y_{3-j} 也均为零，故附表 2.20 未列出 y_{1-j}、y_{2-j} 和 y_{3-j}。因此，查表得到规则框架承受均布水平力作用时各楼层柱的标准反弯点高度比 y_0 之后，其结果即为柱的反弯点高度比 y。

最后，计算③轴线框架边柱、中柱的柱端弯矩，计算方法与地震作用下的内力计算过程类似，此处略。

附表 2.20　水平地震作用下③轴线框架柱的反弯点高度比

变　量	楼层（边柱）					楼层（中柱）				
	5	4	3	2	1	5	4	3	2	1
K	0.407	0.407	0.407	0.407	0.475	0.546	0.546	0.546	0.546	0.637
y_{0-j}	0.20	0.30	0.40	0.50	0.75	0.27	0.35	0.42	0.50	0.70
$y_{j\text{-AD-}m}$ 或 $y_{j\text{-BC-}m}$	0.20	0.30	0.40	0.50	0.75	0.27	0.35	0.42	0.50	0.70

（2）柱剪力、轴力及梁端弯矩、剪力

计算方法与地震作用下的内力计算过程类似，此处略。左风作用下③轴线平面框架的内力图如附图 2.19 所示。

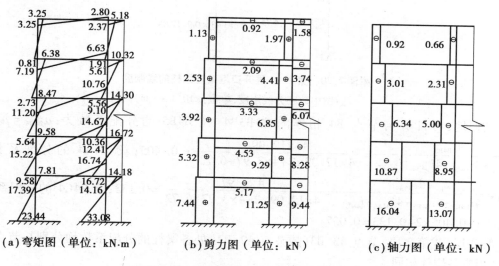

（a）弯矩图（单位：kN·m）　　（b）剪力图（单位：kN）　　（c）轴力图（单位：kN）

附图 2.19　左风作用下③轴线框架内力图

12）恒荷载作用下的框架内力

以③轴线平面框架为例，框架上作用的恒载如附图 2.13 所示，其几何尺寸、构件线刚度如附图 2.16 所示，可采用分层法计算该横向框架在恒载作用下的内力。

第一步，按照分层法将③轴线框架分解为 5 个开口框架，由于该框架的结构布置、荷载、构件截面尺寸等均左右对称,因此各开口框架均可取半结构进行计算。

(1)梁的固端弯矩

在附图 2.13 中,梁上三角形荷载、梯形荷载均已等效为均布荷载,故梁的固端弯矩均按 $M_b = \dfrac{ql^2}{12}$ 进行计算。例如,对于 1~4 楼层的框架梁:

Ⓐ~Ⓑ轴框架梁的固端弯矩:$M_{b\text{-}AB\text{-}1\sim4}^l = M_{b\text{-}AB\text{-}1\sim4}^r = 23.11 \times 6.6^2 \div 12 = 83.89$ kN·m;

Ⓑ~Ⓒ轴框架梁的固端弯矩(取半结构后其跨度减小一半,如附图 2.20 所示):$M_{b\text{-}BC'\text{-}1\sim4}^l = 9.54 \times 1.5^2 \div 3 = 7.16$ kN·m,$M_{b\text{-}BC'\text{-}1\sim4}^r = 9.54 \times 1.5^2 \div 6 = 3.58$ kN·m。

按此方法可计算其他楼层框架梁的固端弯矩。

(2)计算简图与分配系数

首先确定各构件的线刚度。以第 2~4 层为例,该开口框架各构件的线刚度如附图 2.20 所示,各梁、柱的线刚度计算过程见前文。其中应注意的是,取半结构之后过道处的框架梁(B4C4)长度减小一半使其线刚度增大一倍,且柱线刚度应乘以 0.9 进行修正。

然后计算各杆件的分配系数。以节点 A4 为例,柱 A4A5 的分配系数为:$\mu_{A4A5} = \dfrac{4i_{A4A5}}{4i_{A4A5} + 4i_{A4A3} + 4i_{A4B4}} = \dfrac{4 \times 8.78}{4 \times 8.78 \times 2 + 4 \times 3.97} = 0.408$;柱 A4A3 的分配系数与柱 A4A5 相同,即 $\mu_{A4A3} = \mu_{A4A5} = 0.408$;梁 A4B4 的分配系数为:$\mu_{A4B4} = 1 - 0.408 \times 2 = 0.184$。

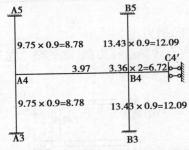

附图 2.20　第 2~4 层开口框架各梁柱的线刚度

(注:图中数字为线刚度,单位:×10⁴ kN·m)

类似地,可计算与节点 B4 相连的柱 B3B4、柱 B4B5 的分配系数为:$\mu_{B4B3} = \mu_{B4B5} = \dfrac{4i_{B4B5}}{4i_{B4B5} + 4i_{B4B3} + 4i_{B4A4} + i_{B4C4'}} = \dfrac{4 \times 12.09}{4 \times 12.09 \times 2 + 4 \times 3.97 + 6.72} = 0.405$;梁 B4A4 的分配系数为:$\mu_{B4A4} = \dfrac{4i_{B4A4}}{4i_{B4B3} + 4i_{B4B5} + 4i_{B4A4} + i_{B4C4'}} = \dfrac{4 \times 3.97}{4 \times 12.09 \times 2 + 4 \times 3.97 + 6.72} = 0.133$;梁 B4C4'的分配系数为 $\mu_{B4C4'} = 1 - 0.405 \times 2 - 0.133 = 0.057$。

第 3 层(或第 2 层)节点 A3、B3(或节点 A2、B2)处各梁柱的分配系数均分别与节点 A4、B4 处相应各构件相同。

同理,可计算第 1 层、第 5 层开口框架的各梁柱的分配系数。

(3)分层法计算弯矩

各开口框架均可按力矩分配法进行内力计算。以 2~4 层的开口框架为例,其计算过程、所得弯矩分布如附图 2.21 所示(注:弯矩以绕杆端顺时针转动为正)。

根据力矩分配法求得支座弯矩之后,结合各框架梁跨内的实际分布荷载(梯形荷载、三角形荷载），可按静力平衡方法计算跨中弯矩值，具体如下：

$$M_{AB}^{跨中} = \frac{11.95 \times 6.6^2}{24}\left(3-4\left(\frac{1.8}{6.6}\right)^2\right) + \frac{12.70 \times 6.6^2}{8} - \frac{73.07+80.83}{2} = 50.80 \text{ kN} \cdot \text{m}$$

$$M_{BC}^{跨中} = \frac{9.96 \times 3^2}{12} + \frac{3.31 \times 3^2}{8} - \frac{12.00+12.00}{2} = -0.81 \text{ kN} \cdot \text{m}$$

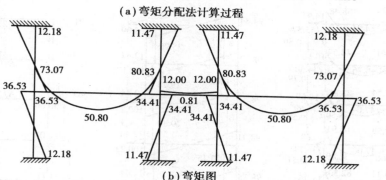

（a）弯矩分配法计算过程

（b）弯矩图

附图 2.21　恒载作用下第 2～4 层开口框架力矩分配法计算过程及弯矩图（单位：kN·m）

重复以上过程，可得到第 1 层、第 5 层的开口框架弯矩分布图（相应的弯矩分配计算过程从略），如附图 2.22 所示。

将各开口框架的弯矩图叠加，可得到整体框架在恒载作用的弯矩图。虽然在各开口框架中节点弯矩是平衡的，但是整体框架的柱端弯矩是两个开口框架的柱端弯矩叠加而成，这将导致节点弯矩不平衡，该误差是分层法的计算方法所导致。一般可采用将节点不平衡弯矩再一次分配的方法进行修正，修正后的③轴线框架的整体弯矩图如附图 2.23（a）所示。

在附图 2.23（a）中框架梁的跨中弯矩应以节点平衡后的结果为依据计算。例如，第 2 层 Ⓐ～Ⓑ 跨框架梁的跨中弯矩为：$M_{b\text{-}AB\text{-}2}^{跨中} = \frac{11.95 \times 6.6^2}{24}\left[3-4\times\left(\frac{1.8}{6.6}\right)^2\right] + \frac{12.70 \times 6.6^2}{8} -$

$\frac{77.59+83.91}{2} = 47.00 \text{ kN} \cdot \text{m}$；第 2 层 Ⓑ～Ⓒ 跨框架梁的跨中弯矩为：$M_{b\text{-}BC\text{-}2}^{跨中} = \frac{9.96 \times 3^2}{12} +$

$\frac{3.31 \times 3^2}{8} - \frac{10.68 \times 2}{2} = 0.51 \text{ kN} \cdot \text{m}$。

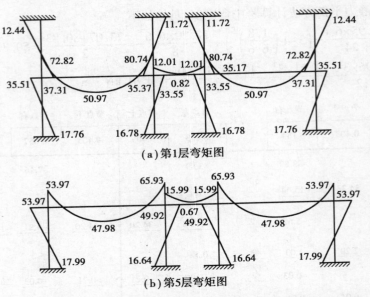

（a）第1层弯矩图

（b）第5层弯矩图

附图2.22　恒载作用下第1层、第5层开口框架的弯矩图（单位：kN·m）

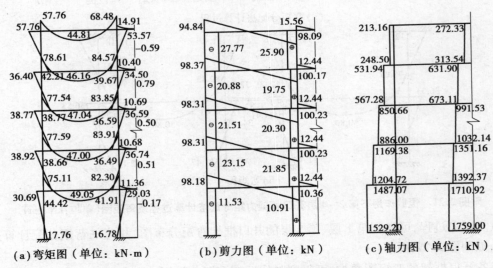

（a）弯矩图（单位：kN·m）　　　（b）剪力图（单位：kN）　　　（c）轴力图（单位：kN）

附图2.23　恒载作用下③轴线框架内力图

（4）剪力、轴力

计算框架梁剪力应考虑恒载、梁端弯矩的影响。以第2层为例，Ⓐ～Ⓑ跨框架梁的梁端

剪力为：$V^l_{b\text{-}AB\text{-}2} = \dfrac{11.95 \times (3+6.6)}{2} + \dfrac{12.70 \times 6.6}{2} - \dfrac{83.91-77.59}{6.6} = 98.31$ kN，$V^r_{b\text{-}AB\text{-}2} =$

$-\dfrac{11.95 \times (3+6.6)}{2} - \dfrac{12.70 \times 6.6}{2} - \dfrac{83.91-77.59}{6.6} = -100.23$ kN；第2层Ⓑ～Ⓒ跨框架梁的梁

端剪力为：$V^l_{b\text{-}BC\text{-}2} = -V^r_{b\text{-}BC\text{-}2} = \dfrac{9.96 \times 3}{4} + \dfrac{3.31 \times 3}{2} = 12.44$ kN。

柱剪力直接依据柱端弯矩进行计算（无柱间荷载）。以第2层为例，Ⓐ轴框架柱的剪力为：$V_{c\text{-}A\text{-}2} = -\dfrac{44.42 + 38.92}{3.6} = -23.15 \text{ kN}$。

根据各框架梁的剪力、节点集中力（$P_{i\text{-}A}$）以及柱自重（$G_{ci\text{-}A}$）可计算柱轴力。以Ⓐ轴线上的框架柱为例，其底层柱下端轴力为：$N_{1\text{-}BC}^{b} = \displaystyle\sum_{i=1}^{5}(V_{i\text{-}AB}^{l} + P_{i\text{-}A} + G_{ci\text{-}A}) = (94.84 + 98.37 + 98.31 + 98.31 + 98.18) + (185.07 \times 4 + 118.32) + (35.34 \times 4 + 41.23) = 1\,529.20 \text{ kN}$。

按以上方法可计算其他梁柱的剪力、轴力，并绘制剪力图、轴力图（附图 2.23）。

13）竖向活荷载作用下的框架内力

以③轴线的平面框架为例，框架上作用的活荷载如附图 2.15 所示。

该框架结构活荷载较小（均小于 4.0 kN/m²），活荷载产生的内力明显小于恒载、水平力作用下的内力，故采用满布活荷载的计算方法（通过修正考虑活荷载不利布置的影响）。

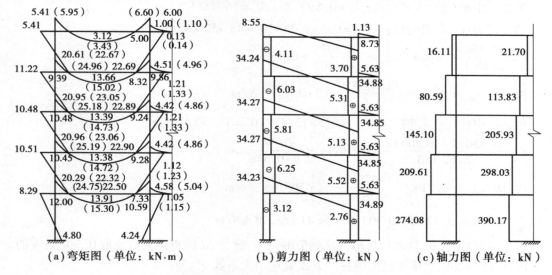

（a）弯矩图（单位：kN·m）　（b）剪力图（单位：kN）　（c）轴力图（单位：kN）

附图 2.24　活载作用下③轴线框架内力图

仍按分层法将③轴线框架分解为 5 个开口框架进行计算。由于其计算过程与恒载作用下的分层法类似，此处不再列出详细计算步骤，所得计算结果如附图 2.24 所示。

由于采用满布活荷载法进行，因此需将框架梁跨中弯矩、梁端弯矩乘以 1.1～1.3 的放大系数，以考虑活荷载不利布置的影响。本次设计取放大系数为 1.1，并用附图 2.24（a）中括号内的数值表示修正后的弯矩。

14）考虑 P-Δ 效应的梁、柱内力

采用 D 值法计算框架结构在风荷载、水平地震作用下的内力时未考虑 P-Δ 效应，可采用增大系数法考虑 P-Δ 效应的影响。其具体做法是：对未考虑 P-Δ 效应的一阶弹性分析所得的柱端弯矩、梁端弯矩 M（引起结构侧移的地震作用或风荷载所产生的弯矩）以及层间位移 Δ 分别乘以增大系数 η_{s}。

（1）增大系数 η_{s}

同一楼层所有柱上、下端的 P-Δ 效应增大系数 η_{s} 相同。由于每一种内力组合得到的柱轴力不同，因此每一种内力组合均对应有自己的 η_{s}。为简化计算，下文计算 η_{s} 时，统一地近似取"1.2 恒载+1.4 活荷载"组合(偏不利的取值)下的框架柱轴力来计算 $\sum N_j$。

近似地将③轴线平面框架作为计算对象(其他位置的框架没有内力计算结果),并以第 2 层为例给出其框架柱的 η_s^c 计算过程,具体如下:

第 2 层边柱(Ⓐ、Ⓓ轴):$1.2 \times 1\,204.72 + 1.4 \times 209.61 = 1\,739.12$ kN

第 2 层中柱(Ⓑ、Ⓒ轴):$1.2 \times 1\,392.37 + 1.4 \times 298.03 = 2\,088.09$ kN

$$\sum N_2 = 2 \times 1\,739.12 + 2 \times 2\,088.09 = 7\,654.42 \text{ kN}$$

计算框架柱的 η_s^c 时还应对前文计算的梁、柱弹性截面刚度(EI)进行折减。按照规范要求,宜将框架梁、框架柱的折减系数分别取 0.4、0.6。为简化计算,本次设计的框架梁、框架柱弹性截面刚度折减系数均取 0.5,然后可计算各柱的抗侧刚度 D 值,所得结果如下:

第 2 层边梁(Ⓐ~Ⓑ跨、Ⓒ~Ⓓ跨):$i_{\text{b-AB-m}} = 0.5 \times 3.97 \times 10^4 = 19\,850$ kN·m

第 2 层中梁(Ⓑ~Ⓒ跨):$i_{\text{b-BC-m}} = 0.5 \times 3.36 \times 10^4 = 16\,800$ kN·m

第 2 层边柱(Ⓐ、Ⓓ轴):$i_{\text{c-2~5-s}} = 0.5 \times 9.75 \times 10^4 = 48\,750$ kN·m

$$K = \frac{19\,850 \times 2}{2 \times 48\,750} = 0.407, \quad \alpha_c = \frac{0.407}{2+0.407} = 0.169$$

故:$D'_{2~5\text{-AD-m}} = 0.169 \times \dfrac{12 \times 48\,750}{3.6^2} = 7\,628.47$ kN/m

第 2 层中柱(Ⓑ、Ⓒ轴):$i_{\text{c-2~5-m}} = 0.5 \times 13.43 \times 10^4 = 67\,150$ kN·m

$$K = \frac{19\,850 \times 2 + 16\,800 \times 2}{2 \times 67\,150} = 0.546, \quad \alpha_c = \frac{0.546}{2+0.546} = 0.214$$

故:$D'_{2~5\text{-BC-m}} = 0.214 \times \dfrac{12 \times 67\,150}{3.6^2} = 13\,305.65$ kN/m

$$\sum D'_i = 7\,628.47 \times 2 + 13\,305.65 \times 2 = 41\,868.24 \text{ kN/m}$$

可见,各框架柱的 D 值均折减为原始值的一半,这与 EI 的折减系数均取 0.5 是对应的。

因此,③轴线框架第 2 层框架柱的 $P\text{-}\Delta$ 效应增大系数 $\eta_{s\text{-}2}^c$ 为:

$$\eta_{s\text{-}2}^c = \frac{1}{1 - \dfrac{\sum N_j}{DH_0}} = \frac{1}{1 - \dfrac{7\,654.42}{41\,868.24 \times 3.6}} = 1.054$$

同理,可计算出第 1 层柱的 $\eta_{s\text{-}1}^c = 1.043$、第 3 层柱的 $\eta_{s\text{-}3}^c = 1.039$。

框架梁端的 $P\text{-}\Delta$ 效应增大系数 η_s 取相应节点处上、下柱端 $P\text{-}\Delta$ 效应增大系数 η_s 的平均值,故第 1 层梁的 $\eta_{s\text{-}1}^b = 0.5 \times (1.043 + 1.054) = 1.049$、第 2 层梁的 $\eta_{s\text{-}2}^b = 0.5 \times (1.039 + 1.054) = 1.047$。

按相同方法可计算其他楼层梁、柱的 $P\text{-}\Delta$ 效应增大系数 η_s,此处不再逐一列出。

(2)考虑 $P\text{-}\Delta$ 效应的层间侧移

一阶弹性分析所得的层间位移 Δ_1 乘以 $P\text{-}\Delta$ 效应增大系数 η_s^Δ 时,η_s^Δ 的取值与柱端(梁端)弯矩的增大系数 $\eta_s^c(\eta_s^b)$ 不同,区别是计算 η_s^Δ 时梁、柱弹性截面刚度不折减。

仍以③轴线平面框架作为计算对象,以第 2 层为例,梁、柱弹性截面刚度(EI)不折减,则各柱的抗侧刚度 D 值也保持不变,即

$$\sum D_i = 26\,611.30 \times 2 + 15\,256.94 \times 2 = 83\,736.48 \text{ kN/m}$$

轴力 $\sum N_2$ 的计算结果与计算 η_{s-2}^c 时相同,因此,③轴线框架第 2 层的层间位移的 $P\text{-}\Delta$ 效应增大系数 η_{s-2}^Δ 为:

$$\eta_{s-2}^\Delta = \frac{1}{1-\dfrac{\sum N_j}{DH_0}} = \frac{1}{1-\dfrac{7\,654.42}{83\,736.48\times3.6}} = 1.026$$

同理,可计算第 1 层的 $\eta_{s-1}^\Delta = 1.021$、第 3 层的 $\eta_{s-3}^\Delta = 1.019$。

在常遇地震作用下,框架整体的层间侧移计算结果如附表 2.13 所示,其最大层间弹性位移角发生在第 2 层(层间位移为 $\frac{1}{583}$)。如果近似地将此处计算的③轴线平面框架第 2 层的 $P\text{-}\Delta$ 效应增大系数 $\eta_{s-2}^\Delta = 1.026$ 用于整体框架,则 $1.026\times\frac{1}{583} = \frac{1}{568} < \frac{1}{550}$,仍满足要求。

在风荷载作用下,③轴线平面框架的层间侧移计算结果如附表 2.19 所示,其最大层间弹性位移角为 $\frac{1}{10\,315}$(第 2 层),且第 2 层的 $\eta_{s-2}^\Delta = 1.026$,故③轴线平面框架考虑 $P\text{-}\Delta$ 效应影响的最大层间弹性位移角为 $1.026\times\frac{1}{10\,315} = \frac{1}{10\,054} < \frac{1}{550}$,满足要求。

(3)考虑 $P\text{-}\Delta$ 效应的梁端、柱端弯矩增大

由于 D 值法未考虑 $P\text{-}\Delta$ 效应,按 D 值法计算得到的风荷载、水平地震作用下的柱端弯矩、梁端弯矩应分别乘以增大系数 η_{s-i}^c 或 η_{s-i}^b 之后,再与竖向荷载作用下的相应柱端弯矩、梁端弯矩进行组合。

以第 2 层Ⓐ~Ⓑ跨的框架梁为例,在左震下按 D 值法计算的梁端弯矩(同时将其换算至柱边)考虑 $P\text{-}\Delta$ 效应影响后应分别增大:

$$M_{2\text{-AB}}^l = 281.09 - 85.28\times\frac{0.6}{2} = 255.51 \text{ kN}\cdot\text{m}$$

$$M_{2\text{-AB}}^{l\text{-}\Delta} = \eta_{s-2}^b M_{2\text{-AB}}^l = 1.047\times255.51 = 267.52 \text{ kN}\cdot\text{m}$$

$$M_{2\text{-AB}}^r = 281.73 - 85.28\times\frac{0.65}{2} = 254.01 \text{ kN}\cdot\text{m}$$

$$M_{2\text{-AB}}^{r\text{-}\Delta} = \eta_{s-2}^b M_{2\text{-AB}}^r = 1.047\times254.01 = 265.95 \text{ kN}\cdot\text{m}$$

以第 2 层Ⓐ轴(Ⓓ轴)框架柱为例,在左震下按 D 值法计算的柱端弯矩考虑 $P\text{-}\Delta$ 效应影响后应分别增大:

柱上端:$M_{2\text{-AD}}^{t\text{-}\Delta} = \eta_{s-2}^\Delta M_{2\text{-AD}}^t = 1.054\times152.49 = 160.72 \text{ kN}\cdot\text{m}$

柱下端:$M_{2\text{-AD}}^{b\text{-}\Delta} = \eta_{s-2}^\Delta M_{2\text{-AD}}^b = 1.054\times186.38 = 196.44 \text{ kN}\cdot\text{m}$

同理可计算其他楼层的框架柱、框架梁考虑 $P\text{-}\Delta$ 效应影响后的增大弯矩,其结果见后文的内力组合表。

15)荷载组合、内力组合

该多层框架结构的荷载效应组合包括非抗震的荷载效应组合、有地震作用效应的组合。

(1)荷载组合

对于不考虑竖向地震作用的结构设计,多层框架结构一般需考虑以下 16 种荷载组合:

①$1.2(1.0)S_{Gk} + 1.4S_{Qk} + 1.4\times0.6S_{wk}$(左风或右风);

②$1.2(1.0)S_{Gk} + 1.4S_{wk}$(左风或右风)$+ 1.4\times0.7S_{Qk}$;

③$1.35(1.0)S_{Gk} + 1.4\times0.7S_{Q1k} + 1.4\times0.6S_{wk}$(左风或右风);

④1.2(1.0)S_{GE}+1.3S_{Ehk}(左震或右震)。

为简化后续内力组合表的形式,本设计暂不列出 S_{Gk} 或 S_{GE} 的分项系数取 1.0(即永久荷载效应或重力荷载效应对构件承载能力有利时)的组合结果。

(2)计算方法

一般采用表格的方式进行荷载组合、内力组合。以 1 层、2 层的Ⓐ~Ⓑ轴框架梁、Ⓑ~Ⓒ轴框架梁、Ⓐ轴边柱、Ⓑ轴中柱为例,经内力组合得到的计算结果如附表 2.21、附表 2.22 所示。应注意的是,在进行内力组合之前,一般需先将恒载、竖向活载、风荷载、水平地震单独作用下的内力进行以下一系列相关调整,然后再填入内力组合表之中。

首先,对各种荷载作用下的内力计算结果,均可将位于柱形心线处的框架梁弯矩、剪力换算至柱边缘。恒载、竖向活载作用下按 $V_b' = V_b - (g+p)b/2$ 和 $M_b' = M_b - V_b'b/2$ 进行换算;风荷载、水平地震作用下按 $V_b' = V$ 和 $M_b' = M_b - V_b'b/2$ 进行换算。对于框架柱的弯矩、剪力,本次设计均未进行换算。

其次,对恒载、竖向活载作用下的框架梁端部弯矩宜进行调幅(调幅系数一般取0.15),同时验算跨中弯矩取值。调幅计算过程中应注意,当活荷载作用下框架梁跨中弯矩乘以1.1的放大系数(活荷载按满布计算后的修正)之后仍小于活载作用下因调幅引起的框架梁跨中弯矩时,该跨中弯矩仍由调幅后的跨中弯矩控制。

最后,风荷载、水平地震作用下的柱端弯矩、梁端弯矩分别乘以增大系数 η_{s-i}^c 或 η_{s-i}^b,以考虑 $P\text{-}\Delta$ 效应影响。

(3)算例

以活载作用下第 2 层Ⓐ~Ⓑ跨的框架梁(附图 2.24)为例,首先将其内力换算至柱边。

$$V_{2\text{-}AB}^{l'} = V_{2\text{-}AB}^{l} - q \times \frac{b}{2} = 34.27 - 6.27 \times \frac{0.6}{2} = 32.39 \text{ kN}$$

$$M_{2\text{-}AB}^{l'} = M_{2\text{-}AB}^{l} - V_{2\text{-}AB}^{l'} \times \frac{b}{2} = 23.06 - 32.39 \times \frac{0.6}{2} = 13.34 \text{ kN} \cdot \text{m}$$

$$V_{2\text{-}AB}^{r'} = V_{2\text{-}AB}^{r} - q \times \frac{b}{2} = 34.85 - 6.27 \times \frac{0.65}{2} = 32.81 \text{ kN}$$

$$M_{2\text{-}AB}^{r'} = M_{2\text{-}AB}^{r} - V_{2\text{-}AB}^{r'} \times \frac{b}{2} = 25.19 - 32.81 \times \frac{0.65}{2} = 14.53 \text{ kN} \cdot \text{m}$$

第 2 层Ⓐ~Ⓑ跨框架梁的调幅计算过程如下,其中计算 M_0 时,将不规则的分布荷载换等效为一个梯形荷载($q_1 = 6$ kN/m)与一个均布荷载($q_2 = 1.2$ kN/m)叠加。

$$M_A = 0.85 M_A' = 0.85 \times 13.34 = 11.34 \text{ kN} \cdot \text{m}$$

$$M_B = 0.85 M_B' = 0.85 \times 14.53 = 12.35 \text{ kN} \cdot \text{m}$$

$$M_0 = \frac{6}{24} \times 5.975^2 \left[3 - 4 \times \left(\frac{1.5}{5.975} \right)^2 \right] + \frac{1}{8} \times 1.2 \times 5.975^2 = 29.88 \text{ kN} \cdot \text{m}$$

$$M_{跨中} = 1.02 \times M_0 - \frac{|M_A + M_B|}{2} = 1.02 \times 29.88 - \frac{11.34 + 12.35}{2} = 18.63 \text{ kN} \cdot \text{m}$$

由于考虑活荷载满布情况下对活载作用下跨中弯矩放大 1.1 倍之后为 14.72 kN·m(附图 2.24),因其小于 18.63 kN·m,故取调幅后的跨中弯矩为 18.63 kN·m。

第 2 层框架梁、框架柱考虑 $P\text{-}\Delta$ 效应的弯矩增大计算方法如前文所述,不再重复。

(4)内力组合表

仅以部分构件为例,给出内力组合表(附表 2.21、附表 2.22)。

附表2.21 第1,2层Ⓐ~Ⓑ跨框架梁、Ⓑ~Ⓒ跨框架梁的内力组合表

荷载类型 位置	竖向恒载 M	竖向恒载 V	竖向活载 M	竖向活载 V	重力荷载代表值 M	重力荷载代表值 V	风荷载 M	风荷载 V	地震作用 M	地震作用 V	$1.35S_{GK}+1.4\times0.75S_{Q1k}+1.4\times0.6S_{wk}$ M	V	$1.2S_{GK}+1.4S_{QK}+1.4\times0.6S_{wk}$ M	V	$1.2S_{GK}+1.4S_{wk}+1.4\times0.75S_{QK}$ M	V	$1.2S_{GK}+1.3S_{Ehk}$ M	V
2层Ⓐ~Ⓑ跨梁 左端	-42.65	91.38	-11.34	32.39	-48.32	107.58	14.51 (-14.51)	-4.53 (4.53)	267.52 (-267.52)	-85.28 (85.28)	-56.50 (-80.88)	151.30 (158.91)	-54.87 (-79.24)	151.20 (158.81)	-41.98 (-82.61)	135.06 (147.74)	289.79 (-405.76)	18.23 (239.95)
跨中	64.22		18.63		73.54		0.35 (-0.35)		0.78 (-0.78)		105.25 (104.66)		103.44 (102.85)		95.81 (94.83)		89.26 (87.22)	
右端	45.71	-92.72	12.35	-32.81	51.89	-109.31	13.82 (-13.82)	-4.53 (4.53)	265.95 (-265.95)	-85.28 (85.28)	85.42 (62.20)	-161.13 (-153.52)	83.75 (60.53)	-161.00 (-153.39)	86.30 (47.61)	-149.76 (-137.08)	408.00 (-283.47)	-241.81 (-20.09)
2层Ⓑ~Ⓒ跨梁 左端	-6.5	9.34	-3	4.11	-5.00	11.40	10.18 (-10.18)	-8.28 (8.28)	195.56 (-195.56)	-158.96 (158.96)	-3.16 (-20.27)	9.68 (23.59)	-3.45 (-20.55)	10.01 (23.92)	3.51 (-24.99)	3.64 (26.83)	244.63 (-263.83)	-192.97 (220.32)
跨中	1.02		1.33		1.69						2.68 (2.68)		3.09 (3.09)		2.53 (2.53)		2.02 (2.02)	
右端	6.5	-9.34	3	-4.11	8.00	-11.40	10.18 (-10.18)	-8.28 (8.28)	195.56 (-195.56)	-158.96 (158.96)	20.27 (3.16)	-23.59 (-9.68)	20.55 (3.45)	-23.92 (-10.01)	24.99 (-3.51)	-26.83 (-3.64)	263.83 (-244.63)	-220.32 (192.97)
1层Ⓐ~Ⓑ跨梁 左端	-40.58	91.25	-10.72	32.35	-45.94	107.43	16.62 (-16.62)	-5.17 (5.17)	281.85 (-281.85)	-85.58 (85.58)	-51.33 (-79.25)	150.55 (159.23)	-49.74 (-77.66)	150.45 (159.13)	-35.93 (-82.47)	133.97 (148.44)	311.28 (-421.53)	17.66 (240.16)
跨中	65.95		19.14		75.52		0.41 (-0.41)		13.65 (-13.65)		108.13 (107.45)		106.28 (105.59)		98.47 (97.32)		108.36 (72.89)	
右端	44.31	-92.85	11.96	-32.85	50.29	-109.28	15.80 (-15.80)	-5.17 (5.17)	254.56 (-254.56)	-85.28 (85.58)	84.81 (58.27)	-161.88 (-153.20)	83.19 (56.64)	-161.75 (-153.07)	87.01 (42.77)	-150.85 (-136.38)	391.28 (-270.58)	-242.38 (-19.88)

续表

	内力	M	V	M	V	M	V	M	V	M	V	M	V	M	V	M	V	M	V
1层 B~C跨 梁	左端	-7.08	9.34	-3.15	4.11	-8.66	11.40	11.64 (-11.64)	-9.44 (9.44)	188.11 (-188.11)	-152.61 (152.61)	-2.87 (-22.42)	8.71 (24.57)	-3.13 (-22.68)	9.03 (24.89)	4.71 (-27.88)	2.02 (28.45)	234.16 (-254.93)	-184.72 (212.07)
	跨中	0.44		1.15		1.02						1.72 (1.72)		2.14 (2.14)		1.66 (1.66)		1.22 (1.22)	
	右端	7.08	-9.34	3.15	-4.11	8.66	-11.40	11.64 (-11.64)	-9.44 (9.44)	188.11 (-188.11)	-512.61 (152.61)	22.42 (2.87)	-24.57 (-8.71)	22.68 (3.13)	-24.89 (-9.03)	27.88 (-4.71)	-28.45 (-2.02)	254.93 (-234.16)	-212.07 (184.72)

注：①表中梁端弯矩和剪力以顺时针为正，逆时针为负，跨中弯矩以下部受拉为正，上部受拉为负；
②括号内是右风、右震作用下的数值。

附表 2.22　第 1、2 层Ⓐ轴框架柱、Ⓑ轴框架柱的内力组合表

荷载类型	截面	Ⓐ柱					Ⓑ柱				
		M上	N上	M下	N下	V	M上	N上	M下	N下	V
竖向恒载	二层	41.02	1 169.38	46.82	1 204.72	-23.15	-38.72	1 351.16	-44.17	1 392.37	21.85
	一层	32.01	1 487.97	18.52	1 529.20	-11.53	-30.28	1 710.92	-17.50	1 759.00	10.91
竖向活载	二层	11.08	209.61	12.65	209.61	-6.25	-9.78	298.03	-11.16	298.03	5.52
	一层	8.65	274.08	5.01	274.08	-3.12	-7.65	390.17	-4.42	390.17	2.76
重力荷载代表值	二层	46.56	1 274.19	53.15	1 309.53	-26.28	-43.61	1 500.18	-49.75	1 541.39	24.61
	一层	36.34	1 625.01	21.03	1 666.24	-13.09	-34.11	1 906.01	-19.71	1 954.09	12.29
风荷载	二层	-10.10 (10.10)	10.87 (-10.87)	-10.10 (10.10)	10.87 (-10.87)	5.32 (-5.32)	-8.95 (8.95)	-8.95 (8.95)	-17.62 (17.62)	-8.95 (8.95)	9.29 (-9.29)
	一层	-8.15 (8.15)	-16.04 (16.04)	-24.45 (24.45)	-16.04 (16.04)	7.44 (-7.44)	-13.07 (13.07)	-13.07 (13.07)	-34.50 (34.50)	-13.07 (13.07)	11.25 (-11.25)

类别	内力组合	层	(1)	(2)	(3)	(4)	(5)	(6)	(7)	(8)	(9)	(10)
地震作用		二层	164.29 (−164.29)	186.08 (−186.08)	186.08 (−186.08)	−311.69 (311.69)	−311.69 (311.69)	94.13 (−94.13)	224.09 (−224.09)	224.09 (−224.09)	−196.44 (196.44)	−160.72 (160.72)
		一层	161.65 (−161.65)	253.09 (−253.09)	253.09 (−253.09)	−495.69 (495.69)	−212.44 (212.44)	107.12 (−107.12)	309.68 (−309.68)	309.68 (−309.68)	−356.64 (356.64)	−112.62 (112.62)
内力组合	$1.35S_{Gk} + 1.4 \times 0.7S_{Q1k} +$ $1.4 \times 0.6S_{wk}$	二层	42.71 (27.10)	2 164.25 (2 179.29)	2 108.62 (2 123.65)	−85.37 (−55.77)	−76.66 (−47.06)	−32.91 (−41.85)	1 840.92 (1 822.66)	1 793.21 (1 774.95)	67.12 (84.09)	57.75 (74.72)
		一层	26.88 (7.98)	2 746.04 (2 768.00)	2 681.13 (2 703.09)	−56.94 (1.02)	−60.80 (−35.95)	−12.37 (−24.87)	2 319.54 (2 346.49)	2 263.88 (2 290.83)	9.37 (50.45)	44.84 (58.54)
	$1.2S_{Gk} + 1.4S_{Qk} +$ $1.4 \times 0.6S_{wk}$	二层	41.75 (−26.14)	2 080.57 (2 095.60)	2 031.12 (2 046.15)	−83.43 (−53.83)	−74.96 (−45.36)	−32.06 (−41.00)	1 748.25 (1 729.99)	1 705.84 (1 687.58)	65.41 (82.38)	56.25 (73.22)
		一层	26.41 (7.51)	2 646.06 (2 668.02)	2 588.36 (2 610.32)	−56.17 (1.79)	−59.47 (−34.62)	−11.95 (−24.45)	2 205.28 (2 232.23)	2 155.80 (2 182.75)	8.70 (49.78)	43.68 (57.37)
	$1.2S_{Gk} + 1.4S_{wk} +$ $1.4 \times 0.7S_{Qk}$	二层	44.46 (18.62)	1 950.38 (1 975.44)	1 900.93 (1 925.99)	−88.61 (−39.27)	−80.72 (−31.38)	−26.46 (−41.35)	1 666.30 (1 635.86)	1 623.89 (1 593.46)	54.44 (82.72)	45.94 (74.22)
		一层	31.55 (0.05)	2 474.87 (2 511.46)	2 417.17 (2 453.77)	−73.63 (22.97)	−64.54 (−23.13)	−7.10 (61.36)	2 081.18 (2 126.09)	2 031.71 (2 076.62)	−6.48 (−27.31)	35.48 (58.30)
	$1.2S_{Gk} + 1.3S_{Ehk}$	二层	243.11 (−184.05)	2 091.57 (1 607.76)	2 042.11 (1 558.31)	−464.90 (345.50)	−457.53 (352.87)	90.84 (−153.90)	1 862.75 (1 280.11)	1 820.34 (1 237.71)	−191.60 (319.15)	−153.06 (264.81)
		一层	224.89 (−195.40)	2 673.92 (2 015.89)	2 616.22 (1 958.19)	−668.05 (620.75)	−317.10 (235.25)	123.55 (−154.96)	2 042.07 (1 956.90)	2 352.60 (1 547.43)	−438.40 (488.86)	−102.80 (190.01)

注：①表中柱端弯矩和剪力以顺时针为正，逆时针为负，轴力以受压为正，受拉为负；

②括号内均为右风、右震作用下的数值。

16）框架梁截面设计

以 1 层Ⓐ～Ⓑ轴框架梁为例说明设计方法。

（1）设计基本参数

框架梁采用 C35 混凝土（$f_c = 16.7$ N/mm²，$f_t = 1.57$ N/mm²）；纵向钢筋采用 HRB400（$f_y = 360$ N/mm²），箍筋采用 HPB300（$f_y = 270$ N/mm²）。1 层Ⓐ～Ⓑ轴框架梁截面尺寸为 300 mm×550 mm，保护层厚度取 20 mm。

（2）最不利组合弯矩设计值

整理内力组合表中非抗震时的内力组合结果，可得到 1 层Ⓐ～Ⓑ轴框架梁的端部、跨中非抗震组合弯矩汇总，如附图 2.25（a）所示，从中可选出非抗震组合下的最不利组合弯矩设计值为：$M_{AB}^{b\text{-}ns} = -82.47$ kN·m，$M_{AB\text{-}下部}^{b\text{-}ns} = 108.13$ kN·m，$M_{BA}^{b\text{-}ns} = -87.01$ kN·m。

```
  −51.33   −79.25              −84.81   −58.27
  −49.74   −77.66              −83.19   −56.64
  −35.93   −82.47              −87.01   −42.77
  Ⓐ───────────────Ⓑ                −421.53              −391.28
          跨中                  Ⓐ────────────────────────────Ⓑ
  108.13   107.45
  106.28   105.59                              跨中
  98.47    97.32              311.28    108.36   72.89      270.58
  （a）非抗震组合                     （b）抗震组合
```

附图 2.25　框架 1 层Ⓐ～Ⓑ轴框架梁的组合弯矩设计值汇总（单位：kN·m）

类似地，根据抗震组合下 1 层Ⓐ～Ⓑ轴框架梁的端部、跨中抗震组合弯矩汇总结果（附图 2.25（b）），可选出抗震组合下的最不利组合弯矩设计值为：$M_{AB}^{b\text{-}s} = -421.53$ kN·m，$M_{AB\text{-}下部}^{b\text{-}s} = 311.28$ kN·m，$M_{BA}^{b\text{-}s} = -391.28$ kN·m。

由于非抗震、抗震时框架梁的正截面极限承载力 M_u 的计算方法相同（仅相差一个 γ_{RE}），因此可将非抗震组合、抗震组合的最不利弯矩进行比较，然后再完成后续设计。其比较方法如下：

$$|M_{AB}^{b\text{-}ns}| = 82.47\text{kN·m（非抗震）} < |\gamma_{RE}M_{AB}^{b\text{-}s}| = 0.75\times421.53 = 316.15 \text{ kN·m（抗震）}$$

$$M_{AB\text{-}下部}^{b\text{-}ns} = 108.13 \text{ kN·m（非抗震）} < \gamma_{RE}M_{AB\text{-}下部}^{b\text{-}s} = 0.75\times311.28 = 233.46 \text{ kN·m（抗震）}$$

$$|M_{BA}^{b\text{-}ns}| = 87.01 \text{ kN·m（非抗震）} < |\gamma_{RE}M_{BA}^{b\text{-}s}| = 0.75\times391.28 = 293.46 \text{ kN·m（抗震）}$$

比较结果表明，控制弯矩均为抗震组合。因此，采用 $M_{AB}^{b\text{-}max} = -421.53$ kN·m，$M_{AB\text{-}下部}^{b\text{-}max} = 311.28$ kN·m，$M_{BA}^{b\text{-}max} = -391.28$ kN·m 进行 1 层Ⓐ～Ⓑ轴框架梁的配筋计算。

（3）梁下部正弯矩截面设计

在正弯矩作用下，1 层Ⓐ～Ⓑ轴框架梁下部受拉，上部现浇板为受压翼缘，可按照单筋 T 形截面进行设计，且Ⓐ轴端部截面正弯矩最不利（$M_{AB\text{-}下部}^{b\text{-}max} = 311.28$ kN·m）。

首先，确定 T 形截面的翼缘宽度 b'_f，由于 $b'_f = \min\left(\dfrac{l_0}{3}, b+s_n, \dfrac{h'_f}{h_0}\right) = \min\left(\dfrac{6\,600}{3}, 300+3\,600-\right.$

$\left.\dfrac{300+250}{2}, \dfrac{100}{550-40} > 0.1\right)$，故取 $b'_f = 2\,200$ mm。

然后判断 T 形截面类型，并进行配筋计算。

$\alpha_1 f_c b'_f h'_f (h_0 - 0.5h'_f) = 1.0\times16.7\times2\,200\times100\times(510 - 0.5\times100) =$

1 690.04 kN·m>$\gamma_{RE}M_{AB-下部}^{b-max}$=233.46 kN·m(属于第一类T形截面)

$$\alpha_s = \frac{\gamma_{RE}M_{AB-下部}^{b-max}}{\alpha_1 f_c b_f' h_0^2} = \frac{233.46 \times 10^6}{1.0 \times 16.7 \times 2200 \times 510^2} = 0.024$$

$$\xi = 1 - \sqrt{1-2\alpha_s} = 0.024 < 0.35 \ (M_{AB-下部}^{b-max} 为梁端截面抗震组合弯矩)$$

$$\gamma_s = \frac{1+\sqrt{1-2\alpha_s}}{2} = 0.988$$

$$A_s = \frac{\gamma_{RE}M_{AB-下部}^{b-max}}{f_y \gamma_s h_0} = \frac{233.46 \times 10^6}{360 \times 0.988 \times 510} = 1\ 287 \text{ mm}^2$$

选配 2 Φ 20+2 Φ 22(A_s=1 388>1 287 mm²)。

验算配筋率:

$$\rho = \frac{A_s}{bh_0} = \frac{1\ 388}{300 \times 510} \times 100\% = 0.91\% > \rho_{min} = \max\left(\frac{h}{h_0}0.20, \frac{h}{h_0}45\frac{f_t}{f_y}\%\right)$$
$$= \max(0.22\%, 0.21\%) = 0.22\%$$

且 ρ=0.91%<2.5%,满足要求。

(4)支座负弯矩截面设计

1 层Ⓐ~Ⓑ轴框架梁配置的下部纵筋(2 Φ 20+2 Φ 22)全跨拉通并伸入支座(框架柱),故该框架梁支座截面负弯矩按双筋矩形截面进行设计,下部通长纵筋作为受压钢筋。

以该框架梁Ⓑ轴一侧的支座截面为例进行设计。因控制弯矩为 $\gamma_{RE}M_{BA}^{b-max}$=293.46 kN·m,取 a_s=40 mm,h_0=550-40=510 mm,下部受压钢筋为 2 Φ 20+2 Φ 22(A_s'=1 388 mm²),其配筋计算过程如下。

$$M_{u2} = f_y'A_s'(h_0-a_s') = 360 \times 1\ 388 \times (510-40) = 234.85 \text{ kN·m}$$

$$\alpha_s = \frac{\gamma_{RE}M_{BA}^{b-max}-M_{u2}}{\alpha_1 f_c bh_0^2} = \frac{(293.46-234.85) \times 10^6}{1.0 \times 16.7 \times 300 \times 510^2} = 0.045$$

$$\xi = 1 - \sqrt{1-2\alpha_s} = 0.046 < 0.35$$

$$x = \xi \cdot h_0 = 0.046 \times 510 = 23.46 < 2a_s' = 80 \text{ mm,可近似取 } x = 2a_s' = 80 \text{ mm}$$

则:$$A_s = \frac{\gamma_{RE}M_{BA}^{b-max}}{f_y(h_0-a_s')} = \frac{293.46 \times 10^6}{360 \times (510-40)} = 1\ 734 \text{ mm}^2$$

实配 2 Φ 22+2 Φ 25(A_s=1 742 mm²>1 734 mm²),钢筋直径(25 mm)≤h_c/20=550/20=27.5 mm(三级抗震),满足要求。

验算配筋率:

$$\rho = \frac{A_s}{bh_0} \times 100\% = \frac{1\ 742}{300 \times 510} = 1.14\% > \rho_{min} = \max\left\{\frac{h}{h_0}0.25, \frac{h}{h_0}55\frac{f_t}{f_y}\%\right\} = 0.27\%$$

且 ρ=1.14%<2.5%,满足要求。

对三级抗震等级,ξ=0.046<0.35,且 $\frac{A_s'}{A_s} = \frac{1\ 388}{1\ 742} = 0.80 > 0.3$,满足要求。

1 层Ⓐ~Ⓑ轴框架梁 h_w=550-100=450 mm,梁侧应配置纵向构造钢筋,选配 2 Φ 12,其 A_s=226 mm²>0.1%bh_w=0.1%×300×450=135 mm²,满足要求。

(5)框架梁斜截面设计

仍然以 1 层Ⓐ~Ⓑ轴框架梁为例进行斜截面设计。

①非抗震组合下的斜截面设计：

提取内力组合表中的梁端剪力非抗震组合设计值，可得到 1 层Ⓐ～Ⓑ轴框架梁端部非抗震组合剪力汇总，如附图 2.26 所示（均取绝对值），故非抗震组合下的最不利组合剪力设计值为 $V_{B}^{b\text{-}ns\text{-}max}=161.88$ kN（位于Ⓑ轴一侧支座截面）。

Ⓐ		跨中		Ⓑ	
150.55	159.23			161.88	153.20
150.45	159.13			161.75	153.07
133.97	148.44			150.85	136.38

附图 2.26　框架 1 层Ⓐ～Ⓑ轴框架梁的非抗震组合剪力设计值汇总（单位：kN）

首先验算截面尺寸：

$$h_{w}=h_{0}=550-40=510 \text{ mm}, \frac{h_{w}}{b}=\frac{510}{300}=1.7<4.0$$

$0.25\beta_{c}f_{c}bh_{0}=0.25\times1.0\times16.7\times300\times510=638.78$ kN$>V_{B}^{b\text{-}ns\text{-}max}=161.88$ kN，满足要求。

再验算是否需要计算配箍：

$0.7f_{t}bh_{0}=0.7\times1.57\times300\times510=168.15$ kN$>V_{B}^{b\text{-}ns\text{-}max}=161.88$ kN，采用构造配箍。

由于 $V_{B}^{b\text{-}ns\text{-}max}<0.7f_{t}bh_{0}$，且 $500<h=550\leqslant800$ mm，根据《混凝土结构设计规范》的非抗震构造措施要求，应取 $s_{max}\leqslant350$ mm、$d_{min}\geqslant6$ mm，故暂选配 $\phi6@300$（双肢）。

②抗震组合下的斜截面设计：

在抗震设计中，为避免梁剪切破坏早于弯曲破坏，首先应按"强剪弱弯"措施对梁端考虑地震组合的剪力值进行调整。

1 层Ⓐ～Ⓑ轴框架梁的净跨为：$l_{n}=6600-\left(\dfrac{600}{2}+\dfrac{650}{2}\right)=5\,975$ mm

与前文框架梁调幅时计算 M_{0} 采用的方法类似，在重力荷载代表值作用下按简支梁计算梁端部剪力时，对于跨度减小后的不规则分布荷载，仍换算为一个梯形荷载（$q_{1}=9.96$ kN/m）与一个均布荷载（$q_{2}=1.99$ kN/m）的叠加。因此，重力荷载代表值作用下按简支分析的梁端截面剪力设计值 V_{Gb}（剪力以使杆件顺时针转动为正）为 $V_{Gb}=1.2(V_{G}+0.5V_{Q})$，即：

$$V_{Gb\text{-}A}=-V_{Gb\text{-}B}=1.2\left[\left(\frac{(2.975+5.975)\times9.96}{2\times2}+\frac{(12.70+1.99)\times5.975}{2}\right)+\right.$$

$$\left.0.5\left(\frac{(2.975+5.975)\times6}{2\times2}+\frac{1.2\times5.975}{2}\right)\right]=89.62 \text{ kN}$$

从内力组合表（附表 2.21）中提取 1 层Ⓐ～Ⓑ轴框架梁分别在左震、右震作用下的地震组合弯矩之后，即可进行"强剪弱弯"调整（均以分项系数 γ_{G} 取 1.2 的组合为例进行计算），即 $V=\eta_{vb}\times\dfrac{(M_{b}^{l}+M_{b}^{r})}{l_{n}}+V_{Gb}$，其中，梁端剪力增大系数 η_{vb} 取 1.1（三级抗震）。

$$V_{A}^{b\text{-}s\text{-}左震}=-1.1\times\frac{(311.28+391.28)}{5.975}+89.62=-39.72 \text{ kN}$$

$$V_{B}^{b\text{-}s\text{-}左震}=-1.1\times\frac{(311.28+391.28)}{5.975}-89.62=-218.96 \text{ kN}$$

$$V_{A}^{b\text{-}s\text{-}右震}=1.1\times\frac{(421.53+270.58)}{5.975}+89.62=217.04 \text{kN}$$

$$V_B^{b-s-右震} = 1.1 \times \frac{(421.53+270.58)}{5.975} - 89.62 = 37.80 \text{ kN}$$

综合以上结果,抗震组合的剪力设计值取 $\gamma_{RE}V_B^{b-s-max} = 0.85 \times -218.96 = -186.12$ kN。

验算截面尺寸:

$$\frac{l_0}{h} = \frac{6.6}{0.55} = 12.0 > 2.5$$

$0.2\beta_c f_c b h_0 = 0.2 \times 1.0 \times 16.7 \times 300 \times 510 = 511.02$ kN$> \gamma_{RE}V_B^{b-s-max} = 186.12$ kN,满足要求。

受剪配箍计算:

$$\frac{A_{sv}}{s} \geq \frac{\gamma_{RE}V_B^{b-s-max} - 0.42f_t b h_0}{f_{yv} \times h_0} = \frac{186.12 \times 10^3 - 0.42 \times 1.57 \times 300 \times 510}{270 \times 510} = 0.62$$

《建筑抗震设计规范》要求三级抗震时梁端箍筋加密区的箍筋直径应满足 $d_{min} \geq 8$ mm,故选配 Φ8 的箍筋(双肢);此外,三级抗震梁端箍筋加密区的箍筋间距应满足 $s_{max} \leq \min\left(\frac{h_b}{4}, 8d, 150\right) = \min\left(\frac{550}{4}, 8 \times 22, 150\right) = 138$ mm,故该框架梁端部箍筋加密区可选配 Φ8@100(双肢)。

对于 Φ8@100(双肢)有: $\frac{A_{sv}}{s} = \frac{2 \times 50.3}{100} = 1.006 > 0.62$,满足抗震组合下的受剪承载力要求。

且 Φ8@100(双肢)的配箍率满足规范要求的最小面积配箍率限值。

$$\rho = \frac{A_{sv}}{bs} = \frac{2 \times 50.3}{300 \times 100} = 0.335\% > \rho_{sv \cdot min} = 0.26 \frac{f_t}{f_{yv}} = 0.26 \times \frac{1.57}{270} = 0.151\%$$

梁端箍筋加密区长度为: $l_p^b = \max(1.5h_b, 500) = 825$ mm。

1 层Ⓐ~Ⓑ轴框架梁跨内无集中力,分布竖向荷载和水平地震作用下梁剪力大致呈直线分布。箍筋加密区长度为 825 mm,故非加密区起始点处的最不利抗震组合剪力设计值可根据左震下(与 $V_B^{b-s-max}$ 对应)梁端的抗震组合剪力设计值 $V_A^{b-s} = -39.72$ kN、$V_B^{b-s} = -218.96$ kN 进行近似计算,其结果为 $V_{B-非加密}^{b-s-max} = -183.24$ kN。

依据 1 层Ⓐ~Ⓑ轴框架梁端部箍筋加密区所配的 Φ8@100(双肢),暂取非加密区配箍为 Φ8@200(双肢),并采用 $V_{B-非加密}^{b-s-max} = -183.24$ kN 对非加密区的配箍进行验算。

$$0.42f_t b h_0 + f_{yv}\frac{A_{sv}}{s}h_0 = 0.42 \times 1.57 \times 300 \times 510 + 270 \times \frac{2 \times 50.3}{200} \times 510 =$$

170.15 kN$\geq \gamma_{RE}V_{B-非加密}^{b-s-max} = 0.85 \times 183.24 = 155.75$ kN,满足要求。

非加密区的配箍也应满足规范要求的最小面积配箍率限值。

$$\rho = \frac{A_{sv}}{bs} = \frac{2 \times 50.3}{300 \times 200} = 0.168\% > \rho_{sv \cdot min} = 0.26 \frac{f_t}{f_{yv}} = 0.151\%,满足要求。$$

综合以上非抗震、抗震时的计算结果可知,1 层Ⓐ~Ⓑ轴框架梁的配箍由抗震组合的斜截面设计(抗震构造措施)控制,即端部箍筋加密区配箍为 Φ8@100(双肢),非加密区配箍 Φ8@200(双肢),箍筋加密区长度取 825 mm。

17)框架柱截面设计

以 2 层Ⓑ轴线框架柱为例进行设计。

（1）设计基本参数

框架柱采用 C40 混凝土（$f_c = 19.1$ N/mm²，$f_t = 1.71$ N/mm²）；纵向钢筋采用 HRB400（$f_y = 360$ N/mm²），箍筋采用 HPB300（$f_y = 270$ N/mm²）。Ⓑ轴 2 层框架柱截面尺寸为 650 mm×650 mm，保护层厚度取 20 mm，柱净高 $H_n = 3\ 600 - \dfrac{(550+400)}{2} = 3\ 125$ mm。

（2）柱轴压比验算

对于三级抗震等级，框架结构的柱轴压比上限为 0.85。由内力组合表（附表 2.22）可选出抗震组合下 1 层Ⓑ轴线框架柱下端的柱轴压力最大值，并计算其轴压比为 $\dfrac{N_{max}}{f_c bh} = \dfrac{2\ 673.92 \times 10^3}{19.1 \times 650 \times 650} = 0.33 < 0.85$，满足要求。

（3）弯矩、轴力设计值的最不利组合

①非抗震组合：

由内力组合表（附表 2.22）可选出非抗震下 2 层Ⓑ轴框架柱下端截面、上端截面的最不利内力组合结果为：

$$M_{B\text{-}2}^{ns\text{-}max} = -88.61 \text{ kN} \cdot \text{m}, N_{B\text{-}2}^{ns} = 1\ 950.38 \text{ kN}$$
$$N_{B\text{-}2}^{ns\text{-}max} = 2\ 179.29 \text{ kN}, M_{B\text{-}2}^{ns} = -55.77 \text{ kN} \cdot \text{m}$$
$$N_{B\text{-}2}^{ns\text{-}min} = 1\ 900.93 \text{ kN}, M_{B\text{-}2}^{ns} = -80.72 \text{ kN} \cdot \text{m}$$

②抗震组合：

首先，按照"强柱弱梁"措施对 2 层Ⓑ轴框架柱下端截面、上端截面的抗震组合弯矩进行放大。对于三级抗震等级，"强柱弱梁"措施按 $\sum M_c = 1.3 \sum M_b$ 执行。由于本设计并不将框架柱形心处的组合弯矩换算至框架梁边缘，因此"强柱弱梁"措施中采用的梁端弯矩（M_b）也应采用柱形心处的弯矩值（但应考虑 $P\text{-}\Delta$ 效应影响，弯矩调幅也需考虑），即不用内力组合表中的结果，直接根据各单工况下的内力计算结果重新进行内力组合。

附图 2.27　左震下 2 层Ⓑ轴框架柱上、下端节点处的组合弯矩（单位:kN·m）

以"$1.2S_{GE} + 1.3S_{Ehk}$（左震）"的组合方式为例，左震下 2 层Ⓑ轴框架柱上、下端相连的 4 框架梁端部弯矩的抗震组合结果如附图 2.27 所示。其中，左震作用下 1 层Ⓐ～Ⓑ跨框架梁（即框架梁 A1B1）右端支座的组合弯矩为 $M_{AB}^{b\text{-}s} = 1.2 \times (0.85 \times 82.30 + 0.5 \times 0.85 \times 24.75) + 1.3 \times 270.48 = 448.20$ kN·m，考虑 $P\text{-}\Delta$ 效应后为 $M_{AB}^{b\text{-}s\text{-}\Delta} = 1.049 \times 448.20 = 470.16$ kN·m；类似地，可以分别计算 1 层Ⓑ～Ⓒ跨框架梁（框架梁 B1C1）左端支座、2 层Ⓐ～Ⓑ跨框架梁（框架梁

A2B2）右端支座、2 层Ⓑ～Ⓒ跨框架梁（框架梁 B2C2）左端支座的抗震组合弯矩分别为 297.33 kN·m、486.52 kN·m、310.54 kN·m。与此同时，直接从内力组合表中可以提取 2 层Ⓑ轴线框架柱下端、上端截面，以及 1 层柱上端、3 层柱下端截面在左震作用下的组合弯矩（附图 2.27）。

分别以Ⓑ轴 2 层框架柱下端、上端节点处的各杆端弯矩为依据，按照"强柱弱梁"措施（$\sum M_c = 1.3 \sum M_b$）的要求进行计算。左震下 2 层Ⓑ轴框架柱上端节点处的结果如下：

$$1.3 \sum M_b = 1.3 \times (486.52 + 310.54) = 1\,036.18 \text{ kN} \cdot \text{m}$$

$$\sum M_c = -354.39 - 457.53 = -811.92 \text{ kN} \cdot \text{m}$$

$$M_{B-2}^{t-s-L} = \frac{-457.53}{-811.92} \times (-1\,036.18) = -583.98 \text{ kN} \cdot \text{m}$$

Ⓑ轴 2 层框架柱下端节点处的"强柱弱梁"措施计算结果为：

$$1.3 \sum M_b = 1.3 \times (470.16 + 297.33) = 997.74 \text{ kN} \cdot \text{m}$$

$$\sum M_c = -464.90 - 317.10 = -782.00 \text{ kN} \cdot \text{m}$$

$$M_{B-2}^{b-s-L} = \frac{-464.90}{-782.00} \times (-997.74) = -593.16 \text{ kN} \cdot \text{m}$$

因此，左震作用下经过"强柱弱梁"措施调整后，2 层Ⓑ轴框架柱上端、下端截面的抗震组合弯矩设计值分别为 $M_{B-2}^{t-s-L} = -583.98$ kN·m、$M_{B-2}^{b-s-L} = -593.16$ kN·m。

按照相同方法，可计算右震作用下 2 层Ⓑ轴框架柱上、下端节点处各梁端部组合弯矩，并进行"强柱弱梁"措施调整，得到 2 层Ⓑ轴框架柱上端、下端截面的抗震组合弯矩设计值分别为 $M_{B-2}^{t-s-R} = 469.45$ kN·m、$M_{B-2}^{b-s-R} = 458.84$ kN·m。

综合左震、右震作用下经"强柱弱梁"措施调整得到的 2 层Ⓑ轴框架柱下端、上端截面的地震组合弯矩设计值，并将其与内力组合表查到的对应工况下的地震组合轴力设计值（附表 2.22）配套，可得到 2 层Ⓑ轴框架柱考虑抗震的最不利内力组合结果为：

$$M_{B-2}^{s-max} = -593.16 \text{ kN} \cdot \text{m}, \quad N_{B-2}^s = 2\,091.57 \text{ kN}$$

$$N_{B-2}^{s-max} = 2\,091.57 \text{ kN}, \quad M_{B-2}^s = -593.16 \text{ kN} \cdot \text{m}$$

$$N_{B-2}^{s-min} = 1\,558.31 \text{ kN}, \quad M_{B-2}^s = 469.45 \text{ kN} \cdot \text{m}$$

与框架梁类似，非抗震、抗震时框架柱的正截面极限承载力计算方法相同（仅相差一个 γ_{RE}），因此可将非抗震组合、抗震组合的最不利柱内力比较（抗震组合的弯矩、轴力应乘以 γ_{RE} 后再用于比较，且 γ_{RE} 应注意检查相应轴压比后再确定其取值），从而可以筛选出非抗震、抗震下 2 层Ⓑ轴框架柱下端截面、上端截面的最不利内力组合结果为：

$$M_{B-2}^{s-max} = -593.16 \text{ kN} \cdot \text{m}, \quad N_{B-2}^s = 2\,091.57 \text{ kN}$$

$$N_{B-2}^{ns-max} = 2\,179.29 \text{ kN}, \quad M_{B-2}^{ns} = -55.77 \text{ kN} \cdot \text{m}$$

$$N_{B-2}^{s-max} = 2\,091.57 \text{ kN}, \quad M_{B-2}^s = -593.16 \text{ kN} \cdot \text{m}$$

$$N_{B-2}^{s-min} = 1\,558.31 \text{ kN}, \quad M_{B-2}^s = 469.45 \text{ kN} \cdot \text{m}$$

上述比较结果可知，上述 4 组框架柱最不利内力中，最大弯矩组合、最小轴力组合均为抗震组合的结果，最大轴力组合同时考虑非抗震和抗震组合的结果，其原因在于抗震组合弯矩大很多。

（4）框架柱的正截面设计

仅以 2 层 Ⓑ 轴框架柱在 $M_{B-2}^{s\text{-}max} = -593.16$ kN·m，$N_{B-2}^{s} = 2\,091.57$ kN（最大弯矩、对应轴力组合）作用下的截面设计为例进行说明。

取 $a_s = a_s' = 40$ mm，$h_0 = 650-40 = 610$ mm。

由于 2 层 Ⓑ 轴框架柱在 $M_{B-2}^{s\text{-}max} = -593.16$ kN·m 作用下时，柱上、下端的地震组合弯矩分别在柱左、右两侧（即左震作用下柱上、下端的地震组合弯矩为异号弯矩），不需考虑杆件自身挠曲产生的 P-δ 效应引起的附加弯矩影响。

轴压比为：$n = \dfrac{N_{B-2}^{s}}{f_c A} = \dfrac{2\,091.57 \times 10^3}{19.1 \times 650 \times 650} = 0.26 > 0.15$，故取 $\gamma_{RE} = 0.80$

$\gamma_{RE} M_{B-2}^{s\text{-}max} = 0.80 \times |-593.16| = 474.53$ kN·m，$\gamma_{RE} N_{B-2}^{s} = 0.80 \times 2\,091.57 = 1\,673.26$ kN

偏心距为：

$$e_0 = \frac{\gamma_{RE} M_{B-2}^{s\text{-}max}}{\gamma_{RE} N_{B-2}^{s}} = \frac{474.53 \times 10^3}{1\,673.26} = 283.60 \text{ mm}$$

$$e_a = \max\left(20, \frac{h}{30}\right) = 21.67 \text{ mm}，e_i = e_0 + e_a = 305.27 \text{ mm}$$

判断大小偏心（框架柱采用对称配筋）：

$$x = \frac{\gamma_{RE} N_{B-2}^{s}}{\alpha f_c b} = \frac{1\,673.26 \times 10^3}{1.0 \times 19.1 \times 650} = 134.78 \text{ mm} < x_b = \xi_b h_0 = 0.518 \times 610 = 315.98 \text{ mm}，为大偏心$$

受压。

配筋计算：

$$e = e_i + \frac{h}{2} - a_s = 590.27 \text{ mm}$$

$$A_s = A_s' = \frac{\gamma_{RE} N_{B-2}^{s} e - \alpha_1 f_c b x \left(h_0 - \dfrac{x}{2}\right)}{f_y'(h_0 - a_s')}$$

$$= \frac{1\,673.26 \times 10^3 \times 590.27 - 1.0 \times 19.1 \times 650 \times 134.78 \times \left(610 - \dfrac{134.78}{2}\right)}{360 \times (610-40)} = 389 \text{ mm}^2$$

由于 $\rho = \dfrac{A_s}{bh_0} = \dfrac{389}{650 \times 610} = 0.1\% < 0.2\%$，故按照构造要求确定柱纵筋。柱单侧纵筋应满足 $A_s = A_s' = 0.2\% \times 650 \times 610 = 793$ mm²，柱单侧纵筋可选配为 2 ⏀ 18+2 ⏀ 16（$A_s = 911$ mm²），其中 2 ⏀ 18 为角部纵筋。但是，由于三级抗震时框架结构柱的全截面纵向受力钢筋最小配筋率为 $\rho_{min} = 0.75\%$，若全截面选配 4 ⏀ 18+8 ⏀ 16，则 $\rho_{总} = \dfrac{A_s}{bh} = 0.623\%$ 不满足要求。因此，全截面选配 4 ⏀ 18+12 ⏀ 16（单侧为 2 ⏀ 18+3 ⏀ 16），即 $\rho_{总} = \dfrac{4 \times 254.5 + 12 \times 201.0}{650 \times 650} = 0.81\% > 0.75\%$，可满足单侧、全截面的最小配筋率要求。

正截面轴心受压承载能力验算：

$$l_0 = 1.25H = 4\,500，\frac{l_0}{b} = \frac{4\,500}{650} = 6.92 \leqslant 8，故取 \varphi = 1.0$$

$$0.9\varphi(f_c A + f_y' A_s') = 0.9 \times 1.0 \times (19.1 \times 650 \times 650 + 360 \times 3\,430.0)$$

$= 8\ 374.10\ \text{kN}>\gamma_{\text{RE}}N_{\text{B-2}}^{\text{s}} = 1\ 673.26\ \text{kN}$,满足要求。

因此,2 层Ⓑ轴框架柱在左震作用下纵向受力钢筋可选配为单侧 2 Φ18+3 Φ16,全截面配筋 4 Φ18+12 Φ16。

计算其他最不利内力,并比较柱配筋面积,取其中的最大值作为设计结果。

(5)框架柱斜截面设计

仍然以 2 层Ⓑ轴线框架柱为例进行斜截面设计。

①非抗震组合下的斜截面设计:

与框架梁选取非抗震组合下的最不利组合剪力设计值的方法类似,首先提取内力组合表(附表 2.22)中的柱非抗震组合剪力设计值,并绘制柱非抗震组合剪力的汇总图(略),可得到 2 层Ⓑ轴框架柱的最不利剪力 $V_{\text{B}}^{\text{c-ns-max}} = 44.64\ \text{kN}$(其对应的组合弯矩、组合剪力设计值分别为 $M_{\text{B}}^{\text{c-ns}} = -88.61\ \text{kN}\cdot\text{m}$,$N_{\text{B}}^{\text{c-ns}} = 1\ 950.38\ \text{kN}$)。

由于在该内力组合下柱反弯点在层高内,其剪跨比 $\lambda = \dfrac{H_{\text{n}}}{2h_0} = \dfrac{3\ 125}{2\times610} = 2.56$。

验算截面尺寸:

$\dfrac{h_{\text{w}}}{b} = \dfrac{610}{650} = 0.94 < 4.0$

$0.25\beta_{\text{c}}f_{\text{c}}bh_0 = 0.25\times1.0\times19.1\times650\times610 = 1\ 893.29\ \text{kN}>V_{\text{B}}^{\text{c-ns-max}} = 44.64\ \text{kN}$,满足要求。

验算是否需要计算配箍:

$0.3f_{\text{c}}A = 0.3\times19.1\times650\times650 = 2\ 420.93\ \text{kN}>N_{\text{B}}^{\text{c-ns}} = 1\ 950.38\ \text{kN}$

$\dfrac{1.75}{\lambda+1}f_{\text{t}}bh_0 + 0.07N = \dfrac{1.75}{2.56+1}\times1.71\times650\times610 + 0.07\times1\ 950.38\times10^3$

$\qquad\qquad = 469.82\ \text{kN}>V_{\text{B}}^{\text{c-ns-max}} = 44.64\ \text{kN}$,采用构造配箍。

根据《混凝土结构设计规范》的非抗震构造措施,柱箍筋应满足 $d_{\min} \geqslant \max\left(\dfrac{d}{4},6\right) = \max\left(\dfrac{18}{4},6\right) = 6\ \text{mm}$,且 $s_{\max} \leqslant \min(400,b_{\text{c}},15d) = \min(400,650,240) = 240\ \text{mm}$,故该柱非抗震时的箍筋可暂选配Φ6@200(4 肢)。

②抗震组合下的斜截面设计:

在抗震设计中,首先应按"强剪弱弯"措施对考虑地震组合的柱剪力值进行调整。

按照规范的"强剪弱弯"公式,首先计算 2 层Ⓑ轴框架柱的净高:$H_{\text{n}} = 3\ 600-[(550+400)/2] = 3\ 125\ \text{mm}$。由于柱端弯矩并未换算至支座边,从理论上看修改 H_{n} 为取层高 3 600 mm 更合理(本次设计偏安全地取柱净高)。

将经过"强柱弱梁"调整后得到的 2 层Ⓑ轴框架柱分别在左震、右震作用下的地震组合弯矩提取出来,即可进行"强剪弱弯"调整(三级抗震的柱端剪力增大系数 η_{vc} 取 1.2)。

$V_{\text{B-t}}^{\text{c-s-左震}} = V_{\text{B-b}}^{\text{c-s-左震}} = 1.2\ \dfrac{M_{\text{b}}+M_{\text{t}}}{H_{\text{n}}} = 1.2\times\dfrac{593.16+583.98}{3.125} = 452.02\ \text{kN}$

$V_{\text{B-t}}^{\text{c-s-右震}} = V_{\text{B-b}}^{\text{c-s-右震}} = 1.2\ \dfrac{M_{\text{b}}+M_{\text{t}}}{H_{\text{n}}} = 1.2\times\dfrac{-458.84+-469.45}{3.125} = -356.46\ \text{kN}$

故:$V_{\text{B}}^{\text{c-s-max}} = 452.05\ \text{kN}$,$\gamma_{\text{RE}}V_{\text{B}}^{\text{c-s-max}} = 0.85\times452.05 = 384.24\ \text{kN}$

即 2 层Ⓑ轴框架柱的抗震组合剪力设计值取 $\gamma_{\text{RE}}V_{\text{B}}^{\text{c-s-max}} = 384.24\ \text{kN}$,其对应的组合轴力设

计值 $N_B^{c-s} = 2\ 042.11$ kN。

柱反弯点在层高内,其剪跨比为:$\lambda = \dfrac{H_n}{2h_0} = \dfrac{3\ 125}{2\times 610} = 2.56 < 3.0$

截面尺寸验算:

$0.2\beta_c f_c bh_0 = 0.2\times 1.0\times 19.1\times 650\times 610 = 1\ 514.63$ kN$> \gamma_{RE} V_B^{c-s-max} = 384.24$ kN,满足要求。

柱端箍筋加密区抗剪箍筋计算:

$0.3f_c A = 0.3\times 19.1\times 650\times 650 = 2\ 420.93$ kN$> N_B^{c-s} = 2\ 042.11$ kN

$$\frac{A_{sv}}{s} \geqslant \frac{\gamma_{RE} V_B^{c-s-max} - \dfrac{1.05}{\lambda+1} f_t bh_0 - 0.056 N_B^{c-s}}{f_{yv} h_0}$$

$$= \frac{384.24\times 10^3 - \dfrac{1.05}{2.56+1}\times 1.71\times 650\times 610 - 0.056\times 2\ 042.11\times 10^3}{270\times 610} = 0.42$$

《建筑抗震设计规范》要求三级抗震时柱端加密区的箍筋直径应满足 $d_{min} \geqslant 8$ mm,故选配 $\Phi 8$ 的箍筋(4 肢);三级抗震柱端箍筋加密区间距应满足 $s_{max} \leqslant \min(8d,150) = \min(8\times 16, 150) = 128$ mm,取柱端箍筋加密区间距为 100 mm,故该框架柱端部箍筋加密区选配 $\Phi 8@100$ (4 肢)。对于 $\Phi 8@100$ (4 肢)有:

$$\frac{A_{sv}}{s} = \frac{4\times 50.3}{100} = 2.01 > 0.42,满足抗剪承载力要求。$$

此外,还应对柱端箍筋加密区的体积配箍率进行验算。2 层Ⓑ轴框架柱为三级抗震、采用普通复合箍筋,且柱轴压为比 $\dfrac{N_B^{c-s}}{f_c bh} = \dfrac{2\ 042.11\times 10^3}{19.1\times 650\times 650} = 0.25 < 0.3$,故查表可得柱箍筋加密区的最小配箍特征值 $\lambda_v = 0.06$。因此,2 层Ⓑ轴框架柱端部箍筋加密区采用 $\Phi 8@100$ (4 肢)时,其体积配箍率验算如下:

$$\rho_{sv \cdot min} = \lambda_v \frac{f_c}{f_{yv}} = 0.06\times \frac{19.1}{270} = 0.42\% > 0.4\%(三级抗震)$$

$$\rho_{sv} = \frac{n_1 A_{s1} l_1 + n_2 A_{s2} l_2}{A_{cor} s} = \frac{50.3\times (650-48)\times 4\times 2}{(650-20\times 2-8\times 2)^2 \times 100}$$

$$= 0.69\% > \rho_{sv \cdot min} = 0.42\%,满足要求。$$

柱端箍筋加密区长度 $l_p^c = \max(h_b, \dfrac{H_n}{6}, 500\ \text{mm}) = (650, \dfrac{3\ 125}{6}, 500) = 650$ mm。

对于 2 层Ⓑ轴框架柱的箍筋非加密区,《建筑抗震设计规范》要求除满足受剪承载力之外,箍筋非加密区的体积配箍率应满足 $\rho_{sv-非} \geqslant 0.5\rho_{sv}$,且非加密的箍筋间距应满足 $s_{非加密区} \leqslant 2s_{加密区}$。故 2 层Ⓑ轴框架柱的箍筋非加密区可取 $\Phi 8@200$ (4 肢),其体积配箍率必然满足 $\rho_{sv-非} \geqslant 0.5\rho_{sv}$,且 $\dfrac{A_{sv}}{s} = \dfrac{4\times 50.3}{200} = 1.01 > 0.42$(满足受剪承载力要求)。

综合非抗震、抗震两种情况下的斜截面设计结果,2 层Ⓑ轴框架柱箍筋加密区采用 $\Phi 8@100$ (4 肢)、箍筋非加密区采用 $\Phi 8@200$ (4 肢)。

18)框架节点设计

框架顶层端节点处,根据梁上部实配钢筋的截面面积 A_s 进行验算,其节点核心区混凝土满足要求(具体过程略)。

该框架为三级抗震等级,应按照《建筑抗震设计规范》对节点核心区抗震受剪承载力进行验算。此处以 1 层 Ⓑ 轴线节点(受力不利的位置)在左震下的计算过程为例进行说明。

首先,按照"强节点弱构件"措施,计算在左震作用下 1 层 Ⓑ 轴节点区的剪力设计值 V_j。其中,左震作用下节点左、右梁端的组合弯矩设计值($\sum M_b$)可直接从内力组合表(附表 2.21)中提取;通过从内力组合表(附表 2.22)中提取左震下 Ⓑ 轴线框架柱在 1 层、2 层的柱端抗震组合弯矩可计算 H_c;对于三级抗震,框架结构的强节点系数 η_{jb} 取 1.2。

$$H_c = \left(317.10 \div \frac{668.05 + 317.10}{4.2} \right) + \left(464.90 \div \frac{464.90 + 457.53}{3.6} \right) = 3.17$$

$$V_j = \frac{\eta_{jb} \sum M_b}{h_{b0} - a_s'} \left(1 - \frac{h_{b0} - a_s'}{H_c - h_b} \right) = \frac{1.2 \times (391.28 + 234.16)}{(0.510 + 0.360) \times 0.5 - 0.04} \times$$

$$\left(1 - \frac{(0.510 + 0.360) \times 0.5 - 0.04}{3.17 - (0.55 + 0.40) \times 0.5} \right) = 1\ 621.52 \text{ kN}$$

其次,验算节点核心区的截面尺寸。由于验算方向的梁截面宽度为 300 mm,小于该侧柱截面宽度 650 mm 的 1/2,故取 $\eta_j = 1.0$,且 $b_j = \min[(b_b + 0.5h_c), b_c] = \min[(300 + 0.5 \times 650), 650] = 625$ mm。

$$0.3 \eta_j \beta_c f_c b_j h_j = 0.3 \times 1.0 \times 1.0 \times 19.1 \times 625 \times 650$$
$$= 2\ 327.81 \text{ kN} > \gamma_{RE} V_j = 0.85 \times 1\ 621.52 = 1\ 378.29 \text{ kN},$$满足剪压比要求。

最后,对节点核心区水平截面的抗剪承载力进行验算。其中,轴向压力设计值 $N = 2\ 091.57$ kN $< 0.5 f_c b_c h_c = 0.5 \times 19.1 \times 625 \times 650 = 3\ 879.69$ kN,可直接用于计算。

$$\frac{A_{svj}}{s} = \frac{\gamma_{RE} V_j - 1.1 \eta_j f_t b_j h_j - 0.05 \eta_j N \frac{b_j}{b_c}}{f_{yv}(h_{b0} - a_s')}$$

$$= \frac{1\ 378.29 \times 10^3 - 1.1 \times 1.0 \times 1.71 \times 625 \times 650 - 0.05 \times 1.0 \times 2\ 091.57 \times 10^3 \times \frac{625}{650}}{270 \times [(510 + 360) \times 0.5 - 40]}$$

$$= 4.82$$

按工程经验取 1 层 Ⓑ 轴节点核心区的配箍与相邻柱端(2 层 Ⓑ 轴框架柱)箍筋加密区的箍筋直径相同,该节点配箍需采用 Φ8@40(4 肢),即 $\frac{A_{svj}}{s} = \frac{4 \times 50.3}{40} = 5.03 > 4.82$,方能满足节点核心区受剪承载力要求。

思考题

2.1　采用简化方法进行计算时,如何将三维空间框架结构简化为二维平面框架结构,采用了哪些假定? 在分层法和 D 值法中是否也分别采用了这些假定?

2.2　混凝土框架结构按施工方法可分为哪几种类型,各有什么优缺点?

2.3 在钢筋混凝土框架结构的抗震设计中,结构的不规则性有哪几种类型? 为什么抗震设计应重视建筑形体和布置,并遵循外形简单、规则、对称的基本原则?

2.4 什么是混凝土建筑结构布置中的变形缝,变形缝包括哪几种类型,它们的设置目的和采用的关键措施分别是怎样的?

2.5 在钢筋混凝土框架的计算模型中,应如何考虑填充墙对计算结果的影响?

2.6 结合分层法的基本假定说明,在分层法的计算过程中,哪些步骤会产生计算误差? 要减小这些误差,可采取的措施有哪些?

2.7 反弯点法中的柱侧向刚度 d 和 D 值法中 D 值的物理意义分别是什么? D 值法与反弯点法的区别是什么? 两者有哪些共同点?

2.8 在某多层框架结构中,如果中间某楼层某框架柱的相邻上层柱截面尺寸减小,该框架柱的反弯点会怎样移动(与标准反弯点位置相比)? 为什么? 请结合规则框架承受水平力作用时标准反弯点的高度比的表格内数据说明,多层框架结构各楼层柱反弯点位置随梁柱线刚度比不同具有怎样的变化规律?

2.9 对于某钢筋混凝土三维空间框架结构,得到水平地震作用下某楼层的总剪力 V_x 之后,若不考虑扭转的影响并要计算某框架柱的剪力 V_{kz1-x} 时,若按照先分配给平面框架的方法应如何计算 V_{kz1-x},若不按平面框架的方法,应如何直接计算 V_{kz1-x}?

2.10 梁、柱杆件的轴向变形、弯曲变形和剪切变形对框架在水平荷载作用下的侧移变形分别有怎样的影响? 对于某4层3跨的规则框架、14层3跨的规则框架,分别如何计算水平荷载下的结构顶点侧移(阐述计算原理,可能的情况下写出计算公式)?

2.11 按照我国现行规范的要求,"大震不倒"是怎样在结构设计过程中得到验算的? 简述哪些情况下需进行"大震不倒"的变形验算?

2.12 多层框架的二阶效应包括哪两种类型,他们有什么区别? 按照我国现行规范的规定,结构设计时可以采用哪些方法计算二阶效应(注意区分二阶效应的类型)? 这些方法分别有什么特点?

2.13 多层钢筋混凝土框架结构在竖向荷载作用下的弯矩为什么可以进行调幅? 弯矩调幅的目的是什么? 经过弯矩调幅后,"梁端负弯矩会降低、跨中弯矩则会相应加大"的说法正确吗? 为什么?

2.14 以结构在罕遇地震作用下基底剪力-顶点水平位移的示意图为例说明,为什么弹塑性变形能力(或延性)是保障结构"大震不倒"的主要影响因素?

2.15 分别说明框架梁、框架柱抗震性能的主要影响因素有哪些? 并简要说明其影响方式。

2.16 为什么我国规范要求将钢筋混凝土框架设计为延性结构? 实现延性框架设计的关键措施有哪些?

2.17 什么是抗震等级? 确定抗震等级与哪些因素有关? 抗震等级与延性框架的关键抗震设计措施有什么关系?

2.18 什么是"强柱弱梁"? 我国规范采用怎样的方法实现"强柱弱梁"?

2.19 为什么要将框架梁、框架柱设计为"强剪弱弯"构件? 我国规范怎样实现"强剪弱弯"?

2.20 与非抗震设计相比,框架梁的抗震斜截面承载力计算有哪些主要区别?

2.21 按我国规范对钢筋混凝土框架结构进行抗震设计时,为什么框架柱端部设置箍筋加密区是特别重要的？

2.22 框架柱的箍筋形式有哪几种？结合配箍特征值的取值规律说明,箍筋形式对柱抗震性能有怎样的影响？

2.23 影响钢筋混凝土梁柱节点延性的因素主要有哪些？在节点区配置箍筋的目的是什么？我国规范采用怎样的方法实现"强节点"？

2.24 框架梁、框架柱的纵向受力钢筋在框架节点区的锚固应符合哪些主要抗震构造要求？在框架顶层端节点,柱外侧纵筋、梁上部纵筋的搭接方式主要有哪两种,其主要区别是什么？

练习题

2.1 某钢筋混凝土框架结构如习题 2.1 图所示,各框架梁截面尺寸均为 250×550(暂不考虑楼板的影响),各中柱、边柱的截面尺寸分别为 500×500、450×450(单位均为 mm),梁、柱均采用 C30 混凝土,试采用分层法计算该框架的内力,并绘制框架的弯矩图、剪力图和轴力图。

2.2 对于习题 2.1 所述框架,其风荷载如习题 2.2 图所示,试采用 D 值法计算该框架在风荷载作用下的内力、各楼层的层间侧移,并绘制框架的弯矩图、剪力图、轴力图和侧移变形图。

2.3 对于习题 2.1 所述框架,在风荷载作用下(如习题 2.2 图所示)时,尝试采用反弯法计算该框架在风荷载作用下的弯矩、各楼层的层间侧移,并分析当梁柱线刚度比不满足反弯法的要求时,其计算结果与 D 值法的计算结果的差别(对比弯矩、层间侧移,将误差的百分比表示在图上)。

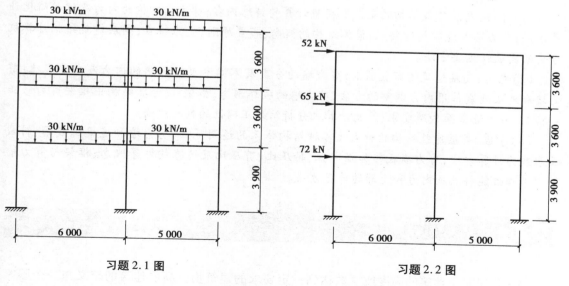

习题 2.1 图　　　　　　　　　　习题 2.2 图

3

高层建筑结构设计

[内容提要]

本章介绍了高层建筑结构的概念、特点、结构体系、布置原则以及高层建筑风荷载和地震作用计算的一些特殊内容；重点讲述了钢筋混凝土剪力墙结构、框架-剪力墙结构的内力计算和设计方法；简单介绍了简体结构的概念、布置原则和受力特点；最后简述了高层建筑计算机辅助分析方法。

[学习目标]

(1)了解：高层建筑结构的定义及荷载计算的特殊内容；剪力墙结构的内力及位移简化计算方法；剪力墙和连梁构造要求；简体结构的概念、布置原则、受力特点；高层建筑结构计算机分析的发展及主要方法。

(2)熟悉：高层建筑的布置原则；剪力墙的分类及不同类型剪力墙的内力及变形规律；剪力墙和连梁地震作用内力调整的方法；剪力墙的破坏形态；框架-剪力墙结构中框架剪力修正和框架、剪力墙截面构造要求；结构计算机分析结果正确性的判断方法。

(3)掌握：高层建筑结构的特点及各种结构体系的适用范围；剪力墙和连梁正截面、斜截面承载力计算方法，剪力墙底部加强部位、轴压比、剪压比及边缘构件等概念；框架与剪力墙协同工作性能特点及内力和变形的计算方法。

3.1　高层建筑

高层建筑是指建筑的高度或层数达到一定要求的建筑物。高层建筑的定义与一个国家的经济水平、建筑技术、电梯设备和消防能力等因素相关，世界上各个国家对高层建筑的定义并不统一。在美国,7 层或建筑高度 24.6 m 以上的建筑为高层建筑;在日本,8 层或建筑高度 31 m 以上的建筑为高层建筑;在英国,不小于 24.3 m 的建筑为高层建筑。我国《民用建筑设计通则》(GB 50352—2005)规定,10 层及 10 层以上的住宅建筑和建筑高度大于 24 m 的其他民用建筑(不含单层公共建筑)为高层建筑;我国《建筑设计防火规范》(GB 50016—2014)把高度大于 27 m 的住宅建筑和高度超过 24 m 的公共建筑称为高层建筑。

我国《高层建筑混凝土结构技术规程》(JGJ 3—2010)(以下简称《高规》)规定,高层建筑是指 10 层及 10 层以上或房屋高度大于 28 m 的住宅建筑和房屋高度大于 24 m 的其他高层民用建筑。房屋高度通常是指从室外地面到主要屋面的距离,不包括局部突出屋面部分(如电梯机房、屋面楼梯间、水箱等)和地下室的埋置深度。

3.2　高层建筑结构特点

高层建筑向空中延伸,减小了占地面积,提高了土地的利用率。但随着建筑高度的增加,施工难度提高,竖向交通的组织更复杂,对防火、防灾的要求更高。相对于多层建筑,高层建筑的单位面积的工程造价和运行成本会增加,但从城市总体规划的角度来看是经济的。

高层建筑结构受侧向力(风或水平地震作用)影响显著,侧向力已成为影响高层建筑结构内力、变形和土建造价的主要因素。随着建筑高度的增加,柱子的轴向变形和构件截面剪切变形对结构内力与位移的影响不可忽略。如图 3.1 所示,在高层建筑结构中,柱的轴力随建筑高度和层数的增加而增大,可以近似为高度的一次方关系;侧向力作用下,高层建筑的弯矩和侧向位移随结构高度的增加而急剧增大,将风或水平地震作用近似为倒三角形侧向分布荷载作用时,高层建筑结构底部所产生的弯矩与结构高度为三次方关系;结构顶点的侧向位移与结构高度成四次方关系。因此,侧向力对高层建筑结构的影响比竖向荷载更显著。

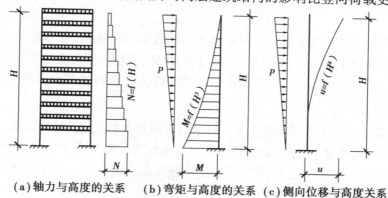

(a)轴力与高度的关系　　(b)弯矩与高度的关系　(c)侧向位移与高度关系

图 3.1　高层建筑结构效应和高度的关系

高层建筑结构设计过程包括基础型式选择、结构体系选择、结构布置、荷载确定、内力计算、构件设计和构造措施等。与多层建筑结构相比,高层建筑结构设计的特殊性体现在以下两个方面。

1)结构体系除满足竖向承载力要求外,还应有足够的刚度来抵抗侧向力

合理的结构体系是保证高层建筑结构受力性能的关键。高层建筑结构体系应能满足竖向承载力和水平承载力的要求。结构高度越高,其所需抵抗的侧向力也越大。抵抗侧向力的能力上,一般筒体结构强于剪力墙结构、剪力墙结构强于框架结构。通常根据建筑物的用途、高度和抗震设防烈度等,合理选择结构体系。

2)需要更加复杂的符合结构受力特点的计算模型

高层建筑结构是复杂的空间结构体系,结构设计时应采用符合实际的合理的计算模型。对复杂高层建筑结构应采用三维空间结构模型进行计算、设计,只有简单的高层建筑结构才可以采用简化的分析模型。

3.3 高层建筑结构体系及布置原则

高层建筑结构体系包括竖向结构体系和水平结构体系。合理的结构体系必须满足承载力要求、刚度要求和延性要求,且兼顾经济性要求。

3.3.1 高层建筑的竖向结构体系

通常情况下,高层建筑的竖向结构体系既是竖向承重体系也是抗侧力体系。常见的竖向结构体系包括框架结构、剪力墙结构、框架-剪力结构和筒体结构等基本结构体系,以及由基本结构体系所组成的其他结构体系。

1)框架结构

框架结构已在第 2 章讲述,其优点是空间分隔灵活,但其侧向刚度小,使得水平力作用下结构的侧移较大。因此,设计时必须控制结构的最大适用高度和高宽比限值,其在高层建筑中应用受限。

2)剪力墙结构

剪力墙结构是由剪力墙承受竖向荷载和水平荷载的结构体系,通常采用钢筋混凝土墙。剪力墙在墙体平面内刚度很大,使得剪力墙结构的抗侧刚度大、侧向变形小;剪力墙结构集承重、抗风、抗震、维护与分隔为一体,但墙体较密,使建筑的平面布置和空间利用受到限制。

3)框架-剪力墙结构

框架-剪力墙结构是由框架和剪力墙共同承受竖向和水平作用的结构体系。框架-剪力墙结构结合了框架和剪力墙的优点,既保留了框架结构建筑布置灵活、使用方便的优点,又比框架结构的侧向刚度大、抗震性能好,同时还使结构侧向变形均匀,从而可以采用较小截面的框架柱,节约材料和使用空间。

4)筒体结构

筒体结构是由筒体承受竖向和水平作用的结构体系。筒体分为薄壁筒和框筒两大类。薄壁筒是指由钢筋混凝土剪力墙所围成的筒体,一般利用布置在电梯间、楼梯和设备管道井四周的剪力墙围合而成,如图 3.2(a)所示。由于其薄壁筒上仅开有少量洞口,又被称为实腹筒。框筒是指由密柱框架或壁式框架围成的筒体,通常利用房屋四周的密集立柱和高跨比很大的窗间梁形成一个多孔筒体,如图 3.2(b)所示。由于其立面上开有很多窗洞,又被称为空腹筒。筒体结构为空间受力体系,具有较大的抗侧刚度和抗扭刚度,适用于修建更高的高层建筑。

5)其他结构形式

在基本结构形式的基础上,可以组合形成新的结构体系,如悬挂式结构、巨型框架结构、巨型空间桁架结构、巨型柱-核心筒结构等。悬挂式结构是以核心筒、刚架、拱等作为竖向承力结构,楼面通过钢丝束、吊索悬挂在上述承重结构上,从而形成的一种新型结构体系(图3.3(a))。巨型框架结构由两级结构组成,第一级巨型框架是主要承重结构;第二级楼层框架只承受各楼面荷载并传到巨型框架上(图3.3(b))。巨型空间桁架结构由巨梁、巨柱、巨型支撑等杆件组成,水平剪力由支撑斜杆的轴力来抵抗,是经济、高效的抗侧力结构体系(图3.3(c))。巨型柱-核心筒结构是由核心筒加外围复合巨型柱组成的结构体系,如图3.3(d)所示。

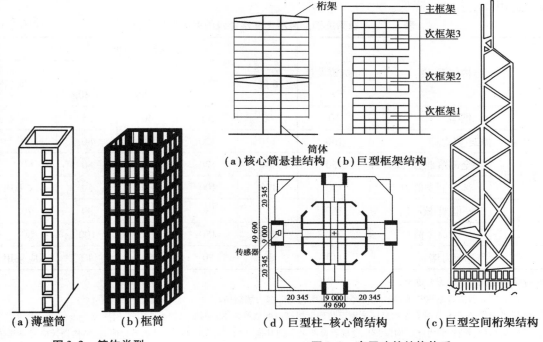

(a)核心筒悬挂结构　(b)巨型框架结构

(a)薄壁筒　　　(b)框筒

图3.2　筒体类型

(d)巨型柱–核心筒结构　　(c)巨型空间桁架结构

图3.3　高层建筑结构体系

3.3.2　高层建筑的水平结构体系

水平结构是指楼盖及屋盖体系。在高层建筑中,水平结构除承受作用于其上的竖向荷载,还起到把各个竖向构件联系到一起共同工作,把作用在整体结构上的水平力传递或分配给各抗侧力构件的作用。当各榀抗侧力构件刚度不等、结构发生扭转变形时,在水平结构中将产生平面内的剪力和轴力,以实现各榀抗侧力构件的变形协调、共同工作。因此,楼盖应具有较好的整体性和刚度。另外,楼盖也是竖向构件的支撑,使竖向构件不致产生平面外失稳。高层建筑结构仍可按第1章的内容进行楼盖选型和布置,但应特别重视楼盖的整体性,确保楼盖的平面内刚度,一般应优先采用现浇楼盖。

3.3.3 结构布置原则

结构布置是指高层建筑结构受力构件的布置,包括竖向构件的平面布置和竖向布置,以及水平构件(梁、板)的布置等。合理的结构布置是保证高层建筑结构具有良好受力性能的根本。

1)房屋适用高度和高宽比

(1)房屋适用高度

房屋高度对建筑的受力性能和工程造价影响较大,因此宜限定房屋的适用高度。钢筋混凝土高层建筑结构的最大适用高度分为 A 级和 B 级。对于抗震设防类别为乙类、丙类的房屋,A 级高度钢筋混凝土高层建筑的最大适用高度应符合表 3.1 的规定,B 级高度钢筋混凝土高层建筑的最大适用高度应符合表 3.2 的规定。当高层建筑结构的平面或竖向不规则时,其最大适用高度宜适当降低。

表 3.1　A 级高度钢筋混凝土高层建筑的最大适用高度　　　单位:m

结构体系		非抗震设计	抗震设防烈度				
			6 度	7 度	8 度		9 度
					0.20g	0.30g	
框架		70	60	50	40	35	—
框架-剪力墙		150	130	120	100	80	50
剪力墙	全部落地剪力墙	150	140	120	100	80	60
	部分框支剪力墙	130	120	100	80	50	不应采用
筒体	框架-核心筒	160	150	130	100	90	70
	筒中筒	200	180	150	120	100	80
板柱-剪力墙		110	80	70	55	40	不应采用

注:①表中框架不含异形柱框架;
②部分框支剪力墙结构指地面以上有部分框支剪力墙的剪力墙结构;
③甲类建筑,6、7、8 度时宜按本地区抗震设防烈度提高一度后符合本表的要求,9 度时应专门研究;
④框架结构、板柱-剪力墙结构以及 9 度抗震设防的表列其他结构,当房屋高度超过本表数值时,结构设计应有可靠依据,并采取有效的加强措施。

表 3.2　B 级高度钢筋混凝土高层建筑的最大适用高度　　　单位:m

结构体系		非抗震设计	抗震设防烈度			
			6 度	7 度	8 度	
					0.20g	0.30g
框架-剪力墙		170	160	140	120	100
剪力墙	全部落地剪力墙	180	170	150	130	110
	部分框支剪力墙	150	140	120	100	80

结构体系		非抗震设计	抗震设防烈度			
			6 度	7 度	8 度	
					0.20g	0.30g
筒体	框架-核心筒	220	210	180	140	120
	筒中筒	300	280	230	170	150

注：①部分框支剪力墙结构指地面以上有部分框支剪力墙的剪力墙结构；
　　②甲类建筑，6、7 度时宜按本地区抗震设防烈度提高一度后符合本表的要求，8 度时应专门研究；
　　③当房屋高度超过表中数值时，结构设计应有可靠依据，并采取有效加强措施。

（2）房屋适用高宽比

如果将高层建筑结构近似为固定于基础上的竖向悬臂构件，增加建筑平面尺寸显然对减少侧向位移十分有效。因此，控制高层建筑的高宽比，可以从宏观上控制结构的侧向刚度、整体稳定性、承载能力和经济合理性。钢筋混凝土高层建筑结构高宽比不宜超过表 3.3 的限值。

表 3.3　钢筋混凝土高层建筑结构适用的最大高宽比

结构体系	非抗震设计	抗震设防烈度		
		6 度、7 度	8 度	9 度
框架	5	4	3	—
板柱-剪力墙	6	5	4	—
框架-剪力墙、剪力墙	7	6	5	4
框架-核心筒	8	7	6	4
筒中筒	8	8	7	5

2）结构平面布置

高层建筑平面宜简单、规则、对称，宜采用矩形、方形、圆形、Y 形、L 形、十字形、井字形等。圆形建筑有利于抗风，平面对称、长宽比接近的建筑有利于抗震。

结构平面布置时应尽量使结构抗侧刚度中心、建筑平面形心、建筑物质量中心重合，以减少扭转的影响。高层建筑结构布置应尽可能减少不规则性，其平面不规则分为扭转不规则、凹凸不规则和楼板局部不连续三类。

（1）扭转不规则

一般可采用扭转位移比和周期比两个参数控制结构的扭转不规则性。

扭转位移比可按楼层水平位移或按层间位移计算，是指在考虑偶然偏心影响的规定水平地震力作用下，楼层竖向构件的最大水平位移或层间位移与该楼层相应位移的平均值之比。A 级高度高层建筑扭转位移比不宜大于 1.2、不应大于 1.5；B 级高度高层建筑、超过 A 级高度的混合结构高层建筑及复杂高层建筑的扭转位移比不宜大于 1.2、不应大于 1.4。各楼层质量的偶然偏心距可取 $0.05L$，其中 L 为垂直于水平作用力方向的建筑物总长度。

周期比是指结构扭转为主的第一自振周期 T_t 与平动为主的第一自振周期 T_1 之比。A 级高度高层建筑不应大于 0.9,B 级高度高层建筑、超过 A 级高度的混合结构高层建筑及复杂高层建筑不应大于 0.85。

（2）凹凸不规则

平面凹凸不规则不利于结构的抗震和抗风,宜从 3 个方面加以控制:平面不宜狭长;平面突出部分的长度不宜长而窄;不宜采用角部重叠或细腰形平面布置(图 2.11)。

平面过于狭长的建筑物(图 3.4(a))在地震时由于两端地震波输入有相位差而容易产生不规则振动,产生较大震害;平面有较长的外伸时(图 3.4(b)~图 3.4(e)),外伸段容易产生局部振动而引起凹角处应力集中或破坏。因此,应按表 3.4 的要求限制结构平面的长宽比 L/B、外伸部分的 l/B_{max} 和 l/b。

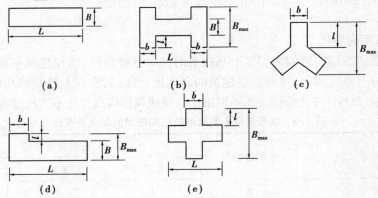

| | (a) | (b) | (c) |
| (d) | (e) |

图 3.4   结构平面布置

表 3.4   平面尺寸及突出部位尺寸的比值限值

设防烈度	L/B	l/B_{max}	l/b
6、7 度	≤6.0	≤0.35	≤2.0
8、9 度	≤5.0	≤0.30	≤1.5

（3）楼板局部不连续

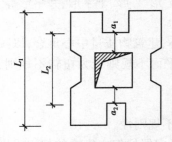

图 3.5   楼板净宽要求示意

楼板有较大平面凹入或开有大面积洞口时,被凹口或洞口划分开的各部分之间的连接较为薄弱,在地震中容易形成相对振动而使该部分产生震害,因此应对凹入或洞口的大小加以限制。以如图 3.5 所示平面为例,l_2 不宜小于 $0.5L_1$,a_1 与 a_2 之和不宜小于 $0.5L_2$ 且不小于 5 m,a_1 和 a_2 均不应小于 2 m,开洞面积不宜大于楼面面积的 30%。

对于高层建筑的角部重叠或细腰形部位,或楼板开大洞削弱后,宜采取以下构造措施予以加强:①加厚洞口附近楼板,提高楼板的配筋率,采用双层双向配筋;②洞口边缘设置边梁、暗梁;③在楼板洞口角部集中配置斜向钢筋。

当采用艹字形、井字形等外伸长度较大的平面布置,且中央部分楼板有较大削弱时,应加强楼板以及连接部位墙体的构造措施,必要时还可以在外伸段的凹槽处设置连接梁、连接板。

3）结构竖向布置

高层建筑的竖向体型宜规则、均匀,避免有过大的外挑或收进;结构的侧向刚度宜下大上小,逐渐均匀变化。结构竖向不规则分为侧向刚度不规则、楼层承载力突变和竖向抗侧力构件不连续三类,其基本定义如表2.4所示,此处重点介绍高层建筑的不同之处。

（1）侧向刚度不规则

高层建筑下部楼层的侧向刚度宜大于上部楼层的侧向刚度,因此应对楼层与相邻上层的侧向刚度比 γ 加以限制。

对框架结构,楼层与相邻上层的侧向刚度比 γ_1 按式(3.1)计算。γ_1 不宜小于0.7,与相邻上部三层刚度平均值的比值不宜小于0.8。

$$\gamma_1 = \frac{V_i \Delta_{i+1}}{V_{i+1} \Delta_i} \tag{3.1}$$

式中 γ_1——楼层侧向刚度比;

     V_i, V_{i+1}——第 i 层和第 $i+1$ 层的地震剪力标准值,kN;

     Δ_i, Δ_{i+1}——第 i 层和第 $i+1$ 层在地震剪力标准值作用下的层间位移,m。

对框架-剪力墙结构、板柱-剪力墙结构、剪力墙结构、框架-核心筒结构以及筒中筒结构,楼层与相邻上层的侧向刚度比 γ_2 按式(3.2)计算。γ_2 不宜小于0.9;当本层层高大于相邻上层层高的1.5倍时,该比值不宜小于1.1;对结构底部嵌固层,该比值不宜小于1.5。

$$\gamma_2 = \frac{V_i \Delta_{i+1}}{V_{i+1} \Delta_i} \times \frac{h_i}{h_{i+1}} \tag{3.2}$$

式中 γ_2——考虑层高修正的楼层侧向刚度比;

     h_i, h_{i+1}——第 i 层和第 $i+1$ 层的楼层层高。

（2）楼层承载力突变

楼层抗侧力结构的承载力突变将导致薄弱层破坏。A级高度高层建筑的楼层层间抗侧力结构的受剪承载力不宜小于其相邻上一层受剪承载力的65%,不应小于其相邻上一层受剪承载力的65%;B级高度该比值不应小于75%。

柱的受剪承载力可根据柱两端实配的受弯承载力按两端同时屈服的假定失效模式进行反算;剪力墙可根据实配钢筋按抗剪设计公式反算;斜撑的受剪承载力可计入轴力的贡献,并考虑受压屈服的影响。

（3）竖向抗侧力构件不连续

高层建筑结构竖向抗侧力构件上、下不连续也属于竖向不规则,对结构抗震不利,宜避免。

研究和震害表明,当上部楼层相对于下部楼层收进时,收进的部位越高、收进后的平面尺寸越小,结构的高振型反应越明显,因此对收进后的平面尺寸应加以限制。当上部楼层相对于下部楼层有外挑时,结构的扭转效应和竖向地震作用效应明显,对结构抗震不利,因此对其外挑尺寸应加以限制,具体要求如图3.6所示。

高层建筑抗震设计时应查明其不规则性。不规则建筑应按相关规范采取加强措施;特别不规则建筑应进行专门研究和论证,采取特别的加强措施;严重不规则的建筑不应采用。

4）变形缝布置

高层建筑结构的变形缝设置要求与多层结构相似,可参考2.4节的要求进行设置。

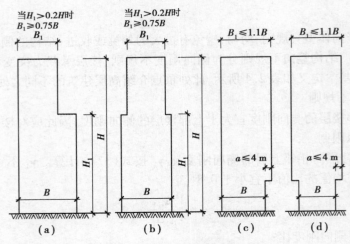

图 3.6　结构竖向收进和外挑示意

3.4　高层建筑结构上的作用

　　高层建筑的外荷载有竖向荷载和水平荷载。竖向荷载包括结构自重等永久荷载、楼面和屋面活荷载、雪荷载等，这些荷载与一般房屋建筑并无区别，可按照《建筑结构荷载规范》（GB 50009）进行计算。水平方向有风荷载和地震作用，对高层建筑结构的影响较大，以下重点介绍风荷载和地震作用确定时与多层建筑的不同之处或值得注意之处。

3.4.1　风荷载

　　空气流动形成风，当风遇到建筑物时，将在建筑物表面产生压力和吸力，即风荷载。高层建筑在设计抗侧力结构、维护构件及考虑使用者的舒适度时，都会涉及风荷载。

　　风的作用是不规则的，风压随着风速、风向的紊乱变化而不停改变。风荷载是随时间变化的动力荷载，在结构设计时，一般将其长周期部分（周期 10 min 以上）产生的平均风压等效为静荷载，其短周期部分（周期几秒钟左右）产生的脉动风压容易引起结构振动。在多层建筑结构设计中，一般仅考虑风的静力作用效应；但在高层结构设计中，必须考虑风压脉动对结构的影响。

　　计算高层建筑表面单位面积上的风荷载标准值时，基本计算公式中的参数的取法如下所述。

1）基本风压

　　一般情况下，设计使用年限为 50 年的高层建筑取重现期为 50 年的基本风压。对于安全等级为一级的高层建筑，以及对风荷载比较敏感的高层建筑（一般将高度大于 60 m 的高层建筑视为对风荷载比较敏感），承载力设计时的基本风压的取值应适当提高。一般有两种做法，一是仍取 50 年的基本风压，但在其主体结构的承载力设计时，按基本风压的 1.1 倍采用；二是取 100 年重现期的风压进行主体结构的承载力设计。但在位移计算时，仍可采用 50 年重现期的风压值。同时，对于围护结构，其重要性与主体结构相比要低些，一般仍取 50 年重现期的基本风压进行承载力计算。

在进行舒适度验算时,取重现期为 10 年的风压。

2) 风荷载体型系数

合理地选择体型,可以降低风对结构的作用,比如圆形或椭圆形平面的建筑所受到的风压力较小。重要且体型复杂的高层建筑的体型系数,需要通过风洞试验获得。当房屋高度大于 200 m,或平、立面形状复杂,立面开洞及连体建筑,或周围地形和环境较复杂时,宜进行风洞试验确定建筑物的风荷载。

对于重要建筑或相互间距较近的群集高层建筑,除以建筑物本身为模型进行风洞试验外,还需以该建筑为中心,将一定范围内的邻近建筑物包括在内,并同时考虑地面粗糙度的影响进行模型试验,以考虑风力相互干扰的群体效应。对于矩形平面高层建筑,当单个施扰建筑与受扰建筑高度相近时,也可以将单独建筑物的体型系数 μ_s 乘以相互干扰系数,以考虑风力相互干扰的群体效应。对顺风向风荷载,相互干扰系数取 $1.00 \sim 1.10$,对横风向风荷载,相互干扰系数取 $1.00 \sim 1.20$。

对高层建筑的维护构件、连接部件、悬挑构件进行局部风压作用下的强度验算时,应采用局部风荷载体型系数。

3) 风振系数

对于高度大于 30 m 且高宽比大于 1.5 的高层建筑结构,可按《建筑结构荷载规范》(GB 50009)采用风振系数法考虑风压脉动的影响,计算顺风向的风荷载。风振系数按结构随机振动理论确定,计算时可只考虑第一振型的影响。

4) 横风向风振和扭转风振

除顺风向风振外,当结构高度较大(超过 150 m)且高宽比较大(大于 5.0),结构顶点风速大于临界风速时,尾流激励(旋涡脱落激励)、横风向紊流激励以及气动弹性激励(建筑振动和风之间的耦合效应)可能引起较明显的结构横风向振动,甚至出现横风向振动效应大于顺风向风振效应的情况,这时应考虑横风向风振和扭转风振的影响。横风向风振的影响一般根据建筑的高度、高宽比、结构自振频率及阻尼比等多种因素,并借鉴工程经验及有关资料来判断是否考虑。

对于平面或立面体型较复杂的高层建筑,横风向风振的等效风荷载 ω_{Lk} 宜通过风洞试验确定;对于圆形截面高层建筑,由跨临界强风共振(旋涡脱落)引起的横风向风振等效风荷载 ω_{Lk} 可按《建筑结构荷载规范》附录 H.1 确定;矩形截面及凹角或削角矩形截面高层建筑的横风向风振等效风荷载可按《建筑结构荷载规范》附录 H.2 确定。

扭转风荷载是由于建筑各个立面风压的非对称作用产生的,受截面形状和湍流度等因素的影响较大。一般地,建筑高度 H 超过 150 m,同时满足 $H/\sqrt{BD} \geq 3$、$D/B \geq 1.5$、$\dfrac{T_{T1}v_H}{\sqrt{BD}} \geq 0.4$($B$ 为迎风面宽度,D 为结构顺风向的进深,T_{T1} 为结构第一阶扭转自振周期(s),v_H 为结构顶点处风速(m/s))的高层建筑,宜考虑扭转风振的影响。体型较复杂以及质量或刚度有显著偏心的高层建筑,扭转风振等效风荷载 ω_{Tk} 宜通过风洞试验确定;质量和刚度较对称的矩形截面高层建筑,当其刚度或质量的偏心率(偏心距/回转半径)不大于 0.2,且同时满足 $H/\sqrt{BD} \leq 6$、$D/B = 1.5 \sim 5$,$\dfrac{T_{T1}v_H}{\sqrt{BD}} \leq 10$ 时,其扭转风振等效风荷载 ω_{Tk} 可按《建筑结构荷载规范》附录 H.

3 的简化方法确定。

顺风向风荷载、横风向风振及扭转风振等效风荷载宜进行组合,组合工况按表 3.5 考虑,其中的单位高度风力 F_{Dk}、F_{Lk} 及 T_{Tk} 标准值应按下列公式计算:

$$F_{Dk} = (\omega_{k1} - \omega_{k2})B \tag{3.3}$$

$$F_{Lk} = \omega_{Lk}B \tag{3.4}$$

$$T_{Tk} = \omega_{Tk}B^2 \tag{3.5}$$

式中　F_{Dk}——顺风向单位高度风力标准值,kN/m;

　　　F_{Lk}——横风向单位高度风力标准值,kN/m;

　　　T_{Tk}——单位高度风致扭矩标准值,kN·m/m;

　　　ω_{k1},ω_{k2}——迎风面、背风面风荷载标准值,kN/m^2;

　　　ω_{Lk},ω_{Tk}——横风向风振和扭转风振等效风荷载标准值,kN/m^2;

　　　B——迎风面宽度,m。

表 3.5　风荷载组合工况

工　况	顺风向风荷载	横风向风振等效风荷载	扭转风振等效风荷载
1	F_{Dk}	—	—
2	$0.6F_{Dk}$	F_{Lk}	—
3	—	—	T_{Tk}

5)风的方向

高层建筑结构进行水平风荷载作用效应分析时,除对称结构外,结构构件在正反两个方向的风荷载作用下效应一般是不相同的,所以应按两个方向风效应的较大值采用,以在保证安全的前提下简化计算。对于体型复杂的高层建筑,应考虑多方向风荷载作用,进行风效应对比分析,确保结构抗风安全性。

3.4.2　地震作用

地震作用有多种计算方法,一般对高层建筑按以下原则选用:

①高度不超过 40 m,以剪切变形为主且质量和刚度沿高度分布比较均匀的结构,以及近似于单质点体系的结构,可采用底部剪力法等简化方法。

②除①以外的高层建筑结构,宜采用振型分解反应谱法。

③特别不规则的建筑、甲类建筑和表 3.6 所列高度范围内的高层建筑,应采用时程分析法进行多遇地震下的补充计算。

表 3.6　采用时程分析方法的房屋高度范围

烈度,场地类别	房屋高度范围/m
8 度 Ⅰ,Ⅱ 类场地和 7 度	>100
8 度 Ⅲ,Ⅳ 类场地	>80
9 度	>60

④计算罕遇地震下结构的变形,采用简化的弹塑性分析方法或弹塑性时程分析方法。

除上述一般要求外,B 级高度的高层建筑结构、混合结构和复杂高层建筑结构,其地震作用计算还应符合以下特殊要求:宜考虑平扭耦联计算结构的扭转效应;振型数不应小于 15,对多塔楼结构,其振型数不应小于塔楼数的 9 倍,且计算振型数应使各振型参与质量之和不小于总质量的 90%;应采用弹性时程分析法进行补充计算;宜采用弹塑性静力或弹塑性动力分析方法补充计算。

3.5 剪力墙结构设计

3.5.1 剪力墙结构的组成与结构布置

1)剪力墙构件

剪力墙结构是由一系列竖向的纵、横墙和水平向的楼板所组成的空间结构。剪力墙构件是指结构中承受竖向荷载,同时又作为抗侧力构件的钢筋混凝土墙体。由于剪力墙具有很大的侧向刚度和水平承载力,因此又被称为结构墙或抗震墙。

剪力墙的高度一般与整个房屋高度相同,宽度可根据结构抗侧刚度及承载力的需要灵活设计,厚度很薄,一般仅 200 ~ 300 mm。

一般截面高度与厚度之比不大于 4 的竖向构件宜按框架柱进行截面设计;截面厚度不大于 300 mm,且截面长度与厚度之比大于 4 但不大于 8 时,宜按短肢剪力墙设计;截面长度与厚度之比大于 8 的竖向构件称为一般剪力墙(常简称为剪力墙)。

剪力墙构件的高度 H 与宽度 B 的比值对其承载力及变形有较大影响。相同高度下,高宽比越大,剪力墙刚度越小,弯曲变形越大,容易设计成弯曲破坏的延性剪力墙;反之,高宽比越小,剪力墙刚度越大,弯曲变形越小,易发生脆性的剪切破坏。按 H 与 B 的比值,可把剪力墙分成三种:$H/B \geq 3$ 时为高剪力墙,$3 > H/B > 1$ 时为中等高度剪力墙,$H/B \leq 1$ 时为低剪力墙。高层建筑结构中的剪力墙通常是高剪力墙(本章后文所讲均为高剪力墙)。

2)剪力墙结构的布置

剪力墙结构的布置在符合 3.3 节的总体要求前提下,还应遵循以下具体要求:

①剪力墙宜沿结构的主轴方向或其他方向双向或多向布置,不同方向的剪力墙宜分别连接在一起,应尽量拉通、对直,以使其拥有较好的空间工作性能;且宜使两个方向的侧向刚度接近。剪力墙墙肢截面宜简单、规则。

②剪力墙的布置及间距应根据建筑平面布局确定,对于"板式"建筑,可取建筑开间或若干倍建筑开间。一般以 2 个房间开间(6 ~ 8 m)的间距布置剪力墙。

③剪力墙宜自下到上连续布置,避免刚度突变;可沿高度改变墙厚和混凝土强度等级,或减少部分墙肢,使侧向刚度沿高度逐渐减小。

④当剪力墙的长度很长时,可通过开设洞口或设置施工洞将其分成长度较小、较均匀的若干独立墙段,墙段之间宜采用弱连梁(如楼板或跨高比大于 5 的连梁)连接,如图 3.7 所示。当剪力墙长度较大时,受弯产生的裂缝宽度较大,易造成墙体端部的竖向钢筋拉断,而墙体中

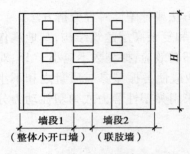

图 3.7　较长剪力墙划分示意

部的配筋又不能充分地发挥作用,因此墙段的长度不宜大于 8 m。

⑤剪力墙洞口的布置会极大地影响剪力墙的力学性能,一般门窗洞口宜上下对齐,成列布置,以形成明确的墙肢和连梁,使墙体中的应力分布比较均匀。错洞剪力墙中的应力分布比较复杂,容易造成剪力墙的薄弱部位,宜避免使用。

⑥当剪力墙与平面外方向的梁连接时,会造成墙肢平面外弯矩,而一般情况下设计并不验算墙的平面外刚度及承载力。当剪力墙墙肢与其平面外方向的楼面梁连接,且梁截面高度大于墙厚时,可通过设置与梁相连的翼墙、增设扶壁柱或暗柱、墙内设置与梁相连的型钢等措施,减小梁端部弯矩对墙的不利影响。除了加强剪力墙平面外的抗弯刚度和承载力外,还可将楼面梁设计为铰接或半刚接,以减小墙肢承受的平面外弯矩。

⑦由于短肢剪力墙抗震性能较差,为安全起见,高层建筑结构不应采用全部为短肢剪力墙的剪力墙结构。当短肢剪力墙较多时,可布置足够的简体(或一般剪力墙),形成短肢剪力墙与简体(或一般剪力墙)共同抵抗水平力的剪力墙结构。

3.5.2　剪力墙结构简化分析方法

1)剪力墙结构的平面简化分析模型

剪力墙结构是空间受力体系,计算其在水平荷载作用下的内力与位移时,常简化为平面分析模型,为此做如下假定:

①楼盖结构在自身平面内的刚度很大,可视为刚度无限大的刚性楼板,而在其平面外的刚度很小,可以忽略不计。

②各片剪力墙在其自身平面内的刚度很大,主要在自身平面内发挥作用,平面外的刚度很小,可忽略不计。

根据假定①,可将结构计算时的位移未知量大大减少。因楼板将各片剪力墙连在一起,而楼板在自身平面内不发生相对变形,只做刚体运动——平动和转动,这样参与抵抗水平荷载的各片剪力墙即可按楼板水平位移线性分布的条件进行水平荷载的分配,从而简化计算。

根据假定②,各片剪力墙只承受自身平面内的水平荷载,这样可以将纵、横两个方向的剪力墙分开,把空间剪力墙结构简化为平面结构,即将空间结构沿两个正交的主轴划分为若干个平面剪力墙,每个方向的水平荷载由该方向的剪力墙承受,垂直于水平荷载方向的剪力墙不参加工作。即在横向水平分力的作用下,可只考虑横墙的作用而略去纵墙的作用,在纵向水平分力的作用下,可只考虑纵墙起作用而忽略横墙的作用,如图 3.8 所示。对于与主轴斜交的剪力墙,可近似地将其刚度转换到主轴方向上再进行荷载的分配计算。

为使计算结果更符合实际,在计算剪力墙的内力和位移时,可以考虑纵、横向剪力墙的共同工作,纵墙(横墙)的一部分可以作为横墙(纵墙)的有效翼墙。即以翼缘的方式考虑垂直方向剪力墙的作用。现浇剪力墙的有效翼缘宽度可按表 3.7 所列各项中的最小值取用。

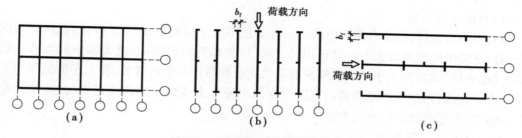

图3.8 纵、横向剪力墙的受力假定

表3.7 剪力墙的有效翼缘宽度 b_f

考虑方式	图 例	截面形式	
		T(或I)形截面	L 形截面
按剪力墙的间距 S_0 考虑		$b+S_{01}/2+S_{02}/2$	$b+S_{03}/2$
按翼缘厚度 h_f 考虑		$b+12h_f$	$b+6h_f$
按窗间墙宽度考虑		b_{01}	b_{02}
按剪力墙的总高度 H 考虑		$0.15H$	$0.15H$

2)单榀剪力墙分配的剪力

在剪力墙的平面简化分析模型中,一般假定水平荷载作用点与结构刚度中心重合,结构不发生扭转。当剪力墙结构各层的刚度中心与各层水平荷载的合力作用点不重合时,应考虑扭转的影响。

实际工程设计时,当房屋的体型比较规则、剪力墙的布置和质量分布基本对称时,为简化计算,通常不考虑扭转影响,按同一楼层各片剪力墙水平位移相等的条件进行水平荷载的分配,亦即水平荷载按各片剪力墙的侧向刚度进行分配。即

$$V_{ij} = \frac{EI_{eqj}}{\sum EI_{eqk}} V_i \qquad (3.6)$$

式中　　V_{ij}——第 i 层第 j 片剪力墙承受的剪力;

　　　　V_i——第 i 层总剪力;

　　　　EI_{eqj},EI_{eqk}——第 j,k 片墙的等效抗弯刚度。

各种类型单片墙的等效抗弯刚度可以由近似方法求得。

3.5.3 剪力墙的分类及判别

1)剪力墙的类型及受力特点

根据剪力墙上有无洞口,洞口的大小、形状和位置,以及在水平荷载作用下的受力特点,可将剪力墙划分为以下几类。

（1）整截面剪力墙

当剪力墙无洞口，或虽有洞口但洞口的总面积不大于墙面总面积的 15%，且洞口间的净距及洞口至墙边的距离均大于洞口长边尺寸时，可忽略洞口的影响，这类墙体称为整截面剪力墙，或称为整体墙（图 3.9（a））。整截面剪力墙可被看作一个悬臂墙，在水平荷载作用下截面正应力呈直线分布，弯矩图沿墙的高度方向既不发生突变也不出现反弯点，截面受力符合平截面假定，变形曲线以弯曲型为主。

（2）整体小开口剪力墙

当剪力墙的洞口面积超过剪力墙墙面总面积的 15%，且洞口沿竖向成列布置时（图 3.9（b）），这类墙体称为整体小开口剪力墙。

整体小开口墙的洞口面积仍较小，连梁刚度很大，墙肢的刚度相对较小，连梁的约束作用很强，墙的整体性较好。整体小开口墙在水平荷载作用下，既要绕组合截面的形心轴产生整体弯曲变形，各墙肢还要绕各自截面的形心轴产生局部弯曲变形，并产生相应的整体弯曲应力和局部弯曲应力。相比之下，整体弯曲变形是主要的，因此近似认为整体小开口墙截面变形大体上仍符合平截面假定，可按材料力学公式计算应力，然后加以适当的修正。

（3）双肢剪力墙和多肢剪力墙

当剪力墙沿竖向开有一列或多列较大的洞口时，由于洞口较大，截面的整体性大为削弱，截面变形已不再符合平截面假定，正应力分布较直线规律差别较大。这类剪力墙可看成是若干个单肢剪力墙或墙肢（左、右洞口之间的部分）由一系列连梁（上、下洞口之间的部分）连接起来组成的，当开有一列洞口时称为双肢剪力墙（图 3.9（c）），当开有多列洞口时称为多肢剪力墙。

连梁对墙肢有一定的约束作用，墙肢整个截面正应力已不再呈直线分布，局部弯矩较大，致使弯矩有突变，并且有反弯点存在（仅在一些楼层），但整体变形曲线仍为弯曲型。

如图 3.10 所示为对称截面双肢剪力墙，在水平力的作用下，取 x 截面以上的上部墙肢为脱离体，则 x 截面处的弯矩为 M，由平衡条件可知，

$$M = M_1 + M_2 + Na \tag{3.7}$$

式中　M_1, M_2——墙肢 1、2 单独承担的弯矩，称为墙肢的局部弯矩；

　　　　Na——由两个墙肢整体工作的组合截面所承担的弯矩，即整体弯矩，其中 N 为墙肢中的轴向力，一肢受拉，一肢受压；a 为两墙肢形心线之间的距离。

将图 3.10 的 x 截面以上脱离体在连梁的跨中切开，并设该处连梁弯矩为零，由平衡条件可知

$$N_{1x} = \sum_{i=x}^{n} V_{bi}$$

式中　V_{bi}——x 截面以上第 i 层连梁的跨中竖向剪力；

　　　　n——结构的总层数。

因此，$Na = (a_1 + a_2) \sum_{i=x}^{n} V_{bi}$，$(a_1 + a_2) \sum_{i=x}^{n} V_{bi}$ 指 x 截面以上所有连梁对墙肢约束弯矩的总和，$(a_1 + a_2) V_{bi}$ 指第 i 层连梁对两个墙肢产生的约束弯矩。

由上可知，外荷载在双肢剪力墙任意截面 x 的弯矩由整体弯矩 Na 和局部弯矩 $(M_1 + M_2)$ 两部分组成，整体弯矩越大，局部弯矩就相应减小。整体弯矩即连梁的约束弯矩，连梁跨度越

小,截面高度越大,其刚度越大,剪力就会越大,从而整体弯矩增大,两个墙肢共同工作的程度越强。可见,整体弯矩的大小反映了墙肢之间协同工作的程度。由于连梁的刚度与洞口尺寸有关,所以剪力墙的受力特点与洞口形状直接相关。

多肢剪力墙各墙肢截面上的正应力仍可被看作由整体弯矩产生的整体弯曲应力和各墙肢局部弯矩产生的局部弯曲应力的叠加。

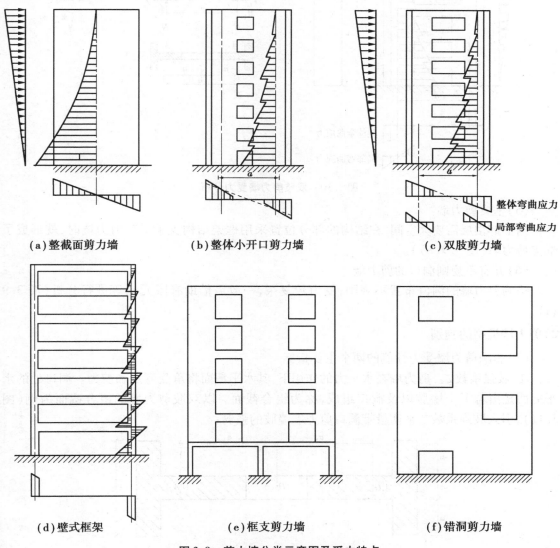

(a)整截面剪力墙　　　　(b)整体小开口剪力墙　　　　(c)双肢剪力墙

(d)壁式框架　　　　(e)框支剪力墙　　　　(f)错洞剪力墙

图3.9　剪力墙分类示意图及受力特点

(4)壁式框架

当剪力墙成列布置的洞口很大,且洞口较宽,墙肢宽度相对较小,连梁的刚度接近或大于墙肢的刚度时,剪力墙的受力性能与框架结构类似,这类剪力墙称为壁式框架(图3.9(d))。其弯矩图不仅在楼层处有突变,而且在大多数楼层中都出现反弯点。壁式框架在水平荷载作用下的变形曲线呈剪切型。

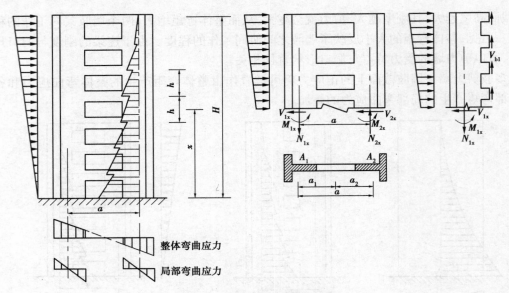

图 3.10　双肢剪力墙受力分析

（5）框支剪力墙

当下部楼层需要大空间,在结构的部分位置采用框架结构支承上部剪力墙时,就形成了框支剪力墙(图 3.9(e))。

（6）开有不规则洞口的剪力墙

错洞剪力墙的洞口布置不规则,受力较复杂,一般需借助有限元法等进行分析(图 3.9(f))。

2)剪力墙类型的判别

（1）影响剪力墙受力性能的两个主要指标

①　肢强系数 ζ。剪力墙在水平力的作用下,其水平截面将承受弯矩和剪力。洞口处的水平截面是由若干个墙肢以及洞口组成,称为组合截面。以双肢剪力墙的组合截面为例(图 3.11),引入肢强系数 ζ 来衡量带洞口剪力墙墙肢的强弱:

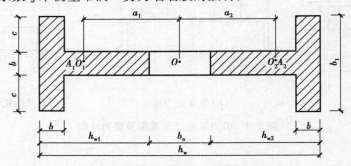

图 3.11　双肢剪力墙的组合截面

$$\zeta = \frac{I_n}{I} = \frac{\sum A_j a_j^2}{\sum I_j + \sum A_j a_j^2} = \frac{1}{\dfrac{\sum I_j}{\sum A_j a_j^2} + 1} \tag{3.8}$$

图 3.11 中,O 是组合截面的形心,O_1、O_2 分别是洞口两侧的墙肢 1、2 的截面形心。

式中　a_j——各墙肢截面形心到组合截面形心的距离;

　　　I_j——各墙肢对其截面形心的惯性矩;

　　　A_j——各墙肢的截面面积;

　　　I_n——各墙肢对组合截面形心的面积矩之和;

　　　I——组合截面的惯性矩。

当组合截面高度一定(墙长一定)时,洞宽越大,墙肢截面高度越小,即 I_j 越小,a_j 越大,相对而言肢强系数 ζ 越大(墙肢越弱);反之,洞宽越小,墙肢截面高度越大,即 I_j 越大,a_j 越小,肢强系数 ζ 越小(墙肢越强),即墙肢的强弱与肢强系数 ζ 的大小成反比关系。对于对称矩形截面双肢剪力墙,当洞宽趋近于零时,肢强系数 ζ 趋近于 0.75,而当洞宽等于墙肢截面高度时,肢强系数 ζ 趋近于 1,可见肢强系数的变化区间比较小。

②整体性系数 α。如前所述,带洞口剪力墙的各个墙肢是由连梁连接起来的,与墙肢相比,连梁刚度的相对大小对剪力墙的受力性能影响也很大。例如,由于连梁对墙肢的约束作用,墙肢弯矩图产生突变,突变值的大小主要取决于连梁与墙肢的相对刚度比。

连梁的刚度与洞口的宽度(决定了连梁的跨度)和洞口高度(决定了连梁的截面高度)综合相关。整体性系数 α 反映了连梁刚度与墙肢刚度的比值情况。

连梁的跨度一般取两侧墙肢形心线之间的距离。连梁两端伸入剪力墙墙肢,截面突然放大,该段的刚度很大,可看作刚域,即抗弯刚度无限大的刚臂,使得连梁的计算简图成为沿着跨度带有刚臂的变截面梁。同时,连梁一般跨度小,而截面高度大,致使跨高比小,所以在计算连梁刚度时应考虑剪切变形的影响。

连梁的转角刚度 m_{bj} 指使连梁两端均发生单位转角时需要施加的弯矩和,其计算见附3.1。设结构总高为 H,各层层高均为 h,洞口在每个楼层均匀分布,则沿剪力墙高度有 H/h 个连梁。假设洞口高度相同,各连梁高度也相同,若该片剪力墙上有 m 列洞口,则该片剪力墙中所有连梁的转角刚度的总和为

$$\frac{H}{h}\sum_{j=1}^{m} m_{bj} = \frac{H}{h}\sum_{j=1}^{m} \frac{12EI_{bj}a_j^2}{l_{bj}^3} = \frac{12EH}{h}\sum_{j=1}^{m} \frac{I_{bj}a_j^2}{l_{bj}^3}$$

式中　a_j——墙肢 j 的形心到组合截面形心轴的距离;

　　　l_{bj}——第 j 个连梁不计两端刚域的连梁长度,$l_{bj} = l_n + h_b/2$,l_n 为洞口宽度,h_b 为连梁截面高度;

　　　EI_{bj}——考虑剪切变形影响的连梁截面弯曲刚度,$EI_{bj} = \dfrac{EI_{b0}}{1+\dfrac{12\mu EI_{b0}}{GA_b l_{bj}^2}}$,其中 EI_{b0} 为不考

虑剪切变形影响的连梁截面弯曲刚度,A_b 为连梁的截面面积,G 为剪切弹性模量,可近似取 $G = 0.4E$,μ 为剪应力不均匀系数,矩形截面 μ 取 1.2。

与 m 列洞口对应的是 $m+1$ 列墙肢。设墙肢 j 的抗弯线刚度为 EI_j/H,则 $m+1$ 列墙肢抗弯线刚度总和为 $\sum_{j=1}^{m+1} \dfrac{EI_j}{H}$。令 α^2 为连梁总的转角刚度与墙肢总的抗弯线刚度(考虑了轴向变

形的影响)的比值

$$\alpha^2 = \frac{连梁总的转角刚度}{墙肢总的抗弯线刚度} = \frac{\dfrac{12EH}{h}\sum\limits_{j=1}^{m}\dfrac{I_{\text{b}j}a_j^2}{l_{\text{b}j}^3}}{\dfrac{\tau}{H}\dfrac{E}{H}\sum\limits_{j=1}^{m+1}I_j},故$$

$$\alpha = H\sqrt{\frac{12}{\tau h\sum\limits_{j=1}^{m+1}I_j}\sum\limits_{j=1}^{m}\frac{I_{\text{b}j}a_j^2}{l_{\text{b}j}^3}} \qquad (3.9)$$

式中 τ——考虑墙肢轴向变形的影响系数。对于多肢墙,当为 3~4 肢时 τ 可近似取 0.8,

5~7 肢时近似取 0.85,8 肢以上近似取 0.9。

对于双肢墙,可取 $\tau = \dfrac{I-I_1-I_2}{I} = \dfrac{I_n}{I} = \zeta$,此时整体性系数为

$$\alpha = H\sqrt{\frac{12I_{\text{b}}a^2}{h(I_1+I_2)l_{\text{b}}^3}\cdot\frac{I}{I_n}} = H\sqrt{\frac{12I_{\text{b}}a^2}{\zeta h(I_1+I_2)l_{\text{b}}^3}} \qquad (3.10)$$

整体性系数 α 是反映剪力墙受力特性的重要参数,α 与洞口宽度相关(表达式中包含肢强系数),同时 α 主要与洞口高度相关(影响连梁总转角刚度)。

对于布置规则的洞口的剪力墙,若层高一定,洞口越高,连梁的高度越小,连梁刚度越小,而墙肢的刚度就会相对越大,此时 α 值较小,连梁的约束作用弱,两墙肢的联系也差。洞口高度越小,连梁的刚度越大,墙肢的刚度相对较小时,α 值即较大,此时连梁的约束作用很强,墙的整体性很好,双肢墙的性能就接近整体小开口墙。

(2)剪力墙类型的判断条件

整截面剪力墙主要由洞口面积进行判定。整体小开口墙和联肢墙主要按肢强系数和整体性系数进行划分。

①整截面剪力墙。墙面上没有洞口,或洞口面积小于整个墙面立面面积的 15%,且洞口之间距离及洞口至墙边的距离均大于洞的长边尺寸时,可划分为整截面剪力墙。

②整体小开口剪力墙。当 $\zeta = I_n/I \leqslant [\zeta]$,且 $\alpha \geqslant 10$ 时,为整体小开口剪力墙。

③联肢墙。当 $\zeta = I_n/I \leqslant [\zeta]$,且 $1 \leqslant \alpha \leqslant 10$ 时,为联肢剪力墙。

其中 $[\zeta]$ 为肢强系数限值,按不同洞口布置导致的剪力墙的内力分布及变形形式综合确定,可由整体性系数 α 及房屋总层数按表 3.8 取用。表 3.8 根据墙肢弯矩是否出现反弯点分析得到,$[\zeta]$ 与整体性系数及层数相关,仅适用于等肢或各肢相差不多的情况。

④壁式框架。当 $\zeta = I_n/I > [\zeta]$ 时为壁式框架,此时整体性系数 α 可能大于 10(对应于横梁刚度很大的情形),也可能小于 10(对应于常规框架梁截面)。$\zeta > [\zeta]$ 表明剪力墙的洞口尺寸非常大,墙肢的线刚度很小。此时在水平力的作用下,墙肢在大多数楼层内都有反弯点,受力特点趋向于框架,且墙肢的总体变形也趋向于剪切型。

表3.8 [ζ]的取值(倒三角形荷载)

α \ 层数 n	8	10	12	16	20	≥30
10	0.887	0.948	0.975	1.000	1.000	1.000
12	0.867	0.924	0.950	0.994	1.000	1.000
14	0.853	0.908	0.934	0.978	1.000	1.000
16	0.844	0.896	0.923	0.964	0.988	1.000
18	0.837	0.888	0.914	0.952	0.978	1.000
20	0.832	0.880	0.906	0.945	0.970	1.000
22	0.827	0.875	0.901	0.940	0.965	1.000
24	0.825	0.871	0.897	0.936	0.960	0.989
26	0.822	0.867	0.894	0.932	0.955	0.986
28	0.820	0.864	0.890	0.929	0.952	0.982
≥30	0.818	0.861	0.887	0.926	0.950	0.979

【例3.1】试判断如图3.12所示4种剪力墙的类型。各片墙的厚度均为0.2 m,层高3.6 m,共10层,剪力墙总高36 m,总长12 m。

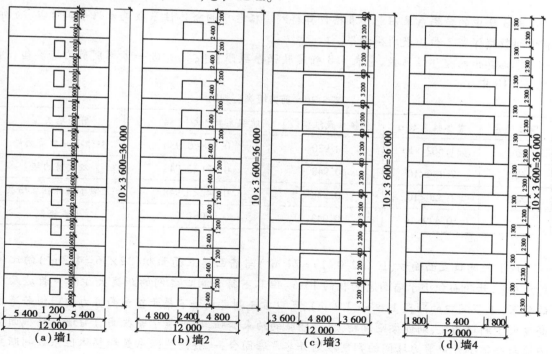

图3.12 剪力墙示意图

【解】对于墙1~墙4,分别按公式(3.8)和公式(3.10)计算其肢强系数及整体性系数,计算过程列于表3.9中。

表3.9　肢强系数及整体性系数计算

肢墙系数 ζ	b_w/m	h_1/m	I_1/m^4	A_1/m^2	a_1/m	I_n/m^4	I/m^4	$\zeta=I_n/I$
墙1	0.200	5.400	2.624	1.080	3.300	23.522	28.771	0.818
墙2	0.200	4.800	1.843	0.960	3.600	24.883	28.570	0.871
墙3	0.200	3.600	0.778	0.720	4.200	25.402	26.957	0.942
墙4	0.200	1.800	0.097	0.360	5.100	18.727	18.922	0.990
整体性系数 α	b_b/m	h_b/m	I_{b0}/m^4	a/m	l_n/m	l_b/m	I_b/m^4	α
墙1	0.200	1.600	0.068	6.600	1.200	2.000	0.024	11.502 (11.467)
墙2	0.200	1.200	0.029	7.200	2.400	3.000	0.020	7.146 (7.188)
墙3	0.200	0.400	0.001	8.400	4.800	5.000	0.001	1.320 (1.290)
墙4	0.200	1.300	0.037	10.200	8.400	9.050	0.035	10.439 (10.512)

表3.9 中的数据系采用电子表格计算得到。括号中的整体性系数是采用手工计算,将所有中间数据保留3 位小数所得结果。

根据算出的整体性系数,查表3.8 确定肢强系数限值$[\zeta]$,并进一步判别剪力墙类型,列于表3.10 中。

表3.10　剪力墙类型判别

墙肢编号	整体性系数 α	肢强系数限值$[\zeta]$	肢强系数 ζ 与$[\zeta]$的关系	剪力墙类型
墙1	11.502 >10	0.930	0.818<0.930	整体小开口剪力墙
墙2	7.146<10	0.948	0.871<0.948	双肢剪力墙
墙3	1.320<10	0.948	0.942<0.948	近似于两片独立墙肢
墙4	10.439>10	0.943	0.990>0.943	壁式框架

墙1 的洞口立面面积($1.2 \times 2.0 \times 10 = 24$ m^2)与墙面总立面面积($12 \times 36 = 432$m^2)的比值约为6%,开洞面积小于墙面总面积的15%,但其不符合洞口之间的距离大于洞口长边尺寸的要求(上下洞口的距离1.6 m<2.1 m),所以首先判定该墙不属于整截面剪力墙。但若连梁高度大于洞口高度,则连梁刚度增大,对墙肢的约束加强,即可属于整截面剪力墙。整截面剪力墙与整体小开口剪力墙间的判别准则并非严密闭合,一般按肢强系数和整体性系数判断更为准确。

墙2 代表了典型的连肢墙的肢强系数和整体性系数。

墙3 的整体性系数非常接近1.0,因其远小于10,所以可将这种墙看作两片独立的墙肢。

两个墙肢之间的梁的跨高比较大(5/0.4＝12.5),也表明其是刚度较小的框架梁。整体性系数接近于1.0,可认为梁对墙的约束很弱,两墙肢的联系很差。在水平力的作用下,该墙可看作由框架梁(楼盖)铰接的两根悬臂墙,水平荷载产生的弯矩由两个独立的悬臂墙直接分担。此时,肢强系数在类别划分时不起主要作用。

墙4的肢强系数大于临界值,可据此判定其属于壁式框架。由于该墙连梁刚度大(截面高度较大),整体性系数大于10,但由于洞口较宽,墙肢很弱,在水平荷载作用下墙肢在层高范围内会出现反弯点,墙肢的截面弯矩中已是局部弯矩占主要份额,其受力特点与整体小开口剪力墙和双肢剪力墙已经完全不同,所以可根据肢强系数大于临界值这个主要条件,将其划分为壁式框架。另外,当肢强系数大于临界值而整体性系数小于10时,仍可划分为壁式框架。

3.5.4　整截面剪力墙及整体小开口剪力墙的内力与位移计算

1)整截面剪力墙

（1）整截面剪力墙的内力计算

根据其变形特征,整截面剪力墙可视为上端自由、下端固定的竖向悬臂杆,如图3.13所示,其任意截面的弯矩、剪力可按照材料力学中悬臂梁的内力公式进行计算。

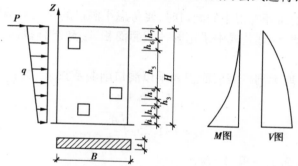

图3.13　整截面剪力墙计算简图

（2）整截面剪力墙的位移计算

计算位移时,由于整截面剪力墙的截面高度较大,除弯曲变形外,宜考虑剪切变形的影响。在三种常用水平荷载下,悬臂杆顶点位移计算公式如下:

$$u=\frac{1}{8}\frac{qH^4}{EI_w}\left(1+\frac{4\mu EI_w}{H^2GA_w}\right) \qquad （均布荷载） \qquad (3.11a)$$

$$u=\frac{11}{60}\frac{V_0H^3}{EI_w}\left(1+\frac{3.64\mu EI_w}{H^2GA_w}\right) \qquad （倒三角形荷载） \qquad (3.11b)$$

$$u=\frac{1}{3}\frac{V_0H^3}{EI_w}\left(1+\frac{3\mu EI_w}{H^2GA_w}\right) \qquad （顶部集中荷载） \qquad (3.11c)$$

式中　V_0——剪力墙底部截面总剪力,即全部水平力之和;

　　　μ——剪力不均匀系数,矩形截面取$\mu=1.2$,工形截面取$\mu=$全面积/腹板面积,T形截面取值如表3.11所示。

表 3.11 T 形截面剪应力不均匀系数 μ

H/t \ B/t	2	4	6	8	10	12
2	1:383	1.496	1.521	1.511	1.483	1.445
4	1.441	1.876	2.287	2.682	3.061	3.424
6	1.362	1.097	2.033	2.367	2.698	3.026
8	1.313	1.572	1.838	2.106	2.374	2.641
10	1.283	1.489	1.707	1.927	2.148	2.370
12	1.264	1.432	1.614	1.800	1.988	2.178
15	1.245	1.374	1.519	1.669	1.820	1.973
20	1.228	1.317	1.422	1.534	1.648	1.763
30	1.214	1.264	1.328	1.399	1.473	1.549
40	1.208	1.240	1.284	1.334	1.387	1.442

注:B 为翼缘宽度;t 为剪力墙厚度;H 为剪力墙总高度。

当整截面剪力墙墙面开有很小的洞口时,要考虑小洞口的存在对墙肢的刚度的削弱及对位移增大的影响。因此,计算公式中采用等效截面面积 A_w 和组合截面惯性矩 I_w 来考虑小洞口的影响。

等效截面面积 A_w 取无洞口截面面积 A 乘以洞口削弱系数 γ_0,为:

$$A_w = \gamma_0 A \qquad (3.12a)$$

$$\gamma_0 = 1 - 1.25 \sqrt{\frac{A_{0p}}{A_f}} \qquad (3.12b)$$

式中 A——剪力墙截面毛面积,$A = Bt$;

  A_w——无洞口剪力墙的截面面积或小洞口剪力墙的折算截面面积;

  A_{0p}——剪力墙洞口总面积(立面);

  A_f——剪力墙立面总墙面面积。

组合截面惯性矩 I_w,取有洞口截面与无洞口截面惯性矩沿竖向的加权平均值,为:

$$I_w = \frac{\sum_{i=1}^{n} I_{wi} h_i}{\sum_{i=1}^{n} h_i} \qquad (3.13)$$

式中 I_w——剪力墙沿竖向各段的截面惯性矩,无洞口段与有洞口段分别计算;

  n——总分段数;

  h_i——各段相应高度,$\sum_{i=1}^{n} h_i = H$,H 为剪力墙总高度。

为了计算方便,引入等效刚度 EI_{eq} 的概念,对上述三种荷载作用,EI_{eq} 分别为:

$$EI_{eq} = EI_w \Big/ \left(1 + \frac{4\mu EI_w}{H^2 GA_w}\right) \qquad (均布荷载) \qquad (3.14a)$$

$$EI_{eq} = EI_w \Big/ \left(1 + \frac{3.64\mu EI_w}{H^2 GA_w}\right) \quad (\text{倒三角形荷载}) \tag{3.14b}$$

$$EI_{eq} = EI_w \Big/ \left(1 + \frac{3\mu EI_w}{H^2 GA_w}\right) \quad (\text{顶部集中荷载}) \tag{3.14c}$$

为简化计算,统一三种荷载作用下的等效刚度公式,上式中系数取平均值,取混凝土剪切模量 $G = 0.4E$,可得到整截面剪力墙的等效刚度计算公式为:

$$EI_{eq} = \frac{EI_w}{1 + \dfrac{9\mu I_w}{H^2 A_w}} \tag{3.15}$$

则剪力墙在三种水平荷载作用下的顶点位移计算公式可表达为:

$$u = \frac{1}{8} \frac{V_0 H^3}{EI_{eq}} \quad (\text{均布荷载}) \tag{3.16a}$$

$$u = \frac{11}{60} \frac{V_0 H^3}{EI_{eq}} \quad (\text{倒三角形荷载}) \tag{3.16b}$$

$$u = \frac{1}{3} \frac{V_0 H^3}{EI_{eq}} \quad (\text{顶部集中荷载}) \tag{3.16c}$$

2)整体小开口剪力墙

(1)整体小开口剪力墙的内力计算

先将整体小开口墙视为一个上端自由、下端固定的竖向悬臂构件,如图 3.14 所示,计算出标高 i—i 处(第 i 楼层)截面的总弯矩 M_i 和总剪力 V_i,再计算各墙肢的内力。

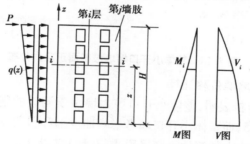

图 3.14　整体小开口墙计算简图

整体小开口墙的墙肢截面正应力分布如图 3.15 所示,各墙肢的弯矩由两部分组成,一部分是作为整体悬臂墙产生的整体弯矩,另一部分为墙局部弯曲产生的弯矩,可按下式计算:

$$M_{ij} = \left(0.85 \frac{I_j}{I} + 0.15 \frac{I_j}{\sum I_j}\right) M_i \tag{3.17}$$

式中　M_i——外荷载在计算截面所产生的弯矩。

根据材料力学公式可知,整体小开口墙底层各墙肢的剪力按墙肢面积分配;其余楼层墙肢剪力按面积比和惯性矩比的平均值进行分配,即:

底层:

$$V_{1j} = \frac{A_j}{\sum A_j} V_1 \tag{3.18a}$$

其他层:
$$V_{ij} = \frac{1}{2}\left(\frac{A_j}{\sum A_j} + \frac{I_j}{\sum I_j} \right) V_i \qquad (3.18b)$$

由于局部弯曲并不在各墙肢中产生轴力,故各墙肢的轴力等于整体弯曲在各墙肢中所产生的正应力的合力,则第 i 层第 j 墙肢的轴力 N_{ij} 为:

$$N_{ij} = 0.85 \frac{M_i}{I} a_j A_j \qquad (3.19)$$

式中　A_j——第 j 墙肢的截面面积;

　　　a_j——第 j 墙肢形心轴至组合截面形心轴的距离;

　　　M_{ij}, V_{ij}, N_{ij}——第 i 层第 j 墙肢的弯矩、剪力、轴力。

连梁剪力也可由上、下墙肢的轴力差计算求得。

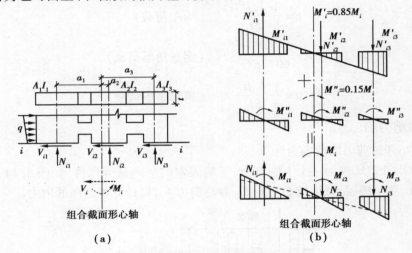

图 3.15　整体小开口墙墙肢截面正应力分布

(2)整体小开口剪力墙的位移计算

试验研究和有限元分析表明,整体小开口剪力墙由于洞口的削弱,宜将按式(3.15)计算的等效刚度乘以系数 0.85,而整体小开口墙考虑弯曲变形和剪切变形后的顶点位移仍可按式(3.16)计算,注意此时公式中的等效刚度采用式(3.15)乘以 0.85 折减后的值。

3.5.5　双肢剪力墙的内力与位移计算

1)计算基本假定

为简化计算,双肢墙可采用连续化的分析方法求解,即将每一楼层的连梁假想为分布在整个楼层高度上的一系列连续连杆,利用连杆的位移协调条件建立剪力墙的内力微分方程,求解微分方程便可求得内力。该法所得的解析解的精度可以满足工程需要,当将求解结果绘成曲线后可方便使用。但是,由于该法假定条件较多,使用范围有一定局限。

如图 3.16(a)所示为双肢墙及其几何参数,墙肢可以为矩形、I 形、T 形或 L 形截面(翼缘参加工作),但均以截面的形心线作为墙肢的轴线,连梁一般取矩形截面。利用连续化分析方法计算双肢墙的内力和位移时,基本假定如下:

①每一楼层处的连梁简化为沿该楼层高度均匀连续分布的连杆。即将墙肢仅在楼层标

高处由连梁连接在一起的结构,变为墙肢在整个楼层高度上由连续连杆连接在一起的连续结构,如图3.16(b)所示,从而为建立微分方程提供了条件。

②忽略连梁的轴向变形,故两墙肢在同一标高处的水平位移相等;同时还假定,在同一标高处两墙肢的转角和曲率亦相同。

③每层连梁的反弯点在梁的跨度中央处。

④墙肢和连梁的刚度及层高沿竖向均不变。即层高 h、惯性矩 I_1、I_2、I_{b0} 及截面面积 A_1、A_2、A_b 等参数沿高度均为常数,从而使所建立的微分方程为常系数微分方程,便于求解。当沿结构高度连梁及墙肢的截面尺寸或层高有变化时,可取几何平均值进行计算。

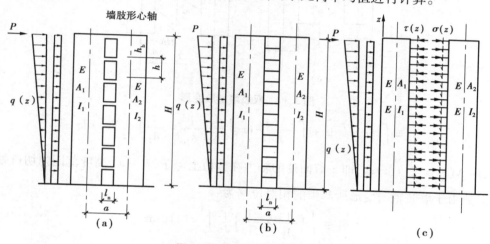

图3.16 双肢墙计算简图

2)基本微分方程

将连续化后的连梁沿其跨度中央切开,取连梁切口处的内力 $\tau(z)$(剪力)为未知力,基本体系在外荷载、切口处轴力 $\sigma(z)$ 及未知剪力 $\tau(z)$ 作用下将产生变形,但原结构在切断点是连续的,因此,可得到力法求解时的基本体系(图3.16(c))。

根据变形连续条件,基本体系在外荷载、切口处轴力和剪力共同作用下,切口处沿未知力 $\tau(z)$ 方向上的相对位移应为零。该相对位移由下面几部分组成:

(1)墙肢弯曲和剪切变形所产生的相对位移

基本体系在外荷载、切口处轴力和剪力的共同作用下,墙肢将发生弯曲变形和剪切变形。由于墙肢弯曲变形使切口处产生的相对位移为(图3.17(a))

$$\delta_1 = -a\theta_M \tag{3.20}$$

式中　θ_M——由于墙肢弯曲变形所产生的转角,以顺时针方向为正;

a——洞口两侧墙肢形心线间的距离。

公式中的负号表示相对位移与假设的未知剪力 $\tau(z)$ 方向相反。当墙肢发生剪切变形时,墙肢的上、下截面产生相对的水平错动,此错动不会引起连续切口处的竖向相对位移,即墙肢剪切变形在切口处产生的相对位移为零,如图3.17(b)所示。

(2)墙肢轴向变形所产生的相对位移

基本体系仅在切口处剪力作用下使墙肢产生轴向变形,如图3.17(c)所示,自两墙肢底至 z 截面处的轴向变形差为切口处所产生的相对位移,即

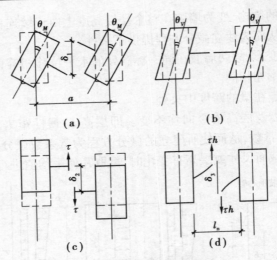

图 3.17　双肢墙墙肢变形

$$\delta_2 = \int_0^z \frac{N(z)}{EA_1}\mathrm{d}z + \int_0^z \frac{N(z)}{EA_2}\mathrm{d}z = \frac{1}{E}\left(\frac{1}{A_1} + \frac{1}{A_2}\right)\int_0^z N(z)\,\mathrm{d}z$$

式中 $N(z) = \int_z^H \tau(z)\mathrm{d}z$，即 z 截面处的轴力在数值上等于 $(H-z)$ 高度范围内切口处的剪力之和，故由于墙肢轴向变形所产生的相对位移为

$$\delta_2 = \frac{1}{E}\left(\frac{1}{A_1} + \frac{1}{A_2}\right)\int_0^z \int_z^H \tau(z)\,\mathrm{d}z\mathrm{d}z \tag{3.21}$$

（3）由连梁的弯曲和剪切变形所产生的相对位移

连梁切口处的剪力 $\tau(z)h$ 使连梁产生弯曲和剪切变形，如图 3.17（d）所示，弯曲变形和剪切变形产生的相对位移分别为

$$\delta_{3M} = 2\,\frac{\tau(z)h(l_b/2)^3}{3EI_{b0}} = \frac{\tau(z)hl_b^3}{12EI_{b0}}$$

$$\delta_{3V} = \frac{\mu\,\tau(z)hl_b}{GA_b}$$

则在切口处所产生的总相对位移为

$$\delta_3 = \delta_{3M} + \delta_{3V} = \frac{\tau(z)hl_b^3}{12EI_{b0}} + \frac{\mu\,\tau(z)hl_b}{GA_b} = \frac{\tau(z)hl_b^3}{12EI_{b0}}\left(1 + \frac{12\mu EI_{b0}}{GA_b l_b^2}\right)$$

引入连梁计及剪切变形影响的折算惯性矩 I_b，取 $G = 0.4E$，$I_b \approx I_{b0}\Big/\left(1 + \frac{30\mu I_{b0}}{A_b l_b^2}\right)$。

则上式可改写成

$$\delta_3 = \frac{hl_b^3}{12EI_b}\tau(z) \tag{3.22}$$

式中　h——层高；

　　　l_b——连梁的计算跨度，取 $l_b = l_n + \dfrac{1}{2}h_b$；

　　　l_n——洞口宽度；

　　　h_b——连梁的截面高度；

A_b,I_{b0}——连梁的截面面积和惯性矩;

μ——截面剪应力不均匀系数,矩形截面取 $\mu=1.2$。

(4)基本微分方程及其求解

根据双肢剪力墙基本体系在连梁切口处的变形协调条件,即

$$\delta_1+\delta_2+\delta_3=0 \tag{3.23}$$

将式(3.20)、式(3.21)、式(3.22)代入式(3.23),可得

$$a\theta_M - \frac{1}{E}\left(\frac{1}{A_1}+\frac{1}{A_2}\right)\int_0^z\int_z^h\tau(z)\mathrm{d}z\mathrm{d}z - \frac{hl_b^3}{12EI_b}\tau(z)=0 \tag{3.24a}$$

并进行二次求导可得

$$a\frac{\mathrm{d}^2\theta_M}{\mathrm{d}z^2}+\frac{1}{E}\left(\frac{1}{A_1}+\frac{1}{A_2}\right)\tau(z)-\frac{hl_b^3}{12EI_b}\frac{\mathrm{d}^2\tau(z)}{\mathrm{d}z^2}=0 \tag{3.24b}$$

以上即为双肢墙连续化求解方法的基本微分方程。引入 θ_M 与墙肢截面弯矩及连梁切口处未知剪力的关系,可以将未知数 θ_M 转为 $\tau(z)$,继而求解以 $\tau(z)$ 为未知数的齐次二阶微分方程,就可得到以函数形式表示的未知力 $\tau(z)$。

该微分方程的详细求解过程见附3.2。在求解过程中,为便于求解及表格制作,引入变量 $\xi=\dfrac{z}{H}$,并令 $\tau(\xi)=m(\xi)/a=\varphi(\xi)\dfrac{\alpha_1^2}{\alpha^2}\dfrac{1}{a}V_0=\varphi(\xi)\zeta\dfrac{1}{a}V_0$(其中 V_0 为外荷载在墙肢底部产生的剪力),从而将方程的未知数转化为 $\varphi(\xi)$,通过求解得到对应于不同外荷载形式、整体性系数 α 及剪力墙高度 ξ 的 $\varphi(\xi)$,详见附表3.1(表中仅给出倒三角形荷载作用下的 $\varphi(\xi)$ 计算结果)。

3)内力计算

根据双肢剪力墙的求解结果,可得到相应的内力,内力计算步骤整理如下。

(1)计算几何参数

由墙肢、连梁截面的几何尺寸按式(3.8)计算肢强系数 ζ,按式(3.10)计算双肢墙考虑轴向变形的整体性系数 α。

(2)连梁内力计算

倒三角形荷载作用下,根据 α 和 ξ,由附表3.1可以查得 $\varphi(\xi)$。

进而可求得连梁对墙肢的线约束弯矩(根据求解过程中引入的关系)为

$$m(\xi)=\varphi(\xi)\zeta V_0 \tag{3.25}$$

第 i 层连梁的约束弯矩即为均匀分布的约束弯矩在层高内积分

$$m_i=m(\xi)h=\varphi(\xi)\zeta V_0 h \tag{3.26}$$

第 i 层连梁的剪力可被看作总约束弯矩 m_i 除以连梁跨度 a,也可被看作剪应力 $\tau(\xi)$ 乘以层高 h,即

$$V_{bi}=\frac{m_i}{a}=m(\xi)\frac{h}{a}=\tau(\xi)h \tag{3.27}$$

连梁梁端(洞口边)弯矩为

$$M_{bi}=V_{bi}\cdot\frac{l_n}{2} \tag{3.28}$$

(3)墙肢内力

已知连梁内力后,可由隔离体平衡求出墙肢轴力及弯矩。同一水平截面上的墙肢弯矩之

和为外荷载产生的弯矩 $M_{\text{p}i}$ 减去连梁对墙肢的总约束弯矩,各墙肢弯矩按抗弯刚度的比例分配,第 i 层两墙肢的弯矩分别为

$$\left.\begin{aligned} M_{i1} &= \frac{I_1}{I_1 + I_2}\left(M_{\text{p}i} - \sum_{k=i}^{n} m_k\right) \\ M_{i2} &= \frac{I_2}{I_1 + I_2}\left(M_{\text{p}i} - \sum_{k=i}^{n} m_k\right) \end{aligned}\right\} \tag{3.29}$$

第 i 层两墙肢的剪力近似为

$$\left.\begin{aligned} V_{i1} &= \frac{I'_1}{I'_1 + I'_2} V_{\text{p}i} \\ V_{i2} &= \frac{I'_2}{I'_1 + I'_2} V_{\text{p}i} \end{aligned}\right\} \tag{3.30}$$

第 i 层两墙肢的轴力为

$$N_{i1} = -N_{i2} = \sum_{i}^{n} V_{\text{b}i} \tag{3.31}$$

式中 　I_1, I_2 ——两墙肢对各自截面形心轴的惯性矩;

　　　I'_1, I'_2 ——两墙肢考虑剪切变形的折算惯性矩,可按下式计算

$$I'_j = \frac{I_j}{1 + \dfrac{12\mu E I_j}{G A_j h^2}} \qquad (j = 1, 2) \tag{3.32}$$

　　　$M_{\text{p}i}, V_{\text{p}i}$ ——第 i 层由于外荷载所产生的弯矩和剪力;

　　　n ——总层数。

4)位移计算

由于墙肢截面较宽,位移计算时应同时考虑墙肢弯曲变形和剪切变形的影响,即

$$y = y_{\text{m}} + y_{\text{v}} \tag{3.33}$$

式中 　$y_{\text{m}}, y_{\text{v}}$ ——墙肢弯曲变形和剪切变形所产生的水平位移。

根据墙肢截面转角与弯矩的关系

$$\theta'_{\text{M}} = \frac{1}{E(I_1 + I_2)}\left[M_{\text{p}}(z) - \int_z^H a\,\tau(z)\,\text{d}z\right]$$

对上式进行两次积分,可得墙肢弯曲变形所产生的位移

$$y_{\text{m}} = \frac{1}{E(I_1 + I_2)}\left[\int_0^z\int_0^z M_{\text{p}}(z)\,\text{d}z\text{d}z - \int_0^z\int_0^z\int_z^H a\,\tau(z)\,\text{d}z\text{d}z\text{d}z\right] \tag{3.34}$$

根据墙肢剪力与剪切变形的关系

$$G(A_1 + A_2)\frac{\text{d}y_{\text{v}}}{\text{d}z} = \mu V_{\text{p}}(z)$$

可求得墙肢剪切变形所产生的位移

$$y_{\text{v}} = \frac{\mu}{G(A_1 + A_2)}\int_0^z V_{\text{p}}(z)\,\text{d}z \tag{3.35}$$

引入无量纲参数 $\xi = \dfrac{z}{H}$,将 $\tau(\xi) = \varphi(\xi) \cdot \dfrac{\alpha_1^2}{\alpha^2} \cdot \dfrac{1}{a} V_0 = \varphi(\xi) \cdot \zeta \cdot \dfrac{1}{a} V_0$ 及由水平外荷载产生的弯矩 $M_{\text{p}}(z)$ 和剪力 $V_{\text{p}}(z)$ 代入式(3.34)和式(3.35),经过积分并整理后可得双肢墙的位移计算公式,见附3.3。把 $\xi = 1$ 代入位移公式,可得双肢墙的顶点位移为

$$\Delta = \begin{cases} \dfrac{V_0 H^3}{8E(I_1+I_2)}\left[1+\zeta(\psi_\alpha-1)+4\gamma^2\right] & \text{(均布荷载)} \\[2mm] \dfrac{11}{60}\dfrac{V_0 H^3}{E(I_1+I_2)}\left[1+\zeta(\psi_\alpha-1)+3.64\gamma^2\right] & \text{(倒三角形荷载)} \\[2mm] \dfrac{V_0 H^3}{3E(I_1+I_2)}\left[1+\zeta(\psi_\alpha-1)+3\gamma^2\right] & \text{(顶点集中荷载)} \end{cases} \qquad (3.36)$$

式中　ζ——轴向变形影响系数(即肢强系数);

　　　γ——墙肢剪切变形系数,当墙肢少、层数多、墙肢高宽比 $H/B \geq 4$ 时,可不考虑墙肢剪切变形的影响,取 $\gamma^2=0$,其余情况其表达式为

$$\gamma^2 = \frac{\mu E(I_1+I_2)}{H^2 G(A_1+A_2)} = \frac{2.5\mu(I_1+I_2)}{H^2(A_1+A_2)} \qquad (3.37)$$

　　　ψ_α 是 α 的函数,可通过 α 查表 3.12 获得,或按式(3.38)计算

$$\psi_\alpha = \begin{cases} \dfrac{8}{\alpha^2}\left(\dfrac{1}{2}+\dfrac{1}{\alpha^2}-\dfrac{1}{\alpha^2\,\mathrm{ch}\,\alpha}-\dfrac{\mathrm{sh}\,\alpha}{\alpha\,\mathrm{ch}\,\alpha}\right) & \text{(均布荷载)} \\[2mm] \dfrac{60}{11}\dfrac{1}{\alpha^2}\left(\dfrac{2}{3}+\dfrac{2\,\mathrm{sh}\,\alpha}{\alpha^3\,\mathrm{ch}\,\alpha}-\dfrac{2}{\alpha^2\,\mathrm{ch}\,\alpha}-\dfrac{\mathrm{sh}\,\alpha}{\alpha\,\mathrm{ch}\,\alpha}\right) & \text{(倒三角形荷载)} \\[2mm] \dfrac{3}{\alpha^2}\left(1-\dfrac{\mathrm{sh}\,\alpha}{\alpha\,\mathrm{ch}\,\alpha}\right) & \text{(顶点集中荷载)} \end{cases} \qquad (3.38)$$

表 3.12　ψ_α 值

α	均布荷载	倒三角形荷载	顶部集中荷载	α	均布荷载	倒三角形荷载	顶部集中荷载
1.000	0.722	0.720	0.715	11.000	0.027	0.026	0.022
1.500	0.540	0.537	0.528	11.500	0.025	0.023	0.020
2.000	0.403	0.399	0.388	12.000	0.023	0.022	0.019
2.500	0.306	0.302	0.290	12.500	0.021	0.020	0.017
3.000	0.238	0.234	0.222	13.000	0.020	0.019	0.016
3.500	0.190	0.186	0.175	13.500	0.018	0.017	0.015
4.000	0.155	0.151	0.140	14.000	0.017	0.016	0.014
4.500	0.128	0.125	0.115	14.500	0.016	0.015	0.013
5.000	0.108	0.105	0.096	15.000	0.015	0.014	0.012
5.500	0.092	0.089	0.081	15.500	0.014	0.013	0.011
6.000	0.080	0.077	0.069	16.000	0.013	0.012	0.010
6.500	0.070	0.067	0.060	16.500	0.013	0.012	0.010
7.000	0.061	0.058	0.052	17.000	0.012	0.011	0.009
7.500	0.054	0.052	0.046	17.500	0.011	0.010	0.009
8.000	0.048	0.046	0.041	18.000	0.011	0.010	0.008
8.500	0.043	0.041	0.036	18.500	0.010	0.009	0.008
9.000	0.039	0.037	0.032	19.000	0.009	0.009	0.007
9.500	0.035	0.034	0.029	19.500	0.009	0.008	0.007
10.000	0.032	0.031	0.027	20.000	0.009	0.008	0.007
10.500	0.030	0.028	0.024	20.500	0.008	0.008	0.006

为了计算的方便,引入等效刚度 EI_{eq} 的概念。剪力墙的等效刚度是将剪力墙考虑弯曲、剪切和轴向变形的顶点位移按位移相等的原则,折算成只考虑弯曲变形的等效竖向悬臂杆的刚度。引入等效刚度后的顶点位移计算表达式为

$$\Delta = \begin{cases} \dfrac{V_0 H^3}{8 EI_{eq}} & \text{(均布荷载)} \\[3mm] \dfrac{11}{60} \dfrac{V_0 H^3}{EI_{eq}} & \text{(倒三角形荷载)} \\[3mm] \dfrac{V_0 H^3}{3 EI_{eq}} & \text{(顶点集中荷载)} \end{cases} \qquad (3.39)$$

其中,EI_{eq} 按下式计算

$$EI_{eq} = \begin{cases} \dfrac{E(I_1 + I_2)}{1 + \zeta(\psi_\alpha - 1) + 4\gamma^2} & \text{(均布荷载)} \\[3mm] \dfrac{E(I_1 + I_2)}{1 + \zeta(\psi_\alpha - 1) + 3.64\gamma^2} & \text{(倒三角形荷载)} \\[3mm] \dfrac{E(I_1 + I_2)}{1 + \zeta(\psi_\alpha - 1) + 3\gamma^2} & \text{(顶点集中荷载)} \end{cases} \qquad (3.40)$$

【例 3.2】已知墙体参数如例 3.1 中的剪力墙 1 和墙 2。混凝土强度等级为 C30,$E = 3.0 \times 10^4$ N/mm²。若剪力墙承受一倒三角形水平荷载,顶点处 $q = 20$ kN/m,如图 3.18 所示。对墙 1 和墙 2 分别计算:(1)等效刚度;(2)顶点位移;(3)墙肢和连梁内力并绘制墙肢内力分布图。

【解】根据例题 3.1 可知,墙 1 属于整体小开口剪力墙,墙 2 属于双肢剪力墙。

(1)墙 1 计算

①墙 1 等效刚度计算:

$$\gamma_0 = 1 - 1.25 \sqrt{\frac{A_{0p}}{A_f}} = 1 - 1.25 \sqrt{\frac{10 \times 1.2 \times 2}{12 \times 36}} = 0.705$$

$$A_w = \gamma_0 A = 0.705 \times 0.2 \times 12 = 1.692 \text{ m}^2$$

未开洞处:$I_{w1} = \dfrac{0.2 \times 12^3}{12} = 28.8 \text{ m}^4$

开洞处:$I_{w2} = 28.771 \text{ m}^4$

$$I_w = \frac{\sum\limits_{i=1}^{n} I_{wi} h_i}{\sum h_i} = \frac{28.8 \times 16 + 28.771 \times 20}{36} = 28.784 \text{ m}^4$$

$$EI_{eq} = 0.85 \times \frac{EI_w}{1 + \dfrac{9\mu I_w}{H^2 A_w}} = 0.85 \times \frac{3 \times 10^7 \times 28.784}{1 + \dfrac{9 \times 1.2 \times 28.784}{36^2 \times 1.692}} = 6.429 \times 10^8 \text{ kN} \cdot \text{m}^2$$

②墙 1 的顶点位移计算:

$$V_0 = 0.5 \times 20 \times 36 = 360 \text{ kN}$$

$$\Delta = \frac{11}{60} \times \frac{V_0 H^3}{EI_{eq}} = \frac{11}{60} \times \frac{360 \times 36^3}{6.429 \times 10^8} = 4.790 \times 10^{-3} \text{ m} = 4.790 \text{ mm}$$

注意,在计算墙 1 等效抗弯刚度时需考虑 0.85 的洞口折减。

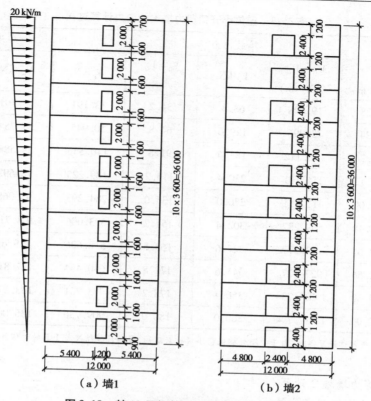

图 3.18 某 10 层钢筋混凝土剪力墙示意图

③墙肢内力计算：

整体小开口剪力墙在洞口截面的墙肢弯矩、剪力、轴力分别按式(3.17)—式(3.19)计算如下：

$$M_{i1} = M_{i2} = \left(0.85\frac{I_j}{I} + 0.15\frac{I_j}{\sum I_j}\right)M_i = \left(0.85\frac{2.624}{28.771} + 0.15\frac{2.624}{2.624 + 2.624}\right) \times M_i =$$

$0.153M_i$

底层：$V_{11} = V_{12} = \dfrac{A_j}{\sum A_j}V_i = \dfrac{1}{2}V_i$

其他层：$V_{i1} = V_{i2} = \dfrac{1}{2}\left(\dfrac{A_j}{\sum A_j} + \dfrac{I_j}{\sum I_j}\right)V_i = \dfrac{1}{2}\left(\dfrac{1}{2} + \dfrac{1}{2}\right)V_i = \dfrac{1}{2}V_i$

$N_{i1} = -N_{i2} = 0.85\dfrac{M_i}{I}a_jA_j = 0.85\dfrac{M_i}{28.771} \times 3.3 \times 1.08 \approx 0.105M_i$

由分析可知，楼层中顶层的连梁剪力 V_{bi} 等于该楼层墙肢的轴力 N_i，其余楼层连梁剪力可由上、下层墙肢的轴力差计算；连梁支座处的弯矩等于其剪力乘以净跨的一半（$M_{bi} = V_{bi} \times l_n/2$ $= 0.6 \times V_{bi}$）。

详细计算过程见表 3.13。

表 3.13　整体小开口剪力墙 1 的内力计算过程

楼层 i	墙肢内力					连梁内力	
	M_i /(kN·m)	$M_{i1}=M_{i2}$ /(kN·m)	V_i/kN	$V_{i1}=V_{i2}$ /kN	N_i/kN	V_{bi}/kN	M_{bi} /(kN·m)
10	125.28	19.108	68.4	34.2	13.191	13.191	7.915
9	483.84	73.796	129.6	64.8	50.945	37.754	22.652
8	1 049.76	160.112	183.6	91.8	110.533	59.588	35.753
7	1 797.12	274.101	230.4	115.2	189.225	78.692	47.215
6	2 700.00	411.811	270.0	135.0	284.293	95.068	57.041
5	3 732.48	569.287	302.4	151.2	393.006	108.713	65.228
4	4 868.64	742.577	327.6	163.8	512.636	119.63	71.778
3	6 082.56	927.727	345.6	172.8	640.454	127.818	76.691
2	7 348.32	1 120.784	356.4	178.2	773.731	133.277	79.966
1	8 640.00	1 317.794	360.0	180.0	909.736	136.005	81.603

注:表中数据由电子表格计算得到,由于中间数据保留小数位数不同,导致计算结果与手算的近似结果略有不同。

(2)双肢剪力墙墙 2 计算

①墙 2 等效抗侧刚度计算:

先按式(3.37)计算剪切变形对双肢墙等效刚度的影响系数:

$$\gamma^2 = \frac{\mu E(I_1+I_2)}{H^2 G(A_1+A_2)} = \frac{2.5\mu(I_1+I_2)}{H^2(A_1+A_2)} = \frac{2.5\times1.2\times(1.843+1.843)}{36^2\times(0.96+0.96)} = 0.00444$$

根据例 3.1 所得整体性系数 $\alpha = 7.146$ 查表 3.12,得 $\psi_\alpha = 0.059$

双肢墙等效刚度按式(3.40)计算如下:

$$EI_{eq} = \frac{E(I_1+I_2)}{1+\zeta(\psi_\alpha-1)+3.64\gamma^2} = \frac{3.0\times10^7\times(1.843+1.843)}{1+0.871\times(0.059-1)+3.64\times0.00444}$$
$$= 56.260\times10^7 \text{ kN·m}$$

②墙 2 顶点位移计算:

墙顶位移按式(3.39)计算如下:

$$\Delta = \frac{11}{60}\times\frac{V_0 H^3}{EI_{eq}} = \frac{11}{60}\times\frac{360\times36^3}{56.260\times10^7} = 5.473\times10^{-3} \text{ m} = 5.473 \text{ mm}$$

双肢墙的侧移曲线呈弯曲型,α 值越大,墙的刚度越大,墙的位移越小。对比可知,墙 2 的等效抗弯刚度较墙 1 减小约 12%,顶点位移相应增大约 14%,而墙 2 的整体性系数较墙 1 减少约 37%。由此可知,等效抗弯刚度受整体性系数的影响不是很大。

③墙 2 的连梁内力计算:

首先根据整体性系数 $\alpha = 7.146$、$\xi = z/H$ 查附表 3.1 得到双肢墙在倒三角形荷载作用下的 $\varphi(\xi)$,然后按公式(3.26)—式(3.28)计算各层连梁的剪力和梁端弯矩。

$$m_i = \varphi(\xi)\zeta V_0 h = \varphi(\xi)\times0.871\times360\times3.6 = 1 128.816\times\varphi(\xi)$$

$$V_{bi} = \frac{m_i}{a} = \frac{m_i}{7.2}$$

$$M_{bi} = V_{bi}\frac{l_n}{2} = V_{bi}\frac{2.4}{2} = 1.2V_{bi}$$

墙2的连梁内力计算过程列于表3.14中。

表3.14 墙2的连梁内力计算

层　数	$\xi = z/H$	$\varphi(\xi)$	$m_i = \varphi(\xi)\zeta V_0 h$ /(kN·m)	$V_{bi} = \dfrac{m_i}{a}$ /(kN)	$M_{bi} = V_{bi}l_n/2$ /(kN·m)
10	1	0.239	269.787	37.470	44.965
9	0.9	0.285	321.713	44.682	53.619
8	0.8	0.384	433.465	60.204	72.244
7	0.7	0.496	559.893	77.763	93.315
6	0.6	0.602	679.547	94.382	113.258
5	0.5	0.691	780.012	108.335	130.002
4	0.4	0.749	845.483	117.428	140.914
3	0.3	0.759	856.771	118.996	142.795
2	0.2	0.691	780.012	108.335	130.002
1	0.1	0.481	542.960	75.411	90.493

④墙2的墙肢内力计算：

按式(3.29)—式(3.31)计算墙肢在各层底的弯矩、剪力和轴力。

第 i 层两墙肢的弯矩为

$$M_{i1} = M_{i2} = \frac{I_1}{I_1 + I_2}\left(M_{pi} - \sum_{k=i}^{n} m_k\right) = 0.5 \times \left(M_{pi} - \sum_{k=i}^{n} m_k\right)$$

第 i 层两墙肢的剪力近似为

$$V_{i1} = V_{i2} = \frac{I_1'}{I_1' + I_2'}V_{pi} = \frac{1}{2}V_{pi}$$

第 i 层两墙肢的轴力为

$$N_{i1} = -N_{i2} = \sum_{i}^{n} V_{bi}$$

墙2在洞口截面上的墙肢内力计算过程列于表3.15。

表3.15 墙2的墙肢内力计算

层数 i	$\xi = z/H$	M_{pi} /(kN·m)	m_i /(kN·m)	$\sum_{k=i}^{n} m_k$ /(kN·m)	$M_{i1} = M_{i2}$ /(kN·m)	V_{pi}/kN	$V_{i1} = V_{i2}$ /kN	$N_{i1} = -N_{i2}$ /kN
10	1	125.280	269.787	269.79	−72.254	68.400	34.200	37.470
9	0.9	483.840	321.713	591.50	−53.830	129.600	64.800	82.153
8	0.8	1 049.760	433.465	1 024.97	12.398	183.600	91.800	142.356

续表

层数 i	$\xi=z/H$	M_{pi} /(kN·m)	m_i /(kN·m)	$\sum_{k=i}^{n} m_k$ /(kN·m)	$M_{i1}=M_{i2}$ /(kN·m)	V_{pi}/kN /kN	$V_{i1}=V_{i2}$ /kN	$N_{i1}=-N_{i2}$ /kN
7	0.7	1 797.120	559.893	1 584.86	106.131	230.400	115.200	220.119
6	0.6	2 700.000	679.547	2 264.41	217.798	270.000	135.000	314.501
5	0.5	3 732.480	780.012	3 044.42	344.032	302.400	151.200	422.836
4	0.4	4 868.640	845.483	3 889.90	489.370	327.600	163.800	540.264
3	0.3	6 082.560	856.771	4 746.67	667.944	345.600	172.800	659.260
2	0.2	7 348.320	780.012	5 526.68	910.818	356.400	178.200	767.595
1	0.1	8 640.000	542.960	6 069.64	1 285.178	360.000	180.000	843.006

(3)绘制墙肢内力图

绘制墙1和墙2的轴力、弯矩图如图3.19所示。由图可以看出,墙2的单墙肢底部承担的弯矩较墙1小约5%,墙2底部轴力较墙1小约7%;墙1全高范围内没有反弯点,而墙2在第8层存在反弯点。

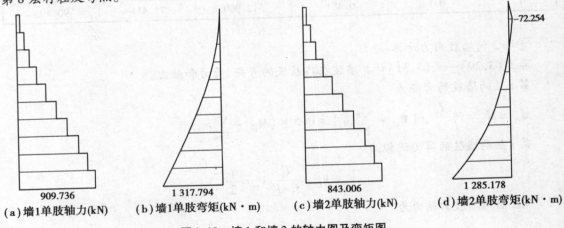

(a)墙1单肢轴力(kN)　909.736　(b)墙1单肢弯矩(kN·m)　1 317.794　(c)墙2单肢轴力(kN)　843.006　(d)墙2单肢弯矩(kN·m)　1 285.178　−72.254

图3.19　墙1和墙2的轴力图及弯矩图

5)双肢墙内力和位移分布特点

图3.20给出了两个层数为10层、但整体性系数不同的双肢墙按连续连杆法计算得到的连梁剪力、连梁弯矩、墙肢轴力及弯矩沿高度的分布曲线,其中整体性系数为7.146的墙肢即例3.2中的墙2,整体性系数为4.689的墙肢仅连梁高度改为800 mm,其余参数都与墙2相同。由该曲线对比可知,双肢墙随整体性系数变化,内力和位移的变化和分布有如下特点:

①连梁的剪力分布具有明显的特点。剪力最大(也是弯矩最大)的连梁不在底层,其位置和大小将随 α 值而改变。当 α 值增大时,连梁剪力加大,剪力和弯矩最大的连梁的位置均向下部楼层转移。

②墙肢的轴力与 α 值有关。当 α 值增大时,墙肢轴力略有所增大。

③墙肢弯矩也与 α 值有关。随 α 值增大,墙肢弯矩大部分楼层均有所减小,个别楼层略

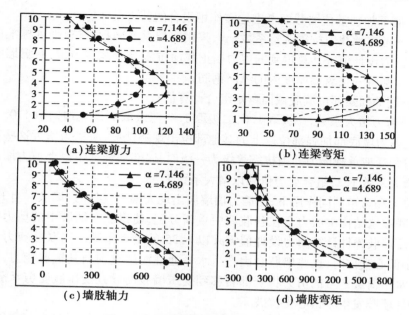

（a）连梁剪力 （b）连梁弯矩
（c）墙肢轴力 （d）墙肢弯矩

图 3.20 双肢墙的连梁、墙肢内力对比

有增大。

由此可见,剪力墙连梁及墙肢的内力分布与整体性系数 α 相关,整体性系数是一个非常重要的参数。

3.5.6 剪力墙截面设计及构造

1)剪力墙抗震内力调整及截面承载力设计

（1）剪力墙抗震内力调整

强震作用下,联肢墙和壁式框架中连梁的延性和耗能性能可以设计得较好,剪力墙抗震设计时应以连梁作为第一线主要塑性耗能构件,在连梁梁端塑性铰发生较大转动后剪力墙墙肢底部的塑性损伤也是允许的。通过上述两道防线,大量地震输入能量被结构的弹塑性变形所消耗。上述塑性机构的形成方式也可视作联肢墙或壁式框架中的"梁铰机构",故剪力墙一般按"强墙肢弱连梁"进行承载力设计。

①剪力墙墙肢内力调整。抗震设计时,为防止剪力墙受力较大区域混凝土过早破坏,应对剪力墙底部可能出现的塑性铰的部位采取加强抗震措施,即设置底部加强部位,底部加强部位高度见附 3.4。根据抗震等级不同(剪力墙构件的抗震等级按照第 2 章表 2.10 确定),首先对底部加强部位的剪力设计值进行调整,当抗震等级为一、二、三级时,剪力墙底部加强部位的剪力设计值按下式调整

$$V = \eta_{vw} V_w \qquad (3.41)$$

抗震设防烈度为 9 度、抗震等级为一级时,剪力墙底部加强部位剪力设计值按下式计算

$$V = 1.1 \frac{M_{wua}}{M_w} V_w \qquad (3.42)$$

式中　V——底部加强部位墙截面剪力设计值;

V_{w}——底部加强部位墙截面考虑地震作用组合的剪力设计值;

M_{wua}——考虑承载力抗震调整系数 γ_{RE},采用实配纵筋面积、材料强度标准值和组合轴力设计值等计算得到的剪力墙正截面抗震受弯承载力值,有翼墙时计入墙两侧各一倍翼墙厚度内的纵向钢筋;

M_{w}——底部加强部位墙底截面弯矩组合计算值;

η_{vw}——剪力增大系数,一级取1.6,二级取1.4,三级取1.2,四级时取1.0。

为了防止剪力墙底部加强部位以上的其他部位出现塑性铰,应适当增大这些部位剪力墙的受弯承载力和受剪承载能力。当抗震等级为一级时,底部加强部位以上剪力墙的组合弯矩设计值乘以增大系数1.2,组合剪力值乘以增大系数1.3。

在轴向拉力和弯矩共同作用下,当墙力墙墙肢出现大偏心受拉时,墙肢一旦开裂,抗侧刚度立即降低,联肢墙结构中剪力会在各肢墙中重新分配,使得受压墙肢中的剪力增加。在这种情况下,受压墙肢弹性计算剪力设计值需乘以 1.25 的增大系数。当联肢剪力墙结构中部分墙肢出现小偏心受拉时,这些墙肢会因产生水平通缝而严重削弱其抗剪能力,抗侧刚度也会严重退化,水平荷载产生的剪力将全部转移到受压墙肢而导致受压肢受剪承载力不够,因此,一般不允许墙肢发生小偏心受拉破坏。

② 连梁内力调整。为了改善连梁的延性性能,使连梁能较早屈服且参与耗能,剪力墙结构受力分析时,连梁中的弯矩设计值可采用以下两种调整方法:

a. 高层建筑结构在地震作用效应计算时,连梁截面刚度乘以不小于0.5的折减系数;

b. 按连梁弹性刚度分析得到的内力结果,可能会出现部分楼层连梁弯矩过大、配筋率过高,或剪力过大,剪压比超过限制值的情况,此时可将弯矩组合值过大的连梁乘以折减系数(抗震设防烈度为6度和7度时该折减系数不小于0.8,8度和9度时不小于0.5),且按此调整后其余楼层连梁的弯矩应相应提高,以补偿静力平衡。

需注意的是,内力计算时已经降低了刚度的连梁,其弯矩组合值不再乘折减系数,且经上述调整后的弯矩、剪力设计值不应低于正常使用状况下的组合值,也不宜低于比设防烈度低一度的地震作用组合弯矩设计值。

抗震设计时,连梁的剪力设计值还应满足"强剪弱弯"的要求,一、二、三级抗震等级连梁的剪力设计值按下式确定:

$$V = \eta_{vb} \frac{M_{b}^{l} + M_{b}^{r}}{l_{n}} + V_{Gb} \tag{3.43}$$

9 度一级剪力墙连梁剪力设计值按下式确定

$$V = 1.1 (M_{bua}^{l} + M_{bua}^{r}) / l_{n} + V_{Gb} \tag{3.44}$$

式中 M_{b}^{l}、M_{b}^{r}——连梁左、右端截面顺时针或逆时针方向的弯矩设计值;

M_{bua}^{l},M_{bua}^{r}——连梁左、右端截面顺时针或逆时针方向实配的抗震受弯承载力所对应的弯矩值,应按实配钢筋面积(计入受压钢筋)和材料强度标准值并考虑承载力抗震调整系数计算;

l_{n}——连梁的净跨;

V_{Gb}——在重力荷载代表值作用下按简支梁计算的梁端截面剪力设计值;

η_{vb}——连梁剪力增大系数,一级取1.3,二级取1.2,三级取1.1。

（2）剪力墙正截面承载力计算

翼墙或者端柱与剪力墙连成整体共同工作,翼墙或端柱中的一部分也要参与剪力墙受力,因此剪力墙墙肢的截面形状一般是矩形、T形或L形。剪力墙常见的配筋形式有墙肢截面端部集中布置竖向钢筋、墙身竖向分布钢筋以及水平向分布钢筋3种。

在轴向压（拉）力和弯矩共同作用下,墙肢端部集中布置竖向纵筋与墙身竖向分布钢筋均参与受力,考虑到分布筋直径一般较细,且通常按剪力墙构造要求配筋,因此在正截面承载力设计中只计算受拉屈服部分的作用,靠近受压区分布筋因受拉力较小不参与计算。

剪力墙正截面承载力计算方法与偏心受压柱或偏心受拉杆基本相同,对有地震作用组合和无地震作用组合两种正截面承载力计算公式也相同,但需注意的是,有地震作用参与内力组合时,截面承载力须同时除以承载力抗震调整系数 γ_{RE}。

①偏心受压承载力计算。与偏心受压柱相同,在弯矩和轴力共同作用下,墙肢相对受压区高度为 $\xi = x/h_{w0}$,式中 h_{w0} 为截面有效高度,$h_{w0} = h_w - a_s'$。a_s' 为受压钢筋截面形心到混凝土截面受压边缘距离。当 $\xi \leqslant \xi_b$ 时,为大偏心受压破坏;当 $\xi > \xi_b$ 时,为小偏心受压破坏,ξ_b 柱截面界限受压区相对高度。

a. 大偏心受压。矩形截面墙肢的截面和配筋如图 3.21（a）所示,墙肢受拉端集中钢筋配筋量为 A_s,受压端为 A_s',墙肢内均匀分布纵向钢筋筋的配筋率 ρ_{sw} 为

$$\rho_{sw} = \frac{A_{sw}}{bs} \tag{3.45}$$

式中　b——墙肢厚度;

　　　　s——竖向分布筋间距;

　　　　A_{sw}——一个竖向筋间距范围内墙肢总竖向分布筋截面面积。

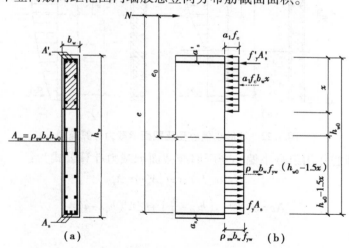

图 3.21　墙肢大偏心受压截面承载力计算简图

大偏心受压墙肢破坏时,墙肢端部受拉钢筋、受压钢筋,以及远离中和轴的竖向分布筋,都可以达到受拉屈服强度 f_y 或受压屈服强度 f_y',而墙身竖向分布筋靠近中和轴部分不能屈服。为了简化计算,假定只有 $1.5x$ 范围以外的受拉竖向分布钢筋达到屈服强度 f_{yw} 并参与受力,$1.5x$ 范围内的钢筋未达到屈服或受压,均不参与受力计算。

剪力墙在极限状态下混凝土受压区截面压应力等效为矩形分布,根据合力 N 和弯矩 M 两

个平衡条件建立方程,如图 3.21(b)所示。当剪力墙对称配筋时(即 $A_s = A'_s$),矩形截面无地震作用组合大偏心受压墙肢截面承载力计算公式为:

$$N = \alpha_1 f_c b_w x - (h_{w0} - 1.5x) b_w f_{yw} \rho_{sw} \tag{3.46}$$

$$Ne = \alpha_1 f_c b_w x \left(h_{w0} - \frac{x}{2} \right) + f'_y A'_s (h_{w0} - a'_s) - \frac{(h_{w0} - 1.5x)^2}{2} b_w f_{yw} \rho_{sw} \tag{3.47}$$

式中:

$$e = e_0 + \frac{h_w}{2} - a_s \tag{3.48}$$

以上两个方程有 3 个未知数,即 A'_s、ρ_{sw} 和 x,工程设计时,墙内竖向分布钢筋配筋率 ρ_{sw} 一般按构造要求先确定,然后可求得 A'_s 和 x 的值。必须注意验算是否 $x \leqslant \xi_b h_{w0}$,如不满足,则应按小偏心受压计算配筋。

b. 小偏心受压。剪力墙截面小偏心受压破坏时截面大部分受压或全部受压,受压较大一侧的混凝土达到极限压抗压强度而破坏,靠近受压端的集中布置受压钢筋和墙身分布钢筋受压屈服,离轴向力较远一侧的端部钢筋和分布钢筋应力较小,不能达到拉压屈服强度,计算中所有分布钢筋的作用均不考虑。因此,小偏心受压剪力墙截面极限状态应力分布与小偏压柱完全相同,配筋计算方法也完全相同,如图 3.22 所示。

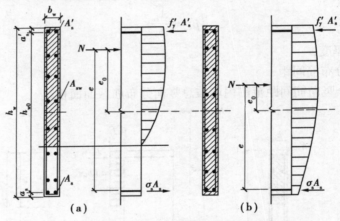

图 3.22　墙肢小偏心受压截面承载力计算简图

矩形截面无地震作用组合小偏心受压墙肢截面承载力计算公式为:

$$N = \alpha_1 f_c b_w x + f'_y A'_s - \sigma_s A_s \tag{3.49}$$

$$Ne = \alpha_1 f_c b_w x \left(h_{w0} - \frac{x}{2} \right) + f'_y A'_s (h_{w0} - a'_s) \tag{3.50}$$

式中: $e = e_0 + \dfrac{h_w}{2} - a_s$

$$\sigma_s = \frac{\xi - \beta_1}{\xi_b - \beta_1} f_y \tag{3.51}$$

通过上式可求得对称配筋 $A'_s = A_s$ 时墙肢截面的受压区高度 x 和墙肢端部配筋量 A_s、A'_s。非对称配筋时,可先按端部配筋构造要求给定 A_s,然后求解 x 和 A'_s,具体计算方法与小偏心受压柱相同,墙肢内竖向分布钢筋按构造要求设置。

②大偏心受拉。在弯矩和轴拉力作用下,墙肢平面内发生偏心受拉破坏时,根据偏心距

大小分为大偏心受拉破坏和小偏心受拉破坏两种情况,其判别方法为:当偏心距 $e_0 = \dfrac{M}{N} > \dfrac{h}{2} - a_s$ 时,偏心力作用点位于剪力墙端部钢筋外侧,为大偏心受拉;反之,当偏心距 $e_0 = \dfrac{M}{N} < \dfrac{h}{2} - a_s$ 时,偏心力作用点位于剪力墙两侧端部钢筋之间,为小偏心受拉。如前所述,剪力墙中一般不允许出现小偏心,故这里只介绍大偏心受拉的承载力计算公式。

大偏心受拉时,无地震作用矩形对称配筋剪力墙混凝土受压区高度为 x,截面上大部分受拉,假定 $1.5x$ 范围以外的受拉分布钢筋都达到屈服强度并参与受力计算,墙肢截面极限状态时的应力分布情况如图 3.23 所示。

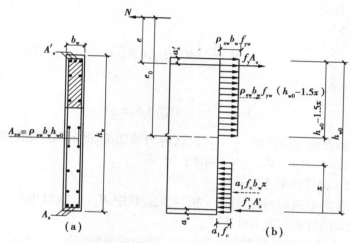

图 3.23　墙肢大偏拉截面承载力计算简图

根据合力及弯矩平衡条件,承载力计算的基本公式为:

$$N = (h_{w0} - 1.5x)b_w f_{yw}\rho_{sw} - \alpha_1 f_c b_w x \tag{3.52}$$

$$Ne = \alpha_1 f_c b_w x\left(h_{w0} - \frac{x}{2}\right) + f_y' A_s'(h_{w0} - a_s') - \frac{(h_{w0} - 1.5x)^2}{2}b_w f_{yw}\rho_{sw} \tag{3.53}$$

式中 $e = e_0 - \dfrac{h_w}{2} + a_s$。

工程设计时,也可先确定竖向分布钢筋配筋率 ρ_{sw},然后按公式求解受压区高度 x 及端部配筋面积 A_s、A_s'。

矩形截面偏心受拉剪力墙的正截面承载力也可根据《混凝土结构设计规范》近似计算,详见附 3.6。

抗震设计时,剪力墙正截面承载力计算过程、方法与上述非抗震时相同,但公式右边也应除以相应的承载力抗震调整系数 γ_{RE}。

(3)剪力墙斜截面承载力计算

①剪力墙斜截面破坏形态。剪力墙斜截面破坏形态通常有 3 种:

a.斜拉破坏。当墙肢无腹部钢筋或腹部钢筋过少时,斜裂缝一旦出现,即会形成一条较宽的主裂缝,构件丧失承载能力,属于脆性破坏,防止方法为在墙身中配置必要的腹部钢筋,通过限制墙肢最小配筋率或配筋量来避免。

b.斜压破坏。当剪力墙截面过小或混凝土强度等级偏低时,计算需要的腹部钢筋过多,在弯矩、剪力共同作用下,直到混凝土压碎时钢筋都不能屈服,钢筋作用不能被充分发挥。这种破坏也是脆性的,可通过加大混凝土截面或提高混凝土强度等级来避免,即通过限制截面剪压比来防止发生该类破坏。

c. 剪压破坏。适量的墙身水平钢筋可抵抗斜裂缝的开展,剪压区混凝土破碎时钢筋能屈服并充分发挥作用,具有一定的延性,剪力墙受剪承载力计算公式主要是按这种破坏形态建立的。

②墙肢最小截面尺寸限值。无地震作用组合时:

$$V \leqslant 0.25\beta_c f_c b_w h_{w0} \tag{3.54}$$

有地震作用组合时:

剪跨比 $\lambda > 0.25$ 时

$$V \leqslant \frac{1}{\gamma_{RE}}(0.2\beta_c f_c b_w h_{w0}) \tag{3.55a}$$

剪跨比 $\lambda \leqslant 2.5$ 时

$$V \leqslant \frac{1}{\gamma_{RE}}(0.15\beta_c f_c b_w h_{w0}) \tag{3.55b}$$

式中　V——墙肢截面剪力设计值,一、二、三级剪力墙底部加强部位墙肢截面的剪力设计值按式式(3.41)—式(3.42)调整;

β_c——混凝土强度影响系数;

λ——计算截面处的剪跨比,即 $\lambda = M_c/V_c h_{w0}$,其中 M_c、V_c 应分别取与 V_w 同一组合的、未调整的弯矩和剪力计算值。

③偏心受压剪力墙斜截面承载力计算公式。剪力墙中轴向压力能提高它的受剪承载力,但是当压力增大到一定程度时,其受剪承载力的有利作用降低,因此,剪力墙截面受剪承载力计算时需限制轴压力的取值范围。

矩形、工字形和 T 形截面剪力墙斜截面受剪承载力计算公式为:

无地震作用组合时:

$$V \leqslant \frac{1}{\lambda - 0.5}\left(0.5f_t b_w h_{w0} + 0.13N\frac{A_w}{A}\right) + f_{yh}\frac{A_{sh}}{s}h_{w0} \tag{3.56}$$

有地震作用组合时:

$$V \leqslant \frac{1}{\gamma_{RE}}\left[\frac{1}{\lambda - 0.5}\left(0.4f_t b_w h_{w0} + 0.1N\frac{A_w}{A}\right) + 0.8f_{yh}\frac{A_{sh}}{s}h_{w0}\right] \tag{3.57}$$

式中　N——剪力墙与剪力设计值 V 相同组合情况下的轴力设计值,抗震设计时应考虑地震作用效应组合;当 $N > 0.2f_c b_w h_{w0}$ 时应取 $N = 0.2f_c b_w h_{w0}$;

A——剪力墙截面面积;

A_w——T 形或 I 形截面剪力墙腹板的截面面积,矩形截面时应取 A;

λ——计算截面处的剪跨比,当 λ 小于 1.5 时应取 1.5,当 λ 大于 2.2 时应取 2.2;当计算截面与墙底之间的距离小于 $0.5h_{w0}$ 时,应按距墙底 $0.5h_{w0}$ 处的弯矩值与剪力值计算;

f_t——混凝土轴心抗拉强度设计值;

f_{yh}——剪力墙水平分布钢筋的抗拉强度设计值;

A_{sb}——剪力墙水平分布钢筋的全部截面面积;

s——剪力墙水平分布钢筋间距。

④偏心受拉剪力墙斜截面承载力计算公式。轴向拉力会降低剪力墙的受剪承载力,其计算项取为负值,剪力墙偏心受拉斜截面承载力按下式计算。

无地震作用组合时:

$$V \leqslant \frac{1}{\lambda - 0.5} \left(0.5 f_t b_w h_{w0} - 0.13 N \frac{A_w}{A} \right) + f_{yh} \frac{A_{sh}}{s} h_{w0} \tag{3.58}$$

当上式右端的计算值小于 $f_{yh} \dfrac{A_{sh}}{s} h_{w0}$ 时,取等于 $f_{yh} \dfrac{A_{sh}}{s} h_{w0}$。

有地震作用组合时:

$$V \leqslant \frac{1}{\gamma_{RE}} \left[\frac{1}{\lambda - 0.5} \left(0.4 f_t b_w h_{w0} - 0.1 N \frac{A_w}{A} \right) + 0.8 f_{yh} \frac{A_{sh}}{s} h_{w0} \right] \tag{3.59}$$

当上式右端的计算值小于 $0.8 f_{yh} \dfrac{A_{sh}}{s} h_{w0}$ 时,取等于 $0.8 f_{yh} \dfrac{A_{sh}}{s} h_{w0}$。

小偏心受压墙肢除进行偏心受压、偏心受拉正截面承载力及斜截面承载力设计外,还需按轴心受压构件验算其平面外承载力,具体计算方法见附3.7。

（5）剪力墙水平施工缝抗滑移验算

一级抗震等级剪力墙水平施工缝处要有足够的抗滑移能力,地震作用下的组合剪力设计值应不大于按下式计算的抗滑移能力值:

$$V_{wju} \leqslant \frac{1}{\gamma_{RE}} (0.6 f_y A_s + 0.8 N) \tag{3.60}$$

式中 A_s——水平施工缝处剪力墙腹板内竖向钢筋(不包括两侧翼墙)总截面面积;

f_y——竖向钢筋抗拉强度设计值;

N——水平施工缝处考虑地震作用组合的不利轴向力设计值,压力为正,拉力取负值。

当已配置的端部纵向钢筋和竖向分布钢筋不够时,可设置附加竖向插筋增强截面抗滑移能力,附加竖向插筋在上、下剪力墙中都要有足够的锚固长度。

（6）连梁截面承载力计算

①连梁最小截面尺寸。无地震作用组合时:

$$V \leqslant 0.25 \beta_c f_c b_b h_{b0} \tag{3.61}$$

有地震作用组合时,跨高比大于2.5的连梁:

$$V \leqslant \frac{1}{\gamma_{RE}} (0.2 \beta_c f_c b_b h_{b0}) \tag{3.62}$$

有地震作用组合时,跨高比不大于2.5的连梁:

$$V \leqslant \frac{1}{\gamma_{RE}} (0.15 \beta_c f_c b_b h_{b0}) \tag{3.63}$$

②连梁正截面受弯承载力计算。连梁正截面受弯承载力计算方法与普通梁相同,连梁截面上、下边缘通常采用对称配筋,即 $A_s = A_s'$,同时考虑受拉、受压纵筋的作用,受弯承载力按下式计算。

无地震作用组合时:

$$M_b \leqslant f_y A_s (h_{b0} - a') \tag{3.64}$$

有地震作用组合时:

$$M_b \leqslant \frac{1}{\gamma_{RE}} f_y A_s (h_{b0} - a')$$ (3.65)

式中 M_b——连梁弯矩设计值;

A_s——受力纵向钢筋面积;

$h_{b0} - a'$——上、下受力钢筋形心之间的距离。

③连梁斜截面受剪承载力计算。

连梁的斜截面受剪承载力按下列公式计算。

无地震作用组合时:

$$V_b \leqslant 0.7 f_t b_b h_{b0} + f_{yv} \frac{A_{sv}}{s} h_{b0}$$ (3.66)

有地震作用组合时:

跨高比大于 2.5 时,$V_b \leqslant \frac{1}{\gamma_{RE}} (0.42 f_t b_b h_{b0} + f_{yv} \frac{A_{sv}}{s} h_{b0})$ (3.67)

跨高比不大于 2.5 时,$V_b \leqslant \frac{1}{\gamma_{RE}} (0.38 f_t b_b h_{b0} + 0.9 f_{yv} \frac{A_{sv}}{s} h_{b0})$ (3.68)

式中 V_b——连梁剪力设计值;

f_t——混凝土轴心抗拉强度设计值;

b_b, h_{b0}——连梁截面宽度和有效高度;

A_{sv}——同一截面内竖向箍筋的全部截面面积;

s——箍筋的间距;

f_{yv}——箍筋的抗拉强度设计值。

2)剪力墙构造要求

(1)剪力墙轴压比

轴压比是影响剪力墙延性大小的重要因素之一,轴压比越大,剪力墙延性越差。为保证剪力墙的延性要求,一、二、三级抗震等级剪力墙的底部加强部位,在重力荷载代表值作用下墙肢的轴压比不宜超过表 3.16 的限值。

表 3.16 墙肢轴压比限制

轴压比	一级(9度)	一级(7,8度)	二级
μ_N	0.4	0.5	0.6

上表中,轴压比 μ_N 按下式计算:

$$\mu_N = \frac{N}{f_c A_w}$$ (3.69)

式中 N——重力荷载代表值作用下墙肢的轴向压力设计值(不考虑地震作用效应参与的组合);

f_c——混凝土轴心抗压强度设计值;

A_w——剪力墙墙肢截面面积。

（2）剪力墙边缘构件

剪力墙截面两端和洞口两侧设置边缘构件可以约束墙肢端部混凝土,提高墙肢端部混凝土极限压应变,改善剪力墙延性。剪力墙边缘构件分为约束边缘构件和构造边缘构件两种,对一、二、三级抗震等级剪力墙,当底层墙肢底截面在重力荷载代表值作用下的轴压比大于表3.17的规定值时,在其底部加强部位及相邻的上一层设置约束边缘构件,其余的剪力墙设置构造边缘构件。

表3.17　剪力墙可不设约束边缘构件的最大轴压比

等级或烈度	一级（9度）	一级（7,8度）	二级
轴压比	0.1	0.2	0.3

①约束边缘构件的构造。约束边缘构件通常有暗柱、端柱、T形翼墙和L形转角墙四种形式,约束边缘构件的范围如图3.24所示,其中长度 l_c 不应小于表3.18中的数值,约束边缘构件截面由阴影部分和非阴影部分构成。一字形剪力墙约束边缘构件阴影区的长度不得小于剪力墙厚 b_w、400 mm和 $l_c/2$ 三者的较大值,有翼墙或端柱时还不应小于翼墙厚度或端柱沿墙肢方向截面高度加300 mm。阴影部分轴向压应力大,要求配置约束效果较好的箍筋,配箍特征值 λ_v 不低于表3.18中的数值,其体积配箍率需满足下式要求:

$$\rho_v \geq \lambda_v \frac{f_c}{f_{yv}} \qquad (3.70)$$

式中　ρ_v——箍筋体积配箍率;

f_c——混凝土轴心抗压强度设计值,混凝土强度等级低于C35时,取C35混凝土轴心抗压强度设计值;

f_{yv}——箍筋、拉筋或水平分布钢筋的抗拉强度设计值。

表3.18　约束边缘构件沿墙肢 l_c 及其配箍特征值 λ_v

项目	一级（9度）		一级（6、7、8度）		二、三度	
	$\mu_N \leq 0.2$	$\mu_N > 0.2$	$\mu_N \leq 0.3$	$\mu_N > 0.3$	$\mu_N \leq 0.4$	$\mu_N > 0.4$
l_c（暗柱）	$0.20h_w$	$0.25h_w$	$0.15h_w$	$0.20h_w$	$0.15h_w$	$0.20h_w$
l_c（翼墙或端柱）	$0.15h_w$	$0.20h_w$	$0.10h_w$	$0.15h_w$	$0.10h_w$	$0.15h_w$
λ_v	0.12	0.20	0.12	0.20	0.12	0.20

注:①μ_N 为墙肢在重力荷载代表值作用下的轴压比,h_w 为墙肢的长度;

②剪力墙的翼墙长度小于翼墙厚度的3倍或端柱截面边长小于2倍墙厚时,按无翼墙、无端柱查表。

除按承载力计算要求配筋外,约束边缘构件阴影区范围内的竖向钢筋配筋,一、二级抗震等级还分别不小于阴影面积的1.2%和1.0%,且分别不少于6Φ16和6Φ14。箍筋或拉筋沿竖向的间距,一级不大于100 mm,二级不大150 mm,直径不小于8 mm。

约束边缘构件非阴影部分离墙端稍远,核心混凝土压应变减小,允许配置拉筋,其配箍特征值可取为 $\lambda_v/2$。

②构造边缘构件。构造边缘构件的范围及配筋要求详见图3.25和表3.19所示。

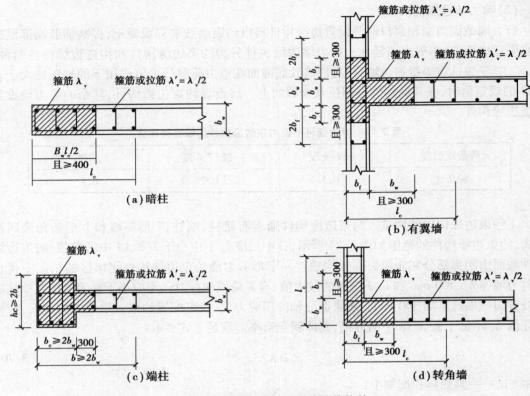

图 3.24 剪力墙墙肢的约束边缘构件

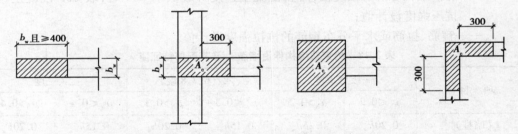

图 3.25 剪力墙墙肢构造边缘构件范围

表 3.19 墙肢构造边缘构件的构造配筋要求

| 抗震等级 | 底部加强部位 | | | 其他部分 | | |
| | 纵向钢筋最小值（取较大值） | 箍 筋 | | 纵向钢筋最小量 | 拉 筋 | |
		最小直径/mm	沿竖向最大间距/mm		最小直径/mm	沿竖向最大间距/mm
一	$0.01A_c$、$6\,\Phi\,16$	8	100	$6\,\Phi\,14$	8	150
二	$0.008A_c$、$6\,\Phi\,14$	8	150	$6\,\Phi\,12$	8	200
三	$0.005A_c$、$4\,\Phi\,12$	6	150	$4\,\Phi\,12$	6	200
四	$0.005A_c$、$4\,\Phi\,12$	6	200	$4\,\Phi\,12$	6	200

上表中，A_c为边缘构件的截面面积，即图 3.25 中剪力墙墙肢的阴影部分。

剪力墙构造边缘构件的竖向配筋还应满足正截面受压（受拉）承载力的要求，箍筋、拉筋沿水平方向的肢距不宜大于 300 mm，不应大于竖向钢筋间距的 2 倍，剪力墙端柱中竖向钢筋、箍筋直径和间距宜按框架柱的构造要求设置。剪力墙的其他构造要求及连梁的构造要求详见附 3.8。

3.6 框架-剪力墙结构

3.6.1 框架-剪力墙结构概念及受力特点

框架-剪力墙结构中同时具有框架柱和剪力墙两种抗侧力构件，二者通过楼盖协同工作，共同承受竖向及水平向荷载。

框剪-剪力墙结构具有框架结构和剪力墙结构各自的优点，其中框架部分布置灵活，填充墙隔墙将建筑平面分割成较自由的使用空间，能够满足不同建筑的功能要求；剪力墙具有相当大的侧向刚度，在抵抗水平荷载作用（如地震作用、风载作用）时能大大减少结构本身的侧向位移，并能有效抑制填充墙在地震时发生破坏。因此，这种结构已被广泛应用于办公楼、酒店、教学楼、医院等各类住宅和公共高层房屋建筑中。框架-剪力墙结构中的剪力墙可以单独设置，也可利用电梯井、楼梯间、管道井等组成筒体。

在水平荷载作用下，纯框架结构和纯剪力墙结构具有完全不同的变形特点，在纯框架结构中，水平力按各柱的抗侧刚度 D 分配，层间位移与层间总剪力基本成正比，自下而上表现为下部大、上部小，这种变形形式与悬臂梁的剪切变形一致，为剪切型变形。

在弯矩和剪力共同作用下，纯剪力墙结构的层间侧移除了本层弯曲、剪切变形外，还包含因下层转动引起的变形，总体表现为下部楼层小而上部楼层大，这种变形形式与悬臂梁的弯曲变形一致，为弯曲型变形。

当采用平面内刚度很大的楼盖将二者组合在一起形成框架-剪力墙结构时，框架与剪力墙在楼盖处的变形相同，在结构的下部楼层，剪力墙层间位移较小而框架层间位移较大，剪力墙将框架往回拉，剪力墙除了承受外荷载产生的水平力外，还要承担拉框架的水平力；上部楼层则相反，剪力墙层间位移较大，框架层间位移较小，框架往回拉着剪力墙，框架除承受外荷载产生的水平力外，还要负担把剪力墙拉回来的附加水平力，剪力墙则因框架施加往回拉的附加水平力而承受负剪力。综上所述，经楼盖的协同作用后，框架-剪力墙变形曲线介于剪力墙结构的弯曲型变形曲线与框架结构的剪切型变形曲线之间，呈弯剪型，结构上下各层层间变形趋于均匀，如图 3.26 所示。

在水平地震作用下，框架-剪力墙结构中无论是剪力墙或者框架的部分构件谁先进入屈服，另一部分抗侧力结构均能够继续发挥较大的抗侧力作用，结构仍然能抵抗较大水平荷载，即可以形成多道抗震设防防线（一般将框架作为二道防线进行设计）。因此，框架-剪力墙结构的剪力墙、框架均应具有较强的抗侧移能力。

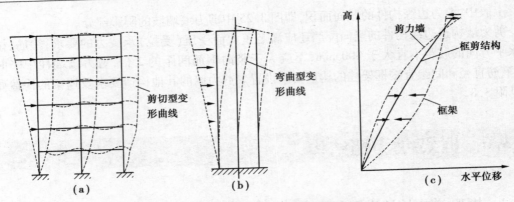

图 3.26　框架、剪力墙和框架-剪力墙的侧移

3.6.2　剪力墙的布置及合理数量

1) 剪力墙的布置

剪力墙在建筑平面上的布置要满足"均匀、对称、分散、周边"的原则,尽量使结构的刚度中心与质量中心接近,使结构在减小结构扭转效应的同时具有较大的抗扭转能力。框架-剪力墙结构沿纵横两个方向应具有基本相近的地震动反应,抗震设计时房屋的两个方向都要布置剪力墙,以形成双向抗侧力体系。为了防止结构沿竖向产生刚度突变,剪力墙沿竖向宜贯通全高布置,其厚度宜逐渐减薄。

一般情况下,剪力墙宜布置在下列部位:

①均匀对称地布置在建筑物的周边附近、楼电梯间、平面形状变化及恒载较大的部位;

②平面形状凹凸较大时,宜在凸出部分的端部附近布置剪力墙;

③纵向剪力墙宜布置在结构单元的中间区段内,当房屋纵向长度较长时,考虑到温度及混凝土收缩对剪力墙和中间楼盖的不利影响,不宜集中在两端布置纵向剪力墙;

④楼梯间、竖井等造成连续楼层开洞时,楼板的刚度受到削弱,地震作用下通常会因应力集中而发生严重破坏,故宜在洞边设置剪力墙予以加强;

⑤当平面形状变化较大时,在平面形状变化处应力集中比较严重,在此处宜设剪力墙予以加强;

⑥纵横剪力墙宜组成 L 形、T 形和一字形等形式,增大剪力墙刚度的同时也能增加墙体侧向的稳定性。

剪力墙长度较长时宜设置洞口和连梁形成双肢墙或多肢墙,单肢墙或多肢墙的墙肢长度不宜大于 8 m,单片剪力墙墙肢底部承担水平力产生的剪力不宜超过结构底部总剪力的30%。当墙肢平面外与楼面梁连接时,应在墙中设置暗柱或扶壁柱。

当建筑平面或某一部分平面为矩形且平面长宽比较大时,横向布置的剪力墙除需满足结构刚度需求外,各片剪力墙之间的距离不宜过大,宜满足表 3.20 的要求。剪力墙的刚度比框架的刚度大得较多,在水平荷载作用下,剪力墙的侧移小而框架侧移大,此时楼盖犹如平放的深梁支承在剪力墙上,当剪力墙间距过大时,该"深梁"跨度也大,两墙之间的楼盖会产生平面内变形,楼盖的有限刚度不能保证框架与剪力墙的协同工作性能。当两墙之间的楼盖开有大洞时,该段楼盖的平面内刚度更差,剪力墙的间距应进一步缩小。

表 3.20　剪力墙间距

单位:m

楼盖形式	非抗震设计 （取较小值）	抗震设防烈度		
		6 度 7 度（取较小值）	8 度（取较小值）	9 度（取较小值）
现浇	5.0B,60	4.0B,50	3.0B,40	2.0B,30
装配整体	3.5B,50	3.0B,40	2.5B,30	—

注:①表中 B 为楼面宽度,单位为 m;
②装配整体式楼盖应设置钢筋混凝土现浇层;
③现浇层厚度大于 60 mm 的叠合楼板可作为现浇考虑。

2)剪力墙的合理数量

框架-剪力墙结构中,剪力墙的数量是影响结构刚度、进而影响结构抗震性能的重要因素。当剪力墙配置较少时,结构整体刚度较小,结构自振周期长,地震作用相对较小,剪力墙在建筑平面中的也能较灵活地布置,但是结构过柔会导致侧移变大,引起地震后结构和非结构构件损伤严重;当剪力墙配置过多时,结构刚度和自重都较大,地震作用相应增大。但是震害经验显示,虽然地震作用增大,结构震害却往往相对较轻,这说明增加剪力墙对结构的抗震性能是有利的。同时也应注意到,剪力墙数量的增加将导致钢筋和混凝土等结构材料用量增长,从而增加土建造价。

从抗震的角度来讲,剪力墙数量宜取多些,而从经济性来说,剪力墙则不宜过多,故剪力墙的数量应该有一个合理取值。目前,剪力墙的合理数量是以满足《高规》关于结构水平位移限值规定为依据来确定的。实际设计时,可先根据以下经验适量布置,然后再通过验算来逐步修正。

①剪力墙的壁率,是指楼层平均单位建筑面积上一个方向的剪力墙长度,即某一方向剪力墙水平截面总长/建筑面积,该比值控制在 50 ~ 150 mm/m² 较为合适。

②剪力墙的面积率,指底层剪力墙截面面积与楼面面积之比,一般认为剪力墙面积率为 3% ~5% 较为适宜。

③当经过初步计算后,结构基本自振周期应控制在一个合理的范围内,结构布置、剪力墙数量和截面尺寸均较合理的框架-剪力墙结构,基本自振周期一般在下式的范周内(式中 n 为楼层层数):

$$T=(0.1 \sim 0.15)n \tag{3.71}$$

3.6.3　框架-剪力墙结构内力和位移的计算

在竖向荷载作用下,框架-剪力墙结构中框架和剪力墙承受的楼面荷载分别按各自负荷范围确定。

在框架-剪力墙结构中,水平荷载下平面内刚度较大的楼盖受力后仅发生平面内的刚体位移,各榀框架、剪力墙在同一楼层标高处的水平位移可由楼层刚度中心的平移量和围绕刚度中心的转动角来确定。当结构无整体扭转时,框架和剪力墙在同一楼层标高处具有相同的水平位移,框架与剪力墙的这一协调变形是由楼盖结构来保证的。

在水平荷载作用下,框架-剪力墙结构的内力计算主要有两种方法,一种是利用计算机采用矩阵位移法进行空间结构受力计算,另一种是将空间结构简化成框架-剪力墙平面结构,减小结构未知量后通过变形协调条件建立微分方程的手工近似计算,本节主要介绍框架-剪力墙结构的近似计算方法。

1)空间结构平面化

用手工方法近似计算时,需要基于如下基本假定将空间结构平面化:

①楼板结构在其自身平面内的刚度为无穷大,平面外的刚度忽略不计。

②结构合力作用线通过结构的刚度中心,结构不发生扭转;

③结构的刚度和质量沿高度的分布比较均匀;

④剪力墙只考虑平面内刚度,平面外刚度忽略不计;

⑤框架与剪力墙的刚度特征值沿结构高度方向均为常数。

根据以上假定,在水平荷载作用下,力作用方向上同一楼层处各榀框架和剪力墙的具有相同的侧移,这样就可以通过刚度叠加的原则将所有水平力作用方向的框架合并成一榀总框架,剪力墙合并成一片总剪力墙,连梁合并一根总连梁。其中,总框架和总剪力墙的刚度分别等于各榀框架和各片剪力墙刚度之和,总连梁的刚度为该层水平力作用方向所有与剪力墙相连的梁的刚度的总和,与水平力方向垂直的梁刚度不计。

这样,可以把总框架和总剪力墙移到同一平面内,且二者在各楼层处通过刚性连杆或总连梁连接,以保证它们在各层高度处具有相同的水平位移,从而将框架-剪力墙空间结构简化成一个平面结构进行受力分析。

框架-剪力墙结构的内力和位移近似计算可分两步进行:第一步,求某一方向的内力时,先求出水平力在总框架和总剪力墙之间的分配,按等效抗弯刚度比将总剪力墙的水平力分配给每片墙,将总框架的总剪力按柱的抗推刚度分配给各柱;第二步,根据前面章节所述方法分别计算各榀框架和剪力墙的内力。

2)总剪力墙、总框架及总连梁的刚度计算

(1)总剪力墙等效抗弯刚度 EI_w

$$EI_w = \sum_{k=1}^{n} EI_{eq} \tag{3.72}$$

式中 n——总剪力墙中剪力墙数量;

EI_{eq}——单片剪力墙的等效抗弯刚度,根据剪力墙的开口大小,可用3.5节介绍的方法计算。

(2)总框架抗推刚度 C_f

总框架抗推刚度 C_f 指总框架沿竖向产生单位变形角时所需要的推力。从图3.27可以看出,当楼层产生单位变形角时,层间侧移为 h(h 为层高),框架柱抗侧刚度为 D,则柱剪力为 Dh,故总框架的抗推刚度 C_f 为:

$$C_f = \sum Dh \tag{3.73}$$

式中 $\sum$ 是对总框架某层所有框架柱求和。

当同层各柱柱高 h 相同时

$$C_f = h \sum D = \sum \alpha \frac{12i}{h} \tag{3.74}$$

式中　α——框架柱侧向刚度降低系数；

　　　　i——柱线刚度。

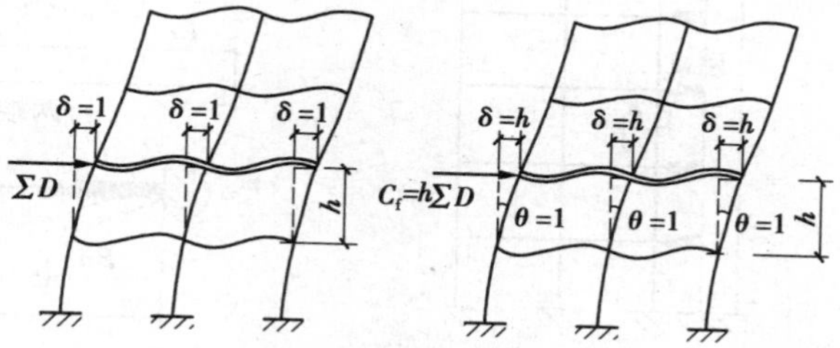

图 3.27　框架抗推刚度

（3）总连梁刚度 C_b

总连梁刚度 C_b 是指带刚域连梁梁端产生单位转角时需施加约束弯矩的大小。从附 3.1 计算的杆端弯矩系数看出，当两端有刚域时（如图 3.28（a）、（c）所示），杆端弯矩系数为

$$m_{12} = \frac{1+\beta-\gamma}{(1+\xi)(1-\beta-\gamma)^3} \cdot \frac{6EI}{l} \tag{3.75}$$

$$m_{21} = \frac{1-\beta+\gamma}{(1+\xi)(1-\beta-\gamma)^3} \cdot \frac{6EI}{l} \tag{3.76}$$

当一端有刚域时（如图 3.28（b）、（d）所示）

$$m_{12} = \frac{1+\beta}{(1+\xi)(1-\beta)^3} \cdot \frac{6EI}{l} \tag{3.77}$$

式中

$$\xi = \frac{12\mu EI}{GAl'^2} \tag{3.78}$$

于是，第 j 个连梁的杆端约束弯矩 M_{bj} 可以统一简写为

$$M_{bj} = 6ci\theta \tag{3.79}$$

上式中，i 为线刚度，θ 为梁端转角，c 为杆端弯矩系数。当将连梁沿高度连续化以后，杆端约束弯矩被折算成沿高度方向线性分布的弯矩 m_{bj}，它仍然是高度 z 的函数

$$m_{bj} = \frac{6ci}{h}\theta \tag{3.80}$$

总连梁的约束弯矩 m_b 为所有连梁的约束弯矩之和，即

$$m_b = \sum_{k=1}^{n} m_{bj} = \sum_{k=1}^{n} \frac{6ci}{h}\theta \tag{3.81}$$

令

$$C_b = \sum_{k=1}^{n} \frac{6ci}{h} \tag{3.82}$$

C_b 即为总连梁刚度，上式中 $\sum$ 是对连梁与剪力墙相交的结点数求和，其中 n 为同一层内连梁与墙肢相交的结点数。结点的统计方法是：每根两端刚域连梁有 2 个结点，一端刚域的连梁只有 1 个结点。于是

$$m_b = C_b\theta \tag{3.83}$$

3）计算简图

楼盖的不同作用决定了框架与剪力墙之间内力传递方式的不同，按照剪力墙之间和剪力

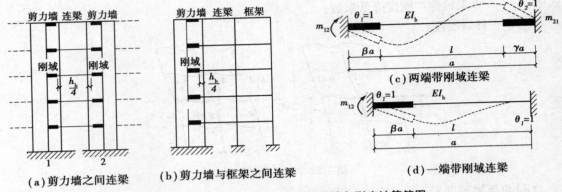

图3.28　两种连系梁及带刚域杆件转角刚度计算简图

墙与框架之间有无连梁,或者这些连梁是否对剪力墙的转动变形具有较大的约束作用,框架剪力墙力墙结构可分铰接体系和刚接体系两种。

如图3.29(a)所示,在力的作用方向,框架和剪力墙通过楼盖的协同工作产生相同的水平位移,框架和剪力墙之间通过楼盖传递水平力,同时由于楼盖平面外刚度很小,楼盖中不管是楼板还是与剪力墙平面外连接的框架梁,都不会对水平力作用方向剪力墙的转动变形产生足够约束,即框架中的弯矩无法通过楼盖传递到剪力墙中,此时楼盖的作用相当于仅传递水平推力、不传递平面外的弯矩和剪力。这类结构方案称为框架-剪力墙铰接体系,其在水平力作用下的平面结构的计算简图如图3.29(b)所示,其中楼盖的作用可采用两端铰接的刚性连杆来模拟。

在图3.29(a)中,当框架-剪力墙结构受到来自 x 方向的水平作用力时,y 方向上的剪力墙仅作为翼缘参加工作,这时剪力墙和框架位于同一竖向平面内并且通过连梁相连,连梁的作用除了传递框架和剪力墙之间的水平推力外,还要传递平面内的弯矩和剪力,该剪力在框架柱和剪力墙内产生轴向拉力和压力。这类结构方案称为框架-剪力墙刚接体系,其在水平力作用下的计算简图如图3.29(c)所示,其中总剪力墙与总框架之间采用一端与剪力墙刚性连接、一端与框架铰接的总连梁来模拟。

4)框架-剪力墙铰接体系的基本方程

框架-剪力墙铰接体系的计算简图如图3.30所示,在侧向外荷载 p 的作用下,代表楼盖作用的刚性链杆在楼层位置处的框架和剪力墙上施加集中力 P_{fi}。为了方便地建立微分方程求解结构变形和内力,将刚性连杆沿高度方向假定为连续化的栅片,同时连杆对框架和剪力墙的作用等代为沿高度方向连续线性分布的水平力 p_f。

总剪力墙和总框架脱离体的受力图如图3.30(d)所示。

总剪力墙为底部嵌固于基础的竖向悬臂梁,设在高度 z 处结构侧移为 y,由材料力学中连续光滑变形构件位移、截面曲率、截面弯矩、剪力和连续荷载之间的关系,可得

$$EI_w \frac{d^4 y}{dz^4} = p - p_f \tag{3.84}$$

当高度 z 处结构产生的变形角为 φ 时,框架中剪力与变形角的关系为

$$V_f = C_f \varphi = C_f \frac{dy}{dz} \tag{3.85}$$

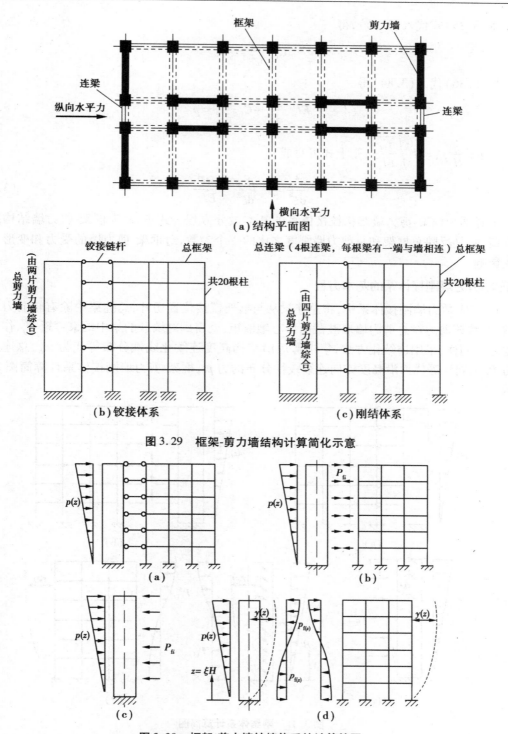

（a）结构平面图

（b）铰接体系　　　　　　　　　　　（c）刚结体系

图 3.29　框架-剪力墙结构计算简化示意

图 3.30　框架-剪力墙铰接体系的计算简图

由材料力学可知

$$\frac{\mathrm{d}V_{\mathrm{f}}}{\mathrm{d}z} = -p_{\mathrm{f}}$$

(3.86)

将(3.85)式代入(3.86),得

$$C_f \frac{\mathrm{d}^2 y}{\mathrm{d} z^2} = -p_f \qquad (3.87)$$

将(3.86)代入(3.84)得

$$EI_w \frac{\mathrm{d}^4 y}{\mathrm{d} z^4} - C_f \frac{\mathrm{d}^2 y}{\mathrm{d} z^2} = p \qquad (3.88)$$

令 $\xi = \dfrac{z}{H}$, $\lambda = H\sqrt{\dfrac{C_f}{EI_w}}$,则上式可写成

$$\frac{\mathrm{d}^4 y}{\mathrm{d} \xi^4} - \lambda^2 \frac{\mathrm{d}^2 y}{\mathrm{d} \xi^2} = \frac{pH^4}{EI_w} \qquad (3.89)$$

上式即为框架-剪力墙结构铰接体系的基本微分方程。式中,λ 为框架-剪力墙结构刚度特征值,它是反映总框架和总剪力墙刚度之比的一个参数,对框架-剪力墙的受力和变形都有很大影响。

5)框架-剪力墙刚接体系的基本方程

在框架-剪力墙刚接体系中,将总连梁从与框架铰接位置切开,总连梁中除有轴向力外还有剪力,将该剪力对总剪力墙墙肢截面形心轴取矩,就得到对墙肢的集中约束弯矩 M_j,作用在楼层处。同样,采用连续化方法,集中弯矩沿结构高度连续化线性分布等代为 m_b,总连梁的轴力 P_{fi} 也同样等代为沿高度方向连续线性分布的力 p_f,框架-剪力墙刚接体系计算简图3.31所示。

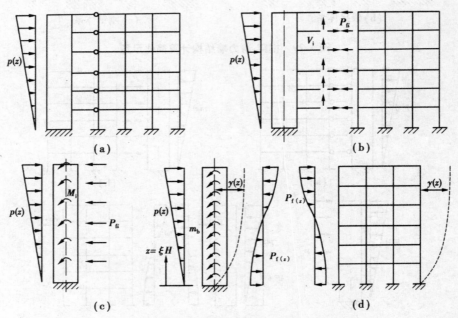

图3.31 刚结体系计算简图

对剪力墙脱离体,在高度 z 处总连梁约束弯矩 m_b 产生的剪力墙弯矩按下式计算

$$M_m = -\int_z^H m_b \mathrm{d} z \qquad (3.90)$$

同时,由水平外荷载 p 和总连梁作用的水平力 p_f 产生的剪力墙弯矩为

$$M'_m = \int_z^H (p - p_f)(x - z)\mathrm{d}z \tag{3.91}$$

上述二者弯矩代数和 $(M_m + M'_m)$ 为总剪力墙总弯矩,由材料力学可得

$$EI_w \frac{\mathrm{d}^2 y}{\mathrm{d}z^2} = \int_z^H (p - p_f)(x - z)\mathrm{d}z - \int_z^H m_b \mathrm{d}x \tag{3.92}$$

对上式求一次导数,得

$$EI_w \frac{\mathrm{d}^3 y}{\mathrm{d}z^3} = \int_z^H (p - p_f)\mathrm{d}x - m_b \tag{3.93}$$

式中,令 $V'_w = EI_w \dfrac{\mathrm{d}^3 y}{\mathrm{d}z^3}$,$V'_w$ 为总剪力墙名义剪力;令 $V_w = \displaystyle\int_z^H (p - p_f)\mathrm{d}x$,$V_w$ 为总剪力墙在外荷载作用下分配得到的剪力,上式可写为

$$V'_w = V_w - m_b \tag{3.94}$$

式中 m_b 为总连梁对总剪力墙的等代剪力。

对式(3.93)再求一次导数,得

$$EI_e \frac{\mathrm{d}^4 y}{\mathrm{d}z^4} = (p - p_f) + \frac{\mathrm{d}m_b}{\mathrm{d}z} \tag{3.95}$$

将式(3.83)代入上式,并注意到 $\theta = \dfrac{\mathrm{d}y}{\mathrm{d}z}$,得

$$\frac{\mathrm{d}m_b}{\mathrm{d}z} = C_b \frac{\mathrm{d}^2 y}{\mathrm{d}z^2} \tag{3.96}$$

将上式代入式(3.95),即得

$$EI_e \frac{\mathrm{d}^4 y}{\mathrm{d}z^4} = (p - p_f) + C_b \frac{\mathrm{d}^2 y}{\mathrm{d}z^2} \tag{3.97}$$

对总框架脱离体,在水平力 p_f 作用下,高度 z 处仍有

$$-p_f = \frac{\mathrm{d}V_f}{\mathrm{d}z} = C_f \frac{\mathrm{d}^2 y}{\mathrm{d}z^2} \tag{3.98}$$

将上式代入式(3.90),即得

$$EI_e \frac{\mathrm{d}^4 y}{\mathrm{d}z^4} - (C_f + C_b) \frac{\mathrm{d}^2 y}{\mathrm{d}z^2} = p \tag{3.99}$$

令 $\xi = \dfrac{z}{H}$,$\lambda = H\sqrt{\dfrac{C_f + C_b}{EI_w}}$,则上式可写成

$$\frac{\mathrm{d}^4 y}{\mathrm{d}\xi^4} - \lambda^2 \frac{\mathrm{d}^2 y}{\mathrm{d}\xi^2} = \frac{pH^4}{EI_w} \tag{3.100}$$

上式即为框架-剪力墙结构刚结体系的基本微分方程。式中,λ 为刚结体系刚度特征值,可以看出为框架-剪力墙结构刚结体系的基本微分方程形式上与铰接体系相同,故它们的求解方法也相同,基本微分方程的求解及计算图表见附3.9和附3.10。

6)框架-剪力墙结构内力计算

(1)总框架、总剪力墙、总连梁的内力计算

当计算得到两类结构体系的刚度特征值 λ 后,3 种典型外荷载作用下结构的侧移 y、总剪

力墙的弯矩 M_w 及总剪力墙的名义剪力 V'_w 可查附 3.10 中的附图 3.7 ~ 附图 3.9 计算求得。

对于框架-剪力墙结构铰接体系,由于没有连梁作用,外荷载作用下总剪力墙中的剪力 V_w 与名义剪力 V'_w 相同,于是在任一高度处总框架所承受的总剪力 V_f 按下式计算

$$V_f = V_p - V_w \qquad (3.101)$$

式中 V_p——外荷载在任一高度处产生的剪力值。

对于框架-剪力墙结构刚接体系,从式(3.94)可以看出,外荷载作用下剪力墙分配的剪力按下式计算

$$V_w = V'_w + m_b \qquad (3.102)$$

将上式代入式(3.101),可得

$$V_p = V_w + V_f = V'_w + m_b + V_f \qquad (3.103)$$

移项得

$$m_b + V_f = V_p - V'_w \qquad (3.104)$$

通过上式计算可得到总框架剪力与总连梁等代剪力之和,二者剪力分别按总框架的抗推刚度 C_f 和总连梁刚度 C_b 的比例进行分配,即

$$V_f = \frac{C_f}{C_f + C_b}(V_p - V'_w) \qquad (3.105)$$

$$m_b = \frac{C_b}{C_f + C_b}(V_p - V'_w) \qquad (3.106)$$

则总剪力墙中的剪力为

$$V_w = V_p - V_f \qquad (3.107)$$

框架-剪力墙结构铰接体系和刚接体系中总剪力墙中弯矩 M_w 均可直接通过查表计算得到。

(2)单片剪力墙内力计算

框架-剪力墙结构体系总剪力墙的弯矩 M_w 和剪力 V_w 以后,按各片墙的等效抗弯刚度 EI_{wi} 分配,各片剪力墙的弯矩 M_{wi} 和 V_{wi} 分别为

$$M_{wi} = \frac{EI_{wi}}{EI_w} M_w \qquad (3.108)$$

$$V_{wi} = \frac{EI_{wi}}{EI_w} V_w \qquad (3.109)$$

式中 EI_w——总剪力墙等效抗弯刚度。

(3)总框架总剪力调整

框架-剪力墙结构抗震设计,剪力墙与框架均应具有足够的抗震能力以形成多道抗震防线,当剪力墙出现塑性铰引起刚度突然降低时,框架部分承受的水平荷载会有所提高,所以框架设计时所采用的层剪力 V_f 不能过小。

任一高度处总框架计算剪力值 V_f 满足下式要求时,框架总剪力不必调整;当框架总剪力不满足下式要求时,框架总剪力按 $0.2V_0$ 和 $1.5V_{f,max}$ 的较小值采用。

$$V_f \geqslant 0.2V_0 \qquad (3.110)$$

式中 V_0——外荷载在结构底部的总剪力;

$V_{f,max}$——总框架各层剪力中的最大值。

（4）框架梁、柱内力计算

同层各柱反弯点高度处剪力 V_{fi} 可取为楼层上、下两层楼板标高处柱剪力值的平均值，即

$$V_{fi} = \frac{C_{fi}}{C_f}\left(\frac{V_{fiu}+V_{fid}}{2}\right) \tag{3.111}$$

式中　V_{fi}——柱反弯点高度处剪力；

　　　C_{fi}——柱抗推刚度；

　　　C_f——总框架抗推刚度；

　　　V_{fiu}，V_{fid}——上、下两层楼板标高处总框架剪力。

各柱剪力求得后，梁、柱弯矩以及梁剪力的计算方法与水平荷载作用下多层框架结构相同。

（5）连梁内力计算

连梁弯矩计算时，先将各层高范围内的约束弯矩汇总成集中弯矩 M_b 作用在连梁上，然后按梁端刚度系数的比例将 M_b 分配给各连梁梁端。

$$M_{abi} = \frac{m_{abi}}{\sum_{k=1}^{n} m_{abk}} m_b\left(\frac{h_j + h_{j+1}}{2}\right) \tag{3.112}$$

式中　M_{abi}——楼层连梁第 i 节点端弯矩；

　　　m_{abi}——连梁第 i 节点杆端弯矩系数；

　　　h_j，h_{j+1}——第 j 层和 $j+1$ 层层高；

　　　n——考虑刚域的连梁与剪力墙连接节点总数。

M_{abi} 为剪力墙轴线位置连梁弯矩，而连梁的设计剪力应该取剪力墙边界处的值，因此还应把式（3.112）给出的弯矩换算到剪力墙边，如图 3.32 所示。

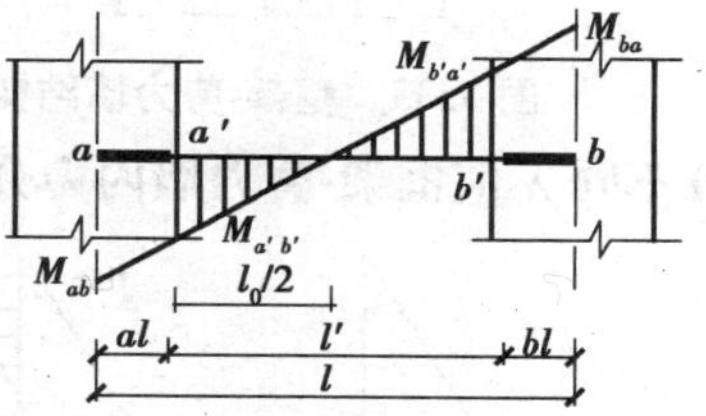

连梁的剪力值可按下式计算

$$V_{bi} = \frac{M_{ab}+M_{ba}}{l} \tag{3.113}$$

图 3.32　连梁的弯矩示意

式中　M_{ab}，M_{ba}——连梁两端剪力墙轴线处端弯矩；

　　　l——两侧剪力墙轴线间距离。

框架-剪力墙结构的截面设计可按前述章节方法进行。其中，框架部分按第 2 章的要求设计；剪力墙部分按本章第 3.5.6 节的方法设计。框架-剪力墙结构的主要构造要求见附3.11。

3.6.4　框架-剪力墙结构受力、侧向位移特征

1）框架-剪力墙结构的侧向位移特征

框架-剪力墙结构的刚度特征值 λ 是影响位移、内力分布特征的最重要参数。图 3.33 显示，当 $\lambda=0$ 时，总框架和总连梁的刚度为零，此时框架-剪力墙结构就是纯剪力墙结构，其侧向位移与剪力墙结构相同，变形曲线为弯曲型；当 $\lambda\rightarrow\infty$ 时，总剪力墙的刚度极小，此时框架-剪力墙结构就变为纯框架结构，其侧向位移与框架结构相同，变形曲线为剪切型；当 $\lambda=1\sim6$ 时，结构侧移曲线介于二者之间，为弯剪型，其中下部略带弯曲型，上部略带剪切型。

2）框架-剪力墙结构荷载分布特征

由前文分析可知，框架受到的侧向荷载分布与侧移之间具有以下关系：$p_f = -C_f \dfrac{d^2 y}{dz^2}$，而剪力墙中弯矩则可作如下计算：$M_w = -EI_w \dfrac{d^2 y}{dz^2}$。以上两式显示，框架侧向荷载 p_f 沿建筑高度方向的分布曲线形状与剪力墙中弯矩基本相同，当作用在框架-剪力墙结构上的侧向力为 p 时，剪力墙中的荷载 $p_w = p - p_f$，则框架和剪力墙荷载分布如图 3.34 所示。在结构底部，框架中的水平荷载较大，但其方向与外荷载方向相反，剪力墙承担的水平荷载 p_w 大于外荷载 p；到结构中上部，框架中水平荷载逐渐减小，且方向变化为与外荷载方向一致，剪力墙水平荷载也逐渐减小；在结构顶部，框架与剪力墙之间有一个相互作用的集中力，框架上力的作用方向与外荷载相同。

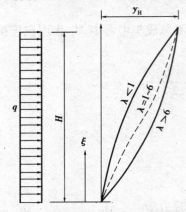

图 3.33 框架-剪力墙结构位移曲线图

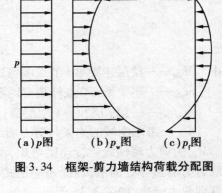

（a）p 图 　（b）p_w 图 　（c）p_f 图

图 3.34 框架-剪力墙结构荷载分配图

3）不同 λ 值框架-剪力墙内力分布特征

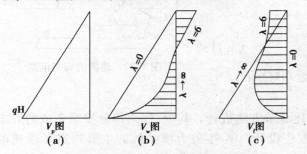

V_p 图
（a）

V_w 图
（b）

V 图
（c）

图 3.35 框架-剪力墙结构剪力分配图

在均布荷载作用下，结构刚度特征 $\lambda = 0$、$\lambda = 1 \sim 6$ 和 $\lambda \to \infty$ 时剪力墙和框架中剪力分配以及结构总剪力分布如图 3.35 所示。从图中看出，当 λ 很小时，总剪力墙承担大部分剪力，$\lambda = 0$ 时，总剪力墙承担全部剪力，框架部分承担的剪力 $V_f = 0$；当 λ 很大时，总框架承担大部分剪力，$\lambda \to \infty$ 时，全部剪力由框架承担。当 $\lambda = 1 \sim 6$ 时，在结构底部，结构总剪力 V_p 均由总剪力墙承担，即 $V_w = V_p$，此时总框架中剪力为零；在结构顶部，总剪力墙出现负剪力，总框架中剪力大小与总剪力墙相等，方向相反；在结构中部，随着建筑高度的增加，框架中剪力先增大，然后稍有减小，最后逐渐变化均匀，楼层最大剪力出现在 $\xi = 0.3 \sim 0.6$，随着 λ 的增大，最大剪力向下移动；剪力墙中剪力则沿高度衰减较快。

3.6.5 框架-剪力墙结构算例

【例 3.3】某 10 层框架-剪力墙结构的剪力墙、连梁及框架梁柱平面布置如图 3.36 所示。

楼盖刚度无限大,各层层高均为 3.6 m,位于某 7 度抗震设防烈度地区,框架柱截面尺寸均为 450 mm×450 mm,剪力墙 Q-1、Q-2 墙厚均为 250 mm,连梁 LL-1 截面尺寸为 250 mm×500 mm,其两端分别标识为 a 和 b,各类结构构件混凝土强度等级均为 C30。Y 方向地震作用为倒三角形荷载,各楼层集中荷载沿高度方向连续化后顶部线荷载为 100.65 kN/m。经计算,剪力墙 Q-1 等效抗弯刚度 $EI_{eq1} = 1.52 \times 10^8$ kN·m²,Q-2 等效抗弯刚度 $EI_{eq2} = 0.82 \times 10^8$ kN·m²,框架柱抗侧刚度边柱 $D_1 = 1.04 \times 10^4$ kN·m²,中柱 $D_2 = 1.61 \times 10^4$ kN·m²,连梁 LL-1 截面等效刚度 $EI_{eq} = 7.45 \times 10^4$ kN·m²。试计算 Y 向地震作用下各层剪力墙、连梁、框架柱内力及结构位移。

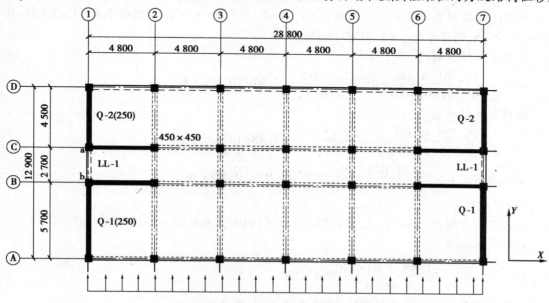

图 3.36　框架-剪力墙结构平面布置图

【解】1) 确定计算简图

连梁跨高比 $l/h = (2.7-0.45)/0.5 = 4.5 < 5$,故应考虑连梁对剪力墙的传力作用,$Y$ 向地震作用下框-剪结构可简化为刚接体系计算,计算简图如图 3.37 所示。

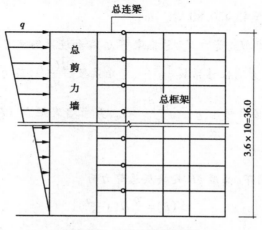

图 3.37　Y 方向计算简图

2) 总剪力墙、总连梁和总框架刚度计算

(1) 总剪力墙

$$\sum EI_w = 2 \times (1.52 \times 10^8 + 0.82 \times 10^8) = 4.68 \times 10^8 \text{ kN} \cdot \text{m}^2$$

(2) 总连梁

连梁两端刚臂系数：

a 端：Q-2 墙肢形心至洞口边距离 $a_1 = (4.5 + 0.45)/2 = 2.475$ m，刚臂长度 $\beta l = 2.475 - 0.25 \times 0.5 = 2.35$，刚臂系数 $\beta = 2.35/7.8 = 0.301$；

b 端：Q-1 墙肢形心至洞口边距离 $a_2 = (5.7 + 0.45)/2 = 3.075$ m，刚臂长度 $\gamma l = 3.075 - 0.25 \times 0.5 = 2.95$，刚臂系数 $\gamma = 2.935/7.8 = 0.378$；

连梁 a 端转角刚度

$$m_a = \frac{1 + 0.301 - 0.378}{(1 - 0.301 - 0.378)^3} \times \frac{6 \times 7.45 \times 10^4}{7.8} = 1.61 \times 10^7 \text{ kN} \cdot \text{m}^2$$

连梁 b 端转角刚度

$$m_b = \frac{1 + 0.378 - 0.301}{(1 - 0.301 - 0.378)^3} \times \frac{6 \times 7.45 \times 10^4}{7.8} = 1.88 \times 10^7 \text{ kN} \cdot \text{m}^2$$

总连梁刚度 $C_b = \frac{2 \times (1.88 + 1.61)}{3.6} \times 10^6 = 1.94 \times 10^6 \text{ kN} \cdot \text{m}^2$

(3) 总框架

总框架抗推刚度 $C_f = (10 \times 1.04 \times 10^4 + 10 \times 1.61 \times 10^4) \times 3.6 = 0.95 \times 10^6 \text{ kN} \cdot \text{m}^2$

3) 刚度特征值

$$\lambda = 3.6 \times 10 \times \sqrt{\frac{(0.95 + 1.94) \times 10^6}{4.68 \times 10^8}} = 2.83$$

4) 地震作用下结构顶点位移 y_0、基底剪力 V_0 和弯矩 M_0

$$y_0 = \frac{11 \times 100.65 \times 36^4}{120 \times 4.68 \times 10^8} = 0.033 \text{ m}$$

$$V_0 = \frac{1}{2} \times 100.65 \times 36 = 1\,811.87 \text{ kN}$$

$$M_0 = \frac{1}{3} \times 100.65 \times 36^2 = 43\,480.80 \text{ kN} \cdot \text{m}$$

5) 各层总剪力墙弯矩 M_w、剪力 V_w，总框架剪力 V_f 和连梁约束弯矩 m_b

各楼层高度 ξH 处剪力墙位移系数 $\dfrac{y(\xi)}{y_0}$、弯矩系数 $\dfrac{M(\xi)}{M_0}$、剪力系数 $\dfrac{V(\xi)}{V_0}$ 通过查表（附

图 3.7 ~ 3.9）得到，则各层位移 $y(\xi) = \dfrac{y(\xi)}{y_0} \times y_0$、剪力墙弯矩 $M_w(\xi) = \dfrac{M(\xi)}{M_0} M_0$、名义剪力

$V'_w(\xi) = \dfrac{V(\xi)}{V_0} \times V_0$；

在倒三角形荷载作用下，高度 ξH 处楼层总剪力为

$$V(\xi) = \frac{q}{2} H(1 - \xi^2)$$

则总框架剪力 $V_f(\xi) = \dfrac{C_f}{C_f + C_b} [V(\xi) - V'_w(\xi)]$，总连梁约束弯矩 $m_b = \dfrac{C_b}{C_f + C_b} [V(\xi) - V'$

$_{w}(\xi)$]，总剪力墙剪力 $V_{w}=V(\xi)-V_{f}(\xi)$，计算过程及结果如表3.21所示。

表3.21 剪力墙内力和位移计算表

	ξ		M_{w} /(kN·m)	V /kN		V_{w}' /kN	V_{f} /kN	m_{b} /kN	V_{w} /kN	y_{0}	y /mm
0	0	0.44	19 088.07	1 811.70	1.00	1 811.70	0.00		1 811.70	0.00	0.00
1	0.1	0.31	13 261.64	1 793.58	0.79	1 434.87	218.63	140.08	1 574.95	0.01	0.33
2	0.2	0.20	8 652.68	1 739.23	0.63	1 139.56	365.49	234.18	1 373.64	0.03	0.99
3	0.3	0.12	5 000.29	1 648.65	0.50	898.60	457.14	292.90	1 191.50	0.05	1.66
4	0.4	0.05	2 130.56	1 521.83	0.38	693.88	504.62	323.32	1 017.20	0.08	2.65
5	0.5	0.00	−43.48	1 358.78	0.28	509.09	517.88	331.81	840.90	0.11	3.64
6	0.6	−0.04	−1521.83	1 159.49	0.18	327.92	506.83	324.74	652.66	0.14	4.63
7	0.7	−0.06	−2 391.44	923.97	0.08	137.69	479.23	307.05	444.74	0.18	5.96
8	0.8	−0.06	−2 478.41	652.21	−0.04	−77.90	445.00	285.12	207.21	0.20	6.62
9	0.9	−0.04	−1 739.23	344.22	−0.19	−335.16	414.08	265.31	−69.86	0.23	7.61
10	1.0	0.00	0.00	0.00	−0.36	−655.20	399.34	255.86	−399.34	0.26	8.61

6）各片剪力墙内力分配

各片剪力墙承担的剪力和弯矩分别按其等效刚度比例进行分配，即 $V_{wi}=\dfrac{EI_{eqi}}{\sum EI_{eq}}V_{w}$，

$M_{wi}=\dfrac{EI_{eqi}}{\sum EI_{eq}}M_{w}$，各层各片剪力墙剪力、弯矩计算过程如下表3.22所示。

表3.22 剪力墙肢弯矩和剪力计算表

	V_{w}/kN	M_{w}/(kN·m)	Q-1		Q-2	
			/(kN·m)	/kN	/(kN·m)	kN
0	1 811.70	19 088.07	6 212.82	589.68	3 331.22	316.17
1	1 574.95	13 261.64	4 316.42	512.62	2 314.40	274.86
2	1 373.64	8 652.68	2 816.29	447.13	1 510.05	239.74
3	1 191.50	5 000.29	1 627.50	387.81	872.64	207.94
4	1 017.20	2 130.56	693.46	331.08	371.82	177.52
5	840.90	−43.48	−14.15	273.60	−7.59	146.75
6	652.66	−1 521.83	−495.33	212.43	−265.59	113.90
7	444.74	−2 391.44	−778.37	144.75	−417.35	77.62
8	207.21	−2 478.41	−806.68	67.44	−432.53	36.16
9	−69.86	−1 739.23	−566.09	−22.74	−303.53	−12.19
10	−399.34	0.00	0.00	−129.98	0.00	−69.69

7)各柱剪力

各层总框架柱剪力应不小于表中计算值,且不小于 $0.2V_0$ 和 $1.5V_{f,max}$ 的较小值,$0.2V_0 = 0.2 \times 1\,811.70 = 362.37$ kN。

从表中看出楼层中框架计算最大剪力出现在第五层,$V_{f,max} = 517.88$ kN,则

$$1.5V_{f,max} = 1.5 \times 517.88 = 776.82 \text{ kN}$$

所以当各层剪力计算值低于 362.37 kN 时,取 362.37 kN。

各层各柱承担的剪力值按其抗推刚度比例分配,$V_{fij} = \dfrac{C_{fj}}{\sum C_{fj}} V_i$,各层反弯点处剪力等于上、下两层楼板标高处柱剪力值的平均值。

计算过程及结果如表 3.23 所示。

表 3.23　框架柱剪力计算表

楼　层	调整后总框架剪力 V_f/kN	中柱剪力 V/kN		边柱剪力 V/kN	
		楼层高度	反弯点高度	楼层高度	反弯点高度
0	362.37	22.02		14.22	
1	362.37	22.02	22.02	14.22	14.22
2	362.37	22.02	22.02	14.22	14.22
3	457.14	27.77	24.89	17.94	16.08
4	504.62	30.66	29.22	19.80	18.87
5	517.88	31.46	31.06	20.32	20.06
6	506.83	30.79	31.13	19.89	20.11
7	479.23	29.12	29.95	18.81	19.35
8	445.00	27.04	28.08	17.46	18.14
9	414.08	25.16	26.10	16.25	16.86
10	399.34	24.26	24.71	15.67	16.96

8)连梁弯矩、剪力计算

总连梁各层约束弯矩如表 3.24 所示,各层总连梁集中弯矩 $M_b = m_b \dfrac{h_i + h_{i+1}}{2}$,并分别按梁端转动刚度的比例分配到每根连梁上,连梁反弯点位于跨中,即可求得剪力墙边缘连梁端弯矩 M_{ab} 和 M_{ba},连梁剪力 $V_{bi} = \dfrac{M_{ab} + M_{ba}}{l}$,计算过程及结果见表 3.24。

表 3.24　连梁弯矩和剪力计算表

楼　层	总连梁约束弯矩 m_b/(kN·m/m)	总连梁集中弯矩 M_b/(kN·m)	连梁净跨 a 端弯矩 M_{ab}/(kN·m)	连梁净跨 b 端弯矩 M_{ba}/(kN·m)	连梁剪力 V_b/(kN·m)
1	140.08	504.30	36.37	36.37	32.33

楼　层	总连梁约束弯矩 $m_b/(\text{kN}\cdot\text{m/m})$	总连梁集中弯矩 $M_b/(\text{kN}\cdot\text{m})$	连梁净跨 a 端弯矩 $M_{ab}/(\text{kN}\cdot\text{m})$	连梁净跨 b 端弯矩 $M_{ba}/(\text{kN}\cdot\text{m})$	连梁剪力 $V_b/(\text{kN}\cdot\text{m})$
2	234.18	843.04	60.80	60.80	54.04
3	292.90	1 054.44	76.04	76.04	67.59
4	323.32	1 163.96	83.94	83.94	74.61
5	331.81	1 194.52	86.14	86.14	76.57
6	324.74	1 169.05	84.31	84.31	74.94
7	307.05	1 105.38	79.72	79.71	70.86
8	285.12	1 026.42	74.02	74.02	65.80
9	265.31	955.11	68.88	68.88	61.23
10	255.86	460.55	33.21	33.21	29.52

3.7　筒体结构

3.7.1　筒体结构的分类

　　当建筑层数和高度较大时,通过简单地增大框架或剪力墙的数量和尺寸很难满足结构侧向刚度要求,这时就需要采用刚度更大结构体系,如筒体结构。筒体有两种形式,一种是由若干片剪力墙围成的薄壁实腹筒,一种是由四周密柱框架或壁式框架围成的框筒。筒体结构是复杂的三维空间结构,由空间杆件或薄壁杆件组成,它具有很大的抗侧刚度和抗侧力能力。

　　常用的筒体结构有框筒结构、框架-核心筒结构、筒中筒结构和成束筒结构,不同的筒体结构具有不同的特点,可以满足不同的使用要求。

1)框筒结构

　　框筒结构由建筑外围的深梁、密柱和楼盖构成的筒状空间结构,也可以看成是实腹筒有规律地布置窗口,典型的框筒结构如图 3.38 所示。当框筒单独作为承重结构时,一般在中间需布置柱子(图 3.38),与外框筒一起共同承受竖向荷载,减少楼盖结构的跨度,此时由于框架部分侧向刚度极小,其抗侧力能力可以忽略不计,全部水平荷载由外框筒抵抗。

2)框架-核心筒结构

　　框架-核心筒结构由布置在结构平面中部的剪力墙实腹筒和周边的框架组成,如图 3.39 所示。框架-核心筒结构可提供较开阔空间,在高层办公楼建筑中已得到广泛使用。

　　框架-核心筒结构的受力性能与框架-剪力墙结构相似,但由于建筑大空间的要求,通常核心筒刚度相对较大,框架部分抗侧刚度较小。当在部分楼层加强楼盖刚度,加大核心筒与外框架柱连接构件的尺寸,从而形成框架-核心筒-伸臂结构层时,框架与核心筒的整体工作性能增强,结构的总抗侧刚度能有较大幅度增加。

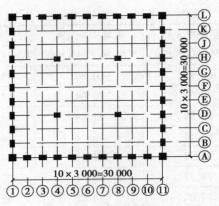

图 3.38 框筒结构平面图

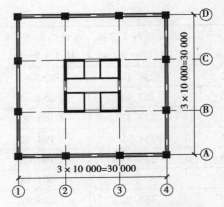

图 3.39 框架-核心筒结构平面图

3）筒中筒结构

筒中筒结构一般包含内、外两个筒,由同时布置在结构平面四周的框筒和中间的剪力墙实腹核心筒组成。通常把楼梯间、电梯间墙体围合成实腹剪力墙,作为核心筒;内筒和外框筒之间具有开阔空间,建筑上可自由分隔、灵活布置。目前,筒体结构是 50 层以上超高层建筑采用的主要结构体系,如图 3.40 所示。

4）成束筒结构

成束筒结构是由两个以上框筒及其他筒体并联排列成束状形成的结构体系,如图 3.41 所示。由于设置了内部深梁密柱框架,在框筒结构中的剪力滞后效应被有效减少,翼缘框架柱作用得到充分发挥,结构整体性大大增强,结构的刚度和强度都有很大提高,可建造层数更多、高度更高的高层建筑。高度为 442 m 的芝加哥的西尔斯大厦即由 9 个尺寸相同的方筒组成,筒体数量由下到上逐渐减少。

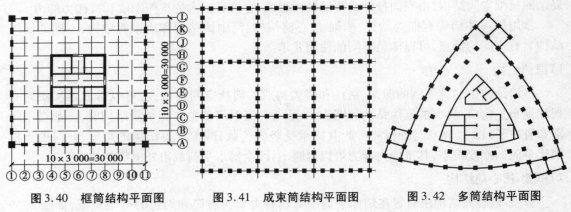

图 3.40 框筒结构平面图   图 3.41 成束筒结构平面图   图 3.42 多筒结构平面图

5）多筒结构

当筒中筒结构还不满足结构侧向刚度要求,且内外筒之间的距离较大时,为降低楼盖的高度,可在内、外筒之间增设一圈密柱或剪力墙,适当增大联系柱或剪力墙的梁尺寸后,这一圈梁、柱或剪力墙结构也具有筒的效应,此时结构由 3 个筒共同抵抗侧向力,结构整体刚度大大增强,如图 3.42 所示。

3.7.2 框筒结构、框架核心筒结构和筒中筒结构的布置及受力特点

1)框筒结构

由于洞口的存在,框筒的受力性能和实腹筒有一定差异。理想的实腹筒是一竖放箱形截面空间结构,结构具有很强的整体工作性能。实腹筒的整个截面变形基本上符合平截面假定,腹板和翼缘的应力根据材料力学解答都呈直线分布。而框筒结构由与侧向力方向一致的腹板框架和与侧向方垂直的翼缘框架两部分组成,在水平力作用下,腹板框架和翼缘框架中梁的剪切变形以及梁柱弯曲变形使框架中竖向剪力传递作用有限,产生正应力分布不均匀,其中角柱正应力较大,中部柱正应力逐渐减小,腹板框架和翼缘框架中正应力不再保持直线,而呈曲线分布,如图 3.43 所示,这种现象称为剪力滞后效应。

在框筒结构的顶部,由于下部楼层柱在轴压力作用下的累积变形使角柱的竖向变形量大于翼缘框架的中部柱,在水平荷载作用下,角柱通过梁的剪切作用逐步向中部柱施加竖向压力,使角柱的正应力反而小于翼缘框架中柱内的正应力,如图 3.44 所示,这一现象称为负剪力滞后效应。

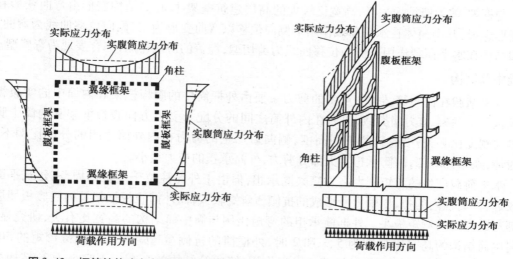

图 3.43 框筒结构底部柱内正应力分布　　图 3.44 翼缘框架变形示意图

剪力滞后效应使翼缘框架和腹板框架中角柱轴力增大,距角柱越远,梁柱内力越小,故中柱的分担的内力较小,中柱的材料潜能得不到充分发挥,结构空间整体刚度减小,因此应尽量减小剪力滞后效应的影响。

框筒结构布置时,应注意以下几点:

①框筒应设计成密柱深梁,一般情况周边柱轴线间距 2.0 ~ 3.0 m,不宜超过 4.0 m,框架柱的长边应沿筒壁方向布置;窗裙梁横截面高度可取柱净距的 1/4 ~ 1/3,一般为 0.6 ~ 1.2 m;每一立面窗洞面积一般不得超过墙面面积的 60%。

②框筒平面宜接近方形、圆形,矩形截面则要保证长短边的比值不宜超过 2。

③结构总高度与宽度之比应大于 3。框筒结构高宽比大于 4 时,翼缘框架参与整体抗弯作用明显增强;高宽比小于 3 时,翼缘框架参与整体抗弯作用将减弱,甚至于框筒结构受力状态接近普通框架结构。

④角柱面积可取中柱的 1~2 倍。

在侧向力作用下,框筒结构中腹板框架发生剪切型的侧向位移曲线,而翼缘框架一侧受拉,一例受压状态形成弯曲型的变形曲线,因此,二者的组合使框筒结构在侧向力作用下的位移曲线为弯剪型。

2)框架-核心筒结构

框架-核心筒结构中核心实腹筒呈箱形布置,在水平荷载作用下,箱形截面的腹板主要承受剪力作用,箱形截面的两侧拉、压翼缘主要承受弯矩作用。与框架-剪力墙结构相比,框架-核心筒结构中筒体具有较高的抗弯和抗剪能力,承担了绝大部分水平荷载。

框架-核心筒结构柱距一般较大,柱子数量较少,周边柱间必须设置框架梁。在地震作用下,应加强内筒的抗侧刚度和结构的抗震性能。核心筒宜贯通建筑物全高,核心筒的宽度不宜小于筒体总高的1/12。当筒体设置角筒、剪力墙或增强结构整体刚度的构件时,核心筒的宽度可适当减小。

当框架-核心筒内筒偏置时,应考虑结构的扭转影响,当内筒偏置且平面长宽比大于 2时,应布置成框架-双筒结构。

与框架-剪力墙结构一样,高宽比较大的高层建筑框架-核心筒结构变形由弯曲变形和剪切变形组成,其中筒体在水平荷载作用下侧向位移以弯曲变形为主,侧向位移曲线为弯曲型,框架结构在水平荷载作用下侧向位移曲线为剪切型,经盖的协调作用,综合表现为弯剪型。

3)筒中筒结构

水平荷载在筒中筒结构中产生的剪力主要由外框筒中的腹板框架和内筒中的实腹板共同承担。与框架-剪力墙类似,剪力在内外筒之间的分配与受力方向腹板框架和内筒中腹板的侧向刚度比有关,沿建筑的不同高度,侧向力产生的剪力在内外筒之间的分配比例不同。一般地,在结构底部,内筒承担了大部分剪力,外筒承担的剪力很小。

水平荷载产生的弯矩则由内外筒共同承担,但由于外筒柱位于建筑四周,离建筑平面形心较远,外筒柱内的拉、压轴力所形成的抗倾覆弯矩较大,而外筒腹板框架及内筒腹板墙肢的局部弯曲产生的弯矩极小。外框筒承担的弯矩比例与筒中筒结构的高宽比有关,研究显示,当筒中筒结构的高宽比分别为 5、3 和 2 时,外框筒的抗倾覆弯矩约占总倾覆弯矩的 50%、25% 和 10%。为了充分发挥外框筒的空间作用,筒中筒结构的高宽比不宜小于 3,结构高度不宜低于 80 m。

侧向力在核心内筒体中产生的弯矩而引起的竖向应变分布基本符合平截面假定,截面应变呈线性分布,如图 3.43 所示。但在外框筒中,腹板框架和翼缘框架竖向剪力传递能力有限,剪力滞后效应仍然存在,正应力在两个方向框架中均呈曲线分布,角柱中轴力较大,发挥了十分重要的抗弯作用。

由于框筒布置在建筑周边,筒中筒结构的还具有很大的抗扭刚度,具有较强的抗扭转能力,这说明筒中筒结构空间整体工作性能强,是高层甚至超高层建筑的良好结构体系。

基于上述受力特点,筒中筒结构布置时,应注意以下几点:

①筒中筒结构的平面外形宜选用圆形、正多边形、椭圆形或矩形等,内筒宜居中布置。

②矩形平面长宽比不宜大于 2。

③内筒宽度可为高度的 1/15~1/12,如有另外的角筒或剪力墙时,内筒平面尺寸可适当

减小。内筒宜贯通建筑物全高,竖向刚度宜均匀变化。

④内筒面积不宜过小,通常内筒边长为外筒边长的 1/3 ~ 1/2 较为合理。一般情况下,内、外筒间距一般为 10 ~ 12 m,内、外筒之间不再设置柱子。

⑤楼盖构件(包括楼板和梁)的高度不宜太大,要尽量减小楼盖构件与柱子之间的弯矩传递,可将楼盖做成平板式或密肋楼盖,一方面可以减小梁端弯矩,另一方面也可降低楼层层高,减小建筑总高度,对减少造价有明显效果。

⑥由于外框筒剪力滞后,各杆件的竖向压缩量不同,角部压缩变形最大,因此楼板四角下沉较多,楼板出现翘曲现象。楼板设计时更注意增加四角的配筋,以抵抗翘曲开裂。

⑦外框筒梁、柱尚应符合框筒结构的做法。在水平荷载作用下,筒中筒结构中实腹筒以弯曲变形为主,外框筒中腹板框架以剪切变形为主,而翼缘框架则因一侧受拉、一侧受压的受力状态形成了弯曲型的变形,当它们通过楼板保持协同工作后,层间位移趋于均匀,框筒的上部与下部受力也趋于均匀,最终结构的侧移曲线类似于框架-剪力墙结构,呈弯剪型。

⑧增大小跨高比筒体连梁延性措施。当筒体连梁跨高比较小时,特别是不大于 2.5 时,连梁易发生脆性剪切破坏。为改善其延性性能,可在连梁中配置双向交叉斜筋,具体计算及构造方法详见规范相关条文。筒体结构的截面设计及构造要求见附 3.12。

3.8 高层建筑计算机计算方法

3.8.1 概述

在高层建筑各类结构体系中,通过一些基本假定,采用近似的手算方法进行结构计算能帮助设计者更好地理解结构的主要受力性能特征。但是,随着高层建筑结构体系越来越复杂,高度不断增加,将空间结构简化成平面结构进行计算已不能完全反映结构的受力特点。随着计算机硬件和软件技术的迅速发展,采用计算机方法进行高层建筑结构计算和设计已成为当前及未来的主要手段。

3.8.2 高层建筑结构计算机分析方法

高层建筑结构采用计算机计算的方法主要有三种:一是杆件的矩阵位移法,它是将结构离散为若干杆单元,再将杆单元结点力与位移的单元刚度矩阵集成为结构的刚度矩阵,求解结点位移即可得杆端力;二是空间结构组合法,它是将高层建筑结构离散为杆单元、平面或空间的墙、板单元,再将这些组合单元集成结构的组合结构法;三是将高层建筑结构离散为平面(或空间)的连续条元,再将这些条元集成结构的有限条方法。这三种方法中,完全离散为杆单元的矩阵位法应用得最多,离散为杆单元和墙、板单元组合结构的组合结构法的应用近年来也多起来,它们被认为是对高层建筑结构进行较精确计算的通用方法。

高层建筑结构计算机分析的矩阵位移法在我国经历了 3 个发展阶段:

1)单片平面框架结构分析

用若干典型的平面框架结构来反映整体空间结构的受力性能,适用于平面非常规则的框架结构或剪力墙结构,并且各片框架或剪力墙受力基本相似,一般不用于高层建筑。

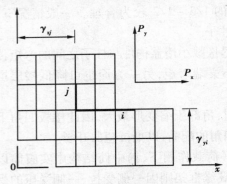

图 3.45　平面结构空间协同计算

2)空间协同工作分析

将高层建筑结构划分为若干片正交或斜交的平面抗侧力结构,它们只是在自身平面内发挥作用,剪力墙按壁式框架处理,楼板在自身平面内的刚度为无限大,平面外刚度不考虑,楼面上任一柱或墙的位移都可用楼面坐标原点的 3 个位移(两个方向的平移 u,v 和转动角 θ)来表示,如图 3.45 所示。

任一片壁式框架的位移:

$$\begin{cases} u_i = u - r_{yi}\theta \\ v_j = v + r_{xj}\theta \end{cases} \tag{3.114}$$

各片壁式框架所受的水平力和水平位移之间的关系为

$$\begin{cases} P_{xi} = k_{xi}u_i \\ P_{yj} = k_{yj}v_j \end{cases} \tag{3.115}$$

则各片壁式框架所受水平力与总的楼层荷载的关系为

$$\begin{cases} \sum V_{xi} = V_x \\ \sum V_{yj} = V_y \\ \sum V_{xi}r_{yi} - \sum V_{yj}r_{xj} = T \end{cases} \tag{3.116}$$

整理上三组方程可得协同工作分析的基本方程 $P = K\Delta$,基本未知量为楼层的位移 u,v 和 θ,共 $3n$ 个(n 为层数),P 为楼层外荷载 V_x,V_y,T,K 为壁式框架 $3n \times 3n$ 的整体刚度矩阵,由此可计算每片壁式框架的位移 u_i,v_i 和转动角 θ,再由式(3.115)求得每片壁式框架的水平力、V_{xi} 和 V_{yj},完成水平力在各片抗侧力结构的分配。

协同工作计算法的主要优点为:基本未知量少,计算比较简单,适合中小型计算机采用;各片平面结构的协同工作抵抗水平力反映了规则结构整体工作性能的主要特征。空间协同工作分析方法适用于平面比较规则的框架、剪力墙和框架-剪力墙结构体系,因它仅考虑各片抗侧力结构在水平方向上的协同而没有考虑竖向位移的协同,因而其应用范围有一定的局限性。

3)复杂结构三维空间分析

(1)空间杆-薄壁杆系计算方法

高层建筑结构空间杆-薄壁杆系计算方法的基本原理与结构力学中的矩阵位移法相同,将高层建筑结构视为空间的杆件体系,其中框架部分(梁和柱)离散为一般的杆单元,将核芯筒和剪力墙肢离散为薄壁杆件单元。一般杆结点有 6 个位移分量,即 3 个线位移 u_x,u_y,u_z 和 3 个角位移 $\theta_x,\theta_y,\theta_z$;薄壁杆件结点有 7 个位移分量,它们是 3 个线位移 u_x,u_y,u_z 和 3 个角位移 $\theta_x,\theta_y,\theta_z$,外加扭转角变化率 θ'_z(θ'_z 是用来描述薄壁杆件翘曲变形的)。相应地,空间杆单元有 6 个杆端力,即轴力 N_x、剪力 V_y,V_z 和弯矩 M_x,M_y,M_z,而薄壁杆单元除上述 6 个杆端力以外,还增加了一个与截面翘曲对应的双力矩 B_w,如图 3.46—图 3.48 所示。

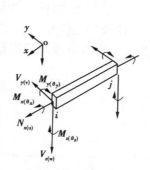

图 3.46　空间杆件图

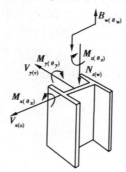

图 3.47　薄壁杆件图

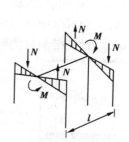

图 3.48　双力矩

建立单元刚度方程,即单元杆端力与杆端位移的关系:

$$\{P_e\} = [k_e]\{\delta_e\} \tag{3.117}$$

式中　$\{P_e\}$——单元杆端力向量;

　　　$\{\delta_e\}$——单元杆端位移向量;

　　　$[k_e]$——单元刚度矩阵,矩阵中反映了薄壁杆单元刚度的贡献。

将结构的单元刚度矩阵集合成整体刚度矩阵,且满足结点处的变形连续条件和平衡条件,建立结构的整体刚度方程,即

$$\{P_s\} = [K_s]\{\Delta_s\} \tag{3.118}$$

式中　$\{P_s\}$——结构的结点荷载向量;

　　　$\{\Delta_s\}$——结构的结点位移向量;

　　　$[K_s]$——结构整体刚度矩阵。

当根据式(3.118)求得结构的结点位移 $\{\Delta_s\}$ 后,即可得到结构点处杆端位移 $\{\delta_e\}$,然后再由式求得单元的杆端力 $\{P_e\}$,进而根据空间杆单元上的附加荷载求出各截面上的内力。对于空间薄壁杆件单元,也可根据力学关系式求出截面上各墙段上的内力。

在空间结构计算软件中,PKPM 系列软件 TAT 和广厦 GSCAD 软件 SS 就是采用空间杆-薄壁杆系方法计算的。

空间杆-薄壁杆系计算方法假定杆件在自身平面内刚度无限大,其优点是自由度少,分析效率高。但它不能考虑楼板弹性变形的影响,对复杂结构剪力墙剪切变形计算准确度较差,通常引起剪力墙计算刚度增大,从而使连梁端弯矩计算值偏大,导致连梁超筋现象,也使墙体分配的地震作用增大,柱分配的地震作用减小。此外,当剪力墙上开洞不规则时,强行将剪力墙按竖向连续同轴线薄壁杆件计算,其计算结果也是不对的。

(2)空间组合结构计算方法

空间杆-薄壁杆系计算方法中,过于简化的剪力墙和楼板的计算模型是引起较大计算误差的关键原因。对此,一些大型结构分析通用程序和专业程序根据剪力墙和楼板的受力特点开发出平面单元、板、壳单元和实单元,形成丰富的单元库,空间组合结构计算法就是将结构离散为上述单元的组合体进行分析,使计算准确度大大增加。与空间杆-薄壁杆系计算法相比,尽管结构自由度和未知数量较多,但随着计算机设备性能的增强,计算时间成本也是极低了。

板-梁墙元模型:这种模型在国外应用较多,其本质是平面单元,如图 3.49 所示,它把剪力

墙简化为一个中心为膜单元(或称板单元)、周边带边柱和层间处刚性边梁的单元模型,其中剪力墙离散为平面应力单元,采用有限元法计算;柱具有一般柱的力学特点;特殊刚性梁用来连接分割后的柱和墙,以确保楼层交界处整体保持相同的水平、竖向及转角位移,代表性的软件有 ETABS、TUS/ADBW、BSSAD、ETS4 等。这类软件没有考虑剪力墙的平面外刚度及单元尺寸的影响,对于带洞口的剪力墙,其模型化误差较大。

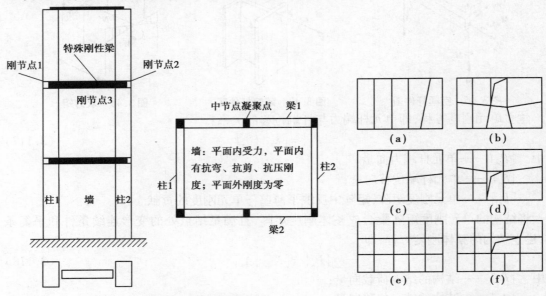

图 3.49　板梁墙元模型示意图　　　　图 3.50　板壳墙元模型示意图

墙组元模型:墙组元实际上是一种改进的薄壁杆件模型,它不强求剪力墙为开口截面,可以分析闭口及半开半闭截面,且杆件未知位移取为杆端截面的横向位移和各节点的纵向位移,单元数目随墙肢节点数增加而增加,不像普通薄壁杆件那样固定为 14 个,从而保证了杆件的位移协调;采用最小势能原理,建立考虑剪力墙剪切变形的总势能表达式和考虑剪切变形的单元刚度矩阵。墙组元实际上是一种介于薄壁杆件单元和连续体有限元之间的分析单元,代表性的软件有 TBSA/TBWE、GSCAD/SSW。

板壳墙元模型:墙元是专用于模拟高层建筑中剪力墙的一种超单元,对于尺寸较大的墙或带洞口的墙,按照子结构的基本思想,由程序自动对其进行细分,形成若干小壳元,然后计算每个小壳元的刚度矩阵并叠加,最后用静力凝聚原理将由于墙的细分而增加的内部自由度消去,将其刚度凝聚到边界节点上,从而保证墙元的精度和有限的出口自由度。按上述原则定义的墙元对剪力墙的尺寸和空间位置无特殊要求,具有较好的适用性。墙元不仅具有墙所在的平面内刚度,也具有平面外的弯曲刚度,可以较好地模拟工程中剪力墙的真实受力状态,而且墙元的每个节点具有空间的全部 6 个自由度,可以方便地与任意空间梁、柱单元连接,而不需要任何附加约束条件,如图 3.50 所示。PKPM/SATWE、TBSA/TBSAP、SAP84、STAAD Ⅲ、SAP2000、SuperSAP、ANSYS 等软件采用该模型。

壳元是形成剪力墙墙元的基础,所选用壳元的好坏直接决定了墙元的性能和效率,壳元模型较多,综合考虑到分析精度、计算效率、剪力墙的厚度等因素,SATWE 采用了具有旋转自由度的精化非协调平面四节点等参元,可真实地反映剪力墙的应力场和位移场,且剪力墙洞口间部分也作为墙元进行整体分析,因此更能精确地分析复杂剪力墙结构。

　　SATWE 软件对于楼板的处理基于以下 4 种假定:①楼板整块平面内无限刚,平面外刚度为零;②楼板分块平面内无限制,平面外刚度为零;③楼板分块平面内无限刚,并带有弹性连接板带;④楼板为弹性板。在工程应用中,可根据工程实际情况和分析精度要求,选用其中的一种或几种简化假定。其中假定①适用于多数常规结构;假定②适用于多塔或错层结构;假定③适用于楼板局部开大洞、塔与塔之间上部相连的多塔结构及某些平面布置较特殊的结构;假定④模型化误差最小,但其计算量最大,可用于特殊楼板结构或板-柱体系或要求分析精度高的多、高层结构。在 SATWE 软件中,弹性楼板是以弹性楼板单元为单位来描述的,将在 PMCAD 数据输入中一个房间的楼板作为一个超单元,与前面介绍的剪力墙墙元相类似,由程序自动进行单元划分和自由度凝聚。

3.8.3　高层建筑结构设计和分析软件简介

　　随着电脑技术的发展,越来越多的结构分析程序被应用于不同的结构分析范畴当中,每种程序的计算模型和计算方法都有各自的特点,在进行结构分析和设计时,需要了解各种程序的优缺点及适用性,然后结合结构的特点选择相应的所分析和设计计算程序。根据适用范围的大小,目前国内外结构分析程序可分为结构通用分析程序和结构专用分析程序两种。

1)结构通用分析程序

　　(1)SAP2000 程序

　　SAP2000 是能用于高层民用建筑结构的建模、分析和设计的一体化程序,集成了大部分国家和地区的现有结构设计规范。它已经将中国、美国、加拿大和欧洲规范纳入其中,能完成动静线性、非线性分析、模态分析、反应谱分析、屈曲分析、稳态分析以及功率谱密度分析等,从 P-Delta 效应到施工顺序加载,从结构阻尼器到基础隔振,都能运用自如,为工程师提供了可靠的计算分析结果。

　　(2)ANSYS 程序

　　ANSYS 软件可广泛用于核工业、能源、机械制造、石油化工、轻工、造船、航空航天、汽车交通、国防军工、电子、土木工程、水利、铁道、地矿、生物医学、日用家电等国防和民用领域。ANSYS 典型的分析过程由前处理、求解计算和后处理 3 个模块组成,它的单元库提供了 100 多种单元类型,每种单元类型都有多种算法供用户选择。ANSYS 软件目前还能提供线弹性、各向同性、各向异性、非线弹性、黏弹性、随动塑性、复合材料等 100 余种金属和非金属材料模型,并可考虑材料失效、损伤、黏性、蠕变、与温度相关、与应变相关等性质。

　　(3)MIDAS/Building 程序

　　MIDAS Building 结构设计软件包含了结构大师(Structure Master)、基础大师(Foundation Master)、绘图师(Building Drawer)和建模师(Building Modeler)4 个模块。其中结构大师提供了基于实际设计流程的用户菜单系统和基于标准层概念的三维建模功能,它不仅包含了最新的结构设计规范,还提供三维图形结果、二维图形结果、文本计算书和详细设计过程计算书,并提供计算表格和图表结果。

2）结构专用设计和分析程序

（1）SATWE 和 TAT 程序

SATWE（Space Analysis of Tall-Building with Wall-Element）和 TAT 是中国建筑科学研究院 PKPM 系列 CAD 软件中，专门用于多、高层建筑结构分析与设计的软件，它们共同的特点是可与 PKPM 系列 CAD 系统连接，与该系统的各功能模块接力运行，可以从 PMCAD 中生成数据文件，计算结果可接力 PK 绘制梁、柱施工图，并可为各类基础设计软件提供柱、剪力墙底的组合内力。

SATWE 是空间组合结构有限元分析软件，它采用空间杆-墙元计算模型，适用于各种复杂体型的高层钢筋混凝土框架结构、框架-剪力墙结构、剪力墙结构、筒体结构，以及混凝土-钢混合结构和高层钢结构等。TAT 采用空间杆薄壁杆系模型，可计算各种规则或复杂体型的钢筋混凝土框架结构、框架-剪力墙结构、剪力墙结构和筒体结构等；针对高层钢结构的特点，它可对水平支撑、垂直支撑、斜柱以及交叉梁系等结构进行受力分析和设计；它还能用于砖混底框、支座位移和温度应力计算。

（2）ETABS

ETABS 程序是由美国 CSL 公司开发研制的，中文版软件全面纳入了中国规范。ETABS 是一个集成化的建筑结构分析与设计软件，它采用三维图形操作界面系统（GUI），利用面向对象的操作方法来建模。ETABS 程序提供了较丰富的单元库，它可以按照中国规范完成混凝土框架梁、柱、剪力墙等混凝土构件截面设计，可以完成钢框架梁柱强度和稳定性校核、钢构件长细比及截面宽厚比验算等。该软件还能按中国设计审查格式输出计算结果报告，包括结构总信息、荷载信息、质心、刚心、偏心率、最大位移、各类荷载下构件的设计内力和位移等，还提供了剪重比、刚重比、层间刚度比、轴压比等结构设计的重要参数。

（3）广厦结构软件 GSSAP

GSSAP 程序是一个面向民用和工业建筑结构设计，功能包括前处理、结构分析、后处理的多高层结构 CAD 软件，适用于多高层混凝土结构、钢结构、钢-混凝土混合结构、混凝土-砖混合结构、空间钢构架、网架、网壳、无梁楼盖、厂房、多塔、错层、连体、转换结构、弹性楼板和局部刚性楼板等结构分析与设计。

3.8.4　高层建筑结构计算结果的分析与判断

高层建筑结构计算机计算后输出数据量非常大，其计算结果是否能直接用于施工图设计，还需根据现行结构设计规范、规程和工程设计经验分析、判断和校核其合理性。计算机只是工程设计的辅助计算工具，设计人员对计算结果负责，只有判断其正确后，才能将结果用于工程设计。

表 3.25 列出了一般高层建筑计算结果合理性的主要判断项目和其合理取值范围，除表中列出项目以外，还应根据现行《高层建筑混凝土结构技术规程》（JGJ 3—2010）、《建筑抗震设计规范》（GB 50011—2010）和《混凝土结构设计规范》（GB 50010—2010）等规范的规定和软件计算得到的内力、变形分布是否符合实际受力特征去判别计算结果的合理性。

表3.25 高层建筑结构计算机分析结果合理性判别

序　号	判断项目	合理范围
1	周期	框架结构:$T_1 = (0.12 \sim 0.15)n$;框架-剪力墙结构:$T_1 = (0.08 \sim 0.12)n$;剪力墙结构:$T_1 = (0.06 \sim 0.08)n$(n为结构层数)
2	周期比	结构扭转为主的第一自振周期 T_t 与平动为主的第一自振周期 T_1 的比值:A级高度高层建筑不应大于0.9,B级高度高层建筑及复杂高层建筑不应大于0.85
3	振型	计算振型数应使各振型参一质量之和不小于总质量(有效质量系数)的90%,复杂高层结构宜考虑平扭耦联计算结构的扭转效应,振型数不应小于15,多塔楼结构的振型数不应小于塔楼的9倍
4	振型曲线	刚度和质量沿竖向布置均匀时,振型曲线连续光滑,并应符合结构侧向变形特征
5	层间位移角限值	弹性计算风荷载或多遇地震作用下,建筑高度不大于150 m时,框架结构:1/550;框架-剪力墙结构:1/800;剪力墙、筒体结构:1/1 000。高度不小于250 m时为1/500;高度150~250之间,按线性插值取值
6	位移比	在偶然偏心影响的规定水平地震力作用下,竖向构件最大水平位移和层间位移,A级高度不宜大于楼层平均值的1.2倍,不应大于该层平均值的1.5倍
7	刚重比	框架结构不小于10,剪力墙结构、框架-剪力墙结构、筒体结构不小于1.4;当框架结构大于10,剪力墙结构、框架-剪力墙结构、筒体结构大于2.7时,可不考虑重力二阶效应的影响
8	层刚度比	框架结构:本层与相邻上层的比值 $\gamma_1 \geq 0.7$,本层与相邻上三层平均值的比值 $\gamma_1 \geq 0.8$;框架-剪力墙结构、剪力墙结构:本层与相邻上层的比值 $\gamma_2 \geq 0.9$
9	层承载力比	A级高度高层建筑的楼层层间抗侧力结构的受剪承载力不宜小于其上一层受剪承载力的80%,不应小于其上一层受剪承载力的65%
10	剪重比 λ	基本周期 $T_1 < 3.5s$ 时 λ 最小值:6度0.008,7度0.016(0.024),8度0.032(0.048),9度0.064;基本周期 $T_1 > 5.0s$ 时 λ 最小值:6度0.006,7度0.012(0.018),8度0.024(0.036),9度0.048
11	轴压比	不应大于相应抗震等级框架柱和剪力墙的轴压比限值
12	配筋率	梁、柱、剪力墙配筋率宜处于经济配筋率范围,不得超过规范规定最大配筋率
13	刚度中心与质量中心	刚度中心与质量中心宜尽量重合
14	底层倾覆力矩比	框架-剪力墙结构底层框架部分承受的地震倾覆力矩宜为总地震倾覆力矩的10%~50%

3.8.5 高层建筑结构计算机分析算例

1)工程概况

该工程为某市职业中学综合实训楼,共13层,建筑总高度53.35 m,建筑面积12 318.8 m²,

钢筋混凝土框架-剪力墙结构,设计使用年限为 50 年,该地区抗震设防烈度为 6 度,设计基本地震加速度值为 $0.05g$,建筑抗震设防类别为乙类,结构阻尼比为 0.05,二类场地土,场地土特征周期 $T_s = 0.45$ s,地基基础设计等级为乙级,地面粗糙度为 B 度,基本风压为 0.40 kN/m²,基础型式为桩基础。标准层结构平面布置图和建筑剖面图如图 3.51 和图 3.52 所示,底层柱最大截面尺寸为 800 mm×800 mm,剪力墙肢厚 250 mm,墙、柱混凝土强度 1~2 层为 C40,3~5 层为 C35,以上为 C30。结构抗震等级框架三级、剪力墙二级。

2) 整体结构分析与主要计算结果校核

整体结构计算采用中国建筑科学研究院编制的多层及高层建筑结构空间有限元分析与设计软件 SATWE 进行,地震作用计算考虑偶然偏心,周期折减系数取为 0.8,振型计算个数设为 9 个。

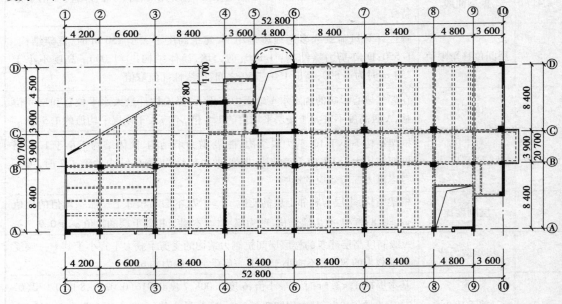

图 3.51　标准层结构平面布置图

主要计算结果如下:

(1)周期

前三振型周期分别为 1.547 s、1.428 s 和 1.371 s,其中第 3 振型以扭振为主,扭振成分占比为 79%,周期比 $T_3/T_1 = 0.88$,该比值小于 0.9,说明结构具有较大抗扭刚度,满足《高层建筑混凝土结构技术规程》(JGJ 3—2010)(以下简称《高规》)的规定。

(2)振型数

地震作用下 X 方向和 Y 方向各参与振型的有效质量系数如表 3.26 所示:

表 3.26　各地震方向参与振型的有效质量系数

振型号	1	2	3	4	5	6	7	8	9	合　计
EX	0.00%	55.51%	14.58%	0.00%	15.20%	0.15%	0.00%	6.26%	0.00%	91.71%
EY	71.57%	0.00%	0.04%	13.46%	0.00%	0.36%	5.58%	0.01%	0.30%	91.31%

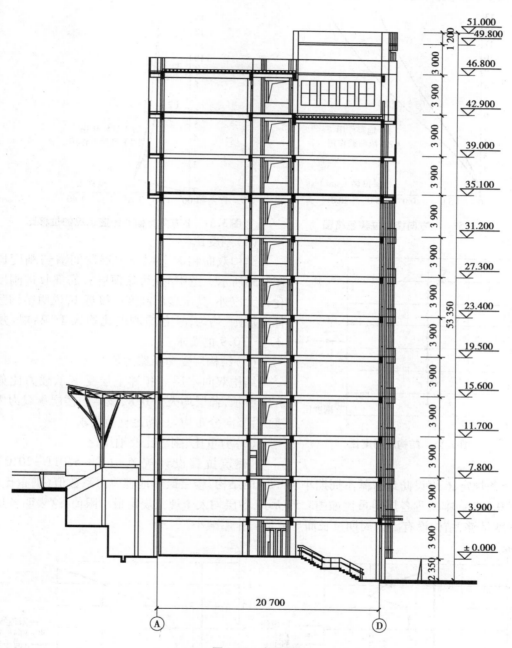

图 3.52 剖面图

从表中计算得到,地震作用下 EX 和 EY 方向的有效质量系数为分别为 91.71% 和 91.31%,满足高规规定大于 90% 的规定,说明参与振型足够。

(3)位移曲线及位移比

在 Y 向地震作用和风荷载作用下楼层位移曲线及位移比如图 3.53 和图 3.54 所示。从图中看出,楼层位移曲线沿高度方向光滑连续,说明各层质量及刚度较均匀,曲线形状符合框架-剪力墙结构变形特征;各层最大位移与平均位移比均小于1.2,满足《高规》对位移比的规定。

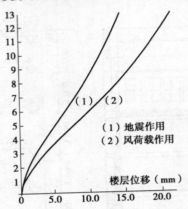

图3.53 Y方向楼层位移包络图

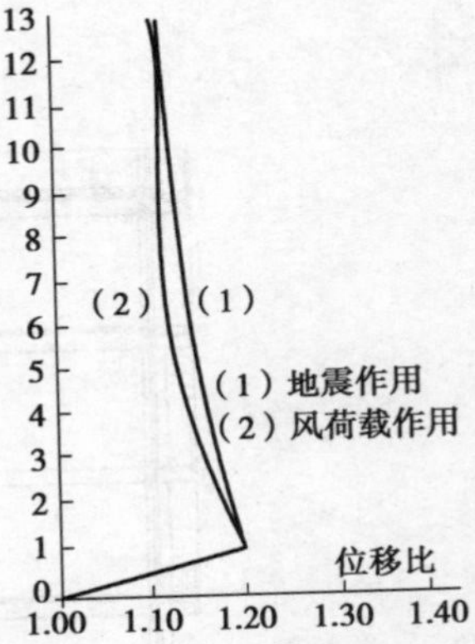

图3.54 Y方向负偏心地震工况的位移比

(4)刚度比

结构双向相邻上层与本层层间剪切刚度比如图3.55所示。图中显示,除顶层有局部收进刚度变化稍大以外,其余楼层刚度比接近1,说明结构竖向体型规则、均匀,且各层刚度比均大于《高规》规定不小于0.9的要求。

(5)结构层受剪承载力比

结构双向本层与相邻上层受剪承载力比如图3.56所示,各层均大于0.8,该结构楼层承载力无突变,沿竖向分布均匀,满足规范要求。

(6)剪重比、刚重比及轴压比

《建筑抗震设计规范》(GB 50011—2010)第

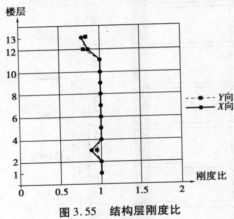

图3.55 结构层刚度比

5.2.5条规定,6度设防地区基本周期小于3.5 s的结构,楼层最小地震剪力系数值(剪重比)不低于0.8%。本工程各层剪重比如图3.57所示,各层均大于规范规定最小限值,这表明各层结构刚度足够,结构没有因为周期过长而导致地震作用减小。

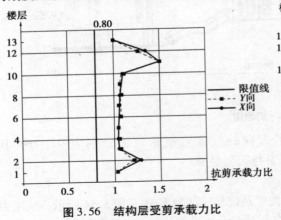

图3.56 结构层受剪承载力比

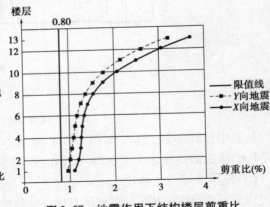

图3.57 地震作用下结构楼层剪重比

刚重比 $EJ_d/\left(H^2 \sum\limits_{i=1}^{n} G_i\right)$ 是结构在风荷载或地震作用下影响重力 $P\text{-}\Delta$ 效应的主要参数。《高规》规定,框架-剪力墙结构刚重比不应小于1.4,当刚重比超过2.7时,弹性分析可不考虑重力二阶效应的不利影响。本工程双向在地震和风荷载作用下的刚重比如表3.27所示,均超过2.7,说明结构稳定。

表3.27 结构刚重比

水平荷载及方向	地震作用 X 方向	地震作用 Y 方向	风荷载 X 方向	风荷载 Y 方向
验算值	5.43	3.82	5.07	3.50

框架柱和剪力墙最大轴压比均出现在底层,分别为0.85和0.54,均小于《高规》规定框架-剪力墙结构中框架抗震等级为三级时的柱轴压比限值0.90,剪力墙抗震等为二级时的轴压比限值为0.6。

(7)底层竖向构件承受倾覆弯矩比例

下表中列出了各层结构在 Y 向地震作用下框架柱、剪力墙承受倾覆力矩的比例。从表3.28中看出,随着楼层增加,框架柱承担的倾覆力矩比例的增加,剪力墙相应减少。在底层,框架柱承受的倾覆力矩百分比为35.7%,《高规》规定在10%~50%时结构按框架-剪力墙结构进行设计。

表3.28 Y 向静震工况下的各层倾覆力矩百分比

层　号	框架柱	短肢墙	普通墙
13	86.2%	3.8%	9.9%
12	56.2%	4.7%	39.1%
11	56.8%	4.0%	39.2%
10	53.1%	3.8%	43.1%
9	51.0%	3.7%	45.3%
8	49.2%	3.7%	47.2%
7	47.6%	3.6%	48.8%
6	46.1%	3.6%	50.4%
5	44.4%	3.5%	52.1%
4	42.5%	3.5%	54.0%
3	40.2%	3.6%	56.2%
2	38.2%	3.6%	58.2%
1	35.7%	3.7%	60.6%

(8)梁、柱、剪力墙配筋率

根据SATWE生成的各层梁、柱、剪力墙配筋率简图,可以看出,所有构件均未出现超筋现象,且配筋率大小适中,大多都处于经济配筋率范围,这表明结构构件截面尺寸选择合理。

附录及拓展内容

附3.1

连梁转角刚度计算

两端带有刚臂的连梁,其转角刚度的计算简图如附图3.1所示。

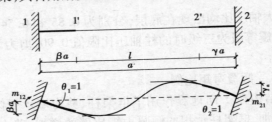

附图3.1 连梁转角刚度的计算简图

当连梁两端支座1、2处各发生一个单位转角时,杆件1′2′在1′与2′处,除了发生单位转角外,还有竖向位移 βa 和 γa,1′与2′间的总竖向位移为 $(\beta a+\gamma a)$。

考虑剪切变形的影响,由两端单位转角产生的杆端1′与2′处的弯矩:

$$m'_{1'2'}=m'_{2'1'}=\frac{6EI_b}{l_b} \qquad (附3.1)$$

考虑剪切变形的影响,由竖向相对位移产生的杆端1′与2′处的弯矩:

$$m''_{1'2'}=m''_{2'1'}=\frac{6EI_b}{l_b^2}(\beta a+\gamma a) \qquad (附3.2)$$

式中　a——连梁两侧的墙肢的形心线之间的距离,即连梁跨度;

　　　l_b——不计两端刚域的连梁长度,$l_b=(1-\beta-\gamma)a=l_n+h_b/4+h_b/4=l_n+h_b/2$,$l_n$为洞口宽度,$h_b$为连梁截面高度;

　　　EI_b——考虑剪切变形影响的连梁截面弯曲刚度,$EI_b=\dfrac{EI_{b0}}{1+\dfrac{12\mu EI_{b0}}{GA_b l_b^2}}$,$EI_{b0}$为不考虑剪切

　　　变形影响的连梁截面弯曲刚度,A_b为连梁的截面面积,G为剪切弹性模量,可近似取 $G=0.42E$,μ 为剪应力不均匀系数,矩形截面 μ 取1.2。

在1′与2′处的杆端总弯矩:

$$m_{1'2'}=m_{2'1'}=m'_{1'2'}+m''_{1'2'}=m'_{2'1'}+m''_{2'1'}=\frac{6EI_b}{l_b}+\frac{6EI_b}{l_b^2}(\beta a+\gamma a)$$

$$=6EI_b\left(\frac{1}{l_b}+\frac{\beta a+\gamma a}{l_b^2}\right)=6EI_b\frac{a}{l_b^2}=6EI_b\frac{1}{(1-\beta-\gamma)^2 a} \qquad (附3.3)$$

在1′与2′处的竖向剪力为:

$$V_{1'2'}=V_{2'1'}=12EI_b\frac{1}{(1-\beta-\gamma)^3 a^2} \qquad (附3.4)$$

进一步计算得 1、2 截面处的杆端弯矩为：

$$m_{12} = m_{1'2'} + V_{1'2'}\beta a = 6EI_b \frac{1}{(1-\beta-\gamma)^2 a} + 12EI_b \frac{\beta a}{(1-\beta-\gamma)^3 a^2} = 6EI_b \frac{1+\beta-\gamma}{(1-\beta-\gamma)^3 a}$$

（附3.5a）

$$m_{21} = m_{2'1'} + V_{2'1'}\gamma a = 6EI_b \frac{1}{(1-\beta-\gamma)^2 a} + 12EI_b \frac{\gamma a}{(1-\beta-\gamma)^3 a^2} = 6EI_b \frac{1-\beta+\gamma}{(1-\beta-\gamma)^3 a}$$

（附3.5b）

最后得连梁总转角刚度（考虑剪切变形）：

$$m_b = m_{12} + m_{21} = 6EI_b \frac{1+\beta-\gamma}{(1-\beta-\gamma)^3 a} + 6EI_b \frac{1-\beta+\gamma}{(1-\beta-\gamma)^3 a} = \frac{12EI_b a^2}{l_b^3}$$

（附3.6）

附3.2

双肢剪力墙微分方程的求解

根据双肢剪力墙基本体系在连梁切口处的变形协调条件，可以写出双肢剪力墙的微分方程如式（附3.7），该式即正文中式（3.24b）。

$$a\frac{d^2\theta_M}{dz^2} + \frac{1}{E}\left(\frac{1}{A_1} + \frac{1}{A_2}\right)\tau(z) - \frac{hl_b^3}{12EI_b}\frac{d^2\tau(z)}{dz^2} = 0$$

（附3.7）

引入两墙肢曲率和墙肢弯矩的关系：

$$EI_1\theta'_M = M_1$$
$$EI_2\theta'_M = M_2$$

如附图3.2所示，可以写出外荷载所引起的弯矩与墙肢弯矩以及与墙肢转角 θ_M 的关系。

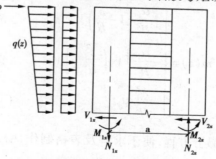

附图3.2　墙肢内力图

$$EI_1\theta'_M + EI_2\theta'_M = E(I_1 + I_2)\theta'_M = M_1 + M_2 = \left[M_p(z) - \int_z^H a\,\tau(z)\,dz\right]$$

$$\theta'_M = \frac{1}{E(I_1 + I_2)}\left[M_p(z) - \int_z^H a\,\tau(z)\,dz\right]$$

（附3.8a）

对上式再进行一次求导，得

$$\frac{d^2\theta_M}{dz^2} = \frac{1}{E(I_1+I_2)}[V_p(z) + a\cdot\tau(z)]$$

（附3.8b）

式中　$V_p(z)$——外荷载在计算截面 z 处所产生的剪力，按下式计算

$$V_p(z) = \begin{cases} -\left(1-\dfrac{z}{H}\right)V_0 & \text{（均布荷载）} \\[3mm] -\left[1-\left(\dfrac{2}{H}\right)^2\right]V_0 & \text{（倒三角形荷载）} \\[3mm] -V_0 & \text{（顶点集中荷载）} \end{cases} \qquad \text{（附3.9）}$$

V_0 为外荷载作用下墙肢底部截面的剪力,负号表示剪力方向与外荷载作用方向(正向)相反。

将式(附3.8b)代入式(附3.7),并整理后可得

$$\frac{\mathrm{d}^2\tau(z)}{\mathrm{d}z^2} - \frac{12I_b}{hl_b^3}\left[\frac{a^2}{(I_1+I_2)}+\frac{(A_1+A_2)}{A_1A_2}\right]\tau(z) = \frac{12aI_b}{hl_b^3(I_1+I_2)}V_p(z) \qquad \text{（附3.10）}$$

$$令:S = \frac{aA_1A_2}{A_1+A_2} \qquad \text{（双肢墙对组合截面形心轴的面积矩）}$$

$$\alpha_1^2 = \frac{12a^2I_bH^2}{hl_b^3(I_1+I_2)} \qquad \text{（未考虑墙肢轴向变形的整体性系数）}$$

$$\alpha^2 = \frac{12a^2I_bH^2}{hl_b^3(I_1+I_2)}\left(1+\frac{I_1+I_2}{Sa}\right) = \frac{12a^2I_bH^2}{hl_b^3(I_1+I_2)}\cdot\frac{I}{I_n} \qquad \text{（考虑墙肢轴向变形的整体性系数）}$$

则可知 $\dfrac{\alpha^2}{\alpha_1^2} = \dfrac{I}{I_n} = \dfrac{1}{\zeta}$

可得到双肢墙的基本微分方程

$$\frac{\mathrm{d}^2\tau(z)}{\mathrm{d}z^2} - \frac{\alpha^2}{H^2}\tau(z) = \frac{\alpha_1^2}{H^2 a}V_p(z) \qquad \text{（附3.11）}$$

引入连续连杆对墙肢的约束弯矩 $m(z) = a\tau(z)$,将式(附3.9)代入式(附3.11),得在常用的均布荷载、倒三角形荷载和顶点集中荷载作用下的双肢墙微分方程

$$\frac{\mathrm{d}^2 m(z)}{\mathrm{d}z^2} - \frac{\alpha^2}{H^2}m(z) = \begin{cases} -\dfrac{\alpha_1^2}{H^2}\left(1-\dfrac{z}{H}\right)V_0 & \text{（均布荷载）} \\[3mm] -\dfrac{\alpha_1^2}{H^2}\left[1-\left(\dfrac{z^2}{H^2}\right)\right]V_0 & \text{（倒三角形荷载）} \\[3mm] -\dfrac{\alpha_1^2}{H^2}V_0 & \text{（顶点集中荷载）} \end{cases} \qquad \text{（附3.12）}$$

求解微分方程:为简化微分方程,便于求解及表格制作,引入变量 $\xi = \dfrac{z}{H}$,并令 $\varphi(\xi) = m$

$(\xi)\dfrac{\alpha^2}{\alpha_1^2}\cdot\dfrac{1}{V_0} = m(\xi)\dfrac{1}{\zeta}\dfrac{1}{V_0}$ 代入式(附3.12)得到

$$\frac{\mathrm{d}^2\varphi(\xi)}{\mathrm{d}\xi^2} - \alpha^2\varphi(\xi) = \begin{cases} -\alpha^2(1-\xi) & \text{（均布荷载）} \\ -\alpha^2(1-\xi^2) & \text{（倒三角形荷载）} \\ -\alpha^2 & \text{（顶点集中荷载）} \end{cases} \qquad \text{（附3.13）}$$

上式为二阶常系数线性微分方程,其解由通解和特解组成。通过求解,可得到微分方程的解为

$$\varphi(\xi)=\begin{cases} -\dfrac{\operatorname{ch}\alpha(1-\xi)}{\operatorname{ch}\alpha}+\dfrac{\operatorname{sh}\alpha\xi}{\alpha\operatorname{ch}\alpha}+(1-\xi) & \text{（均布荷载）} \\[3mm] \left(\dfrac{2}{\alpha^2}-1\right)\left[\dfrac{\operatorname{ch}\alpha(1-\xi)}{\operatorname{ch}\alpha}-1\right]+\dfrac{2\operatorname{sh}\alpha\xi}{\alpha\operatorname{ch}\alpha}-\xi^2 & \text{（倒三角形荷载）} \\[3mm] \dfrac{\operatorname{sh}\alpha}{\operatorname{ch}\alpha}\cdot\operatorname{sh}\alpha\xi-\operatorname{ch}\alpha\xi+1 & \text{（顶点集中荷载）} \end{cases}\quad\text{（附 3.14）}$$

由式(附 3.14)可知，φ 是 α 和 ξ 的函数，为便于求解，已根据整体性系数 α 和 ξ 进行计算并将结果列成表格形式。附表 3.1 给出倒三角形荷载作用下的计算结果，可根据整体性系数 α 和 ξ 查取。

附表 3.1　倒三角形荷载作用下的 φ 值

α＼ξ	1.0	1.5	2.0	2.5	3.0	3.5	4.0	4.5	5.0	5.5	6.0	6.5	7.0	7.5	8.0	8.5	9.0	9.5	10.0	10.5
1.000	0.171	0.270	0.331	0.358	0.363	0.356	0.342	0.325	0.307	0.289	0.273	0.257	0.243	0.230	0.218	0.207	0.197	0.185	0.179	0.172
0.950	0.171	0.271	0.332	0.360	0.367	0.361	0.348	0.332	0.316	0.299	0.283	0.269	0.256	0.243	0.233	0.233	0.214	0.205	0.198	0.191
0.900	0.171	0.273	0.336	0.367	0.377	0.374	0.365	0.352	0.338	0.324	0.311	0.299	0.288	0.278	0.270	0.262	0.255	0.243	0.243	0.238
0.850	0.172	0.275	0.341	0.377	0.391	0.393	0.388	0.380	0.370	0.360	0.350	0.341	0.333	0.326	0.320	0.314	0.309	0.305	0.303	0.298
0.800	0.172	0.277	0.347	0.388	0.408	0.415	0.416	0.412	0.407	0.402	0.396	0.390	0.385	0.381	0.377	0.373	0.371	0.368	0.366	0.364
0.750	0.171	0.278	0.353	0.399	0.425	0.439	0.446	0.448	0.448	0.447	0.445	0.443	0.440	0.439	0.437	0.436	0.434	0.433	0.433	0.432
0.700	0.170	0.279	0.358	0.410	0.443	0.463	0.476	0.484	0.489	0.492	0.494	0.496	0.495	0.497	0.497	0.497	0.498	0.498	0.498	0.499
0.650	0.168	0.279	0.362	0.419	0.459	0.486	0.506	0.519	0.530	0.537	0.543	0.547	0.550	0.553	0.555	0.557	0.559	0.560	0.561	0.562
0.600	0.165	0.276	0.363	0.426	0.472	0.506	0.532	0.552	0.567	0.579	0.588	0.596	0.601	0.606	0.610	0.614	0.616	0.619	0.624	0.622
0.550	0.161	0.272	0.362	0.430	0.482	0.522	0.554	0.579	0.599	0.616	0.629	0.639	0.648	0.655	0.661	0.665	0.669	0.672	0.675	0.677
0.500	0.156	0.266	0.357	0.429	0.487	0.533	0.579	0.601	0.626	0.647	0.663	0.677	0.688	0.697	0.705	0.711	0.716	0.721	0.724	0.727
0.450	0.149	0.256	0.348	0.423	0.485	0.537	0.579	0.615	0.645	0.670	0.690	0.707	0.721	0.733	0.742	0.750	0.757	0.762	0.757	0.771
0.400	0.140	0.244	0.335	0.412	0.477	0.533	0.580	0.620	0.654	0.683	0.707	0.728	0.745	0.759	0.771	0.781	0.789	0.796	0.802	0.802
0.350	0.130	0.228	0.317	0.394	0.461	0.519	0.570	0.614	0.652	0.685	0.712	0.736	0.756	0.774	0.788	0.801	0.811	0.820	0.828	0.834
0.300	0.118	0.209	0.293	0.368	0.435	0.495	0.548	0.594	0.636	0.671	0.703	0.730	0.753	0.774	0.791	0.807	0.829	0.831	0.841	0.849
0.250	0.103	0.185	0.268	0.334	0.399	0.458	0.511	0.559	0.602	0.640	0.674	0.704	0.731	0.755	0.775	0.794	0.810	0.824	0.837	0.848
0.200	0.087	0.158	0.226	0.290	0.350	0.406	0.457	0.504	0.547	0.587	0.622	0.654	0.683	0.709	0.733	0.754	0.774	0.791	0.807	0.821
0.150	0.069	0.125	0.182	0.236	0.288	0.337	0.383	0.426	0.467	0.504	0.539	0.571	0.601	0.629	0.654	0.678	0.700	0.720	0.738	0.756
0.100	0.048	0.089	0.130	0.171	0.210	0.248	0.285	0.321	0.354	0.386	0.417	0.446	0.473	0.499	0.523	0.546	0.568	0.588	0.609	0.628
0.050	0.025	0.047	0.069	0.092	0.115	0.137	0.159	0.181	0.202	0.222	0.242	0.262	0.280	0.299	0.316	0.334	0.351	0.367	0.383	0.398
0.000	0.000	0.000	0.000	0.000	0.000	0.000	0.000	0.000	0.000	0.000	0.000	0.000	0.000	0.000	0.000	0.000	0.000	0.000	0.000	0.000

ξ \ α	11.0	11.5	12.0	12.5	13.0	13.5	14.0	14.5	15.0	15.5	16.0	16.5	17.0	17.5	18.0	18.5	19.0	19.5	20.0	20.5
1.000	0.165	0.158	0.152	0.147	0.142	0.137	0.132	0.128	0.124	0.120	0.117	0.113	0.110	0.107	0.104	0.102	0.099	0.097	0.095	0.092
0.950	0.185	0.180	0.174	0.170	0.165	0.161	0.158	0.154	0.151	0.148	0.145	0.143	0.140	0.138	0.136	0.134	0.132	0.130	0.129	0.127
0.900	0.233	0.229	0.226	0.222	0.219	0.217	0.214	0.212	0.210	0.208	0.207	0.205	0.204	0.203	0.201	0.200	0.199	0.199	0.198	0.197
0.850	0.295	0.293	0.290	0.288	0.287	0.285	0.284	0.283	0.282	0.281	0.280	0.280	0.279	0.278	0.278	0.278	0.277	0.277	0.277	0.276
0.800	0.363	0.361	0.360	0.360	0.358	0.358	0.358	0.357	0.357	0.357	0.357	0.356	0.356	0.356	0.356	0.356	0.356	0.356	0.356	0.356
0.750	0.432	0.431	0.431	0.431	0.431	0.431	0.431	0.431	0.431	0.431	0.431	0.431	0.432	0.432	0.432	0.432	0.432	0.432	0.432	0.433
0.700	0.499	0.498	0.500	0.500	0.500	0.501	0.501	0.502	0.502	0.502	0.503	0.503	0.503	0.503	0.504	0.504	0.504	0.504	0.505	0.505
0.650	0.563	0.564	0.565	0.566	0.566	0.567	0.568	0.568	0.569	0.568	0.568	0.570	0.570	0.571	0.571	0.571	0.571	0.572	0.572	0.572
0.600	0.624	0.625	0.626	0.627	0.628	0.628	0.629	0.630	0.631	0.631	0.632	0.632	0.633	0.633	0.633	0.643	0.643	0.634	0.634	0.635
0.550	0.679	0.681	0.682	0.684	0.685	0.686	0.686	0.687	0.688	0.688	0.688	0.688	0.690	0.690	0.691	0.691	0.691	0.692	0.692	0.692
0.500	0.730	0.732	0.733	0.735	0.736	0.737	0.738	0.738	0.740	0.741	0.741	0.742	0.742	0.743	0.743	0.743	0.744	0.744	0.744	0.745
0.450	0.744	0.777	0.778	0.781	0.782	0.784	0.785	0.786	0.787	0.788	0.788	0.780	0.790	0.790	0.790	0.791	0.791	0.792	0.792	0.792
0.400	0.811	0.815	0.818	0.820	0.822	0.824	0.826	0.827	0.828	0.829	0.830	0.831	0.831	0.832	0.833	0.833	0.833	0.834	0.834	0.834
0.350	0.840	0.844	0.848	0.852	0.855	0.857	0.859	0.861	0.863	0.864	0.855	0.867	0.867	0.868	0.869	0.870	0.870	0.871	0.871	0.871
0.300	0.857	0.863	0.868	0.873	0.878	0.881	0.884	0.887	0.890	0.892	0.893	0.895	0.896	0.898	0.899	0.900	0.901	0.901	0.902	0.903
0.250	0.858	0.866	0.874	0.881	0.887	0.892	0.897	0.901	0.903	0.908	0.911	0.914	0.916	0.918	0.920	0.921	0.923	0.924	0.925	0.926
0.200	0.834	0.816	0.856	0.866	0.874	0.882	0.889	0.896	0.901	0.907	0.911	0.916	0.919	0.923	0.926	0.929	0.932	0.934	0.936	0.938
0.150	0.722	0.786	0.800	0.813	0.825	0.835	0.846	0.855	0.864	0.872	0.879	0.893	0.893	0.899	0.904	0.909	0.914	0.918	0.922	0.926
0.100	0.646	0.663	0.679	0.694	0.708	0.722	0.735	0.748	0.760	0.771	0.781	0.801	0.801	0.810	0.819	0.827	0.835	0.843	0.850	0.857
0.050	0.413	0.428	0.442	0.456	0.469	0.483	0.495	0.508	0.520	0.532	0.543	0.566	0.566	0.576	0.587	0.597	0.607	0.617	0.626	0.635
0.000	0.000	0.000	0.000	0.000	0.000	0.000	0.000	0.000	0.000	0.000	0.000	0.000	0.000	0.000	0.000	0.000	0.000	0.000	0.000	0.000

附 3.3

双肢剪力墙位移计算公式

式(附 3.15)给出双肢墙在均布荷载、倒三角形荷载及顶点集中力作用下的位移计算公式。

均布荷载情况

$$y = \frac{V_0 H^3}{2E(I_1+I_2)} \xi^2 \left(\frac{1}{2} - \frac{1}{3}\xi + \frac{1}{12}\xi^2\right) - \frac{\zeta V_0 H^3}{E(I_1+I_2)} \times$$

$$\left[\frac{\xi(\xi-2)}{2\alpha^2} - \frac{\operatorname{ch}\alpha\xi-1}{\alpha^4\operatorname{ch}\alpha} + \frac{\operatorname{sh}\alpha - \operatorname{sh}\alpha(1-\xi)}{\alpha^3\operatorname{ch}\alpha} + \right. \qquad \text{(附 3.15a)}$$

$$\left. \xi^2\left(\frac{1}{4} - \frac{1}{6}\xi + \frac{1}{24}\xi^2\right)\right] + \frac{\mu V_0 H}{G(A_1+A_2)}\left(\xi - \frac{1}{2}\xi^2\right)$$

倒三角形荷载情况

$$y = \frac{V_0 H^3}{3E(I_1+I_2)} \xi^2 \left(1 - \frac{1}{2}\xi + \frac{1}{20}\xi^3\right) - \frac{\zeta V_0 H^3}{E(I_1+I_2)} \times$$

$$\left\{\left(1 - \frac{2}{\alpha^2}\right)\left[\frac{1}{2}\xi^2 - \frac{1}{6}\xi^5 - \frac{\xi}{\alpha^2} + \frac{\operatorname{sh}\alpha - \operatorname{sh}\alpha(1-\xi)}{\alpha^3\operatorname{ch}\alpha}\right] - \frac{2}{\alpha^4}\frac{\operatorname{ch}\alpha\xi-1}{\operatorname{ch}\alpha} + \right.$$

$$\left. \frac{1}{\alpha^2}\xi^2 - \frac{1}{6}\xi^2 + \frac{1}{60}\xi^5\right\} + \frac{\mu V_0 H}{G(A_1+A_2)}\left(\xi - \frac{1}{3}\xi^3\right) \qquad \text{(附 3.15b)}$$

顶点集中荷载情况

$$y = \frac{V_0 H^3}{3E(I_1+I_2)}\left\{\frac{1}{2}(1-\zeta)(3\xi^3-\xi^3) + \frac{\zeta}{\alpha^3}\frac{3}{\operatorname{ch}\alpha} \times \right.$$

$$\left. \left[\operatorname{sh}\alpha(1-\xi) + \xi\alpha\operatorname{ch}\alpha - \operatorname{sh}\alpha\right]\right\} + \frac{\mu V_0 H}{G(A_1+A_2)}\xi \qquad \text{(附 3.15c)}$$

附 3.4

剪力墙底部加强部位

底部加强部位的高度,从计算嵌固端算起。当地下室顶板作为上部结构嵌固端时,从地下室顶板算起;当结构计算嵌固端位于地下一层底板或以下时,底部加强部位延伸到计算嵌固端。

底部加强部位的高度取底部两层和墙体总高的 1/10 二者的较大值,部分框支剪力墙结构取房屋总高的 1/10 和转换层以上两层的较大值。

附3.5

T形和工字形截面剪力墙偏心受压承载力计算公式

1）大偏心受压

T形和工字形截面剪力墙大偏心受压破坏时截面应力分布如附图3.3所示，与矩形截面墙肢相同，仍然假定只有 $1.5x$ 范围以外的受拉竖向分布钢筋达到屈服强度 f_{yw} 并参与受力，$1.5x$ 范围内的分布钢筋均不参与受力计算。

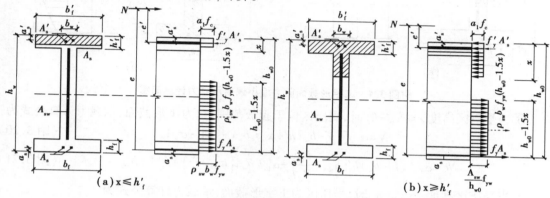

附图3.3 工字型截面剪力墙大偏压承载力计算简图

根据受压区高度是否超出T形或工字字翼缘范围，大偏心受压剪力墙承载力按以下两类计算：

（1）当 $x \leqslant h'_f$ 且 $x \leqslant \xi_b h_{w0}$ 时，中和轴位于翼缘内

无地震作组合：

$$N = \alpha_1 f_c b'_f x - (h_{w0} - 1.5x) b_w f_{yw} \rho_{sw} \tag{附3.16}$$

$$Ne = \alpha_1 f_c b'_f x \left(h_{w0} - \frac{x}{2}\right) + f'_y A'_s (h_{w0} - a'_s) - \frac{(h_{w0} - 1.5x)^2}{2} b_w f_{yw} \rho_{sw} \tag{附3.17}$$

（2）当 $x > h'_f$ 且 $x \leqslant \xi_b h_{w0}$ 时，中和轴位于腹板内

无地震作用组合：

$$N = \alpha_1 f_c h'_f (b'_f - b_w) + \alpha_1 f_c b'_f x - (h_{w0} - 1.5x) b_w f_{yw} \rho_{sw} \tag{附3.18}$$

$$Ne = \alpha_1 f_c (b'_f - b_w) h'_f \left(h_{w0} - \frac{h'_f}{2}\right) + f'_y A'_s (h_{w0} - a'_s) + \alpha_1 f_c b_w x \left(h_{w0} - \frac{x}{2}\right) -$$
$$\frac{(h_{w0} - 1.5x)^2}{2} b_w f_{yw} \rho_{sw} \tag{附3.19}$$

式（附3.17）和式（附3.19）中，$e = e_0 + \dfrac{h_w}{2} - a_s$。

有地震作用组合时，承载力计算公式（附3.17）—式（附3.19）右端同时除以 γ_{RE}。大偏心受压计算的两类情况中，受压区高度需同时满足 $x \geqslant 2a'_s$。其余计算方法与矩形截面大偏压相同。

2）小偏心受压计算

小偏心受压剪力墙截面应力分布如附图3.4所示，墙肢全截面或大部分截面受压，墙肢

端部受拉端钢筋应力较小,不考虑墙身竖向分布筋参与受力计算,根据受压区高度分成以下两种情况:

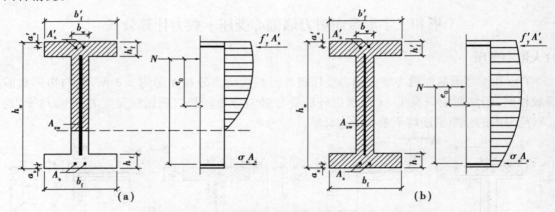

附图 3.4　工字形截面剪力墙小偏压承载力计算简图

①当受压区高度 $x \leqslant h_{w0} - h_f$ 时,受压区位于腹板范围内,为 T 形截面,承载力计算公式为:

$$N = \alpha_1 f_c (b_f' - b_w) h_f' + \alpha_1 f_c b_w x + f_y' A_s' - \sigma_s A_s \qquad (\text{附} 3.20)$$

$$Ne = \alpha_1 f_c (b_f' - b_w) h_f' \left(h_{w0} - \frac{h_f'}{2} \right) + \alpha_1 f_c b_w x \left(h_{w0} - \frac{x}{2} \right) + f_y' A_s' (h_{w0} - a_s') \qquad (\text{附} 3.21)$$

②当受压区高度 $x > h_{w0} - h_f$ 时,受压区为工字形截面,承载力计算公式为:

$$N = \alpha_1 f_c (b_f' - b_w) h_f' + \alpha_1 f_c (b_f - b_w)(h_f - h_w + x) + \alpha_1 f_c b_w x + f_y' A_s' - \sigma_s A_s \qquad (\text{附} 3.22)$$

$$Ne = \alpha_1 f_c (b_f' - b_w) h_f' \left(h_{w0} - \frac{h_f'}{2} \right) + \alpha_1 f_c (b_f - b_w)(h_f - h_w + x) \left(\frac{h_f}{2} + \frac{h_w}{2} - \frac{x}{2} - a_s \right) +$$

$$\alpha_1 f_c b_w x \left(h_{w0} - \frac{x}{2} \right) + f_y' A_s' (h_{w0} - a_s') \qquad (\text{附} 3.23)$$

式(附 3.21)和式(附 3.23)中,$e = e_0 + h_w/2 - a_s$, $\sigma_s = \dfrac{\xi - \beta_1}{\xi_b - \beta_1} f_y$ 。

抗震设计时,承载力计算公式(附 3.20)~式(附 3.23)右端同时除以 γ_{RE} 。由于墙身钢筋应力较小,此时墙身竖向分布筋按构造要求确定。

附 3.6

矩形截面偏心受拉剪力墙的正截面承载力公式

《混凝土结构设计规范》给出了矩形截面偏心受拉剪力墙的正截面承载力公式。

无地震作用组合时:

$$N \leqslant \frac{1}{\dfrac{1}{N_{0u}} - \dfrac{e_0}{M_{wu}}} \qquad (\text{附} 3.24)$$

有地震作用组合时:

$$N \leqslant \frac{1}{\gamma_{RE}} \left(\frac{1}{\dfrac{1}{N_{0u}} - \dfrac{e_0}{M_{wu}}} \right) \qquad (\text{附} 3.25)$$

式中,N_{0u} 和 M_{wu} 可按下列公式计算:

$$N_{0u} = 2A_s f_y + A_{sw} f_{yw} \tag{附3.26}$$

$$M_{wu} = A_s f_y (h_{w0} - a_s') + A_{sw} f_{yw} \frac{h_{w0} - a_s'}{2} \tag{附3.27}$$

式中 A_{sw}——剪力墙腹板竖向分布钢筋的全部截面面积。

附3.7

剪力墙的墙身平面外稳定验算

小偏心受压墙肢需按轴心受压构件验算其平面外的承载力,计算公式为

$$N_u = 0.9\varphi(f_c b_w h_w + f_y' A_s') \tag{附3.28}$$

式中 φ——剪力墙平面外受压稳定系数,可由附表3.2查得。

附表3.2 墙体纵向弯曲系数

h_w/b_w	<4	4	6	8	10	12	14	16
φ	1.00	0.98	0.96	0.91	0.86	0.82	0.77	0.72
h_w/b_w	18	20	22	24	26	28	30	
φ	0.68	0.63	0.59	0.55	0.51	0.47	0.44	

附3.8

剪力墙和连梁的其他构造要求

1)墙肢配筋构造

为限制裂缝开展,减小由于温度收缩等不利因素的影响,墙肢水平及竖向分布筋应满足最小配筋的要求,剪力墙内水平及竖向分布钢筋的配筋率一、二、三级抗震等级不应小于0.25%,四级和非抗震时不应低于0.2%,双向钢筋间距不宜大于300 mm,直径不应小于8 mm,且不宜大于墙厚的1/10。

房屋顶层剪力墙、长矩形平面房屋的楼梯间和电梯间剪力墙、端开间纵向剪力墙以及端山墙的水平和竖向分布钢筋的配筋率均不应小于0.25%,间距均不应大于200 mm。

非抗震设计时,剪力墙纵向钢筋最小锚固长度应取 l_a,抗震设计时剪力墙纵向钢筋最小锚固长度应取 l_{aE}。

剪力墙竖向及水平分布筋采用搭接时,一、二级剪力墙的底部加强部位,接头位置应错开,同一截面连接的钢筋数量不宜超过总数量的50%,错开净距不小于500 mm,其他情况可在同一截面连接。分布钢筋的搭接长度,非抗震设计时不应小于 $1.2l_a$,抗震设计时不应小于 $1.2l_{aE}$,如附图3.5所示。

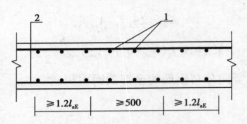

附图3.5 剪力墙内水平分布钢筋的连接

1—竖向分布筋；2—水平分布筋

2）连梁的配筋构造

连梁顶面、底面的纵向水平钢筋伸入墙肢的长度如附图3.6所示。抗震设计时，除按计算确定连梁配箍量以外，沿连梁全长箍筋尚应符合框架梁箍筋加密区的构造要求；非抗震设计时，沿连梁全长的箍筋直径不应小于6 mm，间距不应大于150 mm。

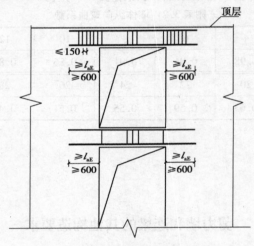

附图3.6 连梁配筋示意图

连梁高度范围内的墙肢水平分布钢筋应在连梁内拉通作为连梁的腰筋。连梁高度大于700 mm时，其两侧腰筋的直径不小于8 mm，间距不大于200 mm，跨高比不大于2.5的连梁，两侧腰筋总面积配筋率不应小于0.3%。

附3.9

框架-剪力墙结构基本微分方程的计算

框架-剪力墙结构的基本微分方程为

$$\frac{\mathrm{d}^4 y}{\mathrm{d}\xi^4} - \lambda^2 \frac{\mathrm{d}^2 y}{\mathrm{d}\xi^2} = \frac{pH^4}{EI_w}$$

上式是一个四阶常系数非齐次线性微分方程，它的解由两部分构成，一部分是对应齐次方程的通解，另一部分是该方程的特解。

（1）方程的通解 y_1

式（3.89）、式（3.100）的特征方程为

$$r^4 - \lambda^2 r^2 = 0 \qquad （附3.29）$$

该方程的特征根为

$$r_1 = r_2 = 0, r_3 = \lambda, r_3 = -\lambda$$

因此，齐次方程的通解为

$$y_1 = C_1 + C_2\xi + A \, \text{sh} \, \lambda\xi + B \, \text{ch} \, \lambda\xi \qquad （附3.30）$$

其中，C_1、C_2、A 和 B 是待定参数。

（2）方程的特解 y_2

不同的外荷载形式，特解 y_2 不同，下面分别针对外荷载为均布、倒三角形和顶点集中荷载3种形式求解。

①均布荷载：

假设 $y_2 = a\xi^2$，将 $\dfrac{\text{d}^2 y_2}{\text{d}\xi^2} = a$、$\dfrac{\text{d}^4 y_2}{\text{d}\xi^4} = 0$ 代入到微分方程式（3.89）、式（3.100）中，可得

$$a = -\frac{pH^2}{2C_f} \qquad （附3.31）$$

于是，$y_2 = -\dfrac{pH^2}{2C_f}\xi^2$。

②倒三角形荷载：

假设 $y_2 = a\xi^3$，将 $\dfrac{\text{d}^2 y_2}{\text{d}\xi^2} = 6a\xi$、$\dfrac{\text{d}^4 y_2}{\text{d}\xi^4} = 0$ 代入微分方程式（3.89）、式（3.100）中，可得

$$a = -\frac{pH^2}{6C_f} \qquad （附3.32）$$

于是，$y_2 = -\dfrac{pH^2}{6C_f}\xi^3$。

③顶点集中荷载：

由于 $p = 0$，故 $y_2 = 0$ 是微分方程特解。

（3）方程的解

综合微分方程的通解和3种荷载形式的特解，则框架-剪力墙结构位移曲线的解为

$$y = C_1 + C_2\xi + A \, \text{sh} \, \lambda\xi + B \, \text{ch} \, \lambda\xi - \begin{cases} \dfrac{pH^2}{2C_f}\xi^2 \\[2mm] \dfrac{pH^2}{6C_f}\xi^3 \\[2mm] 0 \end{cases} \qquad （附3.33）$$

（4）4个待定参数的确定及微分方程的解

4个参数可通过剪力墙脱离体的4个边界条件分别计算：

①当 $\xi = 0（x = 0）$ 时，结构底部位移 $y = 0$；

②当 $\xi = 0$ 时，结构底部转角 $\theta = 0$，即 $\text{d}y/\text{d}\xi = 0$；

③当 $\xi = 1（x = H）$ 时，结构顶部弯矩为零，即：

$$M = EI \frac{\mathrm{d}^2 y}{\mathrm{d}\xi^2} = 0$$

④当 $\xi = 1$（$x = H$）时，结构顶部总剪力为：

$$V = V_{\mathrm{w}} + V_{\mathrm{f}} = \begin{cases} 0 & \text{（均布荷载）} \\ 0 & \text{（倒三角形荷载）} \\ p & \text{（顶点集中荷载）} \end{cases}$$

由上述 3 种荷载作用下的 4 个边界条件可得 C_1、C_2、A 和 B 的值，代入式（附 3.33）中得

$$y = \begin{cases} \dfrac{pH^4}{EI_{\mathrm{w}}\lambda^2}\left[\dfrac{1+\lambda\ \mathrm{sh}\ \lambda}{\mathrm{ch}\ \lambda}(\mathrm{ch}(\lambda\xi)-1) - \lambda\ \mathrm{sh}(\lambda\xi) + \lambda^2\xi\left(1-\dfrac{\xi}{2}\right) \right] & \text{（均布荷载）} \\[4mm] \dfrac{pH^4}{EI_{\mathrm{w}}\lambda^2}\left[\begin{array}{l} \dfrac{(\mathrm{ch}(\lambda\xi)-1)}{\mathrm{ch}\ \lambda}\left(\dfrac{\mathrm{sh}\ \lambda}{2\lambda} - \dfrac{\mathrm{sh}\ \lambda}{\lambda^3} + \dfrac{1}{\lambda^2} \right) \\[2mm] + \left(\xi - \dfrac{\mathrm{sh}(\lambda\xi)}{\lambda} \right)\left(\dfrac{1}{2} - \dfrac{1}{\lambda^2} \right) - \dfrac{\xi^2}{6} \end{array} \right] & \text{（倒三角形荷载）} \\[6mm] \dfrac{PH^3}{EI_{\mathrm{w}}\lambda^3}\left[\dfrac{\mathrm{sh}\ \lambda}{\mathrm{ch}\ \lambda}(\mathrm{ch}(\lambda\xi)-1) - \mathrm{sh}(\lambda\xi) + \lambda\xi \right] & \text{（顶点集中荷载）} \end{cases}$$

$$\text{（附 3.34）}$$

由剪力墙弯矩和位移间关系

$$M_{\mathrm{w}} = EI_{\mathrm{w}} \frac{\mathrm{d}^2 y}{\mathrm{d}z^2} = \frac{EI_{\mathrm{w}}}{H^2} \frac{\mathrm{d}^2 y}{\mathrm{d}\xi^2} \qquad \text{（附 3.35）}$$

由弯矩与剪力间关系

$$V_{\mathrm{w}} = -\frac{\mathrm{d}M_{\mathrm{w}}}{\mathrm{d}z} = -\frac{EI_{\mathrm{w}}}{H^3} \frac{\mathrm{d}^3 y}{\mathrm{d}\xi^3} \qquad \text{（附 3.36）}$$

可得

$$M_{\mathrm{w}} = \begin{cases} \dfrac{pH^2}{\lambda^2}\left[\dfrac{1+\lambda\ \mathrm{sh}\ \lambda}{\mathrm{ch}\ \lambda}\mathrm{ch}(\lambda\xi) - \lambda\ \mathrm{sh}(\lambda\xi) - 1 \right] & \text{（均布荷载）} \\[4mm] \dfrac{pH^2}{\lambda^2}\left[\begin{array}{l} \dfrac{\mathrm{ch}(\lambda\xi)}{\mathrm{ch}\ \lambda}\left(1 + \dfrac{1}{2}\lambda\ \mathrm{sh}\ \lambda - \dfrac{\mathrm{sh}\ \lambda}{\lambda} \right) \\[2mm] -\left(\dfrac{\lambda}{2} - \dfrac{1}{\lambda} \right)\mathrm{sh}(\lambda\xi) - \xi \end{array} \right] & \text{（倒三角形荷载）} \\[6mm] PH\left[\dfrac{\mathrm{sh}\ \lambda}{\lambda\ \mathrm{ch}\ \lambda}\mathrm{ch}(\lambda\xi) - \dfrac{1}{\lambda}\mathrm{sh}(\lambda\xi) \right] & \text{（顶点集中荷载）} \end{cases} \qquad \text{（附 3.37）}$$

$$V'_{\mathrm{w}} = \begin{cases} \dfrac{pH}{\lambda}\left[\lambda\ \mathrm{ch}(\lambda\xi) - \dfrac{1+\lambda\ \mathrm{sh}(\lambda)}{\mathrm{ch}\ \lambda}\mathrm{sh}(\lambda\xi) \right] & \text{（均布荷载）} \\[4mm] \dfrac{pH}{\lambda^2}\left[\begin{array}{l} \dfrac{\lambda\ \mathrm{sh}(\lambda\xi)}{\mathrm{ch}\ \lambda}\left(1 + \dfrac{1}{2}\lambda\ \mathrm{sh}\ \lambda - \dfrac{\mathrm{sh}\ \lambda}{\lambda} \right) \\[2mm] -\left(\dfrac{\lambda}{2} - \dfrac{1}{\lambda} \right)\lambda\ \mathrm{ch}(\lambda\xi) - 1 \end{array} \right] & \text{（倒三角形荷载）} \\[6mm] P\left[\mathrm{ch}(\lambda\xi) - \dfrac{\mathrm{sh}\ \lambda}{\mathrm{ch}\ \lambda}\mathrm{sh}(\lambda\xi) \right] & \text{（顶点集中荷载）} \end{cases} \qquad \text{（附 3.38）}$$

剪力墙位移 y、弯矩 M_{w} 和剪力 V'_{w} 均是 λ 和 ξ 的函数，当已知两种结构体系的刚度特征值 λ 时，由式（附 3.34）~式（附 3.38）可求得剪力墙任一高度处（ξ）的位移 y、弯矩 M_{w} 和名义剪力 V'_{w}。

附3.10

<h1 style="text-align:center">总剪力墙位移、内力计算图表</h1>

式(附3.34)~式(附3.38)计算过程比较烦琐,为了计算方便,分别将3种典型荷载作用下剪力墙的位移y、弯矩M_w和名义剪力V'_w与计算高度$\xi=\dfrac{z}{H}$的关系,按不同的结构刚度特征值绘制于附图3.7~附图3.9中,设计时直接查用,方便又快捷。

查图表时,先将剪力墙按竖向悬臂构件计算在相应外荷载作用下的顶点位移y_0、基底总弯矩M_0和基底总剪力V_0,然后根据结构刚度特征值λ和计算高度ξ查得总剪力墙位移和内力系数y/y_0、M_w/M_0和V'_w/V_0,进而求得总剪力墙在各高度处位移y、弯矩M_w和名义剪力V'_w。

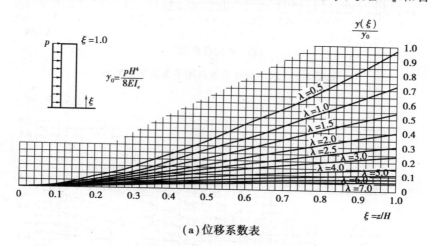

（a）位移系数表

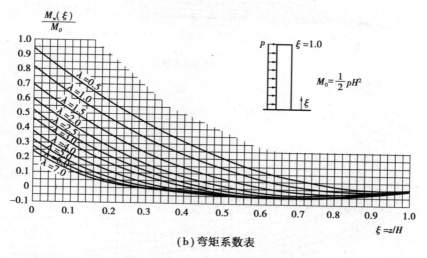

（b）弯矩系数表

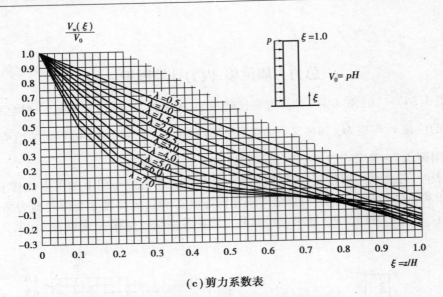

（c）剪力系数表

附图 3.7　水平均布荷载作用下剪力墙系数表

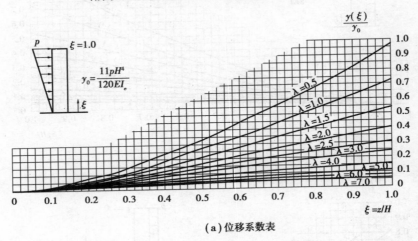

（a）位移系数表

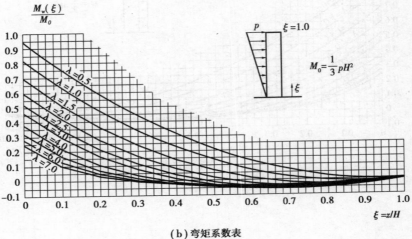

（b）弯矩系数表

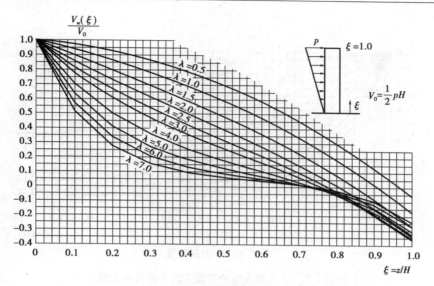

（c）剪力系数表

附图3.8 水平倒三角形荷载作用下剪力墙系数表

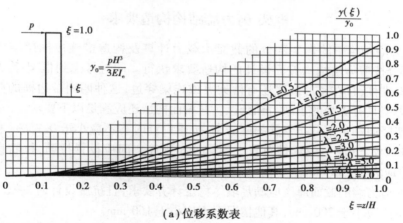

（a）位移系数表

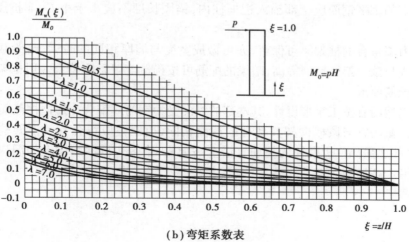

（b）弯矩系数表

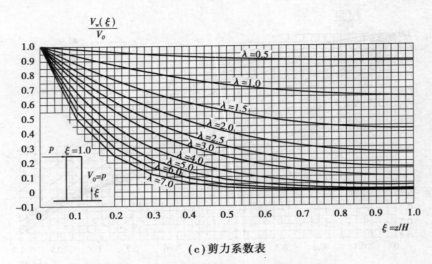

（c）剪力系数表

附图3.9　水平顶点集中荷载作用下剪力墙系数表

附3.11

框架-剪力墙结构构造要求

　　框架-剪力墙结构中的框架部分的截面承载力计算及构造措施按框架结构相关规定执行，剪力墙部分按剪力墙结构截面设计的构造要求执行。同时考虑到框架-剪力墙结构中的剪力墙常设有端柱，且在楼层位置还有框架梁或连梁穿过，这种四周带边框的剪力墙比普通矩形截面剪力墙具有更高的承载力和延性。其截面构造还应满足以下要求：

　　①剪力墙竖向和水平分布钢筋的配筋率，抗震设计时均不应小于0.25%，非抗震设计时均不应小于0.2%，并应至少双排布置。各排分布钢筋之间应设置拉筋，拉筋直径不应小于6 mm，间距不应大于600 mm。

　　②带边框剪力墙的截面厚度应满足墙体稳定计算要求，且抗震设计时，一、二级剪力墙的底部加强部位不应小于200 mm，其他情况下不应小于160 mm。

　　③剪力墙的水平钢筋应全部锚入边框柱内，锚固长度不应小于小 l_a（非抗震设计）或 l_{aE}（非抗震设计）。

　　④与剪力墙重合的框架梁可保留，亦可做成宽度与墙厚相同的暗梁，暗梁截面高度可取墙厚的2倍或与该框架梁截面等高，暗梁的配筋可按构造配置且应符合一般框架梁相应抗震等级的最小配筋要求。

　　⑤剪力墙截面宜按工字形设计，其端部的纵向受力钢筋应配置在边框柱截面内。

　　⑥边框柱截面宜与该榀框架其他柱的截面相同，边框柱应符合有关框架柱构造配筋规定，剪力墙底部加强部位边框柱的箍筋宜沿全高加密；当带边框剪力墙上的洞口紧邻边边框柱的箍筋宜沿全高加密。

附3.12

筒体结构截面设计与构造要求

1）混凝土

筒体现浇混凝土强度等级不宜低于C30。

2）外框筒柱

在侧向力作用下,框筒中角柱轴力较大,应按双向偏心受压构件计算。为保证角柱的承载力,计算时角柱在两个方向上的受压偏心距均不应小于相应边长的1/10。在地震作用下,角柱不允许出现小偏心受拉。当出现大偏心受拉时,应考虑偏心受压与偏心受拉的最不利情况;如角柱为非矩形截面,还应进行弯矩（双向）、剪力和扭矩共同作用下的截面验算。框筒的中柱宜按双向偏心受压构件计算。

抗震设计时,框筒柱轴压比限值可按框架-剪力墙结构中框架柱的规定采用。

3）核心筒墙体

核心筒墙体的底部加强部位、边缘构件的设置以及截面设计均按框架-剪力墙结构中有关剪力墙截面设计的要求进行。抗震设计时,核心筒作为筒体结构的主要抗侧力构件,其角部是保证核心筒整体性的主要部位,应加强该部位边缘构件的构造要求,底部加强部位角部墙体约束边缘构件沿墙肢长度宜取墙肢截面高度的1/4,约束边缘构件范围内应主要采用箍筋。底部加强部位以上角部墙体需按剪力墙结构相关规定设置约束边缘构件。

同时,为保证核心筒良好的整体性,墙肢宜均匀、对称布置,筒体角部附近不宜开洞。当不可避免时,筒角内壁到洞口应保持一段距离,以便设置边缘构件,其值不应小于500 mm和开洞墙的厚度。

核心筒外墙的截面厚度不应小于层高的1/20及200 mm,对一、二级抗震设计的底部加强部位,不宜小于层高的1/16及200 mm。不满足时,应计算墙体稳定,必要时可增设扶壁柱或扶壁墙。

抗震设计时,核心筒底部加强部位主要墙体的水平和竖向分布钢筋的配筋率均不应小于0.3%。

4）外框筒梁和内筒连梁

当连梁中仅配置普通箍筋作为抗剪钢筋时,外框筒梁和内筒连梁的正截面和斜截面承载力计算公式按照第3.5.6节剪力墙连梁的计算式执行,且截面尺寸应符合下列规定:

（1）非抗震设计时

$$V_b \leqslant 0.25\beta_c f_c b_b h_{b0}$$
（附3.39）

（2）抗震设计时

跨高比大于2.5时:

$$V_b \leqslant \frac{1}{\gamma_{RE}}(0.20\beta_c f_c b_b h_{b0})$$
（附3.40）

跨高比不大于2.5时:

$$V_{b} \leqslant \frac{1}{\gamma_{RE}}(0.15\beta_{c}f_{c}b_{b}h_{b0}) \qquad (\text{附}3.41)$$

式中　V_{b}——外框筒梁或内筒连梁剪力设计值；

　　　　b_{b}——外框筒梁或内筒连梁截面宽度；

　　　　h_{b0}——外框筒梁或内筒连梁有效高度；

　　　　β_{c}——混凝土强度影响系数。

配置普通箍筋外框筒梁和内筒连梁的配筋应符合下列要求：

①非抗震设计时，箍筋直径不应小于 8 mm；抗震设计时，箍筋直径不应小于 10 mm。

非抗震设计时，箍筋间距不应大于 150 mm；抗震设计时，箍筋间距沿梁长不变，且不应大于 100 mm，当梁内设置交叉暗撑时，箍筋间跨不应大于 200 mm。

②框筒梁内上、下纵向钢筋的直径不应小于 16 mm。腰筋直径不应小于 10 mm，间距不应大于 200 mm。

5)板的构造要求

柱或筒体墙不均匀的竖向变形会使混凝土楼板产生平面外的翘曲，在楼板的角部常出现裂缝。实践证明，在楼板外角一定范围内配置双层双向构造钢筋，对防止楼板角部开裂具有明显的效果，如附图 3.10 所示。即在筒体结构的楼盖外角宜设置双层双向钢筋，单层单向配筋率不宜小于 0.3%，钢筋的直径不应小于 8 mm，间距不应大于 150 mm，配筋范围不宜小于外框架（或外筒）至内筒外墙中距的 1/3 和 3 m。

楼盖主梁不宜搁置在核心筒或内筒的梁上。

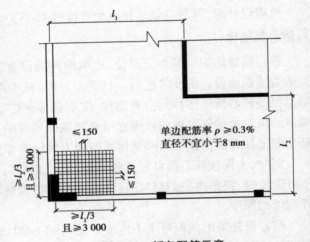

附图 3.10　板角配筋示意

思考题

3.1　我国高层建筑结构是如何规定的？

3.2　简述高层建筑结构特点。

3.3　高层建筑基本结构体系包括哪些？各有什么优缺点？

3.4　高层建筑混凝土结构有哪些楼盖体系？

3.5　简述高层建筑平面布置原则和竖向布置原则。

3.6　简述高层建筑的变形缝类型和作用。

3.7　高层建筑结构的风荷载计算较多层建筑有哪些不同？

3.8　高层建筑结构的地震作用计算较多层建筑有哪些不同？

3.9 剪力墙结构的布置有哪些具体要求?

3.10 剪力墙结构在水平荷载作用下的计算有哪些基本假定?

3.11 剪力墙根据洞口的大小、位置等共分为哪几类?其判别条件是什么?各有哪些受力特点?

3.12 以双肢墙为例,说明剪力墙的整体性系数 α 是如何影响墙肢、连梁内力分布与侧移的。

3.13 什么是剪力墙的等效刚度?各类剪力墙的等效刚度如何计算?

3.14 试述剪力墙结构在水平荷载作用下的平面协同工作的假定和计算方法。

3.15 采用连续连杆法进行联肢墙内力和位移分析时的基本假定是什么?连梁未知力 $\tau(z)$ 和 $\sigma(z)$ 各表示什么?

3.16 说明用连续连杆法进行联肢墙内力和位移计算的步骤。

3.17 地震作用下,剪力墙结构的抗震延性措施主要有哪些?

3.18 怎样进行剪力墙的抗震内力调整?

3.19 试述剪力墙正截面承载力计算时大偏心受压和小偏心受压计算方法的区别,与偏心受压框架柱有什么不同。

3.20 剪力墙斜截面破坏形态有哪些?分别采用什么方法来避免?

3.21 剪力墙水平施工缝抗滑移验算的条件和方法是什么?

3.22 试述地震作用和下剪力墙结构中连梁的受力特征及其延性设计方法。

3.23 试述剪力墙边缘构件的设置条件和设置方法。

3.24 剪力墙墙肢内一般需配置哪几种钢筋?其作用是什么?

3.25 为什么对剪力墙连梁的剪力及弯矩进行调整?调整的方法有哪几种?

3.26 整体墙、联肢墙、单独墙肢沿高度的内力分布和截面应变分布有什么区别?

3.27 框架-剪力墙结构协同工作计算的目的是什么?总剪力墙在各榀抗侧力结构间的分配与纯剪力墙结构、纯框架结构有什么根本区别?

3.28 框架-剪力墙结构近似计算方法进行了哪些假定?

3.29 框架-剪力墙结构空间协同工作计算与空间三维计算有什么区别?

3.30 框架-剪力墙结构铰接体系和刚接体系在结构布置上有什么区别?在结构计算简图、结构内力分布和结构计算步骤等方面有什么不同?

3.31 刚接体系中如何确定联系梁的计算简图及联系梁跨度 l?什么时候是两端有刚域?什么时候一端有刚域?刚域的尺寸怎么定?

3.32 铰接体系计算简图中的铰接连杆代表什么?作用是什么?刚接体系中总剪力墙与总框架之间的连杆又代表什么?作用是什么?

3.33 联系梁刚度乘以刚度降低系数后,内力有什么变化?

3.34 为什么要对框架承受的水平地震作用剪力进行调整?怎么调整?

3.35 框架-剪力墙结构刚度特征值 λ 的物理意义是什么?λ 大小的变化对结构的内力分布、侧向位移曲线有什么影响?

3.36 截面尺寸沿高度方向为均匀一致的框架-剪力墙结构,其各层的抗侧刚度中心是否在同一竖轴线上?为什么?

3.37 在框架-剪力墙结构中,求得总框架和总剪力墙的剪力后,怎样求各杆件的内力?

3.38 在框架-剪力墙结构中,按协同工作分配得到的框架内力什么部位最大? 它对其他各层配筋有什么影响?

3.39 设计框架-剪力墙结构中的剪力墙与设计剪力墙结构中的剪力墙有什么异同?

3.40 框架-剪力墙结构的延性通过什么措施来保证?

3.41 为什么高层框架-剪力墙结构中的剪力墙布置不宜过分集中?

3.42 框筒结构中的剪力滞后是如何产生的? 可以采取什么措施减少剪力滞后的影响?

3.43 框筒、框架-核心筒、筒中筒结构的布置要点有哪些?

3.44 框筒、框架-核心筒、筒中筒结构有哪些简化的计算方法?

3.45 什么是等效角柱法? 如何计算等效角柱?

3.46 角柱截面为什么要适当加大? 如果建筑设计不允许设角柱,或角柱很小,其结果如何? 此时怎样设计?

3.47 框筒及筒中筒结构中楼板都起什么作用? 不同楼板体系对筒中筒结构受力有什么影响? 框筒对楼板又有什么影响? 楼板配筋应注意什么问题?

3.48 框架-核心筒结构与筒中筒结构受力的最大区别是什么? 是什么造成的?

3.49 为什么框架-核心筒结构更接近于框架-剪力墙结构? 计算框架-核心筒结构可以用平面结构假定吗? 为什么?

3.50 高层建筑结构计算机计算方法有哪些?

3.51 简述高层建筑结构协同工作和空间结构分析法的原理。

3.52 如何定义薄壁杆件单元?

3.53 什么是空间杆系墙组元分析方法?

3.54 空间剪力墙单元模型分析方法有何特点?

3.55 常用的结构分析通用程序有哪些?

3.56 高层建筑结构分析与设计的专用程序有哪些?

3.57 高层建筑结构计算结果产生错误的原因有哪些?

3.58 高层建筑结构计算机计算结果的正确与否如何判断?

练习题

3.1 某 10 层钢筋混凝土剪力墙如习题 3.1 图所示,其各层层高均为 3.6 m,墙长为 12 m,墙厚为 0.2 m,门洞居中布置,尺寸为 2 400 mm×2 700 mm。混凝土强度等级为 C30, $E = 3.0 \times 10^4$ N/mm^2。该剪力墙承受倒三角形水平荷载 $q = 50$ kN/m。要求:(1)计算整体性系数及肢强系数并判别剪力墙类型;(2)计算顶点位移;(3)用相应公式计算连梁和剪力墙内力并绘制连梁和剪力墙内力分布图。

3.2 教材正文中例 3.1 的墙 3,若混凝土强度等级为 C30, $E = 3.0 \times 10^4$ N/mm^2。若其承受一倒三角形水平荷载,顶点 $q = 20$ kN/m。试计算其顶点位移和墙肢内力。

3.3 某剪力墙结构建筑位于 8 度抗震设防烈度地区,共 24 层,总高 73.5 m,其中一片剪力墙墙厚 200 mm,墙肢截面高度 2 400 mm,混凝土强度 C30。经计算,该墙肢在地震作用下的最不利组合内力为弯矩 $M = 2\,000$ kN·m,轴力 $N = 3\,000$ kN,剪力 $V = 800$ kN,试对该墙肢截面进行抗震设计。

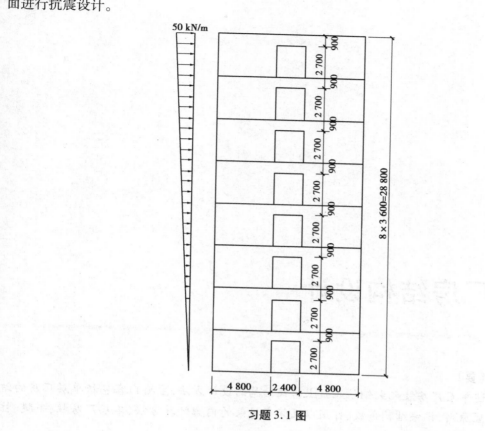

习题 3.1 图

4

单层厂房结构设计

[内容提要]

本章讲述单层厂房装配式钢筋混凝土排架结构的设计方法,主要内容包括单层厂房的结构组成及布置原则,排架结构荷载、作用以及等高排架的内力计算方法,单层厂房柱、牛腿、柱下独立基础的设计方法等。

[学习目标]

(1)了解:单层厂房的组成及结构布置原则;排架柱和柱下独立基础的构造要求;单层厂房的抗震构造措施及要求;吊车梁的受力特点及形式。

(2)理解:单层厂房排架内力组合的原则;单层厂房纵、横向抗震概念设计和抗震计算方法。

(3)掌握:单层厂房排架的计算简图;荷载与内力的计算方法;钢筋混凝土单层厂房柱、牛腿的设计方法以及柱下独立基础的设计方法。

4.1 概述

4.1.1 单层厂房的类型及特点

在工业建筑中,一些机械设备或产品较重,需要占用空间较大的厂房,常常采用单层厂房结构,这样大型设备可直接安装在地面上,便于生产工艺流程或车间内部运输组织。

根据跨度、高度以及吊车起重量等不同,单层厂房可采用混合结构、钢筋混凝土结构和钢结构等不同承重材料的结构形式。

通常,对于无吊车或吊车吨位不超过 5 t、跨度在 15 m 以内、柱顶标高不大于 8 m、无特殊工艺要求的小型厂房,可采用混合结构(由砖柱、木屋架或轻钢屋架或钢筋混凝土屋架组成)。对吊车吨位在 250 t(中级工作制)以上、跨度大于 36 m 的大型厂房或有特殊工艺要求的厂房,可采用由钢筋混凝土柱与钢屋架组成的结构或全钢结构。除此以外,其他单层厂房一般可采用钢筋混凝土结构。采用钢筋混凝土结构的单层厂房,应尽可能优先采用装配式或预应力混凝土结构。

单层厂房按照承重结构体系可分为排架结构和刚架结构两种。

装配式钢筋混凝土排架结构由屋架或屋面梁、柱和基础组成,柱顶与屋架铰接,柱底与基础刚接。根据生产工艺和使用要求的不同,排架结构可做成等高、不等高和锯齿形等多种形式。排架结构传力明确,构造简单,施工亦较方便,是单层厂房的基本结构形式。

装配式钢筋混凝土门式刚架的柱和横梁刚接成一个构件,柱与基础通常为铰接。刚架顶部节点做成铰接的,称为三铰刚架;做成刚接的称为两铰刚架。刚架立柱和横梁的截面高度都是随弯矩的变化沿轴线方向做成变高的,以节约材料。构件截面一般为矩形,但当跨度和高度较大时,也可以做成工字形或空腹,以减轻自重。

门式刚架的优点是梁柱合一,构件种类少,制作简单,结构轻巧,当厂房的跨度和高度均较小时,其经济指标优于排架。门式刚架的缺点是刚度较差,承载后会产生跨变,即横梁产生轴向变形,梁柱的转角处易产生早期裂缝;翻身、吊装和对中就位均比较麻烦,其应用受到一定限制。门式刚架目前一般用于屋盖较轻的无吊车或吊车吨位不大(如 10 t 及以下)、跨度不超过 18 m 的厂房或仓库。

4.1.2 单层厂房结构设计的步骤

单层厂房结构设计首先应满足工艺设计的要求,即根据工厂的生产工艺、设备布置以及交通运输和起重量的要求确定厂房的跨度、跨数、长度以及厂房的高度、吊车的轨顶标高等参数。

单层厂房的结构设计可分为方案设计、技术设计和施工图绘制三个阶段。方案设计主要进行柱网布置、结构选型和结构布置等;技术设计阶段主要进行结构内力分析与构件设计;最后根据计算结果和构造要求绘制施工图。整个设计步骤如图 4.1 所示。

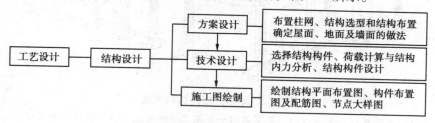

图 4.1 单层厂房结构设计步骤

本章主要讲述单层厂房装配式钢筋混凝土排架结构设计中的主要问题。

4.2 单层厂房的结构组成及布置原则

4.2.1 结构组成

单层厂房排架结构通常由如图4.2所示的多种结构构件组成,并相互连接成整体,这些构件分别组成了屋盖结构、横向平面排架、纵向平面排架和围护结构等。

1)屋盖结构

混凝土屋盖结构由排架柱顶以上部分各构件组成,主要有屋面板(包括天沟板)、屋架或屋面梁(包括屋盖支撑),有时还设有天窗架和托架等。混凝土屋盖结构分无檩和有檩两种体系,将大型屋面板直接支承在屋架或屋面梁上的称为无檩屋盖体系;将小型屋面板或瓦材支承在檩条上,再将檩条支承在屋架上的称为有檩屋盖体系。屋盖结构的主要作用是围护和承重(承受屋盖结构的自重、屋面活荷载、雪荷载以及其他荷载,并将这些荷载传给排架柱),以及采光和通风。

2)横向平面排架

横向平面排架由横梁(屋架或屋面梁)、横向柱列和基础组成,是厂房的基本承重结构。厂房结构承受的竖向荷载(结构自重、屋面活载、雪荷载和吊车竖向荷载等)、横向水平荷载(风荷载、吊车横向制动力以及横向水平地震作用)都是由横向平面排架承担并传至地基的,如图4.3所示。

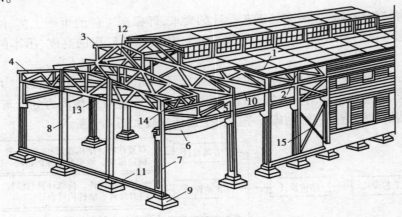

图4.2 单层厂房的结构组成

1—屋面板;2—天沟板;3—天窗架;4—屋架;5—托架;6—吊车梁;7—排架柱;
8—抗风柱;9—基础;10—连系梁;11—基础梁;12—天窗架垂直支撑;
13—屋架下弦横向水平支撑;14—屋架端部垂直支撑;15—柱间支撑

3)纵向平面排架

纵向平面排架由纵向柱列、连系梁、吊车梁、柱间支撑和基础等组成,其作用是保证厂房的纵向稳定性和刚性,并承受作用在山墙、天窗端壁以及通过屋盖结构传来的纵向风荷载、吊

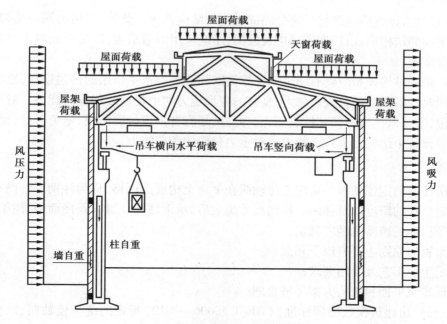

图 4.3　横向平面排架组成及荷载示意图

车纵向水平荷载等,再将其传至地基(图 4.4)。另外,它还承受纵向水平地震作用和温度应力等。

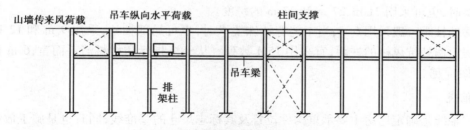

图 4.4　纵向平面排架组成及荷载示意图

4)围护结构

围护结构包括纵墙、横墙(山墙)及由连系梁、抗风柱(有时还有抗风梁或抗风桁架)和基础梁等组成的墙架。这些构件所承受的荷载,主要是墙体和构件的自重以及作用在墙面上的风荷载等。

由于我国大多数单层厂房都已采用钢屋盖,所以本章将不再讲述混凝土屋盖的内容。

4.2.2　结构布置

单层厂房的建筑设计应重视其平面、立面和竖向剖面规则性对抗震性能及经济合理性的影响,宜择优选用规则的形体。其抗侧力构件的平面布置宜规则对称,侧向刚度沿竖向宜均匀变化,多跨厂房宜等高和等长,高低跨厂房不宜采用一端开口的结构布置。厂房建筑物的重心尽可能降低,避免高低错落。多跨厂房当高差不大(例如高差小于或等于 2 m)时,应尽量做成等高。厂房屋面少做或不做女儿墙,必须做时,应尽量降低其高度。当地震区的单层厂房的体型复杂、平立面不规则时,应根据不规则程度、地基基础条件和技术经济等因素的比较分析,确定是否设置防震缝将厂房分隔成规则的结构单元。此外,厂房的同一结构单元内,不应采用不同的结构形式;厂房端部应设屋架,不应采用山墙承重;厂房单元内不应采用横墙和排架混合承重。

单层厂房的结构体系应具有明确的计算简图和合理的水平作用的传递途径,地震设防区的厂房应同时具备必要的抗震承载力、良好的变形能力和消耗地震能量的能力。对可能出现的薄弱部位,应采取措施提高其抗震能力。此外,还宜有多道抗震防线,避免因部分结构或构件破坏而导致整个结构丧失抗震能力或对重力荷载的承载能力。

1)柱网布置

由厂房柱纵向定位轴线与横向定位轴线在平面上构成的网格,称为柱网。柱网布置的实质就是确定厂房的跨度以及柱距。柱网尺寸确定后,承重柱的位置以及屋面板、屋架、吊车梁和基础梁等构件的跨度也随之确定。

柱网布置的原则主要有以下几点:

①满足生产工艺及使用要求;

②保证建筑平面和结构方案经济合理;

③遵守《厂房建筑模数协调标准》(GB/T 50006—2010)规定的统一模数制,以保证结构构件标准化和定型化。

当厂房跨度不大于 18 m 时,应采用 30M 数列(3 m 的倍数),即 9 m、12 m、15 m 和 18 m;当厂房跨度大于 18 m 时,应采用 60M 数列(6 m 的倍数),即 24 m、30 m、36 m 等,如图 4.5 所示。必要时,也可采用 21 m、27 m 和 33 m 的跨度。

厂房的柱距一般采用 6 m,当工艺有特殊要求时,也可局部抽柱,采用 9 m 和 12 m 的柱距。厂房山墙处抗风柱的柱距,宜采用 15M 数列。从经济指标和材料消耗而言,6 m 柱距比 12 m 柱距优越。

2)定位轴线

定位轴线是确定厂房主要承重构件位置及其标志尺寸的基准线,同时也是施工放线和设备定位的依据(图 4.5)。

在厂房纵向尽端处,横向定位轴线位于山墙内边缘,并把端柱中心线内移 600 mm。同样,在伸缩缝两侧的柱中心线也须向两边各移 600 mm,使伸缩缝中心线与横向定位轴线重合,如图 4.6 所示。

3)变形缝

变形缝包括伸缩缝、沉降缝和防震缝 3 种。

如果厂房长度和跨度过大,为减少厂房结构中的温度应力,可设置伸缩缝将厂房结构分成若干温度区段。而当相邻两厂房高度相差很大(如 10 m 以上),两跨间吊车吨位相差悬殊,地基承载力或下卧层土质有巨大差别,或厂房各部分的施工时间先后相差很长、地基土的压缩程度不同时,可在适当部位设置沉降缝,将厂房划分成若干刚度较一致的单元。

在地震区,当厂房平、立面布置复杂,结构高度或刚度相差很大,以及在厂房侧边贴建附属用房(如生活间、变电所、炉子间等)时,宜设置防震缝将相邻部分脱开,且厂房的贴建房屋和构筑物,不宜布置在厂房角部和紧邻防震缝处,厂房内上起重机的铁梯不应靠近防震缝设置;多跨厂房各跨上起重机的铁梯不宜设置在同一横向轴线附近。此外,两个主厂房之间的

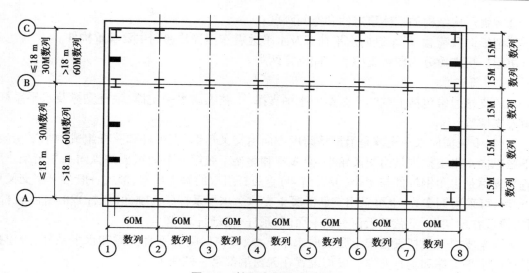

图4.5 柱网布置和定位轴线

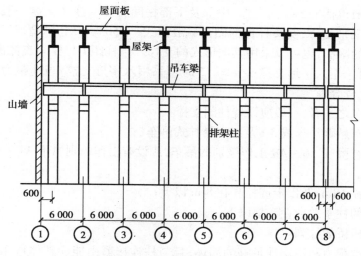

图4.6 厂房的横向定位轴线

过渡跨至少应有一侧采用防震缝与主厂房脱开。防震缝应沿厂房全高设置,基础可不设缝。为了避免地震时防震缝两侧结构相互碰撞,防震缝应具有必要的宽度,在厂房纵横跨交接处、大柱网厂房或不设柱间支撑的厂房,防震缝宽度可采用100～150 mm,其他情况可采用50～90 mm。

关于变形缝的具体要求,可参见第2章相关内容。

4)支撑

在装配式混凝土单层厂房结构中,支撑是联系各种主要结构构件并把它们构成整体的重要组成部分,如果支撑布置不当,不仅会影响厂房的正常使用、降低结构的抗震性能,甚至可能引起工程事故,应给予足够的重视。

支撑的主要作用是:

①保证结构构件在施工安装和使用阶段的稳定和安全;

②增强厂房结构的整体稳定性和空间刚度；

③把纵向风荷载、吊车纵向水平荷载及水平地震作用等传递到主要承重构件。

单层厂房支撑分为屋盖支撑和柱间支撑两类。

（1）屋盖支撑

屋盖支撑通常包括上弦和下弦横向水平支撑、下弦纵向水平支撑、垂直支撑及水平系杆、天窗架支撑等。

上弦、下弦横向水平支撑是沿厂房跨度方向由交叉角钢、直腹杆和弦杆组成的水平桁架，而下弦纵向水平支撑则是由交叉角钢、直腹杆和屋架下弦第一节间组成的纵向水平桁架。屋盖垂直支撑是由角钢杆件与屋架（或天窗架）直腹杆组成的垂直桁架，形式一般为十字交叉形或 W 形，可采用钢支撑，也可采用钢筋混凝土支撑。水平系杆分为刚性（压杆）和柔性（拉杆）两种，设置在屋架上、下弦及天窗上弦平面内，系杆一般通长布置。

天窗架支撑又包括天窗架上弦横向水平支撑、天窗架间的垂直支撑和水平系杆，天窗架上弦横向水平支撑和垂直支撑一般均设置在天窗端部第一柱间内。

（2）柱间支撑

柱间支撑一般包括上部柱间支撑、中部及下部柱间支撑。柱间支撑一般采用钢结构，通常宜采用十字交叉形支撑，交叉杆件的倾角一般为 35°～50°。在特殊情况下，因生产工艺的要求及结构空间的限制，也可以采用其他形式的支撑。当柱距 l 与柱间支撑的高度 h 的比值 l/h 不小于 2 时可采用人字形支撑；$l/h \geq 2.5$ 时可采用八字形支撑；当柱距为 15 m 且 h 较小时，采用单斜撑比较合理。

凡属下列情况之一者，一般应设置柱间支撑：

①厂房内设有悬臂吊车或 3 t 及以上悬挂式吊车；

②厂房内设有属于 A6～A8 工作级别的吊车，或设有工作级别属于 A1～A5 的吊车，起重量在 10 t 及以上；

③厂房跨度在 18 m 及以上或柱高在 8 m 以上；

④纵向柱列的柱子总数在 7 根以下；

⑤露天吊车栈桥的柱列。

当柱间设有承载力和稳定性足够的墙体，且与柱连接紧密能起整体作用，吊车起重量又较小（不大于 5 t）时，可不设柱间支撑。

上柱柱间支撑一般设置在伸缩段两端与屋盖横向水平支撑相对应的柱间，以及伸缩缝区段的中央或临近中央；下部柱间支撑设置在伸缩缝区段中部与上柱柱间支撑相应的柱间。这是因为上柱刚度小，对温度应力的影响小，而下柱刚度大，放在端部则会产生很大的温度应力。总之，这样的布置有利于传递纵向水平作用，且在温度变化或混凝土收缩时，厂房可较自由变形而不致产生较大的温度或收缩应力。当柱顶纵向水平力没有简捷途径（如通过连系梁）传递时，必须在柱顶设置一道通长的纵向水平系杆，如图 4.7 所示。当屋架端部设有下弦系杆时，也可不设柱顶系杆。

当需要进行抗震设计时，厂房的屋盖支撑及柱间支撑的设置和构造尚应符合《建筑抗震设计规范》（GB 50011—2010）的有关规定。

5）围护结构

单层厂房的围护结构主要包括屋面板、墙体、抗风柱、圈梁、连系梁、过梁或基础梁等。

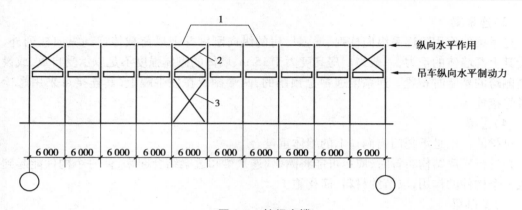

图 4.7 柱间支撑

1—柱顶水平系杆;2—上部柱间支撑;3—下部柱间支撑

（1）抗风柱（山墙壁柱）

单层厂房的山墙（端墙）受风面积较大，一般需设置抗风柱将山墙分成若干区格，使墙面受到的风荷载，一部分直接传至纵向柱列，另一部分则由抗风柱下端直接传至基础或由抗风柱上端通过屋盖系统传至纵向柱列。

当厂房跨度和高度均不大时，可在山墙设置砌体壁柱作为抗风柱；当厂房跨度和高度均较大时，一般都设置钢筋混凝土抗风柱，柱外侧再贴砌山墙。在很高的厂房中，为不使抗风柱的截面尺寸过大，可加设水平抗风梁或钢抗风桁架作为抗风柱的中间铰支点，减小抗风柱的截面尺寸。抗风梁一般设于吊车梁的水平面上，可兼作吊车修理平台，梁的两端与吊车梁上翼缘连接。

抗风柱的柱脚，一般采用插入基础杯口的固接方式。如厂房端部需扩建时，则柱脚与基础的连接构造宜考虑抗风柱拆迁的可能。抗风柱上端与屋架的连接应满足两个要求：一是在水平方向必须与屋架有可靠的连接以保证有效地传递风荷载；二是在竖向脱开，且两者之间能允许一定的竖向相对位移，以防止厂房与抗风柱沉降不均匀时产生不利影响。所以，抗风柱与屋架一般采用竖向可以移动、水平向又有较大刚度的弹簧板连接，若不均匀沉降可能较大时，则宜采用有竖向长孔的螺栓连接方案。

（2）圈梁

当用砌体作为厂房的围护结构时，一般要设置圈梁或连系梁、过梁及基础梁。

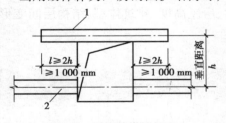

图 4.8 圈梁的搭接长度

1—附加圈梁;2—圈梁

圈梁是设置于墙体内并与柱子连接的现浇钢筋混凝土构件，柱对它仅起拉结作用。圈梁的作用是增强房屋的整体刚度，防止由于地基的不均匀沉降或较大振动荷载等对厂房的不利影响。圈梁的布置与墙体高度、对厂房刚度的要求以及地基情况有关。圈梁的设置位置及构造要求详见附4.1。圈梁宜连续地设在同一水平面上，并形成封闭圈；当圈梁被门窗洞口截断时，应在洞口上部增设相同截面的附加圈梁，附加圈梁的设置要求如图4.8所示。围护墙体每隔8~10皮砖（500~600 mm）通过构造钢筋与柱拉结。

（3）连系梁

连系梁的作用除连系纵向柱列、增强厂房的纵向刚度并把风荷载传递到纵向柱列外,还承受其上部墙体的重力,一般当厂房高度大于15 m、墙体的砌体强度不足以承受自重,或设置有高侧跨的悬墙时布置。连系梁通常是预制的,两端搁置在柱牛腿上,其连接可采用螺栓连接或焊接连接。

（4）过梁

过梁的作用是承托门窗洞口上的墙体重量。

在进行厂房结构布置时,应尽可能将圈梁、连系梁和过梁结合起来,使一个构件能起到两个或三个构件的作用,以节约材料、简化施工。

（5）基础梁

基础梁的作用是来承托围护墙的重力,在一般厂房中围护墙可不另做基础。基础梁底部离地基土表面应预留100 mm的孔隙,使梁可随柱基础一起沉降而不受地基土的约束,同时还可防止地基土冻结膨胀时将梁顶裂。基础梁与柱一般可不连接（一级抗震等级的基础梁顶面应以增设预埋件与柱焊接）,将基础梁直接搁置在柱基础杯口上,或当基础埋置较深时,放置在基础上面的混凝土垫块上,如图4.9所示。施工时,基础梁支承处应坐浆。

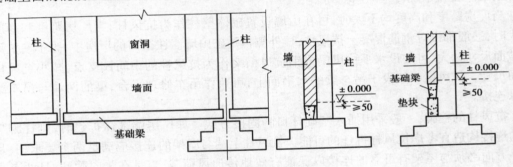

图4.9 基础梁的布置

当厂房高度不大,且地基比较好,柱基础又埋得较浅时,也可不设基础梁而做砖石或混凝土的墙基础。

基础梁应优先采用矩形截面,必要时可采用梯形截面。

（6）围护墙和隔墙

非承重墙体的材料、选型和布置,应根据设防烈度、房屋高度、建筑体型、结构层间变形、墙体自身抗侧力性能的利用等因素,经综合分析后确定。

4.3 排架计算

单层厂房排架结构是空间结构,为了方便,一般可简化为平面结构进行计算,即按纵向、横向平面排架分别计算,但对纵向抗震计算须采用空间结构计算模型。由于纵向的柱较多,纵向平面排架抗侧刚度较大,每根柱承受的水平力不大,因此往往不必计算,仅当抗侧刚度较差、柱较少、需要考虑水平地震作用或温度内力时才进行计算。本节介绍的排架计算是针对横向平面排架(简称为排架)而言。

排架计算的目的是为柱和基础设计提供内力数据,主要内容为:确定计算简图、荷载计算、柱控制截面的内力分析及内力组合。必要时,还应验算排架的水平位移值。

4.3.1 单层厂房排架结构的作用和传力途径

作用在单层厂房排架结构上的恒荷载主要包括各种结构构件、围护结构的自重,以及管道和固定生产设备的自重;活荷载主要包括屋面活载、雪荷载、积灰荷载、风荷载、吊车竖向荷载、吊车水平荷载等,此外还可能有地震作用。这些荷载按其作用方向可分为竖向荷载、横向水平荷载和纵向水平荷载三种。其中前两种荷载以及横向水平地震作用主要通过横向平面排架传至地基,后一种荷载和纵向水平地震作用通过纵向平面排架传至地基。单层厂房排架结构上荷载及地震作用的传力途径近似如图4.10所示。

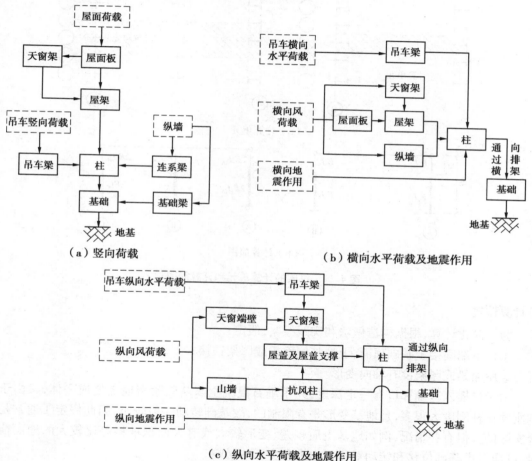

图4.10 单层厂房排架结构上荷载及地震作用的传递途径

4.3.2 排架结构计算简图

1)计算单元

在单层厂房中,作用于厂房上的屋面荷载、雪荷载和风荷载等一般沿纵向是均匀分布的,而厂房的柱距通常都是相等的,故可以由任意相邻柱距的中心线截出一个典型的区段进行横向排架的计算,该区段称为排架的计算单元。对于厂房中有局部抽柱的情况,则应根据具体情况选取计算单元。计算单元如图 4.11(a)中的阴影部分所示。

除吊车等移动的荷载以外,阴影部分就是排架的负荷范围,或称荷载从属面积。对于厂房端部和伸缩缝处的排架,其负荷范围只有中间排架的一半,但为了设计和施工方便,一般不再另外单独分析,而按中间排架计算。

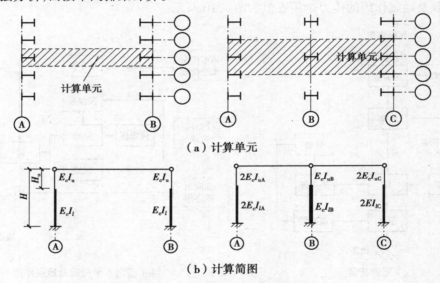

(a)计算单元

(b)计算简图

图 4.11 排架的计算单元和计算简图

2)计算假定

为了简化计算,根据构造做法和实践经验,假定:

①柱下端固接于基础顶面,上端与屋面梁或屋架铰接;

②屋面梁或屋架没有轴向变形。

由于柱插入基础杯口有一定深度,并用细石混凝土与基础紧密地浇捣成一体,又由于基础刚度比柱刚度大很多,且地基变形是有限制的,故基础转动一般较小,因此假定①通常是符合实际的。但有些情况,例如地基土质较差、变形较大或有大面积堆料等比较大的地面荷载时,则应考虑基础位移和转动对排架内力和变形的影响。

屋架或屋面梁两端和上柱柱顶一般用钢板焊接,这种连接抵抗弯矩的能力很小,但可以有效地传递竖向力和水平力,故柱顶与屋架的连接可按铰接考虑。

由假定②知,横梁或屋架两端的水平位移相等。假定②对于屋面梁或大多数下弦杆刚度较大的屋架是适用的;但对于下弦杆为小型圆钢或角钢的组合式屋架或两铰、三铰拱架,则应考虑其轴向变形的影响,即应把横梁视为可以轴向变形的弹性杆,成为有跨变的排架结构进行计算。

3)计算简图

根据上述假定,排架的计算简图如图 4.11(b)中所示。计算简图中柱的计算轴线取上部和下部截面重心的连线,屋面梁或屋架用一根没有轴向变形的刚杆表示,具体尺寸按下述规定确定。

①柱总高 H=柱顶标高-基础顶面标高。

基础顶面标高一般为-0.5 m 左右,基础高度按照构造要求初步拟定,一般为 0.9~1.2 m。

②上部柱高 H_u=柱顶标高-轨顶标高+轨道构造高度+吊车梁支承处的吊车梁高。

上、下部柱的截面弯曲刚度 E_cI_c、E_cI_l,由混凝土强度等级以及预先假定的柱截面形状和尺寸确定,I_c、I_l 则为上、下部柱的截面惯性矩。

4.3.3 荷载与作用计算

作用在排架上的荷载分为恒荷载和活荷载两种。恒荷载包括:屋盖自重 G_1、上柱自重 G_2、下柱自重 G_3、吊车梁和轨道及其联结自重 G_4、围护结构自重 G_5 等。活荷载则包括:屋面活荷载 Q、吊车荷载 T_{max}、D_{max} 和 D_{min} 及均布风荷载 q_1、q_2 和作用在屋盖支承处的集中风荷载 F_w。上述荷载在排架上的作用方式如图 4.12 所示。

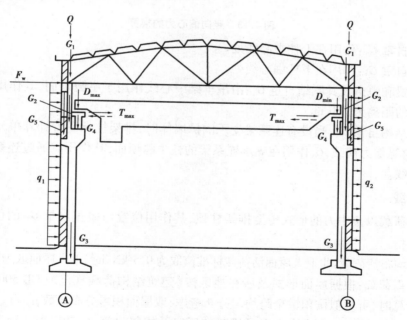

图 4.12 排架上作用的荷载示意图

1)恒荷载

恒荷载主要以集中力的形式作用在排架上,具体如下:

①屋盖自重 G_1:屋盖自重包括屋架或屋面梁、屋面板、天沟板、天窗架、屋面构造层(找平层、保温层、防水层等)以及屋盖支撑等重力荷载。计算单元范围内屋盖的总重力荷载是通过屋架或屋面梁的端部以竖向集中力 G_1 的形式作用在排架柱顶的。当采用屋架时,G_1 可认为

是通过屋架端节点处斜腹杆与下弦中心线的交点作用在柱上的,一般其作用点位于距厂房纵向定位轴线 150 mm 处;当采用屋面梁时,G_1 可认为是通过梁端支承垫板的中心线作用在柱顶的。

作用在上部柱顶的 G_1 是竖向偏心压力,设它对上柱计算轴线的偏心距是 e_1,上柱与下柱计算轴线的距离为 e_2,则可以将偏心压力 G_1 等效为作用在上柱的轴向力 G_1 和力矩 $M_1 = G_1e_1$。对于下部柱而言,则可以将偏心压力 G_1 等效为作用在下柱的轴向力 G_1 和力矩 $M_1' = G_1e_2$。排架在轴向压力作用下除对柱产生轴向受压变形外,不产生其他内力,因此不需要对轴向力进行排架内力分析;对于力矩 M_1 和 M_1' 的作用则应进行排架内力分析,图 4.13 为竖向偏心力的换算简图。对于排架上作用的其他竖向偏心压力可以采用相同的方法换算。

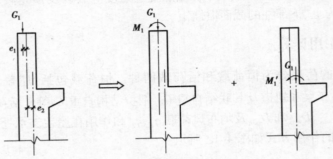

图 4.13　竖向偏心力的换算

②上柱自重 G_2:作用在上柱中心线处。

③下柱自重 G_3:作用在下柱中心线处。

④吊车梁和轨道及其联结自重 G_4:沿吊车梁中心线作用于牛腿顶面,其作用点一般距纵向定位轴线的距离为 750 mm。

⑤围护结构自重 G_5:当设有连系梁支承围护墙体时,排架柱承受着计算单元范围内连系梁、墙体和窗等重力荷载,G_5 作用在支承连系梁的柱牛腿顶面,其作用点通过连系梁或墙体截面的形心轴线。

2)屋面活荷载

屋面活荷载以集中力的形式传至排架柱顶,其作用位置与屋盖自重 G_1 的位置相同。屋面活荷载包括:

①屋面均布活荷载:非上人屋面活荷载标准值取为 0.5 kN/m^2,上人屋面取为 2.0 kN/m^2。

②屋面雪荷载:根据屋面形式及所在地区按《建筑结构荷载规范》(GB 50009—2012)采用。排架计算时,可近似按积雪全跨均匀分布考虑,取屋面积雪分布系数 $\mu_r = 1$。

③屋面积灰荷载:对生产中有大量排灰的厂房及相邻建筑,应考虑积灰荷载。对于有一定除尘设施和保证清灰制度的机械、冶金、水泥厂房的屋面,其水平投影面上的屋面积灰荷载,可分别按《建筑结构荷载规范》(GB 50009—2012)表 4.4.1-1 和表 4.4.1-2 的规定采用。

屋面活荷载均按屋面水平投影面积计算,其荷载分项系数为 1.4,且屋面均布活荷载不与雪荷载同时考虑(即"下雪不检修,检修不下雪"),仅取其较大者。

3)吊车荷载

单层厂房中常用的吊车是桥式吊车,如图 4.14 所示。桥式吊车由大车(桥架)和小车组成。大车在吊车梁的轨道上沿厂房纵向行驶,小车在大车的导轨上沿厂房横向运行,小车上装有带吊钩的卷扬机,用以起吊重物。

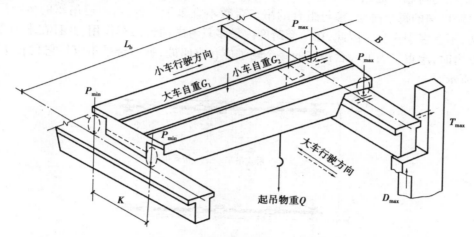

图 4.14 桥式吊车及其荷载示意图

吊车的生产、订货和吊车荷载的计算都是按吊车的工作级别为依据的,桥式吊车按照其利用等级和载荷状态共分为 A1 ~ A8 八个工作级别和轻级、中级、重级及超重级四个工作制,具体的划分方法见附表 4.1。吊车的利用等级是指吊车在使用期内要求的总工作循环次数,共分成 10 个利用等级,载荷状态是指吊车荷载达到其额定值的频繁程度。

吊车工作级别越高,表示其工作繁重程度越高、利用次数越多。一般满载机会少、运行速度低以及不需要紧张而繁重工作的场所,如水电站、机械检修站等的吊车工作级别属于 A1 ~ A3;机械加工车间和装配车间的吊车工作级别属于 A4、A5;冶炼车间和直接参加连续生产的吊车工作级别属于 A6、A7 或 A8。吊车工作级别与工作制的对应关系和吊车种类举例可以参照附表 4.2。

桥式吊车对横向排架的作用有竖向荷载和水平荷载两种。

(1)作用在排架上的吊车竖向荷载设计值 $D_{\max}$、$D_{\min}$

当桥式吊车吊有额定起吊重量标准值的小车开到大车一端的极限位置时,在这一侧的每个大车的轮压称为吊车的最大轮压标准值 $P_{\max,k}$,在另一侧的轮压称为最小轮压标准值 $P_{\min,k}$,对应的设计值为 $P_{\max}$ 和 $P_{\min}$,两者同时作用在厂房两侧的吊车梁上,如图 4.14 所示。

$P_{\max}$ 和 $P_{\min}$ 可根据吊车型号、规格等查阅产品目录或有关手册得到,5 ~ 50/5 t 一般用途电动桥式起重机基本参数和尺寸系列(ZQ1-62)参见附表 4.3。对于四轮吊车的 $P_{\min}$,有

$$P_{\min} = \frac{G_1 + G_2 + G_3}{2} - P_{\max} \qquad (4.1)$$

式中 G_1, G_2——大车、小车的自重;

G_3——吊车额定起吊重量,以"kN"计,等于以"t"计的额定起吊质量 m_3 与重力加速度及吊车荷载分项系数的乘积,$G_3 = \gamma_Q m_3 g$。

吊车荷载的分项系数 $\gamma_Q = 1.4$。

由于大车作用位置不同,它在吊车梁支座产生的反力将不相同,而该支座反力即为吊车的竖向荷载。为了求得竖向荷载的最大值 $D_{\max}$,则需要利用吊车梁支座竖向反力影响线进行

计算。

《建筑结构荷载规范》(GB 50009—2012)规定:计算排架考虑多台吊车竖向荷载时,对一层吊车单跨厂房的每个排架,参与组合的吊车台数不宜多于2台;对一层吊车的多跨厂房的每个排架,不宜多于4台。因此,在一个跨度内最多只考虑两台吊车作用,并且在求吊车梁最大支座反力时,起重量大的一台吊车的一个轮子应在支座处,另一台吊车应与它紧靠并行,如图4.15所示。

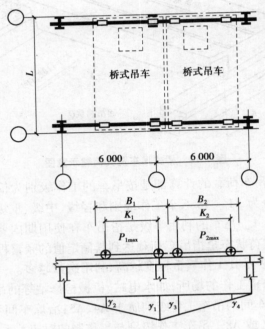

图4.15　简支吊车梁的支座反力影响线

根据吊车梁跨度(一般为6 m)、吊车宽度 B 和轮距 K,可求得影响线竖标 y_i,从而求得吊车竖向荷载设计值 D_{max} 和 D_{min}:

$$D_{max} = \beta \left(P_{1max} \sum y_i + P_{2max} \sum y_j \right) \tag{4.2}$$

$$D_{min} = \beta \left(P_{1min} \sum y_i + P_{2min} \sum y_j \right) \tag{4.3}$$

式中　P_{1max},P_{1min},P_{2max},P_{2min}——第1台吊车、第2台吊车的最大轮压和最小轮压;

$\sum y_i$,$\sum y_j$——第1台吊车、第2台吊车各大轮子下影响线纵标值的总和(见图4.15),其中 $y_1 = 1$;

β——多台吊车的荷载折减系数,按附表4.7取值。

吊车竖向荷载 D_{max} 和 D_{min} 分别同时作用在同一跨两侧排架柱的牛腿顶面,其作用点的位置与吊车梁和轨道及其联结自重 G_4 相同。

由于 D_{max} 可以发生在左柱,也可以发生在右柱,且对下柱都存在偏心,根据前述偏心力的换算方法,D_{max} 和 D_{min} 作用下单跨排架的计算应考虑如图4.16(a)、(b)所示的两种荷载情况。由 D_{max} 和 D_{min} 产生的力矩为:

$$M_{max} = D_{max} e_3, \quad M_{min} = D_{min} e_3 \tag{4.4}$$

式中 e_3——吊车梁支座钢垫板的中心线至下部柱轴线的距离。

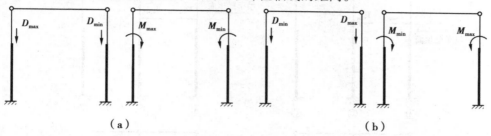

图 4.16 吊车竖向荷载作用下单跨排架的荷载计算简图

(2)作用在排架上的吊车横向水平荷载设计值 T_{max}

吊车的水平荷载有横向水平荷载与纵向水平荷载两种。

吊车横向水平荷载是当小车吊有重物时刹车所引起的横向水平惯性力,它通过小车刹车轮与桥架轨道之间的摩擦力传给大车,再通过大车轮在吊车轨顶传给吊车梁,而后由吊车梁与柱的连接钢板传给排架柱。因此对排架来说,吊车横向水平荷载作用在吊车梁顶面的水平处。

吊车总横向水平荷载设计值可按下式确定:

$$\sum T_i = \alpha(G_2 + G_3) \tag{4.5}$$

式中 α——吊车横向水平荷载系数,可按下述规定取值:

对于软钩吊车,当额定起吊重量不大于 100 kN 时,$\alpha = 0.12$;当额定起吊重量为 160 ~ 500 kN时,$\alpha = 0.10$;当额定起吊重量不小于 750 kN 时,$\alpha = 0.08$。

对于硬钩吊车取 $\alpha = 0.20$。

软钩吊车是指吊重通过钢丝绳传给小车的常见吊车,硬钩吊车是指吊重通过刚性结构(如夹钳、料耙等)传给小车的特种吊车。硬钩吊车工作频繁,运行速度快,吊重不能自由摆动,以致刹车时产生的横向水平惯性力较大,并且硬钩吊车的卡轨现象也较严重,因此硬钩吊车的横向水平荷载系数取得较高。

一般认为,吊车横向水平荷载可近似考虑由两侧相应的排架柱对半承担。对于一般四轮桥式吊车,每一个轮子作用在轨道上的横向水平制动力 T 为:

$$T = \frac{1}{4}\sum T_i = \frac{1}{4}\alpha(G_2 + G_3) \tag{4.6}$$

吊车横向水平荷载 T_{max} 是每个大车轮子的横向水平制动力 T 通过吊车梁传给柱的可能的最大横向作用力,按照计算吊车竖向荷载的方法,同样可根据影响线原理进行计算。《建筑结构荷载规范》(GB 50009—2012)规定:考虑多台吊车水平荷载时,对单跨或多跨厂房的每个排架,参与组合的吊车台数不应多于 2 台。因此,当考虑多台吊车的荷载折减系数 β 后,吊车最大横向水平荷载设计值 T_{max} 可按下式计算:

$$T_{max} = \frac{1}{4}\beta\sum T_i y_i = \frac{1}{4}\alpha\beta(G_2 + G_3)\sum y_i \tag{4.7}$$

吊车横向水平荷载以集中力的形式作用在吊车梁顶面标高处,因小车是沿横向左、右运行的,有正反两个方向的刹车情况,其作用方向既可向左,也可向右。两跨排架结构的计算简图如图 4.17 所示。

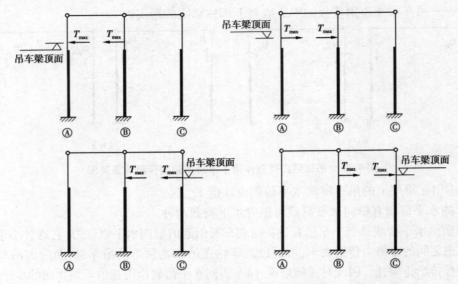

图 4.17　吊车横向水平荷载作用下排架的计算简图

（3）作用在排架上的吊车纵向水平荷载设计值 T_0。

吊车纵向水平荷载是由大车的运行机构在刹车时引起的纵向水平惯性力，它通过吊车两端的制动轮与吊车轨道的摩擦经吊车梁传给纵向柱列或柱间支撑。

吊车纵向水平荷载 T_0，按作用在一边轨道上所有刹车轮的最大轮压之和的 10% 采用，即：

$$T_0 = nP_{max}/10 \tag{4.8}$$

式中　n——施加在一边轨道上所有刹车轮数之和，对于一般的四轮吊车，$n=1$。

当厂房纵向有柱间支撑时，全部吊车纵向水平荷载由柱间支撑承受；当厂房无柱间支撑时，全部吊车纵向水平荷载由同一伸缩缝区段内的全部柱承担。《建筑结构荷载规范》（GB 50009—2012）规定：在计算吊车纵向水平荷载引起的厂房纵向结构的内力时，无论单跨或多跨厂房，一榀纵向排架最多只能考虑 2 台吊车。

4）风荷载

作用在排架上的风荷载，是由计算单元上的墙面及屋面传来的，其作用方向垂直于建筑物的表面，分为压力和吸力两种类型，其值与厂房的体型、地面粗糙程度及尺寸等因素有关。

计算单层工业厂房的风荷载时，一般做如下的简化：

①排架柱顶以下水平风荷载按均布荷载计算，其风压高度变化系数可根据柱顶标高确定。

如图 4.18 所示的单跨单层厂房，柱顶以下的均布风荷载按下式计算：

$$q_1 = \gamma_Q \omega_{k1} B = \gamma_Q \mu_{s1} \mu_z \omega_0 B$$
$$q_2 = \gamma_Q \omega_{k2} B = \gamma_Q \mu_{s2} \mu_z \omega_0 B \tag{4.9}$$

式中　μ_{s1}, μ_{s2}——迎风面和背风面墙上的风荷载体型系数；

　　　μ_z——风压高度变化系数，可按柱顶离地面的高度取值；

　　　B——计算单元宽度；

　　　γ_Q——风荷载分项系数，取 $\gamma_Q = 1.4$。

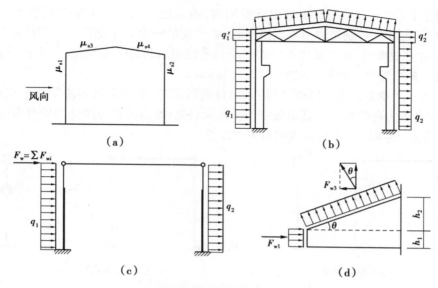

图 4.18 风荷载计算简图

②柱顶至屋脊间屋盖部分的风荷载仍取为均布,但其对排架的作用则折算成作用在排架柱顶的集中荷载 F_w 考虑;其风压高度变化系数按下述情况确定:

a. 有矩形天窗时,取天窗檐口标高;

b. 无矩形天窗时,按厂房檐口标高取值。

排架柱顶的集中力为作用在屋盖端部和屋面处风荷载的水平分量,即

$$F_w = \sum_{i=1}^{n} \omega_{ki} Bl\sin\theta = (\mu_{s1} + \mu_{s2})\mu_z\omega_0 Bh_1 + (\mu_{s4} - \mu_{s3})\mu_z\omega_0 Bh_2 \qquad (4.10)$$

式中 μ_{s3},μ_{s4}——迎风和背风屋面坡面上的风载体型系数,取绝对值。

排架计算时需要考虑左风和右风两种情况。

5)地震作用

单层厂房符合下列条件之一时,可不进行横向和纵向抗震验算:7 度 I、II 类场地、柱高不超过 10 m 且结构单元两端均有山墙的单跨和等高多跨厂房(锯齿形厂房除外);7 度和 8 度 $(0.20g)$ I、II 类场地的露天吊车栈桥。

一般单层厂房的抗震计算应对纵横两个方向分别进行计算。沿厂房横向的主要抗侧力构件是由柱、屋架(屋面梁)组成的排架和刚性横墙;沿厂房纵向的主要抗侧力构件是由柱、柱间支撑、吊车梁、连系梁组成的柱列和刚性纵墙。

在 8 度和 9 度地震区,对跨度大于 24 m 的屋架,尚应考虑竖向地震作用。

8 度 III、IV 类场地和 9 度时,对高大的单层钢筋混凝土柱厂房的横向排架应进行弹塑性变形验算。

(1)横向地震作用

混凝土无檩和有檩屋盖厂房,一般情况下,宜计及屋盖的横向弹性变形,按多质点空间结构分析;按平面排架计算时,应将计算结果乘以调整系数,以考虑空间工作和扭转的影响。以下主要讲述按平面排架计算的方法。

按平面排架进行横向抗震计算时,一般取一个柱距的单榀平面排架作为计算单元。房屋

的质量一般是分布的,当采用有限自由度模型时,通常把房屋的质量集中到楼盖或屋盖处。当自由度数目较少时,特别是取单质点模型时,集中质量一般并不是简单地把质量"就近"向楼盖(屋盖)处堆成即可,而需要将不同处的质量乘以系数折算入总质量,此时的系数称为质量集中系数。集中质量一般位于屋架下弦(柱顶)处。

①横向基本周期的计算:计算厂房的横向自振周期时,不考虑吊车桥架和吊重重力的影响,厂房的其余重力荷载按一定规定集中于屋盖标高处;等高排架可简化为单自由度体系,如图4.19(a)所示,其横向基本自振周期按下式计算:

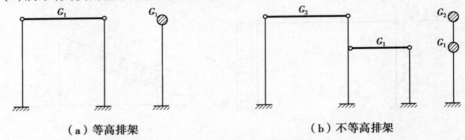

(a)等高排架 (b)不等高排架

图4.19　计算横向自振周期时的计算简图

$$T_1 = 2\pi\sqrt{\frac{m}{k}} \tag{4.11}$$

式中　k——刚度,使柱顶产生单位水平位移时在柱顶需施加的水平力;

　　　m——集中质量,可按下式计算:

$$G = 1.0G_{屋盖} + 0.5G_{吊车梁} + 0.25(G_柱 + G_{纵墙}) \tag{4.12}$$

　　　$G_{屋盖}$——屋盖重力荷载代表值(包括作用于屋盖处的雪荷载、积灰荷载和檐墙的重力荷载代表值);

　　　$G_{吊车梁}$,$G_柱$,$G_{纵墙}$——吊车梁、柱、纵墙重力荷载代表值。

式(4.12)等号右边的系数为计算周期时各种构件的质量折算到柱顶时的质量集中系数,是按实际悬臂构件的周期与将其折算到柱顶的单自由度体系的周期相等所得。

式(4.11)算出的基本周期偏长,考虑实际排架结构中纵墙以及屋架与柱连接的固结作用,《建筑抗震设计规范》(GB 50011—2010)引入调整系数对其计算周期进行折减。其中,由钢筋混凝土屋盖或钢屋架与钢筋混凝土柱组成的排架,有纵墙时调整系数取0.8,无纵墙时取0.9。

对于不等高排架,可以简化为多质点体系,如图4.19(b)所示。周期计算公式从略。

②排架横向地震作用的计算:质量和刚度沿高度分布比较均匀时,对于一般单层厂房,可采用底部剪力法计算。

无吊车排架,计算厂房的横向地震作用时,除吊车桥架和吊重重力外,厂房的其余重力荷载集中于各屋盖标高处,这样,等高排架可简化为单质点体系,不等高排架可以简化为多质点体系,如图4.20所示。总水平地震作用标准值按下式计算:

$$F_{Ek} = \alpha_1 G_{eq} \tag{4.13}$$

第i屋盖质点处的水平地震作用为

$$F_i = \frac{G_i H_i}{\sum_{j=1}^{n} G_j H_j} F_{Ek} \tag{4.14}$$

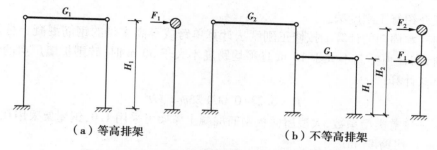

（a）等高排架　　　　　　　　　（b）不等高排架

图4.20　无吊车厂房计算横向地震作用时的计算简图

$$G_i = 1.0G_{屋盖} + 0.75G_{吊车梁} + 0.5G_{纵墙} + 0.5G_{柱} \tag{4.15}$$

式中　F_{Ek}——屋盖标高处地震作用标准值；

α_1——相应于横向基本周期 T_1 的地震影响系数；

G_{eq}——等效重力荷载代表值，对单质点取全部等效重力荷载代表值。对多质点，应取总重力荷载代表值的85%。

有吊车等高排架，柱顶处的地震作用仍按式（4.13）、式（4.14）、式（4.15）计算；吊车桥架和吊重重力集中于吊车梁顶面标高处，如图4.21所示。此处水平地震作用按下式计算：

$$F_{cri} = \alpha_1 G_{cri} \frac{H_{cri}}{H_i} \tag{4.16}$$

式中　G_{cri}——第 i 跨吊车桥架（硬钩吊车时应考虑30%的吊物质量）作用在一根柱上的重力荷载，其数值等于一台吊车轮压作用在一侧排架柱牛腿上的最大反力；

H_{cri}，H_i——第 i 跨吊车梁顶面和柱顶的计算高度。

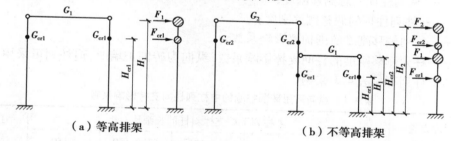

（a）等高排架　　　　　　　　　（b）不等高排架

图4.21　有吊车厂房计算横向地震作用时的计算简图

（2）纵向地震作用

震害现象表明，厂房的纵向抗震能力较差，甚至低于厂房的横向抗震能力，因此需要对厂房的纵向进行详细的抗震计算分析。

在地震作用下，厂房的纵向是整体空间工作的，并且或多或少总伴随着扭转影响。厂房纵向受力体系是由柱间支撑、柱列、纵墙和屋面等组成的，柱间支撑的侧向刚度比柱列大得多，纵墙的侧向刚度也是相当大的，但开裂以后，其刚度急剧退化；屋面纵向刚度随着屋面形式的不同差别很大。

厂房的纵向抗震计算，一般情况下，宜计及屋盖的纵向弹性变形，围护墙与隔墙的有效刚度，不对称时尚宜计及扭转的影响，按多质点进行空间结构分析；柱顶标高不大于 15 m 且平均跨度不大于 30 m 的单跨或等高多跨的钢筋混凝土柱厂房，宜采用修正刚度法计算。纵墙对称布置的单跨厂房和轻型屋盖的多跨厂房，可按柱列分片独立计算。

此处仅介绍修正刚度法。

①纵向基本周期的计算。按修正刚度法计算单跨或等高多跨的钢筋混凝土柱厂房纵向地震作用时,在柱顶标高不大于 15 m 且平均跨度不大于 30 m 时,砖围护墙厂房的纵向基本周期可按下式计算:

$$T_1 = 0.23 + 0.000\ 25\psi_1 l\sqrt{H^3} \tag{4.17}$$

式中　ψ_1——屋盖类型系数,大型屋面板钢筋混凝土屋架可采用 1.0,钢屋架采用 0.85;

　　　l——厂房跨度,m;

　　　H——基础顶面至柱顶的高度,m。

②纵向柱列水平地震作用的计算。对于等高多跨钢筋混凝土屋盖厂房,各纵向柱列的柱顶标高处的地震作用标准值可按下式计算确定:

$$F_i = \alpha_1 G_{eq} \frac{K_{ai}}{\sum K_{ai}} \tag{4.18}$$

$$K_{ai} = \psi_3 \psi_4 K_i \tag{4.19}$$

$$G_{eq} = 1.0 G_{屋盖} + 0.7 G_{纵墙} + 0.5 G_{横墙} + 0.5 G_{柱} \tag{4.20}$$

式中　F_i——i 柱列柱顶标高处的纵向地震作用标准值;

　　　α_1——相应于纵向基本周期 T_1 的地震影响系数;

　　　G_{eq}——厂房单元柱列总等效重力荷载代表值,应包括屋盖重力荷载代表值,70% 纵墙自重、50% 横墙与山墙自重及折算的柱自重(有吊车时采用 10% 柱自重,无吊车车时采用 50% 自重);

　　　K_i——i 柱列柱顶的总侧移刚度;

　　　K_{ai}——i 柱列柱顶的调整侧移刚度;

　　　ψ_3——柱列侧移刚度的围护墙影响系数;

　　　ψ_4——柱列侧移刚度的柱间支撑影响系数,纵向为砖围护墙时,边柱列可采用 1.0,中柱列可按表 4.1 采用。

表 4.1　纵向采用砖围护墙的中柱列柱间支撑影响系数

厂房单元内设置下柱支撑的柱间数	中柱列下柱支撑斜杆的长细比					中柱列无支撑
	≤40	41~80	81~120	121~150	>150	
一柱间	0.9	0.95	1.0	1.1	1.25	1.4
二柱间	—	—	0.9	0.95	1.0	

当有吊车时,柱列各吊车梁顶标高处的纵向地震作用标准值,可按下式计算:

$$F_{ci} = \alpha_1 G_{ci} \frac{H_{ci}}{H_i} \tag{4.21}$$

式中　F_{ci}——i 柱列在吊车梁顶标高处的纵向地震作用标准值;

　　　α_1——相应于纵向基本周期 T_1 的地震影响系数;

　　　G_{ci}——集中于 i 柱列吊车梁顶标高处的等效重力荷载代表值,应包括吊车梁与悬吊物的重力荷载代表值和 40% 柱子自重;

　　　H_{ci}——i 柱列吊车梁顶高度;

H_i——i 柱列柱顶高度。

F_i 与 F_{ci} 的位置如图 4.22 所示。

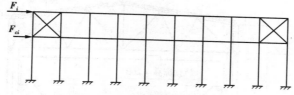

图 4.22　纵向地震作用简图

【**例题 4.1**】某单层厂房为单跨排架结构,跨度 $L=21$ m,柱距为 6 m,厂房长度 66 m。厂房内有两台中级工作制软钩电动桥式吊车(工作级别 A5),吊车为一台单钩 10 t、一台单钩 16 t(大连重工起重集团 DSQD 型),吊车轨顶标高为 7.200 0 m。建筑平面、剖面示意如图 4.23、图 4.24 所示。

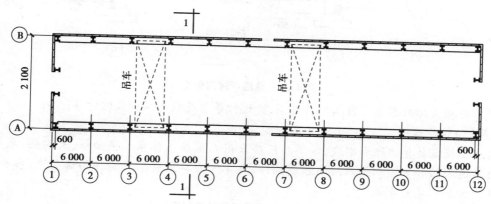

图 4.23　单层厂房平面图

已知吊车的各项规格参数如表 4.2 所示。

表 4.2　吊车规格参数

起重量 $Q(t)$ 基本数据	10 t	16 t
	21 m	21 m
桥跨 L_k/m	19.5	19.5
轨面至吊车顶距离 H^*/mm	1 290	1 585
轮距 K/mm	5 000	5 000
吊车宽度 B/mm	6 040	6 040
吊车总重($G_{1,k}+G_{2,k}$)/kN	155	158.8
小车自重 $G_{2,k}$/kN	23.03	29.91
最大轮压标准值 $P_{max,k}$/kN	100	132
最小轮压标准值 $P_{min,k}$/kN	34	32

该厂房所在地区基本风压为 $\omega_0=0.5$ kN/m²,地面粗糙度为 B 类;基本雪压为 0;屋面均布活荷载为 0.5 kN/m²,屋面防水层自重标准值为 0.4 kN/m²;修正后的地基承载力特征值 $f_a=400$ kPa,不考虑抗震设防。

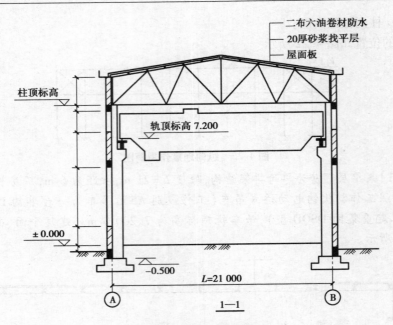

图 4.24 单层厂房剖面图

请依据相关标准图集进行构件的选型,并进行吊车荷载和风荷载的计算。

【解】1)构件选型

为保证屋盖的整体性和刚度,该单层厂房采用无檩屋盖体系。屋面板、天沟板、屋架、吊车梁及轨道联结和车挡都是采用的预制构件,表 4.3 为各主要承重构件的选型表,各构件的具体选用方法参见附 4.4。

表 4.3 主要承重构件选型表

构件名称	标准图集	选用型号
屋面板	04G410—1	一般开间:Y-WB-2Ⅲ;两端开间:Y-WB-2Ⅲs
屋架	04G415—1	YWJ21-1Ba
天沟板	04G410—2	TGB77
吊车梁	04G323—2	中间跨:DL-9Z;边跨:DL-9B
吊车轨道联结、车挡	04G325	吊车轨道联结:DGL-13;车挡:CD-3

2)荷载计算

根据已知设计条件,确定该单层单跨厂房的计算单元和计算简图如图 4.25 和图 4.26 所示。

下柱高度取为 6.3 m,上柱高度为 3.3 m。上柱采用 $b \times h = 400\ mm \times 400\ mm$ 的矩形截面,下柱采用 400 mm×700 mm 的工字形截面,具体尺寸如图 4.27 所示。

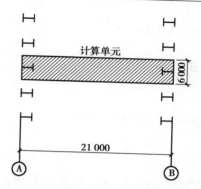

图 4.25 计算单元示意图

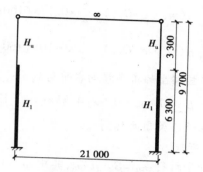

图 4.26 排架的计算简图

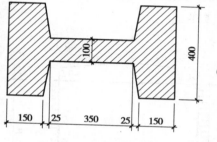

图 4.27 下柱截面尺寸图

（1）吊车荷载

①吊车竖向荷载 $D_{max,k}$、$D_{min,k}$。

根据给定吊车型号查表得 $K = 5\ 000$ mm，$B = 6\ 040$ mm，则：

$$S = B - K = 6\ 040 - 5\ 000 = 1\ 040 \text{ mm}$$

起重量 10 t：$P_{max,k} = 100$ kN $P_{min,k} = 34$ kN

起重量 16 t：$P_{max,k} = 132$ kN $P_{min,k} = 32$ kN

根据影响线原理，由图 4.28 计算得：

$$y_1 = 1, y_2 = 0.17, y_3 = 0.83, y_4 = 0$$

两台吊车工作级别 A5，多台吊车荷载折减系数 $\beta = 0.9$。

作用在排架上的吊车竖向荷载 $D_{max,k}$、$D_{min,k}$ 分别为：

$$D_{max,k} = \beta \sum T_{i,k} y_j = 0.9 \times [132 \times (1 + 0.17) + 100 \times 0.83] = 213.696 \text{ kN}$$

$$D_{min,k} = \beta \sum T_{i,k} y_j = 0.9 \times [32 \times (1 + 0.17) + 34 \times 0.83] = 59.094 \text{ kN}$$

均作用在吊车梁中心线上。

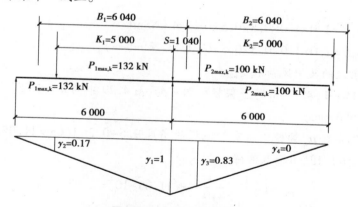

图 4.28 吊车荷载示意图

②吊车横向水平荷载 $T_{max,k}$。

起重量 $m_3 = 10$ t，小车重 $G_{2,k} = 23.03$ kN；

起重量 $m_3 = 16$ t，小车重 $G_{2,k} = 29.91$ kN。

对于软钩吊车，当 $m_3 \leqslant 10$ t 时，$\alpha = 0.12$；当 15 t $< m_3 <$ 50 t 时，$\alpha = 0.10$。

$$T_{1,k}=\frac{1}{4}\alpha(m_3\cdot g+G_{2,k})=\frac{1}{4}\times0.12\times(100+23.03)=3.69\text{ kN}$$

$$T_{2,k}=\frac{1}{4}\alpha(m_3\cdot g+G_{2,k})=\frac{1}{4}\times0.10\times(160+29.91)=4.75\text{ kN}$$

作用在排架上的吊车横向水平荷载 $T_{max,k}$ 为

$$T_{max,k}=\beta\sum T_{i,k}y_j=0.9\times[4.75\times(1+0.17)+3.69\times0.83]=7.76\text{ kN}$$

作用在吊车梁顶面标高处。

（2）风荷载

由设计资料得：$\omega_k=\beta\mu_s\mu_z\omega_0$，其中 $\omega_0=0.5\text{ kN/m}^2$，$\beta_z=1$，风荷载体型系数 μ_s 的值如图 4.29 所示，μ_z 为风压高度变化系数。

计算墙面风压时，μ_z 按柱顶高度考虑，风荷载按均布考虑。

计算无天窗屋盖风压时，μ_z 按檐口高度考虑。

计算柱顶到屋脊间屋盖部分的风荷载，仍取为均布荷载，其对排架的作用简化为作用在柱顶的水平集中力 F_{wk}。

①沿排架柱高度作用的均布风荷载 $q_{A,k}$、$q_{B,k}$。

风压高度变化系数 μ_z 按柱顶离室外地坪的高度 $9.6-0.2=9.4$ m 取值。

地面粗糙度类别为 B 类，查表得：离地面 5 m 时，$\mu_z=1.0$；离地面 10 m 时，$\mu_z=1.0$，则离地面 9.4 m 时的 μ_z 值为

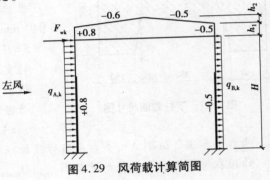

图 4.29　风荷载计算简图

$$\mu_z=1.0$$

左风作用时

$$q_{A,k}=\beta_z\mu_z\mu_s\omega_0 B=1.0\times1.0\times0.8\times0.5\times6=2.4\text{ kN/m}(\rightarrow)$$

$$q_{B,k}=\beta_z\mu_z\mu_s\omega_0 B=1.0\times1.0\times0.5\times0.5\times6=1.5\text{ kN/m}(\rightarrow)$$

②作用在柱顶处的集中风荷载 F_{wk}。

查图集 04G415—1，由 21 m 跨屋架模板图可知，图 4.29 中的 $h_1=1\,650$ mm，$h_2=2\,950-1\,650+200+150=1\,650$ mm。

风压高度变化系数 μ_z 按檐口离室外地坪的高度 $9.6-0.2+1.65=11.05$ m 取值，查表知离地面 15 m 时，$\mu_z=1.13$，由插入法得：

$$\mu_z=1+\frac{1.13-1.0}{15-10}\times(11.05-10)=1.03$$

$$\begin{aligned}F_{wk}&=[(0.8+0.5)\times h_1+(0.5-0.6)\times h_2]\times\mu_z\beta_z\omega_0 B\\&=(1.3\times1.65-0.1\times1.65)\times1.03\times1.0\times0.5\times6=6.118\text{ kN}(\rightarrow)\end{aligned}$$

4.3.4　等高排架的内力计算

等高排架是指在荷载作用下各柱的柱顶水平位移相等的排架，等高排架可采用剪力分配

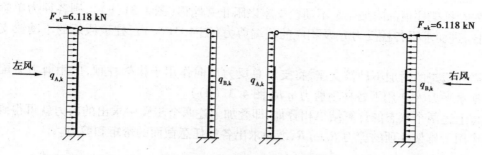

图 4.30 柱顶处风荷载计算结果

法计算内力。柱顶水平位移不相等的排架,当采用"力法"计算时,可参阅有关文献,本节只介绍剪力分配法。

当单位水平力作用在单阶悬臂柱顶时,由结构力学知识可得到柱顶水平位移 Δu。要使柱顶产生单位水平位移,则需要在柱顶施加 $\dfrac{1}{\Delta u}$ 的水平力。显然,材料相同时,柱越粗壮,需施加的柱顶水平力越大。可见,$\dfrac{1}{\Delta u}$ 反映了柱抵抗侧移的能力,一般称其为柱的"抗剪刚度"或"侧向刚度",记作 D_0。

1）柱顶作用水平集中力时排架的内力计算

对于有 n 根柱的等高排架,当柱顶作用水平集中力 F 时,任一排架柱 i 的柱顶将产生水平位移 Δ_i 和剪力 V_i。如取出横梁为脱离体,则可得各柱顶的剪力之和 $\sum\limits_{i=1}^{n} V_i$ 等于 F。又由于假定横梁为无轴向变形的刚性杆件,则各柱的柱顶水平位移相等(均为 Δ_i,记为 Δ),按抗剪刚度的定义有

$$V_i = D_{0i}\Delta \qquad \sum_{i=1}^{n} V_i = \sum_{i=1}^{n} D_{0i}\Delta = \Delta \sum_{i=1}^{n} D_{0i}$$

又因为 $\sum\limits_{i=1}^{n} V_i = F$,则 $\Delta = \dfrac{1}{\sum\limits_{i=1}^{n} D_{0i}} F$

所以
$$V_i = \frac{D_{0i}}{\sum\limits_{i=1}^{n} D_{0i}} F = \eta_i F, \quad \eta_i = \frac{D_{0i}}{\sum\limits_{i=1}^{n} D_{0i}} \tag{4.22}$$

式中 η_i——柱 i 的剪力分配系数。

上式表明,当排架结构柱顶作用水平集中力 F 时,各柱的剪力按其抗剪刚度与各柱抗剪刚度总和的比例关系进行分配,故称为剪力分配法。各柱的剪力分配系数满足 $\sum \eta_i = 1$。另外需要注意,所计算的柱顶剪力 V_i 仅与 F 的大小有关,而与 F 的作用点(作用在排架柱顶左侧还是右侧)无关,但 F 的作用位置会影响横梁的内力。

求得柱顶剪力 V_i 后,用平衡条件可得排架柱各截面的弯矩和剪力。

2）任意荷载作用时排架的内力计算

等高排架在任意荷载作用下无法直接利用剪力分配法求解,工程实际中一般采用有限元方法进行计算。手算时,通常可采用以下三个步骤对排架进行内力分析。

①先在排架柱顶部附加一个不动铰支座以阻止其侧移(图4.31(b)),则各柱为单阶一次超静定柱,进而求得各柱反力 R_i 及相应的柱端剪力(图4.31(c)),柱顶假想的不动铰支座总反力 R。

②撤除假想的附加不动铰支座,将支座总反力反向作用于排架柱顶,应用剪力分配法可求出柱顶水平力 R 作用下各柱顶剪力 $\eta_i R$(图4.31(d))。

③将上述两个状态的计算结果相叠加,即叠加上述两个步骤中求出的内力就可得到在任意荷载作用下排架柱顶的剪力 $R_i + \eta_i R$,继而求出各柱任意截面的弯矩和剪力。

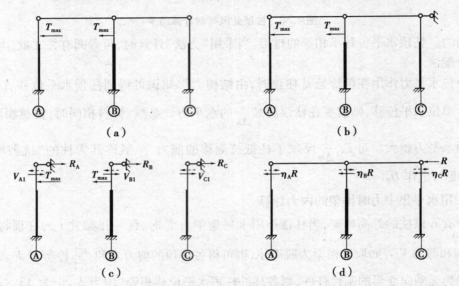

图4.31　任意荷载作用下等高排架的内力计算

这里规定,柱顶剪力、柱顶水平集中力、柱顶不动铰支座反力,凡是自左向右作用的取为正号,反之取负号。

3)地震作用计算

求出地震作用标准值后,便可将其作为静荷载施加在排架屋盖和吊车轨道标高处,按一般方法进行排架内力分析,求出各控制截面的地震内力。

4.3.5　内力组合

内力组合就是将排架柱在各单项荷载作用下的内力,按照它们在使用过程中同时出现的可能性,求出在某些荷载共同作用下,柱控制截面可能产生的最不利内力,作为柱和基础配筋计算的依据。

1)控制截面

控制截面是指构件某一区段内对截面配筋起控制作用的那些截面,一般指内力最大处的截面。排架计算的主要目的是求出控制截面的内力(不是所有截面的内力)。

在如图4.32所示的一般单阶排架柱中,通常上柱(或下柱)的各截面配筋是相同的。对于上柱,上柱底截面(即牛腿顶面)Ⅰ—Ⅰ的内力最大,因此Ⅰ—Ⅰ截面为上柱的控制截面。对于下柱,牛腿顶截面Ⅱ—Ⅱ和柱底截面Ⅲ—Ⅲ的内力较大,因此取截面Ⅱ—Ⅱ和Ⅲ—Ⅲ为下柱的控制截面。另外,截面Ⅲ—Ⅲ的内力值也是设计柱下基础的依据。截面Ⅰ—Ⅰ与Ⅱ—Ⅱ虽均为牛腿顶处,但截面及内力值却都不同,分别代表上、下柱截面,在设计截面Ⅱ—Ⅱ时,不计牛腿对其截面承载力的影响。

如果截面Ⅱ—Ⅱ的内力较小,需要的配筋较少,或者当下柱高度较大时,下柱的配筋也可以是沿高度变化的。这时应在下部柱的中部再取一个控制截面,以便控制下柱的纵向钢筋的变化。此外,当柱上作用有较大的集中荷载(如悬墙重力等)时,可根据其内力大小将集中荷载作用处的截面作为控制截面。

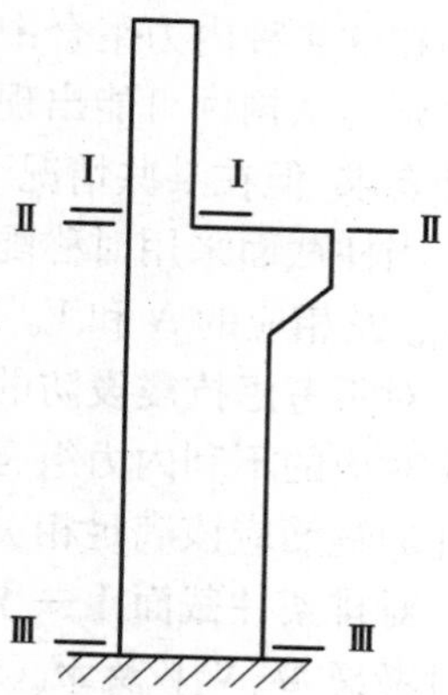

图4.32　单阶柱的控制截面

2)荷载效应组合

利用剪力分配法计算出各种荷载单独作用下控制截面的内力后,还需要按这些荷载同时出现的可能性进行荷载效应的组合,才能确定控制截面的最不利内力。

（1）无地震作用时

排架柱荷载基本组合的效应设计值 S_d 可根据《建筑结构荷载规范》（GB 50009—2012）的3.2.3～3.2.5 条进行计算,而标准组合及准永久组合则需要根据3.2.8、3.2.10 计算,详见第2章。与民用建筑不同,单层厂房的活荷载经常有吊车荷载,《建筑结构荷载规范》（GB 50009—2012）规定:厂房排架设计时,在荷载准永久组合中可不考虑吊车荷载,但在吊车梁按正常使用极限状态设计时,宜采用吊车荷载的准永久值。

（2）有地震作用时

抗震验算时的内力组合是指地震作用引起的内力与其重力荷载代表值引起的内力,根据可能出现的最不利情况所进行组合。当进行地震内力组合时,不考虑吊车横向水平制动力引起的内力。

$$S = \gamma_G S_{GE} + \gamma_{Eh} S_{Ehk} \tag{4.23}$$

式中　S——结构构件内力组合的设计值,包括组合的弯矩、轴向力和剪力设计值等;

　　　γ_G——重力荷载分项系数,一般情况应采用1.2,当重力荷载效应对构件承载能力有利时,不应大于1.0;

　　　γ_{Eh}——水平地震作用分项系数;

　　　S_{GE}——重力荷载代表值的效应,有吊车时,尚应包括悬吊物重力标准值的效应;

　　　S_{Ehk}——水平地震作用标准值的效应,尚应乘以相应的增大系数或调整系数。

3)内力组合

排架柱控制截面的内力包括轴力 N、弯矩 M 和剪力 V。对矩形、Ⅰ形等截面实腹柱,属于偏心受压构件,其纵向受力钢筋数量主要取决于控制截面上的弯矩和轴力。根据可能需要的最大的配筋量,一般可考虑以下 4 种最不利内力组合:

①$+M_{max}$ 及相应的 N、V;

②$-M_{max}$ 及相应的 N、V;

③N_{max} 及相应的 M、V;

④N_{min} 及相应的 M、V。

在这4种内力组合中,第①、②、④组是以构件可能出现大偏心受压破坏进行组合的;第③组则是从构件可能出现小偏心受压破坏进行组合的。通常,按上述4种内力组合已能满足设计要求,但在某些情况下,还需要注意偏心距最大或最小的情况。

当柱截面采用对称配筋及采用对称基础时,第①和第②两种内力组合可合并为一种,即$|M|_{max}$及相应的N和V。

对不考虑抗震设防的排架柱,箍筋一般由构造控制,故在柱截面设计时,可不考虑最大剪力所对应的不利内力组合及其他不利内力组合所对应的剪力值。当考虑抗震设防时,单层厂房柱的箍筋应该满足相关要求。

对排架柱截面Ⅰ—Ⅰ和Ⅱ—Ⅱ,可只考虑N和M,因为其剪力较小;对于截面Ⅲ—Ⅲ,应同时考虑M、N、V及M_k、N_k、V_k,以提供基础设计的内力。

内力组合可列表进行(见第2章),且可利用结构的对称性。

4.3.6 考虑整体空间作用单层厂房的内力计算

1)厂房整体空间作用的基本概念

虽然有些情况下单层厂房可简化为平面排架进行计算,但单层厂房实际上是一个空间结构,当其一局部受到荷载作用时,整个厂房中的所有构件都将参与受力,并产生相应内力。

下面通过如图4.33所示的4种情况说明单层工业厂房整体空间作用的基本概念。

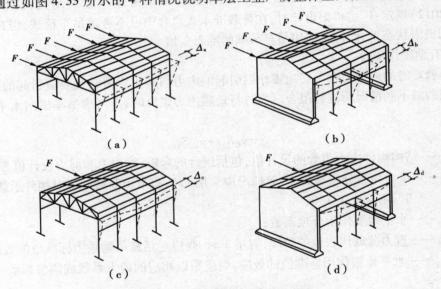

（a）　　　　　　　　　　　（b）

（c）　　　　　　　　　　　（d）

图4.33　厂房整体空间作用示意图

①图4.33(a)中,各榀排架柱顶均受有水平集中力F,且厂房两端无山墙,此时各榀排架的受力情况相同,柱顶水平位移Δ_a也相同,各榀排架之间互不制约,每一榀排架都相当于一个独立的平面排架。

②图4.33(b)中,各榀排架柱顶均受有水平集中力F,厂房两端有山墙,山墙平面内的刚度比平面排架的刚度大很多,故靠近山墙处的排架柱顶水平位移很小,山墙对其他各榀排架有不同程度的约束作用,使各榀排架柱顶水平位移呈曲线分布,且$\Delta_b<\Delta_a$。

③图4.33(c)中,仅其中一榀排架柱顶作用水平集中力F,厂房两端无山墙,则直接受荷

的排架通过屋盖等纵向连系构件,受到非直接受荷排架的约束,使其柱顶的水平位移减小,即 $\Delta_c < \Delta_a$。对非直接受荷排架,由于受到受荷排架的牵连,其柱顶也将产生不同程度的水平位移。

④图 4.33(d)中,仅其中一榀排架柱顶作用水平集中力 F、厂房两端有山墙,直接受荷排架受到非受荷排架和山墙两种约束,故各榀排架的柱顶水平位移将更小,$\Delta_d < \Delta_c$。

由此可知,当结构布置或荷载分布不均匀时,由于屋盖等纵向连系构件将各榀排架或山墙连系在一起,因此各榀排架或山墙的受力及变形都不是独立的,而是相互制约。这种排架与排架、排架与山墙之间的相互制约作用,称为厂房的整体空间作用。产生单层厂房整体空间作用的条件有两个:一是各横向排架(山墙可理解为广义的横向排架)之间必须有纵向构件将它们连系起来;二个是各横向排架彼此的情况不同,或者是结构不同,或者是承受的荷载不同。

显然,单层厂房整体空间作用的程度主要取决于屋盖的水平刚度、荷载类型、山墙刚度和间距等因素。因此,无檩屋盖(与有檩屋盖相比)、局部荷载(与均布荷载相比)、有山墙(与无山墙相比)的单层厂房的整体空间作用更大。

恒载、屋面活荷载、雪荷载以及风荷载一般沿厂房纵向均匀分布,故进行内力分析时可不考虑厂房的整体空间作用。而吊车荷载仅作用在几榀排架上,属于局部荷载,故在吊车荷载作用下按平面排架结构分析内力时,需要考虑厂房的整体空间作用。

2)厂房整体空间作用分配系数

当单层厂房的某一榀排架柱顶作用水平集中力 F 时,若不考虑厂房的整体空间作用,则此集中力 F 全部由直接受荷排架承受,其柱顶水平位移为 Δ;当考虑厂房的整体空间作用时,水平集中力 F 不仅由直接承受荷载的排架承担,而且将通过屋盖等纵向联系构件传给相邻的其他排架,使整个厂房共同承担,如图 4.34(a)所示。

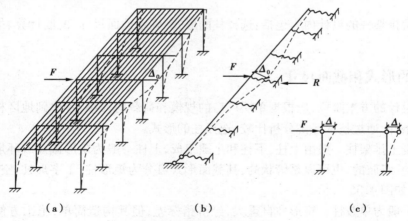

图4.34 厂房整体空间作用分析

如果把屋盖看作一根在水平面内受力的梁,而各榀横向排架作为梁的弹性支座,如图 3.34(b)所示,则各支座反力即为相应排架所分担的水平力。若令直接受荷排架对应的支座反力为 R,则 $R < F$。R 与 F 之比用 μ 表示,称为单个水平集中力作用下厂房的空间作用分配系数。在弹性阶段,此系数也可以表示为柱顶水平位移之比,即:

$$\mu = \frac{R}{F} = \frac{\Delta_0}{\Delta} < 1.0 \tag{4.24}$$

式中 Δ_0——考虑空间作用时直接受荷排架的柱顶位移。

由上述分析可知,μ 表示当水平荷载作用于排架柱顶时,由于厂房结构的空间作用,该排架所分配到的水平荷载与不考虑空间作用(按平面排架计算)所分配的水平荷载的比值。μ 值越小,说明厂房的空间作用越大,反之则越小。

3)考虑厂房空间工作和扭转影响对排架地震作用的调整

理论分析表明,当厂房山墙的距离不是很大,且为钢筋混凝土屋盖时,厂房上的地震作用将有一部分通过屋盖传给山墙,而使厂房排架上的地震作用减小,这就是厂房的空间作用。同时,厂房扭转对排架地震作用的影响也是不容忽视的,在抗震设计中按平面排架分析所求得的地震弯矩和剪力应乘以相应的调整系数予以考虑。

4)考虑整体空间作用时排架的内力计算

当考虑厂房整体空间作用时,可先假定排架柱顶无侧移,求出荷载作用下的柱顶反力以及相应的柱顶剪力;然后将柱顶反力 R 乘以空间作用分配系数 μ,并将它反方向施加于该榀排架的柱顶,按剪力分配法求出各柱顶剪力;将上述两项计算求得的柱顶剪力叠加,即为考虑空间作用的柱顶剪力;根据柱顶剪力及柱上实际承受的荷载,按静定悬臂柱则可求出各柱的内力。

通过计算可知,考虑整体空间作用时,上柱内力将增大,而下柱内力将减小。由于下柱的配筋量一般比较多,故考虑空间作用后,柱的钢筋总用量有所减少。

4.4 单层厂房柱

单层厂房排架柱的设计内容包括:选择柱的形式、确定截面尺寸、配筋计算、吊装验算、牛腿设计等。

4.4.1 柱的形式和截面尺寸

在结构设计的方案阶段,应根据单层厂房的规模和荷载的大小,考虑到地区材料、施工等方面的具体条件,通过技术经济分析比较,选择柱的形式。

钢筋混凝土排架柱一般由上柱、下柱和牛腿组成,上柱一般为矩形截面或环形截面,下柱可以是单肢的、双肢的,也可以是管状的,其截面形式可分为矩形柱、I 字形柱、空腹双肢柱和管柱等几类,如图 4.35 所示。

矩形柱一般为单肢柱。矩形柱自重大,经济指标差,但其构造简单,施工方便,抗震性能好,是目前普遍使用的,其截面高度一般在 800 mm 以内。

I 字形柱一般为单肢柱。I 字形柱截面形式合理,材料利用较充分,而且整体性好,施工方便,是一种较好的柱型,在柱截面高度为 600 ~ 1 500 mm 时被广泛采用。

双肢柱的下柱由肢杆、肩梁和腹杆组成,包括平腹杆双肢柱和斜腹杆双肢柱等。双肢柱的刚度较差,节点多,制作较复杂,用钢量也较多。当柱的截面高度大于 1 300 mm 时,可考虑采用双肢柱。

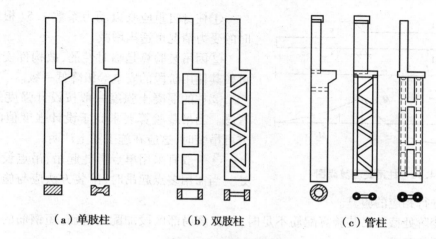

（a）单肢柱　　　　（b）双肢柱　　　　（c）管柱

图 4.35　排架柱的形式

管柱有圆管柱和方管柱两种,可做成单肢柱或双肢柱,应用较多的是双肢管柱。管柱的管子可采用高速离心法生产,这样混凝土质量好,自重轻,可减少施工现场工作量。但管柱节点构造复杂,且受到制管设备的限制,应用较少。

柱截面尺寸除应保证柱具有足够的承载力外,还必须使柱具有足够的刚度,以免造成厂房横向和纵向变形过大,发生吊车轮和轨道的过早磨损,影响吊车正常运行或导致墙和屋盖产生裂缝,影响厂房的正常使用。根据刚度要求,对于 6 m 柱距的厂房柱和露天栈桥柱采用矩形或 I 形截面柱时的最小截面尺寸,以及 I 字形截面柱腹板、翼缘尺寸可参考附表 4.8、附表 4.9 确定。

抗震设计时,大柱网厂房柱的截面宜采用正方形或接近正方形的矩形,边长不宜小于柱全高的 1/18 ~ 1/16。重屋盖厂房地震组合的柱轴压比,6、7 度时不宜大于 0.8,8 度时不宜大于 0.7,9 度时不应大于 0.6。

4.4.2　截面设计

1) 考虑二阶效应的排架柱弯矩设计值计算

排架柱考虑二阶效应的弯矩设计值计算方法可采用《混凝土结构设计规范》（GB 50010—2010）附录 B.0.4 给出的方法,具体详见第 2 章。

2) 截面配筋计算

根据排架计算求得的控制截面的最不利内力组合 M 和 N 后,排架柱可按偏心受压构件进行配筋计算。对于矩形、I 字形截面实腹柱,可按构造要求配置箍筋。

3) 构造要求

柱内纵向钢筋及箍筋的构造要求请参见第 2 章的有关规定。

大柱网厂房柱的配筋构造,要求更为严格,详见附 4.7。山墙抗风柱的配筋,详见附 4.8。

4.4.3　柱施工阶段的验算

预制柱一般采用翻身起吊,需对图 4.36 中的 1—1、2—2 和 3—3 截面,根据运输、吊装时混凝土的实际强度,分别进行承载力和裂缝宽度验算。验算对应注意以下几点:

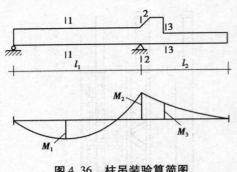

图 4.36　柱吊装验算简图

①柱身自重应乘以动力系数 1.5（根据吊装时的受力情况可适当增减）。

②因吊装验算是临时性的，故构件安全等级可较其使用阶段的安全等级降低一级。

③柱的混凝土强度一般按设计强度的 70%考虑。当吊装验算要求高于设计强度值的 70%方可吊装时，这应在施工图上注明。

④一般宜采用单点绑扎起吊，吊点设在变阶处。当需用多点起吊时，吊装方法应与施工单位共同商定并进行相应的验算。

⑤当柱变阶处截面吊装验算配筋不足时，可在该局部区段加配短钢筋，短钢筋的锚固长度应满足相应的要求。

4.4.4　牛腿

为支承屋架、托架、吊车梁和连系梁等构件，常在厂房结构的柱身设置从柱侧面伸出的短悬臂，称为牛腿。其目的是在不增大柱截面的情况下，加大支承面积，保证构件间的可靠连接，以利于构件的安装。

根据牛腿竖向力 F_v 的作用点至下柱边缘的水平距离 a 的大小，一般把牛腿分成两类：当 $a \leqslant h_0$ 时为短牛腿，如图 4.37（a）所示；当 $a > h_0$ 时为长牛腿，如图 4.37（b）所示，h_0 为牛腿与下柱交接处的牛腿竖直截面的有效高度。

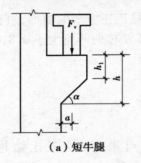

（a）短牛腿

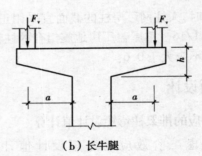

（b）长牛腿

图 4.37　牛腿分类

长牛腿的受力特点与悬臂梁相似，可按悬臂梁设计。一般支承吊车梁等构件的牛腿为短牛腿（简称牛腿），它是一变截面深梁，其受力性能与普通悬臂梁不同，应按本节方法进行设计。

1）试验研究

试验研究结果表明，从加载至破坏，牛腿大体经历弹性、裂缝出现与开展以及破坏三个阶段。

（1）弹性阶段的应力分布

由 $a/h_0 = 0.5$ 环氧树脂牛腿模型的光弹试验，可得到如图 4.38 所示的主应力迹线。从图中可以看出：牛腿上部主拉应力迹线基本与牛腿上边缘平行，牛腿斜边附近主压应力迹线大致与连线 ab 平行，中下部主拉应力迹线向下倾斜；在上柱根部与牛腿交界处存在应力集中现象。

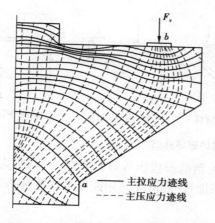

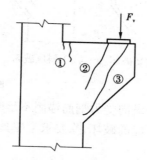

图4.38　牛腿光弹性试验结果示意图　　图4.39　牛腿裂缝示意图

（2）裂缝的出现和开展

钢筋混凝土牛腿在竖向力作用下的试验表明：

①当加载到破坏荷载的20%～40%时，首先出现垂直裂缝①（图4.39），但开展很小，对牛腿受力性能影响不大。

②当加载到破坏荷载的40%～60%时，在加载垫板内侧出现斜裂缝②。该裂缝出现后，牛腿在外荷载的作用下的受力犹如一个三角桁架：牛腿顶部钢筋是水平拉杆，裂缝外侧混凝土如一斜压杆。

③最后，当加载至接近破坏时（约为破坏荷载的80%），垫板外侧突然出现斜裂缝③，该裂缝的出现是牛腿即将破坏的预兆。

在牛腿使用过程中，所谓不允许出现斜裂缝均指裂缝②而言的，这是确定牛腿截面尺寸的主要依据。

（3）破坏形态

继续加载，随着a/h_0值的不同，牛腿主要发生以下几种破坏形态：

①剪切破坏：当$a/h_0<0.1$或a/h_0值虽较大但边缘高度h_1较小时，可能发生沿加载板内侧，在牛腿与柱边交接面上出现一系列短而细的斜裂缝，如图4.40（a）所示。最后，牛腿沿此裂缝从柱上被切下而破坏，破坏时牛腿内纵向钢筋的应力较低。

②斜压破坏：当$a/h_0=0.1～0.75$时，首先出现斜裂缝①（图4.40（b）），当加载至破坏荷载的70%～80%时，在斜裂缝①外侧的整个压杆范围内出现大量短小的斜裂缝。当这些斜裂缝逐渐贯通时，压杆内混凝土的斜向主压应力超过混凝土的抗压强度，直至混凝土剥落崩出，牛腿即宣告破坏。也有少数牛腿出现斜裂缝①，并发展到相对稳定的状态，当加载到某级荷载时，突然从加载板内侧出现一条通长斜裂缝②而破坏，如图4.40（c）所示。

③弯压破坏：当$1.0>a/h_0>0.75$且牛腿顶部的纵向受力钢筋配置不能满足要求时，可能发生弯压破坏，如图4.40（d）所示。其破坏特点是：出现斜裂缝①后，随着荷载的增加斜裂缝不断向受压区延伸，纵筋拉应力逐渐增加直至达到屈服强度，这时斜裂缝①外侧部分绕牛腿根部与柱交接点转动，致使受压区混凝土压碎而引起破坏。

④局部受压破坏：当牛腿的宽度过小或加载板尺寸较小时，在竖向力作用下，可能发生加载板下混凝土的局部受压破坏，如图4.40（e）所示。

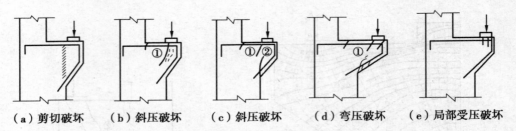

（a）剪切破坏　　（b）斜压破坏　　（c）斜压破坏　　（d）弯压破坏　　（e）局部受压破坏

图 4.40　牛腿的破坏形态

当牛腿纵向受力钢筋锚固不足时，还会发生钢筋被拔出等破坏现象。因此，为避免牛腿发生各种可能的破坏，除要求牛腿具有足够的截面尺寸外，还必须配置足够数量的各种钢筋。

2）牛腿设计

牛腿设计的主要内容是：确定牛腿的截面尺寸、承载力计算和配筋构造。

牛腿截面宽度一般与柱宽相同；牛腿的顶面长度与吊车梁中线的位置、吊车梁端部的宽度 b_c 以及吊车梁至牛腿端部的水平距离 c_1 有关，一般吊车梁中线到上柱外边缘的水平距离为 750 mm，c_1 通常为 70～100 mm。

（1）牛腿截面高度的验算公式

牛腿的总高度 h 以使用阶段不出现斜裂缝②为控制条件来确定，牛腿总高度 h 的验算公式为：

$$F_{vk} \leqslant \beta\left(1 - \frac{0.5F_{hk}}{F_{vk}}\right)\frac{f_{tk}bh_0}{0.5+\dfrac{a}{h_0}} \tag{4.25}$$

式中　F_{vk}——作用于牛腿顶部按荷载效应标准组合计算的竖向力值；

　　　F_{hk}——作用于牛腿顶部按荷载效应标准组合计算的水平拉力值；

　　　f_{tk}——混凝土抗拉强度标准值；

　　　β——裂缝控制系数，对支承吊车梁的牛腿取 0.65；对其他牛腿取 0.8；

　　　a——竖向力作用点至下柱边缘的水平距离，此时应考虑安装偏差 20 mm，当考虑 20 mm 的安装偏差后的竖向力作用点仍位于下柱截面以内时，取 $a=0$；

　　　b——牛腿宽度，通常与柱宽度相同；

　　　h_0——牛腿与下柱交接处的垂直截面有效高度，$h_0 = h_1 - a_s + c \cdot \tan\alpha$，当 $\alpha>45°$ 时，取 $\alpha=45°$，c 为下柱边缘到牛腿边缘的水平长度。

此外，牛腿的外边缘高度 h_1 不应小于 $h/3$，且不应小于 200 mm，以防止发生加载板内侧边缘的近似垂直截面的剪切破坏。牛腿底面倾角 α 不应大于 45°，以防止斜裂缝出现后可能引起底面与下柱相交处产生严重的应力集中。

为防止牛腿顶面垫板下混凝土的局部受压破坏，在牛腿顶面的受压面上，由竖向力 F_{vk} 所引起的局部压应力不应超过 $0.75f_c$，即

$$\sigma_c = \frac{F_{vk}}{A} \leqslant 0.75f_c \tag{4.26}$$

式中　A——局部受压面积；

　　　f_c——混凝土轴心抗压强度设计值。

若不满足式（4.26）的要求，则应加大受压面积、提高混凝土强度等级或者设置钢筋网等

有效措施。

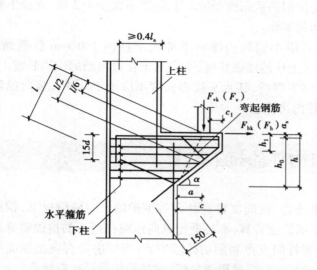

图 4.41 牛腿截面尺寸和钢筋构造　　　　图 4.42 牛腿的计算简图

（2）牛腿承载力的计算和配筋构造

根据牛腿的弯压和斜压两种破坏形态,在一般情况下,可近似地把牛腿看作是一个以顶部纵向受力钢筋为水平拉杆,以混凝土斜向压力带为压杆的三角形桁架进行承载力计算,如图 4.42 所示。

根据牛腿的计算简图,在竖向力设计值 F_v 和水平拉力设计值 F_h 共同作用下,由力矩平衡条件可得:

$$F_v a + F_h(\gamma_s h_0 + a_s) = f_y A_s \gamma_s h_0$$

当 $a < 0.3h_0$ 时,可取 $a = 0.3h_0$。近似取 $\gamma_s = 0.85$,$\dfrac{\gamma_s h_0 + a_s}{\gamma_s h_0} = 1.2$,则由上式可得到由承受竖向力所需的受拉钢筋截面面积和承受水平拉力所需的锚筋截面面积所组成的纵向受力钢筋的总截面面积为:

$$A_s = \frac{F_v a}{0.85 h_0} + 1.2 \frac{F_h}{f_y} \tag{4.27}$$

式中　F_v——作用在牛腿顶部的竖向力设计值;

　　　F_h——作用在牛腿顶部的水平拉力设计值;

　　　f_y——纵向受拉钢筋强度设计值。

沿牛腿顶部配置的纵向受力钢筋,宜采用 HRB400 级或 HRB500 级钢筋。承受竖向力所需的纵向受力钢筋的配筋率,按牛腿有效截面计算不应小于 0.2% 及 0.45 f_t/f_y,也不宜大于 0.6%,且根数不宜少于 4 根,直径不应小于 12 mm。

在牛腿的截面尺寸满足式(4.27)的抗裂条件后,一般不需要再进行斜截面受剪承载力计算,只需按下述构造要求设置水平箍筋和弯起钢筋(图 4.41)。

水平箍筋的直径应取 6～12 mm,间距为 100～150 mm,且在上部 $2h_0/3$ 范围内水平箍筋总截面面积不应小于承受竖向力的受拉钢筋截面面积的 1/2。

当牛腿的剪跨比 a/h_0 不小于 0.3 时,宜设置弯起钢筋。弯起钢筋宜采用 HRB400 级或

HR500 级钢筋,并宜设置在牛腿上部 $l/6$ 至 $l/2$ 之间的范围内(图 4.41),l 为该连线的长度,其截面面积不宜小于承受竖向力的受拉钢筋截面面积的 $1/2$,根数不宜少于 2 根,直径不宜小于 12 mm。纵向受拉钢筋不得兼作弯起钢筋。

全部纵向受力钢筋及弯起钢筋宜沿牛腿外边缘向下伸入下柱内 150 mm 后截断(图 4.41)。纵向受力钢筋及弯起钢筋伸入上柱的锚固长度,不应小于受力钢筋的锚固长度 l_a;当上柱尺寸不足时,应伸至上柱外边并向下弯折,其水平投影长度不应小于 $0.4l_a$,竖向投影长度应取为 $15d$,此时锚固长度应从上柱内边算起。

4.5　地震作用下纵向构件的抗震验算

纵向柱列中的构件包括钢筋混凝土柱、柱间支撑和贴砌砖围护墙。一般情况下,钢筋混凝土排架柱仅需进行横向地震作用下的抗震验算,不必进行纵向地震作用下的抗震验算。因此,纵向地震作用下的抗震验算仅针对柱间支撑和贴切砖围护墙;当厂房带有突出屋面的天窗架时,尚需对天窗架进行纵向抗震验算。验算过程请参照《建筑结构设计抗震规范》。

4.6　柱下独立基础设计

单层厂房的柱下基础一般采用独立基础。对装配式钢筋混凝土单层厂房排架结构,常见的独立基础形式主要有杯形基础、高杯基础和桩基础等,如图 4.43 所示。

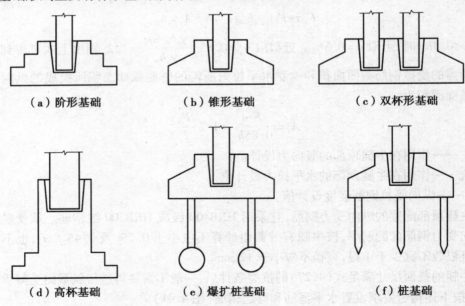

（a）阶形基础　　　　　　　（b）锥形基础　　　　　　　（c）双杯形基础

（d）高杯基础　　　　　　　（e）爆扩桩基础　　　　　　　（f）桩基础

图 4.43　基础的形式

杯形基础一般有阶形和锥形两种,如图 4.43(a)、(b)所示,因与预制排架柱连接的部分做成杯口,故习称杯形基础。该类基础适用于地基土质较均匀、地基承载力较大而上部结构荷载不很大的厂房,是目前常用的基础类型。对厂房伸缩缝处设置的双柱,其柱下基础则做成双杯形基础,如图 4.43(c)所示。

当柱基础由于地质条件限制,或是附近有较深的设备基础或有地坑需要深埋时,可做成带短柱的扩展基础,即高杯基础,如图 4.43(d)所示。当上部结构荷载较大、地基表层土软弱而坚硬土层较深,或者厂房对地基变形有严格要求时,还可采用爆扩桩基础或桩基础,如图 4.43(e)、(f)所示。

本节主要介绍杯形独立基础的设计方法。柱下独立基础根据其受力性能可分为轴心受压基础和偏心受压基础两类。在基础的形式和埋置深度确定后,独立基础设计的主要内容包括:确定基础的底面尺寸、验算基础高度、计算基础底板配筋、构造处理及绘制施工图等。

4.6.1 确定基础底面尺寸

基础底面尺寸是根据地基承载力条件和地基变形条件确定的。由于独立基础的刚度较大,可假定基础是绝对刚性且基础底面的地基土压力为线性分布。

1)轴心受压基础

轴心受压时,基础底面的压力为均匀分布,如图 4.44 所示。设计时应满足下式要求:

$$p_k = \frac{N_k + G_k}{A} \leqslant f_a \qquad (4.28)$$

式中 p_k——相应于荷载效应标准组合时,基础底面处的平均压力值;

N_k——相应于荷载效应标准组合时,上部结构传至基础顶面的竖向力值;

G_k——基础及基础上方土的重力标准值;

A——基础底面面积,$A \approx b \times l$,b 为基础底面的长度,l 为基础底面的宽度;

f_a——经过深度和宽度修正后的地基承载力特征值。

若基础的埋置深度为 d,基础及其上填土的平均重度为 γ_m(一般可近似取 $\gamma_m = 20 \text{ kN/m}^3$),则 $G_k = \gamma_m dA$,将其代入式(4.28)可得基础底面面积为:

$$A \geqslant \frac{N_k}{f_a - \gamma_m d} \qquad (4.29)$$

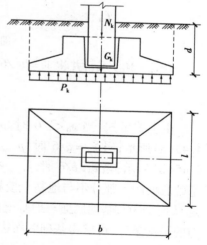

图 4.44 轴心受压基础计算简图

设计时先根据经过深度修正的 f_a 值按式(4.29)算得基础底面面积 A,再选定基础宽度 b,即可求得另一边长 l。当选用正方形时,$b = l = \sqrt{A}$。当求得的 l 值大于 3 m 时,还须对地基承载力进行宽度修正重新求得 f_a 值及相应的 l 值。

2)偏心受压基础

当基础承受偏心荷载或者同时有弯矩和轴力作用时,基础偏心受压,基础底面的压力仍假定为线性分布,如图 4.45 所示。当基础底面全截面受压时,则基础底面边缘的最大和最小压力可按下式计算,即

$$\begin{aligned} p_{k,\max} \\ p_{k,\min} \end{aligned} = \frac{N_{bk}}{A} \pm \frac{M_{bk}}{W} \qquad (4.30)$$

式中 $p_{k,\max}$，$p_{k,\min}$——相应于荷载效应标准组合时基础底面边缘的最大和最小压力值；

  W——基础底面的抵抗矩，$W = lb^2/6$；

  l——垂直于力矩作用方向的基础底面边长；

  N_{bk}——相应于荷载效应标准组合时，作用于基础底面的竖向压力值，$N_{bk} = N_k + G_k + N_{wk}$；

  M_{bk}——相应于荷载效应标准组合时，作用于基础底面的弯矩值，$M_{bk} = M_k + V_k h \pm N_{wk} e_w$；

  其中 N_k，M_k，V_k 为按荷载效应标准组合时作用于基础顶面处的轴力、弯矩和剪力值，N_{wk} 为相应于荷载效应标准组合时基础梁传来的竖向力值，e_w 为基础梁中心线至基础底面中心线的距离，h 为按经验初步拟定的基础高度。

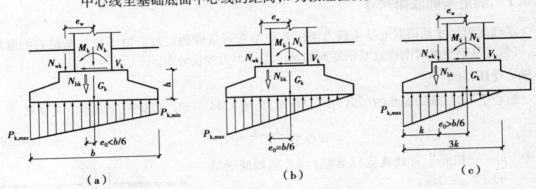

图 4.45　偏心受压基础计算简图

令 $e_0 = M_{bk}/N_{bk}$，并将 $W = lb^2/6$ 代入式（4.30），则式（4.30）可表达为：

$$\begin{aligned} p_{k,\max} \\ p_{k,\min} \end{aligned} = \frac{N_{bk}}{lb}\left(1 \pm \frac{6e_0}{b}\right) \qquad (4.31)$$

由上式可知，当 $e_0 < b/6$ 时，$p_{k,\min} > 0$，地基反力呈梯形分布，表示基底全部受压，如图 4.45（a）所示；当 $e_0 = b/6$ 时，$p_{k,\min} = 0$，地基反力呈三角形分布，基底也为全部受压，如图 4.45（b）所示；当 $e_0 > b/6$ 时，$p_{k,\min} < 0$，由于基础底面与地基土的接触面间不能承受拉力，说明基础底面的一部分不与地基土接触，两者之间是脱离的，这时承受地基反力的基础底面积不是 bl 而是 $3kl$，基础底面与地基土接触的部分其反力仍呈三角形分布，如图 4.45（c）所示，根据力的平衡条件，可求得基础底面边缘的最大压力值为：

$$p_{k,\max} = \frac{2N_{bk}}{3kl} \qquad (4.32)$$

式中 k——基础底面竖向压力 N_{bk} 作用点至基础底面边缘最大压力的距离，$k = \dfrac{b}{2} - e_0$。

通常可以采用试算法来确定偏心受压基础的底面尺寸，具体步骤如下：

①按轴心受压基础初步估算基础的底面面积。先按式（4.29）计算底面面积，再考虑基础底面弯矩的影响，将基础底面积适当增加 $10\% \sim 40\%$，初步选定基础底面的边长 l 和 b。

②计算基础底面内力。分别计算基础底面处的轴向压力 N_{bk} 和弯矩值 M_{bk}。

③计算基底压力。当 $e_0 \leqslant b/6$ 时，按照式（4.33）计算 $p_{k,\max}$ 和 $p_{k,\min}$；当 $e_0 > b/6$ 时，按照式（4.32）计算 $p_{k,\max}$。

④验算地基承载力。对于偏心受压基础,基础底面的压力值应符合下式要求:

$$p_k = \frac{p_{k,max} + p_{k,min}}{2} \leqslant f_a \tag{4.33}$$

$$p_{k,max} \leqslant 1.2 f_a \tag{4.34}$$

式中,地基承载力特征值之所以提高 20%,是考虑 $p_{k,max}$ 只在基础边缘的局部范围内出现,而且 $p_{k,max}$ 中的大部分是由活荷载而不是恒荷载产生的。

4.6.2　验算基础的高度

独立基础的高度一般根据工程经验初步拟定,除应满足构造要求外,还应满足柱与基础交接处以及基础变阶处混凝土的受冲切承载力或受剪承载力的要求。

试验研究表明,当柱与基础交接处或基础变阶处的高度不足时,柱传来的荷载将使基础发生如图 4.46(a) 所示的冲切破坏,即沿柱周边或变阶处周边大致成 45°方向的截面被拉开而形成图 4.46(b) 所示的角锥体(阴影部分)破坏。基础的冲切破坏是由于沿冲切面的主拉应力 σ_{pt} 超过混凝土的轴心抗拉强度而引起的,如图 4.46(c) 所示。为避免发生冲切破坏,必须使冲切面外的地基反力所产生的冲切力小于或等于冲切面上混凝土的抗冲切承载力。此外,如果柱下独立基础底面两个方向的边长比值大于 2,此时基础的受力状态接近于单向受力,柱与基础交接处不一定会发生冲切破坏,而可能发生剪切破坏。因此,这种情况下还应对基础交接处以及基础变阶处的混凝土进行受剪承载力验算。

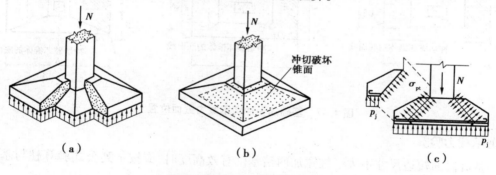

图 4.46　基础冲切破坏示意图

1)受冲切承载力验算

对矩形截面柱的矩形基础,在柱与基础交接处口及基础变阶处的受冲切承载力应按下列公式验算,即

$$F_l \leqslant 0.7 \beta_{hp} f_t a_m h_0 \tag{4.35}$$

$$a_m = (a_t + a_b)/2 \tag{4.36}$$

$$F_l = p_j A_l \tag{4.37}$$

式中　β_{hp}——受冲切承载力截面高度影响系数,当 h 不大于 800 mm 时,β_{hp} 取 1.0,当 h 大于或等于 2 000 mm 时,β_{hp} 取 0.9,其间按线性内插法取用;

f_t——混凝土轴心抗拉强度设计值;

h_0——基础冲切破坏锥体的有效高度;

a_m——冲切破坏锥体最不利一侧计算长度;

a_t——冲切破坏锥体最不利一侧斜截面的上边长,当计算柱与基础交接处的受冲切承载力时取柱宽,当计算基础变阶处的受冲切承载力时取上阶宽;

p_j——扣除基础自重及其上土重后相应于荷载效应基本组合时的地基土单位面积净反力,对偏心受压基础可取基础边缘处最大地基土单位面积净反力;

A_l——冲切验算时取用的部分基底面积,如图4.47(a)、(b)中的阴影面积 *ABCDEF*,或图4.47(c)中的阴影面积 *ABCD*;

F_l——相应于荷载效应基本组合时作用在 A_l 上的地基土净反力设计值,kPa;

a_b——冲切破坏锥体最不利一侧斜截面在基础底面积范围内的下边长。当冲切破坏锥体的底面落在基础底面以内(如图4.47(a)、(b)所示),计算柱与基础交接处的受冲切承载力时,取柱宽加2倍基础有效高度;当计算基础变阶处的受冲切承载力时,取上阶宽加2倍该处的基础有效高度;当冲切破坏锥体的底面在 l 方向落在基础底面以外(即 $\alpha_t + 2h_0 \geq l$)时,如图4.47(c)所示,取 $a_b = l$。

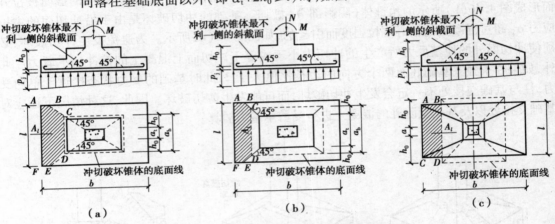

图4.47 基础的受冲切承载力截面位置

2)受剪承载力验算

当基础底面短边尺寸不大于柱宽加两倍基础有效高度时,应按下列公式验算柱与基础交接处截面及变阶处截面的受剪承载力:

$$V_s \leq 0.7\beta_{hs}f_tA_0 \tag{4.38}$$

式中　V_s——柱与基础交接处的剪力设计值;

A_0——验算截面处的有效受剪截面面积,当验算截面为阶形或锥形时,可将其截面折算成矩形截面;

β_{hs}——受剪承载力截面高度影响系数,$\beta_{hs} = (800/h_0)^{\frac{1}{4}}$。当 $h_0 < 800$ mm 时,取 $h_0 = 800$ mm;当 $h_0 \geq 2\,000$ mm 时,取 $h_0 = 2\,000$ mm。

基础设计时,一般首先根据经验或构造要求假定基础高度,然后按式(4.37)进行受冲切承载力验算。如若不满足要求,则应增大基础高度重新进行验算,直到满足要求为止。当基础底面落在45°线(即冲切破坏角锥体)以内时,可不必进行受冲切承载力验算。

4.6.3　计算基础底板配筋

试验表明,基础底板在地基净反力作用下,在两个方向都将产生向上的弯曲。因此,需在底板两个方向都配置受力钢筋。配筋计算的控制截面,一般取在柱与基础交接处及变阶处(对阶形基础)。计算两个方向的弯矩时,将基础视作固定在柱周边的四面挑出的悬臂板(图4.48),当基础台阶的高宽比小于或等于2.5时,可按下述有关公式计算。

1)轴心受压基础

为简化计算,将基础底板划分为4个区块,每个区块都可被看作固定于柱边的悬臂板,且区块之间无联系,如图4.48所示。因此,柱边处截面 I—I 和截面 II—II 的弯矩设计值,分别等于作用在梯形 $ABCD$ 和 $BCFE$ 上的总地基净反力乘以其面积形心至柱边截面的距离,即

$$M_{\text{I}} = \frac{p_{\text{j}}}{24}(b-b_{\text{t}})^2(2l+a_{\text{t}}) \tag{4.39}$$

$$M_{\text{II}} = \frac{p_{\text{j}}}{24}(l-a_{\text{t}})^2(2b+b_{\text{t}}) \tag{4.40}$$

式中 M_{I},M_{II}——截面 I—I 、II—II 处相应于荷载效应基本组合的弯矩设计值;

  p_{j}——相应于荷载效应基本组合的地基净反力;

  a_{t},a_{b}——沿基础短边和长边方向的柱截面尺寸。

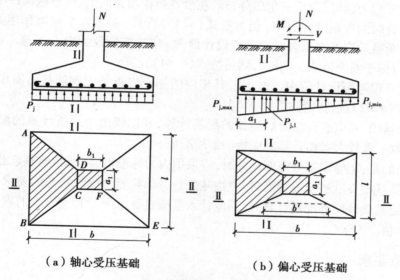

(a)轴心受压基础   (b)偏心受压基础

图4.48 基础底板配筋计算图

I—I 截面和 II—II 截面的受力钢筋可以按下式近似计算

$$A_{\text{s I}} = \frac{M_{\text{I}}}{0.9h_0 f_{\text{y}}} \tag{4.41}$$

$$A_{\text{s II}} = \frac{M_{\text{II}}}{0.9(h_0-d)f_{\text{y}}} \tag{4.42}$$

式中 h_0——截面 I—I 处基础的有效高度,$h_0 = h - a_{\text{s}}$,当基础下有混凝土垫层时取 $a_{\text{s}} = 40$ mm,无混凝土垫层时取 $a_{\text{s}} = 70$ mm;

  f_{y}——基础底板钢筋抗拉强度设计值;

  d——钢筋直径。

2）偏心受压基础

当偏心距小于或等于 1/6 基础宽度时,沿弯矩作用方向在任意截面 I—I 处(图 4.48(b)),以及垂直于弯矩作用方向在任意截面 II—II 处相应于荷载效应基本组合时的弯矩设计值 M_I、M_{II},可分别按下列公式计算,即

$$M_I = \frac{1}{12} a_1^2 \left[(2l+a')(p_{j,max}+p_{j,I}) + (p_{j,max}-p_{j,I})l \right] \tag{4.43}$$

$$M_{II} = \frac{1}{48}(l-a')^2(2b+b')(p_{j,max}+p_{j,min}) \tag{4.44}$$

式中　a_1——任意截面 I—I 至基底边缘最大反力处的距离;

　　　$p_{j,max}, p_{j,min}$——相应于荷载效应基本组合时基础底面边缘的最大和最小地基净反力设计值;

　　　$p_{j,I}$——相应于荷载效应基本组合时,在任意截面 I—I 处基础底面地基净反力设计值。

当偏心距大于 1/6 基础宽度时,由于地基土不能承受拉力,故沿弯矩作用方向基础底面一部分将出现零应力,其反力呈三角形分布。在沿弯矩作用方向上,任意截面 I—I 处相应于荷载效应基本组合时的弯矩设计值 M_I 仍可按式(4.43)计算;在垂直于弯矩作用方向上,任意截面处相应于荷载效应基本组合时的弯矩设计值 M_{II} 应按实际反力分布计算。在设计时,为简化计算,也可偏于安全地取 $p_{j,min}=0$,然后按式(4.44)计算。

当按上式求得弯矩设计值 M_I、M_{II} 后,其相应的基础底板受力钢筋截面面积可近似地按式(4.41)和式(4.42)进行计算。

对于阶形基础,尚应进行变阶截面处的配筋计算,并比较由上述所计算的配筋及变阶截面处的配筋,取二者较大者作为基础底板的最后配筋。

需要强调的是:①确定基础底面尺寸时,应采用内力标准值,以便与地基承载力特征值相协调,而在验算基础高度和配置钢筋时,应按基础自身承载能力极限状态的要求,采用内力设计值;②在确定基础高度和配筋计算时,不应计入基础自身重力及其上方土的重力,即采用地基净反力设计值。

4.6.4　构造要求

1）一般要求

轴心受压基础的底面一般采用正方形;偏心受压基础底面应采用矩形,其长边与弯矩作用方向平行;长短边长的比值宜小于 2。

锥形基础的边缘高度不宜小于 200 mm,且每个方向的坡度不宜大于 1∶3;阶形基础的每阶高度宜为 300～500 mm。

基础混凝土强度等级不应低于 C20。

基础垫层的厚度不宜小于 70 mm;垫层混凝土强度等级应为 C10。

扩展基础受力钢筋最小配筋率不应小于 0.15%,底板受力钢筋的最小直径不应小于 10 mm,间距不应大于 200 mm,也不应小于 100 mm,短边方向的钢筋应置于长边方向钢筋之上。当有垫层时钢筋保护层厚度不应小于 40 mm;无垫层时不应小于 70 mm。

当柱下钢筋混凝土独立基础的边长大于或等于 2.5 m 时,底板受力钢筋的长度可取边长

或宽度的 0.9 倍,并宜交错布置,如图 4.49 所示。

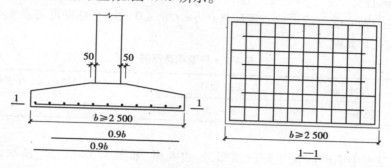

图 4.49　柱下独立基础底板受力钢筋布置

钢筋混凝土现浇柱基础中插筋的数量、直径以及钢筋种类应与柱纵向受力钢筋相同。插筋的锚固长度应满足附 4.9 的要求,插筋与柱纵向受力钢筋的连接方法,应符合现行国家标准《混凝土结构设计规范》(GB 50010—2010)的有关规定。插筋的下端宜做成直钩放在基础底板钢筋网上。当符合下列条件之一时,可仅将四角的插筋伸至底板钢筋网上,其余插筋锚固在基础顶面下 l_a 或 l_{aE} 处,如图 4.50 所示。

①柱为轴心受压或小偏心受压,基础高度大于或等于 1 200 mm;

②柱为大偏心受压,基础高度大于或等于 1 400 mm。

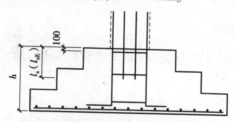

图 4.50　现浇柱的基础中插筋构造示意图

2)预制钢筋混凝土柱与杯口基础的连接

当预制柱的截面为矩形或工字形时,柱基础采用单杯口形式;当为双肢柱时,可采用双杯口,也可采用单杯口的基础形式。预制柱与杯口基础的连接示意如图 4.51 所示。

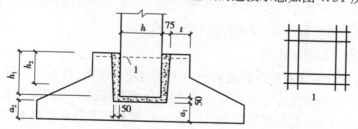

图 4.51　预制钢筋混凝土柱与杯口基础的连接示意

注:$a_2 \geqslant a_1$;1—焊接网

①柱的插入深度,可按附表 4.10 选用,并应满足附 4.9 条钢筋锚固长度的要求以及保证吊装时柱的稳定性;

②基础的杯底厚度和杯壁厚度,可按附表 4.11 选用;

③当柱为轴心受压或小偏心受压且 $t/h_2 \geq 0.65$ 时,或大偏心受压且 $t/h_2 \geq 0.75$ 时,杯壁可不配筋;当柱为轴心受压或小偏心受压且 $0.5 \leq t/h_2 \leq 0.65$ 时,杯壁可按表 4.4 配置构造钢筋;其他情况应按计算配筋。

表 4.4 杯壁构造配筋

柱截面长边尺寸/mm	$h < 1\ 000$	$1\ 000 \leq h < 1\ 500$	$1\ 500 \leq h \leq 2\ 000$
钢筋直径/mm	8 ~ 10	10 ~ 12	12 ~ 16

布置时注意表中钢筋应置于杯口顶部,每边两根,如图 4.51 所示。预制钢筋混凝土柱(包括双肢柱)与高杯口基础的连接也应满足规范的相应要求,此处不赘述。

4.7 吊车梁

吊车梁主要承受吊车的竖向荷载和纵横向水平荷载,同时与纵向柱列形成纵向排架,是单层厂房中主要承重构件之一,对吊车的正常运行和保证厂房的纵向刚度等都起着重要的作用。

4.7.1 吊车梁的受力特点

装配式吊车梁是支承在柱上的简支梁,其受力特点取决于吊车荷载的特性,主要有以下4 点:

1)吊车荷载是移动荷载

吊车荷载是两组移动的集中荷载,一组是移动的竖向荷载 P,另一组是移动的横向水平荷载 T,这里的"一组"是指可能作用在吊车梁上的吊车轮子。

2)吊车荷载是重复荷载

实际调查表明,如果厂房使用期为 50 年,则在此期间,A6 ~ A8 工作级别吊车荷载的重复次数可达到 $(4 \sim 6) \times 10^6$ 次,A4 ~ A5 工作级别的吊车一般可达到 2×10^6 次。对直接承受吊车荷载的吊车梁,除静力计算外,还要进行疲劳强度验算。

3)吊车荷载具有冲击和振动作用

吊车行驶时,在轨道接头处及其他凹凸不平处会发生撞击,因而产生动力效应。动力效应的大小主要与吊车轨道接头处的高差、吊车行驶速度以及吊车梁的刚度大小有关。在计算吊车梁及其连接的强度以及验算吊车梁的抗裂性时,可将吊车竖向荷载乘以动力系数 μ,然后按静力方法计算结构的内力。

4)吊车荷载使吊车梁上产生扭矩

吊车梁在自重、吊车竖向荷载 P 和水平荷载 T 作用下,不仅在竖向平面内受弯、受剪,而且在水平平面内受弯、受剪。同时,吊车竖向荷载 P 和水平荷载 T 对吊车梁横截面的弯曲中心都是偏心的,故吊车梁是一个双向弯曲的弯、剪、扭构件。

4.7.2 吊车梁的形式

目前我国常用的有钢筋混凝土、预应力混凝土等截面或变截面的吊车梁以及组合式吊车梁。对于吨位较大或重级载荷状态的吊车,应优先采用预应力混凝土等截面吊车梁。

变截面吊车梁有鱼腹式和折线式两种,分别如图 4.52(a)、(b)所示,因其外形较接近于弯矩包络图形,故各正截面的受弯承载力接近等强,且具有较好的经济效果。其缺点是施工不够方便;用机械方法张拉曲线钢筋(束)时,预应力摩擦损失值也较大;且当梁端截面底部非预应力构造钢筋配置较少时,可能在支承垫板处产生斜裂缝。

组合式吊车梁的下弦杆为钢材(竖杆也有用钢材的),如图 4.52(c)、(d)所示。由于焊缝的疲劳性能不易保证,目前一般用于不大于 5t 的 A1～A5 级吊车,且无侵蚀性气体的小型厂房中。对于外露钢材,应做防腐处理,并注意维护。

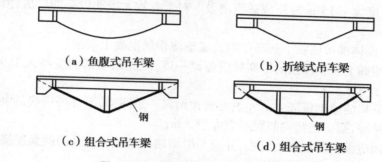

(a)鱼腹式吊车梁　　　　　　　　(b)折线式吊车梁

(c)组合式吊车梁　　　　　　　　(d)组合式吊车梁

图 4.52　变截面吊车梁和组合式吊车梁

附录及拓展内容

附4.1

砌体围护结构圈梁的设置位置及构造

非抗震设防时,一般单层厂房圈梁布置的原则是:对无桥式吊车的厂房,当墙厚 $h \leqslant$ 240 mm、檐口标高为 5 ~ 8 m 时,应在檐口附近布置一道,当檐口高度大于 8 m 时,宜增设一道;对有桥式吊车的厂房,除在檐口或窗顶布置圈梁外,尚宜在吊车梁标高处或其他适当位置增设一道,外墙高度大于 15 m 时还应适当增设。对于有较大振动设备的厂房,沿墙高的圈梁间距不应超过 4 m。

抗震设防时,砌体围护墙在下列部位应设置现浇钢筋混凝土圈梁:

①梯形屋架端部上弦和柱顶的标高处应各设一道,但屋架端部高度不大于 900 mm 时可合并设置;

②应按上密下稀的原则每隔 4 m 左右在窗顶增设一道圈梁,不等高厂房的高低跨封墙和纵墙跨交接处的悬墙,圈梁的竖向间距不应大于 3 m;

③山墙沿屋面应设钢筋混凝土卧梁,并应与屋架端部上弦标高处的圈梁连接。

圈梁的构造也应符合下列规定:

①圈梁宜闭合,圈梁截面宽度宜与墙厚相同,截面高度不应小于 180 mm;圈梁的纵筋, 6 ~ 8 度时不应少于 4 φ 12,9 度时不应少于 4 φ 14;

②厂房转角处柱顶圈梁在端开间范围内的纵筋,6 ~ 8 度时不宜少于 4 φ 14,9 度时不宜少于 4 φ 16,转角两侧各 1 m 范围内的箍筋直径不宜小于 φ 8,间距不宜大于 100 mm;圈梁转角处应增设不少于 3 根且直径与纵筋相同的水平斜筋;

③圈梁应与柱或屋架牢固连接,山墙卧梁应与屋面板拉结;顶部圈梁与柱或屋架连接的锚拉钢筋不宜少于 4 φ 12,且锚固长度不宜少于 35 倍钢筋直径,防震缝处圈梁与柱或屋架的拉结宜加强。

附4.2

吊车的工作制与工作级别

按照国家标准《起重机设计规范》(GB 3811—2005)的规定,吊车工作级别分为 A1 ~ A8 共八级和轻级、中级、重级、超重级四个工作制。吊车的工作制按电机接电持续率 JC 值划分 (附表 4.1)。吊车工作级别与工作制的对应关系和吊车种类举例可以参照附表 4.2 确定。

附表 4.1 吊车工作制的划分

吊车工作制	轻 级	中 级	重 级	超重级
JC/%	15	25	40	≥60

附表 4.2　常用吊车的工作级别与工作制参考资料

工作级别	工作制	吊车种类举例
A1 ~ A3	轻级	(1)安装、装修用的电动梁式吊车 (2)手动梁式吊车 (3)电站用软钩式吊车
A4 ~ A5	中级	(1)生产用的电动梁式吊车 (2)机械加工、锻造、冲压、钣焊、装配、铸工(砂箱库、制芯、清理、粗加工)车间用的软钩桥式吊车
A6 ~ A7	重级	(1)繁重工作车间、仓库用的软钩桥式吊车 (2)机械铸造(造型、浇筑、合箱、落砂)车间用的软钩桥式吊车 (3)冶金用普通软钩桥式吊车 (4)间断工作的电磁、抓斗桥式吊车
A8	超重级	(1)冶金专用(如脱锭、夹钳、料耙、锻造、淬火等)桥式吊车 (2)连续工作的电磁、抓斗桥式吊车

附 4.3

$5 \sim 50/5\text{t}$ 一般用途电动桥式起重机基本参数和尺寸

附表 4.3　$5 \sim 50/5\text{t}$ 一般用途电动桥式起重机基本参数和尺寸系列(ZQ1-62)

起吊质量 m_3/t	跨度 L_k/m	尺寸					吊车工作级别 A4 ~ A5			
		宽度 B/mm	轮距 K/mm	轨顶以上高度 H/mm	轨道中心至端部距离 B_1/mm	最大轮压 P_{max}/kN	最小轮压 P_{min}/kN	起重机总质量(m_1+m_2)/t	小车质量 m_2/t
5	16.5	4 650	3 500	1 870	230	76	31	16.4	2.0 (单闸) 2.1 (双闸)
	19.5	5 150	4 000			85	35	19.0	
	22.5					90	42	21.4	
	25.5	6 400	5 250			100	47	24.4	
	28.5					105	63	28.5	
10	16.5	5 550	4 400	2 140	230	115	25	18.0	3.8 (单闸) 3.9 (双闸)
	19.5	5 550	4 400			120	32	20.3	
	22.5					125	47	22.4	
	25.5	6 400	5 250	2 190		135	50	27.0	
	28.5					140	66	31.5	

续表

起吊质量 m_3/t	跨度 L_k/m	尺　寸				吊车工作级别 A4～A5			小车质量 m_2/t
		宽度 B/mm	轮距 K/mm	轨顶以上高度 H/mm	轨道中心至端部距离 B_1/mm	最大轮压 P_{max}/kN	最小轮压 P_{min}/kN	起重机总质量(m_1+ m_2)/t	
15	16.5	5 650	4 400	2 050	230	165	34	24.1	5.3 (单闸) 5.5 (双闸)
	19.5	5 550		2 140	260	170	48	25.5	
	22.5					185	58	31.6	
	25.5	6 400	5 250			195	60	38.0	
	28.5					210	68	40.0	
15/3	16.5	5 650	4 400	2 050	230	165	35	25.0	6.9 (单闸) 7.4 (双闸)
	19.5	5 550		2 150	260	175	43	28.5	
	22.5					185	50	32.1	
	25.5	6 400	5 250			195	60	36.0	
	28.5					210	68	40.5	
20/5	16.5	5 650	4 400	2 200	230	195	30	25.0	7.5 (单闸) 7.8 (双闸)
	19.5	5 550		2 300	260	205	35	28.0	
	22.5					215	45	32.0	
	25.5	6 400	5 250			230	53	30.5	
	28.5					240	65	41.0	
30/5	16.5	6 050	4 600		260	270	50	34.0	11.7 (单闸) 11.8 (双闸)
	19.5	6 150	4 800	2 600	300	280	65	36.5	
	22.5					290	70	42.0	
	25.5	6 650	5 250			310	78	47.5	
	28.5					320	88	51.5	
50/5	16.5	6 350	4 800	2 700		395	75	44.0	14.0 (单闸) 14.5 (双闸)
	19.5			2 750	300	415	75	48.0	
	22.5					425	85	52.0	
	25.5	6 800	5 250			445	85	56.0	
	28.5					460	95	61.0	

注：①表中所列尺寸和质量均为该标准制造的最大限值；
②起重机总质量根据双闸小车和封闭式操纵室质量求得，由大车质量 m_1 与小车质量 m_2 组成；
③本表未包括工作级别为 A6、A7 的吊车，需要时可查(ZQ1-62)；
④本表质量单位为吨(t)，使用时要折算成法定重力计量单位千牛顿(kN)，故理应将表中值乘以 9.81。为简化，近似以表中值乘以 10.0。

附 4.4

例4.1中各构件的选型方法

1)预应力混凝土屋面板

(1)荷载计算

二布六油卷材防水	0.40 kN/m²
20 mm 厚水泥砂浆找平层	0.40 kN/m²

混凝土屋面板恒载标准值	0.80 kN/m²
混凝土屋面板均布活载标准值	0.50 kN/m²

①由恒载控制的荷载组合设计值:

$$q_1 = 1.35 \times 0.8 + 1.4 \times 0.7 \times 0.5 = 1.57 \text{ kN/m}^2$$

②由活载控制的荷载组合设计值:

$$q_2 = 1.2 \times 0.8 + 1.4 \times 0.5 = 1.66 \text{ kN/m}^2$$

由于 $q_1 < q_2$,因此取 q_2 为屋面板的荷载设计值,即 $q = q_2 = 1.66$ kN/m²。

(2)预应力混凝土屋面板选择

由 1.5 m×6 m 预应力混凝土屋面板图集 04G410-1,选取一般开间屋面板的型号为: Y-WB-2Ⅲ,两端开间预应力混凝土屋面板的型号为:Y-WB-2Ⅲs。各板基本数据如附表4.4 所示。

附表4.4 选用预应力混凝土屋面板基本数据表

板 号	混凝土强度等级	屋面板自重标准值/(kN·m⁻²)	灌缝自重标准值/(kN·m⁻²)
Y-WB-2Ⅲ Y-WB-2Ⅲs	C30	1.4	0.1

2)预应力混凝土折线形屋架

(1)荷载计算

二布六油卷材防水	0.40 kN/m²
20 mm 厚水泥砂浆找平层	0.40 kN/m²
预应力混凝土屋面板	1.4 kN/m²
屋面板灌缝	0.1 kN/m²
屋面支撑及吊管自重	0.15 kN/m²

屋面的恒载标准值	2.45 kN/m²
混凝土屋面板均布活载标准值	0.50 kN/m²

①由恒载控制的荷载组合设计值:

$$q_1 = 1.35 \times 2.45 + 1.4 \times 0.7 \times 0.5 = 3.80 \text{ kN/m}^2$$

②由活载控制的荷载组合设计值：

$$q_2 = 1.2 \times 2.45 + 1.4 \times 0.5 = 3.64 \text{ kN/m}^2$$

由于 $q_1 > q_2$，因此取 q_1 为屋面板的荷载设计值，即 $q = q_1 = 3.80 \text{ kN/m}^2$。

(2)预应力混凝土折线形屋架选择

查预应力钢筋混凝土折线形屋架标准图集 04G415-1，得无天窗架，类别代号为 a。檐口形状为两端外天沟，类别代号为 B。由于屋面荷载设计值 $q = 4.0 \text{ kN/m}^2$，屋架承载能力等级为 1，选取无天窗架屋架型号为：YWJ21-1Ba，自重为 9.290 t。屋架的基本数据如附表 4.5 所示。

附表 4.5　YWJ21-1Ba 预应力混凝土折线形屋架基本数据表

屋架型号	混凝土体积/m³	自重/t	钢　材		总含钢量/(kg·m⁻³)
			质量/kg		
			普通预应力钢筋	普通钢筋	
YWJ21-1Ba	3.716	9.290	145.33	561.95	190.33

3)天沟板(附图 4.1)

焦渣混凝土找坡层，自重标准值为 14 kN/m³，按 12 m 排水坡，5‰坡度，最大厚度为 80 mm，最低厚度为 20 mm，考虑 6 m 天沟，最大找坡层重按 $(50+80)/2 = 65 \text{ mm}$ 厚度计算；卷材防水层考虑高、低肋覆盖部分，按天沟板平均内宽 b 的 2.5 倍计算，则天沟板各外荷载标准值分别为：

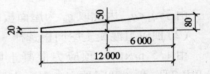

附图 4.1　天沟板尺寸示意图

焦渣混凝土找坡层　　　　　　$0.065 \times 14 = 0.91 \text{ kN/m}^2$

20 mm 厚水泥砂浆找平层　　　$0.02 \times 20 = 0.40 \text{ kN/m}^2$

二布六油卷材防水层　　　　　0.40 kN/m^2

230 mm 积水荷载　　　　　　　2.30 kN/m^2

天沟板外荷载设计值为

$q = 1.35b \times (0.91 + 0.4 + 2.5 \times 0.4 + 2.3) = 6.22b$，$b =$ 天沟宽度 -190。

根据图集 04G410-2，选定天沟板型号为 TGB77。

$b = 770 - 190 = 580 \text{ mm}$。

天沟板外荷载设计值 $q = 6.22 \times (770 - 190) \times 10^{-3} = 3.61 \text{ kN/m}$。

允许外加均布荷载基本组合设计值 $[q] = 4.26 \text{ kN/m} > q = 3.61 \text{ kN/m}$。

满足要求。

4)吊车梁和轨道联结及车挡(附图 4.2)

根据基本资料，查钢筋混凝土吊车梁图集 04G323-2，选用吊车梁型号为：DL-9Z，中间跨；DL-9B，边跨。查吊车轨道联结及车挡标准图集 04G325，选用 DGL-13(注：吊车梁螺栓孔间距 280 mm，车挡 CD-3)。吊车轨道联结基本数据如附表 4.6 所示。

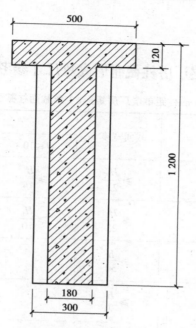

附图4.2 吊车梁横截面图

附表4.6 吊车轨道联结基本数据表

钢材用量		复合橡胶垫板用量/(kg·m⁻¹)	混凝土找平层			轨道面至梁顶面距离/mm
钢轨/(kg·m⁻¹)	联结件/(kg·m⁻¹)		钢筋/(kg·m⁻¹)	混凝土强度等级	混凝土用量/(m³·m⁻¹)	
38.73	8.55	0.437	0.82	C30	0.023	170~190

附4.5

多台吊车的荷载折减系数

计算排架时,多台吊车的竖向荷载和水平荷载的标准值,应乘以附表4.7中规定的折减系数。

附表4.7 多台吊车的荷载折减系数

参与组合的吊车台数	吊车工作级别	
	A1~A5	A6~A8
2	0.90	0.95
3	0.85	0.90
4	0.80	0.85

附4.6

单层厂房柱截面形式及尺寸参考表

附表4.8　6 m柱距单层厂房矩形、I形截面柱截面尺寸限值

柱的类型	截面宽度 b	截面高度 h		
		$Q \leqslant 10\ t$	$10 < Q < 30\ t$	$30 \leqslant Q \leqslant 50\ t$
有吊车厂房下柱	$\geqslant \dfrac{H_l}{22}$	$\geqslant \dfrac{H_l}{14}$	$\geqslant \dfrac{H_l}{12}$	$\geqslant \dfrac{H_l}{10}$
露天吊车柱	$\geqslant \dfrac{H_l}{25}$	$\geqslant \dfrac{H_l}{10}$	$\geqslant \dfrac{H_l}{8}$	$\geqslant \dfrac{H_l}{7}$
单跨无吊车厂房柱	$\geqslant \dfrac{H}{30}$	$\geqslant \dfrac{1.5H}{25}$（或$0.06H$）		
多跨无吊车厂房柱	$\geqslant \dfrac{H}{30}$	$\geqslant \dfrac{H}{20}$		
仅承受风荷载与自重的山墙抗风柱	$\geqslant \dfrac{H_b}{40}$	$\geqslant \dfrac{H_l}{25}$		
同时承受由连系梁传来山墙重的山墙抗风柱	$\geqslant \dfrac{H_b}{30}$	$\geqslant \dfrac{H_l}{25}$		

注：①H_l 为下柱高度（算至基础顶面）；
　　②H 为柱全高（算至基础顶面）；
　　③H_b 为山墙抗风柱从基础顶面至柱平面外（宽度）方向支撑点的高度；
　　④对于I形截面，截面宽度为 b_l。

对于I字形柱，其截面高度和宽度确定后，可参考附表4.9确定腹板和翼缘尺寸。

附表4.9　I形截面柱腹板、翼缘尺寸参考表　　　　单位：mm

截面宽度	b_f	$300 \sim 400$	400	500	600	图　注
截面高度	h	$500 \sim 700$	$700 \sim 1\ 000$	$1\ 000 \sim 2\ 500$	$1\ 500 \sim 2\ 500$	
腹板厚度 b $b/h' \geqslant 1/14 \sim 1/10$		60	$80 \sim 100$	$100 \sim 120$	$120 \sim 150$	
翼板厚度 h_f		$80 \sim 100$	$100 \sim 150$	$150 \sim 200$	$200 \sim 250$	

附 4.7

抗震设防时单层厂房大柱网柱截面及配筋的构造要求

《建筑抗震设计规范》(GB 50011—2010)第9.1.21条规定,大柱网厂房柱的截面和配筋构造,应符合下列要求:

①柱截面宜采用正方形或接近正方形的矩形,边长不宜小于柱全高的1/18～1/16;

②重屋盖厂房地震组合的柱轴压比,6、7度时不宜大于0.8,8度时不宜大于0.7,9度时不应大于0.6;

③纵向钢筋宜沿柱截面周边对称配置,间距不宜大于200 mm,角部宜配置直径较大的钢筋;

④柱头和柱根的箍筋应加密,并应符合下列要求:

a. 加密范围,柱根取基础顶面至室内地坪以上1 m,且不小于柱全高的1/6;柱头取柱顶以下500 mm,且不小于柱截面长边尺寸;

b. 箍筋直径、间距和肢距,应符合第2章的有关规定。

附 4.8

山墙抗风柱的配筋构造要求

《建筑抗震设计规范》(GB 50011—2010)第9.1.22条规定,山墙抗风柱的配筋构造,应符合下列要求:

①抗风柱柱顶以下300mm和牛腿(柱肩)面以上300 mm范围内的箍筋,直径不宜小于6 mm,间距不应大于100 mm,肢距不宜大于250 mm;

②抗风柱的变截面牛腿(柱肩)处,宜设置纵向受拉钢筋。

附 4.9

钢筋混凝土柱在基础内的锚固长度规定

钢筋混凝土柱在基础内的锚固长度应符合下列规定:

①钢筋混凝土柱和剪力墙纵向受力钢筋在基础内的锚固长度(l_a)应根据现行国家标准《混凝土结构设计规范》(GB 50010—2010)有关规定确定,详见第2章;

②抗震设防烈度为6度、7度、8度和9度地区的建筑工程,纵向受力钢筋的抗震锚固长度(l_{aE})的计算参见第2章的有关内容;

③当基础高度小于l_a(l_{aE})时,纵向受力钢筋的锚固总长度除符合上述要求外,其最小直锚段的长度不应小于20d,弯折段的长度不应小于150 mm。

附4.10

预制柱的插入深度以及基础杯底和杯壁的厚度

《建筑地基基础设计规范》(GB 50007—2011)8.2.4 条规定,预制柱的插入深度 h_1 应满足附表4.10 的要求。

附表4.10　柱的插入深度 h_1　　　　　　　　单位:mm

矩形或工字形柱				双肢柱
$h<500$	$500 \leqslant h<800$	$800 \leqslant h \leqslant 1\,000$	$h>1\,000$	
$h \sim 1.2h$	h	$0.9h$ 且 $\geqslant 800$	$0.8h$ $\geqslant 1\,000$	$(1/3 \sim 2/3)h_a$ $(1.5 \sim 1.8)h_b$

注:①h 为柱截面长边尺寸,h_a 为双肢柱全截面长边尺寸,h_b 为双肢柱全截面短边尺寸;
　②柱轴心受压或小偏心受压时,h_1 可适当减小,偏心距大于 $2h$ 时,h_1 应适当加大。

《建筑地基基础设计规范》(GB 50007—2011)8.2.4 条规定,基础杯底厚度和杯壁厚度应满足附表4.11 的要求。

附表4.11　基础杯底厚度和杯壁厚度

柱截面长边尺寸 h/mm	杯底厚度 a_1/mm	杯壁厚度 t/mm
$h<500$	$\geqslant 150$	$150 \sim 200$
$500 \leqslant h<800$	$\geqslant 200$	$\geqslant 200$
$800 \leqslant h<1\,000$	$\geqslant 200$	$\geqslant 300$
$1\,000 \leqslant h<1\,500$	$\geqslant 250$	$\geqslant 350$
$1\,500 \leqslant h<2\,000$	$\geqslant 300$	$\geqslant 400$

注:①双肢柱的杯底厚度值,可适当加大;
　②当有基础梁时,基础梁下的杯壁厚度应满足其支承宽度的要求;
　③柱子插入杯口部分的表面应凿毛,柱子与杯口之间的空隙,应采用比基础混凝土强度等级高一级的细石混凝土充填密实,当达到材料设计强度的70%以上时,方能进行上部吊装。

思考题

4.1　单层厂房有哪两种结构类型? 铰接排架结构是由哪些构件组成的,其中哪些构件是主要承重构件?

4.2　单层厂房中,支撑的主要作用是什么? 有哪两类支撑?

4.3　排架计算的主要目的是什么? 简化排架计算的假定有哪些? 排架柱下端是固定在基础顶面还是固定在地表面,为什么?

4.4　怎样把作用在排架柱上的竖向偏心荷载换算成竖向轴心荷载和弯矩,为什么要做这样的换算?

4.5 请简述单层厂房中桥式吊车横向水平荷载和竖向荷载的传力路径。

4.6 怎样计算作用在排架上的吊车竖向荷载 D_{max} 和 D_{min} 和吊车横向水平荷载 T_{max}?

4.7 排架柱控制截面上不同种类的内力该怎样组合? 同一种内力,荷载组合又该怎样组合?

4.8 什么是单层厂房的整体空间工作? 产生这种整体空间工作的条件是什么? 影响整体空间作用的主要因素是什么?

4.9 牛腿的定义是什么? 牛腿截面尺寸主要是根据什么要求来确定的? 牛腿配筋的主要构造要求有哪些?

4.10 决定牛腿破坏形态的主要因素是什么? 牛腿剪切破坏包括哪些破坏形态?

4.11 柱下扩展基础的设计步骤是怎样的? 计算基础钢筋时为什么要用地基土的净反力?

练习题

4.1 某单层单跨厂房为排架结构,跨度为 24 m,柱距为 6 m。厂房内设有两台 20/5 t、工作级别为 A4 的吊车。试根据附表 4.3 吊车的有关参数计算排架柱承受的吊车竖向荷载 D_{max}、D_{min} 和吊车横向水平荷载 T_{max}。

4.2 如习题 4.2 图所示的单跨排架,两柱截面尺寸相同,上柱 $I_u = 2.13 \times 10^9$ mm^4,下柱 $I_l = 6.73 \times 10^9$ mm^4,混凝土强度等级 C30。由吊车竖向荷载在牛腿顶面处产生的力矩分别为 $M_A = 136.02$ kN·m,$M_B = 33.51$ kN·m,求排架柱的内力并绘制内力图(图中尺寸的单位为 mm)。

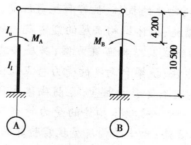

习题 4.2 图

5

砌体结构

[内容提要]

本章主要介绍砌体结构房屋常用材料的物理力学性能、无筋砌体及配筋砖砌体构件的承载力计算、砌体结构房屋的静力计算方案及墙体设计等内容,还介绍了砌体结构房屋中的圈梁、过梁、挑梁和雨篷构件的受力特点、设计方法,以及砌体结构房屋抗震构造措施、抗震验算等。

[学习目标]

(1)了解:砌体材料的种类;砌体的抗拉、抗弯和抗剪性能;砌体轴心受拉、受弯、受剪承载力计算方法;砌体的一般构造措施;砌体结构房屋的震害及一般抗震构造措施。

(2)理解:砌体结构房屋的组成及结构布置方案;房屋静力计算方案的分类;圈梁的设置要求;过梁承受的荷载及计算方法;挑梁和雨篷的受力特点及设计方法。

(3)掌握:砌体的受压性能及主要影响因素;无筋砌体受压构件的承载力的计算方法;砌体局部受压承载力的计算方法;组合砖砌体构件的受力特征及承载力计算方法;墙柱高厚比验算和刚性方案房屋墙体计算方法;砌体结构房屋抗震验算的方法。

5.1　概述

5.1.1　砌体结构的分类

砌体结构是指由块体和砂浆砌筑而成的墙、柱作为建筑物主要受力构件的结构形式。由于块体的种类不同,砌体结构可分为砖砌体、砌块砌体和石砌体结构。在砖砌体和砌块砌体中,按照配筋与否,又可分为无筋砌体和配筋砌体。配筋砌体结构是指由配置钢筋的砌体作为建筑物主要受力构件的结构,它包括网状配筋砌体柱、水平配筋砌体墙、砖砌体和钢筋混凝土面层或钢筋砂浆面层组合砌体柱(墙)砖砌体,以及钢筋混凝土构造柱组合墙和配筋砌块砌体剪力墙结构等。

5.1.2　砌体结构的优缺点

砖、石砌体不仅具有悠久的历史,而且使用广泛。到了近现代,除砖、石砌体外,砌块砌体和配筋砌块砌体也得到了广泛的应用。概括起来,砌体结构的优点有:

①砌体结构主要使用石材、黏土、砂作为原材料,这些材料分布广泛,易于就地取材,且与钢材、木材等建筑材料相比,具有明显的经济性。

②砖、石和砌块砌体具有良好的耐久性和耐火性。处于普通使用环境中的砌体,一般足够满足设计使用年限的要求。一般情况下,砌体能耐受接近400 ℃的高温。

③砌体的施工不需要模板和特殊的施工设备,新砌筑砌体即可承受一定的荷载,因而可以节约模板,连续施工;在寒冷地区,冬季尚可采用冻结法施工而不需采取特殊的保温措施。

④砖、砌块砌体的保温、隔热性能较好,节能效果良好。

⑤采用砌块或大型板材作为墙体时,不仅可以减轻结构自重,而且可以加快施工进度,进行工业化生产和施工。

但砌体结构也存在一些缺点:

①砌体结构的自重大。普通砌体强度较低,因而墙、柱截面尺寸大,材料用量多,自重较大。

②砌体的砌筑基本上采用手工方式,砌筑劳动量大。

③无筋砌体的受拉和受剪承载力较低,因而抗震性能较差。在抗震设防区,多采用砖砌体和钢筋混凝土构造柱组合墙或配筋砌块砌体。

④黏土是制造黏土砖的主要原材料,生产黏土砖往往要占用农田,破坏生态环境。目前,我国一些城市已禁止使用实心黏土砖,并采用混凝土砌块等取代。

5.1.3　砌体结构的发展趋势

随着社会经济和科学技术的进步,砌体结构也在不断地发展。

在墙体材料方面,采用轻质高强的砌块,特别是高粘结强度的砂浆,是砌体结构的一个重要发展方向。目前,我国生产的砖普遍强度不高,导致承重墙体尺寸较大,结构自重大,砌筑工作繁重,建设周期长。因此,发展轻质高强材料具有重要的意义。

另外,采用空心砖代替实心砖,可以有效减小建筑物自重,降低工程造价,这也是砌体结构的一个发展方向。

高性能墙板在建筑中使用也是一个明显的趋势,很多国家将建筑板材作为推进住宅产业化的首选墙体材料。国外已在砌体结构的预制、装配化方面做了许多工作,积累了不少经验。据20世纪90年代的统计,一些国家板材的用量已占到了墙体总量的40%以上,而我国2001年才达到1.8%。因此,我国在砌体结构的工业化方面尚有较大的发展潜力。

5.2　砌体的材料性能

砌体是由块体和砂浆砌筑而成的受力构件。按照配筋与否,可分为无筋砌体和配筋砌体。在无筋砌体中,块体可分为砖、石材、砌块,采用普通砂浆砌筑。在配筋砌块砌体中,块体通常采用混凝土小型空心砌块,砂浆则为专用砂浆砌筑,砌块的孔洞内配置钢筋,采用专用灌孔混凝土浇筑。

5.2.1　砌体的材料、种类和砌体结构的类型

1)砌体材料

(1)块体

①砖。砌体结构中的砖可分为烧结砖和非烧结砖两类。烧结砖有烧结普通砖、烧结多孔砖和烧结空心砖,非烧结砖有混凝土普通砖、混凝土多孔砖和蒸压灰砂普通砖、蒸压粉煤灰普通砖。

烧结普通砖是以黏土、页岩、煤矸石、粉煤灰为主要原料经焙烧而成的普通砖。根据我国《烧结普通砖》(GB 5101—2003)的规定,砖的公称尺寸为:长 240 mm、宽 115 mm、高 53 mm,根据抗压强度分为 MU30、MU25、MU20、MU15、MU10(MU 表示 Masonry Unit)5 个强度等级。

烧结多孔砖是以黏土、页岩、煤矸石、粉煤灰等为主要原料,经焙烧制成的多孔砖,砖的孔洞率不小于 28%,孔小而数量多,主要用于建筑物承重部位。根据我国《烧结多孔砖和多孔砌块》(GB 13544—2011)的规定,多孔砖的长、宽、高应符合下述规格尺寸:290,240,190,180,140,115,90 mm。常用的 M 型砖(模数多孔砖)尺寸为 190 mm×190 mm×90 mm,P 型砖(普通多孔砖)尺寸为 240 mm×115 mm×90 mm,如图 5.1 所示。其强度等级也分为 MU30、MU25、MU20、MU15、MU10 这 5 个强度等级。

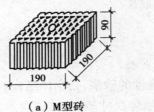
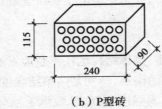

(a)M型砖　　　　　　　(b)P型砖

图 5.1　烧结多孔砖　　　　　　　图 5.2　烧结空心砖

烧结空心砖(图 5.2)的原料与多孔砖相同,经焙烧制成,孔洞率一般不小于 40%,主要用于砌筑填充墙等建筑物的非承重部位。根据我国《烧结空心砖和空心砌块》(GB/T 13545—2014)的规定,烧结空心砖的强度等级分为 MU10.0、MU7.5、MU5.0 和 MU3.5,常用的尺寸有290 mm×190 mm×90 mm,190 mm×190 mm×90 mm 等。

蒸压灰砂砖是以石灰和砂为主要原料,蒸压粉煤灰砖是以粉煤灰、石灰为主要原料,经胚料制备、多次排气压制成型、高压蒸汽养护而制成的实心砖,其主规格和尺寸与烧结普通砖相同,强度等级分为 MU25、MU20、MU15 和 MU10。

②砌块。砌块使用的主要材料有混凝土、轻骨(集)料混凝土,以及某些工业废渣、粉煤灰

等硅酸盐。

砌块按外形尺寸可以分为小型砌块、中型砌块和大型砌块。小型砌块的高度一般在350 mm及以下,中型砌块的高度为380~940 mm,高度更大的为大型砌块。小型砌块单块自重较小,尺寸较小,适用面广,在施工时一般采用手工砌筑,现场劳动量较大。大、中型砌块单块较重,适于机械安装,可提高生产效率。目前我国使用较多的有混凝土小型空心砌块(图5.3)和轻集料混凝土小型空心砌块。

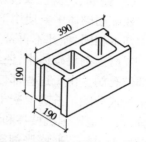

图5.3　混凝土小型空心砌块

根据《普通混凝土小型砌块》(GB/T 8239—2014)的规定,常用的混凝土小型空心砌块的主规格尺寸为390 mm×190(240) mm×190 mm,空心率不小于25%,且不大于47%。承重空心砌块的强度等级可分为 MU25、MU20、MU15、MU10 和 MU7.5。按照《轻集料混凝土小型空心砌块》(GB/T 15229—2011)的规定,轻集料混凝土小型空心砌块的强度等级分为 MU10、MU7.5、MU5.0、MU3.5 和 MU2.5,其主规格尺寸与普通混凝土小型空心砌块相同,但有单排孔、双排孔、三排孔和四排孔之分。

③石材。石材主要来源于天然岩石。按照加工后外形的规则程度,石材可以分为料石和毛石。料石可以分为细料石、粗料石和毛料石,外形相对规则。毛石的形状不规则,但要求中部厚度不小于 200 mm。石材的强度等级分为 MU100、MU80、MU60、MU50、MU40、MU30 和MU20。石材强度等级的评定采用边长 70 mm 的立方体试块,取 3 个试块极限抗压强度的平均值。

(2)砂浆

砂浆是由细骨料(砂)无机胶结料(水泥、石灰、石膏、黏土等)以及根据需要掺入的掺合料和外加剂等组分,按一定比例加水混合拌制而成的混合材料。

砂浆可分为普通砂浆和专用砂浆两大类。普通砂浆用于砌筑烧结砖、石砌体,可分为水泥砂浆、有塑性掺合料(石灰)的水泥混合砂浆,我国以往还采用过不含水泥的石灰砂浆、黏土砂浆和石膏砂浆等非水泥砂浆。普通砂浆的强度等级以符号 M(mortar)来表示,可分为 M15、M10、M7.5、M5 和 M2.5 这 5 个等级。

专用砂浆用于砌筑混凝土砌块和蒸压灰砂砖、蒸压粉煤灰砖。由于混凝土砌块壁薄、孔洞率大,若采用普通砂浆砌筑,其砌体的强度仅为砖砌体的1/3~1/2,同时也易造成墙体开裂和渗漏。对于蒸压硅酸盐砖,其表面光滑,与普通砂浆的粘结能力差。因此,砌筑上述砌体均应采用性能更好的专用砂浆。专用砂浆除水泥、水、砂之外,尚应根据需要按一定比例掺入掺合料和外加剂,采用机械拌和而成。与普通砂浆相比,专用砂浆的和易性更好,粘结强度更高。根据《混凝土小型空心砌块和混凝土砖砌筑砂浆》(JC 860—2008),混凝土小型空心砌块砂浆的强度等级分为 Mb20、Mb15、Mb10、Mb7.5 和 Mb5,其抗压强度指标对应于普通砂浆的M20 ~ M5。蒸压灰砂普通砖和蒸压粉煤灰普通砖砌体采用的专用砌筑砂浆强度等级分为Ms15、Ms10、Ms7.5 和 Ms5.0。

砂浆的强度等级是以边长为 70.7 mm 的立方体试块在 28 d 龄期的抗压强度试验为依据确定的。砂浆不仅要具备一定的强度,而且要具有良好的和易性(包括可塑性和保水性)。采用和易性好的砂浆,不仅操作方便,而且易使灰缝饱满、密实。在水泥砂浆中掺入适量的塑化剂(如石灰膏),制成水泥混合砂浆,可有效改善砂浆和易性,提高砌体的砌筑质量。

（3）钢筋、混凝土及混凝土砌块砌体内的灌孔混凝土

在配筋砌体中要使用钢筋和混凝土。砌体结构中,对钢筋和混凝土的性能要求与混凝土结构基本相同,在此不再赘述。

混凝土砌块砌体中,还经常采用灌孔混凝土,用于浇筑砌块砌体中的芯柱或其他需要填实部位孔洞。由于这些部位尺寸都较小,为保证浇筑质量,应采用灌孔专用混凝土。灌孔混凝土的成分除了普通混凝土的胶凝材料、骨料和水以外,还根据需要掺入掺合料和外加剂等组分,按一定比例机械拌和制成,是一种高流动性、具有微膨胀性的细石混凝土。其外加剂包括减水剂、早强剂、膨胀剂等。按照《混凝土砌块（砖）砌体用灌孔混凝土》（JC 861—2008）的规定,其强度等级分为 Cb40、Cb35、Cb30、Cb25 和 Cb20,抗压强度相应于 C40、C35、C30、C25 和 C20 混凝土。

2）砌体的类型

砌体是将砖、石材或砌块逐层排列,层层叠合,由砂浆砌筑而成的整体。砌体在建筑物中主要承受竖向压力,因此各皮砖或砌块间应相互搭砌,不允许形成竖向通缝,否则容易引起砌体的局部甚至整体受压破坏。砌体按照砌筑材料的不同,可以分为砖砌体、石砌体和砌块砌体;按照配筋与否,可以分为无筋砌体和配筋砌体。

（1）无筋砌体

①砖砌体。由砖（包括普通砖和多孔砖）和砂浆砌筑而成的砖砌体在我国应用非常广泛。砖砌体砌筑时应上下错缝,内外搭砌。砖常见的排列方式有一顺一丁、三顺一丁和梅花丁,如图 5.4 所示。砌筑砖柱时,应将柱的内芯砖块与周边砖块相互搭接,避免产生贯通的竖向灰缝。国内曾发生过多起采用"包心砌法"砌筑的砖柱导致房屋倒塌的事故,应予以充分重视。

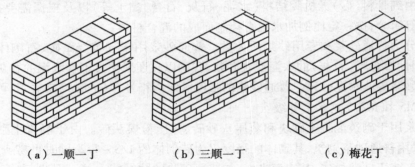

（a）一顺一丁　　　　　（b）三顺一丁　　　　　（c）梅花丁

图 5.4　240 mm 厚砖墙常用的组砌方式

②石砌体。石砌体由石材和砂浆或混凝土砌筑而成,根据材料不同可分为料石砌体、毛石砌体和毛石混凝土砌体。料石和毛石砌体采用砂浆砌筑。毛石混凝土砌体是先在模板内浇筑一层混凝土,再铺砌一层毛石,交替砌筑而成。在产石地区,石砌体可用于多层房屋的墙、柱或基础,也可以建造一些构筑物,如石拱桥、挡土墙、石坝等,比较经济。

③砌块砌体。砌块砌体（图 5.5）由砌块和砂浆砌筑而成,可以用于建筑物的承重墙或围护墙。目前我国常用的是混凝土小型空心砌块,它是取代传统的砖砌体,促进墙体更新换代的主要材料。空心砌块的砌筑应上下错缝,对孔砌筑。若错孔砌筑,则会减小砂浆的粘结面积,削弱砌块砌体的强度。

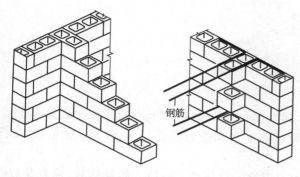

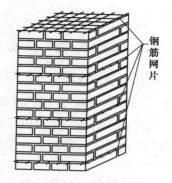

图5.5 砌块砌体

图5.6 网状配筋砖砌体

（2）配筋砌体

①网状配筋砖砌体。网状配筋砖砌体（图5.6）是在砖砌体的水平灰缝里设置预先制作好的钢筋网而形成的墙或柱，它主要用于轴心受压或相对偏心距较小的受压构件。

②组合砖砌体。组合砖砌体有两种：一种是由砖砌体和钢筋混凝土或钢筋砂浆面层组合而成的砖砌体构件，主要用于偏心距较大的受压构件（图5.7（a））；另外一种是由砖砌体和钢筋混凝土构造柱、圈梁组合而成的砖砌体构件，因这种组合砌体（墙）的延性较之无筋砌体有明显改善，又被称为约束砌体（图5.7（b））。

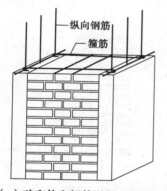

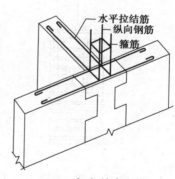

（a）砖砌体和钢筋混凝土组合砌体

（b）约束砌体

图5.7 组合砖砌体

③配筋混凝土砌块砌体。配筋混凝土砌块砌体（图5.8）是在混凝土小型空心砌块水平槽内或灰缝内配置水平钢筋，在其孔洞内配置竖向钢筋并灌注混凝土组成的配筋砌体，它主要用于组成配筋砌块砌体剪力墙。采用配筋混凝土砌块砌体可建造中高层房屋和构筑物。

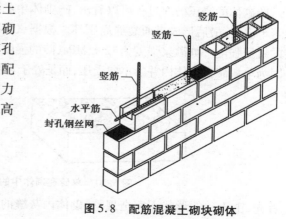

图5.8 配筋混凝土砌块砌体

5.2.2 砌体的受力性能

1)砌体的受压性能

（1）砌体轴心受压的破坏特征

砖砌体的轴心受压破坏试验通常采用 240 mm×370 mm×740 mm 的砖柱。试验表明,轴心受压的普通砖砌体从开始受压到破坏,根据其变形和受力特点,可以分为 3 个阶段,如图 5.9所示。

第一阶段从砌体开始受压,到单块砖内出现第一批裂缝。砌体开始受压后,随着荷载的增大,个别单块砖内出现裂缝,此时的荷载约为破坏荷载的 50% ~70%。若荷载不再增加,则砖内的裂缝不再发展,变形也保持不变。第一阶段砌体处于稳定的受力状态。

随着荷载的继续增大,砌体即进入受压的第二阶段。此时,单块砖内裂缝不断发展,并沿竖向贯穿若干皮砖,形成局部贯通裂缝。该阶段荷载可达到极限荷载的 80% ~90%,即使荷载不再增加,裂缝也会持续发展,变形也会增大,砌体已处于开裂后的不稳定受力阶段。

当超过极限荷载的 80% ~90% 后,砌体即进入受力的第三个阶段。此时裂缝很快发展为几条贯通裂缝。砌体明显外鼓,最终被压碎或局部丧失稳定而破坏。该阶段是砌体短期受力的破坏阶段。

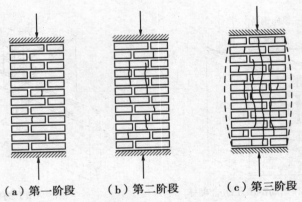

（a）第一阶段　　　（b）第二阶段　　　（c）第三阶段

图 5.9　砖砌体破坏过程

从砖砌体的受压破坏过程可以看出,砖砌体中的第一批裂缝首先在单块砖中产生,随后延伸至若干皮砖,最后形成贯通裂缝而压坏。根据试验结果可以发现,砌体的抗压强度总是低于单砖的抗压强度。如砂浆强度为12.8 MPa,砖的强度为25.5 MPa,而砌体的强度仅为6.79 MPa。这是因为单块砖在砌体内并非单向受压,而是处于不利的复杂应力状态(图 5.10)。

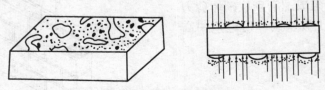

图 5.10　单砖在砌体中的复杂应力状态

首先,由于砖的形状不完全规整,砌体内灰缝的厚度、饱满度、密实度不均,使得单块砖在砌体内产生附加的弯、剪变形及应力,加之砂浆的弹性模量较小,砖内的变形及应力均较大,而砌体的抗弯、抗剪强度都很低,因而导致砖块内容易产生裂缝。

其次,砌体受压时,砖与砂浆的变形性能不同,使砖处于不利的附加横向受拉状态。普通砖的横向变形系数(泊松比)一般比砂浆小,由于两者粘结在一起共同受压,故水平灰缝内的砂浆对砖产生附加横向拉力,使砖处于更加不利的应力状态,加速了裂缝的出现和开展。与此同时,水平灰缝内的砂浆受到砖的约束,处于三向受压状态,故其抗压强度会有所提高,如图5.11所示,故砌体的强度有时会高于砂浆的强度。例如采用MU20的砖、M2.5的砂浆砌筑的砌体,其抗压强度标准值为2.95 MPa,当砂浆强度为0时(此时砂浆尚未凝结硬化),砌体仍具有一定的强度。

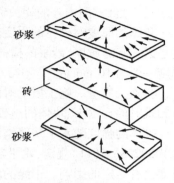

图5.11 砖与砂浆的相互作用

再则,砌体的竖向灰缝饱满度一般不高,砖在竖向灰缝处容易产生应力集中,这也加速了砖的开裂。

综上所述,砖砌体受压时,砌体内的砖并非均匀受压,而是受到了弯、剪、压的共同作用,处于复杂的应力状态。砖不是被单向压坏,而是在弯、剪、压共同作用下破坏,因此砌体的抗压强度总是低于砖的抗压强度。

对于烧结多孔砖砌体,产生第一批裂缝时的荷载约为破坏荷载的70%,比普通砖砌体稍高。在受力的第二阶段,由于多孔砖的高度大,孔壁较薄,故砖表面出现明显的剥落,说明多孔砖砌体的脆性更加明显。

(2)影响砌体抗压强度的因素

砌体是由块体和砂浆砌筑而成的整体材料,显然块体和砂浆本身的物理力学性能是影响砌体抗压强度的主要因素。其次,砌筑质量对砌体的强度也有较大的影响。另外,不同的实验方法也会对砌体强度值有所影响。

①块体和砂浆的物理力学性能。国内外大量实验表明,块体和砂浆的强度是影响砌体强度的主要因素。块体和砂浆的强度越高,则砌体的强度也越高。块体在砌体中不仅受压,局部还可能弯曲受拉、受剪,处于复杂的应力状态。因此除抗压强度外,块体的抗折强度对砌体的强度也有一定的影响。我国《墙体材料应用统一技术规范》(GB 50574—2010)对承重砖的折压比提出了明确的要求,其目的就是保证块体具有一定抗折强度,避免墙体过早开裂,提高墙体的受力性能。

欲提高砌体的强度,在条件允许的情况下,采用强度等级高的砌块比采用高强砂浆效果更好,也更为经济。

块体的尺寸及表面的规整程度对砌体的强度也有一定的影响。块体的尺寸,特别是高度,对砌体的强度影响较大。当块体较高时,单个砌块的抗弯、抗剪能力提高,从而延缓了块体的开裂与裂缝的延伸,故砌体强度有所提高。另外,若块体的表面不规整,则会造成砂浆厚薄不均,增大块体局部的剪、拉应力,降低砌体的强度。

砂浆的变形及和易性也会影响砌体的强度。砂浆受压时具有一定的弹塑性性质,砌体受压时,随着砂浆的变形率增大,块体内的横向变形及弯剪应力也会增大,砌体强度也会随之降低。砂浆的和易性越好,则越容易铺砌均匀、密实,从而提高砌体强度。由水泥和砂制拌而成的水泥砂浆未掺入石灰或者其他塑化剂,其保水性与和易性均较差,用来砌筑砌体时,其灰缝的均匀性、饱满度均较差,砌体的强度通常比采用同强度等级的水泥混合砂浆(掺入石灰或其他塑化剂)低。国内外的相关资料表明,采用水泥砂浆,砌体的强度将降低5%~13%。

灰缝的厚度对砌体的强度也有一定的影响。随着灰缝厚度的增大,砌体的强度将降低。这是因为灰缝越厚,砂浆的横向变形会越大,块体的拉应力也随之增大。砖砌体的水平灰缝厚度一般为10 mm左右,不得小于8 mm,也不应大于12 mm。

②施工质量。施工质量对砌体强度的影响非常明显,它包括灰缝的均匀性和饱满度、块体砌筑时的含水率、块体的组砌方式等。

砌体的强度随水平灰缝饱满度的减小而降低。我国《砌体结构工程施工质量验收规范》(GB 50203—2011)规定,水平灰缝的饱满度不得低于80%。块体的砌筑时的含水率对砌体强度也有一定的影响。干燥的块体砌筑后,砂浆内的水分很快会被吸收,不利于砂浆的凝结硬化,砌体强度会有所降低。但含水率过高,会造成砂浆流淌,也会影响砌筑质量。因此砌筑砖砌体时,应提前1~2 d将砖适度润湿,不应采用干砖或吸水饱和的砖。

影响砌体的施工质量的因素较多,难以量化。我国施工验收规范按照施工现场的质量管理水准、砂浆和混凝土制拌质量、砌筑工人的专业技能水平,把砌体施工质量等级划分A、B、C三级,其中A级最严格,B级次之,C级最低。其划分标准详见表5.1。

表5.1　砌体施工质量控制等级

项　目	施工质量控制等级		
	A	B	C
现场质量管理	制度健全,并严格执行;施工方质量监督人员经常到现场,或现场设有常驻代表;施工方有在岗专业技术管理人员,人员齐全,并持证上岗	制度基本健全,并能执行;非施工方质量监督人员间断地到现场进行质量控制;施工方有在岗专业技术管理人员,并持证上岗	有制度;非施工方质量监督人员很少作现场质量控制;施工方有在岗专业技术管理人员
砂浆、混凝土强度	试块按规定制作,强度满足验收规定,离散性小	试块按规定制作,强度满足验收规定,离散性较小	试块强度满足验收规定,离散性大
砂浆拌和方式	机械拌和;配合比计量控制严格	机械拌和;配合比计量控制一般	机械或人工拌和;配合比计量控制较差
砌彻工人	中级工以上,其中高级工不少于20%	高、中级工不少于70%	初级工以上

施工质量控制等级不同,相同材料强度下,砌体的设计强度取值也不相同,这样就能实现施工质量不同,但砌体的可靠度处于相同的水准。施工质量控制等级高,则砌体的设计强度取值就高,材料的用量就少。施工质量控制等级B级相当于我国目前一般施工质量水平,对于一般砌体房屋可以按B级控制。对于采用配筋混凝土砌块砌体的高层房屋,为提高结构的安全储备,设计时按B级的强度取值,而施工质量按A级的要求控制。

③其他因素。除上述因素外,砌体抗压试验的方法对试验结果也有一定的影响,因此我

国《砌体基本力学性能试验方法标准》（GB/T 50129—2011）对各类砌体抗压试验的构件尺寸、龄期和试验方法均作出明确的规定。在同一标准下，砌体的强度试验结果无明显差异。

（3）砌体的轴心抗压强度取值

综合影响砌体抗压强度的各种因素，根据我国近年来对各类砌体轴心抗压强度的试验研究结果，《砌体结构设计规范》（GB 50003—2011，本章中简称规范）提出了砌体轴心抗压强度的计算公式：

$$f_m = k_1 f_1^\alpha (1 + 0.07 f_2) k_2 \tag{5.1}$$

式中　f_1, f_2——块体（砖、石、砌块）和砂浆的抗压强度平均值，MPa；

k_1, α——随砌体种类而异的系数，取值见表5.2；

k_2——与砂浆强度有关的参数，取值见表5.2。

表5.2　砌体轴心抗压强度平均值计算公式中的参数值

砌体种类	k_1	α	k_2
烧结普通砖、烧结多孔砖非烧结硅酸盐砖	0.78	0.5	当$f_2 < 1$时，$k_2 = 0.6 + 0.4 f_2$
混凝土小型空心砌块	0.46	0.9	当$f_2 = 0$时，$k_2 = 0.8$
毛料石	0.79	0.5	当$f_2 < 1$时，$k_2 = 0.6 + 0.4 f_2$
毛石	0.22	0.5	当$f_2 < 2.5$时，$k_2 = 0.4 + 0.24 f_2$

注：①k_2在表列条件以外时均等于1；
②用式（5.1）计算混凝土砌块砌体的轴心抗压强度平均值时，当$f_2 > 10$ MPa时，应乘以系数$1.1 - 0.01 f_2$，MU20的砌体应乘以系数0.95，且应满足$f_1 \geqslant f_2$，$f_1 \leqslant 20$ MPa。

2）砌体的受拉和受弯性能

（1）块体和砂浆的粘结强度

砌体的抗拉强度、抗剪强度远低于其抗压强度。砌体的抗压强度主要取决于块体和砂浆的强度，而砌体的抗拉强度、抗剪强度主要取决于砂浆的强度。这是因为一般情况下，砌体的受拉和受剪破坏均发生于块体和砂浆的接触面上，起因于块体和砂浆之间的粘结破坏，而块体和砂浆的粘结强度主要与砂浆强度有关。

按作用的方向来分，块体和砂浆的粘结力（图5.12）

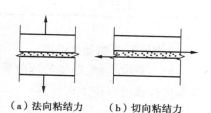

（a）法向粘结力　（b）切向粘结力

图5.12　块体和砂浆的粘结力

可分为法向粘结力和切向粘结力。法向粘结强度往往不易得到保证，设计时应避免构件沿着水平通缝轴心受拉。

另外，同一砌体中，水平灰缝和竖向灰缝的粘结强度差异是比较明显的。施工时，水平灰缝的饱满度和密实度均易于控制，且砂浆在凝结硬化过程中产生收缩，砌体的沉降也有利于提高两者间的粘结强度；而竖向灰缝的饱满度本不好控制，加上砂浆本身的流动性和收缩，使得竖向灰缝的粘结强度大为削弱，因此一般不考虑竖向灰缝的粘结力。

（2）砌体的轴心受拉性能

砌体轴心受拉时，其破坏形式可分为砌体沿齿缝轴心受拉破坏（图5.13的Ⅰ—Ⅰ截面）和砌体沿水平通缝轴心受拉破坏（Ⅲ—Ⅲ截面）。当块体的强度较低而砂浆的强度较高时，砌体也会产生沿块体截面的受拉破坏(Ⅱ—Ⅱ截面)。但按我国对块体最低强度的规定,这种破坏在工程中一般不会发生。按前面所述,砌体沿着水平通缝受拉时,抗拉强度低且离散性较大,因此应避免砌体沿通缝受拉。

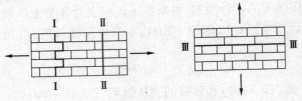

图 5.13 砌体轴心受拉破坏形态

砌体沿齿缝破坏的轴心抗拉强度可按下式计算:

$$f_{t,m} = k_3 \sqrt{f_2} \tag{5.2}$$

式中 $f_{t,m}$——砌体轴心抗拉强度平均值;

k_3——系数,详见表5.3;

f_2——砂浆抗压强度。

表 5.3 砌体轴心抗拉、弯曲抗拉和抗剪强度影响系数

砌体种类	$f_{t,m} = k_3 \sqrt{f_2}$	$f_{tm,m} = k_4 \sqrt{f_2}$		$f_{v,m} = k_5 \sqrt{f_2}$
	k_3	k_4		k_5
		沿齿缝	沿通缝	
烧结普通砖、烧结多孔砖	0.141	0.250	0.125	0.125
蒸压灰砂砖、蒸压粉煤灰砖	0.09	0.18	0.09	0.09
混凝土砌块	0.069	0.081	0.056	0.069
毛石	0.075	0.113	—	0.188

(3)砌体的弯曲受拉性能

和轴心受拉类似,砌体的弯曲受拉也有沿通缝和沿齿缝破坏两种形式(图5.14)。砌体的弯曲抗拉强度可按下式计算:

$$f_{tm,m} = k_4 \sqrt{f_2} \tag{5.3}$$

式中 $f_{tm,m}$——砌体弯曲抗拉强度平均值;

k_4——系数,详见表5.3。

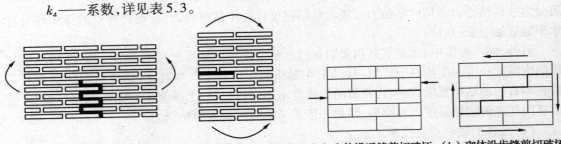

(a)砌体沿齿缝受弯破坏　　(b)砌体沿通缝受弯破坏　　(a)砌体沿通缝剪切破坏　(b)砌体沿齿缝剪切破坏

图 5.14 砌体受弯破坏形态　　　　　图 5.15 砌体受剪破坏形态

3)砌体的受剪性能

砌体仅受剪力作用时,其破坏分为沿通缝截面破坏和沿阶梯形截面破坏两种形态,如图 5.15 所示。沿通缝截面破坏时,其抗剪强度取决于水平灰缝的砂浆与块体的粘结强度;沿阶梯形裂缝破坏时,其抗剪强度取决于水平灰缝及竖向灰缝的粘结强度,但由于竖向灰缝的粘结强度较低,故其抗剪强度与沿通缝截面破坏时差异很小。砌体的抗剪强度可统一按下式计算:

$$f_{v,m} = k_5 \sqrt{f_2} \tag{5.4}$$

式中 $f_{v,m}$——砌体抗剪强度平均值;

k_5——系数,详见表 5.3。

5.2.3 砌体强度的计算指标

1)砌体强度的平均值、标准值和设计值的关系

按照《建筑结构可靠度设计统一标准》(GB 50068—2001)的要求,砌体强度的标准值 f_k、设计值 f 与平均值 f_m 的关系为:

$$f_k = f_m - 1.645\sigma_f = f_m(1 - 1.645\delta_f) \tag{5.5}$$

$$f = \frac{f_k}{\gamma_f} \tag{5.6}$$

式中 f, f_k, f_m——龄期为 28 d 的以毛截面计算的砌体强度的设计值、标准值和平均值;

σ_f——砌体强度的标准差;

δ_f——砌体强度的变异系数,根据试验统计结果,毛石砌体与其他砌体的 δ_f 值不相同,对于同一类型砌体,不同受力状态下,其 δ_f 值也不同;

γ_f——砌体的材料性能分项系数。砌体强度的平均值 f_m 是以施工质量控制等级为 B 级进行试验统计的,此时取 $\gamma_f = 1.6$。如前所述,砌体的施工质量对其强度有一定影响,因此,若施工质量控制等级为 A 级,取 $\gamma_f = 1.5$;若施工质量控制等级为 C 级,取 $\gamma_f = 1.8$。

2)各类砌体的抗压强度设计值

根据上述原则,规范给出了各类砌体在施工质量控制等级为 B 级、龄期为 28 d 的以毛截面计算的抗压强度设计值,具体详见附 5.1。

(1)烧结普通砖和烧结多孔砖砌体

根据砂浆和砖的强度等级,即可在附表 5.1 中查出砌体的抗压强度设计值。其中,砂浆强度为 0 在设计中是不允许的,仅用于验算施工中砂浆尚未凝结硬化时的砌体强度。另外,根据《烧结多孔砖和多孔砌块》(GB 13544—2011)的规定,多孔砖的孔洞率不应小于 28%,但当其孔洞率增大时,会削弱砖与砂浆之间的粘结力,故规范规定,当多孔砖的孔洞率大于 30% 时,表中数值应乘以 0.9 的折减系数。

(2)蒸压灰砂普通砖和蒸压普通粉煤灰砖砌体

蒸压灰砂普通砖和蒸压普通粉煤灰砖砌体的抗压强度设计值详见附表 5.2。当采用专用砂浆(Ms)砌筑时,也采用表中数值。

(3)混凝土普通砖砌体和混凝土多孔砖砌体

混凝土普通砖砌体和混凝土多孔砖砌体的抗压强度设计值详见附表5.3,其砂浆应采用专用砂浆(Mb)。

(4)混凝土砌块砌体

①对孔砌筑的单排孔混凝土和轻集料混凝土砌块砌体的抗压强度设计值详见附表5.4。混凝土空心砌块若错孔砌筑,则会减少砂浆的粘结面积,其强度远低于对孔砌筑的砌体,因此砌块砌体不应错孔砌筑。

②双排孔和多排孔轻集料混凝土砌块砌体的抗压强度设计值详见附表5.5。多排孔轻集料混凝土砌块在我国寒冷地区应用较多,目前的砌块材料有火山渣、浮石和陶粒混凝土,考虑节能要求,排数有二排、三排和四排,孔洞率较小。

③单排孔混凝土砌体对孔砌筑时,为了提高其强度,可以采用灌孔混凝土按一定比例将孔洞灌实。为了使砌块、砂浆和灌孔混凝土强度都可以得到充分发挥,灌孔混凝土的强度等级不应低于 Cb20,也不应低于砌块强度等级的 1.5 倍。此时,灌孔混凝土砌块砌体的抗压强度设计值可按下式计算:

$$f_g = f + 0.6\alpha f_c \tag{5.7}$$
$$\alpha = \delta\rho \tag{5.8}$$

式中　f_g——灌孔混凝土砌块砌体的抗压强度设计值,式(5.7)的计算值不应大于未灌孔砌体抗压强度设计的 2 倍;

　　　f——未灌孔混凝土砌块砌体的抗压强度设计值,按附表5.4采用;

　　　f_c——灌孔混凝土的轴心抗压强度设计值;

　　　α——砌体中灌孔混凝土面积与砌体毛面积的比值;

　　　δ——混凝土砌块的孔洞率;

　　　ρ——混凝土砌块砌体的灌孔率,即截面灌孔混凝土面积与截面孔洞面积的比值。灌孔率应根据受力或施工条件确定,且不应小于33%。

(5)石砌体

各类石砌体的抗压强度设计值详见规范。

3)各类砌体的轴心抗拉强度、弯曲抗拉强度和抗剪强度设计值

规范给出的各类砌体在施工质量控制等级为 B 级、龄期为 28 d 的以毛截面计算的轴心抗拉、弯曲抗拉和抗剪强度设计值详见附5.2。

4)砌体强度设计值的调整

上述砌体的各类强度设计值均是在一般情况下给出的,并不能涵盖砌体的全部使用情况。在某些情况下,尚应对砌体强度设计值进行调整,对给定强度设计值再乘以调整系数 γ_a。

①对无筋砌体构件,其截面面积小于 0.3 m² 时,γ_a 为其截面面积加 0.7;对配筋砌体构件,当其中砌体截面面积小于 0.2 m² 时,γ_a 为其截面面积加 0.8。对于砌体的局部抗压强度,不考虑此项的影响。

②当砌体用强度等级小于 M5.0 的水泥砂浆砌筑时,对于砌体抗压强度设计值,γ_a 为 0.9;对于砌体的轴心受拉、弯曲受拉和抗剪强度设计,γ_a 为 0.8。

③当验算施工中房屋的构件时,γ_a 为 1.1。

④砌体施工质量控制等级为 C 级时，γ_a 为 0.89。根据规范要求，配筋砌块砌体的施工质量控制等级不得采用 C 级。

5.2.4 砌体的弹性模量

1)砌体的弹性模量

砌体为弹塑性材料，在一次短期受压情况下，其应力和应变之间并非直线关系。随着压应力的增大，应变增大的速度逐渐加快，呈现明显的塑性性质，在接近抗压强度时，应变急剧增大，塑性变形很显著(图 5.16)。

在应力-应变曲线的原点 O 作曲线的切线，则该切线的斜率称为砌体的弹性模量 E，即

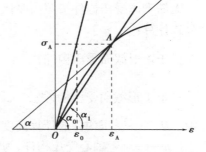

图 5.16 砌体受压的应力-应变曲线

$$E = \tan \alpha_0 = \frac{\sigma_A}{\varepsilon_0} \qquad (5.9)$$

式中 α_0——砌体应力-应变曲线在原点处的切线与横坐标轴的夹角。

ε_0——砌体在某点处的弹性应变。

在砌体应力-应变曲线上任一点 $A(\varepsilon_A, \sigma_A)$ 应力与应变的比值，称为砌体在该点的割线模量，也称为变形模量 E_s，即：

$$E_s = \tan \alpha_1 = \frac{\sigma_A}{\varepsilon_A} \qquad (5.10)$$

砌体的变形模量 E_s 随应力的增大而减小。当应力 $\sigma = 0$ 时，$E_s = E$。试验表明，对于砖砌体，当压应力不超过砌体抗压强度平均值 f_m 的 0.4～0.5 倍时，经反复加载-卸载 5 次，应力-应变曲线就变为直线。为了反映砌体在一般状态下的受力性能，规范以压应力 $\sigma = 0.43 f_m$ 时的变形模量作为砌体的弹性模量，如表 5.4 所示，表中 f 为砌体抗压强度设计值。

表 5.4 砌体的弹性模量 E 单位:MPa

砌体种类	砂浆强度等级			
	≥M10	M7.5	M5	M2.5
烧结普通砖、烧结多孔砖砌体	1600f	1600f	1600f	1390f
蒸压灰砂砖、蒸压粉煤灰砖砌体	1060f	1060f	1060f	—
非灌孔混凝土砌块砌体	1700f	1600f	1500f	—
粗料石、毛料石、毛石砌体	—	5650	4000	2250
细料石	—	17000	12000	6750

2)砌体的剪变模量

砌体的剪变模量 G 按下列公式计算：

$$G = \frac{E}{2(1+\nu)} \qquad (5.11)$$

式中的 ν 为砌体的泊松比，可取 $\nu = 0.15$，故可以近似取 $G = 0.4E$。

5.3 砌体结构构件的承载力

5.3.1 无筋砌体构件的受压承载力

无筋砌体受压构件按照高厚比可以划分为短柱和长柱。砌体受压构件的高厚比 β 按下列公式计算：

对于矩形截面受压构件 $\qquad\qquad \beta = \dfrac{H_0}{h}$ (5.12)

对于 T 形截面受压构件 $\qquad\qquad \beta = \dfrac{H_0}{h_T}$ (5.13)

式中 H_0——受压构件的计算高度，按附 5.3 确定；

$\quad\quad h$——对于轴心受压构件，为矩形截面短边长度；对于偏心受压构件，为轴向力偏心方向的边长；

$\quad\quad h_T$——T 形截面的折算厚度，可近似取 $h_T = 3.5i$，i 为截面的回转半径。

当受压构件的高厚比 $\beta \leqslant 3$ 时，除材料强度外，影响构件受压承载力的主要因素是构件相对偏心距$\left(\dfrac{e}{h}$ 或 $\dfrac{e}{h_T}\right)$；当构件的高厚比 $\beta > 3$ 时，除上述因素外，构件的高厚比也对受压承载力有影响。一般情况下，当构件的高厚比 $\beta \leqslant 3$ 时，称为短柱；当高厚比 $\beta > 3$ 时，称为长柱。

1) 短柱的受压性能

短柱受压时，若采用线弹性假定，则其截面的应力按照线性分布，如图 5.17 所示。

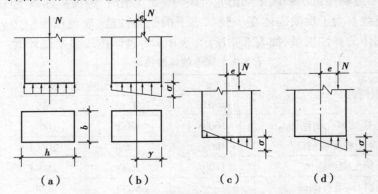

图 5.17 采用线弹性假定时柱的截面应力图

当构件轴心受压时，截面的应力分布如图 5.17(a) 所示。若砌体的抗压强度为 f，截面面积为 A，则该柱的受压承载力为 $N_u = fA$。

当构件偏心受压时，根据相对偏心距 $\dfrac{e}{h}$ 的大小，截面的应力分布如图 5.17(b)、(c) 和 (d) 所示。按照材料力学公式，截面边缘的压应力为：

$$\sigma = \frac{N}{A} \pm \frac{Ne}{I}y = \left(1 \pm \frac{e \cdot y}{i^2}\right)\frac{N}{A}$$ (5.14)

当截面边缘较大的压应力 σ 达到砌体的抗压强度 f，即可认为构件达到了受压承载力 N_u，此时

$$N_u = \frac{1}{1+\dfrac{e \cdot y}{i^2}}fA \tag{5.15}$$

若令 $\alpha = \dfrac{1}{1+\dfrac{e \cdot y}{i^2}}$，则 $N_u = \alpha fA$。对于矩形截面 $(A=bh)$，$\alpha = \dfrac{1}{1+\dfrac{6e}{h}}$，$\alpha$ 反映了偏心距对受压短柱承载力的影响，称为偏心距影响系数。

当偏心距较大 $(e>0.3h)$ 时，截面的一侧受拉，若受拉边的拉应力超过了砌体的弯曲抗拉强度，则砌体一侧截面开裂。此时不考虑截面的拉应力，偏心距影响系数 $\alpha = 0.75 - 1.5\dfrac{e}{h}$。

上述的分析是建立在线弹性假定的基础上的。事实上，由于砌体材料的塑性性质，偏心受压构件截面出现应力重分布，应力图形不是直线，而是曲线，同时砌体的极限强度也高于轴心抗压强度，因此截面的承载力明显高于按材料力学推出的计算公式，如图 5.18 所示。

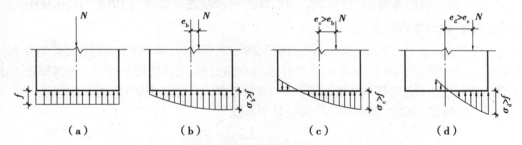

（a）　　　　（b）　　　　（c）　　　　（d）

图 5.18　砌体受压截面实际应力分布图

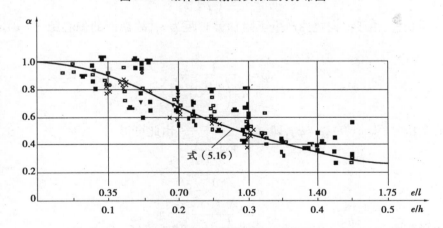

图 5.19　受压构件的偏心影响系数

图 5.19 是国内对矩形、T 形、十字形截面砌体的偏心受压试验结果，经统计分析，规范规定，偏心影响系数 α 按下式计算：

$$\alpha = \frac{1}{1+\left(\dfrac{e}{i}\right)^2} \tag{5.16}$$

对于矩形截面，$A = bh$，偏心影响系数 α 可写为：

$$\alpha = \frac{1}{1 + 12\left(\dfrac{e}{h}\right)^2} \tag{5.17}$$

对于十字形和 T 形截面，α 可按式(5.17)计算，此时采用折算高度 h_T($h_T = 3.5i$)代替 h。

2)轴心受压长柱的受力性能

长柱的高厚比较大，由于截面材料的不均匀性，荷载作用线偏离实际形心，即使轴心受压，长柱往往会产生侧向挠曲，因而会降低长柱的受压承载力。经分析，砂浆对长柱的承载力也有一定的影响。在计算轴心受压长柱的承载力时，临界应力与砌体轴心抗压强度的比值称为稳定系数 φ_0。经实验研究，φ_0 可按下式计算：

$$\varphi_0 = \frac{1}{1 + \eta\beta^2} \tag{5.18}$$

式中 β——轴心受压长柱的高厚比；

η——与砂浆强度等级 f_2 有关的系数，当砂浆的强度等级不低于 M5 时，$\eta = 0.0015$；当砂浆强度等级为 M2.5 时，$\eta = 0.002$；当砂浆强度等级为 M0 时，$\eta = 0.009$。

3)偏心受压长柱的受力性能

偏心受压长柱是工程结构中常见的受力构件，除材料强度外，偏心距和高厚比是影响其承载力的主要因素。在偏心压力作用下，构件会产生侧向挠曲变形，这将使构件截面中的弯矩进一步增大，产生二阶效应。规范采用增加附加偏心距的方法考虑二阶效应对构件承载力的影响。

对于受压短柱，由式(5.16)知，其偏心影响系数

$$\alpha = \frac{1}{1 + \left(\dfrac{e}{i}\right)^2}$$

对于受压长柱，由于侧向挠曲产生了附加偏心距为 e_i，故截面的偏心距 $e' = e + e_i$，代入式(5.16)得

$$\varphi = \frac{1}{1 + \left(\dfrac{e + e_i}{i}\right)^2} \tag{5.19}$$

当轴心受压时(即 $e = 0$)，$\varphi = \varphi_0$，即 $\varphi_0 = \dfrac{1}{1 + \left(\dfrac{e_i}{i}\right)^2}$，由此可得

$$e_i = i\sqrt{\frac{1}{\varphi_0} - 1} \tag{5.20}$$

对于矩形截面，$i = \dfrac{h}{\sqrt{12}}$，故 $e_i = h\sqrt{\dfrac{1}{12}\left(\dfrac{1}{\varphi_0} - 1\right)}$，代入式(5.19)可得

$$\varphi = \frac{1}{1 + 12\left[\dfrac{e}{h} + \sqrt{\dfrac{1}{12}\left(\dfrac{1}{\varphi_0} - 1\right)}\,\right]^2} \tag{5.21}$$

式(5.21)即为偏心受压长柱的影响系数。根据式(5.21)确定的影响系数，不仅概念清晰，而且与实验结果符合较好。当为短柱时，$\varphi_0 = 1$，式(5.21)即为式(5.17)，即 $\varphi = \alpha$；当轴心

受压时，$e=0$，$\varphi=\varphi_0$，式(5.21)即为式(5.18)。因此，受压构件的承载力计算公式为：

$$N_u = \varphi f A \tag{5.22}$$

式中　N_u——构件的受压承载力设计值；

　　　φ——高厚比 β 和轴向力的偏心距 e 对受压构件承载力的影响系数。影响系数可以直接采用式(5.21)进行计算。为了使用方便，规范将影响系数的取值制成了表格，详见附5.4。

　　　f——砌体的抗压强度设计值；

　　　A——截面面积，对各类砌体均按毛截面面积计算。

应用式(5.22)时，应该注意以下问题：

①对于矩形截面构件，当轴向力偏心方向的截面边长大于另一个方向的边长时，由于两个方向的高厚比不同，有可能出现 $\varphi_0 > \varphi$，故应按轴心受压对较小边方向的承载力进行验算。

②计算轴向力的偏心距 e 时，采用内力的设计值，这样引起的偏差不大，有利于适当提高构件的可靠度，也能够满足工程设计的精度要求。

③不同类型的砌体在受压性能上是有差异的，因此在计算构件的高厚比 β 时，应针对不同材料的砌体构件，对高厚比进行修正后再计算影响系数。

对于矩形截面　　　$$\beta = \gamma_\beta \frac{H_0}{h} \tag{5.23}$$

对于 T 形截面　　　$$\beta = \gamma_\beta \frac{H_0}{h_T} \tag{5.24}$$

式中　γ_β——不同材料砌体的高厚比修正系数，按表5.5确定。

表5.5　高厚比修正系数 γ_β

砌体材料类别	γ_β
烧结普通砖、烧结多孔砖	1.0
混凝土普通砖、混凝土多孔砖、混凝土及轻骨料混凝土砌块	1.1
蒸压灰砂砖、蒸压粉煤灰砖、细料石	1.2
粗料石、毛石	1.5

注：对灌孔混凝土砌块，γ_β 取1.0。

④当偏心距 e 较大、压力也较大时，构件的受拉边会产生水平裂缝。若偏心距继续增大，截面的受压区会继续减小，同时构件的侧向挠曲会显著减低构件的承载力。此时材料强度的利用率很低，承载力的离散性也较大，构件也不安全。因此，规范规定轴向力的偏心距 e 应满足下列规定：

$$e \leq 0.6y \tag{5.25}$$

式中　y——截面重心到轴向力偏心方向边缘的距离，如图5.20所示。

当偏心距超过上述规定时，应该采取措施减小偏心距，如修改构件截面尺寸、设置具有中心装置的垫块或缺口垫块，甚至调整结构方案。

【例5.1】已知一矩形截面砖柱，截面尺寸为 490 mm×620 mm，采用 MU10 烧结普通砖和 M5 混合砂浆砌筑，柱的计算高度 $H_0 = 5.9$ m，承受的轴向力设计值 $N = 240$ kN(已计入柱自

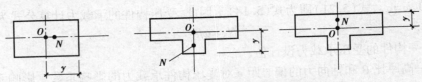

图5.20 截面重心到轴向力偏心方向边缘的距离

重),沿长边方向作用的弯矩设计值 $M=18.2$ kN·m,砌体施工质量控制等级为 B 级,试验算该柱的承载力。

【解】查附5.1,得砖柱的抗压强度设计值为 $f=1.5$ N/mm²。

1)验算砖柱在偏心方向(长边)的承载力

偏心距 $e=\dfrac{M}{N}=\dfrac{18.2\times10^6}{240\times10^3}=75.83$ mm$<0.6y=0.6\times620$ mm$=372$ mm,满足要求。

相对偏心距 $\dfrac{e}{h}=\dfrac{75.83}{620}=0.122$

高厚比 $\beta=\gamma_\beta\dfrac{H_0}{h}=1\times\dfrac{5\,900}{620}=9.516$

查附5.4,得影响系数 $\varphi=0.40$,

砖柱的截面面积 $A=0.49\times0.62=0.303\,8$ m²>0.3 m²

故砖柱的受压承载力设计值

$N_u=\varphi f A=0.61\times1.5\times0.303\,8\times10^3=277.98$ kN$>N=240$ kN,满足要求。

2)验算砖柱在短边的承载力

砖柱短边方向按轴心受压进行承载力验算,故相对偏心距 $\dfrac{e}{h}=0$

高厚比 $\beta=\gamma_\beta\dfrac{H_0}{b}=1\times\dfrac{5\,900}{490}=12.04$

查附5.4,得影响系数 $\varphi=0.82$

故砖柱在短边方向的受压承载力设计值

$N_u=\varphi f A=0.82\times1.5\times0.303\,8\times10^3=373.67$ kN$>N=240$ kN,因此该砖柱承载力满足要求。

【例5.2】某单层单跨厂房局部带壁柱窗间墙截面如图5.21所示。已知厂房未设吊车,房屋的结构层高为 5 m,墙体的计算高度 $H_0=6$ m,采用 MU15 烧结普通砖和 M7.5 混合砂浆砌筑,施工质量控制等级为 B 级。带壁柱墙承受的轴向力设计值为 $N=360$ kN(已计入自重),弯矩设计值 $M=32.4$ kN·m,轴向力偏向腹板一侧(图5.21)。试验算该墙的承载力。

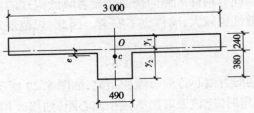

图5.21 带壁柱窗间墙截面图

【解】带壁柱墙按照 T 形截面进行承载力计算。根据相关规定,单层房屋带壁柱墙的计算

截面翼缘宽度 b_f, 取壁柱宽加 2/3 墙高, 且不应大于窗间墙宽度和相邻壁柱间的距离, 由于 $b_f = 490 + \dfrac{2}{3} \times 5\,000 = 3\,823.3$ mm $> 3\,000$ mm, 故取翼缘宽度 $b_f = 3\,000$ mm。

1)计算 T 形截面柱的折算厚度 h_T

截面面积 $A = 3 \times 0.24 + 0.38 \times 0.49 = 0.906\,2$ m^2

截面形心尺寸 $y_1 = \dfrac{3 \times 0.24 \times 0.12 + 0.49 \times 0.38 \times (0.24 + 0.19)}{0.906\,2} = 0.184$ m

$$y_2 = 0.62 - 0.184 = 0.436 \text{ m}$$

偏心距 $e = \dfrac{M}{N} = \dfrac{32.4}{360} \times 10^3 = 90$ mm $< 0.6y_2 = 0.6 \times 0.436 \times 10^3 = 261.6$ mm, 满足要求。

惯性矩

$$I = \frac{3 \times 0.24^3}{12} + 3 \times 0.24 \times (0.184 - 0.12)^2 + \frac{0.49 \times 0.38^3}{12} + 0.49 \times 0.38 \times (0.436 - 0.19)^2$$
$$= 0.019\,91 \text{ m}^4$$

$$i = \sqrt{\frac{I}{A}} = \sqrt{\frac{0.019\,91}{0.906\,2}} = 0.148\,2 \text{ m}$$

$$h_T = 3.5i = 3.5 \times 0.148\,2 = 0.518\,8 \text{ m}$$

2)承载力验算

高厚比 $\beta = \gamma_\beta \dfrac{H_0}{h_T} = 1 \times \dfrac{6}{0.518\,8} = 11.57$

相对偏心距 $\dfrac{e}{h_T} = \dfrac{0.09}{0.518\,8} = 0.173$

查附 5.4, 得影响系数 $\varphi = 0.48$

查附 5.1, 得砌体的抗压强度设计值为 $f = 2.07$ N/mm^2

故带壁柱墙的受压承载力设计值

$N_u = \varphi f A = 0.48 \times 2.07 \times 0.906\,2 \times 10^3 = 900.4$ kN $> N = 360$ kN, 满足要求。

5.3.2 无筋砌体的局部受压承载力

1)砌体局部受压的概念

在砌体结构中, 受压构件有可能全截面受压, 也有可能部分截面受压。如砌体自重作用在砌体上时, 一般是全截面受压。而在砌体在基础顶面支承墙或柱位置、梁或屋架的支承处, 甚至楼板支承处, 砌体一般为局部受压(图 5.22)。前者作用在砌体局部的压应力一般分布均匀, 而后者作用在砌体局部的压应力分布不均匀。砌体的局部受压状态在砌体结构中广泛存在。

试验表明, 砌体局部受压时, 常见的破坏形态是由于纵向裂缝的发展而破坏。如图 5.23(a)所示, 砌体处于局部均匀受压状态, 当荷载增大到一定程度时, 局部受压垫板下 1~2 皮砖位置处首先产生初始纵向裂缝。随着荷载的增大, 纵向裂缝向上、向下发展, 延伸成树根状的纵向和斜向裂缝, 最终丧失承载力而破坏。

当局部受压面积很小、砌体截面与局部受压面积比较大时, 砌体易发生劈裂破坏(图 5.23(b))。这种破坏的特点是裂缝产生后, 砌体沿一条主要的纵向裂缝裂开, 开裂时的荷载与破坏荷载接近, 破坏具有突然性。

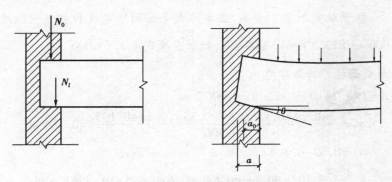

图 5.22　梁端支承处砌体的局部受压

另外,当墙梁的高跨比较大而砌体的强度较低时,有可能产生梁支承处砌体的局部压碎破坏,但这种破坏相对少见。

在局部荷载作用下,砌体的横向及竖向应力分布如图 5.24 所示。在局部压力作用下,周边未直接受力区域对局部受压区域的横向变形产生了约束作用,这种"套箍强化"作用使垫板下一定范围内的砌体处于三向受压状态,因而其局部抗压强度大为提高。其次,在砌体的纵向压应力在离开表面一定深度后逐渐减小,说明压应力随深度增加产生了"应力扩散",这也在一定程度上提高了砌体的局部抗压强度。因此,按照局部受压面积计算的砌体的抗压强度远高于砌体的单轴抗压强度。另外,从应力分布图中可以看出,在距离垫板下方一定位置产生了最大横向拉应力,这也说明了初始裂缝一般产生在距离垫板几皮砖的位置,而不是接触垫板的位置。

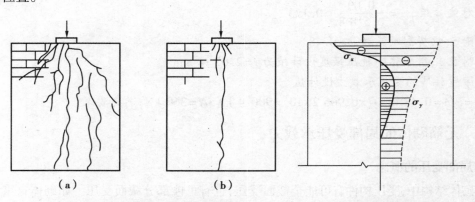

図 5.23　梁端支承处砌体的局部受压　　　图 5.24　局部受压砌体的应力分布图

由上面的分析可以看出,尽管砌体的局部抗压强度有所提高,但是由于局部受压面积很小,因此砌体的局部受压承载力并不高。在工程结构中,砌体的局部受压状态普遍存在,若砌体局部受压破坏,则结构的整体受力状态可能产生较大变化,进而危及整体结构。因此,砌体局部受压承载力是构件承载力计算的重要内容。

2)砌体局部均匀受压

砌体截面中受局部均匀压力时的承载力按下式计算:

$$N_l \leqslant \gamma f A_l \tag{5.26}$$

式中　N_l——局部受压面积上的轴向力设计值;

γ——砌体局部抗压强度提高系数;

f——砌体的抗压强度设计值,可不考虑强度调整系数 γ_a 的影响;

A_l——局部受压面积。

砌体局部抗压强度提高系数 γ 与影响局部抗压强度的计算面积 A_0 和局部受压面积 A_l 有着直接关系。根据对工程中常见的砌体中部、端部、角部局部受压的试验结果,规范提出 γ 可按下式计算:

$$\gamma = 1 + 0.35\sqrt{\frac{A_0}{A_l} - 1} \qquad (5.27)$$

式中 A_0——局部抗压强度的计算面积,按表5.6规定采用。

表5.6 影响砌体局部抗压强度的计算面积 A_0 和 γ 的限制值

序 号	局部压力作用部位示意图	A_0 计算公式	γ 的限制	
			普通砖砌体	灌孔混凝土砌块砌体
1		$A_0 = (a+c+h)h$	$\gamma \leqslant 2.5$	$\gamma \leqslant 1.5$
2		$A_0 = (a+h)h$	$\gamma \leqslant 1.25$	$\gamma \leqslant 1.25$
3		$A_0 = (b+2h)h$	$\gamma \leqslant 2.0$	$\gamma \leqslant 1.5$
4		$A_0 = (a+h)h + (b+h_1-h)h_1$	$\gamma \leqslant 1.5$	$\gamma \leqslant 1.5$

试验还表明,局部抗压强度随面积比 A_0/A_l 而提高的幅度是有限的,而且当 A_0/A_l 大于某一限值时,局部受压砌体就有可能出现极具脆性的竖向劈裂破坏,这在工程中也是应予避免

的。因此,对式(5.27)计算出的 γ 值应加以限制,规定的限制值已列在表 5.6 中,当按式(5.27)算得的 γ 值大于表 5.6 中的限制值时,应取 γ 等于限制值。

此外,对多孔砖砌体,局部抗压强度提高系数应符合 $\gamma \leqslant 1.5$;对于未灌孔混凝土砌块砌体,$\gamma = 1.0$。

3)梁端局部受压

梁端支承处砌体的局部受压在工程结构中非常普遍。楼面梁、过梁、墙梁下支承处砌体均为局部受压,此时由于梁在荷载作用下产生挠曲,梁端转动,因此梁端下砌体处于非均匀局部受压状态,压应力分布不均匀,最大压应力产生于支座内边缘处(图 5.25)。

梁端支承处砌体局部受压时,除了承受梁端压力 N_l 以外,还要承受上部砌体的轴向力 N_0。由于梁的挠曲,N_l 和 N_0 产生的压应力的分布是不均匀的。

当梁上的荷载较大时,支承梁端的砌体局部压缩变形增大,梁端随砌体共同变形,梁顶面与砌体接触面减小甚至完全脱开。砌体局部产生应力重分布,原先作用于梁端顶面的轴向力 N_0 以"内拱作用"(图 5.26)的形式传递给梁端周边的砌体,这使得梁端上部砌体传递来的实际轴力 N_0' 小于 N_0。N_0' 可取为 $N_0' = \psi N_0$,ψ 称为上部荷载的折减系数。根据实验研究结果,ψ 与 $\dfrac{A_0}{A_l}$ 的比值有关,$\dfrac{A_0}{A_l}$ 的比值越大,ψ 就越小。当 $\dfrac{A_0}{A_l} \geqslant 3$ 时,$\psi = 0$,即可以不考虑砌体上部荷载对局部受压承载力的影响。

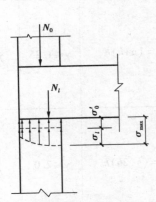

图 5.25 梁端支承处砌体的应力分布图

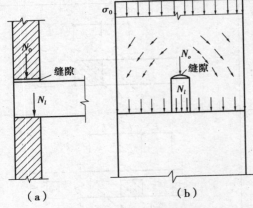

图 5.26 梁端支承处砌体的内拱作用

如前所述,梁在荷载作用下产生挠曲,梁端转动,支承梁端的砌体亦产生非均匀变形,使梁端的有效支承长度 a_0 小于其实际支承长度 a,此时梁端局部受压面积为 $A_l = a_0 b$,b 为梁宽。根据分析及实验结果,a_0 可以按下式计算:

$$a_0 = 38 \sqrt{\frac{N_l}{bf \tan \theta}} \leqslant a \tag{5.28}$$

式中 N_l——梁上的荷载设计值产生的支承压力,kN;

b——梁的截面宽度,mm;

f——砌体的抗压强度设计值,MPa;

θ——梁轴线在端部的倾角,对于承受均布荷载的简支梁,可近似取 $\tan \theta = \dfrac{1}{78}$。

$\tan \theta$ 取定值后, a_0 的计算值反而与试验结果存在较大误差,因此有必要对式(5.28)进行简化。对于承受均布荷载的混凝土简支梁,当采用 C20 混凝土时, $E_c = 25.5 \text{ N/mm}^2$,取梁的刚度 $B = 0.3 E_c I_c$,高跨比 $\dfrac{h_c}{l} = \dfrac{1}{10}$, $\tan \theta \approx \theta = \dfrac{ql^3}{24B}$,且 $N_l = \dfrac{ql}{2}$,代入式(5.28),得 $a_0 = 10.51 \sqrt{\dfrac{h_c}{f}}$。根据分析结果,规范最终取:

$$a_0 = 10 \sqrt{\frac{h_c}{f}} \tag{5.29}$$

式中 h_c——梁的截面高度,mm;

f——砌体的抗压强度设计值,MPa。

如图 5.25 所示,若梁端局部受压处砌体内边缘的最大压应力为 $\sigma_{\max}$,则为保证砌体的局部受压承载力, $\sigma_{\max}$ 应满足:

$$\sigma_{\max} = \sigma_0' + \sigma_l \leqslant \gamma f \tag{5.30}$$

$\sigma_{\max}$ 可以认为由两部分叠加而成:一部分是由梁上荷载引起的最大压应力 σ_l;另一部分是由梁端上部砌体传递的轴力 N_0' 引起的最大压应力 σ_0',即 $\sigma_{\max} = \sigma_0' + \sigma_l$。若取 η 为平均压应力与最大压应力之比,则 $N_l = \eta \sigma_l A_l$, $N_0' = \psi N_0 = \eta \sigma_0' A_l$,代入式(5.30),得

$$\frac{\psi N_0}{\eta A_l} + \frac{N_l}{\eta A_l} \leqslant \gamma f$$

即

$$\psi N_0 + N_l \leqslant \eta \gamma f A_l \tag{5.31}$$

$$\psi = 1.5 - 0.5 \frac{A_0}{A_l} \tag{5.32}$$

$$A_l = a_0 b \tag{5.33}$$

式中 ψ——上部荷载的折减系数,当 $\dfrac{A_0}{A_l} \geqslant 3$ 时, $\psi = 0$;

N_0——局部受压面积上上部轴向力设计值, $N_0 = \sigma_0 A_l$, σ_0 为上部平均压应力设计值;

η——梁端底面压应力图形的完整系数,可取 0.7,对于过梁和墙梁应取 1.0;

A_l——局部受压面积, mm^2。

4)梁端设置刚性垫块时砌体的局部受压

当梁下支承处砌体的局部受压承载力不满足要求时,可以在梁端设置混凝土刚性垫块(图 5.27)。刚性垫块的面积一般远大于砌体中单个块体的面积,它不仅可以通过"应力扩散"作用将梁端局部压力传递至下部垫块面积($A_b = a_b b_b$)范围内的砌体上,增大局部受压面积,而且还可以将梁端压力更均匀地传递给下部砌体,因此提高了砌体的局部受压承载力。

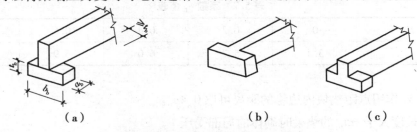

(a)   (b)   (c)

图 5.27 梁端下刚性垫块示意图

刚性垫块可以采用预制(图5.27(a)),施工时砌筑在梁端底面砌体中,也可以与梁端整体浇筑,在梁高内设置(图5.27(b)、(c))。

刚性垫块的设置(图5.28)应该满足下列要求:

①刚性垫块的高度不应小于180 mm,自梁边算起的垫块挑出长度不应大于垫块高度 t_b;

②在带壁柱墙的壁柱内设刚性垫块时,其计算面积 A_0 最多只能取壁柱范围内的面积,而不应计算翼缘部分,同时壁柱上垫块伸入翼墙内的长度不应小于120 mm。

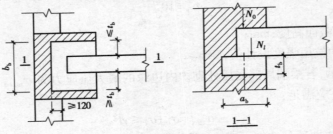

图5.28 刚性垫块的构造要求

梁端下部设置预制或现浇混凝土刚性垫块时,垫块的面积明显大于梁端支承面积,内拱卸荷作用不大显著,所以对上部传给垫块底面局部受压面积 A_b 的轴向压力 N_0 不予折减,即取 A_b 上的总压力为 N_0+N_l。试验表明,刚性垫块下面砌体的局部受压承载力可按偏心受压短柱($\beta \leqslant 3$)计算,但应考虑垫块外围砌体的套箍作用所产生的有利影响。根据上述原则,预制刚性垫块下面砌体的局部受压承载力可按下式计算:

$$N_0+N_l \leqslant \varphi\gamma_1 fA_b \tag{5.34}$$

式中　　N_0——垫块面积 A_b 内上部轴向力设计值,取 $N_0=\sigma_0 A_b$;

φ——垫块上 N_0 及 N_l 合力的影响系数,取 $\beta \leqslant 3$,按附5.4查得;

γ_1——垫块外砌体面积的有利影响系数,γ_1 为 0.8γ,但不小于 1.0,γ 为砌体局部抗压强度提高系数,按式(5.27)以 A_b 代替 A_l 计算得出;

A_b——垫块面积,mm^2;$A_b=a_b b_b$,其中 a_b 为垫块伸入墙内的长度,b_b 为垫块的宽度。

此处取 $\gamma_1=0.8\gamma$ 而不直接取 γ,是考虑局部压应力分布的不均匀性影响,同时也是出于安全的考虑。在确定 φ 值时,偏心距 e 应取为合力 N_0+N_l 作用点至垫块中心的距离。

确定支座压力 N_l 作用点的位置时,应按下式计算刚性垫块上表面梁端有效长度 a_0:

$$a_0=\delta_1\sqrt{\dfrac{h_c}{f}} \tag{5.35}$$

式中系数 δ_1 可按表5.7取用,

表5.7 系数 δ_1 值表

σ_0/f	0	0.2	0.4	0.6	0.8
δ_1	5.4	5.7	6.0	6.9	7.8

垫块上 N_l 作用点距垫块内边缘的距离可取 $0.4a_0$。

5)梁下设有长度大于 πh_0 的垫梁时砌体的局部受压

在砌体结构中,当楼面梁或屋面梁下部设置垫梁(如混凝土圈梁)时,也可以提高砌体的局部受压承载力(图 5.29)。此时,梁端部的集中力通过垫梁传递到下部一定宽度范围内的墙体上,垫梁相当于卧置于下部砌体上的弹性地基梁。根据弹性理论,当梁的长度大于 πh_0 时,梁下砌体的竖向压应力分布如图 5.29 所示。

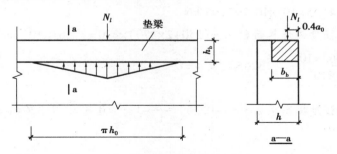

图 5.29　垫梁的局部受压

实验结果表明,垫梁下砌体发生局部受压破坏时,梁下砌体最大竖向压应力 $\sigma_{y,max}$ 与砌体抗压强度之比 f 可达到 $1.5 \sim 2.5$。按照 $\sigma_{y,max} \leqslant 1.5f$,根据弹性理论,经推导简化可得到梁下设有长度大于 πh_0 的垫梁时砌体的局部受压承载力计算公式:

$$N_0 + N_l \leqslant 2.4\delta_2 f b_b h_0 \tag{5.36}$$

$$N_0 = \pi b_b h_0 \sigma_0 / 2 \tag{5.37}$$

$$h_0 = 2\sqrt[3]{\frac{E_b I_b}{Eh}} \tag{5.38}$$

式中　N_0——垫梁上部轴向力设计值,N;

　　　b_b——垫梁在墙厚方向的宽度,mm;

　　　δ_2——当荷载沿墙厚方向均匀分布时 δ_2 取 1.0,不均匀时 δ_2 可取 0.8;

　　　h_0——垫梁折算高度,mm;

　　　E_b,I_b——垫梁的混凝土弹性模量和截面惯性矩;

　　　h_b——垫梁的高度,mm;

　　　E——砌体的弹性模量;

　　　h——墙厚,mm。

垫梁上梁端有效支承长度 a_0 可按式(5.35)计算。

【例 5.3】 已知某窗间墙的截面尺寸为 370 mm×1 200 mm,采用 MU10 页岩多孔砖和 M5 混合砂浆砌筑,墙上支承的混凝土梁截面尺寸为 250 mm×600 mm,支承长度 a=370 mm,梁端支承压力设计值为 N_l=92.6 kN,窗间墙承受的上部荷载传来的轴向力设计值为 N_u=62.5 kN,如图 5.30 所示。试验算梁端支承处砌体的局部受压承载力。

【解】 查附 5.1,得砌体的抗压强度设计值为 f=1.5 N/mm²。

梁端有效支承长度 $a_0 = 10\sqrt{\dfrac{h_c}{f}} = 10 \times \sqrt{\dfrac{600}{1.5}} = 200$ mm

砌体局部受压面积 $A_l = a_0 b = 200 \times 250 = 50\ 000$ mm²

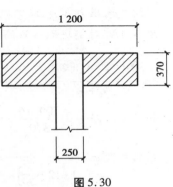

图 5.30

上部荷载产生的平均压应力设计值 $\sigma_0 = \dfrac{N_u}{A} = \dfrac{62.5 \times 10^3}{370 \times 1\ 200} = 0.141\ \text{N/mm}^2$

局部受压面积上上部荷载产生的轴向力设计值

$N_0 = \sigma_0 A_l = 0.141 \times 5 \times 10^4 \times 10^{-3} = 7.05\ \text{kN}$

影响砌体抗压强度的计算面积 $A_0 = (250 + 2 \times 370) \times 370 = 3.663 \times 10^5\ \text{mm}^2$

由于 $\dfrac{A_0}{A_l} = \dfrac{3.663 \times 10^5}{5 \times 10^4} = 7.326 > 3$,故 $\psi = 0$

砌体局部抗压强度提高系数 $\gamma = 1 + 0.35 \sqrt{\dfrac{A_0}{A_l} - 1} = 1 + 0.35 \times \sqrt{7.326 - 1} = 1.88 > 1.5$

取 $\gamma = 1.5$。

由 $\psi N_0 + N_l = 0 + 92.6 > \eta \gamma f A_l = 0.7 \times 1.5 \times 1.5 \times 5 \times 10^4 \times 10^{-3} = 78.75\ \text{kN}$

故砌体的局部受压承载力不满足要求。

【例 5.4】 在例 5.3 中,若在梁下设置 $a_b = 370\ \text{mm}$、$b_b = 500\ \text{mm}$、$t_b = 240\ \text{mm}$ 的预制刚性混凝土垫块,试验算梁下砌体的局部受压承载力。

【解】 垫块的截面面积 $A_b = a_b b_b = 500 \times 370 = 185\ 000\ \text{mm}^2 = 0.185\ \text{m}^2$

由于 $500 + 2 \times 370 = 1\ 240\ \text{mm} > 1\ 200\ \text{mm}$(窗间墙长度)

故影响砌体抗压强度的计算面积 $A_0 = 1\ 200 \times 370 = 4.44 \times 10^5\ \text{mm}^2 = 0.444\ \text{m}^2$

垫块外砌体面积的有利影响系数

$\gamma_1 = 0.8\gamma = 0.8 \times \left(1 + 0.35 \sqrt{\dfrac{A_0}{A_b} - 1}\right) = 0.8 \times \left(1 + 0.35 \times \sqrt{\dfrac{0.444}{0.185} - 1}\right) = 1.13$

上部荷载产生的平均压应力设计值 $\sigma_0 = \dfrac{N_u}{A} = \dfrac{62.5 \times 10^3}{370 \times 1\ 200} = 0.141\ \text{N/mm}^2$

上部荷载作用在垫块上的压力设计值 $N_0 = \sigma_0 A_b = 0.141 \times 0.185 \times 10^6 \times 10^{-3} = 26.09\ \text{kN}$

由 $\dfrac{\sigma_0}{f} = \dfrac{0.141}{1.5} = 0.094$,查表得 $\delta_1 = 5.635$

梁端有效支承长度 $a_0 = \delta_1 \sqrt{\dfrac{h_c}{f}} = 5.635 \times \sqrt{\dfrac{600}{1.5}} = 112.7\ \text{mm} < 370\ \text{mm}$

梁端支承压力 N_l 距墙体内边缘的距离为 $0.4a_0 = 0.4 \times 112.7 = 45.08\ \text{mm}$

故 $N_0 + N_l$ 对垫块形心的偏心距

$e = \dfrac{N_l \left(\dfrac{a_b}{2} - 0.4a_0\right)}{N_0 + N_l} = \dfrac{92.6 \times \left(\dfrac{370}{2} - 0.4 \times 112.7\right)}{26.09 + 92.6} = 109.16\ \text{mm}$

相对偏心距 $\dfrac{e}{h} = \dfrac{109.16}{370} = 0.295$

影响系数 $\varphi = \dfrac{1}{1 + 12\left(\dfrac{e}{h}\right)^2} = \dfrac{1}{1 + 12 \times 0.295^2} = 0.49$

$\varphi \gamma_1 f A_b = 0.49 \times 1.13 \times 1.5 \times 0.185 \times 10^3 = 153.65 > N_0 + N_l = 26.09 + 92.6 = 118.69\ \text{kN}$

故砌体的局部受压承载力满足要求。

5.3.3 无筋砌体的受拉、受弯和受剪承载力

1）轴心受拉构件

由于砌体的轴心抗拉强度很低，因此工程中很少采用砌体受拉。容积较小的圆形水池或筒仓可采用砌体砌筑，其池壁在水或散料的侧向压力作用下就成为轴心受拉构件（图5.31）。

砌体轴心受拉构件的承载力按下式计算：

$$N_t \leqslant f_t A \tag{5.39}$$

式中　N_t——轴心拉力设计值；

　　　f_t——砌体的轴心抗拉强度设计值，按附5.2采用；

　　　A——砌体的截面面积。

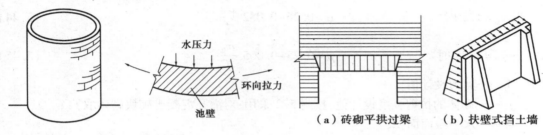

图5.31　圆形水池　　　　　图5.32　砌体受弯构件

（a）砖砌平拱过梁　（b）扶壁式挡土墙

2）受弯构件

在工程结构中，当受弯构件的弯矩不太大时，可采用砌体砌筑。砌体结构中的砖砌平拱过梁（图5.32（a））就是典型的受弯构件。另外，在边坡工程中，重力式挡土墙常可采用条石砌筑，小型扶壁式挡墙也可采用砌体砌筑（图5.35（b））。砖砌平拱过梁沿竖向通缝弯曲受拉，重力式挡土墙在土压力作用下沿水平通缝弯曲受拉，扶壁式挡土墙的壁柱沿水平通缝弯曲受拉，而挡板沿竖向齿缝弯曲受拉。受弯构件承载力的计算包括受弯承载力和受剪承载力两方面。

（1）抗弯承载力

$$M \leqslant f_{tm} W \tag{5.40}$$

式中　M——弯矩设计值；

　　　f_{tm}——砌体的弯曲抗拉强度设计值，按附5.2采用；

　　　W——截面抵抗矩。

（2）抗剪承载力

$$V \leqslant f_v b z \tag{5.41}$$

$$z = \frac{I}{S} \tag{5.42}$$

式中　V——剪力设计值；

　　　f_v——砌体的抗剪强度设计值，按附5.2采用；

　　　b——截面宽度；

　　　z——内力臂，当截面为矩形时取 $z = \frac{2}{3}h$（h 为截面高度）；

I——截面惯性矩；

S——截面面积矩。

3)受剪构件

砌体房屋中的墙体,在竖向荷载和水平荷载的共同作用下可能产生受剪破坏。砌体的剪切破坏分为三种类型:当受剪截面的压应力 σ 与剪应力 τ 的比值较小时,砌体通常沿通缝剪切滑移产生剪摩破坏;当 σ 与 τ 的比值较大时,砌体将沿阶梯形裂缝产生剪压破坏;当 σ 与 τ 的比值进一步增大时,砌体将沿压力作用方向产生斜压破坏。

规范采用变系数剪摩理论,根据试验分析结果,规定沿通缝或阶梯形截面破坏时受剪构件的承载力为:

$$V \leqslant (f_v + \alpha\mu\sigma_0)A \tag{5.43}$$

当 $\gamma_G = 1.2$ 时

$$\mu = 0.26 - 0.082\frac{\sigma_0}{f} \tag{5.44}$$

当 $\gamma_G = 1.35$ 时

$$\mu = 0.23 - 0.065\frac{\sigma_0}{f} \tag{5.45}$$

式中　V——剪力设计值;

f_v——砌体的抗剪强度设计值,按附 5.2 采用;对灌孔混凝土砌块砌体取 f_{vg};

A——水平截面面积;

μ——剪压复合受力影响系数;

f——砌体的抗压强度设计值;

σ_0——永久荷载设计值产生的水平截面平均压应力,其值不应大于 $0.8f$,以防止砌体产生斜压破坏;

α——修正系数,当 $\gamma_G = 1.2$ 时,砖砌体取 0.60,混凝土砌块砌体取 0.64,当 $\gamma_G = 1.35$ 时,砖砌体取 0.64,混凝土砌块砌体取 0.66。

α 与 μ 的乘积可直接查表 5.8。

表 5.8　α 与 μ 的乘积表

γ_G	σ_0/f	0.1	0.2	0.3	0.4	0.5	0.6	0.7	0.8
1.2	砖砌体	0.15	0.15	0.14	0.14	0.13	0.13	0.12	0.12
	砖块砌体	0.16	0.16	0.15	0.15	0.14	0.13	0.13	0.12
1.35	砖砌体	0.14	0.14	0.13	0.13	0.13	0.12	0.12	0.11
	砖块砌体	0.15	0.14	0.14	0.13	0.13	0.13	0.12	0.12

【例 5.5】某矩形砖砌无顶盖水池,局部剖面如图 5.33 所示。池壁采用 MU10 的烧结普通砖和 M5 水泥砂浆砌筑。其Ⅰ—Ⅰ截面壁厚为 490 mm,每米宽池壁承受垂直方向的弯矩设计值为 $M = 3.5$ kN·m,侧向水平剪力设计值 $V = 21.5$ kN,池壁自重引起的竖向压力可以忽略不计。试验算Ⅰ—Ⅰ截面的承载力。

【解】1)验算截面的受弯承载力

取池壁水平宽度 $b = 1$ m 的垂直带作为计算单元。查附 5.6 得砖砌体沿通缝弯曲抗拉强度设计值 $f_{tm} = 0.11$ N/mm²。由于采用水泥砂浆,应取强度调整系数 $\gamma_a = 0.8$,故得:

$f_{tm} = 0.8 \times 0.11 = 0.088 \text{ N/mm}^2$

Ⅰ—Ⅰ截面的抵抗矩为：

$$W = \frac{bh^2}{6} = \frac{1\,000 \times 490^2}{6} = 4.001\,7 \times 10^7 \text{ mm}^3$$

截面的受弯承载力

$f_{tm}W = 0.088 \times 4.001\,7 \times 10^7 = 3.52 \times 10^6 \text{ N} \cdot \text{mm} =$

$3.52 \text{ kN} \cdot \text{m} > M = 3.5 \text{ kN} \cdot \text{m}$

故截面受弯承载力满足要求。

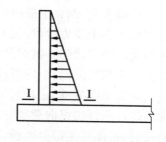

图 5.33　水池局部剖面图

2）验算截面的受剪承载力

仍取池壁水平宽度为 1 m 的垂直带作为计算单元。水平截面为 1 000 mm×490 mm 的矩形，$h = 490$ mm，$b = 1\,000$ mm，$z = \frac{2}{3}h = \frac{2}{3} \times 490 = 326.7$ mm。

查附 5.2 得 $f_v = 0.11 \text{ N/mm}^2$，强度调整系数 $\gamma_a = 0.8$，故

$f_v = 0.8 \times 0.11 = 0.088 \text{ N/mm}^2$

截面的受剪承载力

$f_v bz = 0.088 \times 1\,000 \times 326.7 = 28\,749.6 \text{ N} = 28.75 \text{ kN} > V = 21.5 \text{ kN}$

故截面受剪承载力也满足要求。

5.3.4　配筋砖砌体构件

配筋砌体构件包括配筋砖砌体构件和配筋砌块砌体构件。限于篇幅，这里仅讲述前者。配筋砖砌体构件包括网状配筋砖砌体构件和组合砖砌体构件。在砌体构件中配置钢筋或钢筋混凝土组成的配筋砌体结构，不仅可以提高构件的承载力，而且能够提高结构的延性，扩大了砌体结构在土木工程中的适用范围。

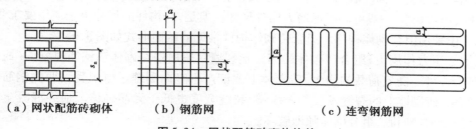

（a）网状配筋砖砌体　　　（b）钢筋网　　　　（c）连弯钢筋网

图 5.34　网状配筋砖砌体构件

1）网状配筋砖砌体构件

网状配筋砖砌体构件是在砌体受压构件内，沿高度方向每隔若干皮砖，在砌体的水平灰缝内配置钢筋网形成的构件。水平灰缝内的钢筋网也可采用连弯钢筋网，如图 5.34 所示。

网状配筋砖砌体构件在轴向压力作用下，不但发生纵向压缩变形，同时也发生横向膨胀。由于钢筋、砂浆层与块体之间存在着摩擦力和黏结力，钢筋被完全嵌固在灰缝内与砖砌体共同工作，当砖砌体纵向受压时，钢筋横向受拉，又因钢筋的弹性模量比砌体大，故可约束砌体的横向变形发展，防止砌体因纵向裂缝的延伸而过早失稳破坏，从而间接地提高网状配筋砖砌体构件的承载能力。这种配筋有时又称为间接配筋。砌体与横向钢筋之间足够的粘结力是保证两者共同工作、提高砌体承载力的重要因素。

试验表明,网状配筋砖砌体在轴心压力作用下,从开始加荷到破坏,类似于无筋砖砌体,也可分为三个受力阶段,但其破坏特征和无筋砖砌体不同。第一个阶段和无筋砖砌体一样,在单块砖内出现第一批裂缝,此时的荷载为60%~75%的破坏荷载,较无筋砖砌体高。继续加荷进入第二阶段,纵向裂缝的数量增多,但发展很缓慢,由于受到横向钢筋的约束,很少出现贯通的纵向裂缝,这是与无筋砖砌体明显的不同之处。当接近破坏时,一般也不会出现像无筋砌体那样被纵向裂缝分割成若干1/2砖的小立柱而发生失稳破坏的现象。在最后破坏阶段时,可能发生部分砖被完全压碎脱落。

网状配筋砖砌体承载力计算方法及构造要求详见规范。

2)组合砖砌体构件

组合砖砌体构件有两种形式,一种是砖砌体和钢筋混凝土面层或钢筋砂浆面层的组合砌体构件,另外一种是砖砌体和钢筋混凝土构造柱组合墙。

(1)砖砌体和钢筋混凝土面层或钢筋砂浆面层的组合砌体构件

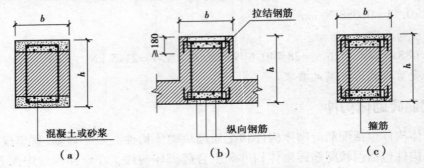

图5.35　组合砖砌体构件常见的截面形式

当无筋砌体受压构件截面的偏心距较大、砌体承载力不足时,或者截面偏心距超过规定的限值时($e>0.6y$),一般可以考虑增大构件尺寸。但是,若构件的尺寸由于使用要求受限,此时可以考虑采用组合砌体构件。组合砖砌体构件常见的截面形式如图5.35所示。

在轴心压力作用下,组合砖砌体的第一批裂缝一般出现在砖砌体和钢筋混凝土(或钢筋砂浆)的结合面处。随着荷载的增大,砖砌体上逐渐产生竖向裂缝。由于受到两侧钢筋混凝土面层的约束,砖砌体上的裂缝发展相对缓慢,裂缝宽度也低于无筋砌体。最终混凝土面层被压碎,钢筋也随之屈服,组合砌体随即破坏。

砖砌体和钢筋混凝土面层或钢筋砂浆面层的组合砌体构件的承载力计算方法及构造要求详见规范。

(2)砖砌体和钢筋混凝土构造柱组合墙

在抗震设防区的砌体结构中,在房屋一定部位的墙体中设置钢筋混凝土构造柱可以有效地改善房屋的抗震性能,但由于构造柱的间距一般较大,对承载力的提高不明显,故在抗震承载力验算时,一般不考虑构造柱的作用,仅作为抗震构造措施使用。但是,若在墙体中设置间距较小(一般2 m左右)的构造柱,构造柱和圈梁一起不仅使砌体受到有效约束,增大了墙体的延性,而且可以直接提高墙体的受压和受剪承载力,这形成了砖砌体和钢筋混凝土构造柱组合墙(图5.36)。

组合墙的受力性能与砌体墙有着明显的差异。由于钢筋混凝土构造柱的竖向刚度远大

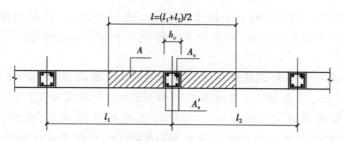

图5.36 砖砌体和钢筋混凝土构造柱组合墙

于砖墙刚度,因此在竖向压力作用下,砖墙和构造柱会产生内力重分布,构造柱分担了部分墙体荷载,使得构造柱的压应力增大,墙体的压应力减小。另一方面,构造柱和圈梁共同形成了"弱框架",约束了砌体的横向变形,间接地提高的墙体的受压承载力。构造柱的间距对组合墙的承载力影响显著。实验表明,墙中部构造柱对墙体压应力的影响长度约为1.2 m;墙端部构造柱对墙体压应力的影响长度约为1 m。因此,当构造柱间距不超过2 m时,构造柱的作用非常显著;若构造柱间距大于4 m,则对墙体的承载力影响就很小了。

组合墙的轴心受压承载力可按下式计算:

$$N \leq \varphi_{com}[fA + \eta(f_c A_c + f_y' A_s')] \tag{5.46}$$

$$\eta = \left(\cfrac{1}{\cfrac{l}{b_c} - 3}\right)^{\frac{1}{4}} \tag{5.47}$$

式中 φ_{com}——组合砖墙的稳定系数,可按附5.5采用;

η——强度系数,当l/b_c小于4时,取l/b_c等于4;

l——沿墙长方向构造柱的间距;

b_c——沿墙长方向构造柱的宽度;

A——扣除孔洞和构造柱的砖砌体截面面积;

A_c——构造柱的截面面积。

砖砌体和钢筋混凝土构造柱组合墙的材料和构造应符合下列规定:

①墙体砂浆的强度等级不应低于M5,构造柱的混凝土强度等级不宜低于C20。

②构造柱的截面尺寸不宜小于240 mm×240 mm,其厚度不应小于墙厚,边柱、角柱处于偏心受压状态时其截面宽度宜适当加大。柱内竖向受力钢筋,对于中柱,钢筋数量不宜少于4Φ12;对于边柱、角柱,钢筋数量不宜少于4Φ14。构造柱的竖向受力钢筋的直径也不宜大于16 mm,其箍筋一般部位宜采用直径Φ6@200,楼层上下500 mm范围内宜采用直径Φ6@100。构造柱的竖向受力钢筋应在基础梁和楼层圈梁中锚固,并应符合受拉钢筋的锚固要求。

③组合砖墙砌体结构房屋,应在纵横墙交接处、墙端部和较大洞口的洞边设置构造柱,其间距不宜大于4 m。各层洞口宜设置在相应位置,并宜上下对齐。

④组合砖墙砌体结构房屋应在基础顶面、有组合墙的楼层处设置现浇钢筋混凝土圈梁。圈梁的截面高度不宜小于240 mm;纵向钢筋数量不宜少于4Φ12,纵向钢筋应伸入构造柱内,并应符合受拉钢筋的锚固要求;圈梁的箍筋直径宜采用Φ6@200。

⑤组合砖墙的施工顺序应为先砌墙、后浇混凝土构造柱。砖砌体与构造柱的连接处应

砌成马牙槎,并应沿墙高每隔 500 mm 设 2 Φ 6 mm 的拉结钢筋,且每边伸入墙内不宜小于 600 mm;构造柱可不单独设置基础,但应伸入室外地坪下 500 mm,或与埋深小于 500 mm 的基础梁相连。

【例 5.6】已知某砖砌体和钢筋混凝土构造柱组合墙,墙高 $H=3.6$ m,计算高度 $H_0=H=3.6$ m,墙厚为 240 mm,采用 MU15 烧结多孔砖和 M7.5 混合砂浆砌筑。墙中每 2.5 m 设置一根构造柱,构造柱截面尺寸为 240 mm×240 mm,采用 C20 混凝土,纵筋为 4 Φ 12,箍筋为 Φ 6@200。若墙体承受的轴心压力设计值为 367.5 kN/m,试验算该组合墙的承载力。

【解】取 $l=2.5$ m 长墙段作为计算单元验算组合墙的承载力。

构造柱截面面积 $A_c=240$ mm×240 mm$=57\ 600$ mm^2

$f_c=9.6$ N/mm^2,$A_s'=452$ mm^2,$f_y'=270$ N/mm^2

计算单元内砖墙净截面面积 $A_n=(2\ 500-240)\times240=542\ 400$ mm^2

查附 5.1,得砖墙的抗压强度 $f=2.07$ N/mm^2

配筋率 $\rho=\dfrac{A_s'}{bl}=\dfrac{452}{240\times2\ 260}=0.083\%$

墙体高厚比 $\beta=\dfrac{H_o}{b}=\dfrac{3\ 600}{240}=15<[\beta]=26$

查附 5.5,得 $\varphi_{com}=0.757$

故强度系数 $\eta=\left(\dfrac{1}{\dfrac{l}{b_c}-3}\right)^{\frac{1}{4}}=\left(\dfrac{1}{\dfrac{2\ 500}{240}-3}\right)^{\frac{1}{4}}=0.606$

组合墙的承载力 $N_u=\varphi_{com}[fA+\eta(f_cA_c+f_y'A_s')]$
$=0.757\times[2.07\times542\ 400+0.606\times(9.6\times57\ 600+270\times452)]\times10^{-3}=1\ 159.6$ kN
$>N=367.5\times2.5=918.75$ kN,满足要求。

5.4 砌体结构房屋设计

在砌体结构房屋中,墙、柱等竖向结构构件采用砖或砌块与砂浆砌筑而成的砌体,而水平结构构件(如楼板、梁)通常采用木材或钢筋混凝土,这种房屋也可称为混合结构房屋。在进行砌体结构房屋结构设计时,首先要确定房屋承重墙体的布置、楼盖的结构布置,然后根据房屋的特点采用合理的静力计算方案进行结构分析。本节主要讲述砌体结构房屋的承重方案及静力计算方案,在此基础上探讨常见砌体结构房屋的墙体设计。

5.4.1 砌体结构房屋的承重方案

砌体结构房屋的重力荷载由楼(屋)面板和梁传递给竖向结构构件(墙或柱),按照墙、柱承受重力荷载的方式不同,砌体结构房屋可分为下列几种承重方案:

1)横墙承重方案

如图 5.37 所示,楼(屋)面板的荷载由横墙承受,纵墙除了围护作用外,还与横墙共同形成空间结构,起到了横墙的侧向支撑作用,但其仅承受自身的重力荷载,这种结构布置形式称为横墙承重方案。传统的横墙承重方案房屋楼板一般预制,跨度不大,因此横墙间距(即房屋开间)不大,横墙较多,房屋的空间刚度较大,对承受地震作用、风荷载比较有利。另外,纵墙为自承重墙体,荷载较小,易于设置较大的门窗洞口。但是,由于房屋的开间不大,因此建筑布置受到一定的限制。横墙承重方案一般适用于多层住宅、宿舍等房屋。

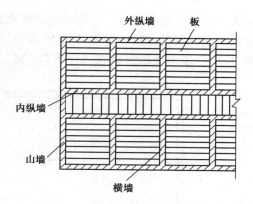

图 5.37　横墙承重方案

2)纵墙承重方案

如图 5.38 所示,楼(屋)面板的荷载直接由纵墙承受,或者首先传递给横向梁或屋架,再由横向梁或屋架传递给纵墙,这种结构布置形式称为纵墙承重方案。纵墙承重方案的房屋平面布置灵活,房屋的开间不受楼板或梁跨度的限制,通过横向梁或屋架传力,也可以达到较大的跨度;但是房屋的空间刚度较小,同时纵墙上设置的洞口不易过大,不利于房屋的采光和通风。纵墙承重方案适用于开间较大的房屋,如食堂、仓库或小型厂房等。

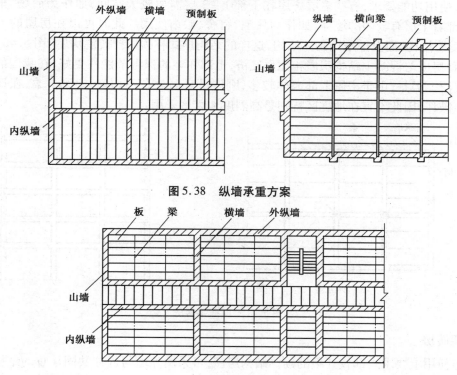

图 5.38　纵墙承重方案

图 5.39　纵横墙承重方案

3)纵横墙混合承重方案

当砌体房屋平面布置复杂、房间尺寸变化较多时,单纯采用横墙或纵墙承重方案均不一定最合理,此时应该根据实际情况,综合运用纵横墙混合承重方案。如图 5.39 所示的某一多层办公楼,在开间较大的房间采用纵墙承重,在开间较小的房间采用横墙承重,这样充分结合了两种承重方案的优点。采用纵横墙承重方案既可以使房间的布置更加灵活,又使结构具有较好的空间刚度和整体性能,因此在砌体结构房屋中应用广泛,常见的砌体结构教学楼、办公楼、住宅一般多采用纵横墙混合承重方案。

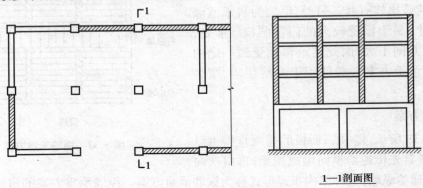

图 5.40　底框砖混房屋

4)底框砖混房屋

根据使用功能要求,有些多层房屋在下部 1~2 层需要较大空间,如作为商场、车库等使用,而上部若干层有较多的墙体,如作为住宅、宿舍、旅馆使用。此时可以在房屋的下部采用框架-抗震墙结构,而上部采用砌体结构,这样的结构形式称为底框砖混房屋(图 5.40)。一般来说,这种房屋与混凝土结构房屋相比更经济,上部住宅的保温节能性更好,在我国的一些地区应用广泛。但是,由于房屋上部墙体较多,刚度沿竖向分布不均匀、上刚下柔,在地震作用下易发生破坏,因此不宜在地震区特别是高烈度地震区采用。

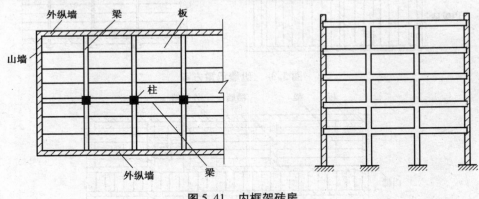

图 5.41　内框架砖房

5)内框架砖房

对于使用上要求内部较开敞的砌体结构房屋,可采用外墙与内柱共同承重的结构布置形式,即内框架砖房(图 5.41)。内框架砖房的内柱一般采用钢筋混凝土浇筑,结构的重力荷载一部分由外墙承受,一部分由柱承受,房屋内部一般不设置横墙,因此可以在不显著增加梁跨度的情况下,获得较大的使用空间,具有较好的经济性。但是由于墙、柱一般采用不同类型的基础,加上其材料不同,竖向压缩量也有差异,因此易造成结构的不均匀竖向变形,引起附加内力。另外,房屋的墙体较少,空间刚度较小,因此抗震性能较差,在地震区不宜采用。我国

《建筑抗震设计规范》(GB 50011—2010)已取消了内框架砖房。

5.4.2 砌体结构房屋的静力计算方案

普通的砌体结构房屋是由纵横墙相互连接,楼板参与共同作用的空间受力体系。要对砌体墙、柱进行内力分析,首先应该采用与实际情况相吻合的计算模型。砌体房屋的内力分布与承重墙体的结构布置和楼盖的整体刚度都有关系,这些因素在一定程度上决定了房屋的空间工作性能。规范根据房屋的空间工作性能的差异,将砌体房屋的静力计算方案分为三种,即弹性方案、刚弹性方案和刚性方案。下面以单层砌体房屋为例予以说明。

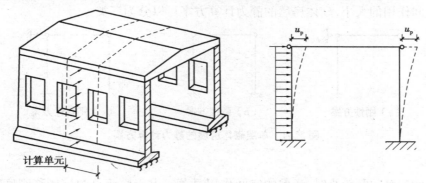

图 5.42 无山墙的单层房屋及计算简图

如图 5.42 所示,一纵墙承重的单层单跨砌体房屋,屋面采用钢筋混凝土屋盖,两端不设山墙。

房屋的外纵墙通过钢筋混凝土屋盖连接成一个整体,在水平荷载作用下,纵墙的侧向变形是均匀一致的,因此可以取窗中线之间的纵墙、屋盖作为一个计算单元,这样就将空间结构简化成了平面体系。把外纵墙作为立柱,忽略屋盖的轴向变形将其视为横梁,立柱与横梁之间的转动约束很小,可以视为铰支座,这样结构可以简化成平面排架进行内力分析。在水平荷载作用下,立柱顶端位移为 μ_p。

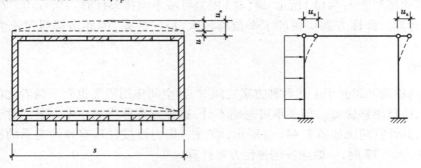

图 5.43 设置山墙的单层房屋及计算简图

当房屋两端设置山墙时(图 5.43),结构的变形及内力分布就大相径庭了。屋盖相当于水平搁置在两端山墙上的梁,其跨度为山墙间距,高度为房屋宽度。当承受水平荷载时,一部分荷载通过外纵墙直接传递给基础,另一部分荷载传递给屋盖,屋盖再将荷载传递给横墙及其基础。此时水平荷载的传递方式不再局限于平面内了,而成了空间受力体系。从变形的角度看,此时纵墙墙顶的变形 μ_s 沿纵向并不均匀,中部大,两侧小。μ_s 包括两个部分:一部分是山墙顶部的水平位移 u,另一部分是由于楼板挠曲产生的变形 v,即 $\mu_s=u+v$,显然 $\mu_s<\mu_p$。

考虑房屋的空间作用后,墙顶水平位移的大小与楼盖的类别(楼盖的刚度)和横墙的间距密切有关。横墙的间距不同,μ_s 的大小会产生明显的变化。通常把 $\eta=\dfrac{\mu_s}{\mu_p}$ 称为砌体房屋的空间性能影响系数,η 值越大,说明房屋的空间作用越弱,η 值越小,说明房屋的空间作用越强。多层房屋的空间作用不仅存在于房屋纵向各开间之间,而且存在于各层之间,其影响规律与单层房屋类似。

按照空间作用的大小,砌体房屋的静力计算方案可以分为三类:

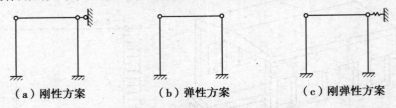

(a)刚性方案　　　　(b)弹性方案　　　　(c)刚弹性方案

图 5.44　单层砌体房屋的静力计算方案

1)刚性方案

当房屋的横墙间距较小时,房屋的空间作用显著。由于横墙总的抗侧移刚度很大,因此横墙顶部的水平位移 $u\approx0$,而屋面板的作为水平横梁跨度很小,因此在水平方向的刚度也很大,板在平面内的挠曲产生的变形 $v\approx0$,可以认为在水平力作用下房屋的位移可以忽略不计,这种方案称为刚性方案。对于单层刚性方案房屋,其计算简图如图 5.44(a)所示,墙(柱)内力可按上端有不动铰支承的排架计算。当 $\eta<0.33$ 时,一般可按刚性方案计算。

2)弹性方案

当房屋的横墙间距很大时,房的空间作用很弱。在水平力的作用下,$\mu_s\approx\mu_p$,此时墙顶位移接近于不考虑空间作用的平面排架的位移,这种方案称为弹性方案。对于单层刚性方案房屋,其计算简图如图 5.44(b)所示,墙(柱)内力可按平面排架计算。当 $\eta>0.77$ 时,一般应按弹性方案计算。弹性方案房屋的水平位移较大,稳定性差,因此多层房屋不宜采用弹性方案。

3)刚弹性方案

当房屋的横墙间距介于上述两种方案之间时,其空间作用程度也介于两者之间。在水平荷载作用下,墙顶侧移 $\mu_s<\mu_p$,但又不可忽略不计,这种方案称为刚弹性方案。对于单层刚弹性方案房屋,其计算简图如图 5.44(c)所示,墙(柱)内力可按柱顶有弹性支承的平面排架计算。当 $0.33<\eta<0.77$ 时,一般应按刚弹性方案计算。

房屋的空间性能系数 η 的计算比较困难,因此采用 η 值来判断房屋的静力计算方案在工程设计时并不实用。规范按照屋盖和楼盖的类别以及横墙的间距 s 来确定房屋的静力计算方案,如表 5.9 所示。

表5.9 房屋的静力计算方案

单位:m

	屋盖或楼盖类别	刚性方案	刚弹性方案	弹性方案
1	整体式、装配整体和装配式无檩体系钢筋混凝土屋盖或钢筋混凝土楼盖	$s<32$	$32 \leq s \leq 72$	$s>72$
2	装配式有檩体系钢筋混凝土屋盖、轻钢屋盖和有密铺望板的木屋盖或木楼盖	$s<20$	$20 \leq s \leq 48$	$s>48$
3	瓦材屋面的木屋盖和轻钢屋盖	$s<16$	$16 \leq s \leq 36$	$s>36$

对于无山墙或伸缩缝处无横墙的房屋,应按弹性方案考虑。

在刚性方案和刚弹性方案的房屋中,横墙自身必须具有足够的刚度,才能保证房屋的空间工作性能。因此,规范规定上述两类房屋的横墙应该满足下述要求:

①横墙中开有洞口时(如门、窗、走道),洞口的水平截面面积不应超过横墙截面面积的50%;

②横墙的厚度不宜小于180 mm;

③单层房屋的横墙长度不宜小于其高度,多层房屋的横墙长度不宜小于总高度 H 的一半。

当横墙不能同时符合上述要求时,应对横墙的刚度进行验算。当其最大水平位移值 $u_{max} \leq \dfrac{H}{4\ 000}$ 时,仍可视作刚性或刚弹性方案房屋的横墙。

5.4.3 砌体结构房屋墙体的设计

1)墙、柱高厚比验算

砌体墙、柱的高厚比与其他结构中受压构件的长细比具有类似的物理意义。墙、柱的高厚比过大,虽然强度计算仍可能满足要求,但可能在施工砌筑阶段因倾斜偏差过大或偶然撞击、震动而丧失稳定,同时考虑到在使用阶段墙、柱应具有足够的刚度,不至于产生影响正常使用的过大变形,因此除满足承载力之外,尚应限制墙、柱的高厚比。限制墙、柱的高厚比是保证砌体结构在施工阶段和使用阶段稳定性的重要构造措施。

(1)一般墙、柱的高厚比验算

规范规定,墙、柱的高厚比 β 应按下列公式验算:

$$\beta = \frac{H_0}{h} \leq \mu_1 \mu_2 [\beta] \tag{5.48}$$

式中 H_0——受压构件的计算高度。按附5.3确定;

h——墙厚或矩形柱与 H_0 相对应的边长;

μ_1——自承重墙允许高厚比的修正系数;

μ_2——有门窗洞口墙允许高厚比的修正系数;

$[\beta]$——墙、柱的允许高厚比,应按表5.10采用。

表 5.10　墙、柱的允许高厚比[β]值

砌体类型	砂浆强度等级	墙	柱
无筋砌体	M2.5	22	15
	M5.0 或 Mb5.0、Ms5.0	24	16
	≥M7.5 或 Mb7.5、Ms7.5	26	17
配筋砌块砌体	—	30	21

注:①毛石墙、柱允许高厚比应按表中数值降低20%;

　　②带有混凝土或砂浆面层的组合砖砌体构件的允许高厚比,可按表中数值提高20%,但不得大于28;

　　③验算施工阶段砂浆尚未硬化的新砌砌体构件高厚比时,允许高厚比对墙取14,对柱取11。

当与墙连接的相邻两横墙间的距离 $s \leq \mu_1 \mu_2 [\beta] h$ 时,墙的高度不受式(5.48)限制。

墙、柱的允许高厚比[β]实质上是在墙、柱具有一定厚度的前提下,控制墙、柱不致因过高而失稳的构造措施;同时它也保证了墙、柱在使用阶段具有足够的刚度,以避免过大的侧向挠曲变形;此外,还从设计角度控制了墙、柱在施工中可能出现的轴线相对偏差(如柱轴线弯曲、墙面凸凹以及墙、柱倾斜等)不致过大。

允许高厚比主要与影响墙、柱刚度的砂浆强度等级以及横墙间距、支承条件和截面形状等因素有关,其取值是根据我国的工程经验,并考虑到材料的质量和施工的技术水平而确定的,可按表5.10查用。

根据弹性稳定理论,自承重墙在计算高度相同的条件下,其临界荷载高于荷载集中在顶端的承重墙。当二者的材料、截面、支承条件和临界荷载均相同时,则自承重墙的允许高厚比可以比上端作用有较大集中荷载的承重墙大。因此,自承重墙的允许高厚比可以采用承重墙的允许高厚比再乘以一个大于1的提高系数 μ_1。

对于厚度 $h \leq 240$ mm 的自承重墙,允许高厚比的提高系数 μ_1 可按下列规定取值:

当 $h = 240$ mm,$\mu_1 = 1.2$;

当 $h = 90$ mm,$\mu_1 = 1.5$;

当 240 mm$> \mu_1 >$90 mm,μ_1 可按插入法取值。

对上端为自由端的非承重墙,应按表5.10取 $H_0 = 2H$,此时除按上述规定确定 μ_1 外,尚可将 μ_1 再提高30%;对厚度小于90 mm的墙,当双面用不低于M10的水泥砂浆抹面且包括抹面层的墙厚不小于90 mm时,可按墙厚等于90 mm验算高厚比。

有门窗洞口时,允许高厚比的降低系数 μ_2 主要是考虑墙体水平截面被门、窗洞口削弱后使墙体稳定性降低的不利影响。μ_2 可按下式计算:

$$\mu_2 = 1 - 0.4 \frac{b_s}{s} \tag{5.49}$$

式中　b_s——在宽度 s 范围内的门窗洞口总宽度(图5.45);

　　　s——相邻窗间墙或壁柱之间的距离(图5.45)。

当按式(5.49)算得的 μ_2 小于0.7时,应采用0.7;当洞口高度小于或等于墙高的1/5时,可取 μ_2 等于1.0;当洞口高度大于或等于墙高的4/5时,可按独立墙段验算高厚比。

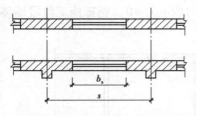

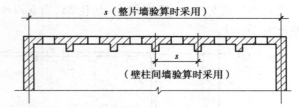

图 5.45　门窗洞口宽度示意图　　　　　图 5.46　带壁柱墙的高厚比验算

（2）带壁柱墙或带构造柱墙的高厚比验算

对带壁柱墙的高厚比验算包括两部分内容：带壁柱整片墙的高厚比验算和壁柱间墙局部的高厚比验算（图 5.46）。

①带壁柱整片墙的高厚比验算。将壁柱视为整片墙体的一部分，墙体为 T 形截面，按静力等效原则将其换算为矩形截面，则折算墙厚 $h_T = 3.5i$（i 为截面的回转半径），此时墙高厚比 β 应按下列公式验算：

$$\beta = \frac{H_0}{h_T} \leqslant \mu_1 \mu_2 [\beta] \tag{5.50}$$

在确定整片墙两侧的支承条件时，墙的长度 s 取相邻横墙之间的距离。

在计算带壁柱墙的回转半径 i 时，计算截面翼缘宽度 b_f 对于无洞口墙取壁柱宽加 2/3 壁柱高，同时不大于壁柱间距；有洞口时，取窗间墙宽度。

②壁柱间墙局部的高厚比验算。除整片墙的高厚比验算外，尚应按式（5.50）对壁柱间墙厚为 h 的墙体进行高厚比验算。此时，式（5.50）中的 h 为壁柱间的墙厚，确定 H_0 时，横墙的间距 s 取壁柱间的距离，且无论此时房屋静力计算采用何种方案，壁柱间墙计算高度 H_0 一律按刚性方案取值。

设有钢筋混凝土圈梁的带壁柱或带构造柱墙，当 $b/s \geqslant 1/30$ 时（b 为圈梁宽度），则圈梁在水平方向的刚度较大，能够限制壁柱间墙体的侧向变形，圈梁可视作壁柱间墙的不动铰支点。此时，墙高就减小为楼面（或基础顶面）到圈梁底面的高度。如不能增加圈梁宽度，可按墙体平面外等刚度原则增加圈梁高度，以满足壁柱间墙不动铰支点的要求。在单层层高较大的工业厂房中，通常采用设置圈梁的方式提高墙体的稳定性。

（3）带构造柱墙的高厚比验算

砌体结构由于抗震设计的要求，通常需要设置钢筋混凝土构造柱，并通过设置拉结筋、马牙槎等措施与墙形成整体，从而增大墙体刚度，其稳定性也有所提高。

当构造柱截面宽度不小于墙厚 h 时，带构造柱墙的高厚比按下列公式验算：

$$\beta = \frac{H_0}{h} \leqslant \mu_1 \mu_2 \mu_c [\beta] \tag{5.51}$$

μ_c 为设置构造柱墙的允许高厚比修正系数，μ_c 按下式计算：

$$\mu_c = 1 + \gamma \frac{b_c}{l} \tag{5.52}$$

式中　b_c——构造柱沿墙长方向的宽度；

　　　l——构造柱的间距；

　　　γ——系数。对细料石砌体，$\gamma = 0$；对混凝土砌块、混凝土多孔砖、粗料石、毛料石及毛石砌体，$\gamma = 1.0$；其他砌体，$\gamma = 1.5$。

上式中，当 $b_c/l>0.25$ 时取 $b_c/l=0.25$，当 $b_c/l<0.05$ 时取 $b_c/l=0$。验算施工阶段墙体的高厚比时，$\mu_c=1$。

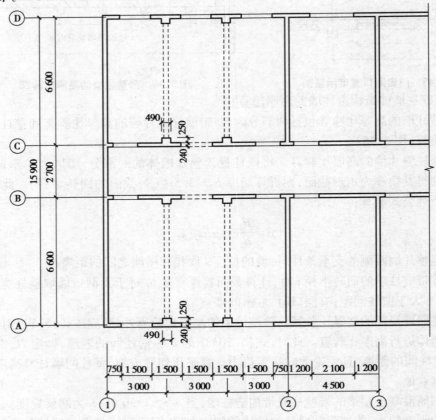

图 5.47　例 5.7 图

【例 5.7】某 4 层砌体房屋的底层局部平面如图 5.47 所示。已知房屋的底层层高为 3.6 m，墙厚 240 mm，采用 MU10 烧结多孔砖和 M5 混合砂浆砌筑，砌体施工质量控制等级为 B 级。①—②轴线间纵墙设置壁柱。房屋采用钢筋混凝土现浇楼盖。试验算Ⓐ轴线上①—③轴线间外纵墙的高厚比。

【解】1) Ⓐ轴线上①—②轴线间纵墙的高厚比验算

该片墙体为带壁柱墙，应从两方面验算墙体高厚比。

(1) 带壁柱整片墙的高厚比验算

对于底层房屋，其结构层高为

$H=3.6+0.5=4.1$ m

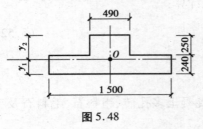

图 5.48

由于采用钢筋混凝土现浇楼盖且横墙间距 $s<32$ m，查表 5.11 知该房屋的静力计算方案为刚性方案。验算整片墙的高厚比时，$s=9$ m$>2H=8.2$ m，查附 5.3，得墙体的计算高度 $H_0=H=4.1$ m。

查表 5.10，得墙体的允许高厚比 $[\beta]=24$。

带壁柱的计算单元如图 5.48 所示，其截面面积为

$$A = 1\ 500 \times 240 + 250 \times 490 = 4.825 \times 10^5\ \text{mm}^2$$

截面形心位置

$$y_1 = \frac{1\ 500 \times 240 \times 120 + 490 \times 250 \times 365}{4.825 \times 10^5} = 182.20\ \text{mm}$$

$$y_2 = 490 - 182.20 = 307.80\ \text{mm}$$

截面惯性矩

$$I = \frac{1.5 \times 0.24^3}{12} + 1.5 \times 0.24 \times (0.182\ 2 - 0.12)^2 + \frac{0.49 \times 0.25^3}{12} + 0.49 \times 0.25 \times (0.307\ 8 - 0.125)^2$$
$$= 7.852 \times 10^{-3}\ \text{m}^4$$

回转半径 $i = \sqrt{\dfrac{I}{A}} = \sqrt{\dfrac{7.852 \times 10^{-3}}{0.482\ 5}} = 0.127\ 6\ \text{m}$

$h_\text{T} = 3.5i = 0.127\ 6 \times 3.5 = 0.447\ \text{m}$

整片墙的高厚比 $\beta = \dfrac{H_0}{h_\text{T}} = \dfrac{4.1}{0.447} = 9.17$

有洞口时,允许高厚比修正系数 $\mu_2 = 1 - 0.4\dfrac{b_s}{s} = 1 - 0.4 \times \dfrac{1.5}{3} = 0.8 > 0.7$

故允许高厚比 $\mu_1\mu_2[\beta] = 1 \times 0.8 \times 24 = 19.2 > \beta = 9.17$,满足要求。

(2)壁柱间墙高厚比验算

此时壁柱间距 $s = 3\ \text{m} < H = 4.1\ \text{m}$,

查附5.3,得壁柱间墙的计算高度 $H_0 = 0.6s = 0.6 \times 3 = 1.8\ \text{m}$

$\beta = \dfrac{H_0}{h} = \dfrac{1.8}{0.24} = 7.5 < \mu_1\mu_2[\beta] = 1 \times 0.8 \times 24 = 19.2$,满足要求。

2)Ⓐ轴线上②—③轴线间纵墙的高厚比验算

相邻横墙间距 $s = 4.5\ \text{m}$,$H < s < 2H$,查附5.3,得墙体的计算高度

$$H_0 = 0.4s + 0.2H = 0.4 \times 4.5 + 0.2 \times 4.1 = 2.62\ \text{m}$$

$\beta = \dfrac{H_0}{h} = \dfrac{2.62}{0.24} = 10.9$

有洞口时,允许高厚比修正系数 $\mu_2 = 1 - 0.4\dfrac{b_s}{s} = 1 - 0.4 \times \dfrac{2.1}{4.5} = 0.813 > 0.7$

故允许高厚比 $\mu_1\mu_2[\beta] = 1 \times 0.813 \times 24 = 19.52 > \beta = 10.9$,满足要求。

2)刚性方案房屋的静力计算

当砌体的房屋的楼(屋)盖类别和横墙间距满足表5.10刚性方案的要求,同时横墙也满足一定要求时,即可按此类静力计算方案进行墙体内力计算。此时,墙、柱在各层楼盖及屋盖处无侧移,楼盖及屋盖可视为墙、柱的不动铰支承。

(1)单层刚性方案房屋

对于单层刚性方案房屋,通常选择具有代表性的一个开间作为计算单元。当纵墙上设有门窗洞口时,可取窗间墙作为计算截面;当纵墙上没有门窗洞口时,可沿纵向取 1 m 墙长作为计算单元。

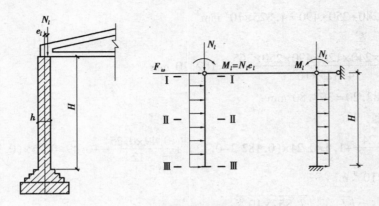

图 5.49　单层刚性方案计算简图

在荷载作用下,墙、柱可视为上端不动铰支承于屋盖、下端嵌固于基础的竖向构件,其计算简图如图 5.49 所示。同时,屋架或屋面梁的轴向变形可以忽略不计。按照上述假定,每片墙就可以按上端为不动铰支座、下端为嵌固端的竖向构件计算,如图 5.50 所示。构件的高度 H 按下列规定采用:

在房屋底层,H 为楼板顶面到构件下端支点的距离。下端支点的位置,可取在基础顶面;当基础埋置较深且有刚性地坪时,可取室外地面下 500 mm 处。在房屋其他层,H 为楼板或其他水平支点间的距离,对于无壁柱的山墙,H 可取层高加山墙尖高度的 1/2;对于带壁柱的山墙,可取壁柱处的山墙高度。

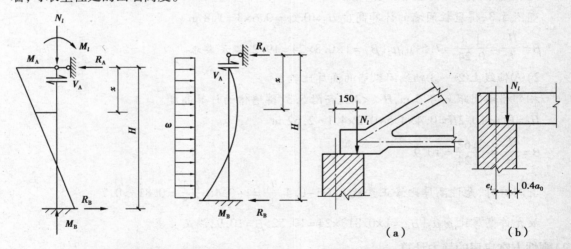

图 5.50　单层刚性方案纵墙内力图　　　　图 5.51　屋架及屋面梁在墙体上作用点位置图

墙、柱的竖向荷载包括屋盖自重、屋面可变荷载和墙柱自重。屋面荷载通过屋架、屋面梁(板)作用于墙顶,往往产生偏心距 e_l。对于屋架(图 5.54(a)),N_l 的作用点一般距离墙中心线 150 mm;对于屋面梁(图 5.51(b)),N_l 距离墙体内边缘的距离为 $0.4a_0$,故 $e_l = h/2 - 0.4a_0$,a_0 为梁端有效支承长度。因此墙顶既有轴力 N_l,又有弯矩 M_l,$M_l = N_l e_l$,屋面荷载作用下的内力为

$$R_A = -R_B = -\frac{3M_l}{2H} \qquad (5.53a)$$

$$M_A = M_l \tag{5.53b}$$

$$M_B = -\frac{M_l}{2} \tag{5.53c}$$

风荷载包括作用于屋面风荷载和墙面风荷载两部分。屋面风荷载可以简化为作用于墙顶的集中荷载。对于刚性方案房屋,通过屋盖的不动铰支承传递给横墙,故仅墙面风荷载 ω 会产生墙体内力,其内力分别为

$$R_A = \frac{3\omega H}{8} \tag{5.54a}$$

$$R_B = \frac{5\omega H}{8} \tag{5.54b}$$

$$M_B = \frac{\omega H^2}{8} \tag{5.54c}$$

$$M_x = -\frac{\omega H x}{8}\left(3 - \frac{4x}{H}\right) \tag{5.55}$$

当 $x = \frac{3H}{8}$ 时,$M_{max} = -\frac{9\omega H^2}{128}$。

需要注意的是,对于迎风面墙体和背风面墙体,其风荷载体型系数一般是不同的,故风荷载值也不相同,必须分别计算。

墙截面宽度对于有门窗洞口时,取窗间墙宽度,对于无洞口墙取壁柱宽加 2/3 壁柱高,同时不大于壁柱间距。其控制截面有:墙柱顶端截面Ⅰ—Ⅰ,风荷载作用下墙柱跨中最大弯矩 M_{max} 对应的截面Ⅱ—Ⅱ和墙柱下端截面Ⅲ—Ⅲ。若墙柱为变截面,则尚需考虑变截面处承载力。上述控制截面均应按偏心受压验算构件的承载力,在Ⅰ—Ⅰ截面还应验算梁下砌体的局部受压承载力。

在进行承重墙、柱设计时,应先求出构件在各种荷载作用下控制截面的内力,然后按照《建筑结构荷载规范》的要求进行多种荷载组合,并选取最不利者进行验算。

(2)多层刚性方案房屋的墙体计算

常见的多层砌体住宅、办公楼等,其横墙间距不大,静力计算方案一般属于刚性方案。由于墙体在每层楼板处均可视为不动铰支承,因此房屋静力计算时,可将整体结构划分为若干片纵、横向墙体分别独立计算,这就极大地简化了房屋的内力分析过程。

①计算单元。由于砌体房屋在同一楼层材料的强度等级通常相同,因此一般选择内力较大、受力面积较小的具有代表性的若干段墙柱作为计算单元(图 5.52)。计算单元的选取一般分为下列几种情况:

当墙体无门窗洞口时,若受力比较均匀(如承受楼板荷载)且无壁柱,则可取其中 1 m 宽度墙体作为计算单元;若有壁柱,则取壁柱宽加 2/3 壁柱高,同时不大于壁柱间距的 T 形截面作为计算单元。

当墙体有门窗洞口时,则取窗间墙作为计算单元。

当转角墙段角部受竖向集中荷载时,计算截面的长度可从角点算起,每侧宜取层高的 1/3。当上述墙体范围内有门窗洞口时,则计算截面取至洞边,但不宜大于层高的 1/3。当上层的竖向集中荷载传至本层时,可按均布荷载计算,此时转角墙段可按矩形截面偏心受压构件进行承载力验算。

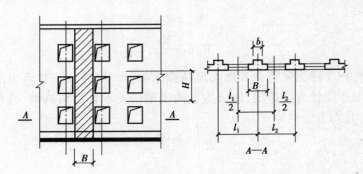

图 5.52　多层刚性方案房屋纵墙的计算单元

②承重外纵墙和外横墙。在竖向荷载作用下,墙、柱在每层高度范围内可视为两端铰支的竖向构件。这是因为楼面板或梁支承于墙体内,墙体在楼盖支承处被削弱,能传递的弯矩并不大,可忽略不计,因此简化为铰支承。在底层墙体的基础顶面,一般轴力较大、弯矩较小,因此也可简化为铰支承(图 5.53)。工程实践表明,上述假定不仅简化了砌体结构设计,而且基本符合实际情况且偏于安全。

图 5.54 为承重外墙在竖向荷载作用下的计算简图。上层的竖向荷载 N_u 传至本层时,不考虑偏心,可视为作用于上一楼层的墙、柱的截面重心处;对于本层的竖向荷载,应考虑对墙、柱的实际偏心影响,梁端支承压力 N_l 到墙内边的距离,可取 $0.4a_0$,a_0 为梁端有效支承长度。

在图 5.54 中,设上层墙厚为 h_2,本层墙厚为 h_1,且上下层墙体靠外侧对齐;在计算单元内,上层的轴力为 N_u,本层梁或板的竖向荷载为 N_l,本层墙体的自重为 G。则 N_u 对本层墙形心的偏心距为

$$e_u = \frac{1}{2}(h_1 - h_2) \tag{5.56}$$

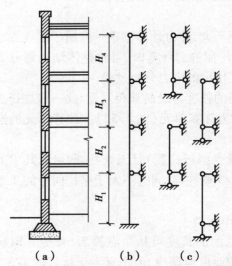

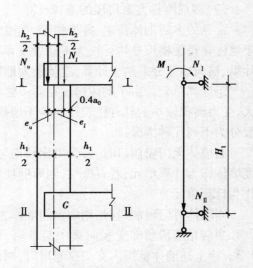

图 5.53　多层刚性方案房屋外纵墙的计算简图　　图 5.54　多层刚性方案房屋纵墙的竖向荷载

N_l 对于本层墙形心的偏心距为

$$e_1 = \frac{h_1}{2} - 0.4a_0 \tag{5.57}$$

故本层墙上端截面的轴力 N_{I} 和弯矩 M_{I} 分别为

$$N_{\mathrm{I}} = N_{\mathrm{u}} + N_l \tag{5.58}$$

$$M_{\mathrm{I}} = N_l e_l - N_{\mathrm{u}} e_{\mathrm{u}} = N_l \left(\frac{h_1}{2} - 0.4a_0 \right) - \frac{1}{2} N_{\mathrm{u}} (h_1 - h_2) \tag{5.59}$$

N_{u} 和 N_l 的合力对本层墙形心的偏心距 e 为

$$e = \frac{M_{\mathrm{I}}}{N_{\mathrm{I}}} \tag{5.60}$$

本层墙下端截面的轴力 N_{II} 和弯矩 M_{II} 分别为

$$N_{\mathrm{II}} = N_{\mathrm{u}} + N_l + G \tag{5.61}$$

$$M_{\mathrm{II}} = 0 \tag{5.62}$$

在竖向荷载作用下,每层墙柱的弯矩图为三角形,上端弯矩为 M_{I},下端为 0。轴力图为梯形,上端轴力为 $N_{\mathrm{I}} = N_{\mathrm{u}} + N_l$,下端为 $N_{\mathrm{II}} = N_{\mathrm{u}} + N_l + G$。验算墙柱承载力时,其上端 Ⅰ—Ⅰ 及下端 Ⅱ—Ⅱ 均为控制截面,此外还应验算上端砌体的局部受压承载力。

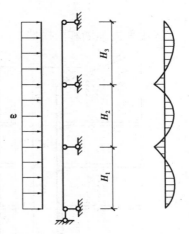

图 5.55　多层刚性方案房屋
在风荷载作用下的计算简图

对于梁跨度大于 9 m 的墙承重的多层房屋,按上述方法计算时,应考虑梁端约束弯矩的影响。可按梁两端固结计算梁端弯矩,再将其乘以修正系数 γ 后,按墙体线性刚度分到上层墙底部和下层墙顶部,修正系数 γ 可按下式计算:

$$\gamma = 0.2 \sqrt{\frac{a}{h}} \tag{5.63}$$

式中　a——梁端实际支承长度;

　　　h——支承墙体的墙厚,当上下墙厚不同时取下部墙厚,当有壁柱时取 h_{T}。

此时,上层墙下端截面为偏心受压,本层墙上端截面的弯矩也应按上述修正后进行计算。

在风荷载作用下,墙、柱可视为竖向连续梁。为了简便起见,每层墙体单位宽度上风荷载作用下的最大弯矩可按下式计算:

$$M_{\omega i} = \frac{1}{12} \omega_i H_i^2 \tag{5.64}$$

式中　ω_i——第 i 层墙上上作用的风荷载,面荷载,$\mathrm{kN/m^2}$;

　　　H_i——第 i 层层高。

对于多层刚性方案房屋,一般风荷载产生的内力所占比例较小,墙柱的承载力往往由竖向荷载起控制作用。因此当外墙满足下列要求时,房屋静力计算式可不考虑风荷载的影响:

a. 洞口水平截面面积不超过全截面面积的 2/3;

b. 层高和总高不超过表 5.11 的规定;

c. 屋面自重不小于 0.8 $\mathrm{kN/m^2}$。

基本风压值/(kN·m⁻²)	层高/m	总高/m
0.4	4.0	28
0.5	4.0	24
0.6	4.0	18
0.7	3.5	18

注:对于多层混凝土砌块房屋,当外墙厚度不小于 190 mm、层高不大于 2.8 m、总高不大
于 19.6 m、基本风压不大于 0.7 kN/m² 时,可不考虑风荷载的影响。

③承重内纵墙和内横墙。

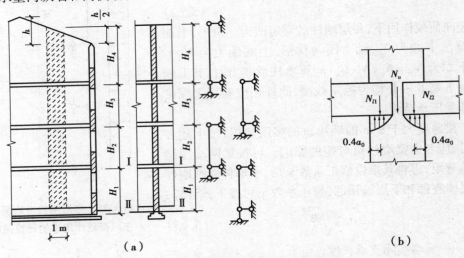

（a）　　　　　　　　　　　　　　　　　　　　　　（b）

图 5.56　多层刚性方案房屋横墙的计算简图

　　刚性方案房屋的内墙一般不需要考虑风荷载影响,静力计算时仅考虑竖向荷载即可。典
型承重内墙的受力状态如图 5.56(b)所示。对于本层墙体来讲,其竖向荷载包括上层墙体轴
力 N_u、本层梁或板的两侧的竖向荷载为 N_{l1}、N_{l2} 和本层墙体的自重为 G。当墙体两侧开间相
同、活载不大时,其两侧的恒载和活载产生的竖向力 $N_{l1} \approx N_{l2}$,此时墙体承受轴心压力,其控制
截面为墙下端Ⅱ—Ⅱ截面。当墙体两侧开间差异较大或活载较大时,应考虑活载的不利布
置,分别按照活载在一侧布置和两侧同时布置,取墙上端Ⅰ—Ⅰ及下端Ⅱ—Ⅱ为控制截面分
别验算承载力。

　　【例 5.8】已知某 4 层办公楼的局部平面图如图 5.47 所示,剖面图如图 5.57 所示,①—②
交Ⓐ—Ⓑ轴线间楼面梁的截面尺寸为 250 mm×500 mm,其他条件同例 5.7。本地区基本风压
标准值为 4.0 kN/m²,其他荷载数据如下:

屋面恒载标准值(含梁、板自重)	5.2 kN/m²
屋面活载标准值	0.5 kN/m²
楼面恒载标准值(含梁、板自重)	3.2 kN/m²
楼面活载标准值	2.0 kN/m²(办公室)

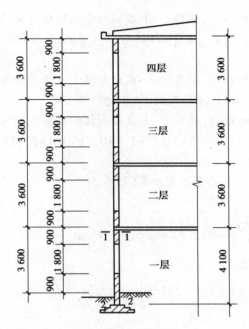

图 5.57 例 5.8 图

240 mm 厚墙体(含两面粉刷,按墙面计)	5.24 kN/m²
塑钢窗自重(按墙面计)	0.4 kN/m²

试验算底层Ⓐ轴线上带壁柱墙的承载力。

【解】因本房屋基本风压标准值为 4.0 kN/m²,层高为 3.6 m<4 m,总高 14.4 m<28 m,查表 5.11 可知外墙计算可不考虑风荷载的影响。

(1)荷载计算

屋面梁作用于带壁柱墙的恒载标准值 $g_{4k} = 0.5 \times (5.2 \times 3) \times 6.6 = 51.48$ kN

屋面梁作用于带壁柱墙的活载标准值 $q_{4k} = 0.5 \times (0.5 \times 3) \times 6.6 = 4.95$ kN

计算单元范围内,二、三、四层墙体自重标准值

$G_{2k} = G_{3k} = G_{4k} = 5.24 \times (3 \times 3.6 - 1.5 \times 1.8) + 0.4 \times (1.5 \times 1.8) = 43.524$ kN

计算单元范围内,一层墙体自重标准值

$G_{1k} = 5.24 \times (3 \times 4.1 - 1.5 \times 1.8) + 0.4 \times (1.5 \times 1.8) = 51.384$ kN

二、三层楼面梁作用于带壁柱墙的恒载标准值 $g_{2k} = g_{3k} = 0.5 \times (3.2 \times 3) \times 6.6 = 31.68$ kN

二、三层楼面梁作用于带壁柱墙的活载标准值 $q_{2k} = q_{3k} = 0.5 \times (2 \times 3) \times 6.6 = 19.8$ kN

底层 1—1 截面由上部墙体传来的恒载标准值为:

$$N_{u,gk} = \sum_{i=2}^{4} g'_{ik} + \sum_{i=2}^{4} G_{ik} = 31.68 \times 2 + 51.48 + 3 \times 43.524 = 245.412 \text{ kN}$$

底层 1—1 截面由上部墙体传来的活载标准值为:

$$N_{u,qk} = \sum_{i=2}^{4} q_{ik} = 2 \times 19.8 + 4.95 = 44.55 \text{ kN}$$

按可变荷载效应控制的组合,底层 1—1 截面由上部墙体传来的轴向压力为:

$$N_{u1} = 1.2 N_{u,gk} + 1.4 N_{u,qk} = 1.2 \times 245.412 + 1.4 \times 44.55 = 356.86 \text{ kN}$$

按永久荷载效应控制的组合,底层1—1截面由上部墙体传来的轴向压力为:

$N_{u2} = 1.35N_{u,gk} + 1.4 \times 0.7 \times N_{u,qk} = 1.2 \times 245.412 + 1.4 \times 0.7 \times 44.55 = 374.97$ kN

故取 $N_u = 374.97$ kN

按可变荷载效应控制的组合,底层1—1截面由楼面梁传递的压力为:

$N_{l1} = 1.2g_{1k} + 1.4q_{1k} = 1.2 \times 31.68 + 1.4 \times 19.8 = 65.74$ kN

按可变荷载效应控制的组合,底层1—1截面由楼面梁传递的压力为:

$N_{l2} = 1.35g_{1k} + 1.4 \times 0.7q_{1k} = 1.35 \times 31.68 + 1.4 \times 0.7 \times 19.8 = 62.17$ kN

故取 $N_l = 65.74$ kN

(2)底层带壁柱墙1—1截面承载力验算(图5.58)

梁端有效支承长度

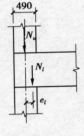

图 5.58

$a_0 = 10\sqrt{\dfrac{h_c}{f}} = 10 \times \sqrt{\dfrac{500}{1.5}} = 182.57$ mm $< a = 370$ mm

带壁柱墙的翼缘计算宽度

$b_f = 1\,500$ mm $< 490 + \dfrac{2}{3} \times 4\,100 = 3\,223.3$ mm

$e_l = y_2 - 0.4a_0 = 307.8 - 182.57 = 125.23$ mm

1—1截面的弯矩设计值

$M_1 = N_le_l = 65.74 \times 125.23 \times 10^{-3} = 8.23$ kN·m

偏心距 $e = \dfrac{M_1}{N_u + N_l} = \dfrac{8.23 \times 10^3}{374.97 + 65.74} = 18.68$ mm $< 0.6y_2 = 184.68$ mm

由例5.8知,该房屋的静力计算方案为刚性方案,横墙间距

$s = 9$ m $> 2H_1 = 2 \times 4.1$ m $= 8.2$ m

查附5.3,得底层墙体的计算高度 $H_0 = H_1 = 4.1$ m

带壁柱墙的高厚比 $\beta = \gamma_\beta \dfrac{H_0}{h_T} = 1 \times \dfrac{4.1}{0.447} = 9.17$

相对偏心距 $\dfrac{e}{h_T} = \dfrac{18.68 \times 10^{-3}}{0.447} = 0.042$

查附5.4,得影响系数 $\varphi = 0.80$

故带壁柱墙1—1截面的承载力为

$N_{u,1} = \varphi fA = 0.80 \times 1.5 \times 0.482\,5 \times 10^3 = 578.79$ kN $> N_1 = 374.97 + 65.74 = 440.71$ kN

满足要求。

(3)底层带壁柱墙2—2截面承载力验算

2—2截面的轴心压力 $N_2 = 440.71 + 1.35 \times 51.384 = 510.1$ kN

由 $\beta = 9.17$, $e = 0$,查附5.4,得影响系数 $\varphi = 0.888$

故带壁柱墙2—2截面的承载力

$N_{u,2} = \varphi fA = 0.888 \times 1.5 \times 0.482\,5 \times 10^3 = 642.69$ kN $> N_2 = 510.1$ kN

满足要求。

(4)1—1截面局部受压承载力验算(此处从略)

3)弹性方案及刚弹性方案房屋的墙体设计

(1)弹性方案房屋

弹性方案房屋的横墙间距很大,或没有横墙。与刚性方案房屋显著不同的是,在水平力的作用下,墙顶位移接近于不考虑空间作用的平面排架的位移。单层的砌体厂房、食堂、仓库等房屋,由于使用上需要较大开间,因此横墙间距很大,或者由于设置伸缩缝而成为弹性方案房屋。

多层砌体房屋不应布置成弹性方案,这是因为上下层墙体连接处由于楼板的嵌入支承而无法传递弯矩,应视为铰接;楼板与墙体的连接也应视为铰接,若采用弹性方案则结构会成为几何可变体系,因此不应布置多层弹性方案房屋。

对于单层弹性方案房屋,纵墙的侧向变形是均匀一致的,因此可以取典型的窗中线之间的纵墙、屋盖作为一个计算单元,把外纵墙作为立柱,忽略屋盖的轴向变形将其视为横梁。立柱与横梁之间的转动约束很小,可以视为铰支座,立柱的下端是嵌固端,这样结构可以简化成平面排架模型,如图5.59(a)所示。

平面排架的内力分析与混凝土结构类似,此处不再赘述。这里需要注意:

①风荷载包括屋面风荷载和墙面风荷载两部分。屋面风荷载可以简化为作用于墙顶的集中荷载 F_w,对于刚性方案房屋,通过屋盖的不动铰支承传递给横墙,故仅墙面风荷载 ω 会产生墙体内力。但是对于弹性方案房屋,墙顶的集中荷载 F_w 和墙面风荷载 ω 都会产生墙体内力(图5.59(b))。

②与单层刚性方案一样,墙柱的控制截面为:墙柱顶端截面 I—I,风荷载作用下墙柱跨中最大弯矩 M_{max} 对应的截面 II—II 和墙柱下端截面 III—III。此外,在 I—I 截面还应验算梁下砌体的局部受压承载力。

(2)刚弹性方案房屋

刚弹性方案房屋在水平荷载作用下,墙顶侧移 $\mu_s < \mu_p$(μ_p 为不考虑房屋空间作用时墙顶侧移),但又不可忽略不计。对于单层刚弹性方案房屋,其计算简图如图5.60所示,墙(柱)内力可按柱顶有弹性支座的平面排架计算。房屋空间性能的强弱可由弹性支座的刚度来反映,刚度为0即为弹性方案,刚度为∞(即不动铰支承)即为刚性方案。刚弹性方案房屋很少用于多层房屋。

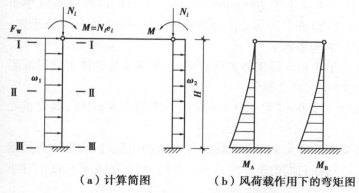

(a)计算简图　(b)风荷载作用下的弯矩图

图5.59　弹性方案房屋的计算简图

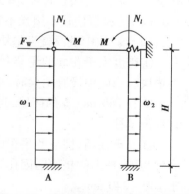

图5.60　刚弹性方案房屋的计算简图

5.4.4 砌体墙、柱的一般构造要求

砌体房屋的墙、柱等构件除了应满足承载力要求外,还应该满足高厚比和其他相关构造措施。这些构造措施对保证砌体房屋的耐久性能和使用功能、加强房屋的整体工作性能、防止或减轻砌体房屋墙体的裂缝都具有很重要的作用。

1)墙体的材料及其耐久性要求

砌体墙、柱的材料包括块体、砂浆、灌孔混凝土和钢筋等原材料。这些原材料应该选择符合国家标准、行业标准或相关地方标准的规定。

块体不应采用非蒸压硅酸盐块材,如免烧砖、免蒸砖等材料组成机理不好、耐久性低下的块材。

砌筑砂浆应该根据块材的类别和特点选用,砌筑有抗冻要求的墙体时,应对砂浆进行冻融试验,其抗冻性能应与块材相同。砂浆的强度等级,对于普通砖砌体不应低于 M5,对于混凝土砌块砌体不应低于 Mb5.0,对于蒸压普通砖砌体不应低于 Ms5.0。灌孔混凝土强度等级不应小于块体强度的 1.5 倍和 Cb20。

砌体内钢筋宜选用 HRB400 或 HRB335 级钢筋,也可以采用 HPB300 级钢筋。砌体中的混凝土构件(如托梁、框架梁、柱等)宜优先选用 HRB400 级钢筋。砌体灰缝的钢筋网片,可采用冷轧带肋钢筋、冷拔低碳钢丝制作,其受力性能应符合相关的国家标准。

砌体结构或构件的耐久性应根据结构构件所处的环境类别和设计使用年限进行设计。砌体结构的环境类别详见附5.6。

当设计使用年限为 50 年时,砌体材料的耐久性应符合下列规定:

①地面以下或防潮层以下的砌体、潮湿房间的墙或环境类别 2 的砌体,所用材料的最低强度等级应符合附 5.7 的规定;

②处于环境类别 3~5 等有侵蚀性介质的砌体材料的规定详见规范。

当设计使用年限为 50 年时,砌体中钢筋的耐久性选择应符合附 5.8 及附 5.9 的规定。

2)墙、柱的一般构造要求

(1)墙、柱的最小截面尺寸的要求

墙、柱的截面尺寸过小,容易造成构件稳定性差和局部缺陷而影响构件的承载力。所以要求对于承重的独立砖柱,其截面尺寸不应小于 240 mm×370 mm;毛石墙的厚度不宜小于350 mm;毛料石柱较小边长不宜小于400 mm。当承受振动荷载时,墙、柱不宜采用毛石砌体。

(2)墙、柱中设混凝土垫块和壁柱的构造要求

①跨度大于 6 m 的屋架和跨度大于 4.8 m 砖砌体支承的梁,应在支承处砌体上设置混凝土垫块。当墙中设有圈梁时,垫块与圈梁宜浇成整体。

②对 240 mm 厚的砖墙,当梁跨度大于 6 m(对 180 mm 厚的砖墙为 4.8 m)时,其支承处宜加设壁柱。

③支承在墙、柱上的吊车梁、屋架及跨度大于 9 m 的砖砌体支承的预制梁,端部应采用锚固件与墙、柱上的垫块锚固在一起,以增强它们的整体性,同时,在墙、柱上的支承长度不宜小于 180~240 mm。

④混凝土砌块墙体的下列部位,如果没有设置圈梁或混凝土垫块,应采用不低于 Cb20 的灌孔混凝土将孔洞灌实:

a. 搁栅、檩条和钢筋混凝土楼板的支承面下,高度不应小于 200 mm 的砌体;

b. 屋架、梁等构件的支承面下,高度不应小于 600 mm,长度不应小于 600 mm 的砌体;

c. 挑梁支承面下,距墙中心线每边不应小于 300 mm,高度不应小于 600 mm 的砌体。

(3)砌块砌体的构造要求

①砌块砌体应分皮错缝搭砌;上下皮搭砌长度不得小于 90 mm;当搭砌长度不满足这个要求时,应在水平灰缝内设置不少于 2 Φ 4 的焊接钢筋网片(横向钢筋的间距不宜大于 200 mm),网片每端均应超过该垂直缝,其长度不得小于 300 mm。

②砌块墙与后砌隔墙交接外,应沿墙高每 400 mm 在水平灰缝内设置不少于 2 Φ 4、横筋间距不大于 200 mm 的焊接钢筋网片(图 5.61)。

③混凝土砌块房屋宜将纵横墙交接处、距墙中心线每边不小于 300 mm 范围内的孔洞,采用不低于 Cb20 灌孔混凝土灌实,灌实高度应为墙身全高。

(4)墙、柱稳定性的一般构造要求

①预制钢筋混凝土板在墙上的支承长度不宜小于 100 mm,这是考虑墙体施工时可能的偏斜、板在制作和安装时的误差等因素对墙体承载力和稳定性的不利影响而确定的。此时,板与墙一般不需要特殊的锚固措施就能保证房屋的稳定性。如果板搁置在钢筋混凝土圈梁上,则支承长度不

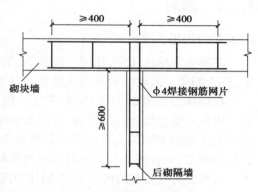

图 5.61　砌块墙与后砌墙交接处的钢筋网片

宜小于80 mm;当利用板端伸出钢筋拉结和混凝土灌缝时,其支承长度可为 40 mm,但板端缝宽不宜小于 80 mm,且灌缝混凝土等级不宜低于 C20 。

②纵横墙的交接处应同时砌筑,而且必须错缝搭砌,以保证墙体的整体性。不允许采取无可靠拉结措施的内外墙分砌施工。对不能同时砌筑而又必须留置的临时间断处,应砌成斜槎,斜槎长度不应小于其高度的 2/3;对留斜槎有困难者,可做成直槎,但应加设拉结筋。拉结筋间距沿墙高不宜超过 500 mm,其埋入长度从墙的留槎处算起,每边均不小于 500 mm,且其末端应做弯钩。

③填充墙、隔墙应采取措施与周边构件进行可靠连接。在框架结构中的填充墙可在框架柱上预留拉结钢筋,沿高度方向每隔 500 mm 预埋两根直径 6 mm 的钢筋,砌砖时将拉结筋嵌入墙体的水平灰缝内。

④山墙处的壁柱宜砌至山墙顶部,屋面构件与山墙要有可靠拉结。

(5)砌体中留槽洞及埋设管道时的构造要求

当由于某些需求,必须在砌体中留槽洞、埋设管道时,不应在截面长边小于 500 mm 的承重墙体、独立柱内埋设管线,不宜在墙体中穿行暗线或预留、开凿沟槽;无法避免时应采取必要的措施或按削弱后的截面验算墙体的承载力。

3)防止或减轻墙体开裂的主要构造措施

①为了防止或减轻房屋由温度和砌体干缩引起的墙体竖向裂缝,应在墙体中设置伸缩缝。伸缩缝应设在因温度和收缩变形可能引起应力集中、砌体产生裂缝可能性最大的地方。砌体房屋伸缩缝的最大间距详见附5.10。

②为了减少或防止房屋顶层墙体产生裂缝,宜采取在屋面设置保温、隔热层,顶层屋面板下设置现浇钢筋混凝土圈梁,女儿墙设置构造柱等措施。

③为了减少或防止房屋底层墙体产生裂缝,宜增大基础圈梁的刚度,采取在底层的窗台下墙体灰缝内设置钢筋网片等措施。

5.5　圈梁、过梁、墙梁和挑梁

5.5.1　圈梁

1)圈梁的作用

在砌体结构房屋中,在同一标高处,沿墙体延伸方向在其内部设置的连续的钢筋混凝土梁,称为圈梁。圈梁一般采用现浇钢筋混凝土梁。

在墙体内设置的圈梁,通常在位于楼面板下标高处,沿外墙、内纵墙和主要的内横墙设置。圈梁一般沿墙体连续设置,可以加强纵横墙之间的联系,增强房屋的整体性,也可以有效抵抗由于地基不均匀沉降或振动荷载对房屋的不利影响。特别是设置在基础顶面和檐口标高处的圈梁,对抵抗地基不均匀沉降效果较好。

在单层高度较高的房屋中,在墙体中部一定标高处设置钢筋混凝土圈梁的带壁柱或带构造柱墙,当圈梁在水平方向的刚度较大时可视作壁柱间墙的不动铰支点,从而提高墙体的稳定性。

另外,对于抗震设防区的砌体房屋,圈梁和构造柱组合可明显提高砌体的抗震性能。

2)圈梁的设置

厂房、仓库、食堂等空旷单层房屋应按下列规定设置圈梁:

①砖砌体结构房屋,檐口标高为 5 ~ 8 m 时,应在檐口标高处设置圈梁一道;檐口标高大于 8 m 时,应增加设置数量。

②砌块及料石砌体结构房屋,檐口标高为 4 ~ 5 m 时,应在檐口标高处设置圈梁一道;檐口标高大于 5 m 时,应增加设置数量。

③对有吊车或较大振动设备的单层工业房屋,当未采取有效的隔振措施时,除在檐口或窗顶标高处设置现浇混凝土圈梁外,尚应增加设置数量。

住宅、办公楼等多层砌体结构民用房屋,且层数为 3 ~ 4 层时,应在底层和檐口标高处各设置一道圈梁。当层数超过 4 层时,除应在底层和檐口标高处各设置一道圈梁外,至少应在所有纵、横墙上隔层设置。多层砌体工业房屋,应每层设置现浇混凝土圈梁。设置墙梁的多层砌体结构房屋,应在托梁、墙梁顶面和檐口标高处设置现浇钢筋混凝土圈梁。

3)圈梁的构造要求

圈梁应符合下列构造要求:

①圈梁宜连续地设在同一水平面上,并形成封闭状;当圈梁被门窗洞口截断时,应在洞口上部增设相同截面的附加圈梁。附加圈梁与圈梁的搭接长度不应小于圈梁中到中垂直间距的 2 倍,且不得小于 1 m(图 4.8)。

②纵、横墙交接处的圈梁应可靠连接。圈梁在房屋的 L 形转角和 T 形转角的连接构造如图 5.62 所示。刚弹性和弹性方案房屋,圈梁应与屋架、大梁等构件可靠连接。

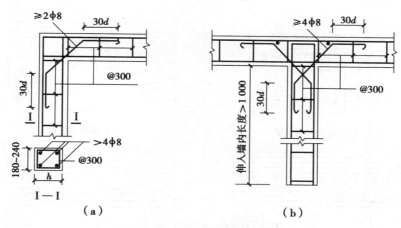

图 5.62 圈梁的转角构造示意图

③混凝土圈梁的宽度宜与墙厚相同,当墙厚不小于 240 mm 时,其宽度不宜小于墙厚的 2/3。圈梁高度不应小于 120 mm。纵向钢筋数量不应少于 4 根,直径不应小于 10 mm,绑扎接头的搭接长度按受拉钢筋考虑,箍筋间距不应大于 300 mm。

④圈梁兼作过梁时,过梁部分的钢筋应按计算面积配置。

采用现浇混凝土楼(屋)盖的多层砌体结构房屋,当层数超过 5 层时,除应在檐口标高处设置一道圈梁外,可隔层设置圈梁,并应与楼(屋)面板一起现浇。未设置圈梁的楼面板嵌入墙内的长度不应小于 120 mm,并沿墙长配置不少于 2 根直径为 10 mm 的纵向钢筋。

5.5.2 过梁

1)过梁的类型

过梁是设置在墙体中门窗洞口上部的构件,用以承受墙体的自重及墙体上部梁、板的荷载。按使用的材料不同,过梁可分为砖砌过梁、钢筋砖过梁和钢筋混凝土过梁。砖砌过梁又有砖砌平拱过梁、砖砌弧拱过梁两种类型,如图 5.63 所示。

砖砌过梁对振动荷载和地基的不均匀沉降比较敏感,易开裂甚至造成墙体的局部损坏。对于此类房屋,应采用钢筋混凝土过梁。钢筋砖过梁的跨度不应超过 1.5 m,砖砌平拱过梁的跨度不应超过 1.2 m。

2)过梁上荷载的取值

作用在过梁上的荷载包括两类:一类是过梁上墙体自重(包括过梁自重),第二类是梁、板作用在过梁上墙体的荷载。

无论是砖砌过梁还是混凝土过梁,过梁及其上部的墙体均可构成组合受力构件。当过梁上的墙体具有一定高度时,过梁上的一部分荷载会通过砌体的自拱作用直接传递给支座,仅有"拱"下的局部荷载直接作用在过梁上,过梁处于偏心受拉状态。试验表明,当过梁上砌体的高度 h_w 达到过梁跨度 l_n 的一半后,继续增加砌体的高度,过梁的挠度几乎不再增大,因此过梁上墙体荷载可仅考虑约 45°三角形范围内墙体的自重。也有试验表明,当过梁上墙体的高度 h_w 达到 $0.8l_n$ 以上时,施加在墙顶面的(梁、板)荷载由于砌体的自拱卸荷作用已对过梁几乎没有影响。

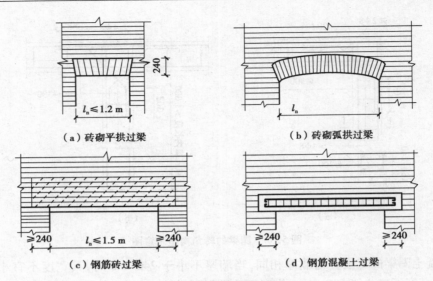

（a）砖砌平拱过梁 **（b）砖砌弧拱过梁**

（c）钢筋砖过梁 **（d）钢筋混凝土过梁**

图 5.63　过梁示意图

　　为了便于计算,对于跨度及荷载均不大的过梁,可按受弯构件计算,过梁上的荷载可按表 5.12 的规定取值。

表 5.12　过梁上荷载取值表

荷载类型	简　图	砌体种类	荷载取值	
墙体荷载	注:h_w 为过梁上墙体高度	砖砌体	$h_w < l_n/3$	按墙体的均布自重采用
			$h_w \geqslant l_n/3$	按高度为 $l_n/3$ 的墙体的均布自重采用
		混凝土砌块砌体	$h_w < l_n/2$	按墙体的均布自重采用
			$h_w \geqslant l_n/2$	按高度为 $l_n/2$ 的墙体的均布自重采用
梁、板荷载	注:h_w 为梁板下墙体高度	砖或小型砌块砌体	$h_w < l_n$	按梁板传来的荷载采用
			$h_w \geqslant l_n$	不考虑梁、板荷载

　　注:①墙体荷载的采用与梁板荷载的位置无关;
　　　　②表中 l_n 为过梁的净跨。

3）过梁的计算

（1）砖砌过梁

砖砌过梁在荷载作用下，可以视为受弯构件。当跨中截面的拉应力超过砌体的抗拉强度时，将在跨中产生竖向裂缝；当支座斜截面上的主拉应力超过砌体的复合抗拉强度时，会在支座附近产生阶梯形斜裂缝。对于砖砌弧拱过梁，过梁会对支承端砌体产生水平推力，类似于两铰拱；对于钢筋砖过梁，过梁下部的拉力由钢筋承受，类似于拉杆拱。因此，应对过梁应进行受弯承载力计算，以防止跨中截面的受弯破坏；同时应进行受剪承载力计算，以防止支座的受剪破坏。在墙体端部设置砖砌平拱或弧拱过梁时，梁端部墙体可能产生沿通缝的受剪破坏，此时墙体的受剪承载力应按式（5.43）进行计算。

砖砌平拱过梁的受弯承载力可按下列公式计算：

$$M \leqslant f_{tm}W \tag{5.65}$$

式中　M——按简支梁计算的跨中弯矩设计值；

　　　f_{tm}——砌体沿齿缝截面的弯曲抗拉强度设计值；

　　　W——截面抵抗矩。

在上式中，不采用砌体沿通缝的弯曲抗拉强度，而采用沿齿缝的弯曲抗拉强度。这是因为砖砌平拱过梁支座会产生水平推力，这将提高其沿通缝的弯曲抗拉强度，延缓梁的正截面破坏。

砖砌平拱过梁的抗剪承载力可按下列公式计算：

$$V \leqslant f_v bz \tag{5.66}$$

$$z = \frac{I}{S} \tag{5.67}$$

式中　V——剪力设计值；

　　　f_v——砌体的抗剪强度设计值，按附5.2采用；

　　　b——截面宽度；

　　　z——内力臂，当截面为矩形时取 $z = \frac{2}{3}h$（h 为截面高度）；

　　　I——截面惯性矩；

　　　S——截面面积矩。

（2）钢筋砖过梁

钢筋砖过梁的受弯承载力可按式下式计算：

$$M \leqslant 0.85h_0 f_y A_s \tag{5.68}$$

式中　M——按简支梁计算的跨中弯矩设计值；

　　　h_0——过梁截面的有效高度，$h_0 = h - a_s$；

　　　a_s——受拉钢筋重心至截面下边缘的距离；

　　　h——过梁的截面计算高度，取过梁底面以上的墙体高度，但不大于 $l_n/3$；当考虑梁、板传来的荷载时，则按梁、板下的高度采用；

　　　f_y——钢筋的抗拉强度设计值；

　　　A_s——受拉钢筋的截面面积。

钢筋砖过梁的受剪承载力计算与砖砌平拱过梁相同。

(3)钢筋混凝土过梁

钢筋混凝土过梁的荷载可以按前述方法进行计算,然后按混凝土简支梁进行受弯承载力、受剪承载力计算并设计,其计算跨度取 $1.1l_n$ 和 $l_n+a(a$ 为过梁的支承长度)的较小值。此外,还应验算过梁下砌体的局部受压承载力。验算过梁下砌体局部受压承载力时,可不考虑上层荷载的影响,梁端底面压应力图形完整系数可取 1.0,梁端有效支承长度可取实际支承长度,但不大于墙厚。

如前所述,过梁及其上部的墙体可构成组合受力构件,形成墙梁(见后述),此时钢筋混凝土过梁相当于墙梁中的托梁。为了便于计算,对于跨度及荷载均不大的过梁,可按上述方法计算。但当过梁的跨度较大或者荷载较大时,应按墙梁进行设计。

4)过梁的构造要求

砖砌过梁的构造,应符合下列规定:

①砖砌过梁截面计算高度内的砂浆不宜低于 M5;

②砖砌平拱用竖砖砌筑部分的高度不应小于 240 mm;

③钢筋砖过梁底面砂浆层处的钢筋,其直径不应小于 5 mm,间距不宜大于 120 mm,钢筋伸入支座砌体内的长度不宜小于 240 mm,砂浆层的厚度不宜小于 30 mm。

钢筋混凝土过梁在墙体内的支承长度不应小于 240 mm。

【例 5.9】已知一钢筋混凝土过梁使用环境类别为 I 类,净跨 $l_n=1.8$ m,在砖墙上的支承长度为 240 mm,过梁上墙体高度为 1.5 m,砖墙厚度为 240 mm。过梁承受的楼板传来的均布恒载标准值 $g_k=6.0$ kN/m,均布活载标准值为 $q_k=4.2$ kN/m;墙体采用 MU10 烧结多孔砖和 M7.5 混合砂浆砌筑。试设计该过梁。(包括两侧抹灰在内的墙体自重取为 4.5 kN/m²,过梁底面及两侧抹灰采用 15 mm 厚混合砂浆,混合砂浆容重取为 17.0 kN/m³。)

【解】1)内力计算

根据跨度、墙厚及荷载等初步确定过梁截面尺寸:$b=240$ mm,$h=150$ mm。因过梁上墙高 $h_w=1.5$ m$>l_n/3=0.6$ m,故仅考虑 0.6 m 高的墙体自重;而梁板荷载位于墙体高度小于跨度的范围内,即 $h_w<l_n$,故过梁上应考虑梁板荷载的作用。

按可变荷载效应控制的组合:$p=1.2\times(0.6\times4.5+0.24\times0.15\times25+0.015\times0.24\times17+0.015\times0.15\times2\times17+6)+1.4\times4.2=17.57$ kN/m

按永久荷载效应控制的组合:$p=1.35\times(0.6\times4.5+0.24\times0.15\times25+0.015\times0.24\times17+0.015\times0.15\times2\times17+6)+1.4\times0.7\times4.2=17.26$ kN/m

两者比较取大值,则 $p=17.57$ kN/m

过梁的计算跨度:$1.1l_n=1.1\times1.8=1.98$ m,而 $l_n+a=1.8+0.24=2.04$ m,故取计算跨度 $l_0=1.98$ m。

$$M=\frac{pl_0^2}{8}=\frac{17.57\times1.98^2}{8}=8.61 \text{ kN}\cdot\text{m}$$

$$V=\frac{pl_n}{2}=\frac{17.57\times1.8}{2}=15.81 \text{ kN}$$

2)过梁的受弯承载力计算

查《混凝土结构设计规范》(GB 50010)可得:过梁采用 C25 混凝土,$f_c=11.9$ N/mm²,$f_t=1.27$ N/mm²,纵向钢筋采用 HRB400 钢筋,$f_y=360$ N/mm²;箍筋采用 HPB300 钢筋,

$f_y = 270 \ \text{N/mm}^2$;

$$a_s = \frac{M}{\alpha_1 f_c b h_0^2} = \frac{8.61 \times 10^6}{1.0 \times 11.9 \times 240 \times 110^2} = 0.249$$

$$\xi = 1 - \sqrt{1 - 2\alpha_s} = 0.292 < \xi_b = 0.518$$

$$\gamma_s = \frac{1 + \sqrt{1 - 2\alpha_s}}{2} = 0.854$$

$$A_s = \frac{M}{f_y \gamma_s h_0} = \frac{8.61 \times 10^6}{360 \times 0.854 \times 110} = 254.60 \ \text{mm}^2$$

选配 2 Φ 14，$A_s = 308 \ \text{mm}^2$。

$$A_s > \left(0.45 \frac{f_t}{f_y} \right) bh = 0.45 \times \frac{1.27}{360} \times 240 \times 150 = 57.2 \ \text{mm}^2$$

且 $A_s > 0.002bh = 0.002 \times 240 \times 150 = 72 \ \text{mm}^2$，满足要求。

3）过梁的受剪承载力计算

$$V = 15.81 \ \text{kN} < 0.25 f_c b h_0 = 0.25 \times 11.9 \times 240 \times 110 = 78.54 \ \text{kN}$$
$$< 0.7 f_t b h_0 = 0.7 \times 1.27 \times 240 \times 110 = 23.47 \ \text{kN}$$

可按构造配置箍筋，选配双肢箍 Φ 6@200，

$$\frac{n A_{sv1}}{s} = \frac{2 \times 28.27}{200} = 0.283$$

$$\rho_{sv} = \frac{0.283}{240} = 0.118\% > \rho_{sv,\min} = 0.24 \cdot \frac{f_t}{f_{yv}} = 0.24 \times \frac{1.27}{270} = 1.13\%$$

满足要求。

4）梁端砌体局部受压承载力验算

由附 5.1 查得 $f = 1.69 \ \text{N/mm}^2$，取 $a_0 = a = 240 \ \text{mm}$，$\eta = 1.0$，$\gamma = 1.25$，$\psi = 0$；

$$A_l = a_0 b = 240 \times 150 = 36 \ 000 \ \text{mm}^2$$

$$N_l = 15.81 \ \text{kN} < \eta f \gamma A_l = 1.25 \times 1.69 \times 36 \ 000 \times 10^{-3} = 76.05 \ \text{kN}$$

满足要求。

5.5.3 墙梁、挑梁和雨篷

1）墙梁的受力性能及破坏形态

（1）墙梁的概念

由钢筋混凝土托梁和梁上计算高度范围内的砌体墙组成的组合构件称为墙梁。

在某些多层砌体房屋中，要求底层有较大的空间，如底层为商店、餐厅等大空间房间，而上层为住宅、旅馆等小开间房间，则可以采用钢筋混凝土梁支承上部局部的墙体，从而形成墙梁。此时的钢筋混凝土梁就称为托梁，它与上部一定高度（即计算高度，通常为托梁顶面的一层墙高）范围内的砌体墙共同工作，形成组合深梁，这种深梁就称为墙梁。

按照托梁的支承方式不同，墙梁可分为简支墙梁、连续墙梁和框支墙梁（图 5.64（a）、（b）、（c））。前两者的托梁支承在底层的墙体上，后者的托梁支承在下部的框架柱上。按照是否承受楼板荷载，墙梁可分为自承重墙梁和承重墙梁。自承重墙梁仅承受托梁及上部墙体的自重，承重墙梁除承受自重以外，还承受楼板等传来的荷载。单层工业厂房的围护墙通常

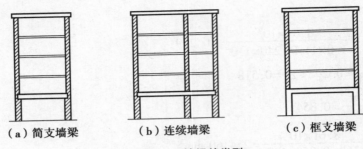

| （a）简支墙梁 | （b）连续墙梁 | （c）框支墙梁 |

图 5.64　墙梁的类型

支承在基础梁及连系梁上,形成自承重墙梁(图 5.65);多层房屋的承重墙支承在托梁上,形成承重墙梁。

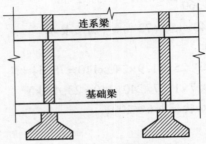

图 5.65　单层厂房中的自承重墙梁

（2）简支墙梁的受力性能

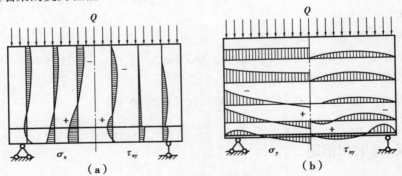

图 5.66　简支墙梁的应力分布图

如图 5.66 所示,简支墙梁在墙体顶面的荷载 Q 作用下,在中部竖向截面产生的水平正应力 σ_x,在大部分墙体高度内为压应力,而托梁为全截面或大部分截面受拉,中和轴位于墙体内,说明墙体大部分截面受压,托梁(偏心)受拉,两者组成力偶矩抵抗荷载产生的弯矩。在托梁顶面,在两支座附近产生较大的压应力 σ_y 和剪应力 τ_{xy}。在跨中,墙体与托梁的界面处产生竖向拉应力。墙梁的主应力迹线如图 5.67 所示。

从上述分析中可以看出,托梁及其上部的墙体共同组成一个具有很大刚度、能够很好地共同工作的竖向承重结构,这就是墙梁。对于无洞口墙梁,托梁处于小偏心受拉状态,上、下纵筋均受拉,墙梁上部荷载主要通过墙体的内拱作用向两支座传递,整个组合结构类似于带拉杆的拱一样受力。

由于托梁和墙体共同组成了组合深梁,其截面高度、抗弯刚度和承载力均远远大于单独

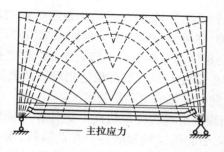 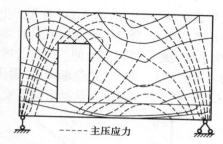

图 5.67　简支墙梁的主应力迹线图

的钢筋混凝土梁,故考虑墙体与托梁的组合作用具有良好的经济效益。大量的试验表明,墙梁的承载力比单独托梁的承载力高几倍甚至十几倍。

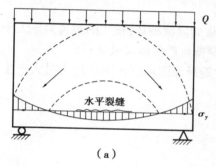 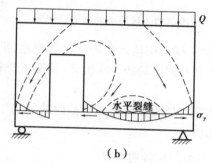

（a）　　　　　　　　　　（b）

图 5.68　简支墙梁的内拱作用

当托梁上的墙体设置洞口时,在墙体顶面的荷载 Q 作用下,墙梁的应力分布更为复杂。若洞口偏向墙体一侧,则从墙梁的主应力迹线图中可以看出,除了在墙体内形成类似于前述的"大拱"外,在较宽的墙肢内沿主压应力迹线还形成了一个"小拱"。小拱的一侧与大拱共用"支座",另一侧支承于洞口边缘。此时托梁不仅是大拱下部的拉杆,而且在中部支承小拱,由于弯矩较大,因此一般处于大偏心受拉状态。若洞口处于墙体中间,则小拱作用基本消失,墙梁的受力接近于无洞口的情况。简支墙梁的内拱作用如图 5.68 所示。

限于篇幅,墙梁的承载力计算及构造要求详见规范。

2)挑梁的受力特点及破坏特征

挑梁是砌体结构中常见的悬挑构件,它埋置于砌体中,通常采用钢筋混凝土浇筑而成。在墙体中的挑梁与砌体共同工作,两者均有可能产生破坏。根据实验研究,在挑梁本身的承载力可以得到保证的前提下,随着挑梁上的荷载逐渐增大,与挑梁相互作用的砌体自加载至破坏可以分为三个阶段。

当挑梁上的荷载很小时,挑梁与砌体接触的上界面前部和下界面后部产生竖向拉应力,下界面前部和上界面后部将产生竖向压应力,如图 5.69 所示。该阶段挑梁的变形随荷载的增大而线性增长,挑梁及砌体均处于弹性工作状态。

当挑梁上的荷载进一步增大时,在挑梁与

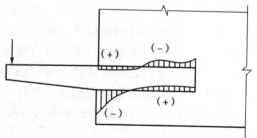

图 5.69　挑梁埋入段界面的应力分布图

砌体的上界面前端(图5.70的A点)首先产生水平裂缝①,此时荷载约为极限荷载的20% ~ 30%。随荷载的增大,裂缝①逐渐向挑梁后端延伸,在挑梁与砌体的下界面末端(图5.70的B点)会产生水平裂缝②并向前延伸。该阶段挑梁与砌体的下界面前部和上界面后部将产生竖向压应力并不断增大,受压区也逐渐减小,砌体产生塑性变形。当荷载达到极限荷载的80%时,挑梁末端会产生斜裂缝并沿阶梯形向上发展,此时挑梁的变形显著增大。

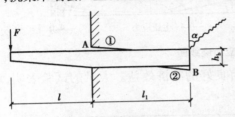

图5.70 挑梁埋入段界面的裂缝开展图

斜裂缝出现后会很快向上延伸并可能贯穿上部墙体,引起挑梁倾覆破坏。在此阶段,水平裂缝②向前延伸时挑梁下砌体的受压面积大大减小,也可能出现梁下砌体因局部受压开裂破坏。

综上所述,砌体中的挑梁有可能产生三种破坏形态:

①挑梁倾覆破坏:挑梁的倾覆力矩大于抗倾覆力矩,挑梁末端的砌体产生阶梯状斜裂缝,挑梁绕倾覆点产生倾覆破坏;

②挑梁下砌体局部受压破坏:挑梁下靠近墙边的局部区域砌体因压应力过大产生局部受压破坏;

③挑梁本身的正截面或斜截面破坏。

3)挑梁的设计

(1)挑梁的抗倾覆验算

挑梁达到倾覆极限状态时,倾覆荷载与抗倾覆荷载对倾覆点的力矩代数和为0。在倾覆点处,挑梁的弯矩最大,剪力为0。对挑梁变形的实测结果表明,倾覆点并不在墙边,而是在距离墙外边缘 x_0 的墙体处。根据分析及试验结果,规范提出,挑梁计算倾覆点至墙外边缘的距离 x_0 可按下列规定采用:

①当 $l_1 \geq 2.2h_b$ 时, $x_0 = 0.3h_b$,且 $x_0 \leq 0.13l_1$;

②当 $l_1 < 2.2h_b$ 时, $x_0 = 0.13l_1$ 。

l_1 为挑梁埋入砌体墙中的长度, h_b 为挑梁的截面高度。

当挑梁下有混凝土构造柱或垫梁时,计算倾覆点到墙外边缘的距离可取为 $0.5x_0$ 。

砌体墙中混凝土挑梁应按下列公式进行抗倾覆验算:

$$M_{ov} \leq M_r \tag{5.69}$$

式中 M_{ov}——挑梁的荷载设计值对计算倾覆点产生的倾覆力矩;

        M_r——挑梁的抗倾覆力矩设计值。

挑梁的抗倾覆力矩设计值 M_r 按下式计算:

$$M_r = 0.8G_r(l_2 - x_0) \tag{5.70}$$

式中 G_r——挑梁的抗倾覆荷载,为挑梁尾端上部45°扩展角的阴影范围(其水平长度为 l_3)内本层的砌体与楼面恒荷载标准值之和(如图5.71);当上部楼层无挑梁时,抗倾覆荷载中可计及上部楼层的楼面永久荷载;

        l_2——G_r 作用点至墙外边缘的距离。

(2)挑梁下砌体的局部受压承载力计算

根据实验结果,挑梁下砌体的局部受压承载力,可按下式验算:

$$N_l \leq \eta\gamma f A_l \tag{5.71}$$

式中　　N_l——挑梁下的支承压力,可取 $N_l=2R$,R 为挑梁的倾覆荷载设计值;

　　　　η——梁端底面压应力图形的完整系数,可取 0.7;

　　　　A_l——挑梁下砌体局部受压面积,可取 $A_l=1.2bh_b$,b 为挑梁的截面宽度,h_b 为挑梁的截面高度;

　　　　γ——砌体局部抗压强度提高系数。对图 $5.72(a)$,当挑梁支承在一字形墙上时,可取 1.25;对图 $5.72(b)$,当挑梁支承在丁字形墙上时,可取 1.5。

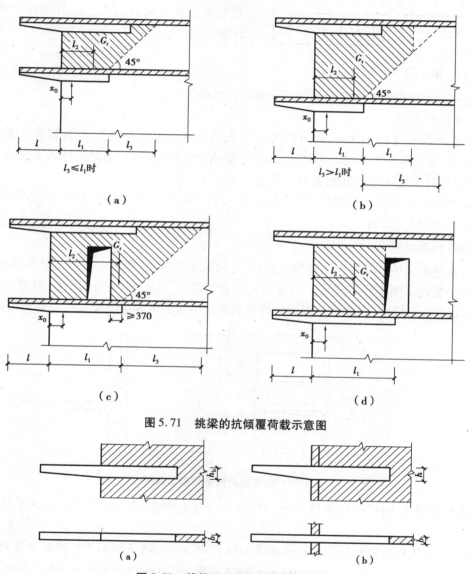

图 5.71　挑梁的抗倾覆荷载示意图

图 5.72　挑梁下砌体局部受压示意图

　　由于挑梁与墙体的上界面产生水平裂缝,挑梁下砌体发生局部受压破坏时裂缝已经延伸很长,因此砌体承受的局部压力 N_l 并未考虑挑梁上部砌体荷载,而是近似取为 $N_l=2R$。挑梁下砌体局部受压的长度取为 $1.2h_b$,故局部受压面积 $A_l=1.2bh_b$,这与试验结果比较吻合。

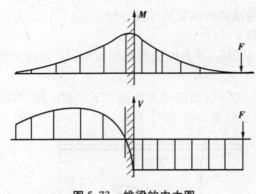

图 5.73 挑梁的内力图

（3）挑梁的承载力计算

图 5.73 为采用有限单元法分析求得的某挑梁的弯矩图和剪力图。可以看出，挑梁的最大弯矩产生于计算倾覆点处，在墙体的埋入端逐渐减小，到挑梁的末端减小为 0。挑梁的最大剪力发生在墙体边缘。故挑梁控制截面的最大弯矩 M_{max} 及最大剪力 V_{max} 应分别按下列公式计算：

$$M_{max} = M_{ov} \qquad (5.72)$$

$$V_{max} = V_0 \qquad (5.73)$$

式中 V_0——挑梁的荷载在挑梁墙外边缘截面产生的剪力设计值。

（4）挑梁的构造

挑梁在埋深 $l_1/2$ 的墙体处，弯矩约为 $M_{max}/2$，因此梁上部的纵向受力钢筋至少应有一半伸入梁末端，且不少于 2 Φ 12。另外，为了保证梁内钢筋的锚固，其余钢筋伸入支座的长度不应小于 $2l_1/3$，且不应小于钢筋的锚固长度 l_a。

挑梁埋入砌体长度 l_1 与挑出长度 l 之比宜大于 1.2；当挑梁上无砌体时（如房屋顶层屋面下的挑梁），l_1 与 l 之比宜大于 2。

4)雨篷的抗倾覆验算

雨篷也是砌体中的悬挑钢筋混凝土构件，与挑梁不同的是，雨篷一般与支承墙体垂直，因此若发生倾覆破坏则很有突然性。雨篷的抗倾覆荷载 G_r 按图 5.74 计算。G_r 到墙外边缘的距离 $l_2 = l_1/2$，l_1 为墙厚，一般也是雨篷的埋置长度。雨篷的抗倾覆验算公式与挑梁相同。

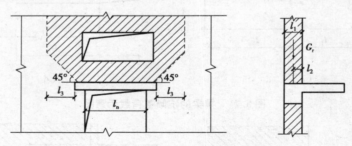

图 5.74 雨篷的抗倾覆荷载示意图

雨篷板是受弯构件，而雨篷梁是弯、剪、扭复合受力构件，其设计详见《混凝土结构设计规范》。

【例 5.10】某砌体结构住宅阳台悬挑梁如图 5.75 所示，挑梁埋置于丁字形墙体内。已知挑梁的截面尺寸为 $b \times h_b = 240$ mm×300 mm，墙体采用 MU10 烧结页岩砖和 M5 混合砂浆砌筑。荷载标准值如下：墙体自重（包括两侧抹灰）为 5.24 kN/m²，屋面传递的恒载 $g_{1k} = 17.6$ kN/m，屋面传递的活载 $q_{1k} = 7.8$ kN/m，本层楼面及阳台传递的恒载 $g_{2k} = g_{3k} = 15.6$ kN/m，本层楼面传递的活载 $q_{2k} = 7.8$ kN/m，阳台传来的活载 $q_{3k} = 9.8$ kN/m，挑梁端部集中荷载 $F = 3.6$ kN。试验算屋面挑梁及本层挑梁的抗倾覆承载力和挑梁下砌体的局部受压承载力。

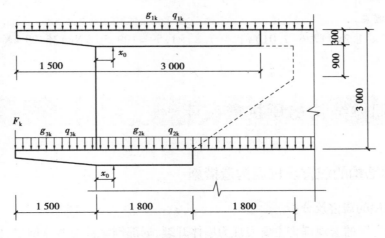

图 5.75　例 5.10 图

【解】1) 抗倾覆验算

挑梁自重为：

$G = 0.24 \times 0.3 \times 25 + 0.015 \times (0.24 + 0.3 \times 2) \times 17 = 2.01 \text{ kN} \cdot \text{m}$

(1) 求 x_0

$l_1 = 1\,800 > 2.2h_b = 660 \text{ mm}, x_0 = 0.3h_b = 0.3 \times 300 = 90 \text{ mm} < 0.13l_1 = 0.13 \times 1\,500 = 195 \text{ mm}$

(2) 屋顶挑梁抗倾覆验算

$$M_{ov} = \frac{1}{2} \times [1.2 \times (17.6 + 2.01) + 1.4 \times 7.8] \times (1.5 + 0.09)^2 = 43.55 \text{ kN} \cdot \text{m}$$

$$M_r = 0.8G_r(l_2 - x_0) = 0.8 \times (17.6 + 2.01) \times \frac{1}{2} \times (3 - 0.09)^2 = 66.42 \text{ kN} \cdot \text{m}$$

$M_{ov} < M_r$，满足要求。

(3) 楼层挑梁抗倾覆验算

$M_{ov} = 1.2 \times 3.6 \times (1.5 + 0.09) + \frac{1}{2} \times [1.2 \times (15.6 + 2.01) + 1.4 \times 9.8] \times (1.5 + 0.09)^2 = 50.92$

$\text{kN} \cdot \text{m}$

楼盖恒荷载产生的抗倾覆力矩：

$$M_{r1} = 0.8 \times (15.6 + 2.01) \times \frac{1}{2} \times (1.8 - 0.09)^2 = 20.60 \text{ kN} \cdot \text{m}$$

墙体自重产生的抗倾覆力矩：

$$M_{r2} = 0.8 \times [3.6 \times 2.7 \times (1.8 - 0.09) - \frac{1}{2} \times 1.8^2 \times (3 - 0.09)] \times 5.24 = 49.91 \text{ kN} \cdot \text{m}$$

$M_r = M_{r1} + M_{r2} = 20.60 + 49.91 = 70.51 \text{ kN} \cdot \text{m}, M_{ov} < M_r$，满足要求。

2) 挑梁下砌体局部受压承载力验算

$\eta = 0.7, \gamma = 1.5, f = 1.5 \text{ N/mm}^2, A = 1.2bh_b$

$\eta\gamma fA = 0.7 \times 1.5 \times 1.5 \times 1.2 \times 240 \times 300 = 136.08 \text{ kN}$

(1) 楼层挑梁

$N_l = 2R = 2 \times \{1.2 \times 3.6 + [1.2 \times (15.6 + 2.01) + 1.4 \times 9.8] \times 1.59\} = 119.47 < \eta\gamma fA = 136.08 \text{ kN}$

满足要求。

（2）屋顶挑梁

$N_l = 2R = 2 \times [1.2 \times (17.6+2.01) + 1.4 \times 7.8] \times 1.59 = 109.56 \text{ kN} < 136.08 \text{ kN}$

满足要求。

5.6 砌体结构房屋抗震设计

5.6.1 砌体结构的震害及抗震构造措施

1）砌体结构房屋的震害及分析

砌体结构房屋的宏观震害主要表现为墙体开裂、局部倒塌甚至整体倒塌、楼梯间破坏、预制楼板破坏、房屋突出部分的破坏等。

地震作用下，墙体的开裂主要表现为墙体产生斜裂缝或 X 形交叉裂缝、水平裂缝、墙体转角破坏、纵横墙连接破坏等。当地震作用方向与墙体基本平行时，由于地震的反复作用，墙体易产生 X 形交叉裂缝；当地震作用方向与墙体接近垂直时，墙体可能产生平面外弯曲破坏，若纵横墙之间缺少足够的拉结，则易在连接处产生裂缝，严重时出现纵墙大面积外闪甩落，如图 5.76 所示。当房屋扭转不规则时，地震作用下墙角处的受力比较复杂，易在房屋的端部特别是角部发生破坏，当转角处设置楼梯间时则震害更加明显，如图 5.77 所示。

图 5.76　外纵墙大面积甩落　　　　　　　图 5.77　房屋角部震害

楼梯间墙体和楼盖之间的连系比其他部位弱，特别是顶层休息平台以上的外纵墙，其高度较大，稳定性较差。楼梯间的墙体在震后出现的斜裂缝及震害比一般墙体严重。另外，传统的楼梯构件连接薄弱，地震作用下易发生预制踏步在连接处脱开、现浇踏步板和平台梁拉断的现象。

砌体房屋的平面或立面突出的部位，如烟囱、通风井、女儿墙、装饰线条等部位在地震中也容易产生破坏。这些附属物与房屋的主体连接薄弱，加之"鞭梢效应"加剧了动力反应，因此在地震中破坏率很高。

历次地震灾害调查表明，砌体结构房屋的震害具有以下特点：

①未经合理抗震设计的砌体房屋的抗震性能差，但仍具有一定的抗倒塌能力。在 6 度区，除女儿墙、烟囱等遭受严重破坏外，绝大多数房屋基本完好；在 7 度区，少数房屋轻微损

坏,小部分达到中等破坏;8 度区内多数房屋达到中等破坏;9 度区多数房屋出现严重破坏;10 度及以上地区大多数房屋倒塌。

②经过抗震设防的砌体房屋的震害明显轻于未抗震设防的砌体房屋。经统计调查,其震害减轻 1~2 个等级。

③砌体房屋在体型复杂、刚度突变和连接较弱处容易产生震害。房屋端部的山墙、楼梯间、女儿墙和突出部位的震害一般较重,底框砖混房屋在底部框架、过渡层部位震害也较重。

④结构布置对砌体房屋的震害影响较大。结构布置规则的房屋震害轻于体型复杂的房屋,横墙承重的房屋震害轻于纵墙承重的房屋,横墙间距较小的房屋震害轻于大开间房屋。采用预制楼板的房屋震害重于采用现浇楼板的房屋。

2)砌体房屋的抗震构造措施

在进行砌体结构抗震设计时,除了应对结构在多遇地震下进行承载力计算外,还应对结构的体型、平面进行合理的布置,避免结构存在明显的薄弱部位及地震作用下的应力集中。很多实例表明,砌体的结构布置合理与否对其抗震性能的优劣有着至关重要的影响,合理的结构布置能够大大提高砌体房屋的抗震性能。在进行砌体房屋结构布置时,应该注意以下几个方面。

(1)合理地控制砌体房屋的高度

砌体房屋的地震作用随房屋高度的增加而增大。历次震害的调查表明,砌体房屋的震害随层数的增加而加重。另外,砌体材料的强度不高,高度增大将使砌体截面增大,自重也随之增大。因此,无论从震害统计结果还是技术经济上看,都应该对砌体房屋的高度和层数予以限制。规范对砌体房屋的高度和层数的规定见附 5.11。

(2)房屋的平面和立面布置应尽量简单、规整,承重墙体的布置应合理

当砌体房屋的平面布置不规则,或者立面有收进或突出部位时,震害一般都比较严重。当房屋的平面不规则时,其质量中心与刚度中心不重合甚至偏离较远,地震作用下房屋会产生较大的扭转,从而加剧了震害。另外,当房屋的竖向不规则时,在竖向刚度存在突变的部位容易产生应力集中,在立面突出部位由于鞭梢效应加大地震反应,这些都容易使房屋产生震害。因此,房屋的平面和立面布置应尽量简单、规整。

在对房屋进行平面布置时,应减少或者避免房屋平面的局部突出或者凹进,对于 L 形、凹槽形等不规则平面,在转角部位的墙体应尽量拉通。若突出或凹进部位较长,可以设置防震缝将房屋分割成若干个独立的结构单元。

房屋在竖向应尽量避免错层和局部的突出。对于突出屋面的烟囱、女儿墙和楼梯间等,应该采取局部的加强措施。

当砌体房屋立面高差较大,或者房屋有错层,或者房屋各部分的刚度、质量截然不同时,宜设置防震缝,缝宽可采用 70~100 mm。

砌体房屋的墙体除承受竖向荷载以外,也是承担地震作用的主要构件。承重墙体的布置、间距与房屋的抗震性能密切相关。

多层砌体房屋的建筑布置和结构体系,应优先采用横墙承重或纵横墙共同承重的结构体系,不应采用砌体墙和混凝土墙混合承重的结构体系。纵横向砌体抗震墙的布置应均匀对称,避免楼板开洞过大,同一轴线上的窗间墙宽度宜均匀。

若砌体房屋的楼盖具有一定的刚度且横墙间距较密,则在横向地震作用下,横墙承受了

绝大多数地震作用,纵墙承受的地震作用较小,不易因平面外弯曲而产生水平裂缝。若横墙间距较大,则楼板的水平弯曲也较大,纵墙将在平面外承担一定的地震作用,从而容易造成纵墙的开裂甚至垮塌,因此横墙的间距不能过大。砌体房屋抗震横墙的最大间距详见附5.12。

(3)合理设置钢筋混凝土构造柱或芯柱

钢筋混凝土构造柱是近年来我国砌体房屋采取的一项重要的抗震构造措施。在房屋中设置构造柱,可以有效地提高砌体结构的抗倒塌能力。试验研究表明,墙体端部或转角处设置构造柱,可以大幅度提高墙体的抗剪承载力,同时显著改善砌体的延性。特别是墙体的周边设置钢筋混凝土圈梁和构造柱后,由于受到有效约束,墙体即使开裂也不易散落,从而提高了砌体房屋的抗倒塌能力。《建筑抗震设计规范》关于构造柱设置的规定详见附5.13。

(4)合理设置圈梁

设置圈梁可以有效地提高砌体房屋的抗震性能,减轻震害。圈梁可以增强墙体和楼盖(特别是装配式楼盖)之间的联系,大大地增大楼盖的水平刚度,从而增强房屋的整体性。特别是圈梁和构造柱配合设置,形成约束砌体结构,可以大幅度地改善砌体结构的抗震性能。另外,圈梁可以有效地抵抗由于地震或其他原因引起的地基不均匀沉降对房屋的破坏作用。《建筑抗震设计规范》关于圈梁设置的规定详见附5.14。

(5)加强砌体构件之间的连接

砌体房屋的整体性较差,在地震作用下容易发生由于构件之间的连接破坏而导致的震害。因此,加强纵横墙之间、墙体与楼板之间的连接,可以提高砌体房屋的整体性,改善抗震性能。

纵横墙之间的连接不牢,地震时容易造成外纵墙外闪倒塌,因此纵横墙交接处应留槎砌筑。6、7度时长度大于7.2 m的大房间,以及8、9度时外墙转角及内外墙交接处,应沿墙高每隔500 mm配置2 ϕ 6的通长钢筋和ϕ 4分布短筋点焊组成的拉结网片或ϕ 4点焊网片。

砌体房屋的地震作用主要集中在各层的楼盖位置,并通过墙体与楼盖之间的连接逐层向下传递。因此,为保证墙体与楼盖之间的可靠连接,《建筑抗震设计规范》规定:

①现浇钢筋混凝土楼板或屋面板伸进纵、横墙内的长度,均不应小于120 mm。

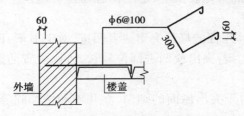

图5.78 预制板侧边应与墙或圈梁拉结示意图

②装配式钢筋混凝土楼板或屋面板,当圈梁未设在板的同一标高时,板端伸进外墙的长度不应小于120 mm,伸进内墙的长度不应小于100 mm或采用硬架支模连接,在梁上不应小于80 mm或采用硬架支模连接。

③当板的跨度大于4.8 m并与外墙平行时,靠外墙的预制板侧边应与墙或圈梁拉结(图5.78)。

④房屋端部大房间的楼盖,6度时房屋的屋盖和7~9度时房屋的楼、屋盖,当圈梁设在板底时,钢筋混凝土预制板应相互拉结,并应与梁、墙或圈梁拉结(图5.79)。

(6)加强楼梯间的构造措施

如前所述,楼梯间由于整体性较差,震害往往比较重,因此楼梯间的构造措施应该加强。楼梯间的布置要求详见《建筑抗震设计规范》。

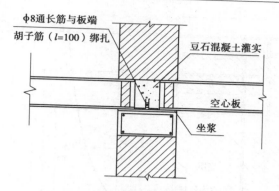

图 5.79 圈梁与预制板的连接构造

（7）限制房屋墙体局部的最小尺寸

根据地震区的宏观调查资料分析,砌体房屋局部尺寸过小时,地震时容易先行发生破坏,进而造成整栋结构的破坏甚至倒塌。因此,《建筑抗震设计规范》对砌体房屋局部最小尺寸进行了限制,如表 5.13 所示。

表 5.13 砌体房屋局部最小尺寸限值

单位:m

部　　位	6 度	7 度	8 度	9 度
承重窗间墙最小宽度	1.0	1.0	1.2	1.5
承重外墙尽端至门窗洞边的最小距离	1.0	1.0	1.2	1.5
非承重外墙尽端至门窗洞边的最小距离	1.0	1.0	1.0	1.0
内墙阳角至门窗洞边的最小距离	1.0	1.0	1.5	2.0
无锚固女儿墙(非出入口处)的最大高度	0.5	0.5	0.5	0.0

5.6.2 多层砌体结构房屋的抗震验算

1)计算简图和地震作用

我国《建筑抗震设计规范》规定,8、9 度时的大跨度和长悬臂结构、采用隔震设计的结构及 9 度时的高层建筑,应计算竖向地震作用。多层砌体房屋的高度、跨度一般不大,且在地震作用下的震害主要是由水平地震作用引起的,因此多层砌体房屋在抗震验算时一般只需考虑水平地震作用。

对于质量和刚度分布较规则的砌体房屋,一般按房屋的两个主轴方向分别计算水平地震作用,并以此分别验算两个主轴方向墙体(纵墙和横墙)在各自平面内的抗震承载力。

计算多层砌体房屋某一方向水平地震作用时,可把与地震作用相平行的各道墙凝聚在一起,不考虑与之垂直方向的墙体。其计算简图如图 5.80(a)所示。

若假定各楼层的重力荷载集中在楼(屋)盖标高处,这样计算简图则可以进一步简化为图 5.80(b)。此时各楼层质点重力荷载包括:楼、屋盖上的重力荷载代表值和上、下各半层墙体的自重。

地震区多层砌体房屋层数一般不超过 7 层,且高宽比较小,在水平荷载作用下以剪切变形为主,故可采用底部剪力法计算地震作用。另外,砌体房屋墙体较多,侧向刚度较大,自振

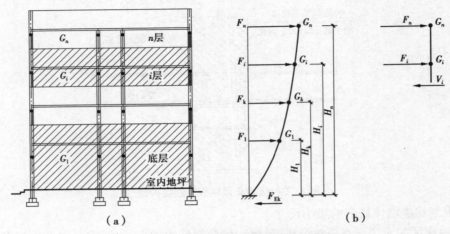

（a）　　　　　　　　　　　　　　（b）

图 5.80　水平地震作用下砌体房屋的计算简图

周期较短，故水平地震影响系数可取 $\alpha = \alpha_1 = \alpha_{\max}$。因此，多层砌体房屋总地震作用标准值为：

$$F_{Ek} = \alpha_{\max} G_{eq} \tag{5.74}$$

式中　$\alpha_{\max}$——水平地震作用系数最大值；

G_{eq}——结构总等效重力荷载，单质点体系（单层房屋）取重力荷载代表值，多质点体系（多层房屋）取总重力荷载代表值的 85%。

任一质点 i 的水平地震作用标准值 F_i 为：

$$F_i = \frac{G_i H_i}{\sum\limits_{i=1}^{n} G_i H_i} F_{Ek} \qquad (i = 1, 2, \cdots, n) \tag{5.75}$$

对于突出屋面的楼梯间、女儿墙、烟囱等小构筑物，由于"鞭梢效应"的作用，其水平地震效应，宜乘以增大系数 3，此增大部分不应往下传递，但与该突出部分相连的构件应予计入。

作用于第 i 层的地震剪力标准值 V_i 为第 i 层以上各层地震作用之和，即

$$V_i = \sum_{j=i}^{n} F_i \tag{5.76}$$

2）地震剪力的分配

（1）墙体的侧移刚度

在水平荷载作用下，单层墙体上下端的相对水平变形（图 5.81）由两部分组成：弯曲变形和剪切变形。由结构力学可知，在单位水平力作用下，墙体变形可按下式计算：

弯曲变形：
$$\delta_b = \frac{h^3}{12EI} = \frac{1}{Et}\left(\frac{h}{b}\right)^3 \tag{5.77}$$

剪切变形：
$$\delta_s = \frac{\zeta h}{AG} = \frac{\zeta h}{btG} \tag{5.78}$$

式中　A, I——墙体水平截面面积和惯性矩；

h, b, t——墙体的高度、宽度和厚度；

E, G——砌体的弹性模量与剪切模量，一般 $G = 0.4E$；

ζ——截面剪应力不均匀系数，对矩形截面取 1.2。

墙体在单位力下的总变形可表达为：

$$\delta = \frac{1}{Et}\left[\left(\frac{h}{b}\right)^3 + 3\left(\frac{h}{b}\right)\right] \tag{5.79}$$

式中 δ——墙体的侧移柔度,其倒数即为墙体的侧移刚度。

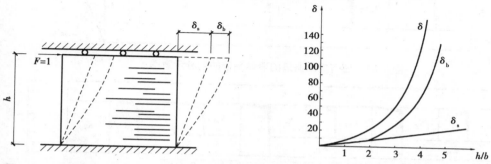

图 5.81　单层墙体上下端的相对水平变形　图 5.82　墙体弯曲变形和剪切变形在总体变形中所占的比例

由式(5.97)可知,墙体在侧向力作用下的变形与墙体的高宽比 h/b 密切相关。不同高宽比的墙体,其弯曲变形和剪切变形在总体变形中所占的比例如图(5.82)所示。从图中可以看出:当 $h/b < 1$ 时,墙体以剪切变形为主;当 $h/b > 4$ 时,墙体以弯曲变形为主,且侧移很大;当 $1 \leqslant h/b \leqslant 4$ 时,弯曲变形和剪切变形均占相当比例。因此在进行墙体地震剪力分配时,墙体的侧向刚度按下列原则确定:

当 $h/b < 1$ 时,只考虑剪切变形,则墙体的侧移刚度为:

$$K = \frac{1}{\delta_s} = \frac{Et}{3\left(\dfrac{h}{b}\right)} \tag{5.80}$$

当 $1 \leqslant h/b \leqslant 4$ 时,同时考虑剪切变形和弯曲变形,则墙体的侧移刚度为:

$$K = \frac{1}{\delta_b + \delta_s} = \frac{Et}{\left(\dfrac{h}{b}\right)^3 + 3\left(\dfrac{h}{b}\right)} \tag{5.81}$$

当 $h/b > 4$ 时,不考虑墙体的侧移刚度,即取 $K = 0$。

对于设有门窗洞口的墙体,可根据洞口的情况将墙体沿墙高划分为若干墙带,墙顶水平侧移为为各墙带侧移之和,即

$$\delta = \sum_{i=1}^{n} \delta_i = \sum_{i=1}^{n} \frac{1}{K_i} \tag{5.82}$$

故带洞口墙体的侧移刚度为:

$$K = \frac{1}{\delta} = \frac{1}{\displaystyle\sum_{i=1}^{n} \delta_i} = \frac{1}{\displaystyle\sum_{i=1}^{n}\left(\frac{1}{K_i}\right)} \tag{5.83}$$

对于设有规则洞口的墙体,可将墙体划分为上、下及中间墙带(图 5.83)。对于上、下无洞口墙带,由于其高宽比 $h/b < 1$,故其刚度可按式(5.83)计算。窗间墙带的刚度等于各窗间墙段刚度之和,其计算公式根据高宽比确定。

对于设有不规格洞口的墙体,可在规则洞口墙体划分的基础上,再沿墙体的长度方向将局部墙带进一步细分。如图 5.84 所示,下部墙带进一步划分为 4 个墙片,其侧移刚度分别为 K_{w1}、K_{w2}、K_{w3} 和 K_{w4},则墙体总的侧移刚度为:

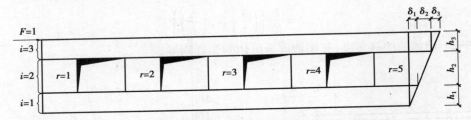

图 5.83　设有规则洞口的墙体墙带的划分示意图

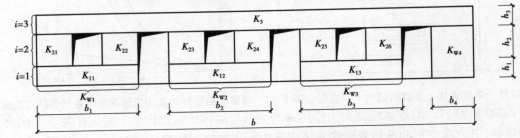

图 5.84　设有不规则洞口的墙体墙带的划分示意图

$$K = \cfrac{1}{\cfrac{1}{K_{w1}+K_{w2}+K_{w3}+K_{w4}}+\cfrac{1}{K_3}}$$

其中，$K_{w1} = \cfrac{1}{\cfrac{1}{K_{11}}+\cfrac{1}{K_{21}+K_{22}}}$，$K_{w2} = \cfrac{1}{\cfrac{1}{K_{12}}+\cfrac{1}{K_{23}+K_{24}}}$，$K_{w3} = \cfrac{1}{\cfrac{1}{K_{13}}+\cfrac{1}{K_{25}+K_{26}}}$。

（2）同一楼层各墙肢地震剪力的分配

同一楼层在某个主轴方向的地震剪力由该楼层在此方向上的抗震墙共同承担，即横墙承受横向地震作用，纵墙承受纵向地震作用。地震剪力在墙体间的分配取决于楼盖的刚度（类型）和墙体的侧向刚度。砌体房屋的楼盖按照水平刚度的差异，可分为刚性楼盖、中等刚度楼盖和柔性楼盖。

刚性楼盖是指抗震横墙间距满足抗震墙最大间距要求（详见附 5.12）的现浇钢筋混凝土楼盖或装配整体式钢筋混凝土楼盖。在横向水平地震作用下，刚性楼盖在其水平面内产生的变形很小，将楼盖在其平面内视为绝对刚性的连续梁，各横墙视作梁的弹性支座。对于平面布置规则的砌体房屋，各横墙的水平相移相等，即各弹性支座的位移相等。其计算简图如图 5.85 所示。

设第 i 层共有 m 道横墙，其中第 j 道横墙承受的地震剪力为 V_{ij}，侧移刚度为 K_{ij}，则

$$\sum_{j=1}^{m} V_{ij} = V_i \tag{5.84}$$

$$V_{ij} = K_{ij}\Delta_i \tag{5.85}$$

式中　Δ_i——第 i 层的层间侧移。

由式（5.85）可得

$$\Delta_i = \frac{V_{ij}}{K_{ij}} = \frac{\sum_{j=1}^{m} V_{ij}}{\sum_{j=1}^{m} K_{ij}} = \frac{V_i}{\sum_{j=1}^{m} K_{ij}} \tag{5.86}$$

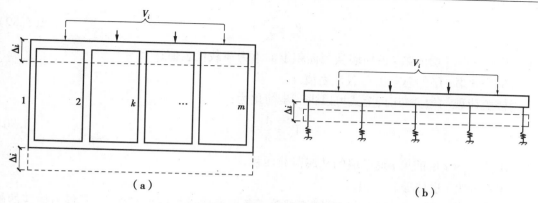

图 5.85 刚性楼盖计算简图

故
$$V_{ij} = \frac{K_{ij}}{\sum\limits_{j=1}^{m} K_{ij}} V_i \tag{5.87}$$

上式表明,刚性楼盖各墙肢的地震剪力按墙肢的侧移刚度比进行分配。

对于同一楼层墙体,其墙体材料及高度一般相同,若只考虑剪切变形,则墙肢分配的地震剪力可简化为:

$$V_{ij} = \frac{A_{ij}}{\sum\limits_{j=1}^{m} A_{ij}} V_i \tag{5.88}$$

式中 A_{ij}——第 i 层第 j 道墙肢的横截面面积。

上式表明,对于刚性楼盖房屋,当各道墙肢满足高宽比 $h/b<1$ 时,各墙肢的地震剪力按墙肢的侧横截面面积比进行分配。

木结构等楼盖属于柔性楼盖。柔性楼盖水平刚度小,在水平地震作用下楼盖平面内变形除平移外还有弯曲变形,楼盖平面内各处水平位移不相等。此时,可近似将楼盖视作简支于各横墙的一多跨简支梁,各片横墙所承担的地震剪力可按其从属面积上重力荷载代表值的比例进行分配(柔性楼盖计算简图如图 5.86 所示),即

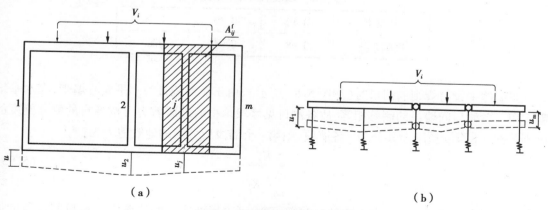

图 5.86 柔性楼盖计算简图

$$V_{ij} = \frac{G_{ij}}{G_i} V_i \qquad (5.89)$$

式中　G_{ij}——第 i 层的第 j 道横墙从属面积上的重力荷载代表值；

　　　G_i——第 i 层的总重力荷载代表值。

当楼盖荷载均匀分布时，上式可以进一步简化为：

$$V_{ij} = \frac{A_{ij}^{\mathrm{f}}}{A_i^{\mathrm{f}}} V_i \qquad (5.90)$$

式中　A_{ij}^{f}——第 i 层的第 j 道横墙的从属荷载面积；

　　　A_i^{f}——第 i 层楼盖总面积。

装配式钢筋混凝土楼盖属于中等刚度楼盖。各道横墙承担的地震剪力，不仅与横墙的侧移刚度有关，而且与楼盖的水平变形有关。此时横墙的地震剪力可取刚性楼盖和柔性楼盖两种计算结果的平均值，即

$$V_{ij} = \frac{1}{2}\left(\frac{K_{ij}}{\sum\limits_{j=1}^{m} K_{ij}} + \frac{G_{ij}}{G_i} \right) V_i \qquad (5.91)$$

对于同一楼层，若墙高相同、所用材料相同且楼盖上重力荷载分布均匀，则 V_{ij} 可以按下式计算：

$$V_{ij} = \frac{1}{2}\left(\frac{A_{ij}}{A_i} + \frac{A_{ij}^{\mathrm{f}}}{A_i^{\mathrm{f}}} \right) V_i \qquad (5.92)$$

（3）同一墙肢各墙段地震剪力的分配

墙段宜按门窗洞口划分。对设置构造柱的小开口墙段按毛墙面计算的刚度，可根据开洞率乘以表 5.14 中的墙段洞口影响系数。开洞率为洞口水平截面积与墙段水平毛截面积之比，相邻洞口之间净宽小于 500 mm 的墙段视为洞口。洞口中线偏离墙段中线大于墙段长度的 1/4 时，表中影响系数折减 0.9；门洞的洞顶高度大于层高 80% 时，表中数据不适用；窗洞高度大于 50% 层高时，按门洞对待。

表 5.14　墙段洞口影响系数

开洞率	0.10	0.20	0.30
影响系数	0.98	0.94	0.88

当墙体中设有规则的洞口时（如图 5.83 所示），由于上部墙带为水平实心墙带，在水平地震作用下各洞口间墙段的侧移相等，故各洞口见墙段承担的地震剪力可按各自的侧移刚度的比例分配。设第 j 道墙上共分为 s 各墙段，则第 r 个墙段所分配的地震剪力为：

$$V_{jr} = \frac{K_{jr}}{\sum\limits_{r=1}^{s} K_{jr}} V_{ij} \qquad (5.93)$$

对于设有不规则洞口墙体（如图 5.84 所示），可采用两次分配法确定各洞口间墙段的地震剪力，即先确定各单元墙片地震剪力，再计算单元墙片中各墙肢地震剪力。

与墙体的侧移刚度类似，墙段的侧移刚度可根据各墙段的高宽比 h/b 确定。墙段高度 h

按下列原则取值：无洞口时为层高；窗间墙取窗洞高；门间墙取门洞高；门窗间的取窗洞高；尽端墙取紧靠尽端的门洞或窗洞高。当 $h/b<1$ 时，只考虑剪切变形；当 $1 \leqslant h/b \leqslant 4$ 时，同时考虑剪切变形和弯曲变形；当 $h/b>4$ 时，不考虑墙段体的侧移刚度。

3）砌体的抗震抗剪强度设计值

砌体房屋墙段的抗震抗剪承载力的计算有两种半理论半经验的方法，即主拉应力强度理论和剪切摩擦强度理论。

在水平地震作用下，砌体一方面承受着楼层的地震剪力，另外还承受着重力荷载产生的竖向压应力 σ_0 的作用，σ_0 能够有效地提高墙体的抗剪强度。主拉应力强度理论将砌体视为各向同性的弹性材料，认为在地震剪应力 τ 和竖向压应力 σ_0 共同作用下，沿砌体阶梯截面产生的主拉应力不大于砌体的抗剪强度 f_v 时，砌体不会发生破坏，即

$$\sigma_1 = -\frac{\sigma_0}{2} + \sqrt{\left(-\frac{\sigma_0}{2}\right)^2 + \tau^2} \leqslant f_v \tag{5.94}$$

由式（5.94）得：

$$\tau \leqslant f_v \sqrt{1 + \frac{\sigma_0}{f_v}} \tag{5.95}$$

剪切摩擦强度理论认为，砌体沿阶梯形截面的地震剪应力 τ 满足下式时不会发生破坏：

$$\tau \leqslant f_v + u\sigma_0 \tag{5.96}$$

从静力试验和计算分析结果来看，当砂浆强度高于 M2.5 且 $1 < \frac{\sigma_0}{f_v} \leqslant 4$ 时，两者结果接近；当 f_v 较小且 $\frac{\sigma_0}{f_v}$ 相对较大时，两者的结果差异较大。

《建筑抗震设计规范》对砖砌体的抗震抗剪承载力采用主拉应力强度公式，对砌块砌体则采用基于试验结果的剪切摩擦强度公式。为了采用统一的表达式，引入正应力影响系数 ζ_N，各类砌体沿阶梯形截面破坏的抗震抗剪强度设计值可按下式计算：

$$f_{vE} = \zeta_N f_v \tag{5.97}$$

式中　f_{vE}——砌体沿阶梯形截面破坏的抗震抗剪强度设计值；

　　　f_v——非抗震设计的砌体的抗剪强度设计值；

　　　ζ_N——砌体抗震抗剪强度的正应力影响系数。

对砖砌体，根据主拉应力强度理论，ζ_N 可以按下式计算：

$$\zeta_N = \frac{1}{1.2} \sqrt{1 + 0.45 \frac{\sigma_0}{f_v}} \tag{5.98}$$

对于对混凝土小砌块砌体，根据剪切摩擦强度理论，ζ_N 可以按下式计算：

$$\zeta_N = \begin{cases} 1 + 0.25\sigma_0/f_v & (\sigma_0/f_v \leqslant 5) \\ 2.25 + 0.17(\sigma_0/f_v - 5) & (\sigma_0/f_v > 5) \end{cases} \tag{5.99}$$

上式中，σ_0 为对应于重力荷载代表值的砌体截面平均压应力。为了便于计算，可将上述公式制成表格，如表5.15所示。

表 5.15 砌体强度的正应力影响系数 ζ_N

砌体类别	σ_0/f							
	0.0	1.0	3.0	5.0	7.0	10.0	12.0	≥16.0
普通砖、多孔砖	0.80	0.99	1.25	1.47	1.65	1.90	2.05	—
混凝土小砌块	—	1.23	1.69	2.15	2.57	3.02	3.32	3.92

4) 墙体抗震承载力验算

对于砌体房屋,一般不必对所有墙段都进行抗震验算,通常选择对抗震不利的墙段(如承受地震剪力较大的墙段、竖向压应力较小的墙段或局部截面较小的墙段)进行抗震验算。

(1) 普通砖、多孔砖墙体的抗震受剪承载力,应按下列规定验算:

① 一般情况下,应按下式验算:

$$V \leqslant \frac{f_{vE}A}{\gamma_{RE}} \tag{5.100}$$

式中 V——地震作用组合下墙体剪力设计值;

f_{vE}——砌体沿阶梯形截面破坏的抗震抗剪强度设计值;

A——墙体横截面面积,多孔砖取毛截面面积;

γ_{RE}——承载力抗震调整系数,对于一般承重墙体取 1.0;两端均有构造柱、芯柱约束的承重墙体取 0.9;自承重墙体取 1.0。

② 采用水平配筋的普通砖、多孔砖墙体,应按下式验算:

$$V \leqslant \frac{1}{\gamma_{RE}}(f_{vE}A + \zeta_s f_{yh}A_{sh}) \tag{5.101}$$

式中 f_{yh}——水平钢筋抗拉强度设计值;

A_{sh}——层间墙体竖向截面的总水平钢筋截面面积,其配筋率不小于 0.07% 且不大于 0.17% 。

ζ_s——钢筋参与工作系数,可按表 5.16 采用。

表 5.16 钢筋参与工作系数 ζ_s

墙体高宽比	0.4	0.6	0.8	1.0	1.2
ζ_s	0.10	0.12	0.14	0.15	0.12

③ 当按式(5.101)验算不满足时,可在墙体(或墙段)中部设置截面不小于 240 mm×240 mm(墙厚 190 mm 时为 240 mm×190 mm)且间距不大于 4 m 的构造柱来提高抗剪承载力,此时可按下式验算:

$$V \leqslant \frac{1}{\gamma_{RE}}\left[\eta_c f_{vE}(A-A_c) + \zeta_c f_t A_c + 0.08 f_{yc}A_{sc} + \zeta_s f_{yh}A_{sh}\right] \tag{5.102}$$

式中 A_c——中部构造柱的横截面总面积(对横墙和内纵墙,$A_c > 0.15A$ 时取 0.15A,对外纵墙,$A_c > 0.25A$ 时取 0.25A);

f_t——中部构造柱的混凝土轴心抗拉强度设计值;

A_{sc}——中部构造柱的纵向钢筋截面总面积(配筋率不小于 0.6%,大于 1.4% 时取 1.4%);

f_{yh}、f_{yc}——墙体水平钢筋、构造柱钢筋抗拉强度设计值;

ζ_c——中部构造柱参与工作系数;居中设一根时取 0.5,多于一根时取 0.4;

η_c——墙体约束修正系数,一般情况取 1.0,构造柱间距不大于 3.0 m 时取 1.1;

A_{sh}——层间墙体竖向截面的总水平钢筋面积,无水平钢筋时取 0.0。

(2)设置芯柱的混凝土小型砌块墙体,其抗震受剪承载力应按下式验算

$$V \leqslant \frac{1}{\gamma_{RE}}[f_{vE}A+(0.3f_tA_c+0.05f_yA_s)\zeta_{ca}] \tag{5.103}$$

式中 f_t——芯柱混凝土轴心抗压强度设计值;

A_c——芯柱的截面面积;

A_s——芯柱钢筋截面总面积;

f_y——芯柱钢筋抗拉强度设计值;

ζ_{ca}——芯柱参与工作系数,可按表 5.17 采用。填孔率 ρ 是指芯柱根数(含构造柱和填实孔洞数量)与孔洞总数之比。

表 5.17　芯柱参与工作系数 ζ_{ca}

填孔率 ρ	$\rho<0.15$	$0.15\leqslant\rho<0.25$	$0.25\leqslant\rho<0.5$	$\rho\geqslant0.5$
ζ_{ca}	0	1.0	1.10	1.15

附录及拓展内容

附 5.1

砌体抗压强度设计值

附表 5.1　烧结普通砖和烧结多孔砖砌体抗压强度设计值　　　　单位:MPa

砖强度等级	砂浆强度等级					砂浆强度
	M15	M10	M7.5	M15	M2.5	0
MU30	3.94	3.27	2.93	2.59	2.26	1.15
MU25	3.60	2.98	2.68	2.37	2.06	1.05
MU20	3.22	2.67	2.39	2.12	1.84	0.94
MU15	2.79	2.31	2.07	1.83	1.60	0.82
MU10	—	1.89	1.69	1.50	1.30	0.67

注:当烧结多孔砖的孔洞率大于 30% 时,表中数值应乘以 0.9。

附表 5.2　蒸压灰砂砖和蒸压粉煤灰砖砖砌体抗压强度设计值　　　　单位:MPa

砖强度等级	砂浆强度等级				砂浆强度
	M15	M10	M7.5	M5	0
MU25	3.60	2.98	2.68	2.37	1.05
MU20	3.22	2.67	2.39	2.12	0.94
MU15	2.79	2.31	2.07	1.83	0.82

注:当采用专用砂浆砌筑时,其抗压强度设计值按表中数值采用。

附表 5.3　混凝土普通砖和混凝土多孔砖砌体抗压强度设计值　　　　单位:MPa

砖强度等级	砂浆强度等级					砂浆强度
	Mb20	Mb15	Mb10	Mb7.5	Mb5	0
MU30	4.61	3.94	3.27	2.93	2.59	1.15
MU25	4.21	3.60	2.98	2.68	2.37	1.05
MU20	3.77	3.22	2.67	2.39	2.12	0.94
MU15	—	2.79	2.31	2.07	1.83	0.82

附表5.4　单排孔混凝土砌块和轻集料混凝土砌块对砌筑砌体的抗压强度设计值　单位:MPa

砌块强度等级	砂浆强度等级					砂浆强度
	Mb20	Mb15	Mb10	Mb7.5	Mb5	0
MU20	6.30	5.68	4.95	4.44	3.94	2.33
MU15	—	4.61	4.02	3.61	3.20	1.89
MU10			2.79	2.50	2.22	1.31
MU7.5	—			1.93	1.71	1.01
MU5	—	—	—	—	1.19	0.70

注:①对独立柱或厚度为双排组砌的砌块砌体,应按表中数值乘以0.7;
　　②对 T 形截面墙体、柱,应按表中数值乘以0.85。

附表5.5　双排孔或多排孔轻集料混凝土砌块砌体的抗压强度设计值　单位:MPa

砌块强度等级	砂浆强度等级			砂浆强度
	Mb10	Mb7.5	Mb5	0
MU10	3.08	2.76	2.45	1.44
MU7.5	—	2.13	1.88	1.12
MU5	—	—	1.31	0.78
MU3.5	—	—	0.95	0.56

注:①表中的砌块为火山渣、浮石和陶粒轻集料混凝土砌块;
　　②对厚度方向为双排组砌的轻集料混凝土砌块砌体的抗压强度设计值,应按表中数值乘以0.8。

附5.2

砌体的轴心抗拉强度设计值、弯曲抗拉强度设计值和抗剪强度设计值

附表5.6　沿砌体灰缝截面破坏时的轴心抗拉强度设计值、弯曲抗拉强度设计值和抗剪强度设计值

单位:MPa

强度类别	破坏特征及砌体种类		砂浆强度等级			
			≥M10	M7.5	M5	M2.5
轴心抗拉	沿齿缝	烧结普通砖、烧结多孔砖、蒸压灰砂砖、蒸压粉煤灰砖	0.19	0.16	0.13	0.09
			0.12	0.10	0.08	0.06
		混凝土砌块	0.09	0.08	0.07	—
		毛石	—	0.07	0.06	0.04

续表

强度类别	破坏特征及砌体种类		砂浆强度等级			
			≥M10	M7.5	M5	M2.5
弯曲抗拉	沿齿缝	烧结普通砖、烧结多孔砖	0.33	0.29	0.23	0.17
		蒸压灰砂砖、蒸压粉煤灰砖	0.24	0.20	0.16	0.12
		混凝土砌块	0.11	0.09	0.08	—
		毛石	—	0.11	0.09	0.07
	沿通缝	烧结普通砖、烧结多孔砖、蒸压灰砂砖、蒸压粉煤灰砖	0.17	0.14	0.11	0.08
		蒸压灰砂砖、蒸压粉煤灰砖	0.12	0.10	0.08	0.06
		混凝土砌块	0.08	0.06	0.05	—
抗剪	烧结普通砖、烧结多孔砖		0.17	0.14	0.11	0.08
	蒸压灰砂砖、蒸压粉煤灰砖		0.12	0.10	0.08	0.06
	混凝土和轻骨料混凝土砌块		0.09	0.08	0.06	—
	毛石		—	0.19	0.16	0.11

注：①对于用形状规则的块体砌筑的砌体，当搭接长度与块体高度的比值小于1时，其轴心抗拉强度设计值f_t和弯曲抗拉强度设计值f_{tm}应按表中数值乘以搭接长度与块体高度比值后采用；

②表中数值是依据普通砂浆砌筑的砌体确定，采用经研究性试验且通过技术鉴定的专用砂浆砌筑的蒸压灰砂普通砖、蒸压粉煤灰普通砖砌体，其抗剪强度设计值按相应普通砂浆强度等级砌筑的烧结普通砖砌体采用；

③对混凝土普通砖、混凝土多孔砖、混凝土和轻集料混凝土砌块砌体，表中的砂浆强度等级分别为：≥Mb10、Mb7.5及 Mb5。

附5.3

砌体受压构件的计算高度 H_0

附表 5.7　砌体受压构件的计算高度 H_0

房屋类型			柱		带壁柱墙或周边拉结的墙		
			排架方向	垂直排架方向	$s>2H$	$2H≥s>H$	$s≤H$
有吊车的单层房屋	变截面柱上段	弹性方案	$2.5H_u$	$1.25H_u$	$2.5H_u$		
		刚性、刚弹性方案	$2.0H_u$	$1.25H_u$	$2.0H_u$		
	变截面柱下段		$1.0H_l$	$0.8H_l$	$1.0H_l$		

房屋类型			柱		带壁柱墙或周边拉结的墙		
			排架方向	垂直排架方向	$s>2H$	$2H \geqslant s>H$	$s \leqslant H$
无吊车的单层房屋和多层房屋	单跨	弹性方案	1.5H	1.0H	1.5H		
		刚弹性方案	1.2H	1.0H	1.2H		
	多跨	弹性方案	1.25H	1.0H	1.25H		
		刚弹性方案	1.10H	1.0H	1.10H		
	刚性方案		1.0H	1.0H	1.0H	0.4s+0.2H	0.6s

注:①表中 H_u 为变截面柱的上段高度;H_l 为变截面柱的下段高度;

②对于上端为自由端的构件,$H_0=2H$;

③独立砖柱,当无柱间支撑时,柱在垂直排架方向的 H_0 应按表中数值乘以 1.25 后采用;

④s 为房屋横墙间距;

⑤自承重墙的计算高度应根据周边支承或拉结条件确定。

附 5.4

影响系数 φ

附表 5.8　影响系数 φ(砂浆强度等级 $\geqslant$ M5)

β	$\dfrac{e}{h}$ 或 $\dfrac{e}{h_T}$						
	0	0.025	0.05	0.075	0.1	0.125	0.15
$\leqslant 3$	1	0.99	0.97	0.94	0.89	0.84	0.79
4	0.98	0.95	0.90	0.85	0.80	0.74	0.69
6	0.95	0.91	0.86	0.81	0.75	0.69	0.64
8	0.91	0.86	0.81	0.76	0.70	0.64	0.59
10	0.87	0.82	0.76	0.71	0.65	0.60	0.55
12	0.82	0.77	0.71	0.66	0.60	0.55	0.51
14	0.77	0.72	0.66	0.61	0.56	0.51	0.47
16	0.72	0.67	0.61	0.56	0.52	0.47	0.44
18	0.67	0.62	0.57	0.52	0.48	0.44	0.40
20	0.62	0.57	0.53	0.48	0.44	0.40	0.37
22	0.58	0.53	0.49	0.45	0.41	0.38	0.35
24	0.54	0.49	0.45	0.41	0.38	0.35	0.32
26	0.50	0.46	0.42	0.38	0.35	0.33	0.30
28	0.46	0.42	0.39	0.36	0.33	0.30	0.28
30	0.42	0.39	0.36	0.33	0.31	0.28	0.26

续表

β	$\frac{e}{h}$或$\frac{e}{h_T}$					
	0.175	0.2	0.225	0.25	0.275	0.3
≤3	0.73	0.68	0.62	0.57	0.52	0.48
4	0.64	0.58	0.53	0.49	0.45	0.41
6	0.59	0.54	0.49	0.45	0.42	0.38
8	0.54	0.50	0.46	0.42	0.39	0.36
10	0.50	0.46	0.42	0.39	0.36	0.33
12	0.47	0.43	0.39	0.36	0.33	0.31
14	0.43	0.40	0.36	0.34	0.31	0.29
16	0.40	0.37	0.34	0.31	0.29	0.27
18	0.37	0.34	0.31	0.29	0.27	0.25
20	0.34	0.32	0.29	0.27	0.25	0.23
22	0.32	0.30	0.27	0.25	0.24	0.22
24	0.30	0.28	0.26	0.24	0.22	0.21
26	0.28	0.26	0.24	0.22	0.21	0.19
28	0.26	0.24	0.22	0.21	0.19	0.18
30	0.24	0.22	0.21	0.20	0.18	0.17

注:砂浆强度等级<M5 时,影响系数取值详见《砌体结构设计规范》。

附 5.5

组合砖砌体构件的稳定系数 φ_{com}

附表 5.9 组合砖砌体构件的稳定系数 φ_{com}

高厚比 β	配筋率 ρ/%					
	0	0.2	0.4	0.6	0.8	≥1.0
8	0.91	0.93	0.95	0.97	0.99	1.00
10	0.87	0.90	0.92	0.94	0.96	0.98
12	0.82	0.85	0.88	0.91	0.93	0.95
14	0.77	0.80	0.83	0.86	0.89	0.92
16	0.72	0.75	0.78	0.81	0.84	0.87
18	0.67	0.70	0.73	0.76	0.79	0.81
20	0.62	0.65	0.68	0.71	0.73	0.75
22	0.58	0.61	0.64	0.66	0.68	0.70
24	0.54	0.57	0.59	0.61	0.63	0.65
26	0.50	0.52	0.54	0.56	0.58	0.60
28	0.46	0.48	0.50	0.52	0.54	0.56

注:组合砖砌体构件截面的配筋率 $\rho = A'_s/bh$。

附5.6

砌体结构的环境类别

附表5.10   砌体结构的环境类别

环境类别	条 件
1	正常居住及办公建筑的内部干燥环境
2	潮湿的室内或室外环境,包括与无侵蚀性土和水接触的环境
3	严寒和使用化冰盐的潮湿环境(室内或室外)
4	与海水直接接触的环境,或处于滨海地区的盐饱和的气体环境
5	有化学侵蚀的气体、液体或固态形式的环境,包括有侵蚀性土壤的环境

附5.7

地面以下或防潮层以下的砌体、潮湿房间的墙所用材料的最低强度等级

附表5.11   地面以下或防潮层以下的砌体、潮湿房间的墙所用材料的最低强度等级

潮湿程度	烧结普通砖	混凝土普通砖、蒸压普通砖	混凝土砌块	石 材	水泥砂浆
稍潮湿的	MU15	MU20	MU7.5	MU30	M5
很潮湿的	MU20	MU20	MU10	MU30	M7.5
含水饱和的	MU20	MU25	MU15	MU40	M10

注:①在冻胀地区,地面以下或防潮层以下的砌体,不宜采用多孔砖,如采用时,其孔洞应用不低于 M10 的水泥砂浆预先灌实。当采用混凝土空心砌块时,其孔洞应采用强度等级不低于 Cb20 的混凝土预先灌实。
②对安全等级为一级或设计使用年限大于 50 年的房屋,表中材料强度等级应至少提高一级。

附5.8

砌体中钢筋耐久性选择

附表5.12   砌体中钢筋耐久性选择

环境类别	钢筋种类和最低保护要求	
	位于砂浆中的钢筋	位于灌孔混凝土中的钢筋
1	普通钢筋	普通钢筋
2	重镀锌或有等效保护的钢筋	当采用混凝土灌孔时,可为普通钢筋;当采用砂浆灌孔时应为重镀锌或有等效保护的钢筋

续表

环境类别	钢筋种类和最低保护要求	
	位于砂浆中的钢筋	位于灌孔混凝土中的钢筋
3	不锈钢或有等效保护的钢筋	重镀锌或有等效保护的钢筋
4 和 5	不锈钢或等效保护的钢筋	不锈钢或等效保护的钢筋

注:①对夹心墙的外叶墙,应采用重镀锌或有等效保护的钢筋;
　　②表中的钢筋即为国家现行标准《混凝土结构设计规范》(GB 50010)和《冷轧带肋钢筋混凝土结构技术规程》
　　　(JGJ 95)等标准规定的普通钢筋或非预应力钢筋。

附5.9

砌体中钢筋的最小保护层厚度

附表 5.13　砌体中钢筋的最小保护层厚度

环境类别	混凝土强度等级			
	C20	C25	C30	C35
	最低水泥含量/(kg·m⁻³)			
	260	280	300	320
1	20	20	20	20
2	—	25	25	25
3	—	40	40	30
4	—	—	40	40
5				40

注:①材料中最大氯离子含量和最大碱含量应符合现行国家标准《混凝土结构设计规范》(GB 50010)的规定;
　　②当采用防渗砌体块体和防渗砂浆时,可以考虑部分砌体(含抹灰层)的厚度作为保护层,但对环境类别1、2、3,其混凝土保护层的厚度相应不应小于 10 mm、15 mm 和 20 mm;
　　③钢筋砂浆面层的组合砌体构件的钢筋保护层厚度宜比附表 5.13 规定的混凝土保护厚度数值增加 5~10 mm;
　　④对安全等级为一级或设计使用年限为 50 年以上的砌体结构,钢筋保护层的厚度应至少增加 10 mm。

附5.10

砌体房屋伸缩缝的最大间距

附表 5.14　砌体房屋伸缩缝的最大间距

屋盖或楼盖类别		间距/m
整体式或装配整体式钢筋混凝土结构	有保温层或隔热层的屋盖、楼盖	50
	无保温层或隔热层的屋盖	40

续表

屋盖或楼盖类别		间距/m
装配式无檩体系钢筋混凝土结构	有保温层或隔热层的屋盖、楼盖	60
	无保温层或隔热层的屋盖	50
装配式有檩体系钢筋混凝土结构	有保温层或隔热层的屋盖	75
	无保温层或隔热层的屋盖	60
瓦材屋盖、木屋盖或楼盖、轻钢屋盖		100

注:①对烧结普通砖、烧结多孔砖、配筋砌块砌体房屋,取表中数值,对石砌体、蒸压灰砂普通砖、蒸压粉煤灰普通砖、混凝土砌块、混凝土普通砖和混凝土多孔砖房屋,取表数值乘以 0.8 的系数,当墙体有可靠外保温措施时,其间距可取表中数值;

②在钢筋混凝土屋面上挂瓦的屋盖应按钢筋混凝土屋盖采用;

③层高大于 5 m 的烧结普通砖、烧结多孔砖、配筋砌块砌体结构单层房屋,其伸缩缝间距可按表中数值乘以 1.3;

④温差较大且变化频繁地区和严寒地区不采暖的房屋及构筑物墙体的伸缩缝的最大间距,应按表中数值予以适当减小;

⑤墙体的伸缩缝应与结构的其他变形缝相重合,缝宽度应满足各种变形缝的变形要求;在进行立面处理时,必须保证缝隙的变形作用。

附 5.11

多层砌体房屋的层数和总高度限值

附表 5.15　多层砌体房屋的层数和总高度限值

单位:m

房屋类别		最小墙厚度/mm	设防烈度和设计基本地震加速度											
			6		7				8				9	
			0.05g		0.10g		0.15g		0.20g		0.30g		0.40g	
			高度	层数	高度	层数	高度	层数	高度	层数	高度	层数	高度	层数
多层砌体房屋	普通砖	240	21	7	21	7	21	7	18	6	15	5	12	4
	多孔砖	240	21	7	21	7	18	6	18	6	15	5	9	3
	多孔砖	190	21	7	18	6	15	5	15	5	12	4	—	—
	混凝土砌块	190	21	7	21	7	18	6	18	6	15	5	9	3
底部框架-抗震墙砌体房屋	普通砖多孔砖	240	22	7	22	7	19	6	16	5	—	—	—	—
	多孔砖	190	22	7	19	6	16	5	13	4	—	—	—	—
	混凝土砌块	190	22	7	22	7	19	6	16	5	—	—	—	—

注:①房屋的总高度指室外地面到主要屋面板板顶或檐口的高度,半地下室从地下室室内地面算起,全地下室和嵌固条件好的半地下室应允许从室外地面算起;对带阁楼的坡屋面应算到山尖墙的 1/2 高度处;

②室内外高差大于 0.6 m 时,房屋总高度应允许比表中的数据适当增加,但增加量应小于 1.0 m;

③乙类的多层砌体房屋仍按本地区设防烈度查表,其层数应减少一层且总高度应降低 3 m;不应采用底部框架-抗震墙砌体房屋。

附 5.12

砌体房屋抗震横墙的最大间距

附表 5.16　砌体房屋抗震横墙的最大间距　　　　　　　　　　单位:m

房屋类别		烈　度			
		6	7	8	9
多层砌体房屋	现浇或装配整体式钢筋混凝土楼、屋盖	15	15	11	7
	装配式钢筋混凝土楼、屋盖	11	11	9	4
	木屋盖	9	9	4	—
底部框架-抗震墙砌体房屋	上部各层	同多层砌体房屋			—
	底层或底部两层	18	15	11	—

注:①多层砌体房屋的顶层,除木屋盖外的最大横墙间距应允许适当放宽,但应采取相应加强措施;
　　②多孔砖抗震横墙厚度为 190 mm 时,最大横墙间距应比表中数值减少 3 m。

附 5.13

《建筑抗震设计规范》关于构造柱设置的规定

《建筑抗震设计规范》的 7.3.1 条关于构造柱设置的规定如下:

(1)各类多层砖砌体房屋,应按下列要求设置现浇钢筋混凝土构造柱(以下简称构造柱):

①构造柱设置部位,一般情况下应符合附表 5.17 的要求。

②外廊式和单面走廊式的多层房屋,应根据房屋增加一层的层数,按附表 5.17 的要求设置构造柱,且单面走廊两侧的纵墙均应按外墙处理。

③横墙较少的房屋,应根据房屋增加一层的层数,按附表 5.17 的要求设置构造柱。当横墙较少的房屋为外廊式或单面走廊式时,应按本条②款要求设置构造柱;但 6 度不超过四层、7 度不超过三层和 8 度不超过二层时,应按增加二层的层数对待。

④各层横墙很少的房屋,应按增加二层的层数设置构造柱。

⑤采用蒸压灰砂砖和蒸压粉煤灰砖的砌体房屋,当砌体的抗剪强度仅达到普通黏土砖砌体的 70% 时,应根据增加一层的层数按本条 1~4 款要求设置构造柱;但 6 度不超过四层、7 度不超过三层和 8 度不超过二层时,应按增加二层的层数对待。

附表 5.17　　多层砖砌体房屋构造柱设置要求

房屋层数				设置部位	
6 度	7 度	8 度	9 度		
四、五	三、四	二、三		楼、电梯间四角，楼梯斜梯段上下端对应的墙体处； 外墙四角和对应转角； 错层部位横墙与外纵墙交接处； 大房间内外墙交接处； 较大洞口两侧	隔 12 mm 或单元横墙与外纵墙交接处； 楼梯间对应的另一侧内横墙与外纵墙交接处
六	五	四	二		隔开间横墙（轴线）与外墙交接处； 山墙与内纵墙交接处
七	≥六	≥五	≥三		内墙（轴线）与外墙交接处； 内墙的局部较小墙垛处； 内纵墙与横墙（轴线）交接处

注：较大洞口，内墙指不小于 2.1 m 的洞口；外墙在内外墙交接处已设置构造柱时应允许适当放宽，但洞侧墙体应加强。

（2）多层砖砌体房屋的构造柱应符合下列构造要求：

①构造柱最小截面可采用 180 mm×240 mm（墙厚 190 mm 时为 180 mm×190 mm），纵向钢筋宜采用 4 φ 12，箍筋间距不宜大于 250 mm，且在柱上下端应适当加密；6、7 度时超过六层、8 度时超过五层和 9 度时，构造柱纵向钢筋宜采用 4 φ 14，箍筋间距不应大于 200 mm；房屋四角的构造柱应适当加大截面及配筋。

②构造柱与墙连接处应砌成马牙槎，沿墙高每隔 500 mm 设 2 φ 6 水平钢筋和 φ 4 分布短筋平面内点焊组成的拉结网片或 φ 4 点焊钢筋网片，每边伸入墙内不宜小于 1 m。6、7 度时底部 1/3 楼层，8 度时底部 1/2 楼层，9 度时全部楼层，上述拉结钢筋网片应沿墙体水平通长设置。

③构造柱与圈梁连接处，构造柱的纵筋应在圈梁纵筋内侧穿过，保证构造柱纵筋上下贯通。

④构造柱可不单独设置基础，但应伸入室外地面下 500 mm，或与埋深小于 500 mm 的基础圈梁相连。

⑤房屋高度和层数接近附表 5.15 的限值时，纵、横墙内构造柱间距尚应符合下列要求：

a. 横墙内的构造柱间距不宜大于层高的两倍；下部 1/3 楼层的构造柱间距适当减小；

b. 当外纵墙开间大于 3.9 m 时，应另设加强措施。内纵墙的构造柱间距不宜大于 4.2 m。

附 5.14

《建筑抗震设计规范》关于圈梁设置的规定

（1）《建筑抗震设计规范》关于圈梁设置的规定如下：

①装配式钢筋混凝土楼、屋盖或木屋盖的砖房，应按附表 5.18 的要求设置圈梁；纵墙承重时，抗震横墙上的圈梁间距应比表内要求适当加密。

②现浇或装配整体式钢筋混凝土楼、屋盖与墙体有可靠连接的房屋,应允许不另设圈梁,但楼板沿抗震墙体周边均应加强配筋并应与相应的构造柱钢筋可靠连接。

附表 5.18　多层砌体房屋现浇钢筋混凝土圈梁设置要求

墙　类	烈　度		
	6、7	9	9
外墙和内纵墙	屋盖处及每层楼盖处	屋盖处及每层楼盖处	屋盖处及每层楼盖处
内横墙	同上; 屋盖处间距不应大于 4.5 m; 楼盖处间距不应大于 7.2 m; 构造柱对应部位	同上; 各层所有横墙,且间距不应大于 4.5 m; 构造柱对应部位	同上; 各层所有横墙

(2)多层砖砌体房屋现浇混凝土圈梁的构造应符合下列要求:

①圈梁应闭合,遇有洞口圈梁应上下搭接。圈梁宜与预制板设在同一标高处或紧靠板底;

②圈梁在附表 5.18 要求的间距内无横墙时,应利用梁或板缝中配筋替代圈梁;

③圈梁的截面高度不应小于 120 mm,配筋应符合附表 5.19 的要求;按本规范要求增设的基础圈梁,截面高度不应小于 180 mm,配筋不应少于 4 φ 12。

附表 5.19　多层砖砌体房屋圈梁配筋要求

配　筋	烈　度		
	6、7	8	9
最小纵筋	4 φ 10	4 φ 12	4 φ 14
箍筋最大间距/mm	250	200	150

思考题

5.1　简述砖砌体轴心受压试验中构件的受力过程及其破坏特征。

5.2　砖砌体的抗压强度为什么低于它所用砖的抗压强度?

5.3　简述影响砌体抗压强度的主要因素。砌体抗压强度计算公式考虑了哪些主要参数?

5.4　砌体结构房屋的结构布置方案有哪几种?各有什么特点?

5.5　划分砌体房屋静力计算方案的依据是什么?有哪几类静力计算方案?设计时怎样判别?

5.6　试绘制单层砌体房屋三种静力计算方案的计算简图。

5.7　为什么要验算墙、柱高厚比？高厚比验算考虑了哪些因素？不满足时怎样处理？

5.8　稳定系数 φ_0 的影响因素是什么？确定 φ_0 时的依据与钢筋混凝土轴心受压构件是否相同？试比较两者表达式的异同点。

5.9　无筋砌体受压构件对偏心距 e_0 有何限制？当超过限值时，如何处理？

5.10　什么是砌体局部抗压强度提高系数 γ？为什么砌体局部受压时抗压强度有明显提高？

5.11　当梁端支承处局部受压承载力不满足时，可采取哪些措施？

5.12　验算梁端支承处局部受压承载力时，为什么对上部轴向力设计值乘以上部荷载的折减系数 ψ？ψ 与什么因素有关？

5.13　什么是组合砖砌体？怎样计算轴心受压组合砖砌体的承载力？

5.14　刚性方案的砌体房屋墙柱承载力是怎样验算的？

5.15　过梁的种类有哪些？怎样计算过梁上的荷载？过梁承载力计算包含哪些内容？

5.16　简述挑梁的受力特点和破坏形态。设计挑梁时应计算或验算哪些内容？

5.17　何谓墙梁？简述墙梁的受力特点和破坏形态。

5.18　防止或减轻墙体开裂的主要措施有哪些？

5.19　为什么要对砌体房屋的总高度、层高、抗震横墙间距和墙体局部最小尺寸加以限制？

5.20　怎样对多层砌体房屋进行抗震验算？不同水平刚度的楼盖，其水平地震剪力如何分配？

练习题

5.1　已知一矩形截面砖柱，截面尺寸为 490 mm×620 mm，采用 MU10 烧结普通砖和 M5 混合砂浆砌筑，柱的计算高度 $H_0 = 5.9$ m，柱顶承受的轴向力设计值 $N = 264.2$ kN（未计入柱自重），沿长边方向作用的弯矩设计值 $M = 24.6$ kN·m，柱底截面不计弯矩，砌体施工质量控制等级为 B 级，试验算该柱的承载力。

5.2　已知一带壁柱砖墙，截面尺寸如习题 5.2 图所示，计算高度为 4.2 m。采用 MU15 烧结页岩砖和 M7.5 混合砂浆砌筑，若墙体承受的轴向力设计值为 $N = 142.6$ kN，作用点位于图中的 A 点。砌体施工质量控制等级为 B 级，试验算该带壁柱墙的受压承载力。

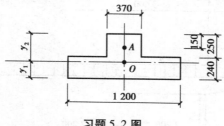

习题 5.2 图

5.3　某砌体房屋窗间墙截面尺寸为 1 200 mm×190 mm，采用 MU10 烧结页岩多孔砖和 M5 混合砂浆砌筑，砌体施工质量控制等级为 B 级。墙上支承梁的截面尺寸为 200 mm×

500 mm，梁端支承压力设计值 $N_l = 62.6$ kN，上部墙体产生的轴向压力设计值为 $N_u = 182.4$ kN。试验算梁端的局部受压承载力，若不满足要求，则设计预制刚性垫块使之满足要求。

5.4 某两跨无吊车厂房的静力计算方案为弹性方案，其中柱截面尺寸为 370 mm×490 mm，柱高3.9 m，承受轴向力设计值 $N = 240.3$ kN，沿柱长边的偏心距为 49 mm。柱采用 MU15 烧结页岩砖和 M7.5 混合砂浆砌筑。试验算其承载力，若不满足要求，则将该柱设计成网状配筋砖砌体并进行验算。

5.5 已知某砖砌体和钢筋混凝土构造柱组合墙，计算高度 $H_0 = H = 3.3$ m，墙厚为 240，采用 MU15 烧结多孔砖和 M7.5 混合砂浆砌筑。墙中每2.7 m 设置一根构造柱，构造柱截面尺寸为 240 mm×240 mm，采用 C20 混凝土，纵筋为 4Φ12，箍筋为 Φ6@200。若墙体承受的轴心压力设计值为 240.2 kN/m，试验算该组合墙的承载力。

5.6 已知某刚性方案房屋局部的平面图及带壁柱墙尺寸如图所示（单位：mm）。房屋的层高为3.6 m，墙体采用 MU10 烧结页岩多孔砖和 M5 混合砂浆砌筑，砌体施工质量控制等级为 B 级。其外纵墙的带壁柱尺寸如习题5.6图所示。试验算带壁柱墙的高厚比。

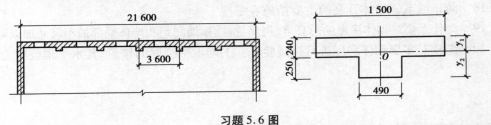

习题5.6 图

5.7 已知一钢筋混凝土过梁净跨 $l_n = 1.5$ m，在砖墙上的支承长度为 240 mm，过梁上墙体高度为 1.8 m，砖墙厚度为 240 mm。过梁承受的楼板传来的均布恒载标准值 $g_k = 7.2$ kN/m，均布活载标准值为 $q_k = 3.8$ kN/m；墙体采用 MU10 烧结多孔砖和 M7.5 混合砂浆砌筑。试设计该过梁。（包括两侧抹灰在内的墙体自重取为 4.5 kN/m²，过梁两侧抹灰采用 15 mm 厚混合砂浆，混合砂浆容重取为 17.0 kN/m³）

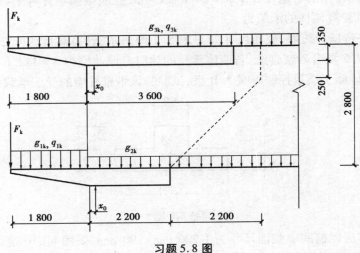

习题5.8 图

5.8 某砌体结构住宅阳台悬挑梁如习题 5.8 图所示,挑梁埋置于丁字形墙体内。已知挑梁的截面尺寸为 $b \times h_b = 240$ mm$\times 350$ mm,墙体采用 MU10 烧结页岩砖和 M5 混合砂浆砌筑。荷载标准值如下:墙体自重(包括两侧抹灰)为 5.24 kN/m²,屋面传递的恒载 $g_{3k} = 15.2$ kN/m、活载 $q_{3k} = 7.2$ kN/m,本层楼面传递的恒载 $g_{2k} = 12.6$ kN/m,阳台传来的活载 $q_{1k} = 4.8$ kN/m、恒载 $g_{1k} = 4.5$ kN/m,挑梁端部集中荷载为 $F_k = 6.2$ kN。试验算屋面挑梁及本层挑梁的抗倾覆承载力和挑梁下砌体的局部受压承载力。

参考文献

[1] 中华人民共和国国家标准. 混凝土结构设计规范(GBJ 50010—2010)[S]. 北京:中国建筑工业出版社,2010.

[2] 中华人民共和国国家标准. 建筑抗震设计规范(GBJ 50011—2010)[S]. 北京:中国建筑工业出版社,2010.

[3] 中华人民共和国行业标准. 高层建筑混凝土结构技术规程(JGJ 3—2010)[S]. 北京:中国建筑工业出版社,2010.

[4] 中华人民共和国国家标准. 砌体结构设计规范(GB 50003—2011)[S]. 北京:中国建筑工业出版社,2012.

[5] 中华人民共和国国家标准. 建筑结构荷载规范(GBJ 9—87)[S]. 北京:中国建筑工业出版社,1987.

[6] 中华人民共和国国家标准. 建筑地基基础设计规范(GB 50007—2011)[S]. 北京:中国建筑工业出版社,2011.

[7] 中华人民共和国行业标准. 高层民用建筑钢结构技术规程(JGJ 99—2015)[S]. 北京:中国建筑工业出版社,2015.

[8] 中华人民共和国行业标准. 现浇混凝土空心楼盖技术规程(JGJ/T 268)[S]. 北京:中国建筑工业出版社,2012.

[9] 中国建筑标准设计研究院. 预制钢筋混凝土板式楼梯(15G367—1)[S]. 北京:中国计划出版社,2015.

[10] 中国建筑标准设计研究院. 现浇混凝土空心楼盖(05SG343)[S]. 北京:中国计划出版社,2007.

[11] 程文瀼,李爱群. 混凝土楼盖设计[M]. 北京:中国建筑工业出版社,1998.

[12] 沈蒲生. 楼盖设计原理[M]. 北京:科学出版社,2003.

[13] 方鄂华. 多层及高层建筑结构设计[M]. 北京:地震出版社,1992.

[14] 东南大学,同济大学,天津大学. 清华大学主审. 混凝土结构(中册:混凝土结构与砌体结构设计)[M]. 5版. 北京:中国建筑工业出版社,2012.

[15] 顾祥林. 建筑混凝土结构设计[M]. 上海:同济大学出版社,2011.

[16] 叶列平. 混凝土结构[M]. 北京:中国建筑工业出版社,2013.

[17] 李宏男,等. 多层及高层建筑结构设计[M]. 北京:中国建筑工业出版社,1998.

[18] 蓝宗建,刘伟庆,梁书亭,等. 混凝土结构(下册)[M]. 北京:中国电力出版社,2012.

[19] 余志武,徐礼华. 建筑混凝土结构设计[M]. 武汉:武汉大学出版社,2015.

[20] 王志云. 混凝土结构设计与计算[M]. 天津:天津大学出版社, 2012.

[21] 熊丹安. 混凝土结构设计[M]. 北京:北京大学出版社, 2012.

[22] 薛建阳,王威. 混凝土结构设计[M]. 北京:中国电力出版社, 2011.

[23] 舒士霖. 钢筋混凝土结构设计[M]. 杭州:浙江大学出版社,2013.

[24] 梁兴文,李艳,李波,等. 混凝土结构设计[M]. 重庆:重庆大学出版社, 2014.

[25] 钱稼茹,赵作周,叶列平. 高层建筑结构设计[M]. 北京:中国建筑工业出版社,2012.

[26] 钱家茹. 高层建筑结构设计[M]. 2版. 北京:清华大学出版社,2012.

[27] 傅学怡. 实用高层建筑结构设计[M]. 北京:中国建筑工业出版社,1998.

[28] 包世华. 新编高层建筑结构[M]. 3版. 北京:中国水利水电出版社,2013.

[29] 吕西林. 高层建筑结构[M]. 3版. 武汉:武汉理工大学出版社,2011.

[30] 沈蒲生. 高层建筑结构疑难释义[M]. 北京:中国建筑工业出版社,2003:212-219.

[31] 刘立平. 高层建筑结构[M]. 武汉:武汉理工大学出版社,2015.

[32] 史庆轩,梁兴文. 高层建筑结构设计[M]. 2版. 北京:科学出版社,2012.

[33] 李国强,李杰,苏小卒. 建筑结构抗震设计[M]. 北京:中国建筑工业出版社,2002.

[34] 李英民,杨溥. 建筑结构抗震设计[M]. 重庆:重庆大学出版社,2011.

[35] 戴瑞同,陈世鸣,林宗凡,等,译,T. Paulay, M. J. N. Priestley 著. 钢筋混凝土和砌体结构的抗震设计[M]. 北京:中国建筑工业出版社,1999.

[36] 唐岱新. 砌体结构设计规范理解与应用[M]. 2版. 北京:中国建筑工业出版社,2012.

[37] 程文瀼. 混凝土结构与砌体结构设计[M]. 5版. 北京:中国建筑工业出版社,2012.

[38] 施楚贤. 砌体结构理论与设计[M]. 3版. 北京:中国建筑工业出版社,2014.

[39] 丁大钧. 砌体结构[M]. 2版. 北京:中国建筑工业出版社,2011.

[40] 刘立新. 砌体结构[M]. 4版. 武汉:武汉理工大学出版社,2012.

[41] 苑振芳. 砌体结构设计手册[M]. 4版. 北京:中国建筑工业出版社,2013.